教育部高等学校电子信息类专业教学指导委员会规划教材
高等学校电子信息类专业系列教材

Optoelectronic Systems Design Foundation

光电系统
设计基础

吴晗平 编著
Wu Hanping

清华大学出版社
北京

内容简介

本书从总体技术设计、军民用途的角度出发，基于光、机、电、算、软件、控制等方面的综合一体化思路，选择光电系统及其设计的一些典型基础内容予以论述，围绕着如何提高总体系统性能水平这一主线，介绍了光电系统设计的基础理论和基本方法。书中融合了作者的实际工作经验与科研成果，将基础理论与实际工作相结合，系统性和工程应用性强，概念清晰，易于理解，条理分明。

本书可作为高等院校光电信息科学与工程、电子科学与技术、通信工程、测控技术与仪器、电子信息工程等专业高年级学生，以及光学工程、兵器科学与技术、控制科学与工程等学科的研究生教材或参考书；同时可供从事光电系统（装备）总体论证、技术设计、研制、实验、检验等方面工作的相关技术与管理人员学习、参考，对于从事电子系统（装备）的科研和工程技术人员也有一定的参考价值。

图书在版编目(CIP)数据

光电系统设计基础/吴晗平编著. —北京：清华大学出版社，2021.4（2023.8重印）
高等学校电子信息类专业系列教材
ISBN 978-7-302-57442-2

Ⅰ.①光… Ⅱ.①吴… Ⅲ.①光电子技术－系统设计－高等学校－教材 Ⅳ.①TN2

中国版本图书馆CIP数据核字(2021)第020407号

责任编辑：王　芳　李　晔
封面设计：李召霞
责任校对：李建庄
责任印制：沈　露

出版发行：清华大学出版社
网　址：http://www.tup.com.cn，http://www.wqbook.com
地　址：北京清华大学学研大厦A座　**邮　编：**100084
社 总 机：010-83470000　**邮　购：**010-62786544
投稿与读者服务：010-62776969，c-service@tup.tsinghua.edu.cn
质量反馈：010-62772015，zhiliang@tup.tsinghua.edu.cn
课件下载：http://www.tup.com.cn，010-83470236
印 装 者：三河市龙大印装有限公司
经　销：全国新华书店
开　本：185mm×260mm　**印　张：**32　**字　数：**779千字
版　次：2021年5月第1版　**印　次：**2023年8月第3次印刷
印　数：1501～1800
定　价：99.00元

产品编号：085784-01

高等学校电子信息类专业系列教材

序

FOREWORD

我国电子信息产业销售收入总规模在2013年已经突破12万亿元，行业收入占工业总体比重已经超过9%。电子信息产业在工业经济中的支撑作用凸显，更加促进了信息化和工业化的高层次深度融合。随着移动互联网、云计算、物联网、大数据和石墨烯等新兴产业的爆发式增长，电子信息产业的发展呈现了新的特点，电子信息产业的人才培养面临着新的挑战。

（1）随着控制、通信、人机交互和网络互联等新兴电子信息技术的不断发展，传统工业设备融合了大量最新的电子信息技术，它们一起构成了庞大而复杂的系统，派生出大量新兴的电子信息技术应用需求。这些“系统级”的应用需求，迫切要求具有系统级设计能力的电子信息技术人才。

（2）电子信息系统设备的功能越来越复杂，系统的集成度越来越高。因此，要求未来的设计者应该具备更扎实的理论基础知识和更宽广的专业视野。未来电子信息系统的设计越来越要求软件和硬件的协同规划、协同设计和协同调试。

（3）新兴电子信息技术的发展依赖于半导体产业的不断推动，半导体厂商为设计者提供了越来越丰富的生态资源，系统集成厂商的全方位配合又加速了这种生态资源的进一步完善。半导体厂商和系统集成厂商所建立的这种生态系统，为未来的设计者提供了更加便捷却又必须依赖的设计资源。

教育部2012年颁布了新版《高等学校本科专业目录》，将电子信息类专业进行了整合，为各高校建立系统化的人才培养体系，培养具有扎实理论基础和宽广专业技能的、兼顾“基础”和“系统”的高层次电子信息人才给出了指引。

传统的电子信息学科专业课程体系呈现“自底向上”的特点，这种课程体系偏重对底层元器件的分析与设计，较少涉及系统级的集成与设计。近年来，国内很多高校对电子信息类专业课程体系进行了大力度的改革，这些改革顺应时代潮流，从系统集成的角度，更加科学合理地构建了课程体系。

为了进一步提高普通高校电子信息类专业教育与教学质量，贯彻落实《国家中长期教育改革和发展规划纲要（2010—2020年）》和《教育部关于全面提高高等教育质量若干意见》（教高【2012】4号）的精神，教育部高等学校电子信息类专业教学指导委员会开展了“高等学校电子信息类专业课程体系”的立项研究工作，并于2014年5月启动了《高等学校电子信息类专业系列教材》（教育部高等学校电子信息类专业教学指导委员会规划教材）的建设工作。其目的是为推进高等教育内涵式发展，提高教学水平，满足高等学校对电子信息类专业人才培养、教学改革与课程改革的需要。

本系列教材定位于高等学校电子信息类专业的专业课程，适用于电子信息类的电子信息工程、电子科学与技术、通信工程、微电子科学与工程、光电信息科学与工程、信息工程及其相近专业。经过编审委员会与众多高校多次沟通，初步拟定分批次（2014—2017 年）建设约 100 门课程教材。本系列教材将力求在保证基础的前提下，突出技术的先进性和科学的前沿性，体现创新教学和工程实践教学；将重视系统集成思想在教学中的体现，鼓励推陈出新，采用“自顶向下”的方法编写教材；将注重反映优秀的教学改革成果，推广优秀的教学经验与理念。

为了保证本系列教材的科学性、系统性及编写质量，本系列教材设立顾问委员会及编审委员会。顾问委员会由教指委高级顾问、特约高级顾问和国家级教学名师担任，编审委员会由教育部高等学校电子信息类专业教学指导委员会委员和一线教学名师组成。同时，清华大学出版社为本系列教材配置优秀的编辑团队，力求高水准出版。本系列教材的建设，不仅有众多高校教师参与，也有大量知名的电子信息类企业支持。在此，谨向参与本系列教材策划、组织、编写与出版的广大教师、企业代表及出版人员致以诚挚的感谢，并殷切希望本系列教材在我国高等学校电子信息类专业人才培养与课程体系建设中发挥切实的作用。

吕志伟 教授

前言
PREFACE

光电系统是由光机型光学仪器演变发展而来的，已逐渐成为涉及光（光学）、机（机械结构）、电（电子）、算（计算机）、软件、控制等多学科综合的一体化高新技术复杂大类产品，形成了庞大的光电产业类别、产业体系和产业链条。从军用领域到民用领域，从微观到宏观，从普通型到智能型，从微型、微纳光电系统到大型复杂光电系统，从海洋、地面使用环境到空中、太空、宇宙使用环境，从X射线波段到太赫兹波段，从视距到超视距，从传统分辨率到超分辨率，等等，产生并应用于新领域、新需求、新用途、新功能、新技术的光电系统层出不穷。而光电系统设计对光电系统的制造和产品质量形成，有直接、关键的作用和影响，并向着成为一门相对独立的综合设计分支学科的方向发展，与其他学科将相互促进、相互渗透、相辅相成。光电系统设计具有综合性、一体性、工程性和总体优化的特点。

由于既涉及相关多学科、也注重工程技术、更把光电系统作为一个有机整体设计的应用理论著作，鲜少见到，因此作者20年来一直力图从光电系统界定及设计内涵到体系内容，多角度、多学科研讨如何形成这样一种工程设计应用理论，以促进、加快光电系统设计学科的形成和发展。

本书从总体技术设计、军民用途的角度出发，基于光、机、电、算、软件、控制等方面的综合一体化技术思路，有针对性地选择光电系统及其设计的一些典型基础和共性内容予以介绍和论述，主要包括：光电系统及其设计概要，目标与环境辐射及其工程计算，辐射大气透过率的工程理论计算，光学材料、结构型式与光学设计，光电探测、成像、显示及电子系统设计，目标图像处理、识别及跟踪，光电系统软件开发与设计，光电伺服控制系统及设计，光电系统结构与工艺及模块化设计，光电系统作用距离工程理论计算及总体设计，光电系统“六性”及设计。

光电系统设计基础是内容要求不同的光电信息类专业本科生和光学工程专业研究生的一门专业主干学位课程，更是培养学生综合运用所学知识解决实际工程问题的一门重要课程。作者从尝试不求面面俱到，但求增厚基础、拓宽视野、纵横融合、能力培养、启发潜能、注重实用的角度，以一些典型光电系统和有关重要设计基础内容为着重点，兼顾系统性和创新性，写作本书。

作者曾于2010年由科学出版社出版《光电系统设计基础》，距今已10年有余，期间曾多次印刷。随着相关学科的发展和研究的深入，为了进一步突出设计基础，这次删除了“LED及其应用设计”“太阳能光伏发电及其系统设计”等章节，强化光电系统主要涉及的光、机、电、算、软件、控制等方面的基础性和共性设计内容。相对而言，从横向看，完善光电系统多学科性，增补：机械方面的结构与工艺设计、电方面的信号处理（图像处理）设计、软件方面的开发设计、光电系统通用特性（“六性”）及设计等章节。从纵向看，增加一些基础宽度（如紫外探测、太赫兹成像、短波红外成像、图像处理及目标检测等)和适当深度(如自适应波门跟踪、精度设计、光机结构设计与杂散光控制等)。因此,这次出版,不仅有选择地增加了部分内容的广度、深度和新度,而且基于工程教育应以工程素养的培养为本质特征,工程科学研究应以工程实践为来源和归宿,以及适用的技术就是好的技术的理念,保留或增补了一些在未来一段时期内将仍然适用的内容,对全书进行全面的增补、修订和完善。在成书过程中还参考了许多文献资料,在此对这些文献资料的作者表示衷心的感谢。本书属于涉及多学科的应用性学术著作,其中有些技术思路、方法反映了作者的观点和工作感悟,希望其出版能起到抛砖引玉的作用。

值得一提的是,作者于2019年出版的《光电系统设计——方法、实用技术及应用》(清华大学出版社),主要注重工程应用性、设计参考数据、工程示例深度等,读者对象倾向于在职工程科技人员,这次出版的《光电系统设计基础》,读者对象倾向于本科高年级学生和研究生。这两本书既有其内容互补性,也有各自偏重和相对独立性,形成了姊妹篇。建议读者依据针对性以及具体情况和需求,在保持体系内容基础性和完整性的前提下,对有些可以作为进一步提升的内容有所选择。

尽管如此,还有许多内容(如非成像光学系统设计、激光加工系统设计、激光雷达系统设计、微纳光电系统设计、红外遥感系统设计、光谱仪器设计、光纤传感系统设计等),由于篇幅所限,或期望可与本书已有内容举一反三,或可触类旁通,或可启发借鉴等考虑,没有涉及或简略带过,但并不表示这些内容不重要。另外,鉴于作者水平有限和许多技术处于快速发展中,深感难以做到大而全和高而深,书中难免存在不足、疏漏,甚至错误之处,有待今后进一步完善,恳请读者批评指正。

书中部分图片提供了彩色版,扫描图片周围二维码即可查看。

吴晗平

2021年1月

目录

CONTENTS

第1章 光电系统及其设计概要

CHAPTER 1

随着科学与技术的发展，以及民用、军用领域的需求日益增长，光电系统的构成越来越复杂，其技术含量越来越高，牵涉的学科、技术也越来越多。而且光电系统的故障或失效大都可归结为设计上没有想到或没有意识到某些细节或约束，一些通用设计的技术、准则、理念和方法没有予以重视并深入贯彻到产品研发中。因此，如何实现光电系统的预定性能和高质量，使其在特定约束条件下实现最优化，需要在源头上从系统工程角度进行顶层设计，亦即需要进行光电系统设计。

产品的性能与质量源于设计，设计引领未来。一般来说，现代光电系统往往是光、机、电、算、软件、控制等一体化产品，涉及多个专业，系统复杂，研制周期长、成本高。如何尽快提高设计水平，如何使设计人员之间(单机设计师之间、单机设计师与总体设计师之间)密切合作，需要在高层次上进行知识融合、能力提升。这就更需要以工程应用为准则，以总体技术设计为出发点，掌握光电系统设计的基本思路、基本方法和基本技术。

本章首先在提出光电系统界定、基本组成与设计概述的基础上，研讨光电系统的分类与发展及应用、光电系统的发展基础与制约因素。其次，阐述光电系统设计思想的转变，给出光电系统设计流程与考虑因素。再次，详细介绍光电产品工程设计控制程序、设计图样文件技术要求。最后，简要分析系统设计常用的仿真软件。

1.1 光电系统的界定与基本组成及设计

光电系统的规范界定是其设计的前置性工作，从不同角度界定和分析其基本组成，理清设计的含义和分类，以及总体设计过程中应特别注意的事项，对系统设计具有重要作用和意义。

1.1.1 光电系统界定

光电系统至今没有完整、规范的定义。本书给予定义如下：光电系统是指用光学、电子学、控制理论等方法对光信息/光能进行(产生、传输、变换、处理、控制等)单项操作或多项综合协调操作(甚至智能操作)，并以光学(光电)为核心的众多技术融合组成的系统。它是光学系统的延伸和发展，更是光学系统、电子系统、结构系统、材料系统、控制系统、计算机硬件与软件系统(甚至人工智能)等一体化集成发展的产物。

光电系统可以是用于接收来自目标反射或自身辐射的光辐射，通过传输、变换、处理、控制等环节，获得所需要的信息或能量，并进行必要环节操作的光电装置。这样，它的基本功能就是将接收到的光辐射转换为电信号，并利用它去达到某种实际应用的目的。例如，测定目标的光度量、辐射度量或各种表观温度；测定目标光辐射的空间分布及温度分布；测定目标所处三维空间的位置或图像等。利用这些所测得的信息，按实际应用的要求进行处理和控制，分别构成诸如成像、瞄准、搜索、跟踪、预警、测距、制导等多种光电系统。

光电系统也可以是产生特定光能（如激光）和（或）利用光能、控制光能的光电装置，例如，激光加工制造系统、激光武器系统、太阳能光电系统等。

从总体上说，光电系统是指在地面、海洋和空中等环境中使用的，由光学和机械结构、电子、计算机硬件与软件（甚至人工智能）以及控制、材料等部分组成的综合系统，包括能够独立完成某些规定功能的整机、分系统、分机或单元。通常光电系统也称光电设备、光电仪器或光电产品；如果处于交付和（或）使用状态，则称为光电装备。尽管它们实际上存在着复杂程度、体积大小、功能多少的差异，但它们都是能够独立完成一种或多种规定功能的集合体，在产品层面上是同义的。

1.1.2 光电系统基本组成及示例

光电系统的基本组成示意框图如图 1.1 所示。其主体一般包括光、机、电、算、软件、控制，即光学系统、（机械）结构、传感（探测）器/能量转换器/光电或电光转换器、电子系统（信号处理/功率放大）、计算机硬件与软件/人工智能、伺服控制/（动力）驱动等。具有内外深度学习能力、甚至人工智能的光电系统（智能光电系统）是其重要发展方向。从设计角度考虑，光电系统组成还应包括目标与环境、辐射传输介质（如大气）。通常来说，图 1.1 中右单向箭头表示被动光电系统；左单向箭头表示主动光电系统（如激光加工制造系统）；双向箭头表示双工系统（如激光通信系统、激光测距系统）。

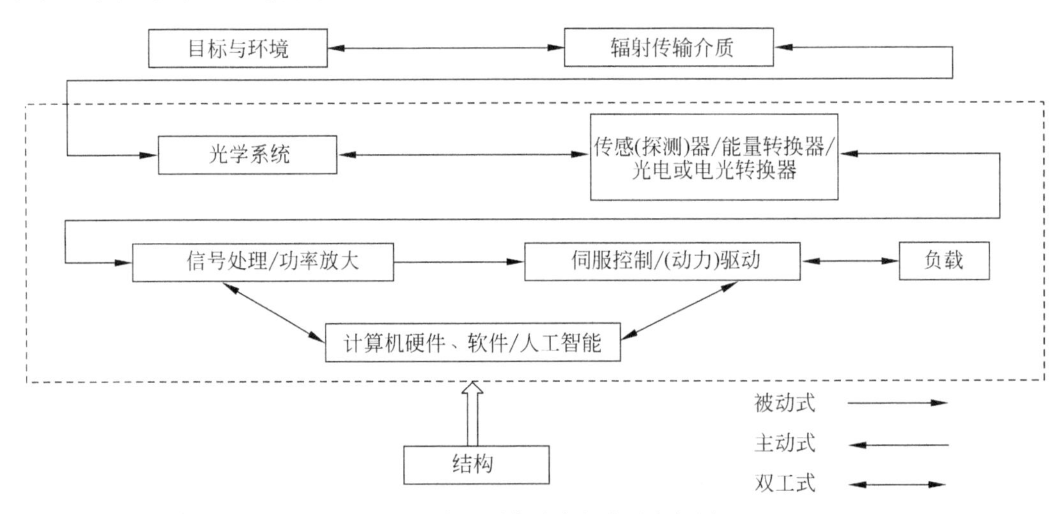

图 1.1 光电系统基本组成示意框图

对于红外光电系统（见图 1.2），其主体包括光学系统、探测器、信号处理、输出和控制单元，以及制冷器等。应该指出的是，在有的系统内，有的组成可能没有，而有的系统又会因某个特殊功能的需要而增加一些其他的组成（见图 1.3～图 1.8），其中最基本的核心组成单元往往包括光学系统、传感(探测)器/能量转换器/光电或电光转换器、信号处理；随着技术的发展，信号处理的含义越来越广，包括普通信号处理、微弱信号处理、图像处理与识别、智能信号处理等。

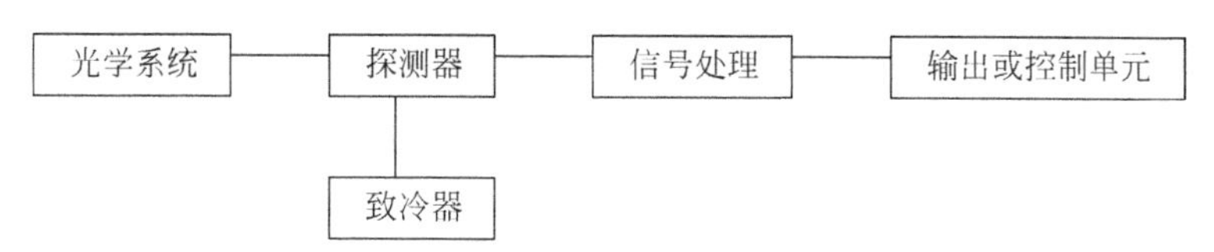

图 1.2 红外光电系统基本组成示例

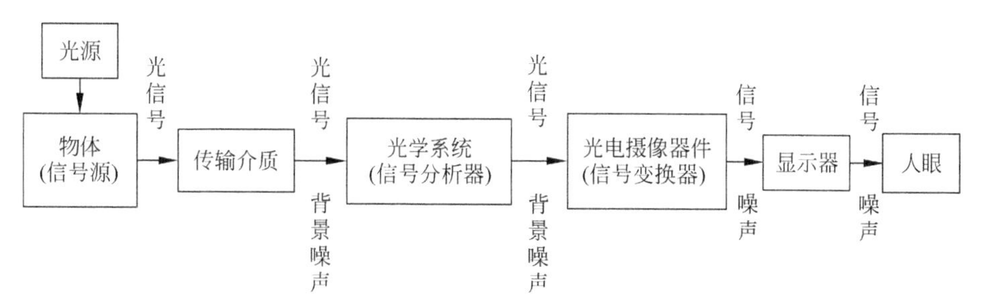

图 1.3 光电成像系统基本组成示例

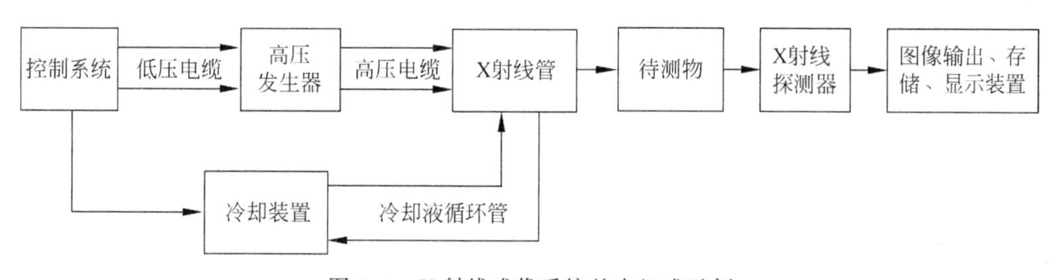

图 1.4 X 射线成像系统基本组成示例

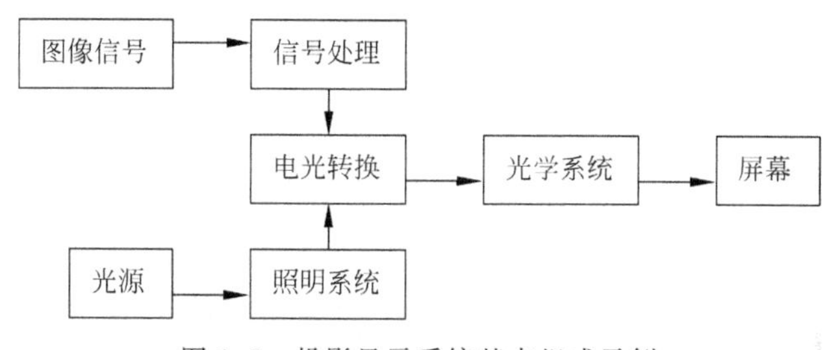

图 1.5 投影显示系统基本组成示例

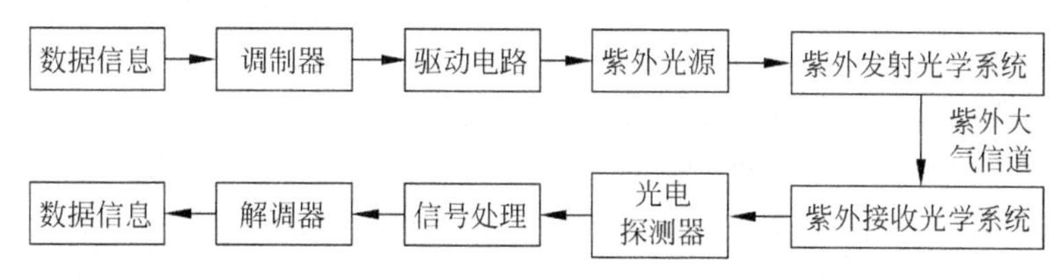

图 1.6 近地层紫外光通信系统基本组成示例

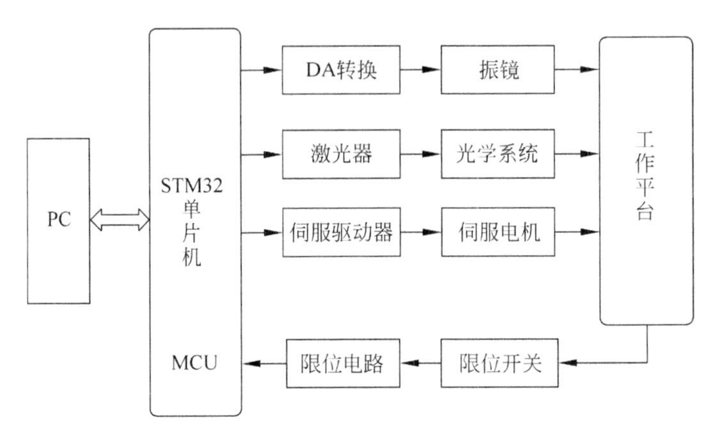

图 1.7 (皮秒)激光加工系统基本组成示例

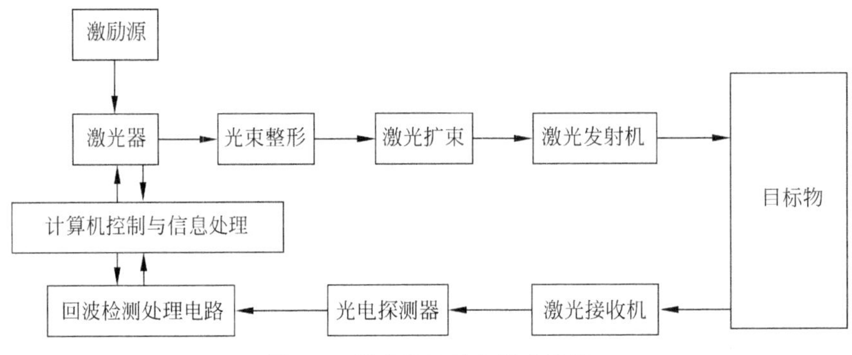

图 1.8 激光雷达基本组成示例

1.1.3 设计概说

设计作为人类生物性与社会性的生存方式,其渊源是伴随"制造工具的人"的产生而产生的。设计科学与设计方法学是一门新兴学科,设计科学是设计领域中逻辑关系的综合。设计正逐渐从经验设计发展为科学设计(找出最佳方案、保证设计质量、减小设计冒险度、从事创造性设计)。

设计一般可分为 3 种类型:创新性设计(创新性开发新产品);适应性设计(在保留原理方案的基础上,在系统局部(部件)重新设计);变型设计(在原产品的功能、方案原理和结构基础上,改变尺寸大小和结构布局,系列化)。从不同角度,设计还有多种具体分类。

随着时代和社会的发展,设计一词在应用范围扩大的同时,其含义本身也在不断变化,而趋向于强调该词结构的本义,即"为实现某一目的而设想、计划和提出方案"。所谓产品设计,即是对产品的功能、性能、结构、可靠性、环境适应性、造型等诸多方面进行综合性的设计,以便生产制造出符合人们需要的实用、经济、美观的产品。

可以说,设计的本质是一种创新过程,是按一定的目的产生和制造人为系统的过程。系统设计是面向未来的设计,从本质上讲,工程系统设计是按某种目的进行的、将未来的动态过程及要达到的状态提前固化到现在时间坐标的过程。工程系统未来要达到的状态是系统设计的目标,是系统分析和设计所希望获得的未来状态。提前固化到现在时间坐标的意义是指在时间维度的当前坐标，确定未来预期的状态目标，并以这个未来预期的目标作为系统设计不可动摇的目的，贯穿这个设计过程的始终。

光电系统设计亦是如此，是需要考虑光、机、电、算、软件、控制等方方面面约束、限制因素的综合一体化(创新)优化设计。光电系统设计自动化以及融入内外深度学习能力甚至人工智能的光电系统设计自动化是其重要的发展方向。

光学技术的创新进一步促进了光机系统的发展，为光机零件、组件和系统的设计、制造、装配、检验和测量提出了许多新的研究课题。因而要求进行光电系统设计应具有更宽的知识面和更扎实的理论基础。光电系统(尤其是复杂光电系统)往往属于光、机、电、控制与计算机软硬件一体化的产品，在其设计过程中，应特别注意以下几点：

(1) 光学设计、机械结构设计和光机系统设计必须整体考虑。

(2) 光机系统设计和软硬件、电子、控制系统设计必须整体考虑。

(3) 按照普通原理(例如，折射和反射)和特殊原理(例如，衍射和全息)工作的光电系统(仪器)的一体化设计。

(4) 宏观和微观光机电系统的一体化设计。

需要指出的是，无论是光学、光机、光机电系统设计，还是各类光电器件和仪器的开发研制及应用，一般要使用许多光学材料及其他材料，以及多种元器件，因此，深刻地了解那些重要、关键材料、器件的基本物理性质及数据就显得格外必要。同时也应通晓和巧妙利用机械结构、信号处理、控制系统、计算机软硬件等，作为设计先进、优良光电系统的必备基础。

1.2 光电系统的分类与发展及应用

从不同角度，光电系统有不同分类。随着各行各业经济和技术的发展，其应用领域也越来越多。

1.2.1 光电系统的分类

虽然从涉及多学科类别的角度来看，光电系统的基本组成大体类似，但就其工作原理、应用目的和使用场所来讲可谓千变万化，分类方式也多种多样。例如，按系统工作的光谱区域，可分为紫外光(近紫外、中紫外、真空紫外)、可见光、红外光(近红外、中红外、远红外、甚远红外)和其他非可见光(太赫兹、X 射线等)光电系统；按体积大小，可相对分为超大型、大型、中型、小型、微小(微纳)光电系统；按人工智能，可分为智能、非智能和部分智能光电系统；按辐射源，可分为主动(有源)工作、被动(无源)工作、主动/被动结合(有源/无源结合)光电系统；按军用和民用，可分为军用、民用、军民共用光电系统。此外，还有按装置的扫描方式分类；按信号处理的方式分类；按传统和现代分类；以及按用途分类等。由于各类相互间穿插，很难做到非常明确的分类。这里仅从用途和光信号能量强弱，进行简要分类分析。

1. 按用途分类

按用途至少可以分成以下几类：

(1) 光电测绘系统，如多普勒测速(测振)、光电测绘(经纬仪)、光电准直(激光准直仪)。

(2) 光学显微与观测系统，如内窥镜、光电瞄准、光刻机(全自动对准)、光电摄像、可视电话(图像压缩与解码)、天文观测(哈勃望远镜)。

(3) 光电显示系统，如全息显示系统、三维显示系统、激光投影显示系统、激光背投电视机、激光前投电影放映机、激光空间成像投影机、大屏幕图像显示系统。

(4) 激光雷达，是一种可以精确、快速获取目标的距离、速度、三维空间坐标等信息或实现目标成像的主动探测技术。三维成像激光雷达作为一种主动成像系统，与被动成像系统相比，具有可获得高精度距离信息以及不受光照条件限制的优势；与微波成像系统相比，具有角分辨率高、测量精度高、抗干扰能力强以及系统易小型化的优点；在目标识别、分类和高精度三维成像及测量方面有着独特的技术优势，因而被广泛应用于军事、航空航天以及民用三维传感等领域。如星载扫描成像激光雷达、机载扫描成像激光雷达、车载(成像)激光雷达、面阵式三维成像激光雷达、相控阵激光雷达(包括液晶相控阵、集成光波导型相控阵)、微机电系统(Micro-Electro-Mechanical System，MEMS)激光雷达等。

(5) 军用光电系统，是以光电器件(主要是激光器和光电探测器)为核心，将光学技术、电子/微电子技术和精密机械技术等融为一体，具有特定战术功能的军事装备。如激光测距仪(相位法测距，脉冲法测距)、对潜艇通信[532nm 激光(蓝绿激光)容易通过海水“窗口”]、激光探潜(探水雷)、激光侦听(红外激光)。

(6) 光电检测系统，是用光电的方法对某些物理量(声、光谱、热、电、磁、力)、化学量(浓度等)、几何量(长度、角度、表面粗糙度)进行检测的系统。可分为光电直接检测系统和光电间接(外差)检测系统。如粉尘检测、气象雷达、大气光学(光谱)、光谱分析等。其特点如下：

① 非接触测量，即适合接触测量易引起误差的场合或无法用接触的方法测量(远程、高温、危险等)；

② 精度高；

③ 空间分辨率高；

④ 实时测量，如玻璃管直径测量、光盘聚焦误差测控；

⑤ 有受光学介质的影响大(水、空气、尘土等)、成本高的缺点。

值得一提的是，就军用光电系统的分类而言，通常有两种分类体系：一种是基于其配置和运载方式的“搭载”分类体系；另一种是基于其战术功能属性的“功能”分类体系。按照搭载分类体系划分，可分为车载光电系统、舰载光电系统、艇载光电系统、机载光电系统、弹载光电系统、星载光电系统等。按照功能分类体系划分，可分为预警与遥感系统、侦察与监视系统、火控与瞄准系统、精确制导系统、导航与引导系统、靶场测量系统、光学通信系统和光电对抗系统八大类。

2. 按光信号能量强弱分类

如果按光信号能量强弱，从系统工作的基本目的和原理出发，将光电系统可以分为信息光电系统(探测与测量系统、搜索与跟踪系统、光电成像系统、光通信系统等)、能量光电系统[能量光电加工(照射)系统、能量光电转换系统等]和信息/能量光电系统三大类。

探测与测量系统主要是通过对待测目标光度量或辐射变量的测量，对其光辐射特性、光谱特性、温度特性、光辐射空间方位特性等进行记录和分析，如光照度计、光亮度计、辐射计、光谱仪、分光光度计、测温仪、辐射方位仪等。这些系统多用于测定或计量目标反射、辐射等基本参数，用于对其基本光辐射特性进行分析。其他类型的光电系统也将对目标辐射特性进行检测，但将应用于不同目的而与此有着很大的差别。

搜索和跟踪系统主要是通过对视场内的搜索，发现特定入侵的或运动的目标，进而测定其方位，进行跟踪，如制导装置、寻的器、光电搜索与跟踪系统、光电预警系统、光电探测系统、光电测距与测角仪、红外导航系统等。

光电成像系统主要通过探测器[如红外探测器、电荷耦合器件（Charge Coupled Device，CCD）、互补金属氧化物半导体（Complementary Metal Oxide Semiconductor，CMOS）、像增强器等]或扫描实现对观察视场内的目标进行光电成像，如主动夜视仪、微光夜视仪、CCD摄像机、CMOS摄像机、微光电视、红外显微镜、光机扫描热像仪、周视成像系统、紫外成像系统、短波红外成像系统、激光（主动）成像系统、太赫兹成像系统、鱼眼透镜凝视成像系统、环带凝视全景成像系统、（集成式）偏振成像系统等。这里要说明的是，光电成像系统除用于观、瞄外，已大量应用于前述的两类系统中，使上述系统获得更全面的信息，更好地完成各自的功能。

光通信系统是利用光信号作为信息传输载体的通信系统。根据传输通道（介质）的不同，分为有线光通信系统（光纤通信系统）和无线光通信系统。无线光通信系统可进一步分为对准光通信系统（空间激光通信系统）和非对准光通信系统（紫外光通信系统）。

能量光电加工（照射）系统主要通过光能（激光）进行物质的各种制造工作（如激光切割、激光焊接、激光清洗、激光打孔、激光打标、材料改性等）和相关军事用途（如激光武器）。

能量光电转换系统主要通过光电转换器件进行光电转换利用。比较典型的有太阳能光伏发电系统、高效“绿色”照明系统，如发光二极管（Light Emitting Diode，LED）照明系统等。

1.2.2　光电系统的发展

近代光学和光电子技术的迅猛发展，使光学仪器的研制发生了很大变化，衍生出了许多学科和成像技术。传统光机结构的光学仪器发展成了光、机、电、算、软件、控制、材料等一体化的光电系统（有时简称光机电一体化产品），创造了很多类别的新颖光电器件和仪器。在继承传统光学的基础上，创造了许多新的成像技术、新的光学材料，形成了新的加工方法、新的光学元件和新的光电技术，以及一些新的光学、光电分支。这里仅以光学成像系统为例来分析其变化与发展。

光学成像系统的变化及发展主要表现在以下几个方面：

(1) 光学成像器件和系统的光谱范围已经由可见光光谱几乎扩展到全光谱范围，包括远红外、中红外、近红外、可见光和紫外光谱区。单波段成像向多波段复合成像发展，宽光谱成像向多光谱成像发展。

(2) 光学系统的成像不只是遵守折射定律和反射定律，衍射理论已经成为衍射光学元件的基本成像理论。光学成像器件也不只是简单的透镜、棱镜和反射镜，已经设计和制造出诸如全息透镜、衍射透镜和微透镜阵列等新型光学元件，**微型超透镜在未来或将取代传统透镜组**。

(3) 光学元件的加工方法不只是传统的粗磨、精磨和抛光工艺，现在已经创立了全息干涉术法、蚀刻法以及微透镜加工方法等。

(4) 光学元件的外形尺寸在两个极端方向发展，一些光电仪器要求每毫米基板上能刻出千百个透镜(微透镜阵列)，而另一些光学仪器则要求主反射的通光孔径大到8.1m(Gemini望远镜)，甚至更大，全息光栅和薄膜透镜的应用使透镜的厚(薄)度达到了极限。

(5) 光学元件和系统的应用环境已经由实验室和地球表面延伸到了宇宙的其他空间。环境条件对元器件和系统的要求越来越高，也越来越苛刻，或者说环境条件对光电系统具有越来越重要的影响。

(6) 由采用小视场、高分辨率扫描成像方式的传统广域光电成像系统向凝视型广域光电成像系统，乃至新体制凝视型多尺度广域高分辨率成像系统发展。

(7) 针对某一物质属性，对被测对象进行参数反演或重建的过程，属于单模态成像，比如利用X射线信号衰减的幅值进行衰减系数的反演成像。随着成像应用领域的不断拓展，人们对不同模态成像方式的机理及特点的认识不断深入，提出了一系列的多模态成像方式。多模态成像理论与技术的发展又大大推动了成像技术自身的发展。

(8) 新型计算成像/计算摄像(Computational Imaging/Computational Photography)技术由于具有高性能的计算能力以及全局化的信息处理能力，突破了传统成像/摄像难以解决的种种难题，使得超衍射极限成像、无透镜成像、大视场高分辨率成像以及透过散射介质清晰成像、偏振成像及仿生成像等成为可能。

对空间探测成像系统来说，已提出了多维度探测成像、光学强度关联成像、压缩感知成像等新方法。它主要有两大类成像方式，即大口径光学系统以及合成孔径雷达成像系统，这两类成像系统的成像机理不同，面临的问题也迥异。概括来说，空间探测成像未来的研究重心包括如下几个方面：一是复杂气象条件下的大口径光学系统成像新机理与新方法，主要研究大气环境对大口径光学成像系统的影响，探索对大气变化不敏感的强度关联成像探测方法；二是光学雷达一体化成像方法，主要研究基于卫星平台的合成孔径光学探测成像方法，基于强度关联的微波高分辨空间目标成像新方法等；三是探索提高空间分辨率的成像新方法，主要研究新的高分辨成像机理、主被动一体化融合成像等新方法。

必须指出的是，随着计算成像技术的发展，传统光电成像系统性能提高的诸多瓶颈问题正在得到解决，光电成像系统的发展也产生了很大的变化。从空间分辨率维度角度来看，基于计算成像技术的亿万像素级成像系统正在深入研究中。在时间分辨率上，高速成像已经达到飞秒数量级，成像速度的大幅度提升开启了瞬态光学等全新领域。此外，在光谱、角度等其他维度上，成像技术的发展也正在逐渐将不可能变为可能，将“看不见”变为“看得见”，将“看不清”变为“看得清”，光谱视频采集装置、光场相机、深度相机、飞秒时空聚焦等新技术、新方法正在不断给计算成像理论方法带来新的契机，实现维度上的不断突破。从成像技术的尺度角度来看，不同学科不同领域的成像需求不断提升，例如生物、化学、材料等基础学科需要针对微观结构进行更为高效、精确、可视化的视觉采集，而在视觉、图形学、遥感、无人机等其他领域则可能需要更大尺度上的成像能力。因此，从未来发展来看，具有不同尺度成像能力的计算成像系统将成为技术进步的趋势，其能够服务于不同学科的不同需求，带来灵活、自适应与更为丰富的成像能力。

由此可以看出，光电系统的发展方向有：

(1) 固态化、技术复合、功能齐全、体积微小、质量轻微、智能化；

(2) 多传感器、多目标、高精度、信息融合；

(3) 成像直视性、远程性、信息处理并行性、快速性、保密性、抗干扰性；

(4) 应用多层次、多领域等。

1.2.3　光电系统的应用

由于大气特性的限制，光电系统至今所开发利用的波段主要有中紫外波段(0.2～0.3μm)、近紫外波段(0.3～0.4μm)、可见光波段、近红外波段(1～3μm)、中红外波段(3～5μm)、长波(远)红外波段(8～14μm)。当然这些波段加起来也只是光辐射波段的一小部分。其他波段[如真空紫外波段(10～200nm)和太赫兹波段(30μm～3mm)]的资源正在得到进一步开发和利用。

光电系统已形成了光纤通信、光电传感、光电显示、半导体照明、太阳能发电、激光、红外、紫外、X射线、可见光、太赫兹、微纳光电等许多细分应用产业链，包括从原材料、器件到系统，从生产工艺、加工设备到检测仪器、实验设备等。

国民经济各部门和国防军工是光电系统应用最广泛的领域。光电系统已经在信息传感、信息存储、信息传递、加工制造、太阳能光电转换及利用、非接触精密检测等方面得到广泛应用，它已深入到了遥感和空间系统、通信装置、工业控制、精密测量、医学与生物仪器、环境监测，以及办公自动化设备和生活用具等许多领域中，不胜枚举。例如，光电检测系统利用现代光电技术作为检测手段，具有无接触、无损、远距离、抗干扰能力强、受环境影响小、检测速度快、测量精度高等优越性，是当今检测技术发展的主要方向，已广泛应用于军事、工业、农业、宇宙、环境科学、医疗卫生和民用等诸多领域。

1.3　光电系统的发展基础及制约因素

光电系统的发展不是孤立的，它以相关学科、技术等的发展为基础，同时，也受到相应学科技术的制约。

1.3.1　光电系统的发展基础

光电系统在20世纪初问世以来，经过了长期的发展，特别是近40年，光电系统在性能、应用范围、使用效果等方面都得到了很大发展。

(1) 光电系统的性能与光电探测器的发展密切相关。一方面，随着光电系统应用要求的不断增多，对探测器的性能也不断提出种种新的要求，这主要是在工作波段、响应度、工作频率、敏感面积和结构工艺等方面，从而促进了光电探测器的发展；另一方面，新型探测器的出现又为光电系统的发展开辟了新的途径。目前从近紫外到远红外，均有性能指标很高的光电探测器，14～40μm远红外光电探测器的性能也在不断提高，可用的器件种类越来越多。综合利用现代探测器的成果，提高应用效果是光电系统发展的重要方向之一。

(2) 光电系统离不开各种类型的光学系统。因此几何光学、物理光学同样是其系统设计的理论基础。在光电系统的性能分析和计算中常用光学传递函数的方法去分析评价系统质量，也常用光学传递函数的方法去进行全系统的设计。光学材料及各种光学元件，特别是适用于紫外和红外波段的材料和相应的光学元件以及光学工艺的发展也是光电系统发展的重要基础。目前，非球面、任意空间曲面的加工技术已经成熟；真空镀膜工艺、特种工艺也具有很高的水平。所有这些技术的进展均为光电系统的发展建立了必要的基础。

（3）从信息观点上看，信息光电系统它实质上是一个信息接收系统。在信息光电系统的研究中，首先应当考虑信号检测的问题，而信号检测理论是信息论的重要分支。在光电系统中要研究信号形成、检测准则、检测方法和估值等问题。检测到的信号通过必要形式的处理，抑制噪声以获取所需要的目标信息。现代信号处理技术有模拟和数字两种方法。通常采用的滤波技术、相关技术、图像处理技术以及各种背景抑制技术等，在信息光电系统设计中都得到了广泛的应用。信息光电系统通常是一个控制系统，现代控制理论及技术的发展对光电系统的应用提供了重要基础。

（4）新型集成电路和微机技术的发展，尤其是光子集成（如硅基光子器件）的出现与应用，使光电系统的自动化、智能化程度迅速提高。在军事上，如导弹制导系统、定向系统和预警系统中，新型集成电路和微机都占有重要地位。在工业生产的自动分选、自动检测、机器人视觉等系统中都离不开自动化、智能化的光电系统。电子集成是光子集成的支撑，光子集成是电子集成的发展，未来电子集成与光子集成融合发展。

（5）人造光源的发展，特别是各种新型激光器（如光纤激光器）的出现，为光电系统提供了携带信息优质载体。利用激光的准直性、相干性特点，也扩大了系统的应用范围，提高了系统的性能。

（6）光电系统的发展还与组成系统各部件的技术现状有关。例如，新型探测器和微纳光学/光电器件的出现、非制冷探测器的应用、制冷器的微型化、探测器规模的增大、伺服机构的新构思、精密结构的新设计、新材料新品种的增多和质量的提高等，都给改进光电系统的性能创造了新的机会。

综上所述，光电系统的发展离不开以下3个基本因素：

（1）光电系统发展的最基本动力是人类在光波范围内扩展视觉和利用光能的渴望。

（2）光电系统的发展与各种光电探测器的发展有着明显的依次关系。

（3）光电系统的发展需要多种学科相互配合。它是物理学、光学、光谱学、电子学、微电子学、半导体技术、自动控制、精密工程、材料学等学科相互促进和渗透。因此各种学科的最新成果在光电系统的应用，将使光电系统能保持不断创新和发展。

对于光电系统，尤其是军用光电系统的发展，应突破以下关键技术：高性能激光辐射源技术（波长、功率、效率、光束质量、寿命、体积重量和成本等），光电探测器及其阵列技术（灵敏度、波长、工作温度、阵元数、工艺、成本等），波束指向控制及扫描技术（稳瞄、大范围快速线性扫描、电扫描等），高灵敏度接收技术（噪声控制、外差接收等），图像处理和自动目标识别技术（滤波、图像分割、特征提取、算法、硬件等），多传感器数据融合技术（融合模型、融合算法等），光学信道共用和结构一体化设计技术（光学材料、结构设计等），高性能电磁兼容设计，精密伺服跟踪瞄准技术（高精度误差信号传感器、复合轴伺服系统、高精密伺服支架等）；系统仿真技术（建模、仿真软件等），目标的光电特性测量和数据库，光频段的大气和水下传输特性测量和数据库等。

光波段资源的不断开发和光信息、光能的利用，将推动科学技术的不断进步，亦将促进光电系统技术的发展。

1.3.2 光电技术及系统发展的主要制约因素

在光电技术及系统发展过程中，也有一些制约因素。

1. 基础支撑相对薄弱

与无线电技术相比，光电技术在材料、元器件、工艺等方面存在较大差距。与光波段相适应的传感、传输、防护材料及器件都无法与半导体技术相提并论。信号变换和感知存在灵敏度偏低、动态范围偏小、频率单一等缺点，严重制约了光电技术的应用和发展。

2. 支持技术不足

光频段所具有的容量大、单色性好、分辨率高等优势，在应用中由于缺乏相应的支持技术与条件，如光频段的光电相关处理、光频段的光电转换与数字化处理、光学精度水平的自动调节系统、光学水平的加工制造技术等，使光电系统大多工作在直接探测、基本处理、简单传递、偏低级制造水平上，从而使光电系统难以突破作用范围偏小、手段相对简单的局限。

3. 顶层设计不够

在先进平台系统、武器系统、高端复杂装备的设计构建过程中，可能往往由于缺乏光电专家的参与，无法将光电技术的特色在顶层设计阶段就融入系统，因而致使光电系统的应用和系统规模缺乏顶层设计的支撑，从而影响了光电系统整体优势的发挥。

1.4 光电系统设计思想的转变

现代质量观认为，质量包含了产品的专用特性、通用特性、经济性、时间性、适应性等方面，它是产品满足使用要求的特性总和(见图 1.9)。产品的专用特性可以用性能参数与指标来描述，如激光器的输出功率，因不同的装备而有所差异。产品的通用特性，描述了产品

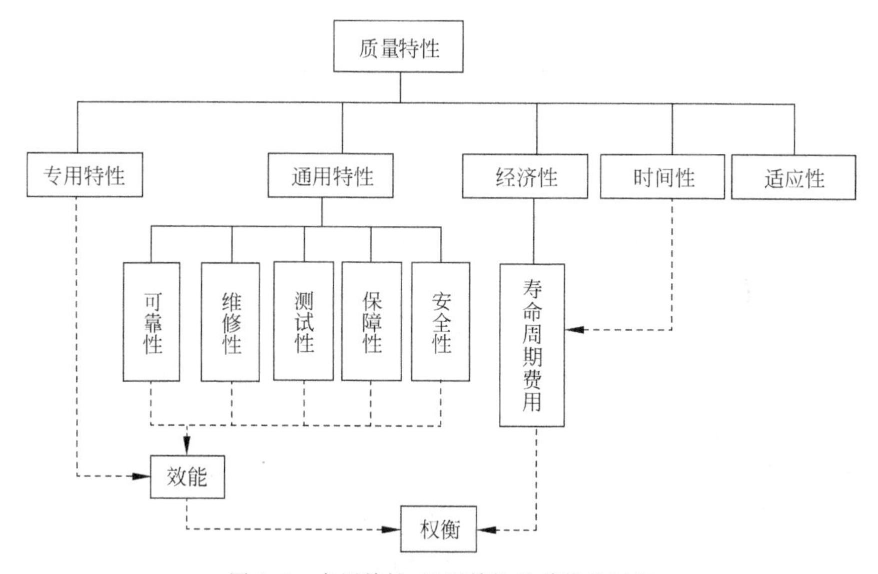

图 1.9 专用特性、通用特性及其优化权衡

保持规定的功能和性能指标要求的能力，它包括产品的可靠性、维修性、保障性、安全性、测试性等，如激光器能连续工作若干小时并保证在此期间输出功率不低于规定的值。通用特性对各类产品来说基本是通用的。经济性即产品的寿命周期费用(Life Cycle Cost，LCC)，指在产品的整个寿命周期内，为获取并维持产品的运营所花费的总费用。时间性指的是产品能否按期研制交付，它也影响产品的寿命周期费用(费用的时间性)。适应性反映了产品满足用户需求、符合市场需要的能力。

随着现代工程产品的复杂化，产品的通用特性显得更加重要。例如：

(1) 工程产品日益庞大和复杂，带来了产品可靠性和安全性的下降，投资增大，研发周期加长，风险增加。

(2) 工程产品的应用环境更加复杂和恶劣。从陆地、海洋到天空、太空，工程产品的使用环境不断地扩展和更加严酷。严酷的环境对产品高可靠性、高安全性等综合特征的实现提出了挑战。

(3) 产品要求的持续无故障任务时间加长。如太空探测器的长时间无故障飞行要求、通信网络的关键任务不停机要求等，迫使工程产品必须具有良好的可靠性、维修性等通用特性。

(4) 产品的通用特性与使用者的生命安全直接相关。如高能激光武器系统、激光核聚变系统、高能激光加工制造系统、空间激光通信系统等的可靠与安全是生命安全的基本保证，受到了强烈的关注。

(5) 市场竞争的影响。"性能优良、功能齐全"并不是用户选择产品时考虑的唯一因素，产品是否可靠、是否好修、使用维护保养费用多少、寿命多长都对用户的选择产生重要影响。

对于产品的研究开发者来说，总是希望投资少、周期短、研发一次成功，这也与产品的通用特性密切相关。

从主要追求产品的专用特性，到兼顾、重视产品的通用特性，以及在有限资源(费用、时间等)的约束下，实现产品的专用特性与通用特性的优化平衡，体现了现代产品设计思想的转变，它带来了观念的更新，对产品设计实现的影响是巨大的。

产品的专用特性、通用特性及其优化权衡关系如图1.9所示。可以看出，产品优化权衡的核心是效能、寿命周期费用两个要求之间的权衡。

1. 系统效能

系统效能是一个系统在规定的条件下和规定的时间内，满足一组特定任务要求的程度。它与可用性、任务成功性和固有能力有关，一般可表示为

$$E = A \cdot D \cdot C \tag{1.1}$$

式中，E 为效能(Effectiveness)；A 为可用性(Availability)；D 为任务成功性(Dependability)；C 为固有能力(Capability)。

可用性(A)表示(战备)完好，是产品在任一时刻需要和开始执行任务时，处于可工作或可使用状态的程度。可用性的概率度量称可靠度，亦即系统"开则能动"的能力。它是系统可靠性(R)和维修性(M)(含保障性、测试性等)的函数，即 $A=f(R,M)$。

任务成功性(D)是装备在任务开始时处于可用状态的情况下，在规定的任务剖面中的

任一(随机)时刻，能够使用且能完成规定功能的能力，即系统"动则成功的能力"，原称可信性。它是任务可靠性和任务维修性(含保障性、测试性等)的函数。

固有能力(C)就是装备在执行任务期间所给定的条件下，达到任务目的的能力。如作用距离、探测概率、跟踪精度等。

效能(E)和可靠性(R)、维修性(M)之间的关系如图1.10所示。可以看出，可用性(A)、任务成功性(D)均为可靠性(R)、维修性(M)的函数，因此，效能(E)为可靠性、维修性、固有能力的函数，即 $E=f(R,M,C)$。

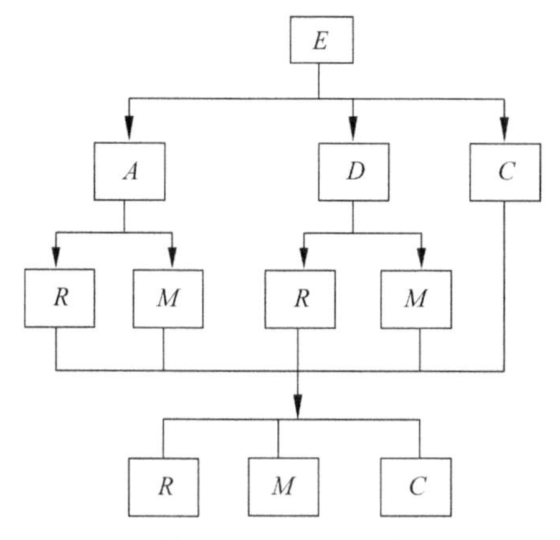

图1.10　效能与可靠性、维修性的关系

2. 寿命周期费用

寿命周期费用包括硬件、软件的研制费、生产费、使用保障等费用。不同的系统，其寿命周期费用构成不完全相同，各构成成分间的比例关系也不完全一样，图1.11给出了寿命周期费用的主要构成因素，并示意了它们在寿命周期内的分布情况。实践表明，在寿命周期费用中，使用费用(使用与维修保障费用)所占的比例越来越大。

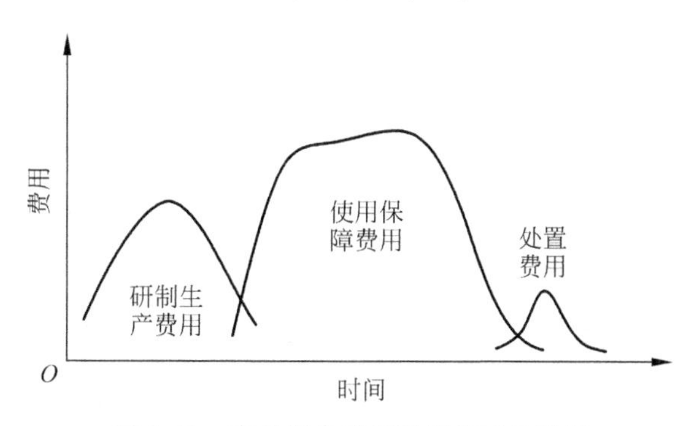

图1.11　产品寿命周期费用构成示意图

3. 设计思想的转变

现代光电系统设计思想的转变主要体现在对3个概念的延伸上：

(1) 性能向效能的延伸。体现了从专用特性向系统全面特性(专用特性+通用特性)的延伸。

(2) 采购费用向寿命周期费用的延伸。体现了对系统经济性的考虑更加全面完善。

(3) 权衡对象的延伸。从“花最少的钱实现性能最好的产品”延伸到“以最小的寿命周期费用实现效能最好的产品”。

这一观念的延伸，体现了系统(产品)设计目标的根本性变化，它所带来的影响是全局的。现代设计思想与传统设计思想的简单比较如表 1.1 所示。

表 1.1 现代设计思想与传统设计思想的比较

比 较 项	现代设计思想	传统设计思想
产品定位	市场牵引，用户需求	工程师及领导者的意见
系统综合权衡方式	一开始就进行系统专用特性与通用特性的综合权衡	重视性能，忽视系统综合
工作量投入	研制初期投入较多，研制后期投入较少，更改代价较小	研制初期投入较少，研制后期投入较多，所需总投入较多
更改次数	研制初期更改较多，研制后期更改较少，更改代价较小	研制初期更改较少，研制后期更改较多，会出现局部甚至全局重新设计，更改代价较大
设计目标及评价标准	满足用户要求，质量稳定性好	满足验收标准，质量波动较大
工作姿态	主动寻找故障，预防故障发生	被动等待、解决故障问题
经济社会效益	低成本、高质量、适销对路	很难全部满足用户需求，可能会产生合格的“废品”

1.5 光电系统设计流程与试制进程

对光电系统设计，可总结、归纳出一般应遵循流程和设计结果，明确必要的设计准则、标准、规范考虑因素。同时，也应给出光电系统试制进程，以及系统软件、硬件研制(开发)进程及其审查与审核节点。

1.5.1 光电系统设计流程及结果

光电系统设计一般流程如图 1.12 所示。

光电系统设计结果一般如下：

(1) 设计报告(含软件)，技术说明书(含软件)，使用说明书。

(2) 设计计算书，包括光学计算书、电气电子计算书、结构计算书、控制计算书、软件设计说明及模型等。

(3) 可靠性设计报告、维修性设计报告、保障性设计报告、安全性设计报告、测试性设计报告、环境适应性设计报告以及特殊专项设计报告(如标准化设计报告、电磁兼容设计报告、热设计报告等)。

(4) 光学系统总图，包括光学零件、部件图，光学、光机装配图。

(5) 结构总图，包括各部件结构图、装配图。

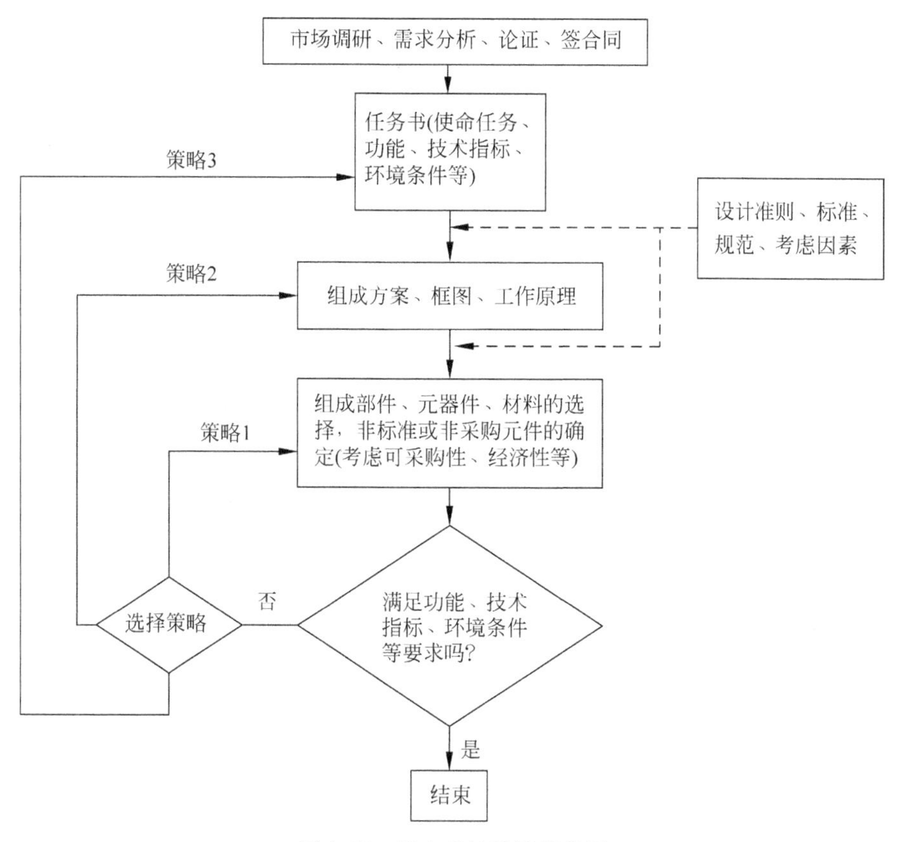

图 1.12　光电系统设计流程图

(6) 电路总图，包括各组成电路图、印制板图。

(7) 软件清单。

(8) 关重件(关键件、重要件)明细表、元器件(零部件)明细表、采购零部件明细表、非采购(自制)零部件表等。

(9) 工艺设计及工艺规程、作业指导书等。

(10) 制造验收技术条件、环境应力筛选实验大纲、环境实验大纲、可靠性实验大纲、内外场联调实验大纲等。

值得一提的是，随着产品重要程度、复杂程度的不同，设计结果的类别、繁简是有区别的。

1.5.2　光电系统试制进程

光电系统试制进程如图 1.13 所示。其系统软件、硬件研制(开发)进程，及其审查与审核节点比较如图 1.14 所示，可以看出，系统软件与硬件的研制一般应同步、协调进行。必须指出的是，随着系统复杂程度、重要性、经济性等因素的不同，其进程和节点可适当剪裁/合并。

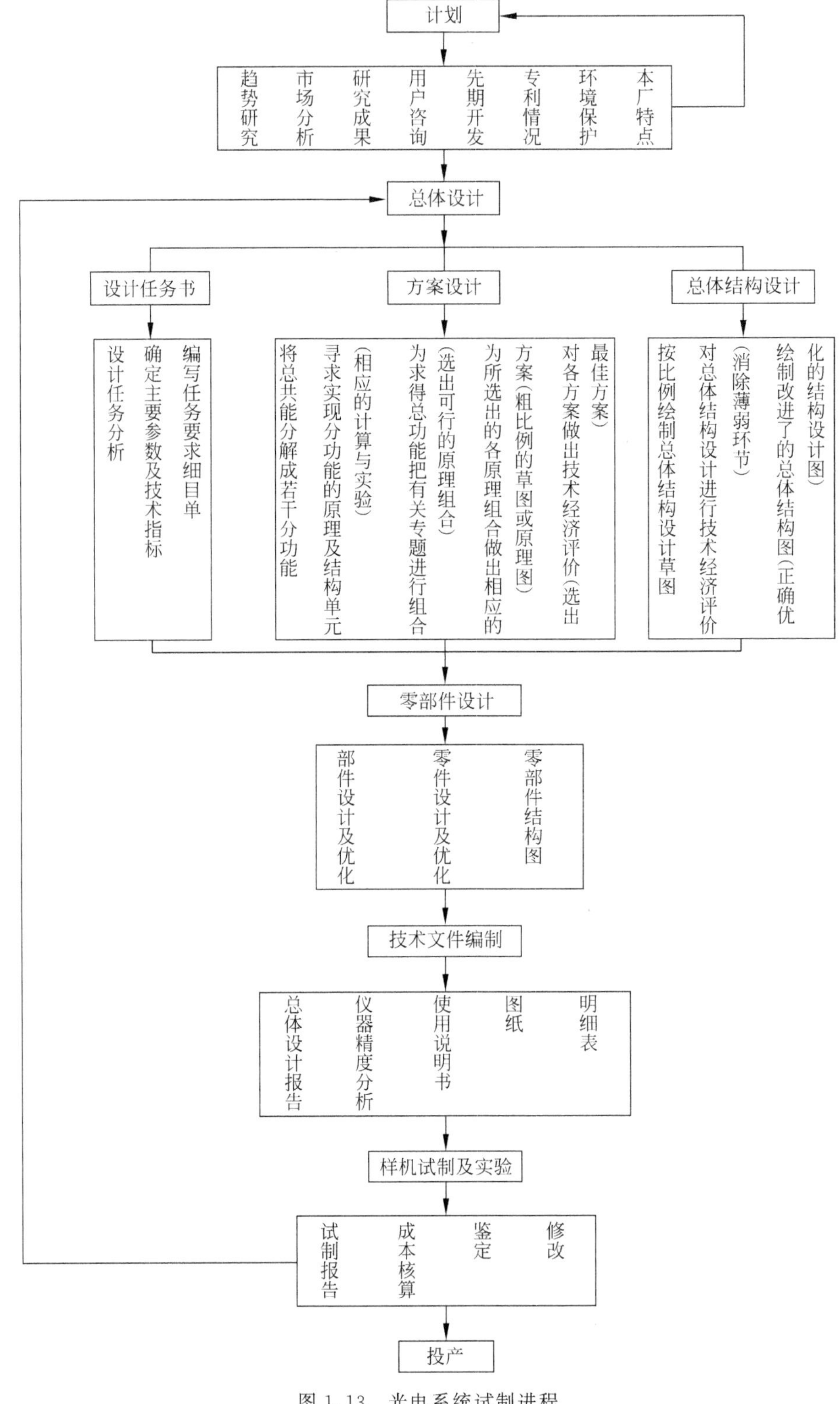

图 1.13　光电系统试制进程

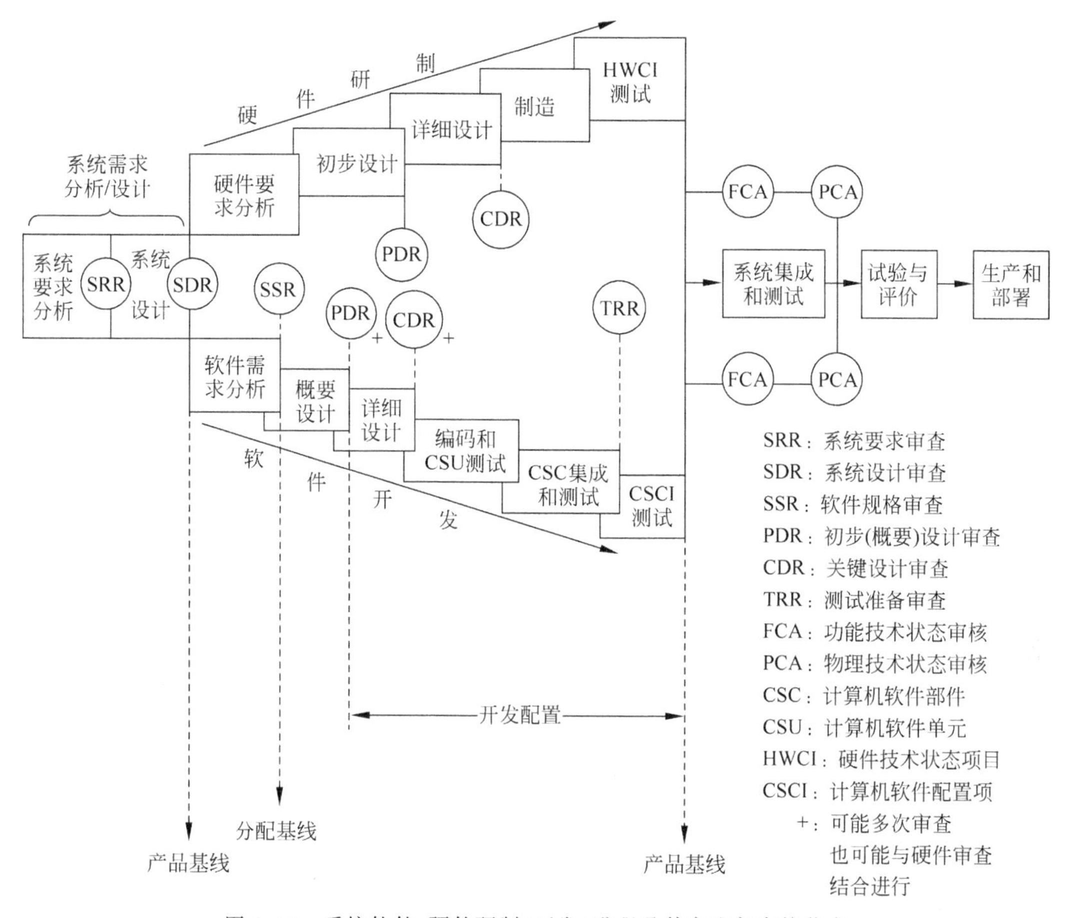

图 1.14 系统软件、硬件研制(开发)进程及其审查与审核节点

1.6 光电产品工程设计控制程序

光电装备产品设计和开发是一个比较复杂的系统过程，设计质量受到诸多因素的影响。通过加强设计过程的质量控制，使过程的每个环节都处于受控状态，设计工作有序进行，就会达到事半功倍的效果，从而为产品按期、按质地达到用户要求打下良好的基础。

产品设计是产品固有质量形成的关键阶段，严格控制质量是生产优质装备产品的前提，同时质量管理的重点也由制造过程转向设计过程，实现设计过程控制是提高设计质量的重要一环，所以必须对产品设计的过程予以识别控制。

从产品质量的形成过程和大量的统计资料得出：设计质量是造成产品故障或质量问题的主要原因，产品研制质量必须从设计这个源头抓起。装备产品的固有质量是由设计确立的，因此设计质量是装备产品的基础和根本。

为了实现装备产品的全面质量管理，应尽量避免将质量问题遗留到使用阶段，降低因质量归零处理而带来的巨额质量成本，所以必须将质量控制点前移至(型号)研制的设计开发阶段，实行产品研制全质量特性质量管理，坚持“产品质量第一”的方针，以提高装备产品的(作战)使用能力和保障能力为目标，做到预防为主、早期投入和全程控制。

具体而言，光电产品设计应规定过程质量控制要求和工作程序，对产品设计过程进行控制。产品设计一般可分为初步设计、技术设计和工作图设计。试制过程一般可分为样机(样品)试制、小批试制和正式生产。在GB/T 19001标准和GJB 9001C标准中，提出产品设计应规定过程要求和工作程序，对产品设计过程进行控制。

光电产品设计一般从设计任务书等输入文件下达开始，将输入文件转化为详细的设计和开发输入，经历总体设计、单机设计、部件设计、专业技术设计等过程。下面将以某类复杂光电产品设计控制程序为例进行介绍，在实际工作中可视产品复杂、难易程度以及其他具体要求，进行适当剪裁。详细设计过程控制流程如图1.15所示，产品研制(开发)阶段的划分及质量控制点设置见表1.2。

1.6.1 设计输入控制

光电产品设计输入要求是设计的依据，设计输入文件是正式开展产品设计和开发的依据，提供产品和有关过程的特性或规范，也是开展质量保证工作的依据，所以要规范设计输入的要求，建立基线。完整准确地确定设计要求，理解用户的需求，还要考虑用户的潜在要求。设计输入要求通常包括用户要求、功能要求、性能要求、设计要求、法律法规要求。一般包括下列文件：产品研制任务书、产品技术规格书、产品合同、产品标准化大纲、产品可靠性保障大纲、产品质量保证大纲等。应该对设计输入进行评审，与用户进行沟通，并通过会签等形式固定沟通的结果。对要求的更改应进行技术状态管理。

形成新产品研制的输入文件是在产品要求评审阶段与用户方达成的共识，并经用户方确认的产品要求，应在产品设计和开发中严格贯彻、执行和实现，一般不得随意更改。确需更改或用户方提出更改，应通过相关部门与用户方协调、协商，求得共识，并履行审签手续。

1.6.2 设计过程控制

为了实现产品的优良质量，加强设计和开发的控制是头等重要的工作。设计和开发的质量控制点有许多个方面，包括控制设计和开发的输入和输出，开展“六性”[可靠性(Reliability)、维修性(Maintainability)、保障性(Supportability)、测试性(Testability)、安全性(Safety)、环境适应性(Environmental Worthiness)]设计、“三化”[通用化、系列化、组合化(模块化)]设计、设计评审、设计验证、设计确认、设计更改、实验控制等工作，实施技术状态管理，控制技术状态更改。这些主要的质量控制点还可以扩展到更多的质量控制环节，进一步细化设计质量管理工作。

在设计过程控制中，应明确设计工作中的机构、人员组成及过程控制要求。在实际工作中，往往由相关人员和部门任命设计师、工艺师、质量师(可靠性师)、标准化师和计量师，建立行政指挥线和技术指挥线。同时由于产品的复杂程度不同，设计工作中的机构、人员组成及过程控制要求是有较大区别的，应进行适当的剪裁。

产品主任设计师组织编制产品设计和开发计划。内容应包括：

(1) 产品概况。

(2) 产品设计和开发的阶段划分及控制节点的设置。

(3) 设计和开发评审计划及要求。

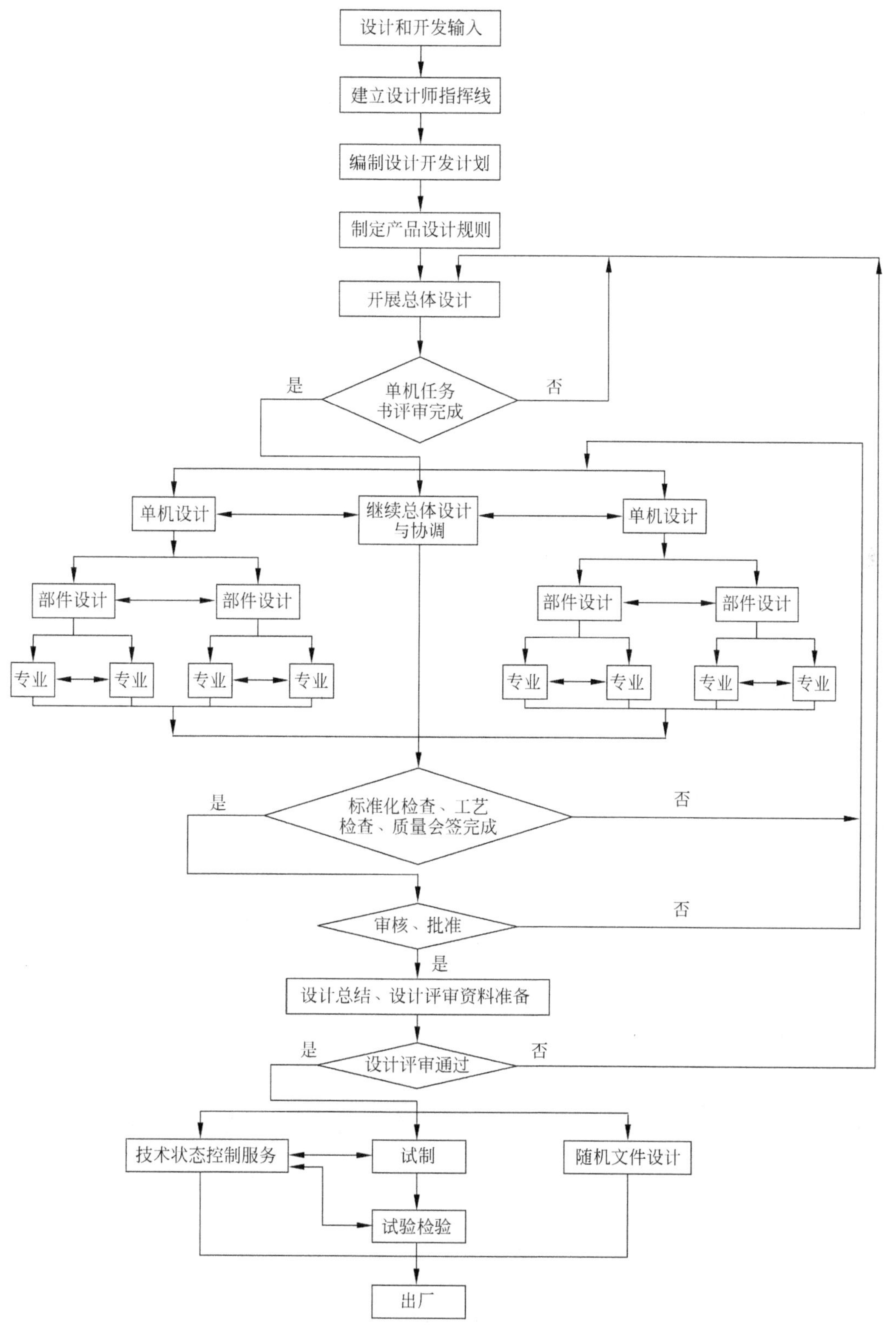

图 1.15 设计过程控制图

表 1.2 产品研制(开发)阶段的划分及质量控制点设置

阶段 内容	论证阶段	方案阶段	工程研制阶段				设计定型(鉴定)阶段	生产定型(鉴定)阶段
			技术设计	施工设计	试制	现场交验		
输入	用户方的需求,初步性能和技术指标要求	用户方对产品(设备)研制总要求或《方案论证报告》及批复	研制任务书,可靠性保证大纲,标准化大纲	合同、技术规格书,研制任务书、可靠性保证大纲、质量保证大纲、标准化大纲	设计图样及技术文件,制造与验收技术条件(附所要求的实验大纲)	合同、技术规格书、安装技术条件、实验大纲、用户方提出的其他要求	设计定型(鉴定)计划,用户方反馈的质量信息和改进意见,试制产品研制中的质量信息	生产定型(鉴定)计划,试制产品生产中的质量信息,设计定型(鉴定)后的图样、文件
主要活动	用户方的需求分析,针对需求进行技术论证及必要的验证实验,提出总体技术方案,编写方案论证报告	方案设计,编写方案设计说明书,绘制产品总体安装示意图、外形图和原理框图,编写《研制任务书》(报批稿),编制可靠性保证大纲,编制标准化大纲,用户有要求时,研制原理样机或模型样机	编制设计(开发)计划,开展技术设计,编制质量保证大纲,绘制技术设计图样和编写技术文件,编写技术设计说明书,编写技术规格书(建议稿),编制安装技术要求初样机(合同有要求时)	编制产品设计任务书(含单机),制定产品设计规则、产品设计任务书评审,开展设计活动,关键技术、新技术进行攻关、实验和验证,编制施工设计输出所要求的技术文件,编制《制造与验收技术条件》及其要求的实验大纲,合同有要求时,正样机试制与实验	编制工艺文件、工艺评审,申报元器件采购清单、下料单,采购、外协试制前准备状态检查、制造、实验前准备状态检查,应力筛选实验、环境实验,联调实验,用户方要求的其他实验,对用户方进行技术培训	安装技术服务,产品设备恢复、实验、交验	编制产品设计定型(鉴定)工作计划,针对用户方反馈的质量信息和改进意见及其他质量记录,对设计图样和技术文件进行改进、完善,准备设计定型(鉴定)所需的资料,编写申请报告,为召开设计定型(鉴定)审查会做好准备工作	编制产品生产定型(鉴定)工作计划,针对产品试制生产中的质量信息,改进工艺,使其适应批生产的要求,准备产品生产定型(鉴定)文件资料,编写申请报告,为召开生产定型(鉴定)审查会做好准备

续表

阶段内容	论证阶段	方案阶段	工程研制阶段				设计定型（鉴定）阶段	生产定型（鉴定）阶段
			技术设计	施工设计	试制	现场交验		
输出	产品《研制方案论证报告》，总体技术方案	方案设计图样及方案设计说明书，研制任务书（报批稿），可靠性保证大纲，标准化大纲，原理样机（有要求时）	技术设计图样及技术设计说明书，质量保证大纲，安装技术条件，技术规格书（建议稿），初样机（有要求时）	施工设计图样和技术文件，软件设计文本和设计说明，制造与验收技术条件（附所要求的实验大纲）	验收合格的试制产品，实验报告，检验报告，产品合格证	验收纪要	供设计定型用的图样、技术文件、图像资料。设计定型（鉴定）申请报告、检查报告和审查会审查报告	供生产定型的全套工艺文件及说明，生产定型（鉴定）申请报告、检查报告、审查报告
完成标志	用户方审查通过《研制方案论证报告》并批复	方案设计评审通过，用户方批准研制任务书	技术设计评审通过，用户方批准技术规格书，产品外部接口关系明确、固化	施工设计图样和技术文件齐全、完备，施工设计评审通过	试制产品经用户方验收合格（需要时，召开产品鉴定会），同意出所	经用户方、总体责任单位现场验收合格，签字认可	批准设计定型；定型图样和技术文件盖章	批准生产定型；定型图样、文件、盖章
应提供的主要文件	研制方案，论证报告，总体技术方案	方案设计说明书（附方案设计图样），可靠性保证大纲，标准化大纲，研制任务书（报批稿）	技术设计说明书，技术设计图样，质量保证大纲，可靠性设计与分析报告，电磁兼容设计说明技术规格书（建议稿）	设计图样、技术文件、关、重件（特性）分析报告，关、重件（特性）明细表，备品备件清单，制造与验收技术条件（附实验大纲）	实验报告，检验报告，履历表，产品合格证，随机文件	实验总结报告，验收纪要	设计定型（鉴定）文件	生产定型（鉴定）文件
评审	研制方案评审	方案设计评审	技术设计评审	设计任务书评审；设计输出评审	工艺评审，产品质量评审，用户方代表检验确认	用户方确认	设计定型（鉴定）评审	生产定型（鉴定）评审
硬件状态	实验装置（需要时）	原理或模拟样机（要求时）	初样机（要求时）	正样机（要求时）	试制产品	试制产品	试制产品	产品

(4) 技术保障措施：

① 技术、关键件、重要件分析和控制措施；

② “三化”设计考虑和实现措施；

③ 新技术、新器材的采用及论证、验证、实验和鉴定要求及计划；

④ 设计验证方法和验证计划。

(5) 设计输出文件清单。

(6) 指挥线设置、人员、职责、分工。

(7) 组织和技术接口关系及协调办法。

(8) 资源保障。

(9) 产品研制风险评估分析。

编制产品设计规则或产品设计统一规定是必要的。编制产品设计规则，是为了确保设计的统一性、协调性和完整性，明确材料、元器件、标准件的选用原则。运用优化设计、可靠性、维修性、综合保障性等设计技术，进行产品总体设计，经分析、计算、综合权衡，进行误差分配和可靠性分配，划分单机、部件，编制设计任务书(含单机、部件设计任务书)。单机、组件设计任务书应明确提出对单机、部件的功能、技术指标、接口关系、可靠性等具体要求，并作为单机、部件设计输入的依据，组织评审。设计任务书的签署由下达任务者编制，接受任务者校对，评审组长或成员审核，主任设计师或设计部门领导批准后生效。

设计师系统应分工明确，使总体、单机、部件、零件相互之间组织协调、技术协调关系畅通。设计中采用的新技术、新器材，应按采用新技术、新器材的控制程序的要求进行论证、实验和鉴定。按产品功能特性分类控制程序进行关键件(特性)、重要件(特性)特性分析，确定关键件(特性)、重要件(特性)明细表，按产品设计和开发计划进行控制。按计算机软件控制程序和产品软件设计规范的软件工程方法进行软件的设计、验证和控制。

为使设计的结果易于制造，将相关专业人员及用户方代表的意见和要求反映到设计中，严格执行设计图样的标准化检查、工艺检查及技术文件的工艺、质量和用户方审查会审制度。设计图样和技术文件按图样和技术文件签署规定进行审签，要求签署规范、完备。

1.6.3 设计输出控制

设计输出是设计和开发过程的结果，应规范设计输出的要求。设计输出的形式是设计图样和技术文件，允许分阶段输出和分阶段控制。在工作中应注意，每个文件的作用和意义，以及产品复杂程度不同，输出文件的类别和繁简是相差较大的。设计输出的图样、文件、规范等是制造、安装和检验的输入，最终都应通过定型得到确认。

设计输出控制的基本要求：满足产品设计输入的要求；给出采购、生产和服务的适当信息；给出验证设计和开发的产品满足设计输入要求所需的检验、实验、验收的大纲，准则和其他技术文件；设计产品的使用所必需的保障性资源和技术文件；产品试制前阶段的设计输出必须按设计和开发评审程序的规定，通过评审，方可生效，转入产品试制阶段。其他分阶段的设计输出文件，进行审签、会签、批准后生效。

产品试制前设计输出：设计图样；关键件(特性)、重要件(特性)项目明细表，并在图样上作相应标识；制造验收技术条件、环境应力筛选实验大纲、环境实验大纲；标准件、元器件明细表等。

产品实验前设计输出：软件设计(概要、详细)说明；联调实验大纲；技术说明书；使用和维护说明书；操作人员培训教材等。

产品交付前设计输出：产品包装、存储作业指导书，产品、备品、备件、专用工具、随机文件等装箱清单；产品安装技术条件；产品实验大纲；产品照相图册；产品履历簿；合同要求的其他文件。

1.6.4 “六性”设计控制

在设计和开发过程中，需确定产品的“六性”要求，运用优化设计和“六性”专业工程实施设计和开发。依据研制总要求(研制任务书、技术协议)规定的“六性”要求来确定满足“六性”要求的计划和措施。“六性”工作计划可以单独编制，也可以在质量计划中做出规定。具体管理要求可参照GJB 450A等标准并结合产品实际做出规定。

1.6.5 设计评审控制

装备产品研制程序要求承制单位必须建立分级、分阶段的设计质量、工艺质量和产品质量评审制度以及进行试制、实验前的准备状态检查。设计评审应纳入研制计划，未按规定要求完成设计评审，不能转入下一阶段工作，与所评审阶段有关的职能代表都应参加该阶段设计和开发的评审活动。必要时进行“六性”以及元器件、原材料和计算机软件等专题评审，也可以与其他设计评审一起进行。为求设计评审有实效不走过场，首先要明确设计评审各方的责任：评审组织单位对人员、资料准备与提供、评审意见处理及追踪管理并运用PDCA(Plan、Do、Check、Act，即计划、执行、检查、处理)过程改进方法不断改进和提高评审的有效性负责；评审组对评审意见结论建议的正确性负责；(型号)总师系统对总结报告、资料正确性以及对意见和建议采纳与否的后果负责；质量部门对评审后的跟踪管理负责。

1.6.6 设计和开发验证与确认控制

设计和开发验证是为了证实设计和开发的输出是否满足输入的要求，设计和开发验证应按设计和开发策划的安排进行，一般在形成设计输出时进行。设计验证具有层次性、阶段性、多方式、迭代性的特点，设计验证的方法包括实验、演示、分析、评审、检验、仿真。承制单位应保存设计和开发验证的结果及由验证而采取的任何必要措施的记录，对于用户要求控制的验证项目，应在相关文件中予以明确并通知用户参加。设计和开发确认的目的是证实设计和开发产品满足规定的使用要求或已知的预期用途要求，设计和开发确认应按设计和开发策划的安排进行，只要可行，应在产品交付或实施之前完成。设计和开发确认的方式可以包括对设计和开发的产品交付用户试用及模拟实验等。承制单位应保存设计和开发确认结果及由确认而采取的任何必要措施的记录。

1.6.7 实验控制

根据设计和开发输出的要求，实验前需编制实验大纲，明确实验的项目、内容以及实验的程序、条件、手段和记录的要求，实验前需做好准备状态检查。应按实验大纲规定的程序进行实验并严格执行实验设备的操作程序，确保实验条件和实验设备处于受控状态，并按规定要求做好记录。对实验过程发生的任何问题都应分析原因、采取措施，待问题解决后才可继续实验。对任何超越实验程序的活动都应经过严格的审批，实验过程的变更应征得用户同意。对实验发现的故障和缺陷要运行产品故障报告和纠正措施系统，采取有效的纠正措施并进行实验验证，实验过程变更时应征得用户的同意。对按实验大纲所收集的实验数据和原始记录进行整理、分析和处理，并对实验的结果进行评价。实验过程、结果及任何必要措施的记录应予保留。

1.6.8 实施技术状态管理与技术状态更改控制

技术状态管理是运用行政和技术手段，建立各种程序，对产品技术状态实施有目的、有计划、有步骤的管理。承制单位应实施技术状态管理，内容包括技术状态标识、技术状态控制、技术状态纪实、技术状态审核。建立控制技术状态更改的制度，保证更改得到系统地评价、协调、批准及实施并把更改正确地反映在技术文件及更改控制文件内，跟踪产品技术状态的全部历史。通过严格控制更改，控制偏离许可、让步，保证文文相符、文实相符，保证技术资料完整、配套、协调，可以实现以最低的费用和最短的周期研制出满足质量要求的产品。

1.6.9 设计和开发更改控制

设计和开发的更改是对设计和开发的输出的变更，包括经过评审和批准的阶段设计和开发的输出的变更。引起设计和开发更改的原因很多，可能有产品要求的变更引起，也可能由适用于产品法规的变更引发，也可能由设计评审、验证、确认活动发现的问题或生产过程发现的设计问题等引发。所有设计和开发更改在正式实施前必须得到规定的批准人员的批准才可以实施更改，重要的设计更改如影响装备(战术)技术性能、结构、强度、通用性、互换性重要的接口、“六性”等，应参照 GJB 3206A—2010《技术状态管理》、GJB 5235—2004《软件配置管理》等标准进行系统分析和验证，确保符合论证充分、各方认可、实验验证、审批完备、落实到位的原则。承制单位应保持设计和开发更改的有关记录，包括更改的申请、评审、验证、确认、审批的记录和更改的实施和标识的记录，设计更改应符合技术状态管理的有关规定要求。

具体来说，经过设计评审或经过审签、会签、批准生效的图样和技术文件按文件控制程序的要求，应对其归档、标识、发放、使用、保存、更改、废止等进行控制。

由于用户要求、设计错误、要求不当、不易加工装调、材料等原因，经过论证、分析确需对图样和技术文件进行更改的，履行审批手续后，允许更改。更改过程必须受控。

由提出更改的设计者填写“更改通知单”，写明更改图号、名称、产品代号更改部位(附简图)、更改原因、标记、处数并签署。

主管设计师或同行专家对更改通知单校对、主任(副主任)设计师审核，并签署。

一般性更改，由部门领导批准。关键件和重要件的关键、重要尺寸及已设计定型的图样和技术文件的更改，必要时需经用户方代表签字认可，质量标准部门会签，总工程师批准。

设计部门按签署完备而生效的“更改通知单”对全部蓝图进行更改，更改过程按“更改通知单运行记录”的要求进行，并予以记录。

在产品出厂前整理图样时，由设计部门按照累积的“更改通知单”更改底图。更改后的底图连同“更改通知单”一起存档备查。

技术文件的更改按文件控制程序进行更改和控制。在实际工作时，应着重强调设计更改的过程及其规章制度的必要性。

1.6.10 技术服务和记录

设计部门在图样和技术文件转入制造、实验阶段后，应组织设计人员进行技术服务，解释图样和技术文件，接受咨询和处理与图样和技术文件有关的问题。

设计部门按器材代用程序、不合格品控制程序和纠正措施管理程序等规定的职责进行审理和纠正，达到控制产品技术状态的目的。

设计过程中形成的设计说明书、计算书、验证报告、技术协调单、设计总结报告等按质量记录控制程序的规定归档。

产品设计完成后还应进行一些后续服务性工作，并及时进行各类设计文档、资料的整理、归档。需要指出的是，不论是设计控制，还是具体设计环节，都应适当引进最新相关标准内容，如国际标准、国家标准、国家军用标准、行业标准等，以适应实际工作的新需求。

1.7 光电产品设计图样文件技术要求

产品（研制）设计图样文件包括产品图样和设计文件。在有关国家标准和国家军用标准中，产品设计图样文件更是其重要的内容。由于复杂光电产品对设计图样文件技术要求较系统、全面，因而将以此类产品设计图样文件技术要求为代表进行介绍，在实际工作中可视产品复杂、难易程度以及实际要求进行适当剪裁。

1.7.1 产品图样及设计文件的完整性

明确产品的设计阶段和试制阶段，对产品不同的阶段，图样及设计文件的要求是有所差别的。产品研发阶段可分为原理样机阶段、初步样机阶段、正式样机阶段。产品设计可分为原理样机设计、初步样机设计、正式样机设计、技术设计、工作图设计。产品试制过程一般可分为样机（样品）试制、小批试制、正式生产。

产品及其组成部分，包括产品、成套设备、零件、部件、专用件、借用件、通用件、标准件、外购件、附件、易损件、备件。

产品图样按表示的对象分类，可分为零件图、装配图（部件装配图、总装配图）、总图、外形图、安装图、简图（原理图、系统图、方框图、接线图）、表格图、包装图。产品图样按完成的方法和使用特点分类，可分为原图、底图、副底图、复印图。按设计过程分类，可分为设计图样（在产品各阶段的技术设计时绘制）、工作图样（产品各阶段工作图设计时绘制）。

与设计有关的文件包括：技术任务书，技术建议书，研究实验大纲，研究实验报告，计算书，技术经济分析报告，技术设计说明书，产品技术条件，产品检验验收技术条件，文件目录，图样目录，明细表，通（借）用件汇总表，外购件汇总表，标准件汇总表，产品标准，特殊元件、外购件、材料表；标准化审查报告，试制鉴定大纲，试制总结，型式实验报告，试用报告，产品特性值重要度分级表，产品设计评审报告，使用说明书，合格证，装箱单等。应基于不同产品的不同阶段，进行必要的裁剪。

产品在设计、试制、鉴定和生产各阶段应具有相应的产品图样及设计文件。产品图样及设计文件的完整性应按要求确定，对不具备批量生产的产品以及特殊简单产品可按具体情况确定。

明细表和装配图明细栏允许具备一种。只进行技术设计和工作图设计或只进行工作图设计的产品，允许无其他级别的文件。下列文件及图样允许组合、借用或简化：同系列产品的同一种设计文件；图样目录与明细表；外购件汇总表与标准件汇总表；简图可直接绘于相应的装配图上。

1.7.2 设计文件的内容及要求

应注意根据企业类别、产品类别、复杂程度和技术含量，区别设计文件的内容，并有针对性地进行剪裁、合并。在这些技术文件中，应注意技术任务书、实验大纲、实验报告、计算书、技术经济分析报告、技术设计说明书的内容。需要指出的是，由于不同行业、不同企业的长期习惯，技术文件的类别与名称可能与国家标准不一致，但应包含相应技术文件的内容与要求。

1. 技术任务书与技术建议书

技术任务书主要包括：

(1) 设计依据。

(2) 产品用途及使用范围。

(3) 基本参数及主要技术性能指标。

(4) 设计或研制进度。

技术建议书(技术论证报告)主要包括：

(1) 产品主要工作原理及系统。

(2) 产品组成及总布局、主要部件结构概述。

(3) 国内外同类产品水平分析比较。

(4) 标准化综合要求(其内容包括：应贯彻的产品标准和其他现行技术标准；新产品预期达到的标准化系数；对材料和元器件标准化要求；与国内外水平的对比，对新产品的标准化要求及预期达到的标准化经济效果等)。

(5) 关键技术解决途径、方法及关键元器件、特殊材料、货源情况分析。

(6) 对新产品的设计方案在性能、寿命与成本方面进行分析比较。

(7) 说明产品既满足用户需要，又适应本企业发展要求的情况。

(8) 产品设计、实验、试制周期的估算。

技术任务书是工程设计的源头和出发点，必须完整、科学、准确。技术论证是产品设计、实验、试制成功的开端和基本保证，必须系统、全面、可行。其中，技术指标一般应具有先进性、实用性和可实现性。

2. 计算书与技术设计说明书

计算书主要包括：计算目的，采用的计算方法，公式来源和公式符号说明(对采用统一计算公式者除外)，计算过程和结果。

技术设计说明书主要包括：技术设计依据，对技术任务中确定的有关性能指标、结构、原理变更情况的说明。

3. 技术经济分析报告

技术经济分析报告主要包括：确定对产品性能、质量及成本费用有重大影响的主要零部件；同类型产品相应零部件的技术经济分析比较；运用价值工程等方法，从成本与功能相互关系，分析产品主要零部件结构、性能、精度、材质等项目，论证达到技术上先进和经济上合理的结构方案、预期达到的经济效果等。

4. 文件目录与图样目录

文件目录包括正式生产（或试制）的全部设计文件，以及随产品出厂的设计文件。

图样目录一般针对产品编制，编入图样目录的项目为全部产品工作图样。

5. 明细表与汇总表

明细表可针对下列对象编制：产品、部件；特殊订货的成套附件、工具；包装部件及零件。

汇总表一般针对产品编制，但同一系列产品可汇总在同一张表格上。汇总表分为：通用件、借用件汇总表；外购件汇总表；标准件汇总表及其他汇总表。

6. 产品检验验收技术条件、产品标准、产品特性值与重要度分级表

产品检验验收技术条件、产品标准（行业标准、企业标准）的编写应符合 GB/T1.3 的规定，这一点在实际工作中需要特别注意。在国家标准的框架下，即使相同的产品，不同企业的产品标准、规范或检验验收技术条件往往是存在差异的。

产品特性值、重要度分级表主要包括：序号、代号、名称；重要特性值；备注；重要度等级。

7. 产品设计评审报告与标准化审查报告

产品设计评审报告主要包括：评审类别；评审对象；评审内容；评审意见、建议；评审结论；评审主持人；参加评审人员并签字；评审日期。在实际工作中，为使产品设计完整、合理、正确，需要借助专家的力量、集体智慧的力量。

样机试制标准化审查报告包括：

(1) 产品种类、主要用途和生产批量；

(2) 产品图样、设计文件的正确性、完整性、统一性；

(3) 产品标准化系数；

(4) 标准化经济效果；

(5) 产品基本参数及性能指标符合产品标准情况；

(6) 贯彻各类标准的情况及未贯彻的原因；

(7) 对新产品标准化情况的综合评价；

(8) 标准化审查的结论性意见。

小批试制标准化审查报告包括：

(1) 工艺标准化情况；

(2) 样机鉴定时标准机构提出意见后的执行情况；

(3) 工艺文件的正确性、完整性、统一性；

(4) 工艺装备标准化系数；

(5) 存在问题和解决措施；

(6) 标准化审查的结论性意见。

8. 使用说明书

产品使用说明书对用户来说是一种非常重要的文件，应符合 GB/T 9969 的规定，并站在用户的角度进行编写。

9. 实验大纲与实验报告

实验大纲主要包括：实验项目名称；实验目的和要求；实验条件（环境条件、实验装置、测试仪器及工具等）；实验方法、步骤和相应记录表格；实验注意事项；经费估计；提出单位等。

实验报告主要包括：实验项目及任务来源；实验目的和要求；实验起止时间；实验数据；特性曲线；实验过程中所发生的问题及分析处理情况；实验结论和建议；实验单位及人员等。

10. 试制鉴定大纲与试制总结

试制鉴定大纲包括样机试制鉴定大纲及小批试制鉴定大纲，是为了验证产品基本参数和技术性能指标是否符合有关产品标准的要求，包括：提出产品全部性能实验项目、程序及记录表格；检验产品主要零部件制造质量及装配质量；检查产品外观质量；审查产品图样、设计文件的正确性、完整性、统一性；样机试制、鉴定重点审查产品图样、设计文件；小批试制、鉴定重点审查工艺、工装图样及文件。对在鉴定前已进行过实验并具有实验文件（如试用报告）而又不宜在鉴定时再进行实验的项目，应提出实验报告的编号和名称，并附鉴定用仪器、工具及材料清单，鉴定实验地点（指大型成套设备）。

样机试制总结包括：试制产品性质（指系列、派生、专用等）；试制时间、数量；关键问题及解决过程；产品图样、设计文件验证情况；材料代用情况；加工、装配质量情况；样机试制结论。

小批试制总结包括：小批试制时间和数量；样机鉴定中提出的问题和建议的处理情况；工艺验证情况；工装验证情况；关键问题及解决过程；小批试制结论。

11. 型式实验报告与试用报告

型式实验报告包括：实验台数及产品编号；实验依据；实验记录；根据国家标准、企业标准，或产品技术条件进行逐项实验并作记录；质量分析，即根据实验结果，对产品质量做出结论性评价，一般指是否合格、主要技术指标的水平，对不合格项目初步分析意见。

试用报告包括：试用产品型号、名称与编号；试用项目；试用目的、要求试用条件（环境条件、设备、仪表）；试用步骤、方法和内容；性能分析；试用结论；试用单位盖章和日期。

12. 合格证（合格证明书）

合格证（合格证明书）包括：产品型号、名称、出厂编号；国名、厂名（或商标）；有关主要性能、安全、可靠性指标实测数据；“产品经检验合格，准许出厂”等字样；检验员、检验科长签章及日期，必要时需法人代表签署并附检验单。

13. 装箱单

装箱单主要包括：产品名称、规格、数量；从产品上拆下包装的零部件名称、数量；随机附件、工具名称、数量；随机备件名称、数量；成套设备安装所需的材料、名称、数量；随机文件、名称、数量；装箱单中应注明国名、厂名、产品型号、名称、出厂编号、装箱部位、装箱检验员签章及日期，必要时还应注明箱号、箱体尺寸、净重与毛重。装箱单依据具体情况可以适当裁剪、合并。

需要指出的是，设计图样文件是产品设计输出的结果，其完整性和准确性对产品设计具有直接的影响，对产品研发、设计、生产、装配、调试、实验、检验、使用等环节具有显而易见的作用和意义，而且决定着产品研制的成败以及产品生产与使用的质量。

1.8 光电系统设计与仿真软件

随着计算机软硬件技术的发展及其在光电系统设计中的应用，已出现了许多有代表性的专业化设计与仿真工具软件，包括ZEMAX、CODE V、OSLO、LENSVIEW、ASAP、TRACEPRO、LIGHTTOOL、TFCALC、OPTISYS_DESIGN、ASLD、SYNOPSYS、ANSYS、Multisim、COMSOL Multiphysics、PhotonDesign、LAS-CAD等，下面予以简要介绍和分析。

1. ZEMAX

ZEMAX光学设计软件，可做光学组件设计与照明系统的照度分析，也可建立反射，折射，绕射等光学模型，并结合优化，公差等分析功能，是一套可以运算Sequential及Non-Sequential的软件。它有多个版本，是将实际光学系统的设计概念、优化、分析、公差以及报表集成在一起的一套综合性的光学设计仿真软件。ZEMAX的主要特色：提供多功能的分析图形，对话窗式的参数选择，方便分析，且可将分析图形存成图文件，如*.bmp、*.jpg等，也可存成文本文件*.txt；表栏式merit function参数输入，对话窗式预设merit function参数，方便使用者定义，且多种优化方式供使用者使用；表栏式tolerance参数输入和对话窗式预设tolerance参数，方便使用者定义；多种图形报表输出，可将结果存成图文件及文字文件。

2. CODE V

CODE V光学设计软件，提供用户可能用到的各种像质分析手段。除了常用的三级像差、垂轴像差、波像差、点列图、点扩展函数、光学传递函数外，软件中还包括了五级像差系数、高斯光束追迹、衍射光束传播、能量分布曲线、部分相干照明、偏振影响分析、透过率计算、一维物体成像模拟等多种独有的分析计算功能。它是广泛应用的光学设计和分析软件。CODE V不断进行改进和创新，包括：变焦结构优化和分析；环境热量分析；MTF和RMS波阵面基础公差分析；用户自定义优化；干涉和光学校正、准直；非连续建模；矢量衍射计算(包括偏振)；综合优化光学设计等。

3. OSLO

OSLO主要用于照相机、通信系统、军事/空间应用、科学仪器中的光学系统设计，特别当需要确定光学系统中光学元件的最佳大小和外形时，该软件能够体现出其优势。此外，OSLO也用于模拟光学系统的性能，并且能够作为一种开发软件去开发其他专用于光学设计、测试和制造的软件工具。

大多涉及光波传播的光学系统都可以使用OSLO进行设计，典型的应用包括：常规镜头；缩放镜头；高斯光束/激光腔；光纤耦合光学；照明系统；非连续传播系统；偏振光学；高分辨率成像系统。此外，OSLO还可以设计具有梯度折射率表面、非球面、衍射面、光学全息、透镜阵列、干涉测量仪等光学系统。

4. LENSVIEW

LENSVIEW为搜集在美国以及日本专利局申请有案的光学设计的数据库，囊括超过18 000个多样化的光学设计实例，并且每一实例都显示它的空间位置。它搜集从1800年起至目前的光学设计数据，这个内容丰富的LENSVIEW数据库不仅囊括光学描述数据，而且拥有设计者完整的信息、摘要、专利权状样本、参考文件、美国和国际分类数据以及许多其他功能。LENSVIEW能产生多种式样的像差图，做透镜的快速诊断，并绘制出这个设计的剖面图。

5. ASAP

ASAP是光学分析软件，为仿真成像或光照明的应用而设计。对于整个非序列性描光工具都经过速度的优化处理，可以在短时间内就可做数百万条几何光线的计算。光线可不计顺序及次数的经过表面，还可向前、向后追踪。此外，ASAP的指令集可以进行特性光线以及物体的分析，包括：选择所要分析的物体光线；选择并独立出特定的光线群；列出光线的来源（折射/反射/散射），以及其路径的变化；追踪光线的来源以及强度，分析出杂散光路。ASAP主要用于汽车车灯光学系统、生物光学系统、相干光学系统、屏幕展示系统、光学成像系统、光导管系统、光电系统、照明系统及医学仪器设计等。

6. TRACEPRO

TRACEPRO是一套用于照明系统、光学分析、辐射分析及光度分析的光线仿真软件。它是结合真实模型、光学分析功能、数据转换及使用接口的仿真软件。应用领域包括：照明；导光管；薄膜光学；光机设计；杂散光和激光泵浦。建立的模型包括：照明系统；灯具及固定照明；汽车照明系统（前头灯、尾灯、内部及仪表照明）；望远镜；照相机系统；红外成像系统；遥感系统；光谱仪；导光管；投影系统、背光板等。TRACEPRO应用在显示器产业上，它能模仿许多类型的显示系统，从背光系统，到前光、光管、光纤、显示面板和液晶显示（Liquid Crystal Display，LCD）投影系统。

7. LIGHTTOOL

LIGHTTOOL是光学系统建模软件，具有三维照明模拟功能，于1995年推出；1997年，又推出与主体程序配套使用的Illumination模块，解决照明系统的计算机辅助设计问题；具有系统建模、光机一体化设计、复杂光路设置、杂光分析、照明系统设计分析等功能。

8. TFCALC

TFCALC是一个光学薄膜设计软件，用它可以进行膜系设计。许多光学元件需要多层膜系设计，如棱镜、显示器、眼镜片等。为了控制从X射线到远红外线的波长范围内的光的反射和透射，光学薄膜取决于如何控制光的干涉和吸收，TFCALC可以帮助设计出光学系统中光学元件所需的膜系。

TFCALC作为光学薄膜设计和分析的通用工具。可用于设计各种类型的减反、高反、带通、分光、相位等膜系。

1）支持各种膜系的建模

TFCALC能设计基底双面膜系，单面膜层最多可达5000层，支持膜堆公式输入；并可以模拟各种类型的光照，如锥形光束、随机辐射光束等。

2）优化功能

可用极值、变分法等方法优化膜系的反射率、透过率、吸收率、相位、椭偏参数等目标。还可以采用针法，只要有初始的单层膜就可以自动设计出各种膜系。

3）集成了各种分析功能

反射率、透过率、吸收率、椭偏参数分析；电场强度分布曲线；膜系反射和透过颜色分析；晶控曲线计算；膜层公差与敏感度分析；良率分析。

9. OPTISYS_DESIGN

OPTISYS_DESIGN是光通信系统仿真软件包，用于在光网络物理层上大多数的光连接形式的设计、测试和优化。作为系统级的基于实际的光纤-光通信系统仿真器，它实现了仿真环境，以及系统与器件之间层次等级的界定。可以把定义的器件加入通用器件之中以扩展其功能。可以用图形界面来控制光器件的摆放和连接，器件的模型和示图。器件库中包含有源和无源器件，以及随波长而变的参数表，可以查到特定器件的规格对于整个系统性能的影响。

10. ASLD

ASLD是一款高效易用的固体激光器谐振腔设计、优化仿真工具。它可以从泵浦系统模型到谐振腔模拟，以及系统内光学、机械、热效应和电场等物理特性之间的相互影响分析。应用于：热透镜效应分析；光束质量和输出功率分析；激光器稳定性及束腰分析；泵浦光源分析；主动Q开关、被动Q开关；参数分析等。特点优势在于：高功率激光器的超高斯模式分析；精确的连续波长输出功率计算；参数分析。

11. SYNOPSYS

SYNOPSYS是OSD(Optical Systems Design)公司开发的光学设计软件；能面对更高的专业需求，可以分析优化各种各样的复杂光学系统；支持多种特殊光学面如衍射光学元件、复杂非球面、自由曲面设计，各种变焦镜头，扫描系统；容易实现元件的偏心和倾斜；支持用户的设计需求、概念发展或方案开发、详细的镜头设计、公差分析、技术性能分析(包括衍射效应，通过Monte-Carlo分析公差预算影响)；建立的透镜系统会自动匹配首选供应商的光学样本列表，从而降低加工成本和加快设计加工进程；拥有均方根光斑大小、OPD、MTF和一整套自定义的评价函数；智能优化默认参数的设置对于绝大多数的系统有效，也可以设置自己的评价函数；可找出造成较严重鬼像或冷反射的问题面，并可在优化过程中自动减小或消除其影响；变焦系统设计优化可以直接输出凸轮曲线，完成自动公差预算、公差的敏感度分析、变焦镜头的凸轮CAM(Computer Aided Manufacturing，计算机辅助制造)计算，镜头元件成本分析(材料和装配成本)等工作。

12. ANSYS

ANSYS软件是大型通用有限元分析软件，有较强的分析计算功能，有着较广泛的应用。可与多种CAD(Computer Aided Design，计算机辅助设计)软件(AutoCAD、SolidWorks、UG、Pro/Engineer)兼容共享数据，可以精确地将在CAD系统下建立的模型导入ANSYS，模型可在导入以后进行相应的操作，包括对导入模型进行网格划分、材料属性设置最后求解计算有限元模型。这样节省了在ANSYS中建模所消耗的很多时间，给工程技术人员带来了较大的方便。

该软件进行有限元分析主要分为3个阶段：第一阶段，进入前处理器建立模型、对模型设置材料属性以及划分网格；第二阶段，进入分析计算、求解模块，这个过程用户可根据自己的需要选择相应的分析类型，包括结构的模态分析、应力应变分析、热分析、电磁场分析、结构非线性分析、结构静力学与动力学分析、流体动力学分析等；第三阶段，用户通过后处理器观察求解结果，结果以云图显示、等直线图显示、梯度显示、矢量显示、透明及半透明显示(可看到结构内部)等方式呈现，可直观明了地观察分析计算的准确性，为用户的优化设计提供理论依据。

13. Multisim

Multisim 是 IIT(Interactive Image Technoligics,图像交互技术)公司推出的电路仿真软件。它提供了全面集成化的设计环境,完成从原理图设计输入、电路仿真分析到电路功能测试等工作。当改变电路连接或改变元件参数,对电路进行仿真时,可以清楚地观察到各种变化对电路性能的影响。Multisim 主要有如下特点:操作界面方便友好,原理图的设计输入快捷;元件丰富,有数千个元件模型;虚拟电子设备种类齐全,如同操作真实设备一样;分析工具广泛,帮助设计者全面了解电路的性能;对电路进行全面的仿真分析和设计;可直接打印输出实验数据、曲线、原理图和元件清单等。

14. COMSOL Multiphysics

COMSOL Multiphysics 是一款大型的高级数值仿真软件。广泛应用于许多领域的科学研究以及工程计算,模拟科学和工程领域的各种物理过程。COMSOL Multiphysics 以有限元法为基础,通过求解偏微分方程(单场)或偏微分方程组(多场)来实现真实物理现象的仿真,用数学方法求解真实世界的物理现象。大量预定义的物理应用模式,范围涵盖从流体流动、热传导到结构力学、电磁分析等多种物理场,用户可以快速地建立模型。利用其建模仿真功能,对特定器件(例如像差补偿器件)的结构和变形能力进行设计建模和有限元分析。该软件力图满足用户仿真模拟的所有需求,成为重要的仿真工具。它具有用途广泛、灵活、易用的特性。与其他有限元分析软件相比,其强大之处在于,利用附加的功能模块,软件功能可以很容易进行拓展。

15. PhotonDesign

PhotonDesign 光波导设计软件是一套光子、光通信、波导光学系列软件。与其他同类软件相比,它的优势在于算法更加精准。该软件具有其他软件难以替代的优势,它向理论和光子仿真界提出了挑战,并且解决了许多问题。通过对各种好的理论方法打包,将复杂的算法加入软件中,再加上一个友好的使用界面可以提高用户的工作效率,同时也可以让使用者轻松掌握软件的操作。PhotonDesign 广泛用于光纤通信系统设计和光子器件设计。可以满足相关设计需要,包含多个功能模块:FIMMWAVE 高效率的三维波导搜索引擎;FIMMPROP 双向光学传播工具;CrystalWave 强大的光子晶体 CAD 工具;OmniSim 全方向光子模拟模块;HAROLD 异质结构的激光二极管模块;PICwave 光子 IC 电路模拟;Kallistos 光子器件优化工具。

16. LAS-CAD

LAS-CAD 固体激光腔体设计软件是一个软件包,它提供了介于热学和光学之间的复杂的多物理系统交互分析,这种分析通常用于被称为热透镜效应的固态光学元件。这种效应的建模和它对光质量的影响以及装置的稳定性和光效率等对于激光共鸣器的分析和最优化是十分必要的。LAS-CAD 程序提供了以上这些所必需的建模工具。LAS-CAD 提供了:热学上和结构上的有限元分析;ABCD 高斯光线传播代码;物理光学光束传播代码;计算激光输出功率和光束质量;动态多模分析和调 Q。

17. 其他

此外,Essential Macleod 软件是较完善的光学薄膜分析与设计软件。VPI 是光通信系统模拟仿真软件,它集设计、测试和优化等功能于一体,是一个基于实际光纤通信系统模型的系统级模拟器。BPM_CAD 是应用于各种集成器件和光纤导波计算的计算机辅助设计软件包。IFO_GRATINGS 是用于带有光栅的集成或光纤器件建模的设计软件，许多远程通信和传感器的运转都是利用光栅来调节光导模式之间的耦合，可设定器件参数。FIBER_CAD 用于设计或使用光纤、光器件和光通信系统，此软件包通过融合光纤色散、损耗和偏振模色散各个模型计算所得的数值解来解决光纤模式传输问题。FDTD_CAD 是用于有源和无源光器件的计算机辅助设计的软件。LITESTAR 4D 是一套功能强大、灵活性高且能自由配置的照明设计软件，应用于室内和室外照明工程设计，3D 实体显示，使用者能自主设计环境以及景物。MATLAB 是一种集数值计算、符号计算和图形可视化三大基本功能于一体的工程计算应用软件，不仅可以处理代数问题和数值分析问题，而且还具有较强的图形处理及仿真模拟等功能。另外，还有一些专门的工具设计软件（如辐射传输计算软件），后续章节还有涉及。由此可以看出，各类系统设计与仿真软件将在光电系统设计中发挥越来越重要的作用。

第2章 CHAPTER 2 目标与环境辐射及其工程计算

目标与环境辐射分析及其工程计算是对光电系统进行需求分析、技术论证、设计等工作的源头。由于目标与环境的光辐射特性的研究往往同军事应用密切相关，世界各国对目标与环境的光辐射特性研究的详细计划、内容，尤其是研究成果严加保密（特别是军事目标研究方面）。除了军事目的外，目标与环境辐射特性研究还具有广泛的民事用途。

本章首先在介绍光辐射与度量的基础上，阐述绝对黑体及其基本定律、辐射源及特性形式分类；接着，分析点源、小面源、朗伯(J. H. Lambert)扩展源及成像系统像平面的辐照度，以及非规则体的辐射通量计算及目标面积的取法；然后研讨目标与环境光学特性的分类及特点、环境与目标光辐射特性；最后，提出目标辐射的简化计算程序。

2.1 光辐射与度量

以往在物理学上，通常把从太阳发射到地球上来的那些东西，统称为“辐射”。其中有人眼看得见的各种彩色光，也有人眼感觉不到的，所谓“红外光”就是其中之一。现在则认为，能量以电磁波或光子的形式发射传递的方式称为辐射。电磁波又称电磁辐射。光实质上是以电磁波方式辐射的物质，它具有波粒二象性。其度量方式有3种，即辐射度量、光度量和色度量。

2.1.1 光辐射、红外辐射及其波段划分

对于光辐射（即光波段的电磁辐射），利用光的波动性，以其重要的特征参数——波长（频率）划分统一的电磁波谱。辐射的本质是原子中电子的能级跃迁。低能级电子，受外界能量激发，可跃迁至高能级 $E_{高}$，当这些处于不稳定态的受激电子再度落入较低能级 $E_{低}$ 时，就会以“辐射”的形式向外传播能量。例如，$E_{高}-E_{低}=1.24\text{eV}=\frac{1.24}{\lambda}$时，辐射的波长就是 $1\mu\text{m}$。由于电磁辐射具有波动性和量子性双重属性，所以它不但遵从波动规律，而且还以光量子形式存在。光子的波长越长，其能量越小，具有相当于1W辐射功率的每秒光子数为 $5.034\times10^{18}\lambda$，对于波长为 $1\mu\text{m}$ 的1W辐射功率约有 5×10^{18} 光子/秒。

电磁辐射的波长范围很宽，光辐射的波长范围仅是其中的一部分。而红外线（辐射）（波段）又仅是光辐射（波段）的一部分，它在电磁振荡波谱中所占据的波长为 $0.76\sim1000\mu\text{m}$ 的波段。红外（线）的光量子能量比可见光的小，例如，$10\mu\text{m}$ 波长的红外光子能量大约是可见光光子能量的1/20。红外线更易被物质所吸收，但对于薄雾来说，长波红外更易通过。红

外线是怎么被发现的呢？1676年，牛顿用玻璃做的三棱镜发现了可见光光谱有7色，即红、橙、黄、绿、青、蓝、紫。1800年Herschel（赫舍尔）想测量这7种光中到底有多少热量，在7种色带上分别放上一支水银温度计，同时将一支没有用到的温度计放在靠近红光区的外部，他偶然发现这支在暗处的温度计升温特别快，因它位于可见光红光区的外部，因而得名“红外线”或“红外光”。不管是用哪一个名称，“红外”这个定语是不能改动的，它限定了这种“辐射”“光”或“射线”的意义，也表明了这些名称的由来。“光”这个词习惯上是指人眼看得见的那种辐射，为了保留这个习惯，把“红外光”取名为“红外辐射”。但这并不是说，“光”字只准用于可见光辐射，其他类型的辐射一律不准用。

光辐射还包括X射线（0.001～5nm）、紫外线（0.005～0.40μm）和可见光（0.40～0.76μm）。在不同的场合，各波段划分略有区别。γ射线、X射线和紫外线可以靠放射性裂变与电子轰击产生，微波和无线电波可以靠电子回路的放大振荡产生，红外线可以由固体中的分子振动或晶格振动或固体中束缚电子的迁移产生。

一切物体在高于绝对零度的任何温度下，都会发射热辐射（光谱连续）。辐射的性质取决于物质的聚集状态。气体的辐射波谱一般由具体气体单独的特征谱线和谱带组成。原子的谱线和分子的带谱，只有在发射气体处于稀薄状态下才显现出来。当粒子间耦合增强时（例如压力和温度发生变化时），谱线和谱带就扩展，并变得不明显。液体波谱的特征是分子间的相互作用影响很大，带宽增大，并出现气体波谱中所没有的新谱带。固体的辐射波谱，由于分子间相互作用增强而成为连续波谱，因为吸收谱线变得非常模糊而汇合成谱带，谱带则汇合成连续波谱段。

可见光辐射的成分包括如下波长范围：红光0.62～0.76μm；橙光0.59～0.62μm；黄光0.56～0.59μm；绿光0.50～0.56μm；青光0.48～0.50μm；蓝光0.45～0.48μm；紫光0.40～0.45μm。

红外辐射占有很宽的波谱区，其一边毗邻可见（红）光辐射，而另一边则与无线电波段相邻。如果与声波作一典型的比较，那么可以发现，红外辐射至少覆盖10个倍频程，而可见光仅占1个，紫外线占5个，X射线约占14个，无线电波辐射占28个。

红外波段一般可分为4部分：近红外（Near Infrared，NIR）（0.76～3μm）、中波红外（Medium Wave Infrared，MWIR）或中红外（Mid Infrared，MIR）（3～6μm）、远红外（Far Infrared，FIR）（6～15μm）和极远红外或甚远红外（Extreme Infrared，XIR）（15～1000μm）。这种划分的逻辑与所谓的“大气窗口”密切相关，基本上是考虑了红外辐射在地球大气层中的传播特性而确定的，前3个波段中每一个波段至少包含一个大气窗口。在大气窗口内，大气对红外（线）吸收相对甚少；在大气窗口外，大气对红外几乎是不透明的。在0.76～20μm之间有3个大气窗口：2～2.6μm（1～3μm）、3～5μm、8～14μm。从远红外向长波方向数去，即为太赫兹波、毫米波、微波、无线电波，甚低频无线电波的波长最长可达10^5m。

在光谱学中，红外波段分为近红外（0.78～2.5μm）、中红外（2.5～25μm）、远红外（25～1000μm）。在IEC60050—841国际电工委员会电热标准中，红外辐射分为长波（远）红外辐射（4～1000μm）（对应辐射源温度≤451.4℃）、中波（中）红外辐射（2～4μm）（对应辐射源温度451.4℃～1175.8℃）、短波（近）红外辐射（0.78～2μm）（对应辐射源温度≥1175.8℃）。而在红外烘烤加热领域，红外波段分为近红外（0.75～1.4μm），中红外（1.4～3μm），远红外（3～1000μm）。

从红外成像角度，红外波段分为短波红外(Short Wave Infrared，SWIR)(0.9～1.7μm，有扩展至 0.7～2.5μm，还有 0.76～3μm 或 1～3μm)、中波红外(3～6μm)、长波红外(Long Wave Infrared，LWIR)(8～12μm)，也有认为近红外为 0.9～1.7μm。

根据大气窗口、探测器响应、红外应用等因素，还有将红外辐射细分为：近红外(0.75～1μm)、短波红外(1～2.5μm)、中波红外(3～5μm)、长波红外(8～12μm)、甚长波红外(Very Long Wave Infrared，VLWIR)(12～30μm)、远红外(30～100μm)以及甚远红外或亚毫米波(Sub-millimeter wave，SubMM)(100～1000μm)7 个波段。

需要说明的是，红外波段按照国际照明委员会的规则，划分为近红外(0.75～1.4μm)、中波红外(1.4～3μm)、远红外(50～1000μm)等波段。进一步有 0.76～1μm 的近红外窗口，1～3μm 的短波红外窗口，3～5μm 的中波红外窗口，8～14μm 的长波红外窗口，14～20μm 的甚长波红外窗口。红外成像就利用这些“大气窗口”来实现对目标物体的探测、跟踪及成像，比如说，自然景物的太阳光反射光谱处于短波红外区，因此短波红外窗口是对地观测遥感仪器的常选波段，高温物体的热辐射主要集中在中波或短波红外，所以探测一些导弹、飞机的高温尾焰常用中波或短波红外探测设备，长波红外窗口则是常温物体热辐射能量最集中的波段，应用最为广泛，甚长波红外窗口则常用于深空探测、天文探测等领域。

可以看出，在不同的专业领域、不同应用场合，红外波段、大气窗口的划分和术语含义略有不同，有其相对性，至今仍未完全统一，短波红外与近红外有时还有混用，应予以注意和辨析。

值得指出的是，红外辐射的真实性质及其传递机理，人们仍还在深入探索。红外辐射常称为热辐射(Thermal Radiation)。事实上它并没有特别的热性质，而与其他的辐射一样，能在其射程范围内被物体吸收并转化成热。然而热效应仅是红外辐射被吸收的结果，而不是它的特征。如果说红外辐射的热显示比可见光和紫外辐射的热显示要明显得多，那么这仅仅因为用简单的技术设备就能制成相对大功率的红外辐射。红外辐射和可见光一样，在同一介质中直线传播，遵守反平方定律，也能反射、折射、散射、干涉、偏振。关于热辐射，有 4 个重要定律：基尔霍夫(辐射)定律、普朗克(辐射分布)定律、斯忒藩-玻耳兹曼定律、维恩位移定律。这 4 个定律有时统称为热辐射定律。

2.1.2 光度量和辐射度量

辐射度量是一门度量电磁辐射能的科学技术，是光电工程技术的基础。历史上形成了两种度量制：光度量制和辐射度量制。前者以人眼或经视见函数校正过的照度计作为探测器；后者以无光谱选择性的真空热电偶作为探测器。光度学(Photometry)是度量人类视觉系统感知可见光亮度的科学。光度学是以人眼对入射辐射刺激所产生的视觉为基础的，因此光度学的方法不是客观的物理学描述方法，它只适用于可见光那部分区域。对于电磁波谱中其他广阔的区域，如红外辐射、紫外辐射、X 射线等波段，就必须采用辐射度学的概念和度量方法。辐射度学(Radiometry)是度量包括可见光在内的电磁波辐射的科学。它是建立在物理测量的客观量——辐射能的基础上的，不受人的主观视觉的限制。因此，辐射度学的概念和方法，适用于整个电磁波谱范围。它们所涉及的辐射(光)能参数、定义、符号、单位、量纲如表 2.1 所示。此表给出了辐射(光)通量、密度、强度、照度、亮度的物理概念和表达式，十分有用。

表 2.1　辐射能量单位和光度单位对照表

辐射度量制				光度量制			
名　称	表达式	单位及符号	量　纲	名　称	表达式	单位及符号	量　纲
辐射能	$Q=\int_{-\infty}^{\infty}Q_r(\lambda)\mathrm{d}\lambda$ $Q_r(\lambda)$ 为光谱(单色)辐射能	焦耳(J)	$\mathrm{ML^2T}$	光量	$Q_p=\int_{-\infty}^{\infty}K(\lambda)Q_r(\lambda)\mathrm{d}\lambda$ $K(\lambda)$ 为光谱(单色)光视效能	流明秒，$\mathrm{lm\cdot s}$	$\mathrm{ML^2T^{-2}}$
辐射能密度	$W=\dfrac{\mathrm{d}Q}{\mathrm{d}V}$	焦耳每立方米 ($\mathrm{J/m^3}$)	$\mathrm{ML^{-1}T^{-2}}$	光密度	$W_p=\dfrac{\mathrm{d}Q_p}{\mathrm{d}V}$	流明秒每立方米，$\mathrm{lm\cdot s/m^3}$	$\mathrm{ML^{-1}T^{-2}}$
辐射通量(功率)	$\Phi=\dfrac{\mathrm{d}Q}{\mathrm{d}t}$	瓦特(W)	$\mathrm{ML^2T^{-3}}$	光通量	$\Phi_p=\dfrac{\mathrm{d}Q_p}{\mathrm{d}t}$	流明(lm)	$\mathrm{ML^2T^{-3}}$
面辐射度(辐射出射度)	$M=\dfrac{\mathrm{d}\Phi}{\mathrm{d}s}$	瓦特每平方米 ($\mathrm{W/m^2}$)	$\mathrm{MT^{-3}}$	面发光度(光出射度)	$M_p=\dfrac{\mathrm{d}\Phi_p}{\mathrm{d}s}$	流明每平方米 ($\mathrm{lm/m^2}$)	$\mathrm{MT^{-3}}$
辐(射)照度	$H=\dfrac{\mathrm{d}\Phi}{\mathrm{d}s}$	$\mathrm{W/m^2}$	$\mathrm{MT^{-3}}$	光照度	$H_p=\dfrac{\mathrm{d}\Phi_p}{\mathrm{d}s}$	勒克斯(lx)	$\mathrm{MT^{-3}}$
辐射强度	$I=\dfrac{\mathrm{d}\Phi}{\mathrm{d}\Omega}$	瓦特每球面度 (W/sr)	$\mathrm{ML^2T^{-3}\cdot\Omega^{-1}}$	发光强度	$I_p=\dfrac{\mathrm{d}\Phi_p}{\mathrm{d}\Omega}$	坎[德拉](cd)	$\mathrm{ML^2T^{-3}\cdot\Omega^{-1}}$
辐射亮度	$L=\dfrac{\mathrm{d}^2\Phi}{\mathrm{d}s\cdot\mathrm{d}\Omega}$	瓦特每平方米球面度 ($\mathrm{W/(m^2\cdot sr)}$)	$\mathrm{MT^{-3}\cdot\Omega^{-1}}$	光亮度	$L_p=\dfrac{\mathrm{d}^2\Phi_p}{\mathrm{d}s\cdot\mathrm{d}\Omega}$	坎德拉每平方米 ($\mathrm{cd/m^2}$)	$\mathrm{MT^{-3}\cdot\Omega^{-1}}$

常用的辐射量较多，其符号、名称不尽统一。现将光电(红外)工程技术中常用的辐射量术语、符号、意义、单位列于表2.2。

表2.2 常用辐射量术语、符号、定义和单位

术 语	符号	定 义	单 位
光辐射	—	波长范围为0.01nm～1mm的电磁辐射(光学波段)	—
红外辐射	—	波长范围为0.76μm～1mm的光辐射	—
热辐射	—	由于辐射系统的热能而产生的光辐射	—
单色辐射	—	以某一任意振荡频率为特征的光辐射	—
光谱	—	形成辐射的所有单色辐射的集合	—
波长	λ	在某一介质中单色波前于一个振动周期内所传播的距离	m
绝对黑体	—	吸收系数等于1，并与波长、入射辐射的偏振方向和传播方向无关的物体	—
灰体(无选择性辐射体)	—	光谱中能量的相对分布与同一温度下绝对黑体光谱中能量的相对分布相同的热辐射器	—
选择性辐射体	—	光谱中能量的相对分布不同于同一温度下绝对黑体光谱中能量的相对分布的热辐射器	—
(辐射)发射率	ε	在同一温度下辐射源辐射出射度与黑体辐射出射度之比	—
(辐射)吸收率	α	吸收的辐射通量与入射的辐射通量之比	—
(辐射)反射率	ρ	反射的辐射通量与入射的辐射通量之比	—
(辐射)透过率	τ	透过的辐射通量与入射的辐射通量之比	—
辐(射)功率	P	以辐射的形式发射、传播或接收的功率	W
光谱辐(射)功率	P_λ	波长为λ时，单位波长间隔内的辐(射)功率$\mathrm{d}P=P_\lambda\mathrm{d}\lambda$	$\mathrm{W}\cdot\mu\mathrm{m}^{-1}$
辐(射)通量	Φ	光辐射在远大于振荡周期时间内的平均功率	W
光谱辐射通量	Φ_λ	波长为λ时，单位波长间隔内的辐射通量$\mathrm{d}\Phi=\Phi_\lambda\mathrm{d}\lambda$	$\mathrm{W}\cdot\mu\mathrm{m}^{-1}$
辐射能	Q	以电磁辐射传输的能量，它由辐射通量和辐射作用时间的乘积来确定	J
辐射能密度	W	以电磁辐射传输的单位体积(V)中的辐射能量$W=\mathrm{d}Q/\mathrm{d}V$	$\mathrm{J}\cdot\mathrm{m}^{-3}$
辐(射)出(射)度	M	辐射源在单位面积上向半球空间发射的功率	$\mathrm{W}\cdot\mathrm{cm}^{-2}$
光谱辐(射)出(射)度	M_λ	波长为λ时，单位波长间隔内的辐射出射度$M_\lambda=\mathrm{d}M/\mathrm{d}\lambda$	$\mathrm{W}\cdot\mathrm{cm}^{-2}\cdot\mu\mathrm{m}^{-1}$
辐(射)强度	I	辐射源在单位立体角内的辐射通量	$\mathrm{W}\cdot\mathrm{sr}^{-1}$
光谱辐(射)强度	I_λ	波长为λ时，单位波长间隔内的辐射强度$I_\lambda=\mathrm{d}I/\mathrm{d}\lambda$	$\mathrm{W}\cdot\mathrm{sr}^{-1}\cdot\mu\mathrm{m}^{-1}$

续表

术　语	符号	定　义	单　位
辐(射)亮度	L	辐射源在单位面积上向单位立体角内发出的辐射通量	$W \cdot cm^{-2} \cdot sr^{-1}$
光谱辐(射)亮度	L_λ	波长为 λ 时,单位波长间隔内的辐射亮度 $L_\lambda = dL/d\lambda$	$W \cdot cm^{-2} \cdot sr^{-1} \cdot \mu m^{-1}$
辐(射)照度	H	入射到单位面积上的辐射通量	$W \cdot cm^{-2}$
光谱辐(射)照度	H_λ	波长为 λ 时,单位波长间隔内的辐(射)照度 $dH = H_\lambda d\lambda$	$W \cdot cm^{-2} \cdot \mu m^{-1}$
辐(射)照量	E	入射于表面的辐射能量之表面密度,等于辐照时间与辐照度之积	$J \cdot cm^{-2}$
立体角	Ω	一个任意形状的封闭锥面所包含的空间	sr

值得一提的是,有的文献中对表 2.2 中的术语还有其他定义。如:辐射能定义为“电磁波所传递的能量”、辐射通量定义为“辐射能传递的速率”。

光电(红外)系统中使用的大多数探测器,均为响应辐射能传递的时间速率,而不是传递的总能量。辐射能传递的时间速率用辐射通量(Φ)度量,以瓦为单位。有的文献中采用了辐射功率这样一个相同的可接受的等量词,也就是说,辐射通量与辐射功率混用。此外还有以下术语混用:辐射通量密度与辐射出射度,光谱辐射通量密度与光谱辐射出射度。

辐射通量密度、辐射强度和辐射亮度这 3 个术语可以用来表示辐射通量,通常都是在离辐射源一定距离上用测量辐射值来确定。如果对辐射源和辐射计之间的大气衰减、散射或反射不进行修正,则测量值为表观值;如果对这些影响已经修正,则应明确说明修正的细节。

在一般情况下,辐射亮度应与辐射源上的位置及方向 θ 有关,也就是说,辐射源在给定方向上的辐射亮度是在该方向上的单位投影面积、单位立体角中发射的辐射通量。如图 2.1 所示。图中 ΔA 是辐射面源,$\Delta\Omega$ 是立体角元,在 θ 方向上看到的面源 ΔA 的有效面积即投影面积 $\Delta A \cdot \cos\theta$。

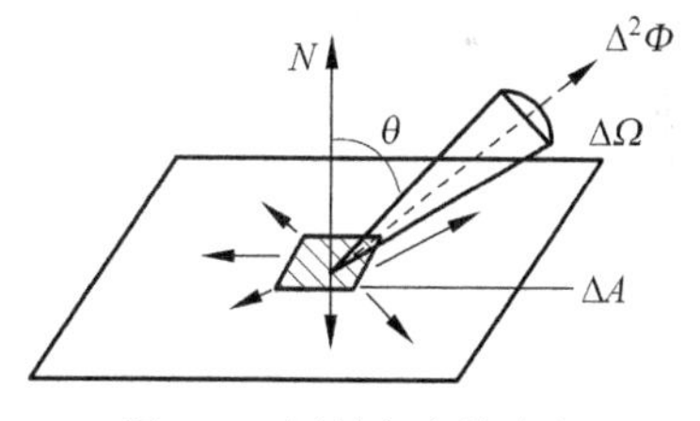

图 2.1　辐射亮度的定义

立体角 Ω 的确定,是以立体角顶点为球心作一半径为 R 的球面,用此立体角的边界在球面上所截的面积除以半径的平方,便得到立体角的大小。

由于人眼的视觉细胞对不同频率的辐射有不同响应,故用辐射度量单位描述的光辐射不能正确反映人的亮暗感觉。光度量单位体系是一套反映视觉亮暗特性的光辐射计量单位,在光频区域光度学物理量 Q、Φ、P、I、M、L、E,用相对应的 Q_v、Φ_v、P_v、I_v、M_v、L_v、E_v 来表示(也可用 p 或其他符号作为下角标),其定义完全一一对应。

光度量的单位是国际计量委员会(CIPM)规定的。在光度单位体系中,被选作基本单位的不是相应的光量或光通量而是发光强度,其单位是坎德拉。坎德拉不仅是光度体系的基本单位,而且也是国际单位制(SI)的 7 个基本单位之一(其他 6 个为米、千克、秒、安培、开尔文和摩尔)。它的定义是“一个光源发出频率为 540×10^{12} Hz 的单色辐射,若在一给定方向上的辐射强度为(1/683)W/sr,则该光源在该方向上的发光强度为1cd”。而1lm则为发光强度为1cd的点源在1sr立体角内发射的光通量,即1lm=1cd·sr。因而对于555nm的辐射,1W相当于683lm(也有文献表示1W相当于680lm),其他波长的辐射所产生的光通量都小于此数。

光度量与辐射度量之间的关系可以用光视效能与光视效率表示。光视效能描述某一波长的单色光辐射通量可以产生多少相应的单色光通量。

光视效能$K(\lambda)$定义为同一波长下测得的光通量$\Phi_{v\lambda}$与辐射通量Φ_{λ}之比(波长在0.36～0.83μm),即$K(\lambda)=\frac{\Phi_{v\lambda}}{\Phi_{\lambda}}$,单位是流明每瓦特(lm/W)。类似地,对于单色光出射度$M_{v\lambda}$与单色辐射出射度M_{λ}之间也存在$K(\lambda)=\frac{M_{v\lambda}}{M_{\lambda}}$。通过对标准光度观察者的实验测定,在辐射频率$540\times10^{12}$Hz(波长555nm)处,$K(\lambda)$有最大值,其数值为$K_m=683$lm/W(也有文献表示$K_m=680$lm/W)。单色(光谱)光视效率(函数)$V(\lambda)$是$K(\lambda)$用$K_m$归一化的结果,其定义为$V(\lambda)=\frac{K(\lambda)}{K_m}=\frac{1}{683}\cdot\frac{\Phi_{v\lambda}}{\Phi_{\lambda}}$。

人眼在景物为中等亮度($L\geqslant3\text{cd/m}^2$时),对光谱中$\lambda=0.555\mu\text{m}$的谱线灵敏度最高,称为白昼视觉。此时主要由圆锥细胞起作用,分辨率高,而且能分辨颜色。在夜间,主要是圆柱细胞起作用,此时最灵敏谱线移到$\lambda=0.510\mu\text{m}$处,而且失去了对颜色的感觉,所见物体都是蓝灰色的,此时的光谱光视效率$V(\lambda)$称为夜间视觉或暗视觉。

2.1.3 色度量

色度量是度量使人眼产生色感刺激的量。色感,即颜色感觉,是人眼对某一物体在某一光线照射下的一种心理反应。颜色是人眼的一种生理现象,也是光依赖于人眼视觉的一种特殊属性。在可见光范围内,能量按波长分布不同,会引起人眼不同的颜色视觉,而且颜色视觉还因人和环境条件的不同而不同。根据物理学的定义,进入人眼能引起颜色视觉的可见辐射称为色刺激,色刺激的相对光谱功率分布称为色刺激函数。人眼能够定性地区分不同的颜色刺激,而且能比较准确地判定两种辐射的颜色是否相同。正是由于人眼具有颜色视觉的功能,从而大大增加了输入人的感官系统的信息量,使人类能够看到具有亮暗差别而又绚丽多彩的客观景物。

虽然颜色形成非常复杂,但至少包括3个要素:人眼、光线和被照物体。人是产生颜色感觉的主体,不同的个体对同一光线照射下的同一物体的颜色感觉也有可能不同。这主要是由于个体之间人眼的差别产生的,为排除个体差异引起的颜色度量误差,颜色需要采用特定的色度量来加以描述和表征,而将关于颜色定量描述与测量有关科学知识称为色度学(Colorimetry)。色度学是研究人的颜色视觉规律、表色方法以及颜色测量的理论、技术和标准的一门综合性科学。同时也是研究颜色度量和评价方法的学科,是以光学、物理学、视觉生理、视觉心理、心理物理等学科为基础的综合性科学。简言之,色度学是从物理上量化和描述人类颜色知觉的科学,是一门研究颜色计量的科学,其任务在于研究人眼颜色视觉的定性和定量规律及应用,研究颜色(彩色)的构成、准确表达等。现代色度学,是一门实验性非常强的学科。

影响颜色的第二个要素为光线，其根本的影响因素为光谱功率分布。每一种光源发射的光谱功率分布都不相同，为对颜色进行一致的度量，国际发光照明委员会(International Commission on illumination，CIE)规定了几种标准照明体。通过光谱功率分布可进行进一步的颜色度量。

影响颜色的第三个要素是被照物体，由于物体表面对各个波段的光线反射率不同，所以在同一光线照射不同物体时才会产生不同的颜色效果。例如，纯蓝色光线在照射红色片时呈现黑色，在照射蓝色片时呈现蓝色。

因此，在对非发光物体颜色表示中，在规定标准观察者和标准照明体后，颜色的度量即是对物体对各个光谱波段反射能力的度量，颜色即是物体对各光谱波段反射能力的综合体现。色度量是反映物体对可见光部分各光谱反射能力的度量。色度量是和光波(电磁波)的光谱分布以及光谱功率分布有关的度量，它反映物体反射光线光谱的一种能力。

但是，颜色分为光源色和物体色(又称固有色)。光源色描述发光体发出光的颜色，物体色描述非发光体的颜色。因发光体发出的光而引起人们视觉的颜色称为光源色，非发光体(即一般物体)的颜色称为物体色。在光度学中，对可见光色彩的度量主要有色温、相关色温、色表和显色性几个量。色温描述热辐射光源，相关色温描述具有线状光谱的辐射光源。概括地讲，光源的颜色有两个含义：一是光源的色表；二是光源的显色性。光源的色表是指光源的表观颜色，它与色温有关。CIE 将电光源色表分为 3 类，分别是：Ⅰ暖＜3300K；Ⅱ中间 3300～5300K；Ⅲ冷＞5300K。光源的显色性是指在光源照射下物体表面显示的颜色与标准光源照射下显示的颜色相符合的程度，常用显色指数来表征。光源的显色性与光的光谱功率分布有关。

有关色度量及颜色测量技术均建立在 CIE 规定的两个标准(即 CIE1931 标准色度系统和 CIE1964 补充标准色度系统)的基础上。其度量可用光谱分布、三刺激值、光谱三刺激值、色品坐标、同色异谱、色差、色相(色调)、彩度、明度、饱和度、色温、相关色温、显色指数、特殊显色指数、一般显色指数等特性参数表述。

1. 颜色的基本参数

颜色视觉是人眼的一种明视觉。颜色光的基本参数有明(亮)度、色调和饱和度。

明度：人眼对物体的明暗程度的感觉，即是光作用于人眼时引起的明亮程度的感觉。一般来说，颜色光能量大则显得亮；反之则暗。发光物体的亮度越高，则明度越高；非发光物体的反射比越高，明度越高。

色调：反映颜色的类别，如红色、绿色、蓝色等，以区分各种颜色的特性。对于可见光谱，不同波长的辐射在视觉上表现为不同的色调，如红、橙、黄、绿、青、蓝、紫等。因此不同波长的单色光具有不同的色调。发光物体的色调取决于它的光辐射的光谱组成，非发光物体的色调取决于照明光源的光谱组成和物体本身的光谱反射(透射)特性。可知，颜色物体的色调决定于在光照明下所反射光的光谱成分，例如，某物体在日光下呈现绿色是因为它反射的光中绿色成分占有优势，而其他成分被吸收掉了；对于透射光，其色调则由透射光的波长分布或光谱所决定。

饱和度：表示某种色彩的深浅(或浓淡)程度，实际上是用以表征颜色的纯洁性，是指颜色光所呈现颜色的深浅或纯洁程度。对于同一色调的颜色光，其饱和度越高，颜色就越深，或越纯；而饱和度越小，颜色就越浅，或纯度越低。高饱和度的颜色光可因掺入白光而降低纯度或变浅,变成低饱和度的色光。因而饱和度是色光纯度的反映。100%饱和度的色光就代表完全没有混入白光的纯色光。也就是说,饱和度是可用于估计光谱纯色在整个颜色感觉中所占成分比例的一种视觉特性。可见光谱的单色光是最饱和的色彩。物体的色饱和度取决于该物体的反射或透射特性,对于反射物体色即取决于表面光谱辐射的选择性程度。如果物体反射的光谱带很窄,则饱和度就高。

色调与饱和度又合称为色度,它即说明颜色光的颜色类别,又说明颜色的深浅程度。色调与饱和度两种特性可共同用于表征不同辐射在颜色质的方面的差异,因此称为"色品"或"色度"。

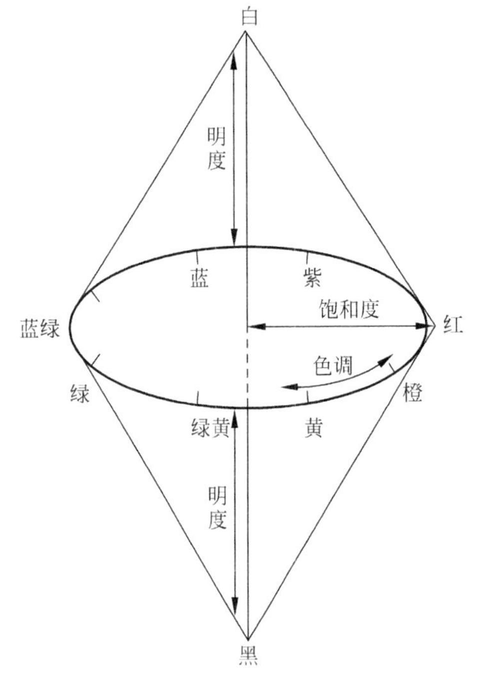

图 2.2 颜色的三维空间纺锤体

用一个三维空间的纺锤体可以将颜色的明度、色调和饱和度 3 个基本特性表示出来,如图 2.2 所示。立体的垂直轴代表白黑系列的明度变化;圆周上的各点代表光谱上各种不同的色调(红橙黄绿青蓝紫等);从圆周向圆心过渡表示饱和度逐渐降低。

2. 人眼的颜色视觉特性

人眼的颜色视觉特性包括视网膜的颜色区、颜色的恒常性、色对比、色适应、明度加法定理等。

1) 视网膜的颜色区

人眼视觉是由于光刺激视网膜而引起的。视网膜中央视觉主要是椎体细胞起作用,边缘视觉则主要是杆体细胞起作用。具有正常颜色视觉的视网膜中央能分辨各种颜色,由中央向边缘过渡,椎体细胞减少,杆体细胞增加,对颜色的分辨率逐渐减弱,直到对颜色的感觉消失成为全色盲区。因此,颜色不同人的正常色视野的大小也不同。在同一光亮条件下,白色视野的范围最大,其次为黄绿色,红绿色视野最小。

2) 颜色的恒常性

颜色的恒常性是当外界的条件发生变化,人们仍然能根据物体固有的颜色和亮度来感知它们,即外界条件发生变化后,人们的色觉仍然保持相对不变的一种现象。

3) 色对比

颜色视觉除了受被观察物体在视网膜成像区域大小的影响外,还受到被观察物体周围环境以及观察者眼睛在观察前观察过的其他颜色(时间间隔很短)历史的影响。色对比和色适应就是考虑到这两种因素的颜色视觉现象。

当明暗不同的物体一起置于视场中会感觉明暗差异增强的现象称为明度对比。例如,一块灰色的纸片放在白色背景上看起来发暗,而放在黑色的背景上看起来发亮,就是两者之间的明度对比造成的。色调对比是两种不同色调的物体并置于视场中,一种颜色的色调会向另一种颜色的补色方向变化,从而增强亮颜色色调的差异。将两种饱和度不同的颜色并置于视场中,会感到两种饱和度的差异增强,高饱和度的更高,低饱和度的更低,这种现象称为饱和度对比。

4）色适应

在亮适应状态下，视觉系统对视场中颜色的变化会产生适应的过程。当人眼对某一色光适应后，观察另一物体的颜色，不能立即获得客观的颜色印象，而带有原适应色光的补色成分，需经过一段时间适应后才会获得客观的颜色感觉，这就是色适应过程。

5）明度加法定理

明度是人眼对外界光线明暗感觉程度的度量。由经验可知，对于混合光，不论光谱成分如何、它所产生的表观明度等于混合光各个光谱成分分别产生的明度之和。这一规律称为明度的加法定理。在实际的研究工作中，常常遇到复合光辐射的测量与研究，明度加法定理是对不同成分的光辐射作光度评价的重要理论依据。

3. 格拉斯曼定律

基于各种颜色的光的相加混合实验，1854年格拉斯曼（H. Grassmann）总结出颜色混合的定性定律——格拉斯曼定律，为现代色度学的建立奠定了基础。即

（1）人的视觉只能分辨暗色的3种变化（明度、色度、饱和度）。

（2）在由两个成分组成的混合色中，如果一个成分连续变化，那么混合色外貌也连续变化。若两个成分互为补色，以适当比例混合，则产生白色或灰色，若按其他比例混合，则产生近似于比重大的颜色成分的非饱和色；若任何两个非补色相混合，便产生中间色，中间色的色调及饱和度随这两种颜色的色调及相对数量不同而变化。

（3）颜色外貌相同的光，不管它们的光谱组成是否一样，在颜色混合中具有相同的效果。即凡是在视觉上相同的颜色都是等效的。颜色的替代定律：

① 若两个相同的颜色各自与另外两个颜色相同，则相加或相减混合后的颜色仍相同；

② 一个单位量的颜色与另一个单位量的颜色相同，那么这两种颜色数量同时扩大或缩小相同倍数，则两颜色仍相同。

根据替代定律，只要感觉上颜色相同就可以互相替代，所得的视觉效果是相同的，因此可以利用颜色混合方法来产生或代替需要的颜色。

（4）混合色的总亮度等于组成混合色的各种颜色的亮度之和，即为亮度相加定律。

需要指出的是，格拉斯曼定律是色度学的一般规律，适用于各种颜色的相加混合，但是这些规律不适用于染料或涂料的混合，因为染料和涂料的混合是颜色光的相减过程。

4. 颜色匹配实验与颜色匹配方程

色光混合是指两种或几种颜色光同时或先后快速刺激人的视觉器官，产生不同于原来颜色的新颜色感觉的过程。在这个混合色光刺激和视觉响应的基本过程中，光刺激的物理本质是各个色光能量相加，而视觉响应的心理感知则是颜色趋于更明亮的属性，故称为颜色相加混合法（也称色光加色法）。在色光混合实验中，用选定的几种色光，通过调整各强度比例使其匹配得到给出的某种目标色光的实验称为色光匹配实验。

根据颜色匹配实验所表示的三原色加法混色与匹配的概念，可建立如下的颜色匹配方程：

$$C(C) \equiv R(R) + G(G) + B(B) \tag{2.1}$$

式中，(R)、(G)、(B)代表产生混合色的红、绿、蓝三原色的单位刺激（参比色刺激），它们表示了3种单位颜色刺激的性质；(C)代表待匹配色光的单位刺激；R、G、B分别代表红、绿、

蓝三原色的数量，又称为三原色系统中 $C(C)$ 的三刺激值或三色系数，其数值可正可负，它完全决定了待匹配色光的色品和亮度；C 则代表待匹配色光的数量；“≡”表示视觉上的相等，即颜色匹配。

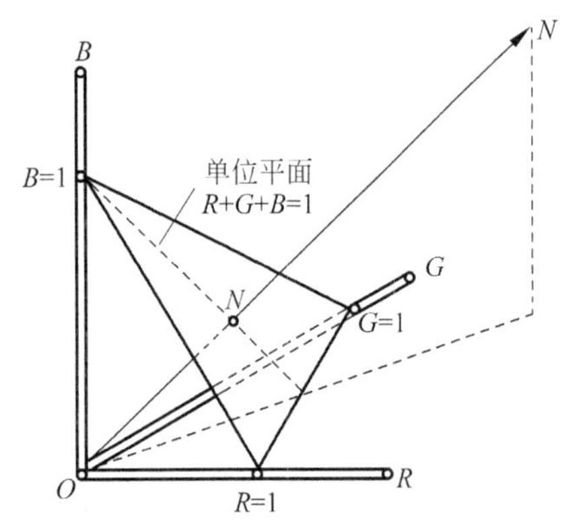

图 2.3 常用的颜色匹配方式

颜色匹配也可用几何方式来表示。如图 2.3 所示为一种常用的方式，即相等数量的 R、G、B 混合后产生中性色 N，使代表中性的 N 矢量与 $R+G+B=1$ 的单位平面相交于三角形的重心处，则三角形与各坐标的交点处为 $R=1$、$G=1$、$B=1$，由此确定个坐标轴的单位长度。在单位平面上，每个颜色矢量与它只能有一个交点，交点位置是固定的，各交点与原点 O 的连线的长度为各种颜色矢量的单位长度。

需要指出的是，式(2.1)中 R、G、B 不一定均为正值，有时也可为负值。当被匹配的颜色(C)的饱和度很高时(例如，大部分光谱色——单色光)，则用三原色的全部正系数难以获得满意的匹配，即不能形成严格的等色。此时，必须将少量三原色之一加到待匹配的光谱色一侧，而用其他两原色去实现与之匹配。例如，当待匹配的(C)为鲜明的蓝绿色时，由于用(R)、(G)、(B)三者得到正量混合不能实现匹配，则必须在待匹配颜色的一侧加上适量的(R)刺激以达到满意的匹配。这一颜色匹配关系可用如下的方程表示：

$$C(C)+R(R)\equiv G(G)+B(B) \tag{2.2}$$

上述方程也可写成

$$C(C)\equiv -R(R)+G(G)+B(B) \tag{2.3}$$

这种情况下的负号叫作负能量混合。

由此可以得到重要结论：在承认负能量混合的前提下(三刺激值 R、G、B 中出现负值)，实验和研究表明，所有的颜色光，包括黑白系列的各种灰色、各种色调和饱和度的颜色(包括全部的光谱色)都可以由红、绿、蓝三原色的加法混合来实现匹配。广义地说，任意相互独立的三原色，是实现对任意光匹配的充分而必要条件。因此，式(2.1)是普遍成立的，式中 R、G、B 中可以全部为正数或有一个为负系数。

5. 色度学中的基本概念

色度学中的基本概念包括三原色、三刺激值、光谱三刺激值或颜色匹配函数、光源色与物体的三刺激值、色品坐标等。

1) 三原色与三原色原理

如上所述，把两个颜色调节到视觉上相同或相等的方法叫颜色匹配。在颜色匹配实验中，为匹配得到某一种颜色，一般需要 3 种颜色就可以达到匹配目的。通常称在颜色匹配实验中选取的 3 种颜色为三原色。

(1) 三原色可以任意选定，但是三原色中任何一种原色不能由另外两种原色相加混合得到；

(2) 最常用的是红、绿、蓝三原色。

由三原色混合而成的新的颜色只表示了被匹配颜色的外貌，而不能表示它的光谱组成。

例如，由红、绿、蓝三色光混合而成的白光与连续光谱的白光在视觉上一样，但是它们的光谱组成成分却不一样，这种情况称为同色异谱。

应强调指出，虽然不同波长的色光会引起不同的颜色感觉，但相同的颜色感觉却可来自不同的光谱成分组合。例如，适当比例的红光和绿光混合后，可产生与单色黄光相同的颜色视觉效果。事实上，自然界中所有颜色都可以由3种基本颜色混合而成，这就是三原色(基色)原理。

基于以上事实，有人提出了一种假设，认为视网膜上的视锥细胞有3种类型，即红视锥细胞、绿视锥细胞和蓝视锥细胞。黄光既能激励红视锥细胞，又能激励绿视锥细胞。由此可推论，当红光和绿光同时到达视网膜时，这两种视锥细胞同时受到激励，所造成的视觉效果与单色黄光没有区别。

三原色是这样的3种颜色，它们相互独立，其中任一色均不能由其他二色混合产生。它们又是完备的，即所有其他颜色都可以由三原色按不同的比例组合而得到。有两种基色系统：一种是加色系统，其基色是红、绿、蓝；另一种是减色系统，其三原色是黄、青、紫(或品红)。不同比例的三原色光相加得到的颜色称为相加混色，其规律为：红＋绿＝黄；红＋蓝＝紫；蓝＋绿＝青；红＋蓝＋绿＝白。

颜色还可由混合各种比例的绘画颜料或染料来配出，这就是相减混色。因为颜料能吸收入射光光谱中的某些成分，未吸收的部分被反射，从而形成了该颜料特有的颜色。当不同比例的颜料混合在一起的时候，它们吸收光谱的成分也随之改变，从而得到不同的颜色。其规律为：黄＝白－蓝；紫＝白－绿；青＝白－红；黄＋紫＝白－蓝－绿＝红；黄＋青＝白－蓝－红＝绿；紫＋青＝白－绿－红＝蓝；黄＋紫＋青＝白－蓝－绿－红＝黑。相减混色主要用于美术、印刷、纺织等，所讨论的图像系统用的是相加混色，注意不要将二者混淆。

根据人眼上述的颜色视觉特征，就可以选择3种基色，将它们按不同的比例组合而引起各种不同的颜色视觉。这就是三原色原理的主要内容。

2) 三刺激值

色度学中是用三原色来表示颜色的。匹配某种颜色所需的三原色的量，称为颜色的三刺激值。

三刺激值不是用物理单位来量度的，而是用色度学的单位来量度。具体规定为：在380～780nm的可见光波长范围内，各种波长的辐射能量均相等时，称为等能光谱色。由其构成的白光称等能白光，简称E光源。等能白光的三刺激值是相等的，且均定为一个单位。

3) 光谱三刺激值或颜色匹配函数

用三刺激值可以表示各种颜色，对于各种波长的光谱色也不例外。匹配等能光谱色所需三原色的量叫作光谱三刺激值，也叫作颜色的匹配函数。

对于不同波长的光谱色，其三刺激值显然是波长的函数。用红、绿、蓝作为三原色时，光谱三刺激值或颜色匹配函数用$\bar{r}(\lambda)$，$\bar{g}(\lambda)$，$\bar{b}(\lambda)$来表示。由于任何颜色的光都可以看成是由不同单色光混合而成，所以光谱三刺激值是颜色色度计算的基础。

4) 光源色与物体的三刺激值

CIE色度学系统用三刺激值来定量描述颜色，但每种颜色的三刺激值不可能都用匹配实验来测得。根据格拉斯曼颜色混合的代替定律，如果有两种颜色光(R_1，G_1，B_1)和(R_2，G_2，B_2)相加混合后，则混合色的三刺激值为：$R=R_1+R_2$，$G=G_1+G_2$，$B=B_1+B_2$。

任意色光都由单色光组成。如果单色光的光谱三刺激值预先测得，则计算出相应的三刺激值。设某一种颜色进入人眼的光刺激的光谱分布函数 $\varphi(\lambda)$，而每个波长单色光视觉感知的光谱三刺激值为 $\bar{r}(\lambda)$，$\bar{g}(\lambda)$，$\bar{b}(\lambda)$，因此将 $\varphi(\lambda)$ 按波长加权光谱三刺激值，则可以得到每一波长的三刺激值，再进行积分，就可以得到该颜色的三刺激值：

$$\begin{cases} R = k\int_{\lambda}\varphi(\lambda)\bar{r}(\lambda)\mathrm{d}\lambda \\ G = k\int_{\lambda}\varphi(\lambda)\bar{g}(\lambda)\mathrm{d}\lambda \\ B = k\int_{\lambda}\varphi(\lambda)\bar{b}(\lambda)\mathrm{d}\lambda \end{cases} \tag{2.4}$$

式中，k 为归化系数。

5）色品坐标

在颜色匹配方程式(式(2.1))中，既包含了待匹配颜色与三原色之间的亮度(能量)的关系，也反映了色品的关系，其中 $C(C) \equiv R(R)+G(G)+B(B)$ 表示颜色(C)的刺激程度，主要由该色的亮度(光通量)决定。C 值越大，表明颜色(C)的亮度越高；另外，三刺激值 R、G、B 各自相对于被匹配光总量 C 的比例关系则决定颜色(C)的色品。在很多实际应用问题中，往往只需要确定某种色光的色品，而不考虑其亮度。因此只需要知道三刺激值的相对值即可。将式(2.1)两边除以 $C=R+G+B$，得到

$$(C) \equiv \frac{R}{R+G+B}(R) + \frac{G}{R+G+B}(G) + \frac{B}{R+G+B}(B) \tag{2.5}$$

式(2.5)通常称为“单位三色方程”即一个单位颜色(C)的色品只取决于三原色的刺激值各自在 $R+G+B$ 总量中的相对比例，即色品坐标，用符号 r、g、b 表示，则有

$$r = \frac{R}{R+G+B}, \quad g = \frac{G}{R+G+B}, \quad b = \frac{B}{R+G+B} \tag{2.6}$$

显然有

$$r+g+b=1 \tag{2.7}$$

于是式(2.5)可写成

$$(C) \equiv r(R)+g(G)+b(B) \tag{2.8}$$

式中，r、g、b 这 3 个量只有两个独立量。

三刺激值 R、G、B 或色品坐标 r、g、b 虽然可用来对颜色进行度量和表示，但使用起来很不方便，也不直观。因此人们常用图解法表示某种色光的色品，即在坐标体系中标定颜色的位置，这种图称为色品图。如图 2.3 中方程为 $R+G+B=1$ 的单位平面，是与 3 个坐标轴平面的交线构成的一个等边三角形。如果将颜色空间中的颜色投影到此单位平面，将三刺激值的三维坐标系统转换为二维平面坐标时，则构成了色品图如图 2.4 所示，色品图上颜色点的二维坐标称色品坐标，仅表征颜色点的色度属性，而与亮度无关。

三角形的 3 个顶点对应三原色(R)、(G)、(B)，纵坐标为色品 g，横坐标为色品 r，标准白光的位置是 $r=0.333$，$g=0.333$。只需给出 r 和 g 的坐标就可以确定颜色在色品图上的位置。

6. 色度计算方法

用三刺激值定量描述颜色是一种可行的方法。为了测得物体的三刺激值，首先必须研

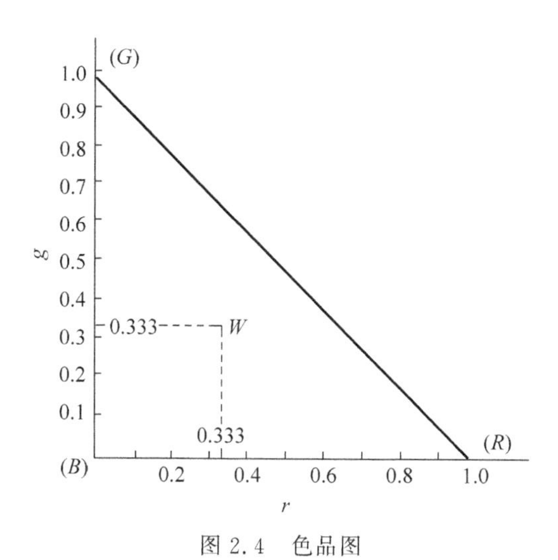

图 2.4　色品图

究人眼的颜色视觉特性，测出光谱的三刺激值。CIE 曾推荐了几种色度学系统，以统一颜色的表示方法和测量条件。在 1931 年 CIE 同时推荐了两套色度学系统：1931CIE-RGB 系统和 1931CIE-XYZ 系统，1964 年又推荐了 CIE1964 补充标准色度学系统。表色系统一般包括三原色、三原色的单位和光谱三刺激值等。CIE 色度计算方法包括三刺激值及色品坐标计算方法、颜色相加的计算方法与作图法；颜色的色品除用色品坐标表示外，CIE 还推荐用主波长和色纯度来表示。此外，还有 CIE 光源显色指数计算方法、色异谱程度的评价等，具体可进一步参考相关文献。

2.1.4　辐射度量、光度量与色度量之间的关系

可以看出，光度量主要是对可见光量的度量，对可见光色的度量仅涉及色温和显色性。而色度量不仅包括对光的色度量而且包括对物体色的度量。且色度量中用 RGB(Red, Green, Blue)、HIS(Hue, Intensity, Saturation)等色彩空间，对颜色进行定量表述，以方便对色彩的研究。两者有交叉，但度量范围和方式方法不同，差别较大。

辐射度量覆盖范围包括整个电磁波波段，辐射度量的所有基本概念和定律适用于整个电磁波部分。光度量也是对电磁波的度量，不过光度量仅仅对能够引起人眼视觉的电磁波进行计量，并且引入光谱光视效率，使度量的电磁波(可见光部分)也受到人眼这一客观条件的限制。光度量对光线有定量的描述，但是对色的描述有局限性，主要是在光的色表示方面。为对颜色进行定量的描述，色度量建立起来。色度量不仅能对光源色进行有效的描述，更可以对物体色进行定量的描述。所以，三者相互关联，又不可相互替代。

2.2　绝对黑体及其基本定律

通过把一般物体(非黑体)理想化为绝对黑体，利用有关绝对黑体定律[普朗克(Max Planck)定律、斯忒藩-玻耳兹曼(Stefan-Boltzmann)定律、维恩(W. Wien)位移定律等]，以及非黑体的辐射出射度与同温度的黑体辐射出射度之间的比值关系，即可确定非黑体的实际辐射出射度。

2.2.1 绝对黑体与非黑体

能够在任何温度下全部吸收任何波长辐射的物体称为绝对黑体，简称黑体，这是绝对黑体的另一种定义。图 2.5 示出一个实际黑体的原理：一个涂成了炭黑色球形空腔处于热平衡状态，也就是说，炭黑色球形空腔的热力学温度(绝对温度)T 的变化与时间无关。通过一个面积为 A_1 的微小开孔，发生与外界的辐射交换，被空腔吸收的辐射功率肯定等于放射的辐射功率 Φ，因为，如果不相等，则温度会变化。

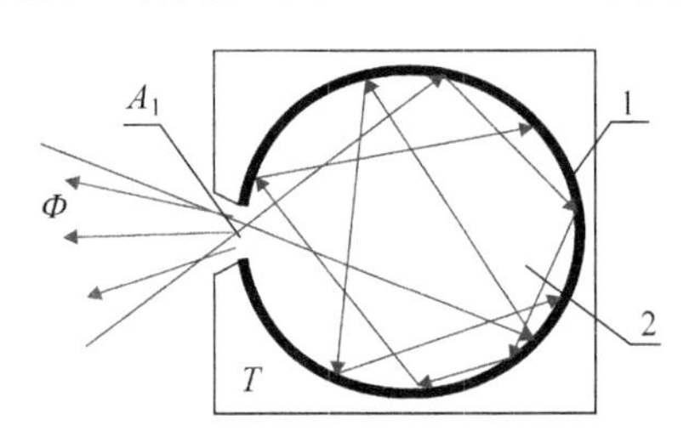

图 2.5 黑体模型示意图

1. 涂成炭黑的空腔内表面；2. 入射通量，T 为黑体的热力学温度，A_1 为辐射通量 Φ 的出射面

热辐射是一种能达到平衡状况的辐射，达到热平衡时的辐射就是所谓黑体辐射，黑体辐射是对光电探测器特性参数进行定量分析时所用的一种标准辐射源。绝对黑体是抽象的科学概念，这种物体在自然界并不存在，但人工制造的近似黑体常作为辐射源标准。

如果用 ε 表示非黑体的辐射出射度 M' 与同温度的黑体辐射出射度 M 之比，即 $\varepsilon=\dfrac{M'}{M}$，$\varepsilon$ 称为发射率(辐射系数)。由于同一温度下的黑体辐射出射度最大，所以非黑体的发射率是 0～1 的一个值。根据辐射源的 ε 随波长变化的情况，辐射源可分为 3 类：黑体 $\varepsilon(\lambda)=\varepsilon=1$；灰体 $\varepsilon(\lambda)=\varepsilon=$ 常数(小于 1)；选择性辐射体 $\varepsilon(\lambda)$ 随波长而变。固体材料的光谱发射率 $\varepsilon(\lambda)$ 与很多因素有关，其中主要与材料、温度、波长、发射方向、表明粗糙度及其氧化程度等有关，增大表面粗糙度，辐射系数将会提高，实际工程中常简化作为常数处理。

如果粗糙表面上颗粒的高度超过辐射波长数倍，那么粗糙表面的辐射系数 ε_ω 可按下列经验公式计算：

$$\varepsilon_\omega=\varepsilon[1+2.8(1-\varepsilon)^2] \tag{2.9}$$

式中，ε 为光滑表面的辐射系数。此式曾为镍铬合金、不锈钢、黄铜和铝的实验数据所证明。对于许多其他材料，无法定量描述其辐射系数与表面加工特性、温度以及氧化程度之间的关系。当必须知道辐射系数才能进行有关计算时，则可根据其他资料所引的实验研究结果来选取 ε 值。

材料的发射率与表面状态和温度有关，一般金属在温度较低时发射率都很低，在高温下表面形成氧化层后，发射率可以大幅度增加。金属表面的光洁度、氧化程度和污染都严重影响发射率的值。例如，表面形成氧化层后，钢的发射率比表面经过抛光的钢的发射率高出 10 倍以上，非金属材料的发射率一般比金属材料的发射率高，且随温度的增高而降低。

在某些情况下，要求研制低辐射系数的专用涂层。水的辐射系数接近于 1。实际上，厚度大于 0.2～0.3mm 的水层可视为绝对黑体。这对于 50°～60°的视角来说是对的。当角度较大时，辐射系数则急剧下降。

基尔霍夫发现，在任一给定温度的热平衡条件下，任何物体的辐射出射度 M' 和吸收率 α 之比都相同，且恒等于同温度下绝对黑体的辐射出射度 M。即

$$\frac{M'}{\alpha}=M \tag{2.10}$$

这就是基尔霍夫定律(1882 年)。

由此可看出,任何不透明材料的发射率在数值上等于同温度的吸收率,即 $\varepsilon=\alpha$。因而好的吸收体也是好的发射体。

当外来辐射入射到物体表面上时,将出现反射、吸收和透射 3 种过程。根据能量守恒定律,3 种能量的百分比(与入射总能量之比)之和为 1,即

$$\rho+\alpha+\tau=1 \tag{2.11}$$

式中,ρ 为反射率;τ 为透过率。一种材料的发射率、吸收率、反射率和透过率是指对该材料的标准试样(规定的表面处理、表面粗糙度、表面清洁度及厚度等条件的试样)进行相应测试所得的数据。当具体试样的表面状态、厚度等不同时,测试所得数据可能会与标准试样的数据相差很大。为了有所区别,有些文献中将标准试样的数据称为发射率、吸收率、反射率和透过率,而将具体试样的相应数据称为发射系数、吸收系数、反射系数和透过系数。ε 还有定向发射率和法向发射率之分。ε 与测量方向有关,通常所说的 ε 是辐射源在半球内的发射率。

α、ρ、τ 的大小均与辐射入射的方向有关。但反射系数 ρ 不能决定反射的方向,反射方向取决于物体表面的性质。如果物体表面为镜面,则产生定向反射,即入射角与反射角相等。如果表面为朗伯面(即满足朗伯余弦定律的辐射表面),则产生漫反射,反射辐射与辐射的入射角无关。

2.2.2 普朗克定律

1900 年,普朗克在引进量子概念后,发现了黑体的光谱辐射出射度 M_λ 与波长 λ 和温度 T 之间的关系,即

$$M_\lambda=\frac{\partial M}{\partial \lambda}=\frac{2\pi hc^2}{\lambda^5}\cdot\frac{1}{e^{hc/k\lambda T}-1} \tag{2.12}$$

这就是普朗克定律,也称普朗克辐射分布定律。其中:h 为普朗克常数[$6.626\,176\times10^{-34}$(J·s)];k 为玻耳兹曼常数[$1.380\,662\times10^{-23}$(J·K^{-1})];c 为光速[$2.997\,924\,58\times10^{8}$(m·s^{-1})]。把这些常数代入后得

$$M_\lambda=\frac{c_1}{\lambda^5}\cdot\frac{1}{e^{c_2/\lambda T}-1} \tag{2.13}$$

式中,c_1 为第一辐射常数,$c_1=3.741\,832\times10^4\,\text{W}\cdot\text{cm}^{-2}\cdot\mu\text{m}^4$;$c_2$ 为第二辐射常数,$c_2=1.438\,786\times10^4\,\mu\text{m}\cdot\text{K}$(当温度高于 1337.58K 时,$c_2=1.4388\times10^4\,\mu\text{m}\cdot\text{K}$)。

图 2.6 描述普朗克辐射定律采用的是热力学温度作为参数,普朗克定律曲线在形式上相似但不相切。

2.2.3 斯忒藩-玻耳兹曼定律

普朗克定律指出了温度为 T 的黑体的光谱辐射出射度沿波长的分布规律,如果对波长进行积分,就可求出温度为 T 的黑体在单位面积上向半球空间辐射出的总功率,即黑体的辐射出射度

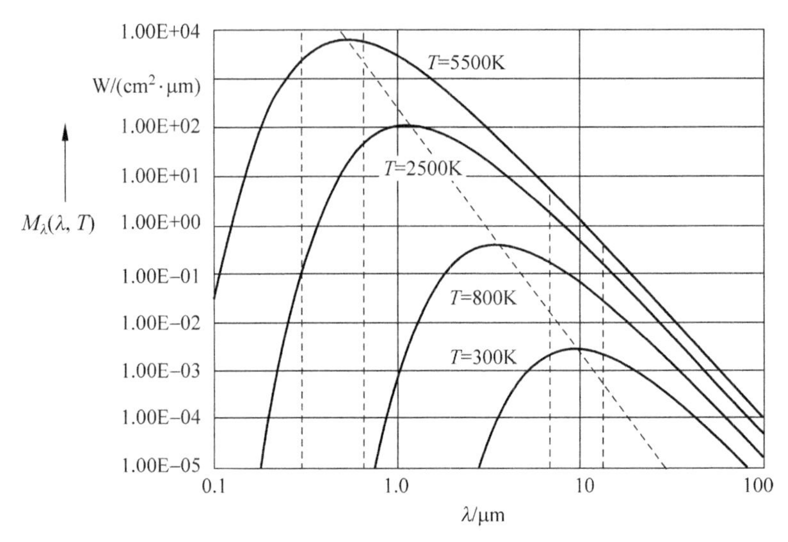

图 2.6 普朗克辐射定律曲线

$$M=\int_0^\infty M_\lambda \mathrm{d}\lambda=\sigma T^4 \tag{2.14}$$

此即斯忒藩-玻耳兹曼定律。1879 年，斯忒藩首先通过实验的方法发现了此关系（用测量黑体模型自身辐射的方法），1884 年，玻耳兹曼从热力学定律出发做出了理论证明。σ 称为斯忒藩-玻耳兹曼常数，$\sigma=(5.670\,32\pm0.0071)\times10^{-12}\,\mathrm{W\cdot cm^{-2}\cdot K^{-4}}$。

此规律为进行温度测量研究奠定了理论基础。

将式(2.12)除以一个光子的能量 hc/λ 并积分，即得全波段（$0\sim\infty$）范围的光子出射度（光子数 · $\mathrm{s^{-1}\cdot cm^{-2}}$）

$$M_\mathrm{P}=\int_0^\infty \frac{2\pi c}{\lambda^4}\cdot\frac{\mathrm{d}\lambda}{\mathrm{e}^{hc/kT\lambda}-1}=1.202\,056\,90\,\frac{4\pi k^3}{c^2h^3}T^3 \tag{2.15}$$

将式(2.13)对温度 T 求偏导数，并对波长 λ 从 $0\sim\infty$ 积分，即得全波段（$0\sim\infty$）范围的微分辐射出射度（$\mathrm{W\cdot cm^{-2}\cdot K^{-1}}$）

$$\Delta M_{0\sim\infty}=4\sigma T^3 \tag{2.16}$$

因而非黑体（灰体）的辐射出射度就可表示为

$$M'=\varepsilon\sigma T^4 \tag{2.17}$$

斯忒藩-玻耳兹曼定律对实际物体并不适用，因为实际物体和绝对黑体的光谱辐射出射度的分布各不相同。这对于气体尤为典型，气体是在一些确定的较窄谱带内发射辐射。但是，大部分表面粗糙的固体，特别是电介质、半导体和金属氧化物，其光谱能量的特征类似于绝对黑体。这类物体称为灰体。灰体的特征是其辐射亮度与相同温度下的绝对黑体的辐射亮度之比（称为辐射系数）与波长无关。严格地说，灰体在自然界同样并不存在。例如，当波长延伸时，许多金属的辐射系数显著减少，而电介质的辐射系数反而增大。然而，在限定的波段内，许多物体都可以近似视为灰体。“灰体”概念的引入，提高了斯忒藩-玻耳兹曼定律实际应用的可能性。

斯忒藩-玻耳兹曼定律给出了波长为 $0\to\infty$ 的总辐射出射度。但在实际工程中，经常遇到的问题是要计算某一波段 $\lambda_1\sim\lambda_2$ 范围内的辐射出射度 $M_{\lambda_1\sim\lambda_2}$，或计算该波段内的辐射功率占总辐射功率的百分比。

$$M_{\lambda_1\sim\lambda_2}=\int_{\lambda_1}^{\lambda_2}M_\lambda\,\mathrm{d}\lambda=\int_0^{\lambda_2}M_\lambda\,\mathrm{d}\lambda-\int_0^{\lambda_1}M_\lambda\,\mathrm{d}\lambda \tag{2.18}$$

但是实际上式(2.18)的积分较为困难，做以下变换：

$$f(\lambda T)=\frac{M_\lambda}{T^5}=\frac{c_1}{(\lambda T)^5(\mathrm{e}^{c_2/\lambda T}-1)} \tag{2.19}$$

函数 $f(\lambda T)$就变成了以 λT 为单变量的函数了，对不同波长、不同温度均适用，故它也称为普朗克通用曲线。

$$\frac{M_{\lambda_1\sim\lambda_2}}{\sigma T^4}=\frac{1}{\sigma}\left[\int_0^{\lambda_2 T}f(\lambda T)\mathrm{d}(\lambda T)-\int_0^{\lambda_1 T}f(\lambda T)\mathrm{d}(\lambda T)\right] \tag{2.20}$$

令

$$F_{0\sim\lambda_1}=\frac{1}{\sigma}\int_0^{\lambda_1 T}f(\lambda T)\mathrm{d}(\lambda T) \tag{2.21}$$

$$F_{0\sim\lambda_2}=\frac{1}{\sigma}\int_0^{\lambda_2 T}f(\lambda T)\mathrm{d}(\lambda T) \tag{2.22}$$

所以

$$M_{\lambda_1\sim\lambda_2}=(F_{0\sim\lambda_2}-F_{0\sim\lambda_1})\times\sigma T^4 \tag{2.23}$$

$F_{0\sim\lambda}$ 实际上就是波长为 $0\rightarrow\lambda$ 的黑体辐射占 $0\rightarrow\infty$ 黑体总辐射的百分比，可以通过编程计算或查黑体相对辐射出射度表得到。

【例 2.1】 试分别计算温度为 1000K、1400K、3000K、6000K 时可见光(0.38～0.76μm)与红外线(0.76～25μm，0.76～1000μm)在黑体总辐射中所占的份额。

解：具体计算结果如表 2.3 所示。

表 2.3　可见光与红外线热辐射各自占的份额百分比

温度/K	所占份额/%		
	可见光(0.38～0.76μm)	红外线(0.76～25μm)	红外线(0.76～1000μm)
1000	<0.1	99.11	>99.9
1400	0.12	99.58	99.88
3000	11.4	88.47	88.50
6000	45.5	42.99	43.00

值得一提的是，这种方法在工程上(红外辐射干燥)大多用在 1400K 以下，此时，可见光所占的份额只有 0.12%，而红外线(0.76～25μm)与红外线(0.76～1000μm)相比，已占99.7%(99.58/99.88)，因而红外辐射干燥一般只考虑 0.76～25μm，更长的波长能量已很低，无工程意义。因此，测定各种有机材料、涂料的透过率及一些材料的光谱发射率所用的红外分光光度计及傅里叶变换红外光谱仪，其测试波段大都为 2～25μm。

2.2.4　维恩位移定律

将普朗克公式对波长取导数并使其为零，可求出辐射功率峰值波长，这就是维恩位移定律：

$$\lambda_m T = 2897(\mu m \cdot K) \tag{2.24}$$

维恩位移定律表明峰值波长与温度的乘积是一个常量。对温度为 300K、400K、500K、600K 的黑体，辐射峰值波长依次分别约为 9.7μm、7.3μm、5.8μm、4.8μm。这说明，黑体温度越高，其峰值辐射波长越移向短波。人们仔细观察火焰不难发现，随着火焰温度的升高，其颜色将由红—黄—绿—蓝而变化。虽说火焰不是黑体，但现象是类似的。

维恩位移定律在光电系统设计时工作波段及探测器的选取是非常重要的。与维恩位移定律相似的一个工程近似法则为

$$\lambda_{1/2} T = 1800 \quad 或 \quad 5100(\mu m \cdot K) \tag{2.25}$$

式中，两个 $\lambda_{1/2}$ 的意义如图 2.7 所示。大约有总辐射量的 3.8% 位于第一个 $\lambda_{1/2}(\lambda'_{1/2})$ 的左边；有总辐射量的 35% 位于第二个 $\lambda_{1/2}(\lambda''_{1/2})$ 的右边；而在两个 $\lambda_{1/2}(\lambda'_{1/2}, \lambda''_{1/2})$ 之间的辐射功率约占总量的 61%。这一点对工程估算是有用的。

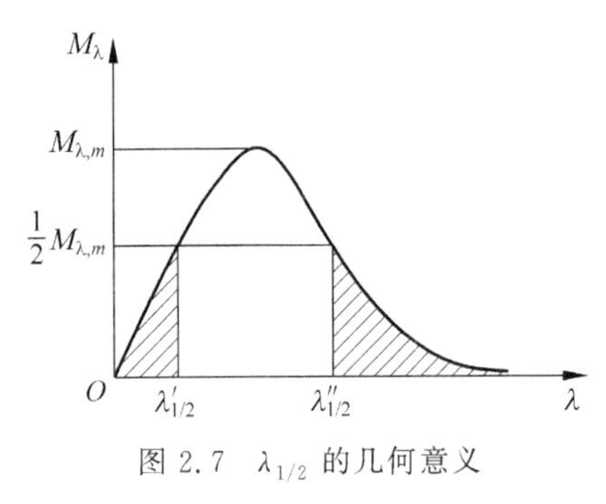

图 2.7 $\lambda_{1/2}$ 的几何意义

将维恩位移定律关系式代入普朗克公式，可得

$$M_{\lambda,m} = bT^5 \tag{2.26}$$

式中，$b = 1.2866 \times 10^{-15} W \cdot cm^{-2} \cdot \mu m^{-1} \cdot K^{-5}$。上式是维恩位移定律的另一种形式。它表明黑体的光谱辐射出射度的峰值与热力学温度的五次方成正比。

2.2.5 朗伯余弦定律

朗伯余弦定律描述了黑体辐射源向半球空间内的辐射亮度沿高低角的变化规律(1760 年)。朗伯余弦定律确定，若面积元 dA 在法线方向的辐射亮度为 L_N，则它在高低角 θ 的方向上的辐射亮度 L'_θ 为

$$L'_\theta = L_N \cos\theta \tag{2.27}$$

朗伯余弦定律也称为朗伯定律。

朗伯余弦定律还有一种表达方式，即将辐射亮度定义为辐射源的单位投影面积(指面积元 dA 在与 θ 表示的射线相垂直的方向投影的单位面积)在 θ 方向的单位立体角内的辐射功率。这种方式定义辐射亮度时，设在 θ 方向的辐射亮度为 L_θ，显然

$$L_\theta dA \cdot \cos\theta = L'_\theta dA = L_N \cos\theta dA \tag{2.28}$$

可得

$$L_\theta = L_N \tag{2.29}$$

式(2.29)说明，在任一方向的辐射亮度均相等且等于法线方向的辐射亮度。符合此规律的辐射面称为朗伯面。

朗伯余弦定律适用于黑体和具有漫辐射(反射)特性的物体。对于不光滑物体，经验证明这一定律可适用于 $\theta = 0° \sim 60°$ 的情况。但许多物体不服从该定律。例如，磨光的金属表面在 $\theta = 60° \sim 80°$ 时的辐射强度大于表面法向的辐射强度。

根据朗伯余弦定律可以推算出朗伯面的单位面积向半球空间内辐射出去的总功率(即辐射出射度 M)与该面元的法向辐射亮度 L_N 之关系。

$$M = \int_{\Omega} L_N \cos\theta \mathrm{d}\Omega = \pi L_N \tag{2.30}$$

考虑到 $L_\theta = L_N$，式(2.30)表明，符合朗伯余弦定律的辐射源，在任意方向的辐射亮度 L 均等于法线方向的辐射亮度且等于 M/π。这个结论与一般想象的有差别。一般想象，由于朗伯面的各个方向的亮度均相等，而半球共有 2π 个球面度，故而认为单位立体角内的辐射功率应为 $M/2\pi$，但这是不正确的。其主要问题在于忽略了朗伯余弦定律的第二种表达形式中定义辐射亮度的特点。

如果辐射源的线尺寸不满足点源的要求，即辐射面的线尺寸相对于它至观测点的距离 R 不是很小，那么这种辐射源称为扩展源。扩展源在入射物体上形成的照度 H 的计算与点源不同，在计算中需要利用朗伯余弦定律。

一般(红外)辐射源所发射的辐射能通量，其空间分布很复杂，这给辐射量的计算带来很大的麻烦。但是，在自然界中存在一类特殊的辐射源，它们的辐射亮度与辐射方向无关，例如，太阳、荧光屏、毛玻璃灯罩、坦克表面等都近似于这种光源。辐射亮度与辐射方向无关的辐射源，称为漫辐射源。

凡辐射强度曲线服从朗伯余弦定律($I_\theta = I_0 \cos\theta$)的光源称为朗伯辐射源。漫反射体的辐射强度符合朗伯余弦定律；自身发射的黑体辐射源也遵从朗伯余弦定律。

设某一发射表面 ΔA 在其法向方向上的辐射强度为 I_0，与法向成 θ 角方向上的辐射强度为 I_θ。由于漫辐射源的辐射亮度在各个方向上均相等，而根据辐射亮度的定义，有

$$L = \frac{I_0}{\Delta A} = \frac{I_\theta}{\Delta A \cos\theta} \tag{2.31}$$

于是得

$$I_\theta = I_0 \cos\theta \tag{2.32}$$

式(2.32)表明辐射源表面发射的能量在法线方向最强，其他方向辐射的辐射强度是该方向角 θ 的余弦与法向辐射强度的乘积，这个关系也称为朗伯余弦定律。它表明，各个方向上辐射亮度相等的发射表面，其辐射强度按余弦定律变化。在实际生活中，人们遇到的各种漫辐射源只是近似地遵从朗伯余弦定律，所以朗伯光源是个理想化的概念。

朗伯辐射源具有下列特点：

(1) 朗伯辐射源各方向上的辐射亮度之间的关系：由式(2.31)可以看出

$$L = \frac{I_0}{\Delta A} = L_0 \tag{2.33}$$

朗伯辐射源的辐射亮度是一个与方向无关的常数，即其各方向的辐射亮度相等。

(2) 朗伯辐射源的辐射亮度与辐射出射度之间的关系：

$$M = \pi L \tag{2.34}$$

表明朗伯辐射源的辐射出射度为辐射亮度的 π 倍。

(3) 朗伯辐射源的辐射亮度与辐射强度之间的关系：

$$I_0 = LA \tag{2.35}$$

表明朗伯辐射源在法向上的辐射强度等于辐射亮度乘以源面积 A。

(4) 朗伯辐射源的辐射强度与辐射能通量之间的关系：

$$\Phi = \pi I_0 \tag{2.36}$$

表明朗伯辐射源的总辐射能通量等于辐射源在法向上的辐射强度的 π 倍。

(5) 理想漫反射体辐射亮度与辐照度之间的关系。

处于辐射场中的理想漫反射体也可以视作朗伯辐射源，因为它把无论从任何方向入射的全部辐射功率均毫无吸收和无透射地按朗伯余弦定律反射出去，也就是说，理想漫反射体的辐射出射度等于它表面上的辐照度，即

$$M = H \tag{2.37}$$

可以得出

$$L = \frac{H}{\pi} \tag{2.38}$$

表明理想漫反射体的辐射亮度等于它的辐照度除以 π。

2.3 辐射源及特性形式分类

辐射源有各种各样，从不同角度有不同的分类。对于不同目的和用途，可选取辐射源相应的特性形式。

2.3.1 辐射源分类

辐射源的分类一般有以下 5 种方法：

(1) 根据辐射源光谱发射率 $\varepsilon(\lambda)$ 的特性，辐射源可分为：

① 黑体，$\varepsilon(\lambda)=\varepsilon=1$；

② 灰体，$\varepsilon(\lambda)=\varepsilon=$ 常数(小于 1)；

③ 选择性辐射体，$\varepsilon(\lambda)$ 是波长的函数。

(2) 根据辐射源相对于光电(红外)系统瞬时视场张角的几何特性，辐射源分为：

① 点源，它对红外系统的张角小于系统的瞬时视场；

② 扩展源，它对光电(红外)系统的张角大于系统的瞬时视场。

一般认为，如果辐射源与光电(红外)系统的距离 R 是辐射源最大尺寸的 10 倍以上，则可认为辐射源是点源，计算 R 处的辐照度相对误差不大于 1%。

(3) 根据辐射源本身辐射的相干性质，辐射源分为：

① 相干辐射源，它发出的辐射在不同位置上相位关系保持不变；

② 非相干辐射源，其各点发出的辐射在相位上无固定关系；

③ 部分相干辐射源，性质介于上述二者之间。

(4) 根据辐射源表面性质，辐射源分为：

① 镜面源，其入射角与反射角相等；

② 漫射源，也称朗伯辐射源；

③ 毛面反射源，除镜面源和漫射源之外的反射源。

(5) 根据发光机理的不同，辐射源分为：

① 热辐射，热力学温度不为零且处于热平衡状态的任何物体均会向外辐射电磁波；

② 受激直接跃迁辐射，物质原子中的电子受到外来能量的激发跃迁至高能态，然后直接落入较低能态时所产生的辐射(根据外来激发能量的形式，又可将这类辐射细分为：光致

发光、电致发光、场致发光、化学发光、生物发光、磁致发光、等离子发光等)；

③ 受激间接跃迁辐射——激光。

以上 5 个方面之间彼此相关，例如，点源可以是黑体、灰体或选择性辐射体；也可以是相干辐射体或漫射体。扩展源也同样如此。

点源假设的实质在于将辐射面发射的能量集中于一点发出，它的辐射参数主要有辐射强度和光谱辐射强度。在研究面辐射源(扩展源)的辐射时，它的辐射参数主要有辐射出射度、光谱辐射出射度、辐射亮度和光谱辐射亮度。当研究被照射面上的辐射功率时，可用辐照度和光谱辐照度这两个参数。

对于点源来说，如果不考虑大气的影响，则离辐射源距离为 R 处的辐照度为

$$H = \frac{I}{R^2}\cos\beta \tag{2.39}$$

式中，β 为辐照方向与受辐照面法线间的夹角。

2.3.2 辐射源特性形式

辐射源特性的形式有 4 类，即总辐射量、光谱辐射量、光子辐射量和辐射量的空间分布形式。

1. 总辐射量

总辐射量是全频域内所有各个方向的辐射功率的总和，在辐射度量学中，说明这种辐射能量特性的量有辐射能、辐射能密度、辐射功率、辐射出射度、辐射强度、辐射亮度、辐照度、吸收率、反射率、透过率、发射率等。

2. 光谱辐射量

总辐射量只考虑了辐射通量空间分布特征，而没有考虑辐射通量的光谱特点。光谱辐射量是波长的函数，用光谱密度函数表示。光谱辐射量包括光谱辐射通量、光谱辐射强度、光谱辐射出射度、光谱辐射亮度、光谱辐射照度等。

应注意总辐射量与光谱辐射量的差别，同时单色辐射量、波段辐射量、总辐射量这三者也是有区别的。单色辐射量是指足够小的波长间隔内的辐射量；波段辐射量是指在较大的波长范围内的辐射量；总辐射量是指波长为 0～∞的全波段范围内的辐射量。这三者都是辐射量，只是波长间隔大小的不同，单位都是瓦特(W)。

以辐射通量举例来说，单色辐射通量为 $\mathrm{d}\Phi = \Phi_\lambda \mathrm{d}\lambda$(只要 $\mathrm{d}\lambda$ 足够小)，波段辐射通量为 $\Phi_{(\Delta\lambda)} = \Phi_{(\lambda_2-\lambda_1)} = \int_{\lambda_1}^{\lambda_2} \Phi_\lambda \mathrm{d}\lambda$，总辐射通量为 $\Phi = \int_0^\infty \Phi_\lambda \mathrm{d}\lambda$。只要以各光谱辐射量取代光谱辐射通量 Φ_λ，就得到相应的单色辐射量、波段辐射量、总辐射量，如单色辐射照度、波段辐射照度和总辐射照度。

吸收率、反射率、透过率和发射率也都是波长的函数，辐射波长不同，α、ρ、τ、ε 也不同，可分别表述为 $\alpha(\lambda)$、$\rho(\lambda)$、$\tau(\lambda)$、$\varepsilon(\lambda)$(对选择性辐射体)。此外，α、ρ、τ 还取决于入射辐射的光谱分布，所以 α、ρ、τ 虽无总量或单色之称，但实际上对应不同的波长或波长范围，它们的数值是不同的。

3. 光子辐射量

光电(红外)探测器种类很多,光子探测器是其中很重要的一类。说光子探测器响应的是单位时间内接收到的光子数更为恰当。用每秒接收的(或发射的、或通过的)光子数代替辐射通量来定义各辐射量,这样定义的辐射量称为光子辐射量(从光的粒子性和能量离散性角度),以带下标 p 的符号表示,如 X_{p}。

功率辐射量(从光的波动性和能量连续性角度)与光子辐射量的换算简单,任何一个按波长分布并以瓦为单位的量,只要除以一个光子的能量(hc/λ,h 为普朗克常数,c 为光速),就得到用光子数每秒为单位的光子辐射量。光子辐射量主要包括:

(1) 光子数。辐射源发出的光子数量,用 N_{p} 表示。可以由光谱辐射能 Q_λ 导出。

$$\mathrm{d}N_{\mathrm{p}}=\frac{Q_\lambda \lambda}{hc}\mathrm{d}\lambda \tag{2.40}$$

$$N_{\mathrm{p}}=\frac{1}{hc}\int \lambda Q_\lambda\,\mathrm{d}\lambda \tag{2.41}$$

(2) 光子通量(单色)。辐射源单位时间内、单位波长间隔内发射、传输或接收的光子数,用 Φ_{p} 表示,单位是 s^{-1}。它可以由光谱辐射通量 Φ_λ 导出。

$$\Phi_{\mathrm{p}}=\frac{\partial N_{\mathrm{p}}}{\partial t}=\frac{\lambda}{hc}\,\frac{\partial Q_\lambda}{\partial t}=\frac{\lambda}{hc}\Phi_\lambda \tag{2.42}$$

(3) 光子强度(单色)。辐射源在单位波长间隔内、在给定方向上的单位立体角内发射的光子数量,用 I_{p} 表示,单位是 $\mathrm{s}^{-1}\cdot\mathrm{sr}^{-1}$。它可以由光谱辐射强度 I_λ 导出。

$$I_{\mathrm{p}}=\frac{\partial \Phi_{\mathrm{p}}}{\partial \Omega}=\frac{\lambda}{hc}I_\lambda \tag{2.43}$$

(4) 光子亮度(单色)。辐射源在单位波长间隔内、在给定方向上单位投影面积、单位立体角中发射的光子通量,用 L_{p} 表示,单位是 $\mathrm{s}^{-1}\cdot\mathrm{m}^{-2}\cdot\mathrm{sr}^{-1}$。它可以由光谱辐射亮度 L_λ 导出。

$$L_{\mathrm{p}}=\frac{\partial^2 \Phi_{\mathrm{p}}}{\partial \Omega\,\partial(A\cos\theta)}=\frac{\lambda}{hc}L_\lambda \tag{2.44}$$

(5) 光子出射度(单色)。辐射源在单位波长间隔内、单位面积向半球空间内发射的光子通量,用 M_{p} 表示,单位是 $\mathrm{s}^{-1}\cdot\mathrm{m}^{-2}$。它可以由光谱辐射出射度 M_λ 导出。

$$M_{\mathrm{p}}=\frac{\partial \Phi_{\mathrm{p}}}{\partial A}=\frac{\lambda}{hc}M_\lambda \tag{2.45}$$

(6) 光子照度(单色)。被照表面上某一点附近,单位波长间隔内、单位面积上接收到的光子通量,用 H_{p} 表示,单位是 $\mathrm{s}^{-1}\cdot\mathrm{m}^{-2}$。它可以由辐射照度 H_λ 导出。

$$H_{\mathrm{p}}=\frac{\partial \Phi_{\mathrm{p}}}{\partial A}=\frac{\lambda}{hc}H_\lambda \tag{2.46}$$

4. 辐射量空间分布

辐射的空间分布表示辐射强度在空间的分布情况。不同的辐射源,其辐射量在空间分布是不同的,为了得到辐射量的空间分布,就应在给定的与辐射表面垂线之间的不同夹角方向,求面积在垂直于给定方向的平面上的投影和能量光强。

通常，任何目标的辐射都是由辐射源的固有温度辐射和它的反射辐射组成的，目标的固有温度辐射决定它的表面温度、形状、尺寸和辐射表面的性质。一般情况下，辐射强度应与方向有关，计算起来比较困难。表 2.4 列出了几种简单形状的均匀辐射源的辐射量空间分布图。根据这个表，通过综合的方法，往往可以简化比较复杂形状辐射源的计算。

表 2.4　几种形状简单的辐射源的辐射量空间分布

	辐射源形状	辐射强度和辐射量	辐射强度分布曲线	平均球面辐射强度
圆盘	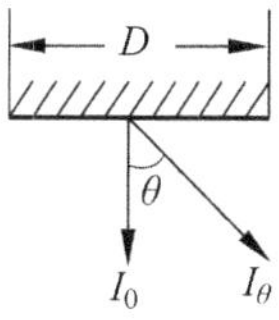	$I_\theta=I_0\cos\theta$ $\Phi=\pi I_0$ $I_0=(\varepsilon\sigma T^4D^2)/4$	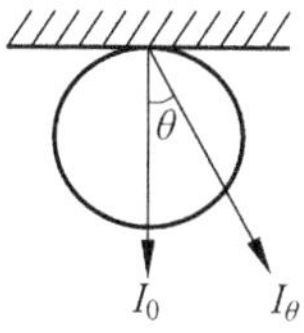	$I_0/2$
球体	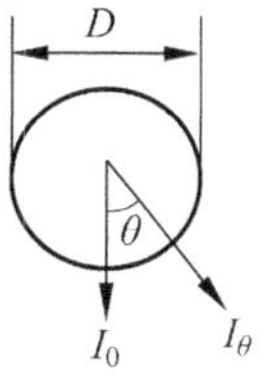	$I_\theta=I_0=(\varepsilon\sigma T^4D^2)/4$ $\Phi=4\pi I_0$	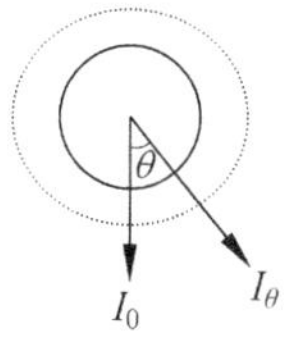	I_0
半球体	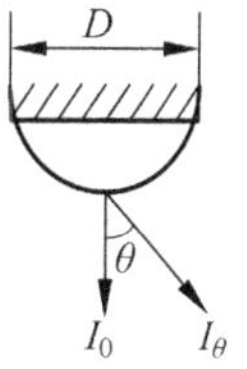	$I_\theta=(I_0/2)/(1+\cos\theta)$ $\Phi=2\pi I_0$ $I_0=(\varepsilon\sigma T^4D^2)/4$	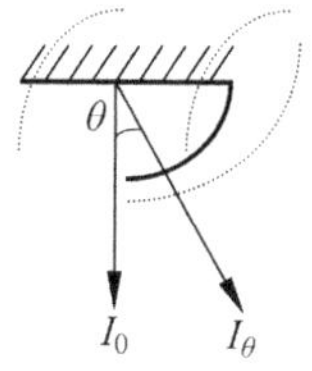	$I_0/2$
圆柱体	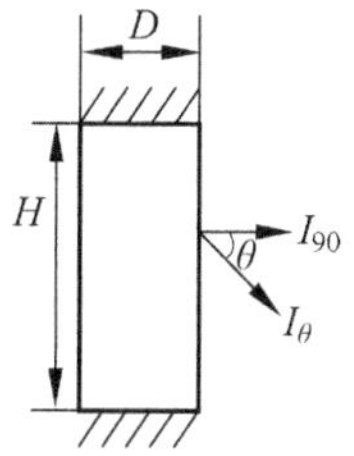	$I_\theta=I_{90}\sin\theta$ $\Phi=\pi^2I_{90}$ $I_{90}=(\varepsilon\sigma T^4HD)/\pi$	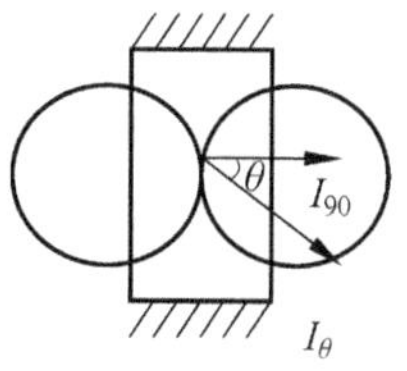	$\frac{\pi}{4}I_{90}$
底座是球形的圆柱体	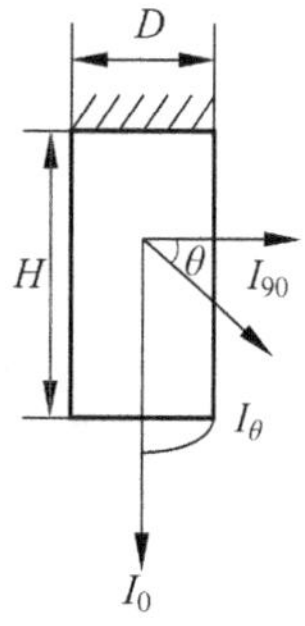	$I_\theta=(I_0/2)/(1+\cos\theta)$ $+I_{90}\sin\theta$ $\Phi=2\pi I_0+\pi^2I_{90}$ $I_0=(\varepsilon\sigma T^4D^2)/4$ $I_{90}=(\varepsilon\sigma T^4DH)/4$	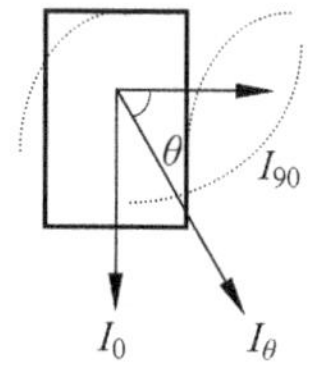	$\frac{I_0}{2}+\frac{\pi}{4}I_{90}$

2.4 点源、小面源、朗伯扩展源及成像系统像平面的辐照度

通过分析点源、小面源、朗伯扩展源等常见特殊辐射源的辐照度，以及成像系统像平面的辐照度，对实际辐射源的相应工程计算(尤其是简化计算)与分析有重要作用和意义。

2.4.1 点源、小面源、朗伯扩展源产生的辐照度

一般来讲，除(红外)激光辐射源的辐射有较强的方向性以外，辐射源都不是定向发射的，而且，它们所发射的辐射通量在空间的角分布并不一定很均匀，往往有很复杂的角分布。这样，就给辐射量的计算带来很大的困难。例如，若不知道辐射亮度 L 与方向角 θ 的明显函数关系，要想用表 2.5 中辐射出射度 M 与辐射亮度 L 的关系式计算出 M 是不可能的。但是，在实际工程设计中，经常会遇到一类特殊的辐射源，其辐射亮度与辐射方向无关，这类辐射源就是漫辐射源。

表 2.5 辐射量值之间的关系

名　称	符　号	与其他量值的关系式
辐射能	Q	
辐射通量	Φ	$\Phi=\frac{\mathrm{d}Q}{\mathrm{d}t}$
光谱辐射通量	Φ_λ	$\Phi_\lambda=\frac{\mathrm{d}\Phi}{\mathrm{d}t}$
辐射强度	I	$I=\frac{\mathrm{d}\Phi}{\mathrm{d}\Omega}$
光谱辐射强度	I_λ	$I_\lambda=\frac{\partial^2\Phi}{\partial\Omega\partial\lambda}$
辐射出射度	M	$M=\frac{\mathrm{d}\Phi}{\mathrm{d}A}=\int_{(2\pi sr)}L\cos\theta\mathrm{d}\Omega$
光谱辐射出射度	M_λ	$M_\lambda=\frac{\partial^2\Phi}{\partial A\partial\lambda}$
辐射亮度	L	$L=\frac{\mathrm{d}I}{\mathrm{d}A\cdot\cos\theta}=\frac{\partial^2\Phi}{\partial\Omega\partial A\cdot\cos\theta}$
光谱辐射亮度	L_λ	$L_\lambda=\frac{\partial^2 I}{\partial\lambda\partial A\cdot\cos\theta}=\frac{\partial^3\Phi}{\partial\Omega\partial\lambda\partial A\cdot\cos\theta}$
辐照度	H	$H=\frac{\mathrm{d}\Phi}{\mathrm{d}A}$
光谱辐照度	H_λ	$H_\lambda=\frac{\partial^2\Phi}{\partial A\partial\lambda}$

1. 点源产生的辐照度

如图 2.8 所示，设点源的辐射强度为 I，它与被照面上 X 点面元 $\mathrm{d}A$ 的距离为 R，$\mathrm{d}A$ 的法线与 R 的夹角为 θ。如果不考虑大气的衰减，点源产生在被照面 X 点产生的辐照度为

$$H=\frac{I\cos\theta}{R^2} \tag{2.47}$$

如考虑辐射功率 $\mathrm{d}P$ 在大气中的衰减，设在 R 距离内，大气的透过率为 τ_a，则 $\mathrm{d}A$ 实际接收到的辐射功率 $\mathrm{d}P'$ 为

$$\mathrm{d}P'=\tau_a\mathrm{d}P=\tau_a I\mathrm{d}\Omega=\tau_a\frac{I\cos\theta\cdot\mathrm{d}A}{R^2} \tag{2.48}$$

所以，点源在被照面上 X 点产生的辐照度为

$$H=\frac{\mathrm{d}P'}{\mathrm{d}A}=\tau_a\frac{I\cos\theta}{R^2} \tag{2.49}$$

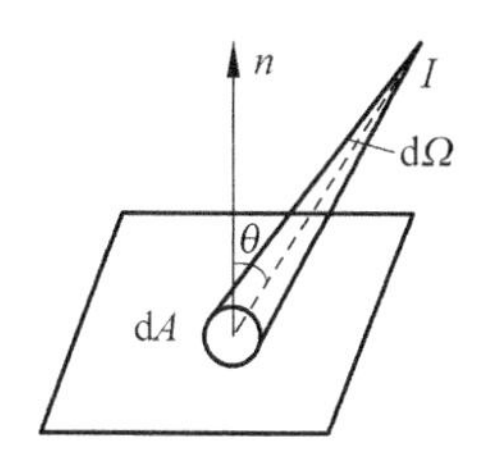

图 2.8　点源产生的辐照度

设点源的光谱辐射强度和传输介质的光谱透过率分别为 I_λ 和 $\tau_a(\lambda)$，则 $\mathrm{d}A$ 实际接收到的 $\mathrm{d}\lambda$ 波长间隔的辐射功率为

$$\mathrm{d}^2P'=\tau_a(\lambda)I_\lambda\mathrm{d}\lambda\cdot\mathrm{d}\Omega=\tau_a(\lambda)\frac{I_\lambda\cos\theta\cdot\mathrm{d}\lambda\mathrm{d}A}{R^2} \tag{2.50}$$

所以，点源在被照面上点 X 产生的光谱辐照度为

$$H_\lambda=\frac{\mathrm{d}^2P'}{\mathrm{d}A\mathrm{d}\lambda}=\tau_a(\lambda)\frac{I_\lambda\cos\theta}{R^2} \tag{2.51}$$

2. 小面源产生的辐照度

如图 2.9 所示，沿小面源的面积为 ΔA_S，辐射亮度为 L，被照面积为 ΔA，ΔA_S 与 ΔA 相距 R。因为 ΔA_S 很小，所以它的辐射强度可以表示为

$$I=L\cos\theta\cdot\Delta A_S \tag{2.52}$$

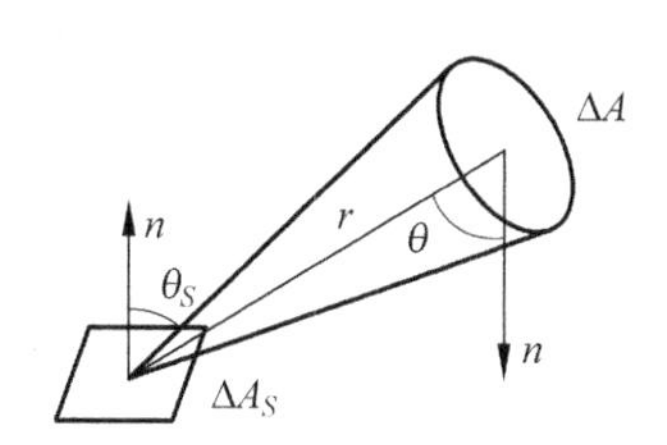

图 2.9　小面源辐照度计算

式中，θ_S 和 θ 分别是 ΔA_S 和 ΔA 的法线与 R 的夹角。

由式(2.52)得到小面源产生的辐照度为

$$H=\tau_a\frac{I\cos\theta}{R^2}=\tau_a L\Delta A_S\frac{\cos\theta}{R^2} \tag{2.53}$$

又因是朗伯辐射源，则上式改写为

$$H=\tau_a\frac{M}{\pi}\Delta A_S\frac{\cos\theta_S\cdot\cos\theta}{R^2} \tag{2.54}$$

与点源光谱辐照度的计算类似，可以得到小面源光谱辐照度为

$$H_\lambda=\tau_a(\lambda)L_\lambda\Delta A_S\frac{\cos\theta_S\cdot\cos\theta}{R^2} \tag{2.55}$$

$$H_\lambda=\tau_a(\lambda)\frac{M_\lambda}{\pi}\Delta A_S\frac{\cos\theta_S\cdot\cos\theta}{R^2} \tag{2.56}$$

式中，L_λ 和 M_λ 分别是小面源的光谱辐射亮度和光谱辐射度。

3. 朗伯扩展源产生的辐照度

设有一个按朗伯余弦定律辐射的大面积扩展源(如红外搜索跟踪系统面对的天空背景)，其各处的辐射亮度均相同。讨论在面积为 A_d 的探测器表面上的辐照度。

如图 2.10 所示，设探测器半视场角为 θ_0，在探测器视场范围内(即扩展源被看到的那部分)，取环状面积元 $\mathrm{d}A_S=x\cdot\mathrm{d}\varphi\cdot\mathrm{d}x$。

设源表面与探测器表面平行，所以 $\theta_S=\theta$，于是可以利用式(2.51)得到从这个环状面积

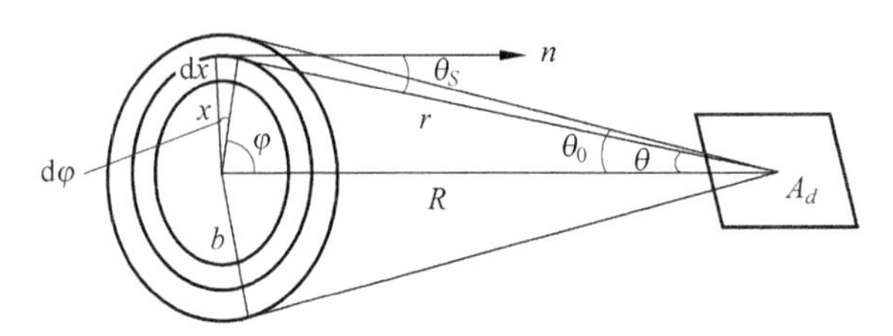

图 2.10　大面积朗伯源产生的辐照度计算

元上发出的辐射度：

$$d^2H = \tau_a L \frac{\cos^2\theta}{r^2} x\,dx\,d\varphi \tag{2.57}$$

因为

$$r = \frac{R}{\cos\theta} \tag{2.58}$$

$$x = R\tan\theta \tag{2.59}$$

$$dx = \frac{R}{\cos^2\theta} d\theta \tag{2.60}$$

所以

$$d^2H = \tau_a L\cos\theta\sin\theta \cdot d\theta \cdot d\varphi \tag{2.61}$$

对式(2.61)积分，可求出大面积扩展源在探测器表面上产生的辐照度。

$$H = \int_0^{2\pi}\int_0^{\theta_0} \tau_a L\cos\theta\sin\theta \cdot d\theta \cdot d\varphi = \pi\tau_a L\sin^2\theta_0 \tag{2.62}$$

对朗伯辐射源，$M=\pi L$，式(2.62)又可写为

$$H = \tau_a M\sin^2\theta_0 \tag{2.63}$$

由此可见，大面积扩展源(其大小超过探测器视场)在探测器上产生的辐照度，与源的辐射出射度或辐射亮度成正比，与探测器的半视场角 θ_0 的正弦平方成正比。

式(2.62)和式(2.63)所对应的光谱辐照度为

$$H_\lambda = \tau_a(\lambda)\pi L_\lambda\sin^2\theta_0 \tag{2.64}$$

$$H_\lambda = \tau_a(\lambda)M_\lambda\sin^2\theta_0 \tag{2.65}$$

如果源表面与探测器表面不平行，其二者法线夹角为 β，则大面积扩展源在探测器表面上产生的辐照度为

$$H = \tau_a\pi L\sin^2\theta_0\cos\beta \tag{2.66}$$

相应的光谱辐照度为

$$H_\lambda = \tau_a(\lambda)\pi L_\lambda\sin^2\theta_0\cos\beta \tag{2.67}$$

$$H_\lambda = \tau_a(\lambda)M_\lambda\sin^2\theta_0\cos\beta \tag{2.68}$$

下面讨论一下扩展源作为点源近似条件的误差。

由图 2.10 得到

$$\sin^2\theta_0 = \frac{b^2}{R^2+b^2} = \frac{b^2}{R^2\left(1+\dfrac{b^2}{R^2}\right)} \tag{2.69}$$

包含在探测器视场范围内的源面积为 $A_S=\pi b^2$，所以式(2.62)可改写为

$$H=\tau_a L\frac{A_S}{R^2\left(1+\frac{b^2}{R^2}\right)} \tag{2.70}$$

若 A_S 小到可以近似为点源，则它在探测器上产生的辐照度由式(2.53)可改写为

$$H_0=\tau_a L\frac{A_S}{R^2} \tag{2.71}$$

由式(2.70)、式(2.71)得到

$$\frac{H_0-H}{H}=\left(\frac{b}{R}\right)^2=-\tan^2\theta_0 \tag{2.72}$$

如果$(b/R)\leqslant 1/10$，即当 $R\geqslant 10b$(或 $\theta_0\leqslant 5.7°$)时，有$\frac{H_0-H}{H}\leqslant\frac{1}{100}$。表明如果源的线度(即最大尺寸)等于源与被照面之间距离的1/10，将扩展源作为点目标来进行计算，所得到的辐照度与精确计算值的相对误差，将小于1%。

2.4.2 成像系统像平面的照度

如图2.11所示，物空间辐射亮度为 L_0 的微面元 ds_0 经过成像物镜成像在像空间 ds_1 微面元上，确定 ds_1 上的辐照度。微面元向透镜口径 D 所张立体角发射的辐射通量为

$$d\Phi=\pi L_0 ds_0\sin^2 u_0 \tag{2.73}$$

式中，u_0 为物点对成像系统的张角。

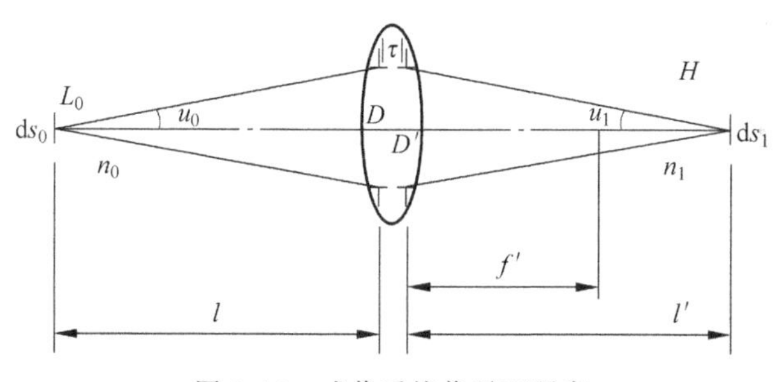

图2.11 成像系统像平面照度

$d\Phi$ 经过透过率为 τ 的成像物镜后照射在微面元 ds_1 上的辐照度为

$$H=\frac{\tau d\Phi}{ds_1}=\pi L_0\tau\frac{ds_0}{ds_1}\sin^2 u_0 \tag{2.74}$$

利用光学理论中的拉亥不变式 $n_0\cdot r_0\cdot\sin u_0=n_1\cdot r_1\cdot\sin u_1$(其中 r_0 和 r_1 分别为物高和像高)，可将式(2.74)改写为

$$H=\pi L_0\tau\frac{n_1^2}{n_0^2}\sin^2 u_1 \tag{2.75}$$

在一般光电成像系统中，$n_0=n_1\approx 1$，且光瞳放大率 $\beta_p=D'/D=1$，其中 D 和 D'分别为物镜的物方和像方孔径。于是

$$H=\pi L_0\tau\left(\frac{D}{2}\right)^2\Big/\left[\left(\frac{D}{2}\right)^2+l'^2\right]=\frac{1}{4}\pi L_0\tau\left(\frac{D}{l'^2}\right)^2\Big/\left[1+\left(\frac{D}{2l'^2}\right)^2\right]$$

$$=\frac{1}{4}\pi L_0\tau\left(\frac{D}{f'}\right)^2\left(\frac{l-f'}{l}\right)^2\Big/\left[1+\frac{1}{4}\left(\frac{D}{f'}\right)^2\left(\frac{l-f'}{l}\right)^2\right] \tag{2.76}$$

式中，l 和 l' 分别为物距和像距。对大多数成像系统的应用，基本满足 $l\gg f'$，即物距远大于光学系统的焦距，则

$$H=\frac{1}{4}\pi L_0\tau\left(\frac{D}{f'}\right)^2\Big/\left[1+\frac{1}{4}\left(\frac{D}{f'}\right)^2\right] \tag{2.77}$$

值得一提的是，在一般应用中，光学系统的$\frac{D}{f'}$较小，在实际应用和资料中常采用如下简化式：

$$H_0=\frac{1}{4}\pi L_0\tau\left(\frac{D}{f'}\right)^2 \tag{2.78}$$

对于夜视系统，由于属于低信噪比系统，往往需要加大其光学系统的孔径，要求光学系统的 F 数（$F=f'/D$）尽量小，$F\to1$，则采用式（2.78）导致的相对误差为

$$\left|\frac{H-H_0}{H}\right|=\frac{1}{4F^2}=\frac{1}{4}\left(\frac{D}{f'}\right)^2 \tag{2.79}$$

显然，当 $F\to1$ 时，相对误差将达到 25%。

2.5 非规则体的辐射通量计算及目标面积的取法

在实际工作中，常常面对非规则辐射体，如何计算其辐射通量，以及其目标面积如何选取，是必须要考虑的问题。

2.5.1 非规则辐射体的辐射通量计算

如果辐射体的纵向辐射强度曲线不能用初等函数表示时，则不能利用上述公式计算辐射通量，而必须利用所谓角系数法。这个方法的原理是：将整个辐射体划分为许多立体角元，在这个立体角元内，认为辐射强度等于常数，而在每一立体角元内，辐射通量即等于元立体角量与该元立体角内辐射强度的乘积，整个辐射通量则等于这些乘积之代数和。已知

$$\mathrm{d}\Omega=\sin\alpha\,\mathrm{d}\alpha\,\mathrm{d}\varphi \tag{2.80}$$

积分得

$$\Omega=2\pi(1-\cos\alpha) \tag{2.81}$$

因此，对应于平面角 α_1，有立体角 $\Omega_1=2\pi(1-\cos\alpha_1)$；对应于平面角 α_2，有立体角 $\Omega_2=2\pi(1-\cos\alpha_2)$（见图 2.12）。

所以

$$\Omega=\Omega_2-\Omega_1=2\pi(\cos\alpha_1-\cos\alpha_2) \tag{2.82}$$

数值 Ω 称为 $\alpha_1\to\alpha_2$ 范围内的角系数，把角系数乘上该范围内的平均辐射强度 I_i，得到该范围内的辐射通量。

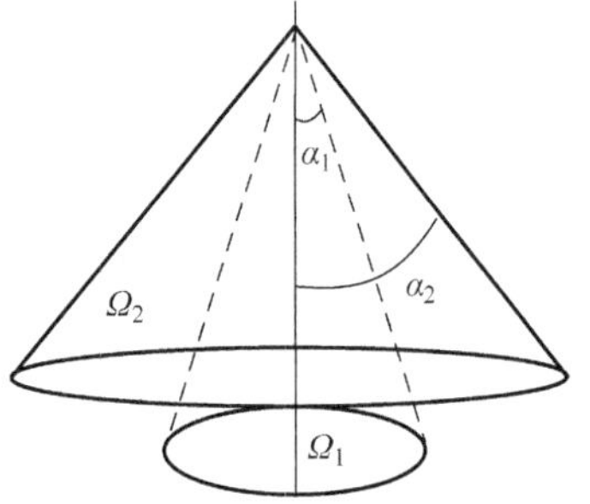

图 2.12 由于平面角 α_1 和 α_2 旋转而得到的立体角 Ω_1 和 Ω_2

$$P_i = I_i \Omega_i \quad (2.83)$$

$$P = \sum_{i=1}^{k} I_i \Omega_i \tag{2.84}$$

当计算立体角时，通常要确定0°～10°、10°～20°、20°～30°等区域，因此各区域的平均辐射强度应取5°、15°、25°等角度处的值。

区间取得越小，则计算结果越准确，根据实际情况，也可以取其间隔为5°、2°等。如辐射强度对于轴为非对称，则对于每一区间均应取平均值。一般绕轴转动，每隔36°取一个值，并将这样得到的辐射强度平均值乘以相应的立体角值。

2.5.2 辐射计算中目标面积的取法

1. 关于发光圆柱体的辐射通量计算

【例 2.2】 对一个发光圆柱体，直径为 D，长度为 l，发光表面为均匀漫射表面，其亮度 L 为一个常数，其光通量 Φ_v 等于多少？

解： 已知 $\Phi_v = \pi^2 LS$，而 $S = 2\pi r \cdot l = \pi Dl$，所以 $\Phi_v = \pi^2 LDl$。

令 $S_0 = Dl$（圆柱体的投影面积），则 $\Phi_v = \pi^2 LS_0$。

由表2.4，可知 $\Phi_v = \pi^2 I_{90}$，可见 $I_{90} = LS_0$。

I_{90} 为与发光圆柱体轴线成90°方向的最大发光强度。而根据漫射体的基本特性，有 $I_0 = LS$。此处 I_0 和 I_{90}，都是最大发光强度。而 S_0 是沿最大辐射强度方向看过去的发光体的投影面积（即截面积）。可见在 $I_0 = LS$ 中，S 必须是投影面积，而不是发光体的全面积。

2. 关于地球平均温度的计算

【例 2.3】 已知太阳表面温度约 $T_s = 6000\text{K}$，日地平均距离 $L = 1495 \times 10^8\,\text{km}$，太阳半径 $R_s = 6.955 \times 10^5\,\text{km}$，如将太阳与地球都近似地看作黑体，求地球表面的平均温度。

解： 地球每秒钟从太阳那里吸收的能量必须等于地球每秒向宇宙空间放出的能量，否则地球将越来越冷（或越来越热），这是不符合实际情况的。

地球每秒吸收的能量为

$$P_{e,a} = ES_e = \frac{P_s}{4\pi} \frac{1}{L^2} \pi R_e^2 \tag{2.85}$$

式中，$P_s = 4\pi I_0$，$S_e = \pi R_e^2$。

地球接收能量的面积只能取投影面积（即截面积），而每秒放出的能量为

$$P_{e,e} = \sigma T_e^4 \cdot 4\pi R_e^2 \tag{2.86}$$

因此对外辐射时，地球面积必须取全面积。

当辐射平衡时，有

$$P_{e,a} = P_{e,e} \tag{2.87}$$

所以

$$\frac{1}{4\pi} \sigma T_s^4 \cdot 4\pi R_s^2 \frac{1}{L^2} \pi R_e^2 = \sigma T_e^4 \cdot 4\pi R_e^2 \tag{2.88}$$

最后得到

$$T_e=T_s\sqrt[4]{\frac{R_s^2}{4L^2}}=6000\sqrt[4]{\frac{(6.955\times10^5)^2}{4(1.495\times10^8)^2}}=289.377(\mathrm{K})$$

故一般取地球表面常温为15℃。

3. 几点结论

(1) 在 $I_0=LS$(或 $I_{90}=LS$)中,S 必须取投影面积(即在最大辐射强度方向的投影面积);对于球、半球、圆盘形光源,取 $S=\pi R^2$;对于圆柱形光源,取 $S=Dl$。

(2) 在 $\Phi=\pi LS$ 中,S 必须取全面积,此时,对于球形光源 $S=4\pi R^2$,半球形光源 $S=2\pi R^2$,圆盘形光源 $S=\pi R^2$ 圆柱形光源 $S=2\pi Rl$。

(3) 当研究球形(或不规则曲面形)光源的相互作用时,对外辐射必须取全面积,而从他物接收辐射时,则只能取接收体在辐射方向的投影面积。

2.6 目标与环境光学特性的分类及特点

根据目标与背景所在地理位置高度或性质的不同,可把目标与背景分成4类,即空间目标与深空背景、空中目标与天空背景、地面目标与地物背景、海面目标与海洋背景。下面分别简要介绍它们的主要光学特性。

2.6.1 空间目标与深空背景

空间目标指高度约100km以上的战略导弹、卫星、空间飞行器、空间站和中继站。导弹和飞行器发射时有强大的光辐射,利用同步卫星上的红外和紫外双波段光学监测系统,可以探测、识别导弹发射。利用导弹弹头和假目标再入大气层时所产生可见光和红外辐射特性(强度和光谱)的不同,供反导弹武器系统探测和识别出真弹头。绕地球飞行的各种空间目标(包括在中段飞行的导弹弹头),在向阳区的太阳光照射下可以探测的光学特性有太阳光散射特性(主要是可见和紫外光)和表面温度约300~450K的红外辐射。在无太阳光照射的阴影区,空间目标可探测的光学特性仅有表面温度约200K左右的红外辐射。

深空背景是辐射温度大约3.5K的冷背景,对于许多红外系统,3.5K的深空背景辐射非常微弱,可以忽略不计,假定空间目标表面温度为200~400K,有效发射面积(投影面积和发射率的乘积)为1m^2,在距离空间目标250km的8~14μm红外探测系统处,能产生的红外辐照度约10^{-14}~$10^{-15}\mathrm{W/cm}^2$。深空中具有类似辐射量值的星体总数只有几十个。上述空间目标在太阳光照射下,散射的可见光强度约等于表观5~10等星,深空中5等星以上的星体数目有1000多颗,10等星以上的星体数目有30多万颗。

2.6.2 空中目标与天空背景

高度约20~30km的空中目标有各种类型的飞机(战斗机、直升机、轰炸机、预警机、加油机和运输机等)和战术导弹(巡航导弹、飞航导弹、空地导弹、空舰导弹、空空导弹和地空导弹等),以及飞机和导弹可能施放的光学诱饵。天空背景除了由地球大气散射和辐射形成的光学天空背景外,还应包括云、雾、霾、雪、雨等。

上述空中目标光辐射源有发动机的光辐射和蒙皮光辐射。发动机的光辐射是由近似黑体的喷口辐射，以及发动机排除的热气体和粒子形成的尾喷焰辐射组成。发动机的光辐射能量主要分布在近红外 1～3μm 和中红外 3～5μm 范围内，但由于战术导弹发动机和加力状态的飞机发动机的工作温度很高，辐射温度达 1800～2000K，因此在可见光和紫外区均有较强的光辐射。飞机和导弹蒙皮的光辐射包括白天散射的太阳光辐射和蒙皮表面温度的红外热辐射。散射的太阳光辐射特性与下列因素有关，即：目标、太阳、接收器三者之间的几何关系；目标形状和尺寸；目标距离；大气状态和目标表面材料性质参数（折射率和表面粗糙度等）。散射的太阳光辐射主要在可见光和近红外区。蒙皮红外热辐射不仅与目标形状尺寸、表面材料性质有关，而且还与目标速度、目标高度和环境气象参数（地理位置、太阳辐射、天空辐射和大气成分分布等）有关。空中目标通常相对于天空背景在红外区有较强的红外辐射强度，因此，可以利用简单的点源式的红外系统对空中目标进行跟踪制导。如对于飞机，若选用近红外（约 2～3μm）波段，就能对飞机进行尾追式的跟踪制导（白天，飞机在太阳光照射下可进行前向探测）；若利用中红外（3～5μm）波段，可对飞机进行前向跟踪制导；若应用远红外（8～12μm）波段，可以实现全方位（前向、侧向、尾向）和准全天候的跟踪制导。

天空光辐射特性（如辐射温度和光谱分布等）和天空光传输特性（如透过率和大气层辐射）是由大气参数（如温度、压力、水蒸气、二氧化碳、臭氧、气溶胶等）的垂直分布加以确定，可利用大气传输模型，如低分辨率传输模型（LOWTRAN）进行计算，计算精度大约在 10%～20%。对于晴朗的天空，在地面沿水平方向的天空红外辐射特性近似等于地面大气温度的黑体辐射，随着仰角增加，天空等效的红外辐射温度降低，光谱分布由黑体辐射的连续分布渐渐变成气体辐射的非连续分布，对应大气的 3 个红外窗口（即 1～3μm、3～5μm 和 8～14μm）的光谱辐射亮度变小。

2.6.3 地面目标与地物背景

地面目标包括坦克、装甲、车辆、电站、桥梁、机场、建筑物和发射场等。对于有带动力的地面目标，如坦克和车辆等，其发动机部位、发动机排气口和发动机排出热气所形成的烟尘相对于周围背景有较高的温度，其他部位的温度与周围背景温度相比，在白天太阳光照射下因受到太阳光照射的向阳部位，其温度比周围温度高；而长时间未受到太阳光照射的阴影部位，其温度比周围背景低。到了夜间，这些由金属制成的传导性好的地面目标的表面温度（除上述热区外）均低于周围背景温度。对于无内热源的地面目标，如桥梁、机场跑道和水库大坝等，它们温度既可以高于周围背景，也可以低于周围背景。总之，相对于由土壤、沙漠、植被、树林和水体组成的地物背景的地面目标的探测、跟踪、制导是采用红外 8～12μm（或 8～14μm）成像技术。在白天，当气象条件良好时，利用体积小、成本低的可见光电视对地面目标进行探测和识别仍是一种有效的手段。

2.6.4 海面目标与海洋背景

海面目标主要是指各种海面舰艇，如航空母舰、巡洋舰、驱逐舰、护卫舰、猎潜舰、扫雷舰、运输舰、军用快艇和军用气垫船等。上述海面舰艇的烟囱和动力舱部位相对于海洋背景有较高的温度（发动机工作时），尤其是烟囱部位相对于海洋背景有较强的红外辐射。所以利用红外 3～5μm 点源非成像系统，可以在海面上对舰船进行探测、跟踪和制导。但在白天因海面反射太阳光干扰作用，当舰船位于太阳、舰船和红外系统三者几何位置所确定的亮带区时（即形成镜面反射的海域），红外 3～5μm 系统的工作性能将大为降低，甚至丧失工作能力。除了烟囱和发动机部位外，舰船其他部位（甲板和船舷）大多由相对薄的金属板制成，因传导性好和比热小（即热惯量小），所以在白天太阳光照射下，其温度升高快，比热惯量大的海水温度高。但是，夜间因太阳光消失了，舰船甲板和船舷的温度随海面气温而变化，并可近似认为两者相等。与夜间海水温度相比，舰船甲板和船舷的温度低于海水温度。利用红外 8～12μm 成像系统可对舰船进行昼夜的探测、识别、跟踪和制导，在白天也可不受海面反射的太阳光的干扰。但应注意，在昼夜 24h 中，舰船与海洋背景之间的红外辐射温度近似为零的两个瞬间，红外 8～12μm 系统不能从海洋背景中检测和识别舰船。在白天，当海面风浪不是很大和舰船不位于因反射太阳光而形成的海面亮带区时，则可利用可见光电视成像系统（尤其在海面气象条件良好时）对舰船进行探测、识别、跟踪和制导。

2.7 环境与目标光辐射特性

目标如人、坦克、自行火炮、步兵战车等都是辐射源；背景如树木，建筑物等也都是辐射源。发动机的光辐射能量主要分布在近红外 1～3μm 和中红外 3～5μm 范围内，人体辐射能量光谱范围主要为 8～14μm，坦克主要为 6～8μm，汽车、卡车主要为 4～6μm，建筑物主要为 7～10μm。因此，目标与背景的光谱辐射特性主要集中在红外波段。

红外波段辐射可以提供比可见光区域远为丰富的信息，能够不同程度地透过可见光无法透过的各种气象条件的大气。任何辐射源（目标和背景）的红外辐射特性，都是它的状态、波长、时间、观测方向等许多独立变量的函数。红外辐射测量的目的，就是为了在辐射源的辐射量与某一个或多个独立变量之间建立起一定的关系。

环境光辐射可来自动物、海面、大气、气溶胶和星体的自身发射，也可来自这些环境的反射辐射或散射辐射。地面、空气和海面的背景辐射典型特征如图 2.13 所示。在波长 3μm 以下，背景辐射是以反射或散射的太阳辐射为主，其光谱分布近似于 6000K 黑体的光谱分布，但实际辐射亮度与背景的反射和散射特性有关。在波长大于 4.5μm 时，背景辐射主要是地面和大气的近似 300K 的热辐射。在 3～4.5μm 范围内，背景辐射最小。从 37km 高空气球上看到地球上的 5μm 以上的辐射亮度如图 2.14 所示。可以看到大气效应对 5μm 以上的辐射亮度曲线有较强的影响，在大气窗口 8～14μm 范围内，辐射亮度大。这是因为地球温度比周围大气温度高。

人为干扰物分为无源和有源两种。无源干扰指干扰条、充气的球或锥等假目标发生器；有源干扰有红外干扰弹、热诱饵和模拟目标光辐射的各类假目标发生器。

2.7.1 天体背景光辐射特性

除了各类星体（恒星和行星）外，地球大气层外的空间背景是辐射温度约 3.5K 的深空冷背景。3.5K 所对应的峰值辐射波长 827.9μm 的光谱辐射亮度为

$$L_{\lambda_m}(T)=4.104\times10^{-12}T^5[\mathrm{W/(sr\cdot m^2\cdot\mu m)}] \tag{2.89}$$

而其他波长的光谱辐射亮度为

$$L_\lambda(T)=L_{\lambda_m}(T)f(x) \tag{2.90}$$

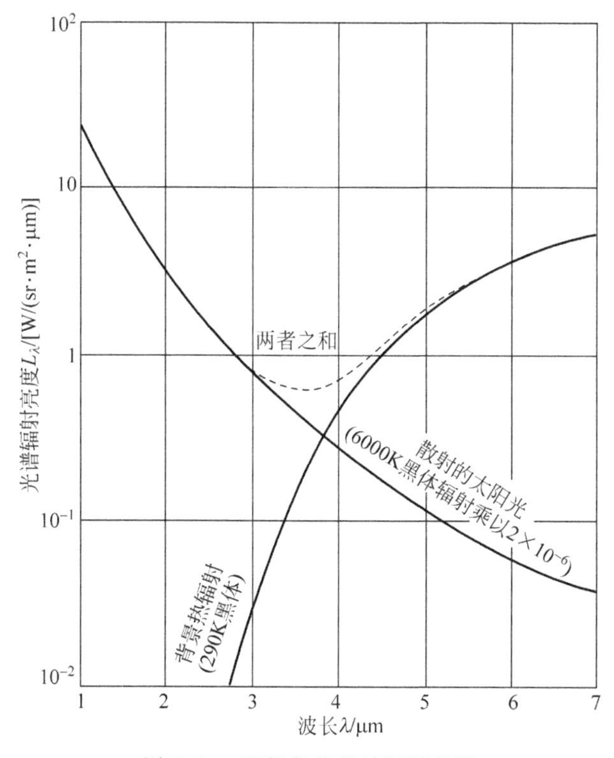

图 2.13　理想化的背景辐射光谱

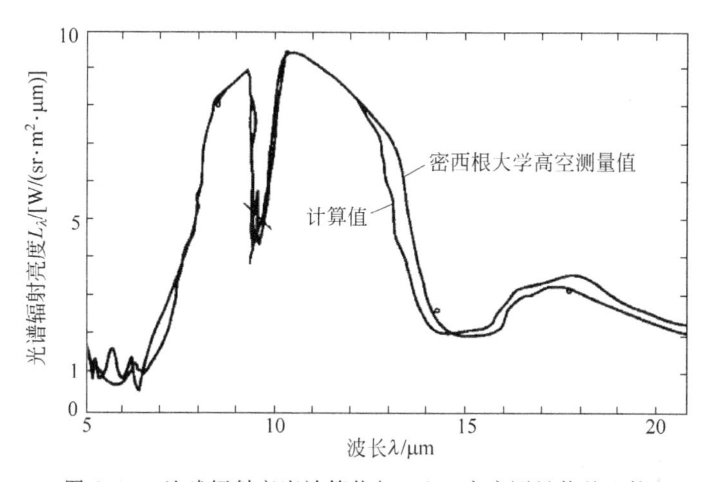

图 2.14　地球辐射亮度计算值与 37km 高度测量值的比较

这里 $x=\lambda/\lambda_{\max}$，而函数 $f(x)$ 为

$$f(x)=\frac{1}{x^5}\cdot\frac{142.32}{e^{\frac{4.9651}{x}}-1} \tag{2.91}$$

许多军用红外系统，大多工作在 2 ～14μm 波段，3.5K 的深空冷背景光辐射很小，影响不大。

2.7.2 太阳光辐射特性

太阳是距地球最近的球形炽热恒星天体，美国宇航局(National Aeronautics and Space Administration，NASA)空间飞行器设计规范数据给出：太阳半径为 6.3638×10^5 km。地球与太阳之间平均距离 1AU=1.49985×10^8 km。在地球与太阳距离为 1AU 时，太阳在地球大气层外(上界垂直于太阳光线的面上)产生的总辐照度(即太阳常数)为

$$E_0=\int_0^{\infty}E_{\lambda}\,d\lambda=1353\text{W/m}^2$$

利用黑体辐射的玻耳兹曼定理，可以求得此时太阳等效的黑体辐射温度为 $T=5762$K。太阳辐射功率为 3.805×10^{26} W，与此相应的太阳质量损失为 4.670×10^9 kg/s。在一年 365 天中，地球大气系统接收太阳的能量为 5.441×10^{24} J。

如果在地球大气层之外，垂直于入射光的平面上测量太阳常数，人造卫星测得的数值大约是 1367W/m^2[1353(±21)W/m^2(1976 年，NASA)]。地球的截面积是 1.274×10^8 km^2，因此整个地球接收到的功率是 1.740×10^{17} W。太阳常数是一个相对稳定的常数，但并非固定不变，一年当中的变化幅度在 1%左右(也有认为不超过 3.4%)。依据太阳黑子的活动变化，它所影响到的是气候的长期变化，而不是短期的天气变化。太阳辐射出的能量是地球获得的 20 亿倍。值得注意的是，太阳常数并非是一个从理论推导出来的、有严格物理内涵的常数，它本身受太阳自身活动的制约，一般太阳常数逐日变化的谷值与太阳黑子的峰值相对应，具有不同时间尺度的变化。

地球大气上界的太阳辐射光谱的 99%以上在波长 0.15～4.0μm 范围内。大约 50%的太阳辐射能量在可见光谱区(0.4～0.76μm)，7%在紫外光谱区(波长<0.4μm)，43%在红外光谱区(波长>0.76μm)，最大能量在波长 0.475μm 处。由于太阳辐射波长较地面和大气辐射波长(约 4～120μm)小得多，所以通常又称太阳辐射为短波辐射，称地面和大气辐射为长波辐射。

因此，有人把太阳近似为温度为 6000K 的黑体，比较而言，地面近似温度为 300K 的黑体，大气近似温度为 250K 的黑体。太阳辐射的主要能量集中在 0.15～4.0μm，地球、大气辐射的能量主要集中在 4～120μm。短波和长波辐射以 4μm 分界。

太阳活动和日地距离的变化等会引起地球大气上界太阳辐射能量的变化，太阳辐射通过大气，一部分到达地面，称为直接太阳辐射；另一部分为大气的分子、大气中的微尘、水汽等吸收、散射和反射。被散射的太阳辐射一部分返回宇宙空间，另一部分到达地面，到达地面的这部分称为散射太阳辐射。到达地面的散射太阳辐射和直接太阳辐射之和称为总辐射。太阳辐射通过大气后，其强度和光谱能量分布都发生变化。到达地面的太阳辐射能量比大气上界小得多，在太阳光谱上能量分布在紫外光谱区几乎绝迹，在可见光谱区减少至 40%，而在红外光谱区增至 60%。

可以测出在地球在大气层外的太阳光谱辐照度和太阳天顶角为 0°时在海平面上太阳光谱辐照度近似值，以及 5900K 的黑体辐射分布。太阳在地球上的辐照度与太阳在地平面上的高度角、观测者的海平面高度和天空中的云霾与尘埃含量有关。

太阳天顶角为 0°和天空较晴朗时，太阳在海平面上产生的可见光照度为

$$E_V=1.24\times10^5\,\text{lx}$$

从空间观测地球大气系统(也称地球),需要考虑地球(含大气)反射的太阳辐射百分比(反射率)和地球发射的热辐射,地球反射率指总的入射太阳辐射中,被地球反射到空间的百分比,它是由大气散射、地球表面和云反射的结果,这种反射辐射主要分布在波长为0.29～5μm范围内。被地球和大气吸收的入射太阳辐射以热辐射形式发出,其辐射主要分布在波长大于4μm的红外区域。

利用气象卫星获得的数据,可分析得出地球反射率和热辐射的年平均值如下:热辐射,237±7W/m^2;发射率,0.30±0.02。

2.7.3 天空背景光辐射特性

天空的光辐射主要来自对太阳光(含星光)散射和大气的热辐射。

1. 天空可见光辐射

晴天,地面上总照度的1/5来自天空,即来自大气散射的太阳光。表2.6列出不同条件的地面照度。表2.7给出不同条件下,靠近地平方向的天空亮度。

表2.6 不同条件下地面照度 E_v

天空状态	E_v/(lm/m^2)
直射太阳光	1～1.3×10^5
全部散射太阳光	1～2×10^4
阴天	10^3
阴暗的天	10^2
曙(暮)光	10
暗曙(暮)光	1
满月	10^{-1}
四分之一月亮	10^{-2}
晴天无月	10^{-3}
阴天无月	10^{-4}

表2.7 不同条件下近地平的天空亮度 L_v

天空状态	天空亮度 L_v/(lm/m^2)
晴天*	10^4
阴天	10^3
阴晴天	10^2
阴天日落时	10
晴天日落后15min	1
晴天日落后30min	10^{-1}
很亮月光	10^{-2}
无月的晴朗夜空	10^{-3}
无月的阴天夜空	10^{-4}

*在太阳光照射下的云或雾也有该亮度值。

在夜晚地面上,产生辐照度(W/m^2)的夜空辐射源有(大约):

(1) 黄道光15%;

(2) 银河光5%;

(3) 气辉(大气发光)40%;

(4) 散射光辉10%;

(5) 星光(含直射和散射)30%;

(6) 银河外辐射<1%。

晴天,天空色温近似20 000～25 000K。这是由于大气中粒子产生的散射光反比于波长的四次方,因而蓝光、紫光比红光散射厉害,天空呈蓝色。图2.15给出晴朗天空的相对光谱分布和25 000K黑体的相对光谱分布。

2. 天空红外辐射

白天,天空的红外辐射是散射的组合。在3μm以下,以散射太阳光为主;在5μm以上,以大气热辐射为主,在3～5μm范围内,天空的红外辐射最小。图2.16给出了白天天空的红外光谱辐射亮度。

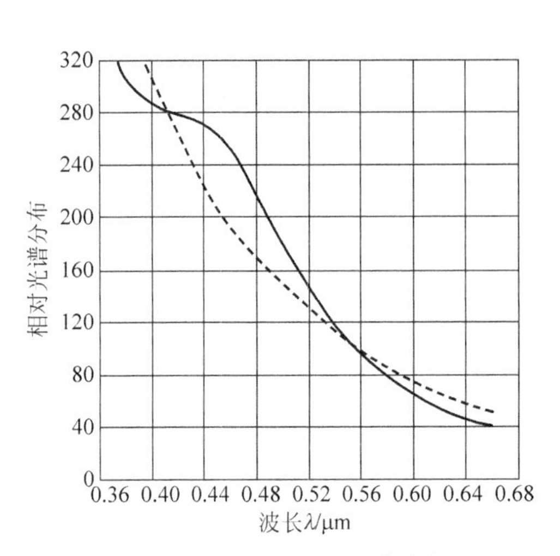

图 2.15 晴朗天空的光谱分布

（虚线为 25 000K 黑体的相对光谱分布）

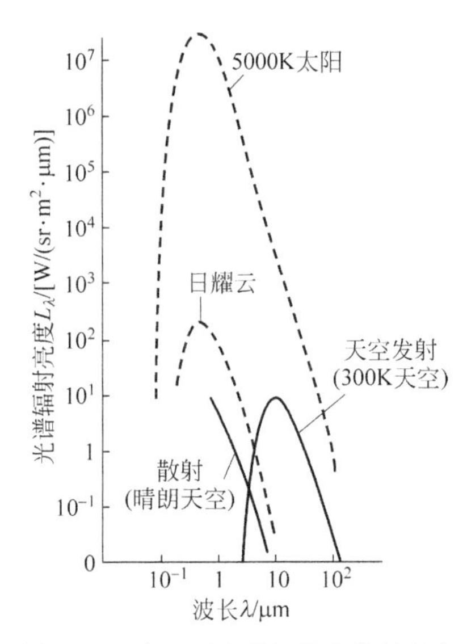

图 2.16 白天天空的红外光谱射亮度

（日耀云是指在太阳光照射下的云）

夜间，因不存在散射的太阳光，天空的红外辐射为大气的热辐射。大气的热辐射主要与水蒸气、二氧化碳和臭氧等的温度与含量有关。为计算大气的红外光谱辐射亮度，必须知道大气的压力、温度、湿度和视线的仰角。图 2.17 所示为晴朗夜空光谱辐射亮度随仰角的变化情况。在低仰角时，大气路程很长，光谱辐射亮度为低层大气温度（图中为 8℃）的黑体辐射。在高仰角时，大气路径变短，在那些吸收率（即发射率）很小的波段上，红外辐射变小。但在 6.3μm 的水蒸气发射带和 15μm 的二氧化碳发射带上，吸收很厉害，甚至在一个短的路程上，发射率基本上等于 1，而 9.6μm 的发射是臭氧引起的。

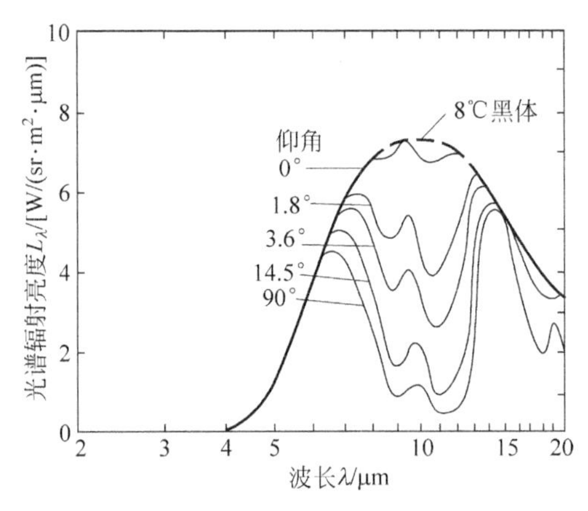

图 2.17 晴朗夜空的光谱辐射亮度

2.7.4 海洋背景光辐射特性

海洋的光辐射由海洋本身的热辐射和它对环境辐射（如太阳和天空）的反射组成。图 2.18 所示为海洋在白天时的光辐射亮度，在波长 3μm 以下，白天海洋的光辐射主要是对太阳和天空辐射的反射；在波长 4μm 以上，无论是白天和晚上，海洋的光辐射主要来自海洋的热辐射。

正如图 2.19 和表 2.8 所示的海水光谱吸收曲线和数据一样，由于海水对光波传输不透明，海面的热辐射主要是海面几毫米厚的海水温度辐射。

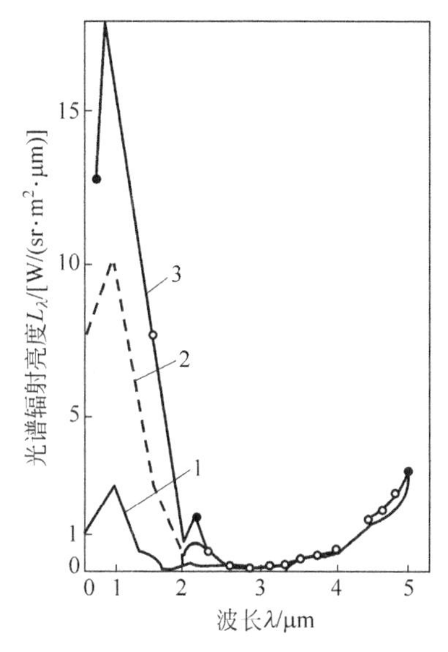

图 2.18　海洋的光谱辐射亮度

1—平静的海洋；2—碎浪之间不平坦海面；3—碎浪

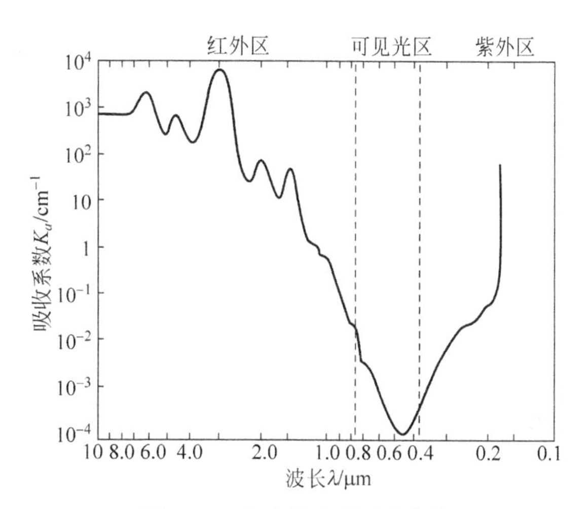

图 2.19　海水的光谱吸收曲线

表 2.8　海水的光谱吸收数据

波长/μm	吸收系数/m^{-1}	波长/μm	吸收系数/m^{-1}	波长/μm	吸收系数/m^{-1}	波长/μm	吸收系数/m^{-1}
0.32	0.58	0.52	0.019	0.85	4.12	1.60	800.0
0.34	0.38	0.54	0.024	0.90	6.55	1.70	730.0
0.36	0.28	0.56	0.030	0.95	28.80	1.80	1700.0
0.38	0.148	0.58	0.055	1.00	39.70	1.90	7300.0
0.40	0.072	0.60	0.125	1.05	17.70	2.00	8500.0
0.42	0.041	0.62	0.178	1.10	20.30	2.10	3900.0
0.44	0.023	0.65	0.210	1.20	123.30	2.20	2100.0
0.46	0.015	0.70	0.84	1.30	150.00	2.30	2400.0
0.48	0.015	0.75	2.72	1.40	1600.00	2.40	4200.0
0.50	0.016	0.80	2.40	1.50	1940.00	2.50	8500.0

图 2.20 给出平静水面（粗糙度 $\sigma=0$）在不同入射角下光谱反射率与波长的关系，图 2.21 所示是由此得到的水面反射率和发射率（在 2～15μm 的平均值）与入射角的关系。

海水的反射率和发射率，与海面粗糙度有关，尤其是靠近水平方向，图 2.22 给出了不同的粗糙度 σ 下的海面反射率 ρ 与入射角的关系。海面发射率 $\varepsilon=1-\rho$。美国加利福尼亚大学的考克斯（C. Cox）和芒克（W. Munk）发现海面粗糙度 σ 与海风风速 v 有如下关系

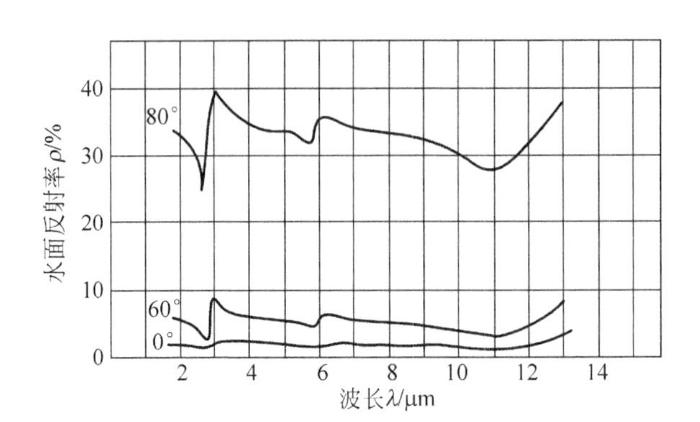

图 2.20　不同入射角下平静水面的光谱反射率

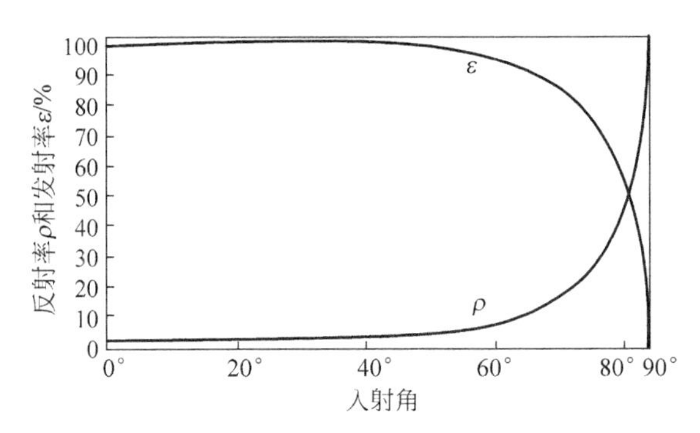

图 2.21　水面反射率和发射率（2～15μm 的平均值）与入射角的关系

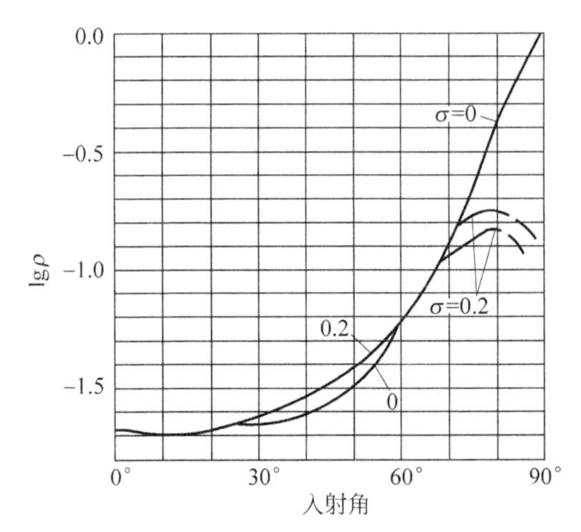

图 2.22　不同粗糙度下的海面反射率与入射角关系

（对 $\sigma=0.2$，在大入射角下的反射率位于曲线的上、下分支之间）

$$\sigma^2=0.003+5.12\times10^{-3}v \tag{2.92}$$

式中，v 为海风风速，单位为 m/s，例如 $v=2\text{m/s}$，$\sigma=0.1$；而当 $v=17\text{m/s}$ 时，$\sigma=0.3$。

在用探测器测量海背景的光辐射时（见图 2.23），探测器接收到的海背景光辐射中包括：海面的热辐射；海面反射的天空（含太阳和云层）辐射；海面至探测器间光学路径上的大气辐射，其表达式为

$$L_{\lambda}=\tau_{\lambda}\varepsilon_{\lambda}L_{\lambda bT(\text{sea})}+\tau_{\lambda}\rho_{\lambda}L_{\lambda(\text{sky})}+L_{\lambda(\text{air})} \tag{2.93}$$

式中，τ_{λ} 为大气光谱透过率；ρ_{λ} 为海面光谱反射率；ε_{λ} 为海面光谱反射率；$L_{\lambda bT(\text{sea})}$ 为海面温度的黑体光谱辐射亮度；$L_{\lambda(\text{sky})}$ 为天空光谱辐射亮度；$L_{\lambda(\text{air})}$ 为光学路径上的大气光谱辐射亮度。

由于存在海面的镜面反射现象，所以在波长 5μm 以下，当探测器指向太阳反射而形成的海面亮带区，或者探测器俯仰角 θ 较小且按反射定律所对应低空方向存在云层时，海背景光谱辐射亮度 L_{λ} 因太阳和云层的强烈反射而增大。在红外 3～5μm 区海面亮带区的平均辐射温度达 44.2℃，而非亮带区海面平均辐射温度只有 27℃。但在长波 8～14μm 区，海背影的光谱辐射亮度基本上不受太阳和云层的影响，所以利用红外 8～14μm 成像系统，可以有效地抑制海背景杂波干扰，以探测和识别海面舰船。

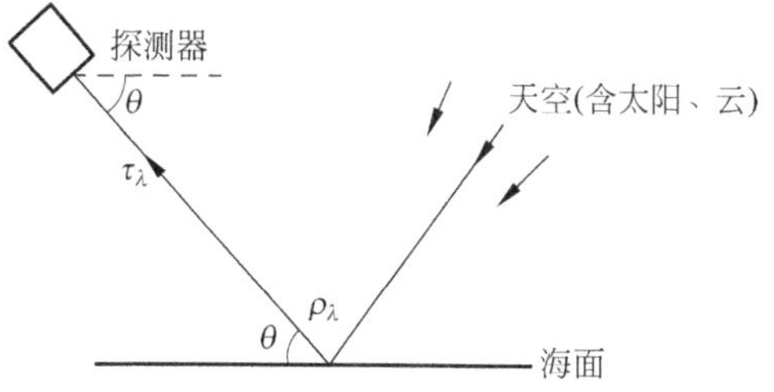

图 2.23 海面辐射探测示意图

理论和实验都证明，海天交界线附近的海天背景，在红外 3～5μm 区和 8～14μm 区有下列规律性，即当环境温度高于海水温度时，低空辐射亮度 L_{sky}、海天交界线辐射亮度 $L_{\text{s-s}}$ 和海面辐射亮度 L_{sea} 有如下关系：$L_{\text{s-s}}>L_{\text{sky}}>L_{\text{sea}}$。当环境气温低于海水温度时，出现反转现象，并有如下关系：$L_{\text{sea}}>L_{\text{s-s}}>L_{\text{sky}}$。

2.7.5 自然辐射源与目标辐射源

自然辐射源与目标辐射源是相对的，有多种多样。这里仅就太阳、月球、行星、恒星等常见自然辐射源和飞机、舰船等目标辐射源进行分析和介绍。

1. 太阳

大气范围以外的太阳辐射出射度的光谱分布大致与温度为 6000K 的绝对黑体相同。太阳有将近一半的能量辐射在红外波段，其余 40%在可见光波段，10%在紫外和 X 射线波段。但也有认为太阳的辐射温度为 5900K，其光谱辐射的峰值波长为 0.5μm，辐射能量的 98%在 0.15～3μm 波段内。

太阳辐射在通过大气时受大气组分的吸收和散射，结果射至地球表面的仅是 0.3～3μm 波长的辐射。射至地球表面的太阳辐射的功率和光谱成分与太阳高度和大气状态的关系很大。红外波段的辐射通量 F' 和太阳的全部辐射通量 F 之比见表 2.9。

表 2.9 不同太阳高度红外波段的辐射通量和太阳的全部辐射通量之比

太阳高度/°	5	10	20	30	40	50	90
F'/F	0.79	0.71	0.64	0.61	0.59	0.57	0.5

随着季节、昼夜时间、辐照地区的地理坐标、云量和大气状态的不同，太阳对地球表面辐照度的变化范围很宽。

2. 月球、行星、恒星

月球和行星的红外辐射由自身辐射和对太阳辐射的反射所组成。月球辐射如同加热到

400K 的绝对黑体。相应于自身辐射最大值的波长为 7.2μm。月球表面的光谱反射系数随波长的延伸而增大，所以光谱辐射出射度曲线的最大值移向长波波段。一般认为，月球总辐射出射度的最大值的对应的波长为 0.64μm，而其总亮度不超过 500W/(m^2 · sr)。

由月球造成的辐照度取决于相角。随着月球的相变，由它对地球表面造成的辐照度变化很大。

大气密度较大的行星(金星、火星)在整个表面上自身的红外辐射出射度大致相同。行星表面的太阳反射辐射量，随着季节和地形的变化而有很大变化。反射辐射约有 95% 是在短于 2μm 的波长范围内。

为了恒星辐射等级强度的估算，引入"恒星值"这一概念，它由下式确定：

$$m = -2.5\lg E + m_0 \tag{2.94}$$

式中，E 为在地球大气边界附近，恒星在与光传播方向垂直的平面上所产生的辐照度；m_0 为产生 1lx 辐照度的恒星值(在地球表面边界附近 $m_0 = -13.89$，对于地球表面 $m_0 = -14.2$)。

由恒星值为 m 的恒星所产生的辐照度，按式(2.95)计算：

$$E = 10^{-\frac{m-m_0}{2.5}} \tag{2.95}$$

所有的恒星除按恒星值分组外，还根据其自身温度分成光谱等级。每级用字母 O、B、A、F、G、K、M、R、N 和 S 来表示(见表 2.10)，并补充分成从 0～9 的 10 组，所以恒星是由两个代号表示的，如 B2、A7 等。根据这样的代号可以确定恒星表面温度，并说明辐射通量的光谱分布。假使恒星辐射类似于黑体，光谱能量辐照度值通过计算途径求得。

表 2.10　恒星等级及其相应温度

恒星等级	O	B	A	F	G	K	M
温度/K	35 000～25 000	25 000～15 000	11 000	7500	6000	5000	3500～2000

表 2.11 列出了部分最亮恒星的特性。大部分最亮恒星光谱辐射出射度的最大值在 0.5～1μm 的波长范围内。恒星射至地球表面的等效光通量为 2.4×10^{-8} lm/cm^2，或约为 3×10^{-10} W/(cm^2 · μm)(波长为 5.5μm 的单色辐射)。云量可能大大减小月球和一系列恒星所产生的辐照度值。

表 2.11　最亮恒星的特性

名　　称	半　　球	温度/K	恒星造成的	
			辐射亮度/lx	能量辐照度/(W/cm^2)
天狼星	南	11 200	1.15×10^{-5}	1.73×10^{-11}
老人星	南	6200	5.60×10^{-6}	6.30×10^{-12}
南门二	南	6000	4.00×10^{-6}	4.30×10^{-12}
织女一	北	11 200	3.00×10^{-6}	4.64×10^{-12}
牛郎星	北	7500	1.50×10^{-6}	1.76×10^{-12}

3. 大气、云、极光

含有水汽、二氧化碳和臭氧的大气自身辐射和太阳散射辐射加以区别。实验确认，

3～4μm 波段自身辐射和散射辐射的辐射亮度几乎在任何条件下都相同。在较短波段则散射辐射占多数，所以自身辐射夜间不大，而在白昼它一般可忽略。当波长大于 4μm 时，自身辐射占优势。

大气温度通常在 200～300K 范围内，所以大气辐射强度最大值在 10μm 波段。理论计算所得的光谱辐射亮度最大值为 10^{-3} W/(cm^2 · sr · μm)。辐射亮度的光谱分布取决于空气温度、大气中臭氧和水汽含量以及相对于地平线的观测角。观测角为 0°时，辐射亮度相当于环境温度下的黑体。观测角增大，这一波段的辐射亮度就减少。

晴朗夜空光谱辐射亮度的实验曲线表明，7μm 以下和 15μm 以上波段，大气辐射亮度的光谱分布可用相应温度下绝对黑体的普朗克定律足够良好地加以描述。在吸收带中心附近，天空的辐射亮度实际上等于黑体的辐射亮度。因为在这些波段，大气几乎不透红外辐射，观察人员仅能记录处于环境温度下的低层大气的辐射。环境温度对辐射亮度值的影响也较严重。

白昼天空辐射亮度的测量表明，其最大值在 3～4μm 处。波长更远时大气的自身辐射占优势。

大气的辐射亮度靠散射辐射而取决于观测线和太阳方向之间的夹角，随此角的增大而迅速减少。研究表明，充满浓密低云的天空的辐射如同绝对黑体。

4. 地面和水面

由于地球表面的物质种类太多，地物光辐射不但与物质种类有关，而且同一地物的光辐射还与它的地理位置、季节、昼夜时间和气象等条件有关。

在白天和波长短于 4μm 时，地物的红外辐射与太阳光和构成地物的物质反射率有关。超过 4μm 时，地物的红外辐射主要来源于自身的热辐射。地物的热辐射与其温度和反射率有关。表 2.12 给出了不同温度下一些地物在垂直方向上的发射率，大多数地物有高的发射率(尤其在波长大于 3μm 的红外波段)。

表 2.12 在不同温度下一些地物的法向发射率

地　物	温度/℃	发 射 率
干燥的土壤	20	0.92
潮湿的土壤	20	0.95
沙	20	0.90
水	20	0.96
冰	−10	0.96
雪	−10	0.85
霜	−10	0.95
混凝土	20	0.92
红砖	20	0.93
白漆	100	0.92
黑漆	100	0.97
玻璃	20	0.94
植被	室温	>0.90

白天，地物的温度与可见光吸收率、红外发射率以及与空气的热接触、热传导和热容量有关。假定太阳光对地物的最大辐照都是 $10^3 W/m^2$，地物对可见光的吸收率和红外发射率为 1，那么可以预见地物的最大温度为 90℃。在实际中，因为太阳并不都垂直照射地物，加之地物内的热传导以及同周围空气的热接触，地物的最高温度通常不高于 50℃。在夜间，地物的温度冷却速度同热容、热传导、周围空气的热接触、红外发射率、大气湿度和云层覆盖有关。在干燥和无云的地方，地物的热辐射(主要在 8～12μm)将向空间辐射，因而地物迅速冷却下来。

白昼、地表面的辐射由反射和散射的太阳光和自身热辐射组成。辐射的光谱特性有两个最大值：一个在 $\lambda=0.5\mu m$ 波长处(太阳辐射)；另一个在 $\lambda=10\mu m$ 波长处(相当于 280K 表面温度的自身辐射)。其中最小值在 3.5μm 波长处。

当 λ 小于 4μm 时，大部分辐射出自太阳的反射辐射，其强度取决于太阳位置、云量和地壳的反射系数。

在天黑以后和夜间，就观察不到远处地表面的反射辐射，随着黎明的到来，辐射增强，而当太阳光线方向和观察方向重合时达到最大值。日落后，辐射又迅速减弱。

当 λ 大于 4μm 时，地面背景光谱辐射曲线与相同温度下的黑体辐射曲线近似一致。该辐射受大气强烈吸收，只有在 8～14μm "透射窗"内才能无阻碍地通过。

地表面的自身热辐射取决于它的辐射系数和温度。表 2.13 和表 2.14 给出了某些地面覆盖物辐射系数的平均值。地表面的温度根据不同的自然条件范围为−40℃～+40℃。波长 $\lambda<3\mu m$ 的自身热辐射强度就极小。

表 2.13　某些地面覆盖物辐射系数的平均值

绿草	稀草	红褐地	土壤	黑土	砂	石灰石	雪	黏土	水面
0.97	0.84	0.93	0.85	0.87	0.39	0.91	0.90	0.85	0.96

表 2.14　某些地面覆盖物不同波段的辐射系数平均值

覆盖物种类	不同波段的辐射系数		
	1.8～2.7μm	3～5μm	8～13μm
绿叶	0.84	0.90	0.92
干叶	0.82	0.94	0.96
压平的枫叶	0.58	0.87	0.92
绿叶(多)	0.67	0.90	0.92
绿色针叶树枝	0.86	0.96	0.97
干草	0.62	0.82	0.88
各种沙	0.54～0.62	0.64～0.82	0.92～0.98
树皮	0.75～0.78	0.87～0.90	0.94～0.97

3μm 和 4μm 之间既有散射又有自身辐射，而且根据观察条件而使某种辐射占优势。当 $\lambda<3\mu m$ 时，接近地平线的地面和天空的亮度彼此接近；当 $\lambda>4\mu m$ 时，在吸收不很强的光谱范围内，低于地平线若干度观测时，地球亮度一般高于地平线若干度观测时的天空亮度。

水面的辐射取决于它的温度和状态。北极条件下的海面温度接近于 0℃，赤道附近的海面温度高达 30℃。表面以下 1mm 和 50mm 的海水层温度相应比水温约低 0.6℃ 和 1.2℃。

无波浪时的水面反射良好而辐射较差，只有当出现波浪时，海面才成为良好的辐射体。浪花的辐射如同黑体。

必须指出对自然源辐射特性研究时，在描述背景情况中所产生的困难。因为背景情况的变化在时间上是随机的。近年来正在研究描述背景的统计方法，类似于描述随机电噪声时所采取的那种方法。与电噪声的一维频谱不同，统计法描述背景却不能不考虑二维波谱，而当背景为大气的情况下则必须考虑背景辐射亮度甚至三维的变化。

5. 飞机的辐射

飞机的辐射主要包括发动机以及喷气形成尾焰的辐射，此外还有飞机外壳产生的蒙皮辐射等。具体喷气飞机来说，其红外辐射源于：被加热的金属尾喷管热辐射；发动机排出的高温尾喷焰辐射；飞机飞行气动加热形成的蒙皮温度辐射；对环境辐射（太阳、地面、天空）的反射。

1）涡轮喷气发动机飞机

涡轮喷气发动机飞机亚音速飞行时主要辐射源是温度很高的发动机零件以及喷气形成的尾焰。现代涡轮喷气发动机的排气温度在短时间间隔内可达 1000K，在长时间飞行时它保持在 800～900K 范围内，而在低速飞行时则为 500～700K。

飞机尾喷管实际上是发动机排出加热气体的金属腔体，被加热后的热辐射与黑体辐射相似。在工程计算中，飞机的现代涡轮喷气发动机可看成辐射系数为 0.9、温度等于排气温度、面积等于喷口面积的灰体。

尾焰辐射主要是燃料燃烧后生成的二氧化碳和水蒸气辐射，它们是选择性辐射体，辐射光谱分布具有带状特征，较强的发射带位于 2.7μm 和 4.3μm 附近的谱带上。在飞机发动机非加力状态下，尾焰辐射同尾喷管热辐射相比是小的，但它是飞机侧向辐射和前向辐射的主要源泉之一。当飞机发动机处于加力状态下时，尾喷焰辐射成为飞机的主要辐射源。

飞机红外辐射包含有尾喷管和蒙皮的近似为灰体的连续谱热辐射，以及有选择性的带状谱的喷焰气体辐射。其红外辐射光谱随飞机发动机工作状态（加力与非加力）和目标的方位角而变化。在非加力状态下，飞机尾向的辐射光谱是峰值波长 4μm 左右的连续谱。但在实际应用中，由于大气中 CO_2 和 H_2O 分子吸收，在 2.7μm 和 4.3μm 附近形成凹陷。在非加力状态下，飞机侧向和前向的红外辐射光谱，通常呈现有 CO_2 和 H_2O 分子发射谱带特征，未经大气衰减的喷焰红外辐射光谱中，4.3μm 附近光谱带辐射强度比 2.7μm 附近光谱带大得多。在飞机发动机处于加力状态下，飞机在所有方位（前向、侧向与尾向）的红外辐射光谱均呈现 CO_2 和 H_2O 分子发射谱带形状。由于加力状态下喷焰气体温度高达 2000K，根据黑体辐射光谱随温度变化的特点，因此 2.7μm 附近光谱带辐射强度的增加比 4.3μm 附近光谱带的增加大得多。

尾焰能量高度取决于气体分子的数量和温度，而这两者则取决于发动机中燃料的消耗。当飞机以多倍音速飞行时，加力状态运转的涡轮喷气发动机尾焰的辐射与发热长管的辐射相比甚弱。

当尾随观察亚音速飞行时，尾焰辐射一般从略。从看不到喷嘴截面的方向（如从前半球体）进行观察时，发动机的尾焰可能是飞机唯一的辐射源。

冲压空气喷气发动机的辐射类似于涡轮喷气发动机的辐射。长管管壁的最高温度在1600～1800K范围内，由于冲压空气喷气发动机的压缩度高，因此其高速时的排气温度低于涡轮喷气发动机的排气温度。

活塞发动机飞机的主要辐射源是排气管，排气管排出的发动机废气和发动机外壳。其辐射的功率取决于温度、尺寸、辐射系数和燃料燃烧的充分程度。辐射指示量还取决于热辐射表面和体积受飞机其他零件屏蔽的程度。发动机外壳的温度较低(90℃～100℃)，辐射系数甚小(0.2～0.4)，因而这类辐射源发射的能量相对也不大。

2) 飞机外壳的辐射

飞机在空中飞行时，当速度接近或大于声速时，气动加热产生的飞机蒙皮热辐射不能忽视，尤其在飞机的前向和侧向，飞机蒙皮温度 T_s 为

$$T_s = bT_0\left[1 + k\left(\frac{\gamma - 1}{2}\right)M_a^2\right] \tag{2.96}$$

式中，T_s 为飞机蒙皮温度(K)；T_0 为周围大气温度(K)；k 为恢复系数，其值取决于附面层中气流的流场，层流 $k=0.82$(有文献为0.85)，紊流 $k=0.87$(有文献为0.89)；γ 为空气的定压热容量和定容热容量之比，$\gamma=1.4$；M_a 为飞机马赫数；b 为恒压反射真空气体效应系数，当 $M_a<6$ 时，$b\approx1.0$，当 $M_a>8$ 时，$b\approx0.5$。

飞机以超音速飞行时，飞机外壳由其空气动力加热引起的辐射开始显现。当速度相当于 $M_a\geqslant2$ 时，空气动力加热强度变得特别明显。而飞机蒙皮加热到下式温度：

$$T_s = T_0(1 + 0.2M_a^2) \tag{2.97}$$

对于层流和同温层飞行(高度11km以上)，气动加热产生的飞机蒙皮温度 T_s 为

$$T_s = 216.7(1 + 0.164M_\alpha^2) \tag{2.98}$$

理论计算，飞机巡航飞行高度一般为10～15km，基本上是在同温层内。按国际标准大气，同温层空气温度为−56.5℃。实际上飞机不是在标准大气中飞行，有时可能要在冷得多的非标准大气中飞行，对于亚音速飞行的飞机，则可根据下式计算飞机蒙皮温度：

$$T_s = T_0(1 + 0.178M_\alpha^2) \tag{2.99}$$

因太阳光是近似6000K的黑体辐射，所以飞机反射的太阳光光谱类似于大气衰减后的6000K黑体辐射光谱，飞机反射太阳光的量值与下列因素有关：

(1) 太阳、飞机和探测器之间的夹角；

(2) 飞机反射表面形状；

(3) 反射表面性质，即与表面粗糙度有关的漫反射与镜反射；

(4) 表面反射率。

飞机反射太阳光辐射主要在近红外1～3μm和中红外3～5μm，而飞机对地面和天空热辐射的反射主要在远红外8～14μm和中红外3～5μm。

6. 舰船的辐射

舰船上的热辐射源是烟囱、上层建筑、船壳、夹板的各个部分，主要在布置动力装置的地方，以及烟囱的气焰。辐射射向上半球，因此若相应辐射表面的温度和面积已知，就可算出辐射特性。计算气焰辐射特征有很大困难，近似估算时气焰可视为灰体，辐射系数根据实验数据选取。

2.8　目标辐射的简化计算程序

在工程设计中，在研究目标辐射特性时，通常需要计算目标在某一方向的辐射能通量和目标辐射的光谱分布。因此需要知道：目标的温度 t(℃)(或温度分布)；目标在辐射方向的投影面积 A_T；目标的发射率。具体计算程序如下：

(1) 将目标温度换算成热力学温度

$$T=(t+273)\mathrm{K}$$

(2) 求目标的全辐射度

$$M=\varepsilon\sigma T^4$$

(3) 计算目标的辐射能通量

$$\Phi=MA_{\mathrm{T}}$$

(4) 计算波长范围内的辐射出射度

$$M_{\lambda_1\sim\lambda_2}=(F_{0\sim\lambda_2}-F_{0\sim\lambda_1})\times\sigma T^4$$

(5) 求目标的最大辐射波长

$$\lambda_m=\frac{2898}{T}\quad(\mu\mathrm{m})$$

(6) 根据实际情况确定波长范围，给定一系列的 λ 值，查 $f(\lambda T)$ 函数表，确定一系列函数值。

(7) 求各波长的光谱辐射出射度

$$M_{\lambda_i}=T^5 f(\lambda T)$$

(8) 求相应各波长值的光谱辐射能通量

$$\Phi_{\lambda_i}=M_{\lambda_i}A_{\mathrm{T}}$$

(9) 做出目标光谱辐射曲线 $\Phi_{\lambda_i}\sim\lambda_i$。

第3章 辐射大气透过率的工程理论计算

CHAPTER 3

辐射大气透过率对光电系统(跟踪系统、搜索系统、警戒系统、热成像系统等)的设计、性能、评价等具有重要影响。大气透过率对气象卫星光学遥感仪器的通道选择和气象卫星遥感的资料反演等民用工作也是至关重要的参数。而大气窗口在气象卫星成像遥感工作中更为重要,利用它们可得到表面温度、云图、监测火情和水情等。本章以红外辐射传输为重点、(延伸至可见光和近紫外),探讨大气中影响辐射传输的因素,在提供一些基本数据资料的前提下,研究这些因素对系统性能影响的计算方法——大气透过率的工程理论计算方法。

以往的计算方法,要么有一定的局限性,没有综合考虑高度修正、倾斜路程以及与大气衰减有关的因素,给系统设计和评价带来了一定的误差;要么需要提供太多的参数(如大气辐射传输计算软件 LOWTRAN、MODTRAN 等),而且这些参数可能难以获得,给实际使用带来不便,尤其是对非大气辐射传输研究的专业人员的使用带来较大困难。为此建立有效、完整且满足精度要求、便于工程应用的大气光谱透过率、平均透过率、积分透过率的模型与计算方法是必要的。

本章首先在分析地球大气的组成与结构及其辐射吸收作用的基础上,阐述大气衰减与透过率、大气中辐射衰减的物理基础,并给出大气透过率数据表。其次,研究海平面上大气气体的分子吸收、不同高度时的分子吸收修正、大气分子与微粒的散射、与气象条件有关的衰减等问题。再次,提出平均透过率与积分透过率的计算方法,给出工程理论计算示例。最后,研讨几种大气辐射传输计算软件,并进行比较分析。

3.1 地球大气的组成与结构及其辐射吸收作用

通过分析地球大气的组成以及大气层各层的特点,可以明晰辐射大气传输特性和规律,了解辐射吸收效应,尤其是对不同波段的具体大气窗口的情况,这将是光电系统的分析、设计和使用等诸多方面的基础。

3.1.1 地球大气的组成

大气由多种气体——氮(N_2)、氧(O_2)、水蒸气(H_2O)、二氧化碳(CO_2)、甲烷(CH_4)、一氧化碳(CO)、臭氧(O_3)、一氧化二氮(N_2O)(不稳定,遇光、湿或热变成二氧化氮 NO_2 及一氧化氮 NO,一氧化氮又变为二氧化氮)等,以及悬浮在大气之中的一些液体和固体粒子组成(这些悬浮粒子被称为“气溶胶”粒子)。大气的主要成分是氮(体积比约为 78%)和氧(体积比约为20%)。水蒸气约占总量的1%左右,二氧化碳只占0.03%～0.05%。

在低层大气中,按气体组成百分比的变化程度,可分为不变气体和可变气体两部分。所谓不变气体,是指那些组成百分比不随时间、空间而变的气体。其中主要的有氮(N_2)、氧(O_2)、氩(Ar)等。所谓可变气体,是指组成百分比随时间、空间而变的气体。其中主要有水汽(H_2O)、二氧化碳(CO_2)和臭氧(O_3)等。如果把大气中的水汽和气溶胶粒子除去,那么这样的大气常被称为干洁大气。在80km以下的干洁大气,其组成百分比基本保持不变。

表3.1列出了低层干洁大气的组成百分比的数字。可以看到,N_2、O_2及Ar的总含量约占整个大气的99.97%,其余的稀有气体如Ne、He、Kr、Xe、H_2等,总和不超过0.03%。二氧化碳在表3.1中列为不变气体,但实际上自工业革命以来,因化石燃料的燃烧而一直在慢慢地增加。

表3.1 海平面大气成分表

气　　体	分　子　量	容积百分比/%
氮 N_2	28.0134	78.084
氧 O_2	31.9988	20.9476
氩 Ar	39.948	0.934
二氧化碳 CO_2	44.009 95	0.0322①
氖 Ne	20.183	0.001 818
氦 He	4.0026	0.000 524
氪 Kr	83.80	0.000 114
氢 H_2	2.015 94	0.000 05
氙 Xe	131.30	0.000 008 7
甲烷 CH_4	16.043	0.000 16
一氧化二氮 N_2O	44	0.000 028
一氧化碳 CO	28	0.000 007 5

注:①据报道,此值目前已达到0.034,甚至以上。

实测表明,在高度小于80km的大气层中,干洁大气组成百分比保持不变。若要计算80km以下某种成分的数密度n_0时,可按下式计算

$$n_i = F_i N \quad (z < 80\text{km}) \tag{3.1}$$

式中,F_i为第i种气体成分在海平面大气中的容积百分比;N为所研究高度上的大气总数密度。

3.1.2 大气层结构

按照大气层内垂直方向的温度分布及运动特点,按国际通用的术语,可将整个大气层在铅垂方向分成五层。它们是对流层、平流层、中间层、暖层及散逸层(见图3.1)。现将各层的特点简述如下。

1. 对流层

对流层是大气层的最底层。它也是各层中最薄的一层。然而整个大气层质量的3/4和90%以上的水汽及主要的天气现象都集中在这一层内,因而此层也是和人类活动关系最密切的一层。由于不同纬度球表面受太阳辐射加热的程度不同,不同季节时地球表面的受辐

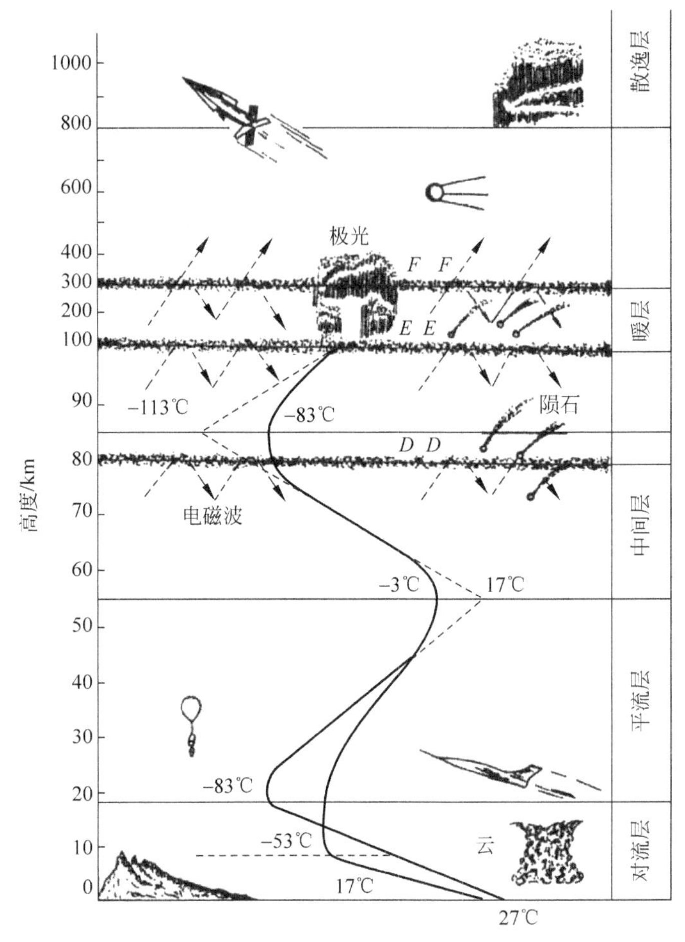

图 3.1 大气分层图

射加热的情况也不同,与之相应,大气的垂直运动也会不同,因而对流层的厚度会随纬度和季节而变化。对流层的厚度在热带平均为 17～18km,温带平均为 10～12km;在寒带则只有 8～9km。夏季的厚度通常要大于冬季的厚度。

对流层的特征是:它有强烈的对流运动,在高低层之间有质量和热交换,这就使近地面的水汽向上输送,形成云雨;在层内的大气温度随高度升高而线性地降低,其温度递减率为 0.65℃/100m。显然,对流层厚度大的低纬度区域的对流层顶部的温度要比高纬度区域的顶部温度低。

2. 平流层

平流层是从对流层顶至 55km 高度之间的大气层。平流层的特征是,它没有强烈的上下对流运动,因而气流平稳,远程的喷气式客机通常在此层内飞行;在平流层的下部,温度随高度的变化很少,从 30km 左右的高度开始,温度随高度的增加而增加,到此层的顶层温度为－3℃～－17℃。这主要是臭氧对太阳辐射的强烈吸收而造成的。此层内水汽和尘埃的含量均很少,空气透明度很好。

3. 中间层

中间层是高度为 55～85km 的一层大气。此层和对流层有相似的特点,温度随高度而迅速下降，至此层顶时温度已降至−83℃～−113℃。此层内也有相当强烈的上下对流运动，故称为高空对流层。

在0～85km高度范围内，温度可以用7个连续的线性方程来描述，其形式为

$$T = T_b + L_b(H - H_b) \tag{3.2}$$

式中，下脚标b的值为0～6，第一层为0，第二至第七层的b分别为1～6，L_b的值列在表3.2中。

表3.2　0～85km内温度廓线图各段的参考高度和梯度

b	高度z/km	温度梯度L_b/(K·km^{-1})
0	0	−6.5
1	11	0.0
2	20	1.0
3	32	2.8
4	47	0.0
5	51	−2.8
6	71	−2.0
7	84.85	—

在上述高度范围内的标准大气的温度-高度廓线图如图3.2所示。

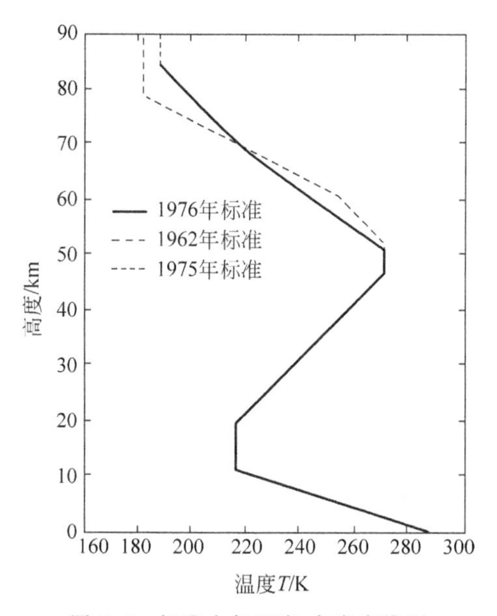

图3.2　标准大气温度-高度廓线图

4. 暖层

暖层是从中间层顶部向上直至800km高度之间的一层大气。此层的大气温度随高度的增加而迅速上升。到300km高度时，温度可接近1000℃。此层内的大气由于强烈的太阳紫外线和宇宙线的照射，存在着几个电离层，即D、E、F(包括F_1、F_2)层。这些电离层的高度及电子浓度如表3.3所示。

表 3.3 各电离层的特征

层次名称	组成	高度/km		最大电子浓度/(10^5 个·cm^{-3})	
		白天	夜间	白天	夜间
D	$O_2^+ + e^-$	60～90	—	0.15～2.0	0
E	$O_2^+ + e^-$	90～130	90～100	1.5～3.0	0.2
F_1	$N_2^+ + e^-$	160～280	—	2.5～4.0	0
F_2	$O^+ + e^-$	300～350	280～300	10～30	0.2

由于电离层的存在，使短波无线电的远距离传输成为可能。在 1000km 以下的整个大气层的温度廓线图可参见图 3.3。

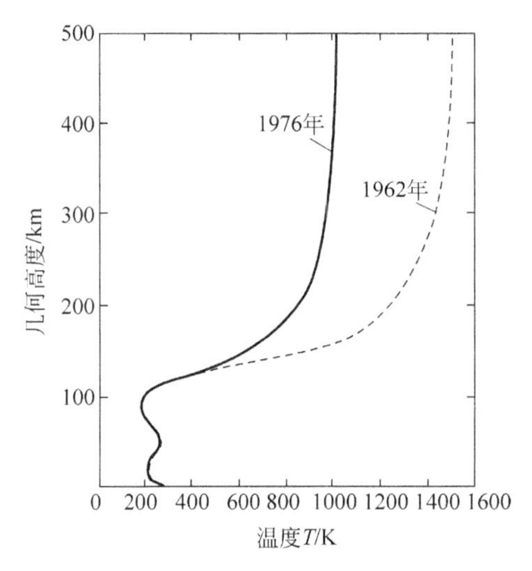

图 3.3 1000km 以下大气层的温度廓线图

5. 散逸层

散逸层自暖层向上，统称为散逸层。它是大气层和星际空间的过渡带。该层离地球较远，引力小，空气稀薄。某些高速运动的空气分子一旦被撞击出去后，就很难再回向地球，因而不断散逸到宇宙空间。近代卫星探测资料表明，大气层上界为 2000～3000km。

3.1.3 大气的辐射吸收作用

大气的吸收和散射与波长有关，即有明显的选择性。比如，对于波长范围为 1～1.1μm、1.2～1.3μm、1.6～1.75μm、2.1～2.4μm、3.4～4.2μm、8～13μm 等波段内的辐射，大气的吸收作用较小，有所谓"大气窗口"的称谓。表 3.4 列出了 8 个大气窗口的波段范围、透过率值及其物理机制，其中，透过率值为特定条件下的典型平均值。有效利用大气窗口，可以使系统的作用距离达到相对最大化。值得一提的是，在高空使用，对红外系统有着更好的条件，这是因为高空水蒸气及 CO_2 很少的缘故。

表 3.4　8 个大气窗口的波段范围、透过率值及其物理机制

序　　号	窗口名称	波段范围	透过率/%	散射吸收机制 γ 为散射系数
1	紫外、可见、近红外	0.3～1.115μm	70、95、80	瑞利散射，$\gamma \propto \lambda^{-4}$，臭氧吸收
2	近红外窗口	1.4～1.9μm	60～95	米氏散射，$\gamma \propto \lambda^{-2}$，$CO_2$ 吸收
3	近红外窗口	2.0～2.5μm	80	米氏散射，$\gamma \propto \lambda^{-2}$，$H_2O$ 吸收
4	中红外窗口	3.5～5.0μm	60～70	米氏散射，$\gamma \propto \lambda^{-2}$，$H_2O$ 吸收
5	远(热)红外窗口	8～14.0μm	80	米氏散射，$\gamma \propto \lambda^{-2}$，$H_2O$ 吸收
6	微波窗口	1.0～1.8mm	35～40	瑞利散射，$\gamma \propto \lambda^{-4}$，可忽略
7	微波窗口	2.0～5.0mm	50～70	只在 1.63mm 和 3.48mm 处有水汽吸收带，其他波长无吸收损失
8	微波窗口	8.0～1000mm	100	无任何散射和吸收损失

CO_2 在 2.7μm、4.3μm 为中心的附近及 11.4～20μm 的区域有吸收带，在 1.4μm、1.6μm、2.0μm、4.8μm、5.2μm、9.4μm、10.4μm 处有弱的吸收带。水汽在 1.87μm、2.7μm、6.27μm 处有强吸收带，在 0.94μm、1.1μm、1.38μm、5.2μm 处有弱吸收带。N_2O 在 4.5μm 处有一个较强的吸收带，在 2.9μm、4.05μm、7.7μm、8.6μm、17.1μm 处还有弱吸收带。CO 在 4.6μm 处有一个较强的吸收带，在 2.3μm 处有一个弱的吸收带。CH_4 在 3.31μm、6.5μm、7.65μm 处有吸收带。O_3 在 9.6μm 处有一个较强的吸收带，在 4.7μm、8.9μm、14μm 处有弱吸收带。

有资料把红外辐射划分为近红外、短波红外、中波红外、长波红外、甚长波红外等多种区间。由于大气会对红外辐射进行吸收，留下 3 个"窗口"波段，即 1～3μm、3～5μm、8～14μm。在军事应用上将这 3 个波段称为近红外、中红外以及远红外波段，具体更小波段划分及其大气透过率、大气背景辐射强度的比较，如表 3.5 所示。

表 3.5　红外波段大气透过率与大气背景辐射强度定性分析

波长范围/μm	波　　段	大气透过率	大气背景亮度
1.1～1.4	J	高	夜晚很低
1.5～1.8	H	高	非常低
2.0～2.4	K	高	非常低
3.0～4.0	L	3.0～3.5μm：中等 3.5～4.0μm：高	低
4.6～5.0	M	低	高
7.5～14.5	N	8～9μm&10～12μm：中等 其他波段：低	非常高
17～40	17～25μm：Q 28～40μm：Z	非常低	非常高
330～370		非常低	低

大气透过率与观测地点、大气状况等有关。海拔较低的观测地点大气透过要差一些，在离地 15km 的高度范围内，只有部分窗口能透过天体或者空间目标的红外辐射。

有综合统计分析，吸收红外辐射的主要因素是水蒸气，它主要集中在 2～3km 大气层以下；虽然 CO_2 只占大气体积的 0.03%～0.05%，但它是红外辐射衰减的另一重要原因，它

在空气中的分布比水蒸气均匀。大气中 O_3 含量很少，它主要位于 10～40km 空间范围中，特别是集中在 20～30km 高度上。而在 20km 以下的大气层中，O_3 对辐射的吸收影响是非常小的，只有在雷雨之后，大气中 O_3 的含量才突然增大。因此对用在 20km 以下的红外系统，O_3 的衰减作用可以忽略不计。另外，在下层大气中，NO、NO_2、CO 等气体的吸收，通常可以忽略。

3.2 大气衰减与透过率

大多数光电系统必须通过地球大气才能观察到目标，从设计者的角度来看，这是不利的。因为从目标来的辐射量在到达光电传感器之前，受到大气中某些气体的选择性吸收，大气中悬浮微粒的散射，同时还要经受大气某些特性剧烈变化的调制。对于干洁大气，服从瑞利的分子散射定律。但在通常情况下，实际大气中总含有较大的悬浮质点，特别是在近地层大气中，常常存在有雾、雨和尘粒等，其大小不仅与入射辐射的波长相仿，而且还可能远远超过波长。因此当辐射落在这些质点上时，将会发生散射、衍射及折射现象。

当大气分子或微粒遇到入射的光时，会受激而向四面八方发射出频率与入射光相同的光，这种现象就是光的散射。当有散射存在时，沿某一方向传输的光会因散射而使传输受到衰减。此种因散射产生的衰减将和吸收造成的衰减一样，服从朗伯-比尔定律。通过大气而减弱的整个过程称为衰减。通过大气的透过率可以表达如下：

$$\tau = e^{-\sigma x} \tag{3.3}$$

式中，σ 称为衰减系数 x 是路程长度。大气对辐射能传播的衰减作用表现为散射损失、吸收损失和反射损失 3 种物理机制上，因此，大气光谱衰减系数 σ 可表示为

$$\sigma = \alpha + \gamma + \sigma_{反射} \tag{3.4}$$

式中，α、γ、$\sigma_{反射}$ 分别表示由大气分子吸收、散射、反射机制引起的大气衰减系数(km^{-1})。这里 α 是吸收系数，起因于大气分子的吸收；而 γ 是散射系数，起因于气体分子、烟、雾等的散射。可想而知，α 和 γ 二者均随波长而变化。其中，γ 与辐射波长的 λ^4 或 λ^2 成正比(瑞利散射定律或米氏散射定律)，即波长越小，散射和吸收损失越小。

实验测定，大气微粒包括水滴(云雾、降水)、冰粒和尘埃，它们的直径一般不超过 100μm；大气降水云层的粒子中包括有雨滴、冰粒、雪花和干湿冰雹，其直径均大于 100μm，有的可达几毫米(如雨滴)、几厘米(如冰雹)。可见在绝大部分(除了冰雹)天气情况下，它们都远小于微波波长，尤其是对于波长 8.0～1000mm 的微波，不存在散射和吸收损失，大气透过率为 100%。一般而言，对于红外、可见、紫外 3 个波段，它们的大气透过率大小的排序依次是 $\tau_{红外} > \tau_{可见} > \tau_{紫外}$。

在大多数情况下，如果忽略 $\sigma_{反射}$，则衰减由吸收、散射因素造成。可得：$\sigma = \alpha + \gamma$。

在红外波段，吸收比散射严重得多。雾和云是很强的散射物质，实际上对红外辐射也是不透过的。正因如此，红外系统受天气影响较严重，难以具有全天候性能，尤其是被动红外系统。

辐射的大气透过率取决于大气气体的性质和它的质点浓度、分布。因而也就取决于气象条件，特别是在大气中的水蒸气、其他气体和尘粒的含量不断变化，大气透过率也随之变化，同时还与海拔高度有关。理论研究只能对上述关系得出近似的结果，因此需要在各种气

象条件下，对不同高度和不同波长进行大量的测量来弥补理论研究之不足，从实验数据中构成经验公式和半经验公式，从而可以近似求出各种大气条件下的大气透过率。因此，辐射的大气透过率取决于气象条件，而且随天气条件和高度而变。用理论方法只可求出近似的大气衰减和透过率，而在一定的天气条件和高度下，可用已推导出的经验公式求出精确的近似值。

3.3　大气中辐射衰减的物理基础

光电（红外）系统用于观测、搜索、跟踪远距离目标时，目标辐射在到达系统的光学系统之前必须通过大气，并被衰减。在衰减的同时，因大气梯度和湍流引起空气折射率不均，使辐射发生畸变。此外，大气是固有辐射源。所有这些现象使远距离目标的图像质量变坏。大气对光电（红外）系统的影响基本表现在辐射衰减，红外辐射衰减与以下 3 种现象有关：

（1）大气气体分子的吸收；

（2）大气中分子、气溶胶、微粒的散射；

（3）因气象条件（云、雾、雨、雪）的衰减。

这样，在分析红外系统工作时必须全面考虑上述 3 种现象。但同时值得一提的是，当因气象衰减与天气条件有关时，气体分子和微粒的红外辐射吸收与散射经常发生。

大气传输的特征是，光谱透过率 $\tau_a(\lambda)$ 和衰减系数（消光系数）$\mu(\lambda)$ 之间的关系可用布盖乐-朗伯定律表示，即

$$\tau_a(\lambda)=\varphi_e(\lambda,R)/\varphi_e(\lambda,0)=\exp(-\mu(\lambda)R) \tag{3.5}$$

式中，R 为目标与红外系统之间的距离；$\varphi_e(\lambda,R)$ 为距离 R 处（或红外系统处）目标或背景辐射通量光谱密度；$\varphi_e(\lambda,0)$ 为 $R=0$ 时 $\varphi_e(\lambda,R)$ 的特例；λ 为波长。

平均透过率和平均衰减系数为

$$\bar{\tau}_a=\frac{1}{\lambda_2-\lambda_1}\int_{\lambda_1}^{\lambda_2}\tau_a(\lambda)\,\mathrm{d}\lambda \tag{3.6}$$

$$\bar{\mu}=\frac{1}{\lambda_2-\lambda_1}\int_{\lambda_1}^{\lambda_2}\mu(\lambda)\,\mathrm{d}\lambda \tag{3.7}$$

式中，$\lambda_1\sim\lambda_2$ 为光谱范围。积分透过率为

$$\tau_a=\frac{\int_{\lambda_1}^{\lambda_2}\varphi_e(\lambda,0)\tau_a(\lambda)\,\mathrm{d}\lambda}{\int_{\lambda_1}^{\lambda_2}\varphi_e(\lambda,0)\,\mathrm{d}\lambda} \tag{3.8}$$

大气光谱透过率 $\tau_a(\lambda)$ 用下式确定：

$$\tau_a(\lambda)=\tau_1(\lambda)\cdot\tau_2(\lambda)\cdot\tau_3(\lambda) \tag{3.9}$$

式中，$\tau_1(\lambda)$、$\tau_2(\lambda)$、$\tau_3(\lambda)$ 分别为被吸收、散射和因气象衰减制约的大气光谱透过率。

3.4　大气透过率数据表

早期关于大气红外衰减方面的研究，主要集中在大气气体分子的带吸收研究，这一时期在实验室和野外都进行了大量的测量工作，限于当时的理论和实验手段，所得的大气红外辐

射和传输特性数据没有足够高的光谱分辨率，限制了这些数据在实际工程中的应用。由波带模型法描述的大气吸收模型已被广泛地应用到工程计算中。但是，在用波带模型法计算中，需要知道谱线的参数，如线强、线宽、线距等，然而这些参数的获得并不容易。

很早以前，有些学者将实验确定的透过率数据，并考查了一些有用的测量，制成了以0.1μm为间隔、从0.3～7μm的一个很宽的吸收物质浓度范围内的光谱透过率表，表3.6是可降水分含量从0.1～1000mm的水蒸气光谱透过率表，表3.7是路程长度从0.1～1000km的二氧化碳光谱透过率表。后来，小哈得逊将这两个表格从7μm扩展到14μm，水蒸气的计算结果列在表3.8中，二氧化碳的计算结果列在表3.9中。这些表格是基于实验数据并用Elsasser波带模型插值而编制的，最后形成波长间隔为0.1μm的光谱透过率表。

表3.6 海平面水平路程上的水蒸气的光谱透过率(0.3～6.9μm)

波长/μm	水蒸气含量(可降水分毫米数)												
	0.1	0.2	0.5	1	2	5	10	20	50	100	200	500	1000
0.3	0.980	0.972	0.955	0.937	0.911	0.860	0.802	0.723	0.574	0.428	0.263	0.076	0.012
0.4	0.980	0.972	0.955	0.937	0.911	0.860	0.802	0.723	0.574	0.428	0.263	0.076	0.012
0.5	0.986	0.980	0.968	0.956	0.937	0.901	0.861	0.804	0.695	0.579	0.433	0.215	0.079
0.6	0.990	0.986	0.977	0.968	0.955	0.929	0.900	0.860	0.779	0.692	0.575	0.375	0.210
0.7	0.991	0.987	0.980	0.972	0.960	0.937	0.910	0.873	0.800	0.722	0.615	0.425	0.260
0.8	0.989	0.984	0.975	0.965	0.950	0.922	0.891	0.845	0.758	0.663	0.539	0.330	0.168
0.9	0.965	0.951	0.922	0.890	0.844	0.757	0.661	0.535	0.326	0.165	0.050	0.002	0
1.0	0.990	0.986	0.977	0.968	0.955	0.929	0.900	0.860	0.779	0.692	0.575	0.375	0.210
1.1	0.970	0.958	0.932	0.905	0.866	0.790	0.707	0.595	0.406	0.235	0.093	0.008	0
1.2	0.980	0.972	0.955	0.937	0.911	0.860	0.802	0.723	0.574	0.428	0.263	0.076	0.012
1.3	0.726	0.611	0.432	0.268	0.116	0.013	0	0	0	0	0	0	0
1.4	0.930	0.902	0.844	0.782	0.695	0.536	0.381	0.216	0.064	0.005	0	0	0
1.5	0.997	0.994	0.991	0.988	0.982	0.972	0.960	0.944	0.911	0.874	0.823	0.724	0.616
1.6	0.998	0.997	0.996	0.994	0.991	0.986	0.980	0.972	0.956	0.937	0.911	0.860	0.802
1.7	0.998	0.997	0.996	0.994	0.991	0.986	0.980	0.972	0.956	0.937	0.911	0.860	0.802
1.8	0.792	0.707	0.555	0.406	0.239	0.062	0.008	0	0	0	0	0	0
1.9	0.960	0.943	0.911	0.874	0.822	0.723	0.617	0.478	0.262	0.113	0.024	0	0
2.0	0.985	0.979	0.966	0.953	0.933	0.894	0.851	0.790	0.674	0.552	0.401	0.184	0.006
2.1	0.997	0.994	0.991	0.988	0.982	0.972	0.960	0.944	0.911	0.874	0.823	0.724	0.616
2.2	0.998	0.997	0.996	0.994	0.991	0.986	0.980	0.972	0.956	0.937	0.911	0.860	0.802
2.3	0.997	0.994	0.991	0.988	0.982	0.972	0.960	0.944	0.911	0.874	0.823	0.724	0.616
2.4	0.980	0.972	0.955	0.937	0.911	0.860	0.802	0.723	0.574	0.428	0.263	0.076	0.012
2.5	0.930	0.902	0.844	0.782	0.695	0.536	0.381	0.216	0.064	0.005	0	0	0
2.6	0.617	0.479	0.261	0.110	0.002	0	0	0	0	0	0	0	0
2.7	0.361	0.196	0.040	0.004	0	0	0	0	0	0	0	0	0
2.8	0.453	0.289	0.092	0.017	0.001	0	0	0	0	0	0	0	0
2.9	0.689	0.571	0.369	0.205	0.073	0.005	0	0	0	0	0	0	0
3.0	0.851	0.790	0.673	0.552	0.401	0.184	0.060	0.008	0	0	0	0	0
3.1	0.900	0.860	0.779	0.692	0.574	0.375	0.210	0.076	0.005	0	0	0	0

续表

波长/μm	水蒸气含量(可降水分毫米数)												
	0.1	0.2	0.5	1	2	5	10	20	50	100	200	500	1000
3.2	0.925	0.894	0.833	0.766	0.674	0.506	0.347	0.184	0.035	0.003	0	0	0
3.3	0.950	0.930	0.888	0.843	0.779	0.658	0.531	0.377	0.161	0.048	0.005	0	0
3.4	0.973	0.962	0.939	0.914	0.880	0.811	0.735	0.633	0.448	0.285	0.130	0.017	0.001
3.5	0.988	0.983	0.973	0.962	0.946	0.915	0.881	0.832	0.736	0.635	0.502	0.287	0.133
3.6	0.994	0.992	0.987	0.982	0.973	0.958	0.947	0.916	0.866	0.812	0.738	0.596	0.452
3.7	0.997	0.994	0.991	0.988	0.982	0.972	0.960	0.944	0.911	0.874	0.823	0.724	0.616
3.8	0.998	0.997	0.995	0.994	0.991	0.986	0.980	0.972	0.956	0.937	0.911	0.860	0.802
3.9	0.998	0.997	0.995	0.994	0.991	0.986	0.980	0.972	0.956	0.937	0.911	0.860	0.802
4.0	0.997	0.995	0.993	0.990	0.987	0.977	0.970	0.960	0.930	0.900	0.870	0.790	0.700
4.1	0.977	0.994	0.991	0.988	0.982	0.972	0.960	0.944	0.911	0.874	0.823	0.724	0.616
4.2	0.994	0.992	0.987	0.982	0.973	0.958	0.947	0.916	0.866	0.812	0.738	0.596	0.452
4.3	0.991	0.984	0.975	0.972	0.950	0.937	0.910	0.873	0.800	0.722	0.615	0.425	0.260
4.4	0.980	0.972	0.955	0.937	0.911	0.860	0.802	0.723	0.574	0.428	0.263	0.076	0.012
4.5	0.970	0.958	0.932	0.905	0.866	0.790	0.707	0.595	0.400	0.235	0.093	0.008	0
4.6	0.980	0.943	0.911	0.874	0.822	0.723	0.617	0.478	0.262	0.113	0.024	0	0
4.7	0.950	0.930	0.888	0.843	0.779	0.658	0.531	0.377	0.161	0.048	0.005	0	0
4.8	0.940	0.915	0.866	0.812	0.736	0.595	0.452	0.289	0.117	0.018	0.001	0	0
4.9	0.930	0.902	0.844	0.782	0.695	0.536	0.381	0.216	0.064	0.005	0	0	0
5.0	0.915	0.880	0.811	0.736	0.634	0.451	0.286	0.132	0.017	0	0	0	0
5.1	0.885	0.839	0.747	0.649	0.519	0.308	0.149	0.041	0.001	0	0	0	0
5.2	0.846	0.784	0.664	0.539	0.385	0.169	0.052	0.006	0	0	0	0	0
5.3	0.792	0.707	0.555	0.406	0.239	0.062	0.008	0	0	0	0	0	0
5.4	0.726	0.611	0.432	0.268	0.116	0.013	0	0	0	0	0	0	0
5.5	0.617	0.479	0.261	0.110	0.035	0	0	0	0	0	0	0	0
5.6	0.491	0.331	0.121	0.029	0.002	0	0	0	0	0	0	0	0
5.7	0.361	0.196	0.040	0.004	0	0	0	0	0	0	0	0	0
5.8	0.141	0.044	0.001	0	0	0	0	0	0	0	0	0	0
5.9	0.141	0.044	0.001	0	0	0	0	0	0	0	0	0	0
6.0	0.180	0.058	0.003	0	0	0	0	0	0	0	0	0	0
6.1	0.260	0.112	0.012	0	0	0	0	0	0	0	0	0	0
6.2	0.652	0.524	0.313	0.153	0.043	0.001	0	0	0	0	0	0	0
6.3	0.552	0.401	0.182	0.060	0.008	0	0	0	0	0	0	0	0
6.4	0.317	0.157	0.025	0.002	0	0	0	0	0	0	0	0	0
6.5	0.164	0.049	0.002	0	0	0	0	0	0	0	0	0	0
6.6	0.138	0.042	0.001	0	0	0	0	0	0	0	0	0	0
6.7	0.322	0.162	0.037	0.002	0	0	0	0	0	0	0	0	0
6.8	0.361	0.196	0.040	0.004	0	0	0	0	0	0	0	0	0
6.9	0.416	0.250	0.068	0.010	0	0	0	0	0	0	0	0	0

表 3.7 海平面水平路程上的二氧化碳的光谱透过率(0.3～6.9μm)

波长/μm	路程长度/km												
	0.1	0.2	0.5	1	2	5	10	20	50	100	200	500	1000
0.3	1	1	1	1	1	1	1	1	1	1	1	1	1
0.4	1	1	1	1	1	1	1	1	1	1	1	1	1
0.5	1	1	1	1	1	1	1	1	1	1	1	1	1
0.6	1	1	1	1	1	1	1	1	1	1	1	1	1
0.7	1	1	1	1	1	1	1	1	1	1	1	1	1
0.8	1	1	1	1	1	1	1	1	1	1	1	1	1
0.9	1	1	1	1	1	1	1	1	1	1	1	1	1
1.0	1	1	1	1	1	1	1	1	1	1	1	1	1
1.1	1	1	1	1	1	1	1	1	1	1	1	1	1
1.2	1	1	1	1	1	1	1	1	1	1	1	1	1
1.3	1	1	1	0.999	0.999	0.999	0.998	0.997	0.996	0.994	0.992	0.987	0.982
1.4	0.996	0.995	0.992	0.988	0.984	0.975	0.964	0.949	0.919	0.885	0.838	0.747	0.649
1.5	0.999	0.999	0.998	0.998	0.997	0.995	0.993	0.990	0.984	0.976	0.967	0.949	0.927
1.6	0.996	0.995	0.992	0.988	0.984	0.975	0.964	0.949	0.919	0.885	0.838	0.747	0.649
1.7	1	1	1	0.999	0.999	0.999	0.998	0.997	0.996	0.994	0.992	0.987	0.982
1.8	1	1	1	1	1	1	1	1	1	1	1	1	1
1.9	1	1	1	0.999	0.999	0.999	0.998	0.997	0.996	0.994	0.992	0.987	0.982
2.0	0.978	0.969	0.951	0.931	0.903	0.847	0.785	0.699	0.541	0.387	0.221	0.053	0.006
2.1	0.998	0.997	0.996	0.994	0.992	0.987	0.982	0.974	0.959	0.942	0.919	0.872	0.820
2.2	1	1	1	1	1	1	1	1	1	1	1	1	1
2.3	1	1	1	1	1	1	1	1	1	1	1	1	1
2.4	1	1	1	1	1	1	1	1	1	1	1	1	1
2.5	1	1	1	1	1	1	1	1	1	1	1	1	1
2.6	1	1	1	1	1	1	1	1	1	1	1	1	1
2.7	0.799	0.718	0.569	0.419	0.253	0.071	0.011	0	0	0	0	0	0
2.8	0.871	0.804	0.695	0.578	0.432	0.215	0.079	0.013	0	0	0	0	0
2.9	0.997	0.995	0.993	0.990	0.985	0.977	0.968	0.954	0.927	0.898	0.855	0.772	0.683
3.0	1	1	1	1	1	1	1	1	1	1	1	1	1
3.1	1	1	1	1	1	1	1	1	1	1	1	1	1
3.2	1	1	1	1	1	1	1	1	1	1	1	1	1
3.3	1	1	1	1	1	1	1	1	1	1	1	1	1
3.4	1	1	1	1	1	1	1	1	1	1	1	1	1
3.5	1	1	1	1	1	1	1	1	1	1	1	1	1
3.6	1	1	1	1	1	1	1	1	1	1	1	1	1
3.7	1	1	1	1	1	1	1	1	1	1	1	1	1
3.8	1	1	1	1	1	1	1	1	1	1	1	1	1
3.9	1	1	1	1	1	1	1	1	1	1	1	1	1
4.0	0.998	0.997	0.996	0.994	0.991	0.986	0.980	0.971	0.955	0.937	0.911	0.859	0.802
4.1	0.983	0.975	0.961	0.944	0.921	0.876	0.825	0.755	0.622	0.485	0.322	0.118	0.027
4.2	0.673	0.551	0.445	0.182	0.059	0.003	0	0	0	0	0	0	0
4.3	0.098	0.016	0	0	0	0	0	0	0	0	0	0	0

续表

波长/μm	路程长度/km												
	0.1	0.2	0.5	1	2	5	10	20	50	100	200	500	1000
4.4	0.481	0.319	0.115	0.026	0.002	0	0	0	0	0	0	0	0
4.5	0.957	0.949	0.903	0.863	0.807	0.699	0.585	0.439	0.222	0.084	0.014	0	0
4.6	0.995	0.993	0.989	0.985	0.978	0.966	0.951	0.931	0.891	0.845	0.783	0.663	0.539
4.7	0.995	0.993	0.989	0.985	0.978	0.966	0.951	0.931	0.891	0.845	0.783	0.663	0.539
4.8	0.976	0.966	0.945	0.922	0.891	0.828	0.759	0.664	0.492	0.331	0.169	0.030	0.002
4.9	0.975	0.964	0.943	0.920	0.886	0.822	0.750	0.652	0.468	0.313	0.153	0.024	0.001
5.0	0.999	0.998	0.997	0.995	0.994	0.990	0.986	0.979	0.968	0.954	0.935	0.897	0.855
5.1	1	0.999	0.999	0.998	0.998	0.996	0.994	0.992	0.988	0.984	0.976	0.961	0.946
5.2	0.986	0.980	0.968	0.955	0.936	0.899	0.857	0.799	0.687	0.569	0.420	0.203	0.072
5.3	0.997	0.995	0.993	0.989	0.984	0.976	0.966	0.951	0.923	0.891	0.846	0.760	0.666
5.4	1	1	1	1	1	1	1	1	1	1	1	1	1
5.5	1	1	1	1	1	1	1	1	1	1	1	1	1
5.6	1	1	1	1	1	1	1	1	1	1	1	1	1
5.7	1	1	1	1	1	1	1	1	1	1	1	1	1
5.8	1	1	1	1	1	1	1	1	1	1	1	1	1
5.9	1	1	1	1	1	1	1	1	1	1	1	1	1
6.0	1	1	1	1	1	1	1	1	1	1	1	1	1
6.1	1	1	1	1	1	1	1	1	1	1	1	1	1
6.2	1	1	1	1	1	1	1	1	1	1	1	1	1
6.3	1	1	1	1	1	1	1	1	1	1	1	1	1
6.4	1	1	1	1	1	1	1	1	1	1	1	1	1
6.5	1	1	1	1	1	1	1	1	1	1	1	1	1
6.6	1	1	1	1	1	1	1	1	1	1	1	1	1
6.7	1	1	1	1	1	1	1	1	1	1	1	1	1
6.8	1	1	1	1	1	1	1	1	1	1	1	1	1
6.9	1	1	1	1	1	1	1	1	1	1	1	1	1

表 3.8 海平面水平路程上的水蒸气的光谱透过率(7.0～13.9μm)

波长/μm	水蒸气含量(可降水分毫米数)									
	0.2	0.5	1	2	5	10	20	50	100	200
7.0	0.569	0.245	0.060	0.004	0	0	0	0	0	0
7.1	0.716	0.433	0.188	0.035	0	0	0	0	0	0
7.2	0.782	0.540	0.292	0.085	0.002	0	0	0	0	0
7.3	0.849	0.664	0.441	0.194	0.017	0	0	0	0	0
7.4	0.922	0.817	0.666	0.444	0.132	0.018	0	0	0	0
7.5	0.947	0.874	0.762	0.582	0.258	0.066	0	0	0	0
7.6	0.922	0.817	0.666	0.444	0.132	0.018	0	0	0	0
7.7	0.978	0.944	0.884	0.796	0.564	0.328	0.102	0.003	0	0
7.8	0.974	0.937	0.878	0.771	0.523	0.273	0.074	0.002	0	0
7.9	0.982	0.959	0.920	0.842	0.658	0.433	0.187	0.015	0	0

续表

波长/μm	水蒸气含量(可降水分毫米数)									
	0.2	0.5	1	2	5	10	20	50	100	200
8.0	0.990	0.975	0.951	0.904	0.777	0.603	0.365	0.080	0.006	0
8.1	0.994	0.986	0.972	0.945	0.869	0.754	0.568	0.244	0.059	0.003
8.2	0.993	0.982	0.964	0.930	0.834	0.696	0.484	0.163	0.027	0
8.3	0.995	0.988	0.976	0.953	0.887	0.786	0.618	0.300	0.090	0.008
8.4	0.995	0.987	0.975	0.950	0.880	0.774	0.599	0.278	0.077	0.006
8.5	0.994	0.986	0.972	0.944	0.866	0.750	0.562	0.237	0.056	0.003
8.6	0.996	0.992	0.982	0.965	0.915	0.837	0.702	0.411	0.169	0.029
8.7	0.996	0.992	0.983	0.966	0.916	0.839	0.704	0.416	0.173	0.030
8.8	0.997	0.993	0.983	0.966	0.917	0.841	0.707	0.421	0.177	0.031
8.9	0.997	0.992	0.983	0.966	0.918	0.843	0.709	0.425	0.180	0.032
9.0	0.997	0.992	0.984	0.968	0.921	0.848	0.719	0.440	0.193	0.037
9.1	0.997	0.992	0.985	0.970	0.926	0.858	0.735	0.464	0.215	0.046
9.2	0.997	0.993	0.985	0.971	0.929	0.863	0.744	0.478	0.228	0.052
9.3	0.997	0.993	0.986	0.972	0.930	0.867	0.750	0.489	0.239	0.057
9.4	0.997	0.993	0.986	0.973	0.933	0.870	0.756	0.498	0.248	0.061
9.5	0.997	0.993	0.987	0.973	0.934	0.873	0.762	0.507	0.257	0.066
9.6	0.997	0.993	0.987	0.974	0.936	0.876	0.766	0.516	0.265	0.070
9.7	0.997	0.993	0.987	0.974	0.937	0.878	0.770	0.521	0.270	0.073
9.8	0.997	0.994	0.987	0.975	0.938	0.880	0.773	0.526	0.277	0.077
9.9	0.997	0.994	0.987	0.975	0.939	0.882	0.777	0.532	0.283	0.080
10.0	0.998	0.994	0.988	0.975	0.940	0.883	0.780	0.538	0.289	0.083
10.1	0.998	0.994	0.988	0.975	0.940	0.883	0.780	0.538	0.289	0.083
10.2	0.998	0.994	0.988	0.975	0.940	0.883	0.780	0.538	0.289	0.083
10.3	0.998	0.994	0.988	0.976	0.940	0.884	0.781	0.540	0.292	0.085
10.4	0.998	0.994	0.988	0.976	0.941	0.885	0.782	0.542	0.294	0.086
10.5	0.998	0.994	0.988	0.976	0.941	0.886	0.784	0.544	0.295	0.087
10.6	0.998	0.994	0.988	0.976	0.942	0.887	0.786	0.548	0.300	0.089
10.7	0.998	0.994	0.988	0.976	0.942	0.887	0.787	0.550	0.302	0.091
10.8	0.998	0.994	0.988	0.976	0.941	0.886	0.784	0.544	0.295	0.087
10.9	0.998	0.994	0.988	0.976	0.940	0.884	0.781	0.540	0.292	0.085
11.0	0.998	0.994	0.988	0.975	0.940	0.883	0.779	0.536	0.287	0.082
11.1	0.998	0.994	0.987	0.975	0.939	0.882	0.777	0.532	0.283	0.080
11.2	0.997	0.993	0.986	0.972	0.931	0.867	0.750	0.487	0.237	0.056
11.3	0.997	0.992	0.985	0.970	0.927	0.859	0.738	0.467	0.218	0.048
11.4	0.997	0.993	0.986	0.971	0.930	0.865	0.748	0.485	0.235	0.055
11.5	0.997	0.993	0.986	0.972	0.932	0.868	0.753	0.493	0.243	0.059
11.6	0.997	0.993	0.987	0.974	0.935	0.875	0.765	0.513	0.262	0.069
11.7	0.996	0.990	0.980	0.961	0.906	0.820	0.673	0.372	0.138	0.019
11.8	0.997	0.992	0.982	0.969	0.925	0.863	0.733	0.460	0.212	0.045
11.9	0.997	0.993	0.986	0.972	0.932	0.869	0.755	0.495	0.245	0.060
12.0	0.997	0.993	0.987	0.974	0.937	0.878	0.770	0.521	0.270	0.073

续表

波长/μm	水蒸气含量(可降水分毫米数)									
	0.2	0.5	1	2	5	10	20	50	100	200
12.1	0.997	0.994	0.987	0.975	0.938	0.880	0.773	0.526	0.277	0.077
12.2	0.997	0.994	0.987	0.975	0.938	0.880	0.775	0.528	0.279	0.078
12.3	0.997	0.993	0.987	0.974	0.937	0.878	0.770	0.521	0.270	0.073
12.4	0.997	0.993	0.987	0.974	0.935	0.874	0.764	0.511	0.261	0.068
12.5	0.997	0.993	0.986	0.973	0.933	0.871	0.759	0.502	0.252	0.063
12.6	0.997	0.993	0.986	0.972	0.931	0.868	0.752	0.491	0.241	0.058
12.7	0.997	0.993	0.985	0.971	0.929	0.863	0.744	0.478	0.228	0.052
12.8	0.997	0.992	0.985	0.970	0.926	0.858	0.736	0.466	0.217	0.047
12.9	0.997	0.992	0.984	0.969	0.924	0.853	0.728	0.452	0.204	0.041
13.0	0.997	0.992	0.984	0.967	0.921	0.846	0.718	0.437	0.191	0.036
13.1	0.996	0.991	0.983	0.966	0.918	0.843	0.709	0.424	0.180	0.032
13.2	0.996	0.991	0.982	0.965	0.915	0.837	0.701	0.411	0.169	0.028
13.3	0.996	0.991	0.982	0.964	0.912	0.831	0.690	0.397	0.153	0.025
13.4	0.996	0.990	0.981	0.962	0.908	0.825	0.681	0.382	0.146	0.021
13.5	0.996	0.990	0.980	0.961	0.905	0.819	0.670	0.368	0.136	0.019
13.6	0.996	0.990	0.979	0.959	0.902	0.813	0.661	0.355	0.126	0.016
13.7	0.996	0.989	0.979	0.958	0.898	0.807	0.651	0.342	0.117	0.014
13.8	0.996	0.989	0.978	0.956	0.894	0.800	0.640	0.328	0.107	0.011
13.9	0.995	0.988	0.977	0.955	0.891	0.793	0.629	0.313	0.098	0.010

表 3.9 海平面水平路程上的二氧化碳的光谱透过率(7.0～13.9μm)

波长/μm	路程长度/km									
	0.2	0.5	1	2	5	10	20	50	100	200
7.0	1	1	1	1	1	1	1	1	1	1
7.1	1	1	1	1	1	1	1	1	1	1
7.2	1	1	1	1	1	1	1	1	1	1
7.3	1	1	1	1	1	1	1	1	1	1
7.4	1	1	1	1	1	1	1	1	1	1
7.5	1	1	1	1	1	1	1	1	1	1
7.6	1	1	1	1	1	1	1	1	1	1
7.7	1	1	1	1	1	1	1	1	1	1
7.8	1	1	1	1	1	1	1	1	1	1
7.9	1	1	1	1	1	1	1	1	1	1
8.0	1	1	1	1	1	1	1	1	1	1
8.1	1	1	1	1	1	1	1	1	1	1
8.2	1	1	1	1	1	1	1	1	1	1
8.3	1	1	1	1	1	1	1	1	1	1
8.4	1	1	1	1	1	1	1	1	1	1
8.5	1	1	1	1	1	1	1	1	1	1
8.6	1	1	1	1	1	1	1	1	1	1

续表

波长/μm	路程长度/km									
	0.2	0.5	1	2	5	10	20	50	100	200
8.7	1	1	1	1	1	1	1	1	1	1
8.8	1	1	1	1	1	1	1	1	1	1
8.9	1	1	1	1	1	1	1	1	1	1
9.0	1	1	1	1	1	1	1	1	1	1
9.1	1	1	0.999	0.999	0.998	0.995	0.991	0.978	0.955	0.914
9.2	1	1	0.999	0.998	0.995	0.991	0.982	0.955	0.913	0.834
9.3	0.999	0.997	0.995	0.990	0.975	0.951	0.904	0.776	0.605	0.363
9.4	0.993	0.982	0.965	0.931	0.837	0.700	0.491	0.168	0.028	0.001
9.5	0.993	0.983	0.967	0.935	0.842	0.715	0.512	0.187	0.035	0.001
9.6	0.996	0.990	0.980	0.961	0.906	0.821	0.675	0.363	0.140	0.029
9.7	0.995	0.986	0.973	0.947	0.873	0.761	0.580	0.256	0.065	0.004
9.8	0.997	0.992	0.984	0.969	0.924	0.858	0.730	0.455	0.206	0.043
9.9	0.998	0.995	0.989	0.979	0.948	0.897	0.811	0.585	0.342	0.123
10.0	1	1	0.999	0.997	0.994	0.989	0.978	0.945	0.892	0.797
10.1	1	0.999	0.998	0.996	0.990	0.980	0.960	0.902	0.814	0.663
10.2	0.997	0.994	0.988	0.977	0.943	0.890	0.792	0.558	0.312	0.097
10.3	0.997	0.994	0.987	0.975	0.939	0.881	0.777	0.532	0.283	0.080
10.4	1	1	0.999	0.998	0.995	0.991	0.982	0.955	0.913	0.834
10.5	1	1	0.999	0.998	0.998	0.995	0.991	0.978	0.955	0.914
10.6	1	1	0.999	0.999	0.998	0.995	0.991	0.978	0.955	0.914
10.7	1	1	1	0.999	0.999	0.997	0.995	0.986	0.973	0.947
10.8	1	1	0.999	0.998	0.998	0.995	0.991	0.978	0.955	0.914
10.9	1	0.999	0.999	0.997	0.993	0.986	0.973	0.934	0.872	0.761
11.0	1	0.999	0.999	0.997	0.993	0.986	0.973	0.934	0.872	0.761
11.1	1	0.999	0.998	0.997	0.992	0.984	0.969	0.923	0.855	0.726
11.2	1	0.999	0.998	0.995	0.989	0.978	0.955	0.892	0.796	0.633
11.3	0.999	0.999	0.997	0.994	0.985	0.971	0.942	0.862	0.742	0.552
11.4	0.999	0.998	0.997	0.993	0.983	0.966	0.934	0.842	0.709	0.503
11.5	0.999	0.998	0.996	0.992	0.980	0.960	0.921	0.814	0.661	0.438
11.6	0.999	0.998	0.995	0.991	0.977	0.955	0.912	0.794	0.632	0.399
11.7	0.999	0.998	0.995	0.991	0.977	0.955	0.912	0.794	0.632	0.399
11.8	0.999	0.998	0.997	0.993	0.983	0.966	0.934	0.842	0.709	0.503
11.9	1	0.999	0.998	0.995	0.989	0.978	0.955	0.892	0.796	0.633
12.0	1	1	0.999	0.999	0.997	0.993	0.986	0.966	0.934	0.872
12.1	1	1	0.999	0.998	0.998	0.995	0.991	0.978	0.955	0.914
12.2	1	1	0.999	0.998	0.998	0.995	0.991	0.978	0.955	0.914
12.3	0.998	0.995	0.990	0.981	0.952	0.907	0.823	0.614	0.376	0.142
12.4	0.994	0.985	0.970	0.941	0.859	0.738	0.545	0.218	0.048	0.002
12.5	0.987	0.968	0.936	0.877	0.719	0.517	0.268	0.037	0.001	0
12.6	0.980	0.950	0.903	0.815	0.599	0.358	0.129	0.006	0	0
12.7	0.996	0.989	0.979	0.959	0.899	0.809	0.654	0.346	0.120	0.015

续表

波长/μm	路程长度/km									
	0.2	0.5	1	2	5	10	20	50	100	200
12.8	0.990	0.974	0.949	0.901	0.770	0.592	0.351	0.072	0.005	0
12.9	0.985	0.962	0.925	0.856	0.677	0.458	0.210	0.020	0	0
13.0	0.991	0.977	0.955	0.912	0.794	0.630	0.397	0.099	0.010	0
13.1	0.990	0.974	0.949	0.900	0.768	0.592	0.348	0.071	0.005	0
13.2	0.978	0.946	0.895	0.801	0.575	0.330	0.109	0.004	0	0
13.3	0.952	0.884	0.782	0.611	0.292	0.085	0.007	0	0	0
13.4	0.935	0.846	0.715	0.512	0.187	0.035	0.001	0	0	0
13.5	0.901	0.767	0.593	0.352	0.070	0.005	0	0	0	0
13.6	0.901	0.792	0.627	0.351	0.097	0.009	0	0	0	0
13.7	0.916	0.803	0.644	0.415	0.110	0.012	0	0	0	0
13.8	0.858	0.681	0.464	0.215	0.021	0	0	0	0	0
13.9	0.778	0.534	0.286	0.082	0.002	0	0	0	0	0

上述表格的使用并不困难。例如，要想求得某一段水平路程上与水蒸气有关的透过率，那么可以根据已知的气象条件(温度、湿度)，以及水平路程的长度来计算可凝结水量，再通过查表得到各波长上或 0.1μm 波长间隔的与水蒸气有关的透过率。同样，根据已知的水平路程，可以由表查得各个波长上或 0.1μm 波长间隔的与二氧化碳有关的透过率。

这些表只适用于海平面的水平路程上。在高空，由于大气压力和温度降低，光谱吸收线和光谱带的宽度都变窄了。可以预料，通过同样的路程时，吸收变小，所以大气的透过率就会增加。伴随温度的降低，也使透过率稍有增加，不过其影响很小，一般都忽略不计。如果作稍微简单的修正，这些表格就可用于高空。在高度为 h 的 x 水平路程长度上，其光谱透过率等于水平长度为 x_0 的等效海平面路程上的透过率，x 和 x_0 有如下关系：

$$x_0 = x(P/P_0)^k \tag{3.10}$$

式中，P/P_0 是 h 高度的大气压力与海平面大气压力之比；k 为常数，对水蒸气是 0.5，对二氧化碳是 1.5。值得一提的是，等效海平面路程是大气透过率计算时的一个重要概念，很显然，在具有相同透过率的情况下，高空的路程要比海平面的路程更长一些。如果要计算某一高度上的一段路程上的透过率，那么可以根据表 3.10 给出的高度修正因子，再由式(3.10)求出等效海平面路程，这样就可以计算不同高度的水平路程的透过率了。

表 3.10 用以折合成等效海平面路程的高度修正因子 $(P/P_0)^k$ 的值

高度/km	高度修正因子		高度/km	高度修正因子	
	水蒸气	二氧化碳		水蒸气	二氧化碳
0.305	0.981	0.940	2.14	0.869	0.660
0.610	0.961	0.833	2.44	0.852	0.620
0.915	0.942	0.840	2.74	0.835	0.580
1.22	0.923	0.774	3.05	0.819	0.548
1.52	0.904	0.743	3.81	0.790	0.494
1.83	0.886	0.699	4.57	0.739	0.404

续表

高度/km	高度修正因子		高度/km	高度修正因子	
	水蒸气	二氧化碳		水蒸气	二氧化碳
5.34	0.714	0.364	15.2	0.348	0.042
6.10	0.670	0.299	18.3	0.272	0.020
6.86	0.643	0.266	21.4	0.214	0.010
7.62	0.609	0.226	24.4	0.167	0.005
9.15	0.552	0.168	27.4	0.134	0.002
10.7	0.486	0.115	30.5	0.105	0.001
12.2	0.441	0.085			

3.5 海平面上大气气体的分子吸收

水汽(H_2O)、CO_2 分子产生最强的选择性红外辐射吸收，因此，综合透过率结果为水汽透过率 $\tau_{H_2O}(\lambda)$和 CO_2 分子透过率 $\tau_{CO_2}(\lambda)$的乘积，即

$$\tau_1(\lambda)=\tau_{H_2O}(\lambda)\cdot\tau_{CO_2}(\lambda) \tag{3.11}$$

1. $\tau_{H_2O}(\lambda)$的确定

引用“可降水分”的概念，可降水分 ω 是由底面 S_a 和长度等于红外系统到目标距离 R 的圆柱体内大气含水汽凝结的水层厚度来量度的。也可表述为：截面积为 $1cm^2$，长度等于全部辐射路程的水蒸气汽柱中所含水蒸气凝结成为液态水后的水后的水柱长度。重要的是，不要混淆给定厚度的可降水分的吸收和相同厚度的液体水的吸收。10mm 厚的液体水层，在超过 1.5μm 的波段上，实际就不透过了，而对含有 10mm 可降水分的路程的透过率则超过 60%。ω_0 为每 km 路程的可降水分(相对湿度 $H_r=100\%$时)，可查表 3.11，由绝对湿度 H_a[大气中水蒸气的量,(g/m^3)]而得，即

$$\omega_0=\frac{1}{10\rho}H_a \quad (cm/km) \tag{3.12}$$

式中，ρ 为水的密度。

表 3.11 标准大气的绝对湿度 单位：g/m^3

t/℃	0	1	2	3	4	5	6	7	8	9
−40	0.1200	0.1075	0.0962	0.0861	0.0769	0.0687	0.0612	0.0545	0.0485	0.0431
−30	0.341	0.308	0.279	0.252	0.227	0.205	0.1849	0.166	0.149	0.134
−20	0.888	0.810	0.738	0.672	0.611	0.556	0.505	0.458	0.415	0.376
−10	2.154	1.971	1.808	1.658	1.520	1.393	1.275	1.166	1.066	0.973
−0	4.84	4.47	4.13	3.82	3.52	3.25	2.99	2.76	2.54	2.33
0	4.84	5.18	5.55	5.94	6.35	6.79	7.25	7.74	8.26	8.81
10	9.39	10.00	10.64	11.33	12.05	12.81	13.61	14.45	15.34	16.28
20	17.3	18.3	19.4	20.5	21.7	23.0	24.3	25.7	27.2	28.7
30	30.3	32.0	33.7	35.6	37.5	39.5	41.6	43.6	46.1	48.5
40	51.0	53.6	56.3	59.2	62.1	65.2	68.4	71.8	75.3	78.9

$$\omega = \omega_0 R \tag{3.13}$$

ω_0 也可查表 3.12 得到。

表 3.12 H_r=100% 时,不同温度下每千米大气中的可降水分厘米数 单位: cm/km

t/℃	0	0.2	0.4	0.6	0.8
0	0.486	0.493	0.500	0.507	0.514
1	0.521	0.528	0.535	0.543	0.550
2	0.557	0.565	0.573	0.580	0.588
3	0.596	0.604	0.612	0.621	0.629
4	0.637	0.646	0.655	0.663	0.672
5	0.681	0.690	0.700	0.709	0.719
6	0.728	0.738	0.748	0.758	0.768
7	0.778	0.788	0.798	0.808	0.818
8	0.828	0.839	0.851	0.862	0.874
9	0.885	0.896	0.907	0.919	0.930
10	0.941	0.953	0.965	0.978	0.990
11	1.002	1.015	1.028	1.042	1.055
12	1.068	1.082	1.095	1.109	1.122
13	1.136	1.150	1.165	1.179	1.194
14	1.208	1.223	1.238	1.253	1.268
15	1.283	1.299	1.316	1.332	1.349
16	1.365	1.382	1.399	1.415	1.432
17	1.449	1.467	1.485	1.503	1.521
18	1.539	1.558	1.572	1.597	1.613
19	1.632	1.652	1.672	1.692	1.712
20	1.732	1.753	1.773	1.794	1.814
21	1.835	1.857	1.897	1.901	1.923
22	1.945	1.963	1.991	2.013	2.036
23	2.059	2.083	2.108	2.132	2.157
24	2.181	2.206	2.231	2.255	2.280
25	2.305	2.332	2.359	2.386	2.413
26	2.440	2.467	2.495	2.522	2.550
27	2.577	2.607	2.636	2.666	2.695
28	2.725	2.775	2.785	2.815	2.846
29	2.876	2.908	2.941	2.973	3.006
30	3.038				
−30	0.046				
−29	0.050	0.049	0.048	0.046	0.045
−28	0.054	0.053	0.052	0.052	0.051
−27	0.059	0.058	0.057	0.056	0.055
−26	0.065	0.064	0.063	0.061	0.060
−25	0.070	0.069	0.068	0.067	0.066
−24	0.076	0.075	0.074	0.072	0.071
−23	0.084	0.082	0.081	0.079	0.078

续表

t/℃	0	0.2	0.4	0.6	0.8
−22	0.091	0.090	0.088	0.087	0.085
−21	0.099	0.097	0.096	0.094	0.093
−20	0.108	0.106	0.104	0.103	0.101
−19	0.117	0.115	0.113	0.112	0.110
−18	0.127	0.125	0.123	0.121	0.119
−17	0.137	0.135	0.133	0.131	0.129
−16	0.149	0.147	0.144	0.142	0.139
−15	0.161	0.159	0.156	0.154	0.151
−14	0.174	0.171	0.169	0.166	0.164
−13	0.188	0.185	0.182	0.180	0.177
−12	0.203	0.200	0.197	0.194	0.191
−11	0.219	0.216	0.213	0.209	0.206
−10	0.237	0.233	0.230	0.226	0.233
−9	0.255	0.251	0.248	0.241	0.241
−8	0.274	0.270	0.266	0.263	0.259
−7	0.295	0.291	0.287	0.282	0.278
−6	0.318	0.313	0.309	0.304	0.300
−5	0.341	0.336	0.332	0.327	0.323
−4	0.367	0.362	0.357	0.351	0.346
−3	0.394	0.389	0.383	0.378	0.372
−2	0.423	0.417	0.411	0.406	0.400
−1	0.453	0.447	0.441	0.435	0.429
−0	0.486	0.479	0.473	0.466	0.460

由已知空气温度 t_B，查表得到 ω_0，然后乘以实际空气相对湿度 H_r，即得到此实际空气相对湿度下的可降水分 ω，相应的可降水分为

$$\omega=\omega_0 H_r R=\omega_0 R\cdot H_r \tag{3.14}$$

由可降水分 ω，查海平面水平路程上水汽光谱透过率表，即可求得不同波长时所对应的 $\tau_{H_2O}(\lambda)$。如果从表中不能直接查到，可通过外推法或内插法求得。

2. $\tau_{CO_2}(\lambda)$的确定

研究实验证明，CO_2 的密度在大气近表层中实际保持不变，直到非常高的高空，CO_2 在大气中的浓度是常数，因而它在大气中的分布随时间的变化是很小的，系数 $\tau_{CO_2}(\lambda)$只与辐射通过的距离有关。因此，由 CO_2 的吸收的造成的辐射衰减，可以认为与气象条件无关，$\tau_{CO_2}(\lambda)$只与辐射通过的距离有关。表 3.7 和表 3.9 列出了海平面路程 $\tau_{CO_2}(\lambda)$的值：在 0.3～6.9μm、海平面水平路程 0.1～1000km，以及在 7.0～13.9μm、海平面水平路程 0.2～200km 的光谱透过率。$\tau_{CO_2}(\lambda)$可以通过查表得到。

在 3～5μm 和 8～14μm 波段内，为求取与吸收损耗有关的平均大气透过率 $\bar{\tau}_a$，J. M. Lloyd 采用近似式：

$$\bar{\tau}_a=0.8326-0.0277\omega_0 \tag{3.15}$$

为评价在水汽和 CO_2 中与可降水分 ω_0 有关的平均衰减系数，在 10μm±0.1μm、

10μm±2μm 范围内，可采用经验公式：

$$\bar{\alpha}_a(10\pm0.1)=0.0124\sqrt{\omega_0}+0.0088 \tag{3.16}$$

$$\bar{\alpha}_a(10\pm2)=0.0338\sqrt{\omega_0}+0.045 \tag{3.17}$$

式中，$\bar{\alpha}_a$ 的单位为 km^{-1}。

3.6　不同高度时的分子吸收修正问题

对不同高度，由于气温和气压的不同，辐射的吸收是不同的；同时，分子密度也是不同的。因此应从这两方面考虑分子吸收修正问题。

3.6.1　吸收本领随高度而改变所引起的修正

由 3.5 节可知，水汽对辐射的吸收会随气温和气压而变，因此对于高空的情况需要进行修正。也就是说，修正时，只需用修正系数乘以该高度处的水平距离，就得到等效海平面距离，并以此等效海平面距离计算沉积水厚度（可降水分）。修正系数 β_{H_2O} 由下式确定：

$$\beta_{H_2O}=\left(\frac{P}{P_0}\right)^{1/2}\left(\frac{T_0}{T}\right)^{1/4} \tag{3.18}$$

式中，P_0、T_0 为海平面上的气压和气温；P、T 为给定高度上的气压和气温。

由式(3.18)可知，温度的影响很小（≤4%），可以忽略不计，因此，一般取高度修正系数：

$$\beta_{H_2O}=(P/P_0)^{1/2} \tag{3.19}$$

假定用 ω_e 表示辐射传输路程中按吸收本领折算成大气近地层水汽的等效可降水分的有效厚度，用 ω_H 表示 H 高度下可降水分层的实际厚度，则

$$\omega_e=\omega_H\beta_{H_2O} \tag{3.20}$$

β_{H_2O} 可以通过查修正系数表得到，或者在实际应用中，得到具有足够精度的近似值，可由下式确定：

$$\beta_{H_2O}=e^{-0.0654H} \tag{3.21}$$

式中，H 的单位为 km。

对于 CO_2，类似可得到下列关系式：

$$\beta_{CO_2}=(P/P_0)^{1.5}\approx e^{-0.19H} \tag{3.22}$$

$$R_e=R'_H\beta_{CO_2} \tag{3.23}$$

式中，R'_H 为在高度 H 上辐射传输的距离（此处 R'_H 未考虑 CO_2 质量引起的修正）；R_e 为按吸收本领折算成近地层的有效距离。

3.6.2　分子密度随高度而改变所引起的修正

由于高度不同，引起水平、倾斜路程中水汽量的不同，以及空气压强和质量的不同，因而分子密度也是不同的。为此，因高度变化带来的对可降水分和路程长度的影响需要进行修正。

1. 水平、倾斜路程中水汽量变化引起的修正

由式(3.14)和式(3.20)得

$$\omega_H = \omega_0 H'_r R = \omega R \cdot H'_r \tag{3.24}$$

式中，R 为给定高度处的水平路程；$\omega_0 H'_r$ 为相应高度处的可降水分。$\omega_0 H'_r$ 是与相应高度处的温度、湿度有关的，忽略气温变化的影响，$\omega_0 H'_r$ 与湿度有关，而湿度随高度的分布服从下面的定律(对于标准大气)：

$$H_{a,H} = H_{a,o} e^{-\beta H} \tag{3.25}$$

式中，$H_{a,H}$ 为高度 H 处的绝对湿度；$H_{a,o}$ 为近地处或海平面处的绝对湿度；β 为 0.45/km。

由相对湿度和热力学温度的定义可知：

$$H'_r = k \cdot H_{a,H} \tag{3.26}$$

$$H_r = k \cdot H_{a,0} \tag{3.27}$$

式中，H'_r 和 H_r 分别为高度 H 处、海平面处的相对湿度；k 为一定温度下饱和空气中的水蒸气质量，仅与温度有关，在忽略高度 H 处和海平面处的温度差异时，可知不同高度的 k 值相同。

由式(3.25)、式(3.26)和式(3.27)可得

$$H'_r = H_r e^{-\beta H} = H_r e^{-0.45H} \tag{3.28}$$

将式(3.28)代入式(3.24)得到

$$\omega_H = \omega_0 R \cdot H_r e^{-0.45H} \tag{3.29}$$

综合考虑水汽的吸收本领和水汽量随高度的变化，结合式(3.20)和式(3.21)，得到确定距海平面上高度为 H 的辐射沿水平传输路程中的可降水分的有效厚度的公式为

$$\omega_e = \omega_0 R \cdot H_r e^{-0.45H} \cdot e^{-0.0654H} = \omega_0 R \cdot H_r e^{-0.5154H} \tag{3.30}$$

在倾斜路程中的可降水分的有效厚度可由下面的方法计算。根据式(3.30)，位于高度 h 处的大气元层 ds(见图 3.4)中的可降水分有效厚度为

$$d\omega_e = \omega_0 H_r e^{-0.5154H} ds \tag{3.31}$$

式中，$h = s\cos\gamma$，为高度的瞬时值；γ 为地面(海平面)法线与辐射传输方向之间的夹角。

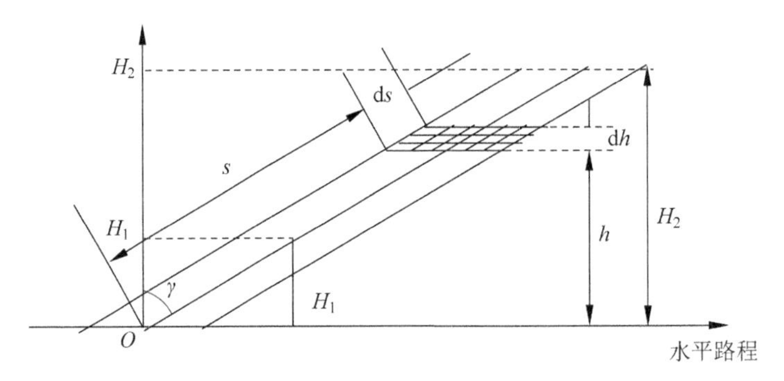

图 3.4 倾斜路程中可降水分的有效厚度计算图

在不考虑地面曲率的情况下，对式(3.31)积分可求得从高度 H_1 到 H_2 的倾斜程上大气中可降水分的有效总厚度为

$$\omega_e=\omega_0 H_r\int_{s_1}^{s_2} \mathrm{e}^{-0.5154 s\cos\gamma}\mathrm{d}s=\omega_0 H_r\frac{\mathrm{e}^{-0.5154H_1}-\mathrm{e}^{-0.5154H_2}}{0.5154\cos\gamma} \tag{3.32}$$

式中，$H_1=s_1\cos\gamma$，$H_2=s_2\cos\gamma$。如果 $H_1=0$，$H_2=H$，则有

$$\omega_e=\omega_0 H_r\frac{1-\mathrm{e}^{-0.5154H}}{0.5154\cos\gamma} \tag{3.33}$$

值得一提的是，令 $\gamma=0$，就可以由式(3.32)求得垂直路程上大气中可降水分的有效总厚度。

2. 水平、倾斜路程中因空气压强和质量引起的修正

因为空气压强随高度的变化规律如下：

$$P_H=P_0\mathrm{e}^{-0.123H} \tag{3.34}$$

考虑到式(3.34)，可按下式把距地面(海平面)高度为 H 的水平路程折算成近地水平路程：

$$R'_H=R_H\mathrm{e}^{-0.123H} \tag{3.35}$$

式中，R_H 为高度 H 上的辐射传输距离；R'_H 为等效近地水平路程。

在倾斜路程的情况下，与式(3.32)、式(3.33)类似，可得到折算成近地层辐射路程的公式，在 H_1 到 H_2 范围内

$$R'_H=\frac{\mathrm{e}^{-0.123H_1}-\mathrm{e}^{-0.123H_2}}{0.123\cos\gamma} \tag{3.36}$$

综合考虑 CO_2 的吸收本领和质量随高度的变化，结合式(3.23)和式(3.35)，得到折算成近地层的路程有效长度为

$$R_e=R_H\mathrm{e}^{-0.123H}\cdot\mathrm{e}^{-0.19H}=R_H\mathrm{e}^{-0.313H} \tag{3.37}$$

在倾斜路程的情况下，按 CO_2 的吸收本领折算成大气近地层的路程有效长度的计算公式，由式(3.37)，类似得到折算成近地层的路程有效长度。

对于高度从 H_1 到 H_2 的范围

$$R_e=\frac{\mathrm{e}^{-0.313H_1}-\mathrm{e}^{-0.313H_2}}{0.313\cos\gamma} \tag{3.38}$$

对于高度从 0 到 H 情况下，即 $H_1=0$，$H_2=H$，则有

$$R_e=\frac{1-\mathrm{e}^{-0.313H}}{0.313\cos\gamma} \tag{3.39}$$

3.6.3　纯吸收时的透过率计算程序

仅考虑纯吸收的透过率可按下述程序计算。

1. 对水蒸气

(1) 根据温度，查 $H_r=100\%$ 时，地面上每千米大气中的可降水分厘米数表，或根据表 3.6、表 3.7，求出地面上的可降水分，得到 ω_0。

(2) 根据高度进行辐射传输距离修正(吸收本领和大气本身密度随高度而减小所产生的影响)。

(3) 求出全路程的可降水分 ω_e，即 $\omega_e=\omega_0 H_r\cdot$(修正以后得到的近地层有效距离)。亦即，根据不同的要求，由式(3.30)或式(3.32)计算 ω_e。

(4) 查海平面水平路程上水蒸气的光谱透过率表，得到仅考虑水蒸气时的大气透过率

$\tau_{H_2O}(\lambda)$。

2. 对 CO_2

(1) 同上,根据高度进行路程距离修正,亦即,按不同的要求,由式(3.37)或式(3.38)计算成近地层的路程有效长度 R_e。

(2) 查海平面水平路程上的 CO_2 光谱透过率表,得到仅考虑 CO_2 时的大气透过率 $\tau_{CO_2}(\lambda)$。

3. 连乘得到纯吸收时的透过率 $\tau_1(\lambda)$

$$\tau_1(\lambda)=\tau_{H_2O}(\lambda)\cdot\tau_{CO_2}(\lambda) \tag{3.40}$$

3.7 大气分子与微粒的散射

大气中传输的辐射通量,同样经受空气分子散射(大气分子散射和微粒散射),微粒散射即为仅存在于大气中的地球表面灰尘、烟雾、水滴、盐粒等不同粒子的散射。分子散射可以作较精确的计算,而微粒散射与大气状态有关。

由分子、气溶胶、雾、霾和云层引起的散射可用米氏散射理论来描述。米氏散射理论适用于比波长小很多的小微粒散射,即瑞利散射,并且也适用于微粒大小比波长大得多的微粒散射,即非选择性散射。若分子或微粒的尺寸小于波长,则是遵守 λ^{-4} 律的瑞利选择散射;对于尺寸比波长大的微粒可看作非选择散射。

由于分子热运动造成分子密度的局部涨落所引起的散射称为分子散射。此时有瑞利定律,即线性散射系数 $\sigma_{\lambda\varphi}$ 为

$$\sigma_{\lambda\varphi}=\frac{8\pi^3(n^2-1)}{3\lambda^4N}(1+\cos^2\varphi) \tag{3.41}$$

式中,$\sigma_{\lambda\varphi}$ 为与波长为 λ 的辐射通量成 φ 角的方向上的线性散射系数;n 为大气折射率;N 为分子密度(cm^{-3})。

瑞利定律适用于散射质点的直径远小于波长的情况。对于直径不超过 $0.42\mu m$ 的小质点,瑞利定律成立。对于红外波段来说,这种散射是很弱的,在大多数情况下,在每单位体积内仅散射原光束能量的 $10^{-6}\sim10^{-7}$。因为瑞利散射与 λ^{-4} 有关系,所以当波长超过大约 $2\mu m$ 时,分子散射就没有意义了。结果是与吸收相比,因此微粒大小远小于波长的分子散射是没有意义的,而只有分子聚集才产生散射。

实际上大气并不是干净的,而含有各种液态或固态的杂质,因此它不服从瑞利定律,而服从米氏散射理论。在此情况下,它的线性散射系数为

$$\sigma_\lambda=2\pi Nr^2K(a) \tag{3.42}$$

$$a=\frac{2\pi r}{\lambda} \tag{3.43}$$

式中,r 为散射粒子的半径;$K(a)$为波长的函数,并由介质的折射率决定。对于水滴来说,$K(a)$的具体数值如表 3.13 所示。

在不同能见度的情况下,大气中所含微粒的情况如表 3.14 所示。计算 σ_λ 时,应根据当时当地的气象条件,选好 N 和 a,则可按式(3.42)计算不同波长的线性散射系数,从而得到散射情况下的透过率。

表 3.13 $K(a)$函数表

a	$K(a)$	a	$K(a)$	a	$K(a)$
1	0.06	8	1.7	15	1.35
2	0.07	9	1.4	20	1.35
3	0.82	10	1.12	25	1.15
4	1.45	11	0.89	30	1.09
5	1.83	11.2	0.82	35	1.06
6	1.95	12	1.00	40	1.03
7	1.90	13	1.25		

表 3.14 大气所含微粒情况

大 气 情 况	大多数微粒直径/μm	直径范围 d/μm	微粒数 N/cm^{-3}	气象能见度/m
海烟	16	1～45	1～5	2750
海雾	16～32	1～45	1～10	90～360
地烟	0.2	0.2～1.4	1～200	约 9000
地雾(非工业区)	3～18	1～40	1～3000	90～360
地雾(工业区)	2～10	1～100	1～8000	约 50
压层云	2～10	1～70	450～9000	＜50

由此可知，利用线性散射系数计算由于散射引起的大气衰减时，均需知道大气中悬浮粒子的材料、大小以及密度等详细资料，而这些资料又是很难确定和测量的。因此在气象学中，采用一种实验方法来处理散射问题，这就是如下所述的利用气象能见度求光谱线性散射系数的方法，即采用依标准气象能见度 D_V 确定的实验数据来计算光谱透过率，这种方法在应用时既方便，又可靠。

气象能见度 D_V 表征大气的模糊度，并且是白天能看见天空背景下水平方向上角尺度大于 30′模糊物体的最大距离。它代表了大气的透射性能在可见光区的指定波长 λ_0 处(通常取 $\lambda_0=0.555\mu$m 或 $\lambda_0=0.61\mu$m)，目标和背景之间对比减弱的程度。在这些波长处，大气的吸收为零，因而影响透射的原因将只是散射这一种因素。

表 3.15 列出了国际能见度等级和与之相应的能见度、透明系数及线性消光系数的值，以供参考。

表 3.15 国际能见度等级

等 级	能见度特征	气象能见度 D_V/km	观 察 条 件	τ^*	μ
0	很差	＜0.05	浓雾	＜10^{-34}	＞78
1		0.05～0.2	大雾、稠密的大雪	$10^{-8.5}$	19.5
2		0.2～0.5	中雾、大雪	$10^{-3.4}$	7.8
3	差	0.5～1	薄雾、中雪	0.02	3.9
4		1～2	暴雨、中等薄雾或雪	0.14	1.95
5	中等	2～4	大雨、小雾或小雪	0.38	0.98
6		4～10	中雨、很小的雾或雪	0.68	0.39
7	好	10～20	无沉积物或小雨	0.82	0.195
8	很好	20～50	无沉积物	0.92	0.078
9	非常好	＞50	纯洁空气	＞0.92	＜0.078

$$线性消光系数\ \mu = 线性散射系数\ \sigma + 线性吸收系数\ \alpha$$

即透过率

$$\tau = e^{-\mu R} = e^{-(\sigma+\alpha)R} \tag{3.44}$$

当距离 $R = 1\text{km}$ 时的透过率称为透过系数，用 τ^* 表示，即

$$\tau^* = e^{-\mu} \tag{3.45}$$

表 3.16 列出了国际能见度等级与散射系数的关系，可供参考。

表 3.16　国际能见度等级与散射系数关系表

等　　级	气象能见度 D_V/km	散射系数 γ/km^{-1}
0	<0.05	>78.2
1	0.05	78.2
	0.2	19.6
2	0.2	19.6
	0.5	7.82
3	0.5	7.82
	1	3.91
4	1	3.91
	2	1.96
5	2	1.96
	4	0.954
6	4	0.954
	10	0.391
7	10	0.391
	20	0.196
8	20	0.196
	50	0.078
9	>50	0.078
纯净空气	277km	0.0141

注：表中数值是由分子散射构成。

眼睛感知的最小对比度(阈值对比度)等于 2%，因此，气象能见度 D_V 就是目标对比度为 1 时，通过大气后感知的对比度为 0.02 的距离，即

$$K_V(D_V) = K_V(0)\exp(-\alpha_V D_V) \tag{3.46}$$

式中，$K_V(0)=1$，$K_V(D_V)=0.02$。

由此得

$$\alpha_V = -\frac{1}{D_V}\ln\frac{K_V(D_V)}{K_V(0)} = \frac{3.91}{D_V} \tag{3.47}$$

式中，D_V 的单位为 km；α_V 的单位为 km^{-1}。

由实测结果确定，在 0.3～14μm 区间衰减系数与散射 $\alpha_p \sim \lambda^{-q}$ 有关，因此，依赖大气分子微粒散射的光谱散射系数 $\alpha_p(\lambda)$ 可用下式得到

$$\alpha_p(\lambda) = \alpha_V(\lambda_0)\left(\frac{\lambda_0}{\lambda}\right)^q = \frac{3.91}{D_V}\left(\frac{\lambda_0}{\lambda}\right)^q \tag{3.48}$$

式中，λ_0 取 0.555μm(0.61μm)；λ 为红外辐射波长(μm)。对特别好的能见度(例如，$D_V>$ 50km 时)，修正因子 $q=1.6$；对于中等能见度($D_V=10$km)，$q=1.3$；如果大气中的霾很厚，以致能见度很差($D_V<6$km)时，可取 $q=0.585D_V^{1/3}$；对于 0.3～14μm 区间，一般可取 $q=1.3$。表 3.17 详细列出了不同气象能见度对应的修正因子。

表 3.17　不同能见度对应的修正因子

修正因子 q	气象能见度 D_V/km	等　级	气象状况
1.6	>50	9	极晴朗
1.3	$6<D_V<50$	6～8	晴朗
$0.16D_V+0.34$	$1<D_V<6$	4～6	霾
$D_V-0.5$	$0.5<D_V<1$	3	轻雾
0	$D_V<0.5$	<3	中、浓、厚雾

从而由式(3.48)求得纯粹由散射导致的透过率 $\tau_2(\lambda)$ 为

$$\tau_2(\lambda)=\exp(-\alpha_p R)=\exp\left(-\frac{3.91}{D_V}\left(\frac{\lambda_0}{\lambda}\right)^q\cdot R\right) \tag{3.49}$$

式中，R 为作用距离。

在有霾的情况下，人们根据多次观察数据，提出一个由于霾的散射所造成的大气透过率经验计算公式：

$$\tau_2'=(0.998)^{\omega} \tag{3.50}$$

式中，ω 为可降水分(cm/km)。

3.8　与气象条件有关的衰减

因为气象(雾、雨、雪)粒子尺寸通常比红外辐射波长大得多，所以根据米氏散射理论，这样的粒子产生非选择的辐射散射。

雾粒的尺寸各有不同。虽然辐射在雾中有衰减，但随波长的变化，比在大气分子和粒子散射时要弱些，而不比 8～14μm 透过窗口小，通常可见光区衰减比它大 2～2.5 倍。

对于小粒状雾，光谱衰减系数可按式(3.48)近似计算。

在可见光和红外光谱区，雨和雪的辐射衰减与雾的衰减有别，是非选择性的。因此，对于决定与其强度相关的雨、雪的衰减系数可采用在 10.6μm 波长得到的经验公式：

$$\alpha_{雨}=0.66J_{雨}^{0.66}\quad(\text{km}^{-1}) \tag{3.51}$$

$$\alpha_{雪}=6.5J_{雪}^{0.7}\quad(\text{km}^{-1}) \tag{3.52}$$

式中，$J_{雨}$、$J_{雪}$ 分别为与气象条件有关的降雨、降雪强度(mm/h)。

在没有实测数据的情况下，可采用下面的降雨强度数值进行计算：小雨，2.5mm/h；中雨，12.5mm/h；大雨，25mm/h。

由雨的衰减所导致的透过率为

$$\tau_3'=\exp(-\alpha_{雨}\cdot R) \tag{3.53}$$

由雪的衰减所导致的透过率为

$$\tau_3'''(\lambda)=\exp(-\alpha_{雪}\cdot R) \tag{3.54}$$

式中，R 为作用距离。

3.9 平均透过率与积分透过率的计算方法

对于非连续的离散型数据，可采用将积分形式变为求和形式的方法来计算平均透过率与积分透过率。

3.9.1 平均透过率的计算方法

如上所述，首先求出 $\tau_1(\lambda)$、$\tau_2(\lambda)$、$\tau_3(\lambda)$，由式(3.9)即可求出大气光谱透过率 $\tau_a(\lambda)$，然后将平均透过率的积分形式变为求和形式，即由式(3.6)变为下式：

$$\bar{\tau}_a=\frac{1}{\Delta\lambda}\left[\tau_a(\lambda_1)\times\frac{1}{2}\mathrm{d}\lambda+\tau_a(\lambda_1+\mathrm{d}\lambda)\mathrm{d}\lambda+\cdots+\tau_a(\lambda_1+(n-1)\cdot\mathrm{d}\lambda)\mathrm{d}\lambda+\frac{1}{2}\tau_a(\lambda_2)\mathrm{d}\lambda\right]$$

$$=\frac{\mathrm{d}\lambda}{\Delta\lambda}\left[\frac{1}{2}(\tau_a(\lambda_1)+\tau_a(\lambda_2))+\sum_{i=1}^{n-1}\tau_a(\lambda_1+i\cdot\mathrm{d}\lambda)\right] \tag{3.55}$$

式中，$\lambda_1\sim\lambda_2$ 为光谱范围；$\Delta\lambda=\lambda_1\sim\lambda_2$；$\mathrm{d}\lambda$ 为光谱间隔，亦即求和间隔；$n=\Delta\lambda/\mathrm{d}\lambda$，$n$ 应为正整数，n 越大，$\bar{\tau}_a$ 的精确程度越高。

将有关数据代入式(3.55)，可以求出平均透过率 $\bar{\tau}_a$。

3.9.2 积分透过率的计算方法

积分透过率的计算方法如下：

(1) 用式(3.9)求出波段内的大气光谱透过率 $\tau_a(\lambda)$。

(2) 确定大气积分透过率。

把式(3.8)中的积分形式变为求和形式，即用下式确定大气积分透过率：

$$\tau_a=\frac{\sum_{i=0}^{N-1}\varphi_e(\lambda_1+i\cdot\mathrm{d}\lambda)\tau_a(\lambda_1+i\cdot\mathrm{d}\lambda)}{\sum_{i=0}^{N-1}\varphi_e(\lambda_1+i\cdot\mathrm{d}\lambda)} \tag{3.56}$$

式中，$\mathrm{d}\lambda$ 为求和间隔；$N=(\lambda_2-\lambda_1)/\mathrm{d}\lambda$。

目标辐射通量由下式确定(对朗伯灰体辐射源)：

$$\phi_e(\lambda)=\varepsilon_0 M_e(\lambda,T)S_0 \tag{3.57}$$

式中，ε_0 为灰体辐射系数；$M_e(\lambda,T)$为绝对黑体的辐射出射度；S_0 为目标辐射的面积；T 为目标热力学温度。

将式(3.57)代入式(3.56)，得

$$\tau_a=\frac{\sum_{i=0}^{N-1}M_e(\lambda_1+i\cdot\mathrm{d}\lambda)\tau_a(\lambda_1+i\cdot\mathrm{d}\lambda)}{\sum_{i=0}^{N-1}M_e(\lambda_1+i\cdot\mathrm{d}\lambda)} \tag{3.58}$$

(3) $M_e(\lambda,T)$的计算。

在红外系统中，$M_e(\lambda,T)$的常用形式为

$$M_e(\lambda)=c_1/[\lambda^5(\exp(c_2/\lambda T)-1)] \tag{3.59}$$

式中，c_1 为第一辐射常量；c_2 为第二辐射常量；λ 为辐射波长(μm)。

(4) 求 τ_a。

由 $M_e(\lambda_1+i\cdot \mathrm{d}\lambda)$ 和 $\tau_a(\lambda_1+i\cdot \mathrm{d}\lambda)$，代入式(3.58)而求得 τ_a。

3.10 计算示例

例 3.1 气象条件如下：水平路程距离 $D=2$km，气象能见度 $D_V=20$km(在 $\lambda_0=0.55\mu$m 处)，空气温度 $t_B=20$℃，空气相对湿度 $H_r=80\%$，无雾和雨。计算 $\lambda_1=4\mu$m 和 $\lambda_2=10\mu$m 时的大气光谱透过率。

解：

(1) 求 $\tau_{H_2O}(\lambda)$。

根据 $t_B=20$℃，查表 3.12 得到空气相对湿度 $H_r=100\%$时的可降水分，$\omega_0(100\%)=17.3$mm/km，由式(3.12)可知，相对湿度 $H_r=80\%$、路程距离 $D=2$km 的可降水分为

$$\omega=\omega_0 D H_r=27.7\text{mm}$$

从表 3.6 和表 3.8 用插值法或外推法可分别求出：

$$\tau_{H_2O}(\lambda_1)=0.952,\quad \tau_{H_2O}(\lambda_2)=0.718$$

(2) 求 $\tau_{CO_2}(\lambda)$。

路程距离 $D=2$km 时，从表 3.7 和表 3.9 中查得

$$\tau_{CO_2}(\lambda_1)=0.991,\quad \tau_{CO_2}(\lambda_2)=0.997$$

(3) 求 $\tau_2(\lambda_1)$、$\tau_2(\lambda_2)$。

根据式(3.49)求出纯粹由散射导致的透过率为

$$\tau_2(\lambda_1)=0.972,\quad \tau_2(\lambda_2)=0.991$$

(4) 求 $\tau_a(\lambda_1)$、$\tau_a(\lambda_2)$。

由于没有气象衰减，所以 $\tau_3(\lambda)=1$，因此由式(3.9)得到

$$\tau_a(\lambda_1)=0.952\times 0.991\times 0.972=0.917$$

$$\tau_a(\lambda_2)=0.718\times 0.997\times 0.991=0.709$$

例 3.2 气象条件如下：水平路程距离 $D=2$km，气象能见度 $D_V=10$km(在 $\lambda_0=0.55\mu$m 处)，空气温度 $t_B=5$℃，空气相对湿度 $H_r=85\%$，小雨强度为 1mm/h。计算 8～14μm 范围内的大气光谱透过率。

解：(1) 求 $\tau_{H_2O}(\lambda)$。

根据 $t_B=5$℃，查表 3.12 得到空气相对湿度 $H_r=100\%$时的可降水分，$\omega_0(100\%)=6.8$mm/km，由式(3.12)可知，相对湿度 $H_r=85\%$、路程距离 $D=2$km 的可降水分为

$$\omega=\omega_0 D H_r=11.6\text{mm}$$

由表 3.8 用插值法或外推法，可分别求出 8～14μm 范围内的 $\tau_{H_2O}(\lambda)$，结果列于表 3.18。

(2) 求 $\tau_{CO_2}(\lambda)$。

由表 3.9，对路程距离 $D=2$km 时，可确定 8～14μm 范围内的 $\tau_{CO_2}(\lambda)$，结果列于

表 3.18。

表 3.18　例 3.2 的大气光谱透过率

$\lambda/\mu m$	$\tau_{H_2O}(\lambda)$	$\tau_{CO_2}(\lambda)$	$\tau_2(\lambda)$	$\tau_a(\lambda)$
8.0	0.565	1	0.976	0.147
8.4	0.746	1	0.978	0.195
8.8	0.820	1	0.979	0.214
9.6	0.858	0.961	0.981	0.216
10.0	0.867	0.997	0.982	0.226
10.4	0.869	0.998	0.983	0.228
10.6	0.871	0.999	0.983	0.228
11.0	0.866	0.997	0.984	0.227
11.8	0.842	0.993	0.986	0.220
12.6	0.849	0.815	0.987	0.182
13.0	0.826	0.912	0.987	0.199
13.6	0.789	0.351	0.988	0.073
13.8	0.774	0.215	0.988	0.044

(3) 求 $\tau_2(\lambda)$。

根据式(3.49)求出纯粹由散射导致的透过率 $\tau_2(\lambda)$，结果列于表 3.18。

(4) 求 $\tau_3'(\lambda)$。

由式(3.51)得 $a_{雨}=0.66\times1^{0.66}=0.66\text{km}^{-1}$，由式(3.53)计算出小雨的衰减所导致的非选择气象透过率 $\tau_3'(\lambda)=e^{-2\times0.66}=0.267$。

(5) 求 $\tau_a(\lambda)$。

由式(3.9)可计算出 8～14μm 范围内的大气光谱透过率 $\tau_a(\lambda)$，结果列于表 3.18，按照此表，可做出相应的大气光谱透过率曲线。为了说明计算方法，这里仅列出了有限的几组数据。

例 3.3　气象条件如下：水平路程距离 $D=3\text{km}$，气象能见度 $D_V=15\text{km}$(在 $\lambda_0=0.55\mu m$ 处)，空气温度 $t_B=27℃$，空气相对湿度 $H_r=70\%$，无雾和雨。目标是温度 $t_0=27℃$ 的朗伯灰体辐射源。计算在 8～14μm 范围内的大气积分透过率。

解：与例 3.2 类似，首先用式(3.9)确定大气光谱透过率，然后由式(3.58)计算大气积分透过率。

(1) 求 $\tau_{H_2O}(\lambda)$。

根据 $t_B=27℃$，查表 3.12 得到空气相对湿度 $H_r=100\%$时的可降水分，$\omega_0(100\%)=25.8\text{mm/km}$，由式(3.14)可知，相对湿度 $H_r=70\%$、路程距离 $D=3\text{km}$ 的可降水分为

$$\omega=\omega_0 DH_r=54\text{mm}$$

由表 3.8 用插值法或外推法，可分别求出 8～14μm 范围内的 $\tau_{H_2O}(\lambda)$，结果列于表 3.19。

(2) 求 $\tau_{CO_2}(\lambda)$。

由表 3.9，对路程距离 $D=3\text{km}$ 时，用外推法确定 8～14μm 范围内的 $\tau_{CO_2}(\lambda)$，结果列于表 3.19。

(3) 求 $\tau_2(\lambda)$。

根据式(3.49)求出纯粹由散射导致的透过率 $\tau_2(\lambda)$，结果列于表 3.19。

用式(3.9)计算出大气光谱透过率 $\tau_a(\lambda)$，结果列于表 3.19。

表 3.19　例 3.3 的大气光谱透过率

$\lambda/\mu m$	$\tau_{H_2O}(\lambda)$	$\tau_{CO_2}(\lambda)$	$\tau_2(\lambda)$	$\tau_a(\lambda)$
8.0	0.07	1	0.98	0.07
8.4	0.26	1	0.98	0.25
8.8	0.40	1	0.98	0.39
9.6	0.49	0.94	0.98	0.45
10.0	0.51	0.99	0.98	0.49
10.4	0.52	0.99	0.98	0.50
10.6	0.52	1	0.98	0.51
11.0	0.51	0.99	0.98	0.50
11.8	0.44	0.99	0.99	0.43
12.6	0.47	0.74	0.99	0.34
13.0	0.41	0.87	0.99	0.35
13.6	0.34	0.27	0.99	0.09
13.8	0.31	0.15	0.99	0.05

(4) 计算大气积分透过率。

取求和间隔 $\Delta\lambda=0.5\mu m$，由式(3.58)和式(3.59)计算大气积分透过率。计算得到

$$\tau_a=0.39$$

例 3.4　气象条件如下：水平路程距离 $D=1.8km$，高度 $H=2km$，气象能见度 $D_V=13.8km$(在 $\lambda_0=0.61\mu m$ 处)，空气温度 $t_B=2℃$，空气相对湿度 $H_r=50\%$。计算 2.0～2.5μm 波段内的平均大气透过率。

解：(1) 求 $\tau_{H_2O}(\lambda)$。

根据 $t_B=2℃$，查表 3.12 得到空气相对湿度 $H_r=100\%$时的可降水分，$\omega_0(100\%)=0.557cm/km$，由式(3.30)可知，相对湿度 $H_r=50\%$、$D=1.8km$、$H=2km$ 上的可降水分为

$$\omega_e=\omega_0 R\cdot H_r e^{-0.515H}=0.178cm\approx 0.2cm$$

由表 3.6 可查出 2.0～2.5μm 范围内的 $\tau_{H_2O}(\lambda)$，结果列于表 3.20。

(2) 求 $\tau_{CO_2}(\lambda)$。

由式(3.37)可得到有效海平面距离为

$$R_e=R_H e^{-0.313H}=0.962km$$

查表 3.7，$\tau_{CO_2}(\lambda)$结果列于表 3.20。

(3) 求 $\tau_2(\lambda)$。

根据式(3.49)求出纯粹由散射导致的透过率 $\tau_2(\lambda)$。由于 $D_V=13.8km$，故取 $q=1.3$。因为这个光谱带很窄，由散射导致的透过率随波长变化较慢，故取光谱带的中心波长 $\lambda=2.25\mu m$ 处的 $\tau_2(\lambda)$作为平均的 $\tau_2(\lambda)$，得

$$\tau_2(2.25)=91\%$$

表 3.20 例 3.4 的大气光谱透过率和平均大气透过率

$\lambda/\mu m$	$\tau_{H_2O}(\lambda)$	$\tau_{CO_2}(\lambda)$	$\tau_2(\lambda)$	$\bar{\tau}_a$
2.0	0.933	0.931	0.91	0.845
2.1	0.982	0.994		
2.2	0.991	1.000		
2.3	0.982	1.000		
2.4	0.911	1.000		
2.5	0.695	1.000		

(4) 求 $\bar{\tau}_a$。

由式(3.55)可计算出 2.0～2.5μm 范围内的平均大气光谱透过率 $\bar{\tau}_a$。取 $\Delta\lambda=0.5\mu m$，而光谱间隔 $d\lambda=0.1\mu m$。得

$$\bar{\tau}_a=0.845$$

这里所述的计算方法，仅需要查阅有关的基本数据表，就可以顺利进行在多种情况下对大气透过率的较准确计算，尤其是对大气窗口的透过率计算，并且便于工程应用，还可以在计算机上编制软件进行计算。

3.11 几种大气辐射传输计算软件应用比较分析

当前国内外已有多种大气辐射传输的模式与算法，常见的有 LOWTRAN(Low Resolution Transmission)、FASCODE(Fast high resolution Code)、MODTRAN(Moderate resolution Transmission)、PCMODWIN、DISORT(Discrete Ordinate Method)大气辐射传输计算软件。此外还有 6S(Second Simulation of Satellite Signal in the Solar Spectrum)软件、SBDART(Santa Barbara Disort Atmospheric Radiative Transfer)软件、中国科学院安徽光机所的通用大气辐射传输软件 CART(Combined Atmospheric Radiative Transfer)等。

大气辐射传输软件主要包括大气分子吸收谱线数据库[如 HITRAN(HIgh-resolution TRANsmission)]、逐线积分程序[如 LBLRTM(Line-by-line Radiative Transfer Mode)]、谱带吸收透过率程序(如 MODTRAN、6S)、辐射传输方程(多次散射)求解程序(如 CART、DISORT、SBDART)，以及矢量(偏振)辐射传输方程求解程序[如 6SV1(6S 的矢量版)]等。从实用角度看，常用算法软件主要分为两大类：一类是以 MODTRAN 为代表的"应用型"软件；另一类是以 DISORT 为代表的"数学型"软件。

就低分辨率(分辨率≥20cm^{-1})大气辐射传输模式而言，美国空军地球物理实验室(AFGL)开发的低分辨率透过率计算模式(LOWTRAN)程序是公认的有效而方便的大气效应计算软件，是一种 FORTRAN 的计算机程序。LOWTRAN 从 1970 年提出至今已 7 个版本。LOWTRAN 从一开始就是为应用而建，在 40 多年的发展过程中不断扩充和修订基础资料，改进算法，增加可计算的辐射传输结果，从原意义上的"低分辨率大气透过率计算模式"扩展到目前能导出复杂天气条件下多种辐射传输量的"低分辨率大气辐射传输计算模式"，提供了许多新的应用可能性，已被国际上许多应用专家广泛应用于各自的实际问题。它的主要用途是为了军事和遥感的工程应用，以 20cm^{-1} 的光谱分辨率的单参数带模式计算 0～50 000cm^{-1} 的大气透过率、大气背景辐射、单次散射的阳光和月光辐射亮度，亦即用于计算低频谱分辨率(20cm^{-1})系统给定大气路径的平均透过率和路程辐射亮度。LOWTRAN

可计算从紫外到微波(0.2μm～∞波段)的大气传输问题。早期的 LOWTRAN 主要用于计算光在大气中传输的透过率。后来的版本可用于计算给定倾斜路程的大气透过率、大气辐射及背景由太阳光和月光散射的辐射。应用于：大气透过率计算、背景辐射计算、探测几何路径、大气折射、吸收气体含量、非对称因子的光谱分布。特点及优势：计算迅速、结构灵活多变，可作为下层大气的辅助工具、地表面战术系统的辅助工具等。

LOWTRAN 7 版本是一款功能非常强大的大气透过率和背景辐射计算软件，一个单参数带模式的低分辨率大气透过率和背景辐射计算软件包，它能够有效帮助用户快速地计算出大气透过率和背景辐射，软件规模小巧，操作简单，支持大气温度、气压、密度的垂直廓线、水汽、臭氧、甲烷、一氧化碳和一氧化二氮等大气模式输入，是工程计算人员必备的一个辅助工具。包含了大气分子的吸收和散射、水汽吸收、气溶胶的散射和吸收、大气背景辐射，日光或月光的单次散射和地表反射、直接大气辐射以及日光、大气热辐射的多次散射等。大气模式设立了热带、中纬度夏季/冬季、近北极夏季/冬季、1976 年美国标准大气及自定义模式选择。气溶胶消光扩充为城市型、乡村型、海洋型、对流层和平流层等多种模式，并考虑了对风速的依赖关系，建立了雾、雨和卷云的模型。由于该版本软件引入了多次散射模型，从实际计算效果看，多次散射的影响可能会比较明显，会损失图像信息的细节，这种现象在一些气象条件较差的情况下会表现出来。

LOWTRAN 7 大致可分为三部分。

(1) 大气模式输入。包括大气温度、气压、密度的垂直廓线、水汽、臭氧、甲烷、一氧化碳和一氧化二氮的混合比垂直廓线及其他 13 种微量气体的垂直廓线，城乡大气气溶胶、雾、沙尘、火山灰、云、雨的廓线和辐射参数，如消光系数、吸收系数、非对称因子的光谱分布及地外太阳光谱。

(2) 探测几何路径、大气折射及吸收气体含量。

(3) 光谱透过率计算及大气太阳背景辐射计算(包括或不包括多次散射)。LOWTRAN 7 共有 5 个主输入卡。LOWTRAN 考虑因素较全面，只要给定温度、气压、水汽含量、气溶胶模型、能见度距离、辐射波长范围、路径长度和类型(水平或斜程)等，就能得到光谱透过率等结果。在一些仿真软件系统中，LOWTRAN 模块已成为一个重要的组成部分。

LOWTRAN 从 1989 年的版本 7 以后就发展成中光谱分辨率大气辐射传输模式(MODTRAN)。其目的在于改进 LOWTRAN 光谱分辨率，它将光谱的半宽度由 LOWTRAN 的 $20cm^{-1}$ 减小到 $2cm^{-1}$；它的主要改进包括发展了一种 $2cm^{-1}$ 光谱分辨率的分子吸收的算法和更新了对分子吸收的气压温度关系的处理，同时维持 LOWTRAN 7 的基本程序和使用结构；程序以卡片的形式来进行参数设置，操作起来清晰简洁。

MODTRAN 是目前流行的红外辐射传输计算模型。应用 FORTRAN 语言编写源代码，设计了 MODTRAN 软件图形界面。针对 FORTRAN 语言计算效率高而图形功能弱、Visual Basic(VB)计算效率低而图形功能强的特点，用 VB 和 FORTRAN 两种语言混合编程，实现 FORTRAN 计算程序资源的再利用。应用于：计算吸收物质的路径透过率、计算吸收物质的大气辐射率、计算吸收物质单次(多次)散射的太阳/月亮辐射率、计算中等光谱分辨率、计算大气透过率。特点及优势为：模式选择性强；辐射过程几乎考虑了大气中所有大气分子的吸收、散射和气溶胶、云的吸收和散射效应；数据输入、结果输出方便等。

与 LOWTRAN 相比，MODTRAN 不但提高了光谱分辨率，而且包括了多次散射辐射传输精确算法——离散纵标法，对有散射大气的辐射传输如太阳短波辐射，比 LOWTRAN 中的近似算法有更高的精度和更大的灵活性。该软件在以下各方面有广泛的应用：

(1) 计算不同地面反射率、太阳天顶角、云类型、气溶胶条件和臭氧分布情况下的紫外、可见光波段的辐射；

(2) 计算平流层上层的辐射场，并与气球辐射探测做比较；

(3) 计算地表辐射场，并与地基辐射观测作对比；

(4) 对紫外和可见波段，作不同近似条件下的辐射传输方程的精度评估。

MODTRAN 3 版本使用说明与早期的 LOWTRAN 7 版本类似，但是加入了一些新的参数，增加了一张新输入卡片，对另外两张卡片也作了一些小改动。新参数主要是为了控制：

(1) 第二个多次散射选项(根据 DISORT 多流算法)；

(2) 新的带可选的三角光滑函数的高分辨率太阳光谱辐照度(根据全部计算的辐照度)；

(3) 对 CO_2 混合比的“步”更新。

目前版本为 MODTRAN 5。

与 LOWTRAN、MODTRAN 同步发展的是 FASCODE。FASCODE 提供了标准大气模式、大量的气溶胶模式(包括雾、沙漠尘埃和海洋气溶胶等)、水和冰云模式。它假定大气为球面分层结构，其最佳分层已经达到辐射的出射度或透过率计算中的特定精度。它具有比 LOWTRAN 更高的光谱分辨率，相应的计算量也大一些。FASCODE 适用于研究精确的单色波长和激光大气传输问题。对一般光电系统的分析和设计来说，LOWTRAN 已具有足够的精度。

PCMODWIN 程序是以 LOWTRAN 模式系列为基础而发展的 Windows 环境下运行的程序包，PCMODWIN 的内核是 MODTRAN 3，最初发行年份为 1997 年，包含 LOWTRAN 7 低等分辨率和 MODTRAN 中等分辨率辐射模式，可以进行大气透过率、辐射传输计算。该程序具有以下特点：

(1) 模式选择性强，可任意选择 LOWTRAN 7 或 MODTRAN 辐射传输模式，在选择的模式下，可以计算吸收物质的路径透过率、大气辐射率、单次(多次)散射的太阳/月亮辐射率和直接透过的太阳辐射等。

(2) 辐射过程几乎考虑了大气中所有大气分子的吸收、散射和气溶胶、云的吸收和散射效应。

(3) 数据输入、结果输出方便，既可以应用现有标准模式大气和模式气溶胶、云等，又可以由用户直接输入观测或指定资料进行模式计算，当某些观测数据(如 CH_4、N_xO 等)缺省时，这种输入方式对辐射传输计算特别有效。

(4) 该程序在 Windows 环境下操作，操作界面简便直观，输出结果丰富，既可以在 Windows 窗口下直观地看到模式计算结果的辐射图解，还可以按设计要求的透过函数进行模拟计算。当计算所得大气透过率或辐射随波数起伏较大时，可以进行过滤平滑，得到以 ASCII 码形式给出的结果，便于以后进行有关分析。

DISORT 是一种能处理多次散射的辐射传输计算方法，用于散射吸收大气的单色辐射传输计算，是用 FORTRAN 语言编写的按照结构化程序设计的辐射传输计算专用软件。DISORT 软件包最早是由 Stamnes 等人于 1988 年开发的，采用离散坐标法求解辐射传输方程，给出了完全稳定的解析解，已经成为公认的辐射传输精确算法的实用软件包。该软件可求解从紫外到微波段、垂直非均匀、各向异性并含热源的平面平行介质中的辐射传输问题，计算包括热辐射、散射、吸收、下边界双向反射和发射等物理过程。后来 DISORT 软件包又加入了大气模式参数，以及消光系数、像函数、光学厚度计算等多个子程序，使其成为使用方便的实用软件（UVSPEC）。UVSPEC 是针对紫外和可见光波段（176～850nm）设计的，光谱分辨率为 1nm，计算 0～100km 高度的散射、直射辐射通量和辐射强度。与 LOWTRAN 7 比较，离散坐标法虽是一种精确的辐射传输计算方法，但它的计算精度与所采用的流数有关，而且在视角很大的方向上，它考虑的是平面平行大气，没有考虑地球曲率和大气折射的影响，可能有较大的误差。

第4章 光学材料、光学结构型式与光学设计

CHAPTER 4

光学系统是指由一个或若干个光学零部件组成的具有所需光学功能(成像、非成像、信息处理等)的系统,是由透镜、反射镜、棱镜、光阑等多种传统光学元件,和(或)衍射元件、主动光学元件等现代光学元件,按一定次序组合成的整体。作为主要组成部分的光学系统对光电系统总体性能水平有重要影响。而光学设计又是光学仪器/光电系统设计的有机组成。

从某种角度来看,光学材料和光学结构型式(也有用形式)是光学系统构成的基础,也是光学设计的基本出发点。随着技术的发展,光学材料种类和光学结构型式越来越多,采用合适的光学材料和光学结构型式是光学系统设计成功的必要保证。因此,将光学材料、光学结构型式与光学设计紧密结合在一起进行应用研究是有益的。

本章首先对光学材料分成光学玻璃、光学晶体、光学塑料、光学纤维、光学薄膜五大类和若干子类,并从设计角度对其特性和应用等予以简要比较、分析。其次,归纳光学系统结构型式,将其分为传统折射式、传统反射式、传统折反式光学系统和现代光学系统结构型式等几大类和细分的若干子类;对不同的传统结构型式之间,以及传统与现代结构型式之间的异同和优劣进行全面的设计性研究。再次,从光学设计的主要过程和基本步骤、技术要求等多方面介绍光学设计,以及光学设计与计算光学设计的发展概况,光线追迹及像差校正常用方法。然后,阐述从行业角度如何深入光学设计。最后,通过具体示例介绍基于折/衍混合的机载红外光学系统设计。

4.1 光学材料及其分类

显微镜、望远镜、经纬仪、照相机、摄像机等各种光学仪器,其核心部分就是光学零件,小至直径只有几毫米的显微物镜、手机镜头,大至直径有几米、十几米以上的天文望远镜,都是使用光学材料制成的。材料的优劣对光学系统的性能有直接的影响。需要研究、分析光学材料的光学性质、物理性质、化学性质、热学性质等问题。同时,选用一种材料,就必须了解它的各种性质,综合考虑每个因素,然后最终做出选择。

光学材料以往曾分为无色玻璃和有色玻璃两类。无色玻璃按用途分普通光学玻璃、耐辐射光学玻璃和激光玻璃;按化学组成和光学常数分冕牌玻璃和火石玻璃。普通玻璃用于制造一般用途的光学透镜、棱镜、光栅、刻尺等;耐辐射玻璃具有抗辐射性,用在有X射线、γ射线等场合;激光玻璃用于不同激光器谐振腔中。有色玻璃主要用来制造不同用途的滤光片等。

随着技术发展，光学材料品种越来越繁多、涉及面更广，已有多种分类方法，例如按照材质，可分为光学玻璃、光学晶体、光学塑料等；按照用途，可分为光介质材料、光学纤维、光学薄膜和其他光学材料等。图 4.1 是光学材料的大致分类图。

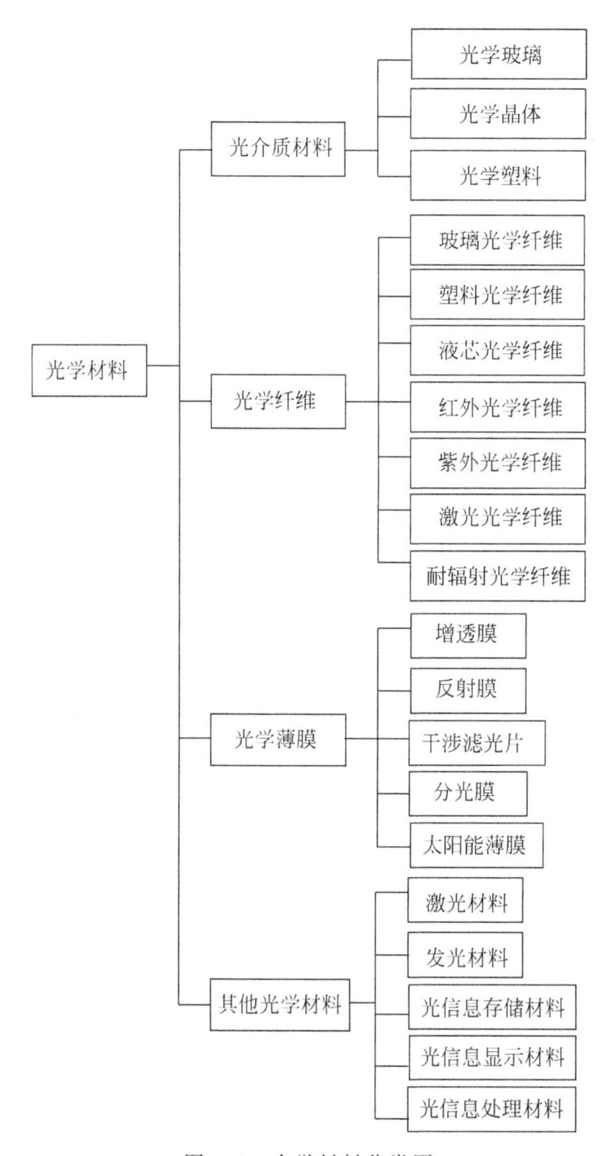

图 4.1 光学材料分类图

光介质材料是指传输光线的材料，因此也可以叫透射材料。入射的光线经光介质材料折射、反射会改变其方向、相位和偏振态，还可以经过光介质材料的吸收或散射改变其强度和光谱成分。一般把光介质材料限定为晶态(光学晶体)、非晶态(光学玻璃)和有机化合物(光学塑料)。

光学纤维是一种新型信息传输材料，具有传输频带宽、通信容量大、质量轻、损耗低、占用空间小、不受电磁干扰等优点，因此它的用途越来越广泛。

光学薄膜是附加在光学零件表面用于提高光学零件光学性能的一类薄膜材料，它在许多方面有着广泛的应用，已经成为光学元器件上不可或缺的材料。

除此之外，还有一些其他的光学材料，包括透明陶瓷、发光材料、着色材料、激光材料以及光信息存储、显示、处理材料等，这些光学材料在现代光学领域中有着非常重要的地位。这里仅对光学玻璃、光学晶体、光学塑料、光学纤维、光学薄膜和透明陶瓷材料进行简要介绍。

4.1.1 光学玻璃

光学玻璃是用于制造光学仪器或透镜、棱镜、反射镜、窗口等的玻璃材料，是应用最早、最广泛的光学材料，它的制造工艺成熟，品种齐全。光学玻璃是一种特殊玻璃，与普通玻璃的主要区别在于光学玻璃具有很高透明性、均匀性和化学稳定性以及特定和精确的光学常数，在制造时要求采用高纯度的原料，熔制时不得带入杂质，并采用多种搅拌措施使得配料均匀，还要进行精密退火以消除应力。一般光学玻璃能透过的波长范围为350nm～2.5μm，超过此波长范围的光会被强烈吸收。光学玻璃能改变光的传播方向，并能改变紫外、可见或红外光的相对光谱分布。狭义的光学玻璃是指无色光学玻璃。

关于玻璃的结构有两种比较流行的学说：无规则网络学说和晶体学说，其中无规则网络学说最为权威。无规则网络学说认为阳离子在玻璃结构网络中所处的位置不是任意的，而是有固定的配位关系，多面体的排列也有一定规律，并且在玻璃中存在着多种网络（骨架），所以玻璃具有近程有序和微观不均匀性。晶体学说估算了“晶子”在玻璃中的大小、数量以及“晶子”的无序部分在玻璃中的作用。因此玻璃可以说是具有近程有序（晶子）区域的无定形物质。

1. 光学玻璃的主要特性

从物理化学的角度来看，玻璃是一种无机高分子凝聚态物质。德国标准曾将玻璃定义为：“玻璃是一种在凝固时基本不结晶的无机熔融物”。它是由液体或熔体冷却所得到的无定形体，由于黏度不断增大而具有力学性能。玻璃有较高的硬度、较大的脆性、裂开时具有蜡状的折断面、对可见光具有很好的透明度。玻璃态物质具有以下6种共性：

(1) 各向同性。玻璃态物质的质点的排列在各个方向上是统计均匀的，其物理化学性质都是相同的，而不像晶体那样具有各向异性。

(2) 无固定熔点。玻璃由固体向液体转变时，不像晶体那样有固定的熔点，它是在一定的温度范围内进行的。

(3) 亚稳态。在冷却过程中，玻璃态物质黏度急剧增大，质点来不及有规律排列而形成晶体，没有释放出结晶热能，因此玻璃态比晶态含有较高的内能。所以玻璃态有向晶态转变的可能性，只是在室温下，玻璃黏度很大，使这种转变过程无限变慢。

(4) 变化的可逆性。玻璃熔体在冷却过程中没有新相出现，而是逐渐地稠化，并且过程是可逆的。这是对玻璃进行热加工，使之精确成型的理论依据。

(5) 物化性质连续变化性。玻璃的性质碎，玻璃成分变化，一定范围内发生连续渐进的变化。

(6) 化学稳定性。光学玻璃的化学稳定性是指玻璃抵抗空气、水、酸、碱、盐及各种化学试剂侵蚀的能力。总的来说，光学玻璃的化学稳定性比金属高，因此，可以长期使用。具体来讲，光学玻璃抗水和抗酸侵蚀的能力较强，而抗碱侵蚀的能力较弱。

由此可知，由于光学玻璃具有各向同性，因此它的光学均匀性很好。光学玻璃具有很高的透过率，但光学玻璃透过波长较短，软化温度较低，不能在长波（大于 20μm）下使用。光学玻璃具有较高的机械强度和硬度，耐磨性好，不易擦伤，但它的脆性很大，易破碎，且抗温度聚变能力差。此外，光学玻璃的原料丰富，价格低廉，易于熔铸和加工成各种外形、尺寸及具有各种折射率的光学零件。

光学玻璃能做到控制光的传播方向，改变光波段的相对光谱能量分布，是因为光学玻璃化学成分与光学常数的准确和一致。与普通玻璃比较，主要有以下特殊性：

（1）严格的化学成分；

（2）准确的光学常数[主折射率（n_d）和平均色散（或色散系数）]；

（3）良好的光谱透过率；

（4）很小的内应力；

（5）批次性。

2. 光学玻璃的分类

光学玻璃不像日常使用的窗户玻璃那样，仅仅由沙子、纯碱和石灰石（SiO_2-Na_2O-CaO）组成，而是由硅（Si）、磷（P）、硼（B）、铅（Pb）、钾（K）、钠（Na）、钡（Ba）、砷（As）、铝（Al）等元素的氧化物按照一定配方在高温时形成盐溶液（熔融体），经过冷却得到的一种过冷的无定型熔融体。大多数光学玻璃是以 SiO_2 为主组成的，属于硅酸盐玻璃；其次，还有以 B_2O_3 为主的，属于硼酸盐玻璃；以 P_2O_5 为主的，属于磷酸盐玻璃。通常使用的光学玻璃都要添加一些添加剂，来改善光学玻璃的性能。光学玻璃的种类很多，按照使用性能，光学玻璃的分类如图 4.2 所示。

3. 光学设计中光学玻璃选择

光学设计中玻璃选择必须考虑的以下因素：可用性（可采购性）；透射性；机械应力、热应力等应力对折射率的影响；化学特性（稳定性）；温度特性（热胀冷缩特性）；力学特性（密度、硬度、抗压、抗张、抗折、抗冲击、脆性、弹性等）；可加工性；价格等。

4.1.2　光学晶体

晶体是其内部质点（原子、离子或分子）在三维空间成周期性重复排列的固体。这种质点在三维空间周期性的重复排列也称为格子构造，可以说，晶体是具有格子构造的固体，这与玻璃的无规则网络结构不同。光学晶体用作光学介质材料，主要用于制作紫外和红外区域窗口、透镜和棱镜等。

1. 光学晶体的主要特性

光学晶体与光学玻璃间的主要差别是光学晶体内部结构是有序的，组成晶体的质点在空间上有规律地排列在一定的格位上。由于晶体中各个方向质点种类和排列状态的不同，造成了不同结晶学上晶体宏观物理、化学性质的差别。光学晶体有如下共性。

（1）均匀性。指晶体在其任一部位上都具有相同性质的特性，即晶体内部任意两个部分的化学组成和物理性质等是等同的，这种均匀性是光学晶体作为光学材料的基本条件。

（2）各向异性。晶体的光学性质，往往随光束方向的不同而不同，这种各向异性的特点，常表现为双折射现象，而且双折射发生的程度随着方向的差异而规律性地变化。

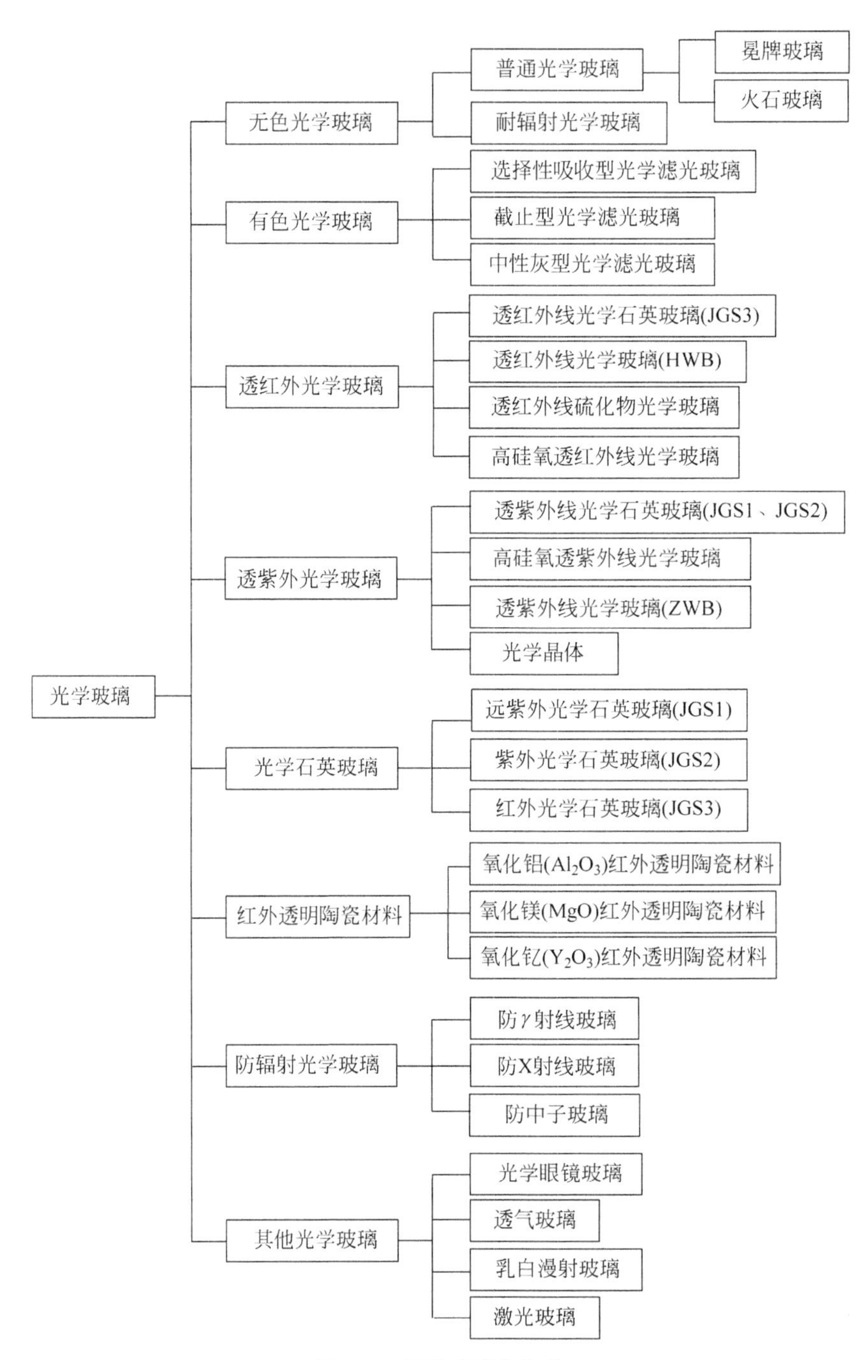
光学玻璃
无色光学玻璃
普通光学玻璃
冕牌玻璃
火石玻璃
耐辐射光学玻璃
有色光学玻璃
选择性吸收型光学滤光玻璃
截止型光学滤光玻璃
中性灰型光学滤光玻璃
透红外光学玻璃
透红外线光学石英玻璃(JGS3)
透红外线光学玻璃(HWB)
透红外线硫化物光学玻璃
高硅氧透红外线光学玻璃
透紫外光学玻璃
透紫外线光学石英玻璃(JGS1、JGS2)
高硅氧透紫外线光学玻璃
透紫外线光学玻璃(ZWB)
光学晶体
光学石英玻璃
远紫外光学石英玻璃(JGS1)
紫外光学石英玻璃(JGS2)
红外光学石英玻璃(JGS3)
红外透明陶瓷材料
氧化铝(Al_2O_3)红外透明陶瓷材料
氧化镁(MgO)红外透明陶瓷材料
氧化钇(Y_2O_3)红外透明陶瓷材料
防辐射光学玻璃
防γ射线玻璃
防X射线玻璃
防中子玻璃
其他光学玻璃
光学眼镜玻璃
透气玻璃
乳白漫射玻璃
激光玻璃

图 4.2　光学玻璃分类图

(3) 对称性。指晶体中的相同部分(如外形上的相同晶面、晶棱,内部结构中的相同面网、行列或原子、离子等)或性质,能够在不同方向或位置上有规律地重复出现的特性。晶体内质点排列的周期重复本身就是一种对称,这种对称是由晶体内能最小所促成的一种属于微观范畴的对称,即微观对称。另外,晶体内质点排列的周期重复性是因方向而异的,但并不排斥质点在某些特定方向上出现相同的排列情况。晶体中这种相同情况的规律出现,可导致晶体外形(如晶面、晶棱、角顶)上呈有规律的重复,以及在一些晶体本身的物理性质方面也呈现出有规律的重复。

(4) 自范性。指晶体能自发地形成封闭的凸几何多面体外形的特性。这种自范性是格子构造在三维空间规律堆积的结果,每个最外层面的节点、行列和面网总是表现为规则的点、线、面,从而构成规则的几何多面体外形。

(5) 最小内能性。指的是在相同热力学条件下,晶体与成分相同的非晶体相(非晶固体、液体、气体)相比较,其内能最小,表明晶体质点相互位置的准确和稳定。

(6) 稳定性。晶体的稳定性是指晶体随时间变化,性能稳定的程度。晶体的稳定性是最小内能的必然结果,因为晶体具有最小内能,所以要破坏质点间的平衡位置而使其产生相变,若没有外力作用,则自发转变是不可能的。

光学晶体的性质:透光波段宽;吸收率低;多色性;双折射性;旋光性;解理性;硬度性;导热性;热膨胀性等。

2. 光学晶体的分类

光学晶体材料按照不同的标准可以分为很多种类。按光学性质,光学晶体可分为双轴晶体、单轴晶体和等轴晶体。按晶体的生长特征,光学晶体可以分为天然的和人造的。按结晶性质,光学晶体可以分为单晶和多晶,由于单晶材料具有高的晶体完整性和光透过率,以及低的输入损耗,因此常用的光学晶体以单晶为主。按化学组成,光学晶体可以分为离子晶体和半导体晶体,离子晶体又可分为碱卤化合物晶体、碱土-卤族化合物晶体、氧化物晶体和某些无机盐晶体,半导体晶体主要包括Ⅳ族单元素晶体、Ⅲ-Ⅴ族化合物晶体、Ⅱ-Ⅶ族化合物晶体。按用途,光学晶体分为电光晶体、声光晶体、磁光晶体、紫外晶体、红外晶体、激光晶体、热释电晶体、光折变晶体等。

这里将光学晶体分为碱金属和碱金属卤化物单晶、氧化物单晶、铊的卤化物单晶、半导体单晶或多晶、金刚石等,如图4.3所示。

碱金属和碱金属卤化物单晶:碱金属是指在元素周期表中ⅠA族除氢(H)外的6个金属元素,即锂(Li)、钠(Na)、钾(K)、铷(Rb)、铯(Cs)、钫(Fr)。碱金属卤化物是卤化物中的一种特殊存在,卤化物晶体中的F心是一个负离子空位俘获一个电子构成的电中性缺陷,F心电子是在周围离子共同构成的势场作用下被束缚在离子空位处的。

氧化物单晶主要有蓝宝石(Al_2O_3)、水晶(SiO_2)、氧化镁(MgO)和金红石(TiO_2)。与卤化物单晶相比,其熔点高、化学稳定性好,在可见和近红外光谱区透过性能良好。用于制造从紫外到红外光谱区的各种光学元件。

铊的卤化物单晶具有相当宽的红外光谱透过波段,透过极限可达45μm,微溶于水。这类单晶的缺点是容易受热腐蚀和有毒性。

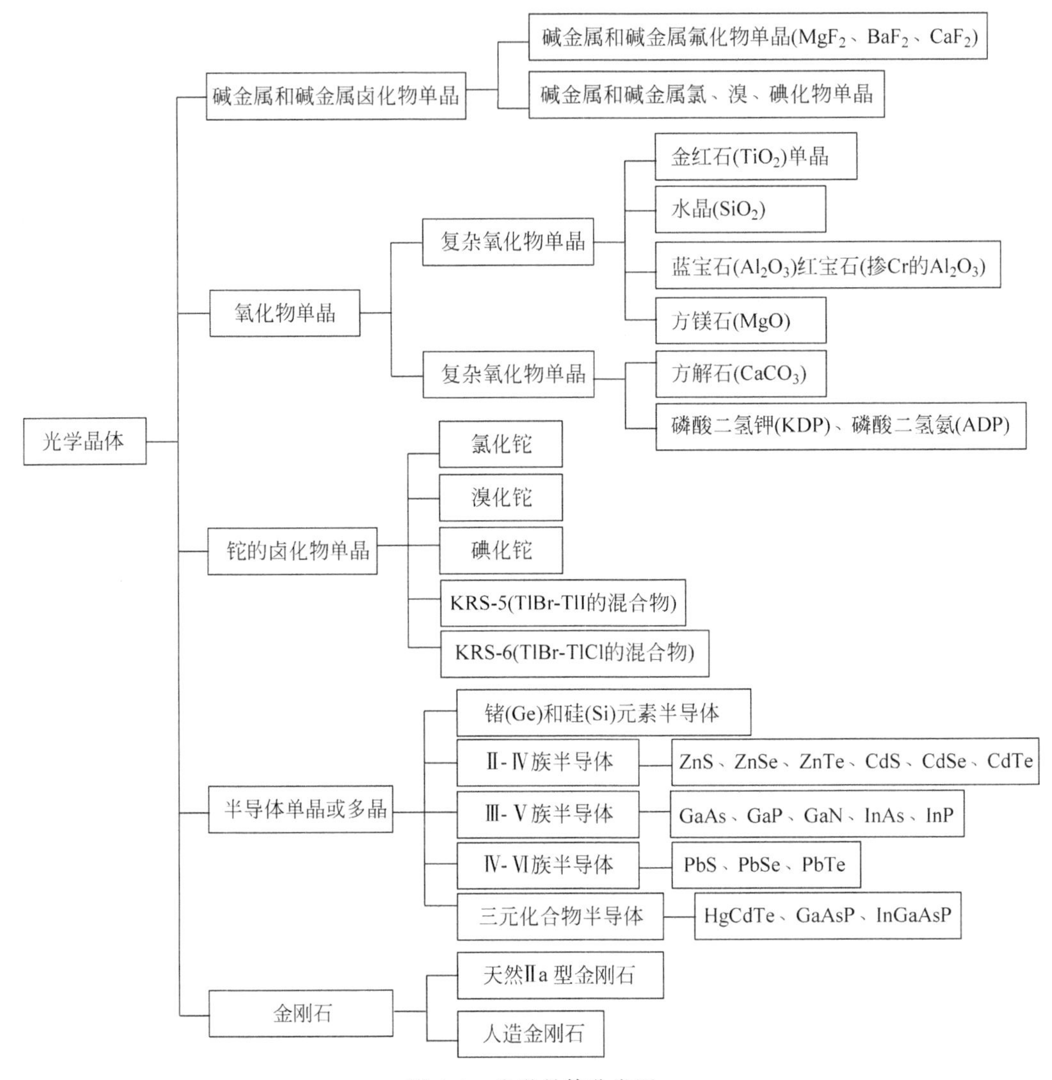

图 4.3 光学晶体分类图

半导体单晶或多晶：半导体单晶有单质晶体(如锗单晶、硅单晶)，Ⅱ-Ⅵ族半导体单晶，Ⅲ-Ⅴ族半导体单晶和金刚石。半导体单晶可用作红外窗口材料、红外滤光片及其他光学元件。

金刚石是一种由碳元素组成的矿物，是碳元素的同素异形体。金刚石是自然界中天然存在的最坚硬的物质。金刚石的用途非常广泛，例如，工艺品、工业中的切割工具。石墨可以在高温、高压下形成人造金刚石。金刚石是光谱透过波段最长的晶体，可延长到远红外区，并具有较高的熔点、高硬度、优良的物理性能和化学稳定性。

3. 光学设计中光学晶体选择

光学设计中晶体选择必须考虑以下因素：可用性(可采购性)；透射性；中部色散与标准值的允许差值；散射颗粒度；白光吸收系数；光学均匀性；应力双折射；化学特性(稳定性)；温度特性(热胀冷缩特性)；力学特性；可加工性；价格等。

4.1.3　光学塑料

随着光学塑料的光学、力学性能的提高，从20世纪80年代开始，照相机、复印机、CD机系统的普及，极大地推进了光学塑料的应用。开始只是用于简单的系统，如照相机的取景器，后来发展到在复杂的系统中。引入塑料光学非球面，既简化了系统，又保证了系统的成像质量，从而大大降低了制造成本。目前，在高精度的照相机镜头、变焦镜头、大屏幕投影电视镜头中，广泛采用玻璃-塑料混合光学系统，利用光学塑料模压非球面制造方便的特点，在以球面光学玻璃透镜为主的光学系统中引入光学塑料非球面透镜，以获得更高品质的成像质量或更小、更轻的仪器特色。

塑料是一种无定型有机高分子聚合物，是以合成树脂或天然树脂，一般是以高分子物质为基本成分，在加工过程中可塑制成型，而产品最后能保持形状不变的材料。光学塑料是指可以用来代替光学玻璃的塑料。光学塑料由于具有质轻、抗冲击、可染色、价廉、易于成型、不易破碎和生产效率高以及光学性能优异等诸多优点。因此，光学塑料是一种可以和光学玻璃媲美的材料，具有光学性能的透明材料。

1. 光学塑料的优缺点

具体来说，光学塑料的优点如下：

(1) 能进行大批量生产，降低制造成本。

(2) 可以设计非常复杂的形状。

(3) 重量轻，耐冲击。

(4) 可以同时压出光学面和定位面，减少系统装配成本。

(5) 零件的质量一致。

光学塑料的缺点如下：

(1) 对温度和湿度等环境的变化更为灵敏。塑料的热膨胀系数比玻璃大出一个数量级，光学塑料的折射率温度系数比玻璃要大6～50倍，一般来讲，塑料光学零件的最高连续工作温度不得高于80℃～120℃，光学塑料的吸湿性也比玻璃大得多。

(2) 注射成型过程影响表面面形精度。由于材料在成型过程中的流动模式和冷却，固化收缩，光学零件的面形精度会受到影响。大多数光学塑料零件在成型时的收缩率一般是模具尺寸的0.1%～0.6%，具体随材料和生产过程的不同而不同。

(3) 由于聚合时分子的取向性和模压时产生的内应力，模压成型光学塑料零件存在不同程度的双折射。

2. 光学塑料的分类

据受热后的性能变化，光学塑料可分为三大类：热塑性光学塑料、热固性光学塑料和新型光学塑料，如图4.4所示。

热塑性光学塑料是指可以多次反复加热仍有可塑性的塑料，也就是说，当用光学塑料单体制成一定形状的制品后，如再加热，又可变软，塑制成另一形状。这类塑料主要有链状的线型结构。受热软化，可以反复塑制，在特定温度范围内能反复加热软化和冷却硬化的塑料。一般热塑性塑料具有线型或低支链结构。优点是加工成形非常简便、塑性好、弹性好、可反复使用；缺点是强度低、硬度低、刚度小及耐热性差。目前，光学塑料大部分是热塑性塑料，常用的有聚甲基丙烯酸甲酯(PMMA)、聚苯乙烯(PS)、聚碳酸酯(PC)均属于热塑性

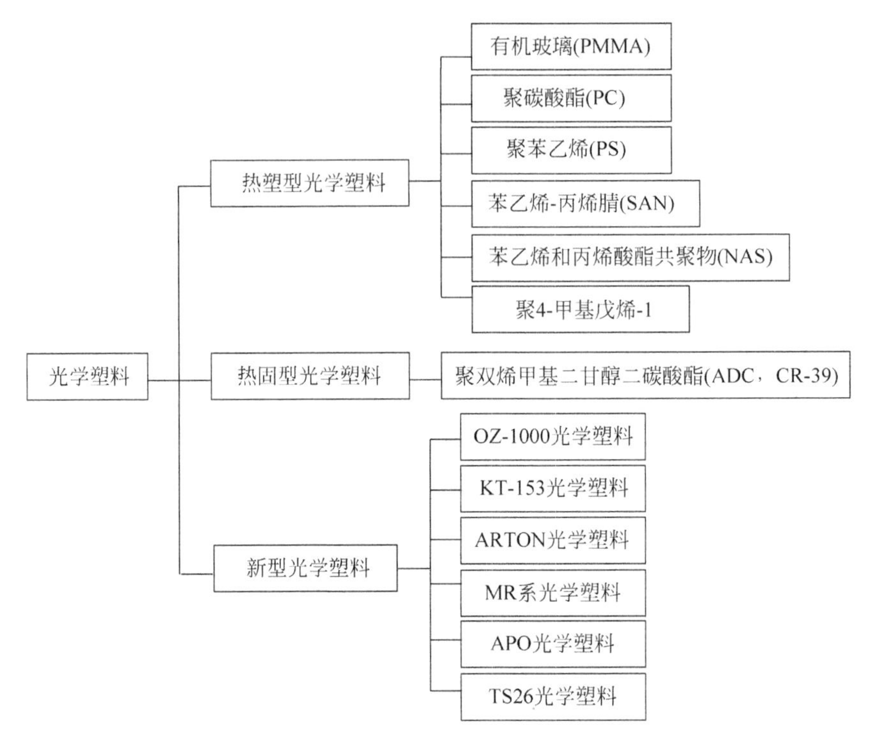

图 4.4 光学塑料分类图

塑料。

热固性光学塑料是由加热固化的合成树脂，也就是说，所有合成树脂在加热初期，树脂软化具有可塑性，可制成各种形状的制品。继续加热，则伴随化学反应的发生而变硬，形状固定下来，不再变化。如再加热也不再软化，不再具有可塑性。如常见的烯丙基二甘醇碳酸酯(CR-39)树脂镜片、环氧光学塑料均属热固性光学塑料。热固型光学塑料加热成型后，转变成不溶的网状结构，不能进行二次加工。优点是耐热性好、强度高、硬度高、化学稳定性好，缺点是塑性差、弹性差、不能反复使用。

光学塑料之所以也可分成热塑性和热固性两大类，是因为它们各具有不同的性质，主要是合成树脂本身分子结构所引起的。分子结构主要分为3类：线型结构、支链型结构和网状结构。如果合成树脂结构是线型结构和支链型结构，就属于热塑性塑料；如果是网型结构，就属于热固性塑料。

3. 有关折射率、吸湿性与消色差的问题

1）有关折射率的问题

（1）光学塑料中由于品种少，折射率的选择受到限制。

（2）折射率的温度系数既影响光学系统的焦距也改变系统的像质。由于光学塑料折射率的温度系数为负值，折射率随温度升高而降低，所以导致焦距的增长。

透镜几何尺寸随温度变化的线膨胀系数，也直接影响到系统的焦距。线膨胀系数也使焦距随温度的升高而加长，但折射率的影响要大得多。对PMMA来说，折射率的影响几乎是线膨胀的4倍，也就是说，在焦距的变化中，有80%是由于折射率变化所引起的。

为了减小对焦距的影响，可以采取以下措施：

(1) 设法使该系统不易受到温度的影响，故很多光学系统都采用光学塑料非球面零件和光学玻璃球面零件组成混合系统。此时光学塑料非球面一般用来校正像差，而系统的光焦度主要由玻璃球面零件来承担(一般为70%～80%)。

(2) 用互相抵消的设计方案(如用折射/衍射混合结构)。

(3) 采用补偿机构补偿焦点的变动。

2) 有关吸湿性的问题

吸湿引起的变化体现在如下几个方面：一是形状；二是折射率；三是表面状态机械强度等物理性能的变化。

3) 消色差的问题

由于光学塑料的折射率比较低，差别也不大，阿贝数也还有一些差别。假如光学系统全部采用光学塑料零件，系统的色差能得到一定的校正，但要同时校正场曲就很困难。因此大多数宽波段系统都采用光学塑料PMMA和PS等火石类光学塑料或和火石类光学玻璃的混合结构，也可以采用折射/衍射混合透镜来校正色差。在单色光的情况下可以采用全部是光学塑料零件的系统。

4. 注塑成型塑料光学零件的精度

注塑成型塑料光学零件的精度一般可达到如表4.1所示的精度。

表4.1　注塑成型塑料光学零件的精度

技术指标	能达到的精度
焦距	±(0.5～1.0)%
曲率半径	±(0.5～1.0)%
面形(直径小于100mm)/光圈数	(0.8～2)/cm
面形不规则(直径小于100mm)/光圈数	(0.4～0.8)/cm
表面疵病(美国军标)划痕/麻点	40/20
偏心差/(′)	±1
中心厚度公差(直径小于25mm)/mm	±0.012
直径或长度公差(直径小于100mm)/mm	±0.025
重复精度	(0.3～0.5)%

5. 光学塑料的镀膜特性

光学塑料的镀膜特性如下：

(1) 在光学塑料零件表面上进行真空镀膜时，首先要考虑的是这些材料在抽气和沉积过程中的放气特性。在抽真空时，材料会不断地放气，从而使真空度急剧降低，同时也使膜层的质量下降。

(2) 光学塑料表面和所镀薄膜之间的附着力差。这首先是由于塑料的表面能一般都比较低，表面极性差。其次是塑料零件软而且化学稳定性差，它的清洗受到限制，不易得到真正清洁的表面。

(3) 光学塑料的耐热性差，不能像玻璃一样将基底加热到较高的温度，因此光学塑料一般在35℃～45℃的温度下进行镀膜。

(4) 光学塑料易带静电,表面易吸附灰尘。因此要求镀膜工作室有较高的洁净度。

(5) 光学塑料的热膨胀系数大,若基底与膜层膨胀系数的差异太大时,使膜层产生应力,从而会引起变形甚至膜层开裂。

(6) 光学塑料零件在成型中易产生内应力,不仅产生双折射,而且会给镀在其上面的膜层造成一些缺陷,严重时会使膜层产生裂纹。

6. 设计考虑

设计含光学塑料的光学系统时,一般应遵守以下规则:

(1) 为了减小塑料收缩引起的变形,光学零件的中心厚度与边缘厚度要尽可能接近。一般情况下,它们的厚度比值小于或等于 2∶1 时,它们的成型质量比较容易得到保证。因此,为了减小中心厚度与边缘厚度的差别,应更多地采用厚度比不大的弯月透镜而不是厚度比很大的双凸或双凹透镜。实际上由于非球面只承担很少一部分系统的光焦度,所以这个要求是容易实现的。另外,还应避免采用平面。

(2) 对于长而薄的零件,设计人员必须考虑由此而产生的影响和由于重力造成的变形。

(3) 零件的实际直径应大于有效孔径,以便减小光学零件边缘出现的热性能的差异对光学性能的影响。

(4) 制造大而厚的光学零件是困难的。厚度超过 12mm 的塑料光学零件在注塑中容易出现流痕和凹坑等缺陷。

4.1.4 光学纤维

光学纤维又称光导纤维,通常是指普通阶跃折射率光学纤维,是利用全反射规律而使光线沿着纤维的弯曲形状为路径传播的一种导光元件,用玻璃、石英或透明塑料等制成。1970—1980 年,光学纤维(简称光纤)的传输损耗从 20dB/km 降到 0.2dB/km,使光学纤维成为完全实用的通信材料,从此光学通信得到迅猛发展,在世界范围内光纤通信成为通信线路上的主流。

光学纤维也可分为玻璃光学纤维、高聚物光学纤维、紫外光学纤维、红外光学纤维、激光光学纤维、耐辐射光学纤维等,如图 4.5 所示。

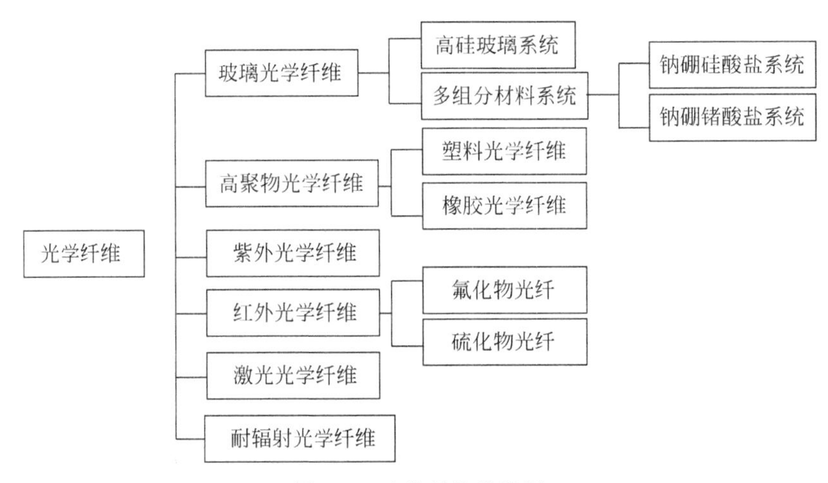

图 4.5 光学纤维分类图

玻璃光学纤维：玻璃光学纤维的芯料和包层全由光学玻璃构成，是一种性能良好、应用广泛的光学纤维。玻璃光学纤维的强度很高，当它的单丝直径为几个微米时，其抗拉强度可达4000～5000MPa，为普通钢的10～12倍，超细玻璃纤维的抗拉强度高达10 000MPa，纤维越细，含碱量越低，表面缺陷越少，其强度越高。

高聚物光学纤维是以透明高聚物为芯材，以比芯材折射率低的高聚物为包层材料所组成的光学纤维。现在广泛使用的是塑料光纤，正在研究的还有橡胶光纤，故统称为高聚物光纤。

紫外光学纤维是透光范围在紫外波段的光纤材料。能通过紫外线的玻璃材料非常有限，考虑到透过性能，可用于制造紫外光学纤维的只有石英玻璃。但石英的熔点很高，折射率又低，不适于作包层材料。

红外光学纤维是透光范围在红外波段的光纤材料，除超长距离通信外，红外光纤在医学、军事、工业和非线性光学等领域都有重要的应用，如激光手术刀、能量传输、红外遥感和探测等。目前研究的红外光纤主要有重金属氧化物玻璃、卤化物玻璃、硫化物玻璃和卤化物晶体等，其中氟化物光纤和硫化物光纤已成为红外光纤研究的两大主流方向。

激光光学纤维的芯料是含钕的磷酸玻璃，每根纤维都是一个激光谐振腔，在光泵的作用下，可以发射激光，可以制成几千米长的光路而不需要光经过材料的多次反射。

耐辐射光学纤维的芯料和包层材料都采用耐辐射光学玻璃制作，可以在强辐射环境中使用。

4.1.5 光学薄膜

光学薄膜是指应用物理气相沉积(PVD)、化学气相沉积((CVD)和溶液成膜法等镀膜技术，在光学零件表面形成的一层或多层很薄的光学透明介质(或金属)膜层。光学薄膜可分为增透膜、增反膜、分光膜三大类，如图4.6所示。

增透膜又称减反射膜，它的主要功能是减少或消除透镜、棱镜、平面镜等光学表面上的反射光，从而增加这些组件的透光量，减少或消除光学系统中的杂散光。

增反膜的功能是增加光学表面的反射率，增反膜和增透膜同样重要。

在许多光学仪器和光学系统的应用中，需要使用分光镜把一束光按一定要求和一定方式分成两部分，以满足不同的使用要求，这些功能是靠镀光学薄膜来实现的。

金属增反膜：作为增反膜的金属材料要求其具有很大的消光系数(金属的消光系数越大，当光束由空气入射到金属表面时，进入金属内部的光振幅衰减越快，进入金属内部的光强越小，反射率越高)和很好的光学稳定性。

金属-电介质增反膜是在纯金属增反膜上再加镀一对或两对折射率高低交替的电介质薄膜，其中低折射率薄膜紧贴金属增反膜。

光强分光膜是将入射光束按照一定的光强比(透过率与反射率之比)把光束分成两部分的分光膜。

偏振分光膜是利用光学薄膜在光线斜入射时的偏振效应，将一束自然光或混合有两种正交状态的偏振光分成两束互为正交状态的偏振光的分光膜。

干涉滤光膜实际上就是光谱分光膜，它的主要功能是分割入射光的光谱带，即只允许某波段的光通过，而其他波长的光则不允许通过。

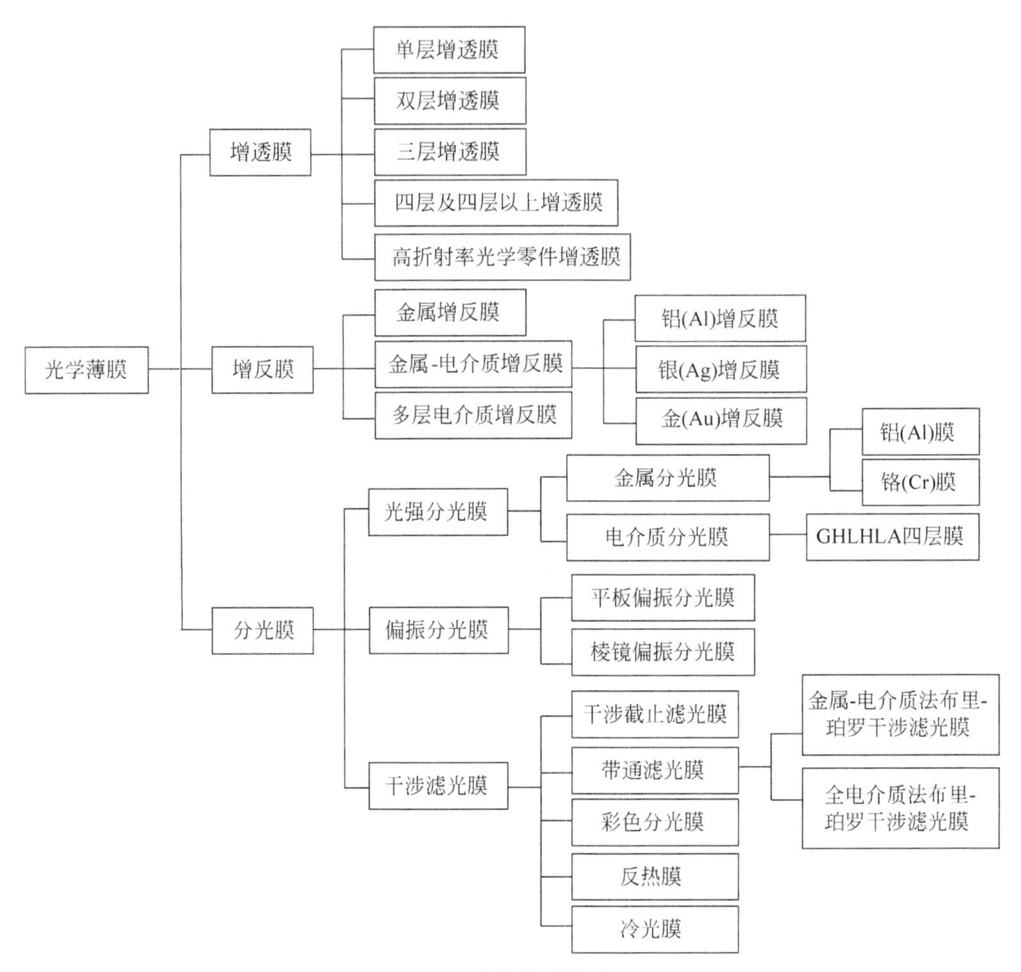

图 4.6 光学薄膜分类图

4.1.6 透明陶瓷

20 世纪 60 年代出现透明陶瓷，到 20 世纪末，激光陶瓷得到了迅猛发展，带动了人们对其他陶瓷的研究。透明陶瓷是指采用陶瓷工艺制备的具有一定透光性的多晶无机材料，又称光学陶瓷。通常认为直线透过率超过 10%的陶瓷称为透明陶瓷，在 10%以下的陶瓷称为透光陶瓷(或半透明陶瓷)。为叙述简单起见，统称为透明陶瓷。

不同类型的透明陶瓷，除具有透光性外，还具有电光效应、磁光效应，以及高强度、耐高温、耐腐蚀、耐冲刷等优异性能，因而在空间、计算机、激光、红外、新型光源(照明)、原子能工业等方面有广泛应用。

透明陶瓷的种类按材料体系分为氧化物、氟化物、氮化物、氮氧化物、硫化物、硒化物、碲化物等透明陶瓷，随着科技的发展，还将出现更多种类的透明材料的材料体系。按性能分类，可分为透明结构陶瓷、透明功能陶瓷(包括透明激光陶瓷、透明闪烁陶瓷、透明铁电陶瓷、红外透明陶瓷等)。

氧化物透明陶瓷一般在可见光和近红外波段透明。氟化物透明陶瓷主要有 CaF_2 和

MgF_2,CaF_2 透明陶瓷主要作为激光材料使用,MgF_2 主要作为透红外材料使用。硫化物透明陶瓷、硒化物透明陶瓷、碲化物透明陶瓷,如 ZnS、ZnSe、CdTe 等,这几种材料作为激光材料已经得到激光输出,同时它们还是很好的透红外材料。透明激光陶瓷有 YAG 基透明激光陶瓷、透明倍半氧化物(主要指氧化钇、氧化镥、氧化钪、氧化镱等)激光陶瓷等。透明闪烁陶瓷是一种将吸收离化辐射转化为脉冲光的光电功能陶瓷材料,作为探测器材料在医学 X-CT 领域有广泛应用。透明铁电陶瓷在 20 世纪 70 年代研制成功,除具有玻璃般的透明度之外,还具有一般铁电陶瓷得出特性,它能把光、电、机械形变等几个物理效应耦合在一起,相互发生作用,进而显示出许多奇特的功能特性,如锆钛酸铅镧铁电陶瓷(PLZT)是一种透明铁电陶瓷,可作为光信号或图像信息永久存储的记忆材料、线性调制材料、二次方电光调制材料,还可制作光开关、核热闪光护目镜、立体观察镜等。红外透明陶瓷体系主要有 MgF_2、ZnS、ZnSe、CdTe 等,由于其性能良好,弥补了红外单晶材料、红外玻璃强度偏低、透光范围狭窄及大尺寸制品不易制备的缺点,可用来制作红外制导整流罩和光学元件;使用较多的有 MgF_2 陶瓷(0.45～9μm)、ZnS 陶瓷(0.57～15μm)、ZnSe 陶瓷(0.48～22μm)、CdTe 陶瓷(2～30μm)。

4.2 光学系统结构型式

光学系统的性能特性与其结构关系密切,光学结构型式是光学设计的重要内容之一。在光学设计过程中,设计者在给定相关技术指标的情况下,采用何种光学结构是设计者首先要解决的重要问题。也就是说,在给定技术规格设计光学系统时,采用何种结构型式,是设计者首先要解决的重要问题。

传统的光学系统结构型式有折射式、反射式和折反式,现代光学系统结构型式有折衍混合、离轴三反、双视场、自适应、合成孔径等。现代光学系统中为了不增加系统尺寸与重量,往往会去寻求新的结构型式,例如合理的运用非球面或衍射面等,或是改变已有的结构型式,这些方法都为光学系统的广泛应用打开了新的局面。目前光学系统的结构型式发展较快,各有其特殊性。根据系统性能要求、成像质量、环境适应性,以及设计制造难易程度、价格水平等,研究创新、分析改进和选用相应的结构型式就显得尤为必要。

4.2.1 光学系统结构型式分类

光学系统结构型式从不同角度有不同分类方法。从传统和现代角度大致可分为常用的传统光学系统型式及现代光学系统型式,如图 4.7 所示。从成像与否的角度大致可分为成像光学系统结构型式和非成像光学系统结构型式,如图 4.8 所示。

4.2.2 传统折射式光学系统结构型式

传统折射式光学系统主要有简单折射式、匹兹伐(Petzval)、双高斯、柯克三片、远距物镜、反远距物镜、对称型广角和超广角物镜、目镜、变焦距镜头等结构型式;此外,还有伽利略望远镜、开普勒望远镜、梯度折射率物镜等型式。

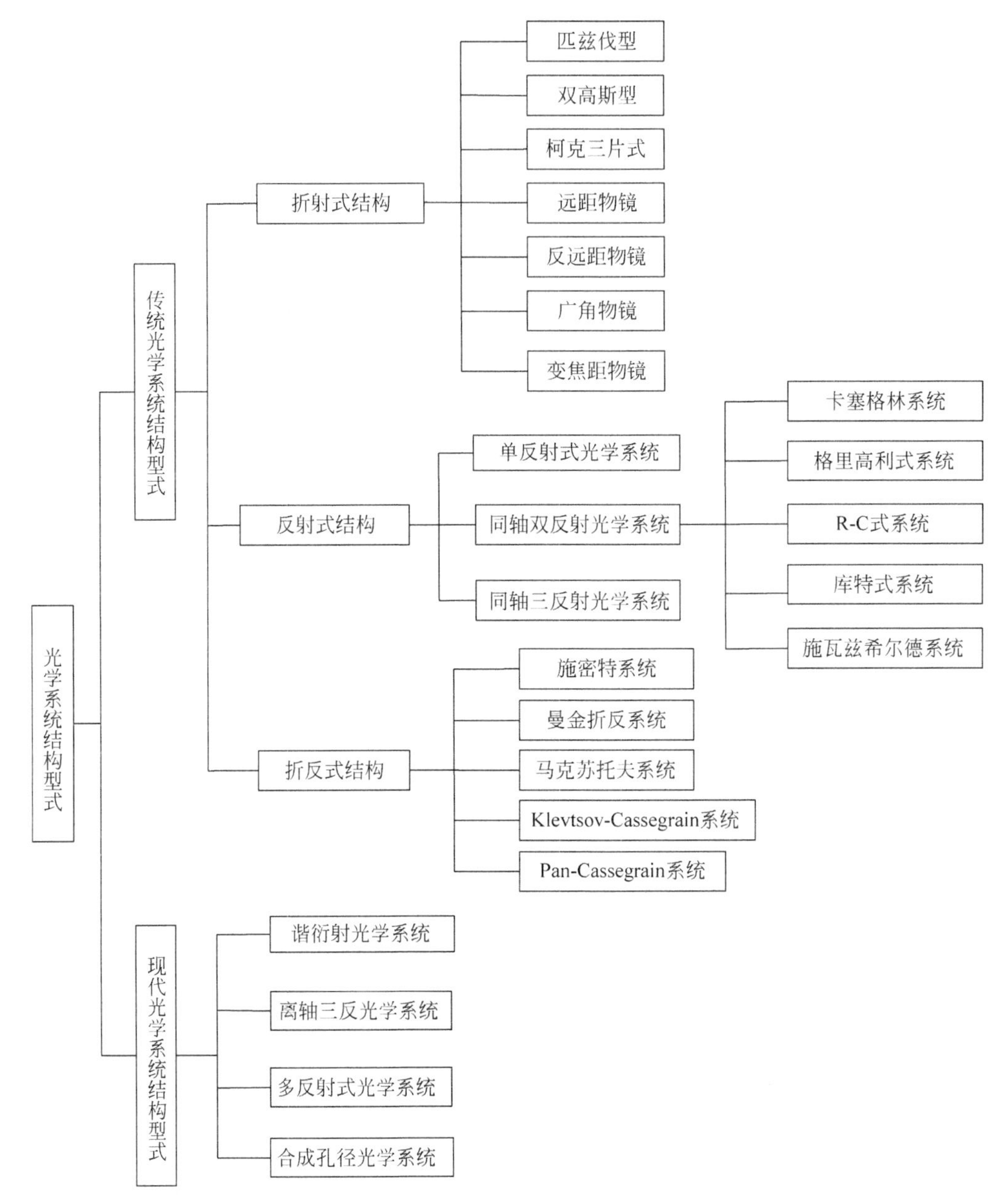

图 4.7 基于传统和现代角度的光学系统结构型式分类

1. 结构特点概述

常见的折射系统结构如图 4.9 所示。

折射式光学系统在结构上一般有两组元系统、三组元系统、四组元系统等。两组元系统一般有远距式、反远距型、Petzval 型、高斯型等。三组元系统一般都是三片系统的复杂化。四组元系统一般都是 Ross 四片式系统及其复杂化结构型式。折射式光学系统的结构型式经过了长足的发展，现在基本上都已经比较成熟。典型的结构型式包括 Petzval 型、双高斯型、柯克三片式、远距物镜、反远距物镜、对称型广角和超广角物镜以及变焦镜头等。

必须要指出的是，虽然折射式光学系统无中心遮拦，在扩大探测视场和非球面的使用方

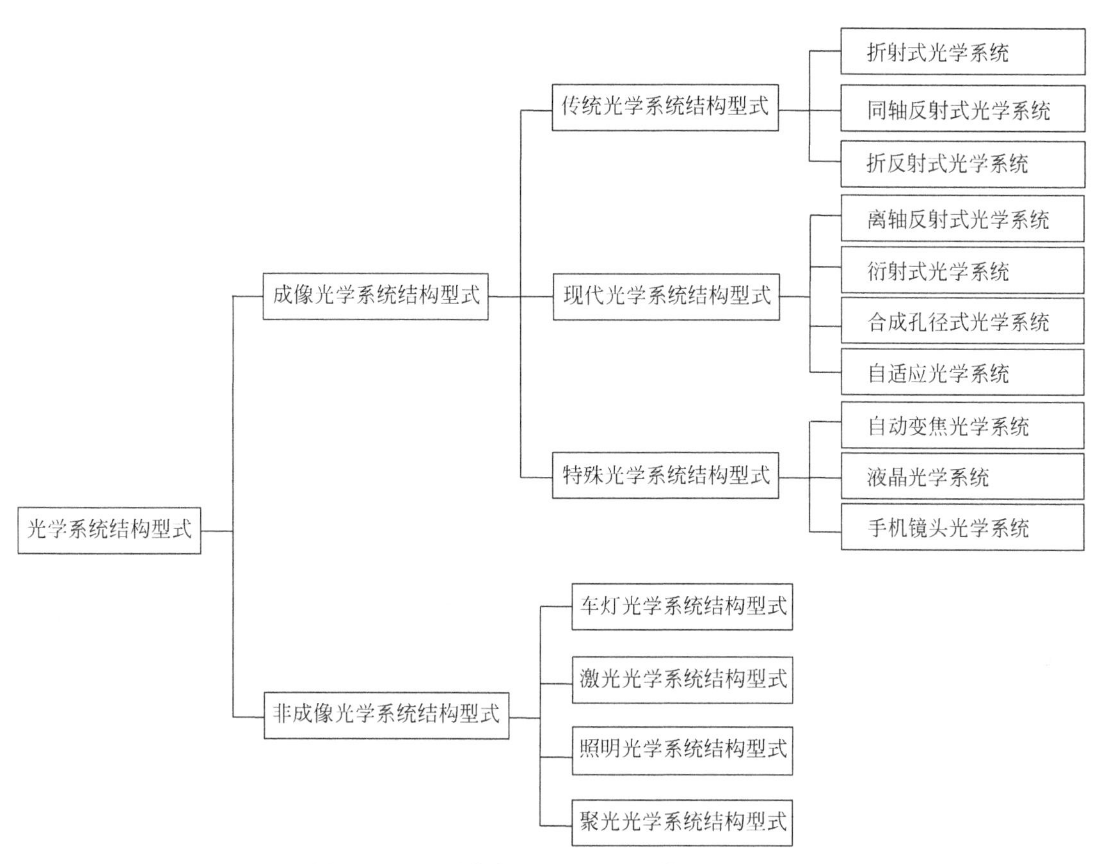

图 4.8　基于成像与否的光学系统结构型式分类

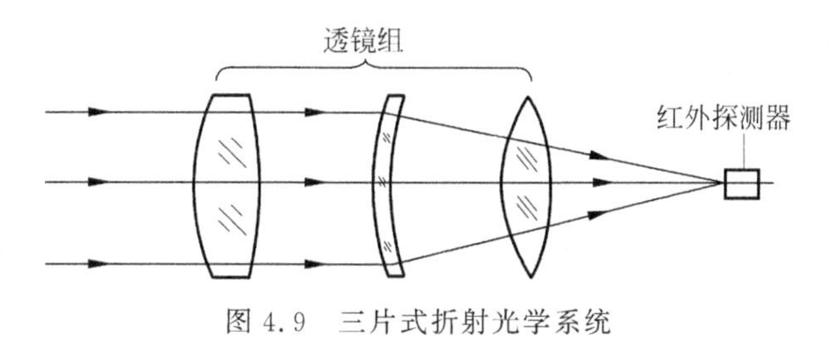

图 4.9　三片式折射光学系统

面具有一定的优势，但是在温度效应、消杂光特性、气压变化效应和强辐射环境耐受力等方面有不足之处。尤其对于现代红外光学系统，往往需要大口径、长焦距来实现对远距离目标高分辨率、高光学增益的探测，受光学材料性能的影响，长焦折射式系统的口径难以做得很大，同时因为系统总长过长也使得系统不适合在很多复杂环境中使用。在紫外光学系统中，折射物镜系统虽然较易获得较大视场，但与相同孔径的折反结构比较，系统直径较小，而系统总长较长，因此在大孔径长焦距的紫外成像系统中，也较少采用折射式结构。

折射系统较易校正像差，工作波段比较窄，可获得较大视场，结构简单，装调方便，与同等相对孔径的折反系统*相比，有较小的口径，但长度较长。因此，折射系统多用于要求视

* 本书中的折反系统为折射系统和反射系统的简称。

场比较大、相对孔径大而口径要求小的光学系统中。

二级光谱是制约长焦距折射式光学系统成像质量的重要原因。对于长焦距折射式成像光学系统而言，二级光谱的校正较难。校正二级光谱最有效地方法是采用有特殊色散的光学材料如 CaF_2 晶体、FK(氟冕)玻璃等。但是，有特殊色散的光学材料的折射率温度系数往往为负值，即温度效应显著。

在使用普通玻璃的情况下，选用不同的结构型式，对光学系统的二级光谱数量也会产生不同影响。当焦距、相对孔径、视场角相同并且选用相同玻璃的条件下，对于小视场、小相对孔径情况，双胶合、双分离结构简单，是长焦折射式系统选型时优先考虑的结构。简单的双胶合及其分离结构因其无法校正像散，在视场增大时使用受到限制。远距型结构不仅有足够的校正像差的变量，而且能够缩短系统的长度，因而成为长焦距折射式光学系统经常选用的结构型式之一。

2. 简单折射式结构型式

简单折射式结构型式有单元件镜头、风景镜头、消色差双胶合物镜等。

1）单元件镜头

单元件镜头的像质一般都很差，视场很小，而且有色差，只适于大 F 数的系统，如图 4.10 所示。经常将单元镜头看成具有“放大镜质量”的镜头。虽然单元镜头的像质差，但很可能适合对像质要求较低或没有像质要求的场合，如光子收集器、光学数据存储和其他微光学应用的光学系统。在数据存储应用中，二极管激光器发出的激光被成像为 1μm 或亚微米的光斑直径。因为激光几乎是单色光(可能存在波长的热漂移)，视场接近于 0，而且系统的尺寸很小，所以单个非球面元件足以胜任该任务。

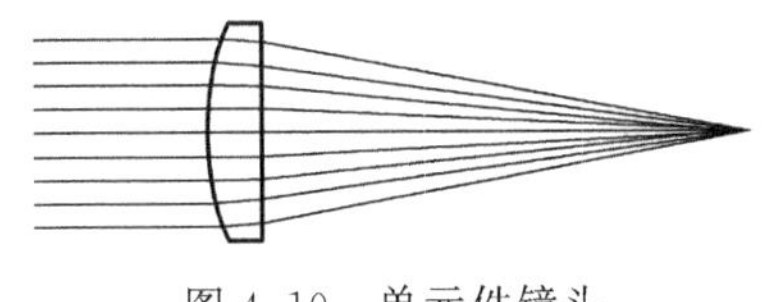

图 4.10 单元件镜头

2）风景镜头

风景镜头也是单元件镜头，其孔径光阑远离镜头本身，如图 4.11 所示。

此外，为了获得对称性，透镜环绕光阑弯曲，这样可以减小表面上的入射角，进而降低轴外像差。风景镜头的孔径光阑可以位于元件的后面，也可以位于元件的前面。如果光阑位于镜头前面，则像差稍有减小，许多早期的盒式照相机就采取这种结构。风景镜头具有色差和其他剩余三级像差。图 4.12 示出风景镜头的两种结构：一种是光阑位于透镜的后面；另一种是光阑位于透镜的前面。可以看出，光阑位于前部时像质稍有改善。

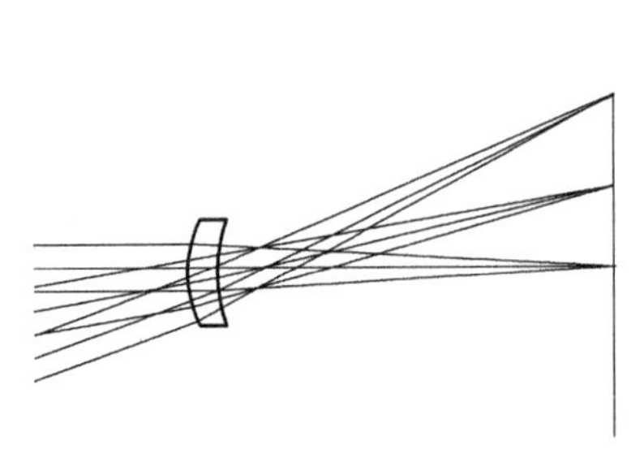

图 4.11 风景镜头

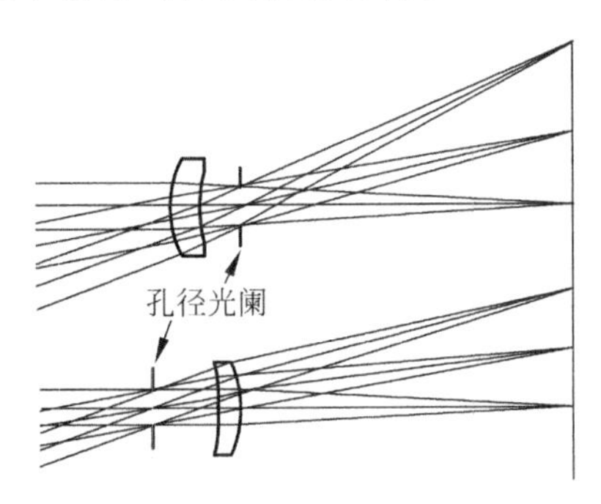

图 4.12 光阑位于透镜前面和后面的风景镜头

3）消色差双胶合物镜

消色差双胶合物镜能够使红光和蓝光会聚在一个焦点上，中间的绿光或黄光略向镜头离焦，如图4.13所示。典型消色差双胶合物镜的弥散斑直径是等效单透镜的1/25（基于可见光波段 $f/5$ 透镜）。双胶合物镜仅在小视场时性能良好，但不能在小F数下应用，因为存在高级球差。为了平衡双胶合透镜的固有三级球差，可以在元件之间引入一个小空气间隙，该空气间隙可以平衡五级球差和固有三级像差以提高综合性能水平。在像面附近增加一个附加元件可以实现性能的进一步改善，该附加元件被用作平场器，通过弯曲该元件通常可以平衡和消除一些或大部分像散。

4）单片或双胶合透镜构成的简易镜头

这种简易型镜头由于只采用单片或双胶合透镜构成，因此其像差不可能完善校正，孔径也很小，只能在强光下使用。但由于此类镜头价格特别低廉，特别是近年来已普遍使用光学塑料（如PMMA）替代光学玻璃，使其制造成本更为降低。因此，目前市场上的玩具相机、一次性相机大多使用这种简易镜头。

3. Petzval 型

Petzval物镜由两个正光焦度的双胶透镜组成，两个正光焦度的双胶透镜分开的距离较大，其结构型式如图4.14所示。

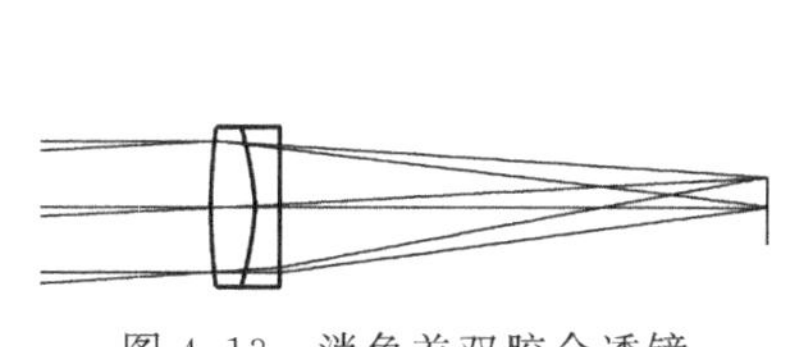
图4.13　消色差双胶合透镜

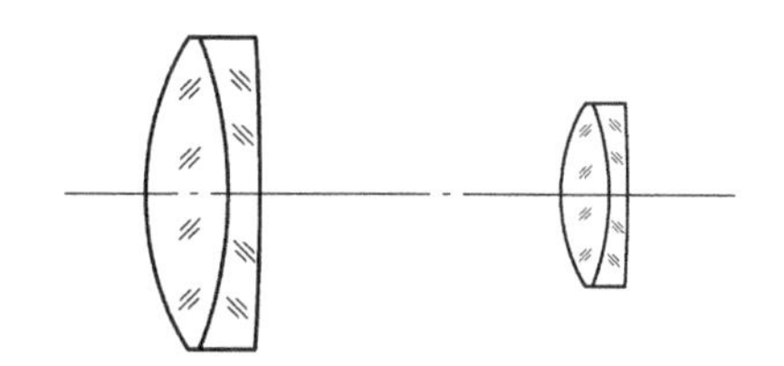
图4.14　Petzval型光学系统结构简图

Petzval物镜是第一个依靠设计而制造的大相对孔径物镜，其典型结构型式如图4.15(a)所示，相对孔径为1∶3.4，视场角为25°；把Petzval物镜的后组胶合在一起，如图4.15(b)所示，相对孔径为1∶2；而把前组和后组的胶合面都分开的结构，如图4.15(c)所示，相对孔径可达1∶4。

在靠近像面的地方加负场镜，如图4.15(d)所示；而在前组和后组之间，加不晕透镜，如图4.15(e)所示，相对孔径甚至可达1∶1。从Petzval物镜复杂化而得到的结构型式多种多样，是大相对孔径的电影放映物镜的主要结构型式。

这种结构型式适合小视场和中等F数（$f/3.5$ 或更大）的物镜，工作距离短，一般用来做放映物镜和诸如航空侦察所需的高性能小视场镜头等。其设计思想是使用两个分开的双胶合透镜，光焦度在二者之间均分，所产生的二级色差小于同样F数的单个双胶合透镜。Petzval物镜不适合大视场应用，因为几乎无法实现柯克三片式或双高斯镜头那样的对称性。

4. 双高斯型

双高斯型结构基本上是对称型物镜，两边是单个正透镜，中间是胶合的负透镜。结构型式如图4.16所示。

双高斯物镜是在具有较大视场（大约40°左右）的物镜中，相对孔径最先达到 $f/2$ 的一种物镜。加入的两个胶合面，使其有可能更好地消除像差。胶合面两边玻璃的色散尽管不同，但

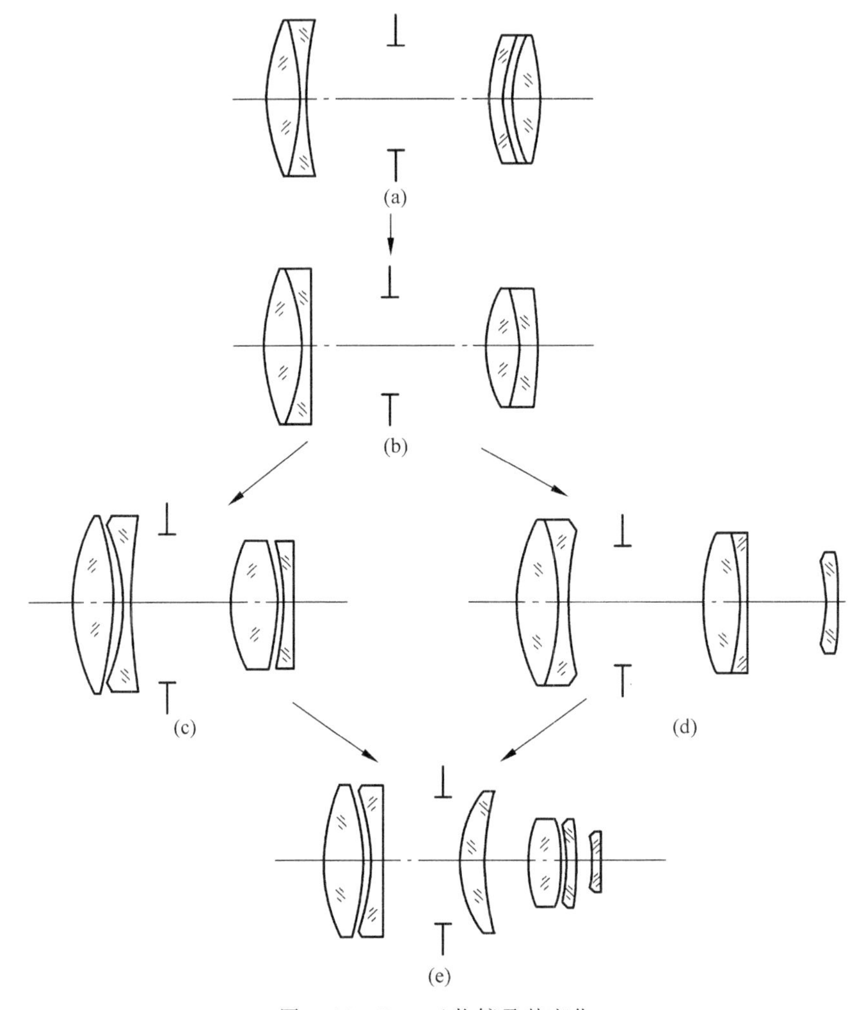

图 4.15 Petzval 物镜及其变化

折射率近似相等,因此胶合面的加入对单色像差影响不大。基本对称的结构有利于彗差、畸变、倍率色差等垂轴像差的校正,光圈两侧各有一个强凹透镜,有利于球差和像散的校正。

双高斯物镜也称 Planar 物镜,它是又一类型的对称型物镜,图 4.17 所示的双高斯物镜,相对孔径为 1∶2～1∶1.7,视场角为 40°～50°,是广泛流行的大相对孔径物镜的主要结构型式。

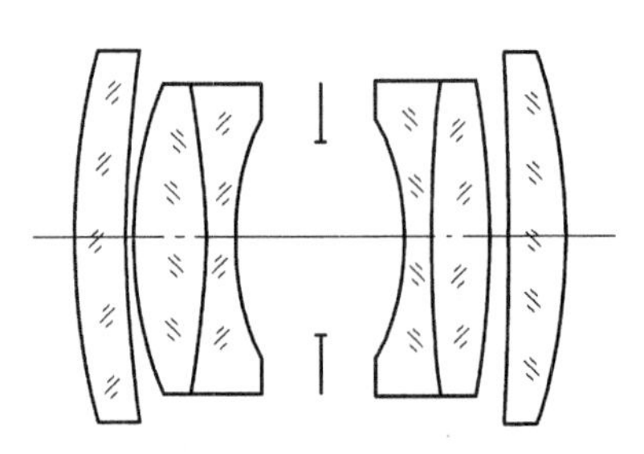
图 4.16 双高斯型光学系统结构简图

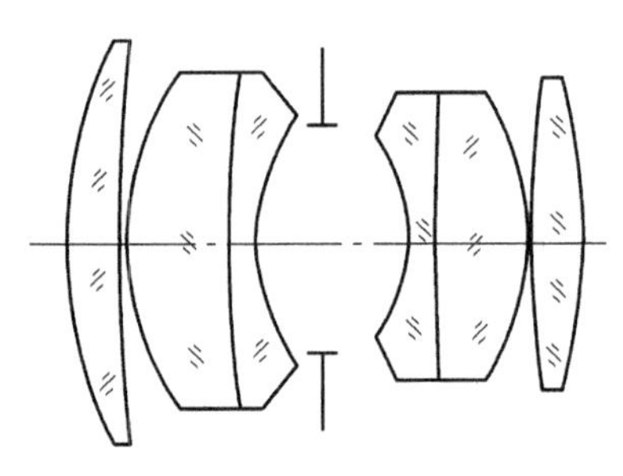
图 4.17 双高斯物镜

双高斯物镜的复杂化型式，主要是为了增加镜头的相对孔径或者是为了改善镜头的成像质量。最常见的方法是把前面或者后面的正透镜用两个单正透镜来代替。它可以使轴外的视场高级球差和轴上的孔径高级球差同时减小，可以在较大的视场情况下获得较高的成像质量。双高斯物镜的另一类复杂化结构是把前、后厚透镜中的胶合面用分离曲面代替；或者同时把前面或后面的正透镜分成两个。

双高物镜的失对称变形和复杂化，可以得到各种结构的大相对孔径物镜。把前组厚透镜的胶合面分离，如图4.18(b)所示；或者撤销厚透镜的胶合面，如图4.18(c)和图4.18(d)所示。

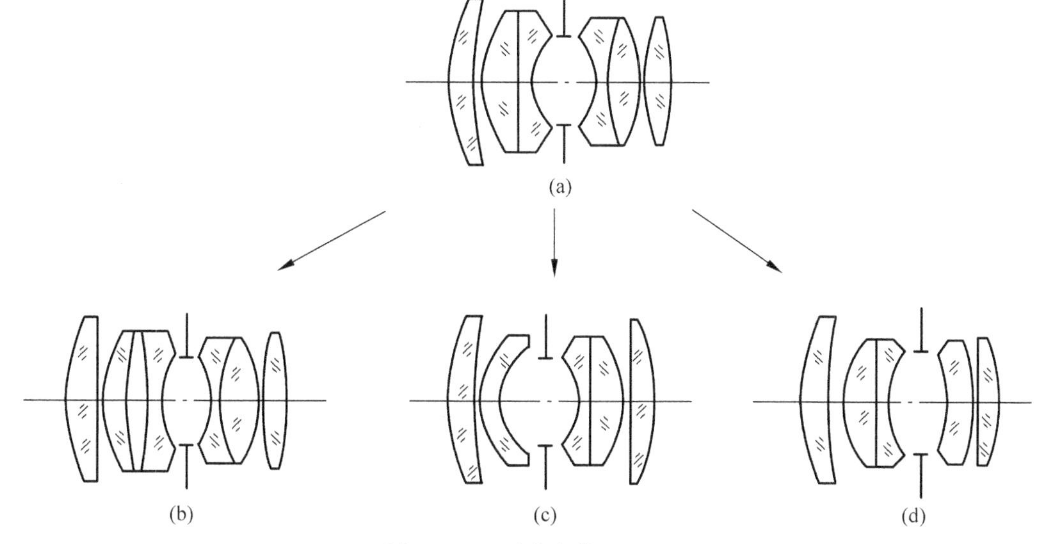

图4.18 双高斯物镜的变形

在前组单透镜中加入胶合面，如图4.19(b)所示；或者在后组单透镜中加入胶合面，如图4.19(c)所示，是双高斯物镜的一种复杂化结构。而把前组单透镜分为两片，如图4.19(d)所示；或者把后组单透镜分为两片，如图4.19(e)所示；以及把前后两组单透镜同时分为两片，如图4.19(f)所示，也均是双高斯物镜的复杂化结构。上述结构在视场角不大于45°的情况下，相对孔径可提高到1∶1.4，甚至达1∶1以上。双高斯物镜的进一步复杂化，可以获得特大相对孔径，如在后面加入不晕半球和场景，如图4.20所示，它的相对孔径可高达1∶0.8。类似的结构相对孔径甚至高达1∶0.75。

上述双高斯物镜的各种复杂化方式，往往在同一物镜中出现，这样就形成了种类繁多的双高斯物镜的变形结构，成为照相物镜中重要的结构型式。这种结构型式适合大视场、大相对孔径物镜的设计，常用于数码照相机的镜头。

5. 柯克三片式

柯克(Cooke)三片式镜头有时也被称作三分离物镜，由3片正、负、正分离的单透镜组成。分离正负透镜来校正场曲，把透镜做成对称式、按“正负正”的次序排列的结构型式。其结构型式如图4.21所示。

图4.21是三片物镜中最为简洁的一个结构示例，这种物镜的结构型式由3片分离的薄透镜所组成，在视场角为55°时，相对孔径可以达到1∶3.5和1∶2.8，在视场角适当降低时，相对孔径可以提高到1∶1.24以上。

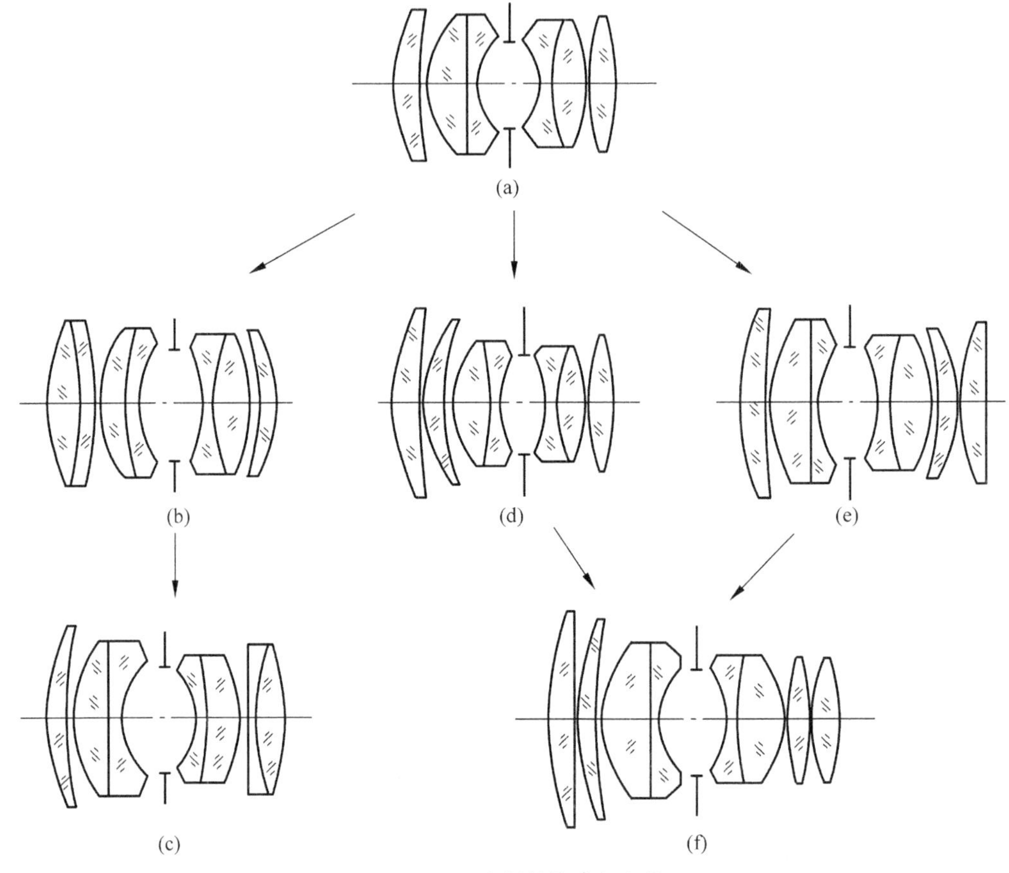

图 4.19 双高斯物镜的复杂化

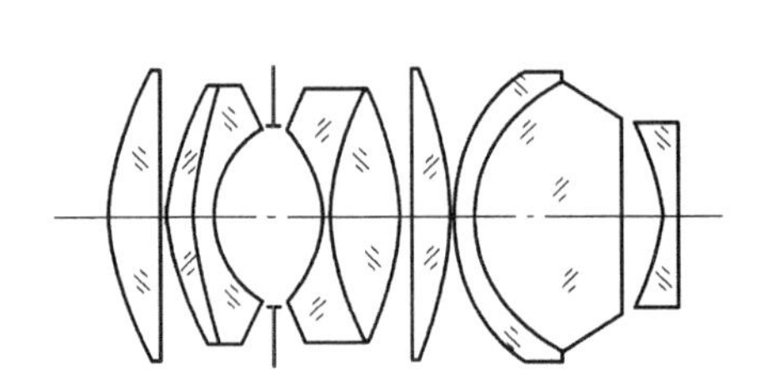

图 4.20 相对孔径为 1∶0.8 的复杂化的双高斯物镜

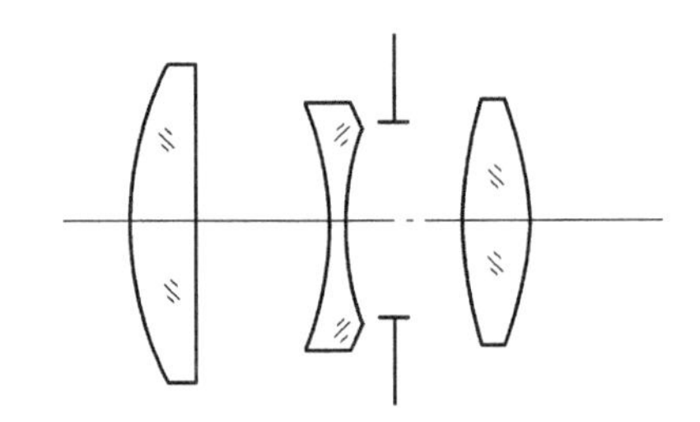

图 4.21 为柯克三片式系统的结构简图

早期由 3 片分离透镜组成的柯克镜头，其光圈位于透镜之间，这种光学结构型式是镜头像差能得以初步校正的最简单结构，像质基本上满足一般普及型相机的要求(镜头等级为 2～3 级)，且价格比较低。为了适应自动、袖珍照相机的发展，把通常三片型柯克镜头的光圈由镜头中间移至镜后，使透镜之间密接紧靠。由于光圈后移造成的光焦度失对称，使系统存在有较大的轴外球差，不得已只能采取拦光的办法来保证像差，因此相对来说边缘照度较低，在设计及使用时都需要统筹兼顾。为进一步降低成本，市场上的低档照相机大多用光学塑料透镜替代柯克型三片物镜中的某一片(大多为中间一片)，此时其相对孔径只能做到 1/4.5 左右。

很多其他结构的物镜都是从三片物镜的复杂化得来的(见图 4.22(a))。如把中间负透镜分为对称于光阑的两片负透镜,就得到如图 4.22(b)所示的 Celor 物镜。在前面正透镜之后加入近乎不晕条件的弯月形透镜,就得到如图 4.22(c)所示的 Emostar 物镜,在视场角为 15°～30°时,相对孔径可提高到 1∶1.8～1∶1.4。在 3 片透镜的后片中引入反常胶合面,就得到如图 4.22(d)所示的著名的 Tessar(天塞)物镜。Tessar 物镜同三片物镜一样,是较为流行的照相物镜之一。

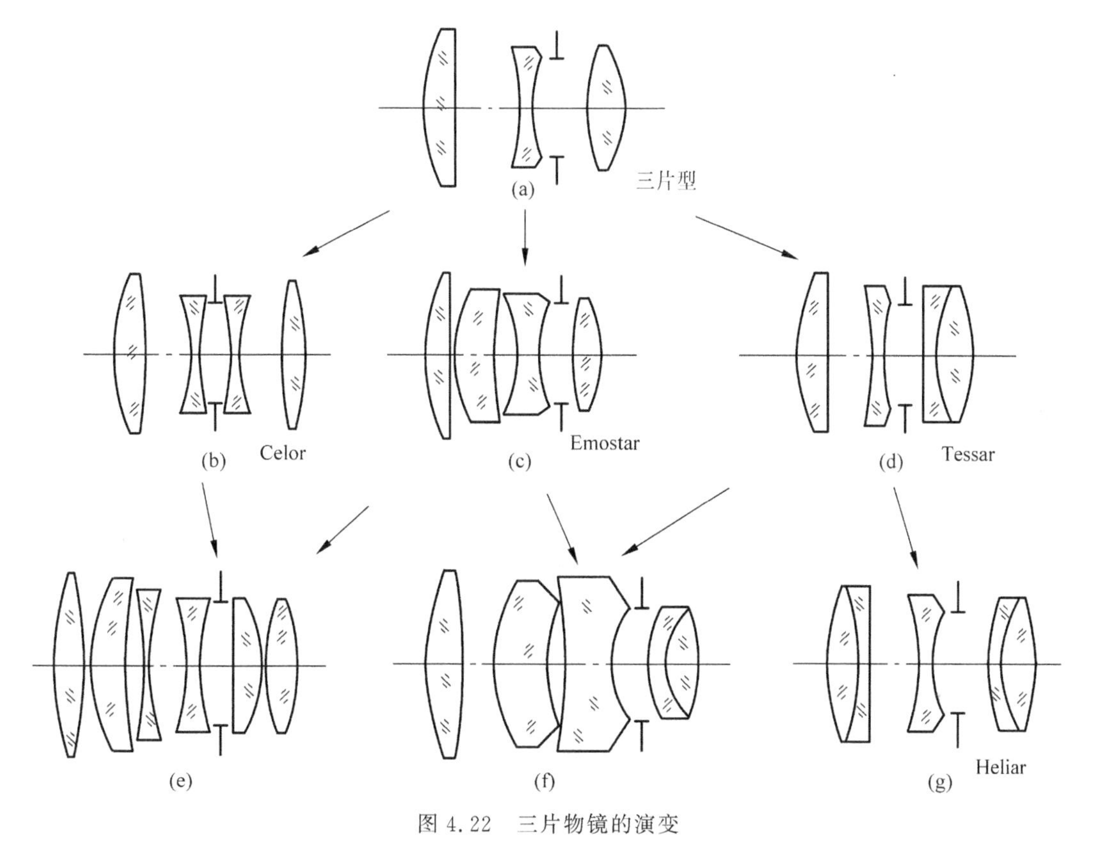

图 4.22　三片物镜的演变

由柯克型发展起来的天塞型镜头,1902 年起源于德国的蔡司光学工厂,最早是由著名光学专家鲁道夫(Rudolof)设计的。它用双胶合透镜组代替了柯克镜头的第三片,所以镜头的相对孔径可以大大提高,在中等视场 50°～60°情况下其相对孔径可做到 1/3.5～1/2.8。它是中档或普及型照相机应用得最广的镜头结构型式。光圈位于第二、第三组之间,构成非对称结构型的正光焦度摄影物镜。引入胶合透镜组使物镜的像散和轴外均得到了充分改善,因此适合于风景摄影。

从 Tessar 物镜的基本结构出发,进一步复杂化又得到很多新的结构型式,如在前面正透镜之后引入不晕透镜,就得到如图 4.22(f)所示的 Emostar 和 Tessa 的联合结构型式,在视场角为 15°时,相对孔径可以提高到 1∶1.2。而在前面正透镜中加入胶和面,就得到如图 4.22(g)所示的 Heliar 物镜。若把 3 片透镜的每个单透镜一一分为两半,成如图 4.22(e)所示的结构型式,相对孔径达 1∶1.6～1∶0.95,视场角为 33°～16°。

从三片物镜出发的复杂化,追求大相对孔径的结构型式当推 Sonnar 物镜。简单结构的

Sonnar 物镜如图 4.23(a)所示，相对孔径可达 1∶1.4。而复杂的 Sonnar 物镜如图 4.23(b)所示，当相对孔径为 1∶1.4 时，视场角可提高到 50°。而从 Sonnar 物镜出发的复杂化，可以获得特大相对孔径的物镜，如图 4.23(c)所示的结构型式，在视场角为 20°时，相对孔径甚至高达 1∶0.61。此类结构型式适合中等视场、中等相对孔径的照相物镜的设计。

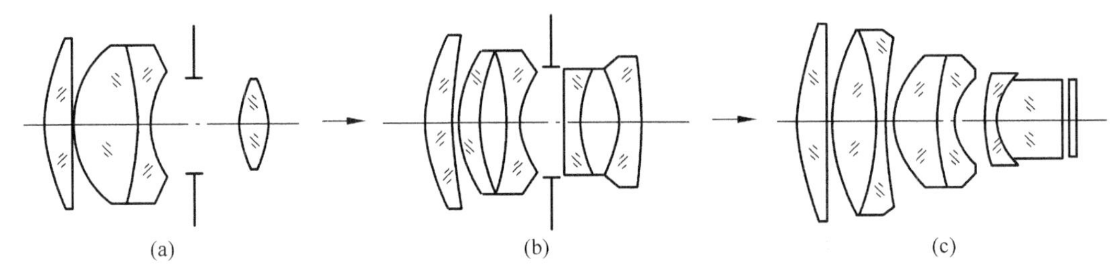

图 4.23　Sonnar 物镜

6. 远距物镜

远距镜头的正光焦度元件组位于负光焦度元件组之前且两者分开，亦即远距型结构采取正负光焦度分离，正光焦度的透镜组在前，负光焦度的透镜组在后。这种镜头的焦距比其物理长度长，因此得名“远距”。物理长度与焦距的比被称为远距比。在强光镜头(小 F 数)和远距比小于 0.6 的情况下，镜头结构变得十分复杂。在极限情况下，如果光从第二组准直出射，则得到光束收缩器即实际上的伽利略望远镜，其焦距为无限大。必须指出的是，通常需要对正镜组和负镜组分别消色差以产生色差足够小的完善镜头。对于镜头设计师来说，远距镜头必须具有图示的结构型式，必须使用正光焦度的前透镜组和负光焦度的后透镜组，以使焦距大于镜头的物理长度。图 4.24 所示为远距物镜中的 Tele-Tessar 物镜。

为了缩短长焦距物镜的筒长，即要求物镜前表面到像面的距离小于物镜的焦距，就产生了所谓远距照相物镜。早期的远距物镜是从三片物镜或 Tessar 物镜演变而来，如图 4.24 所示的 Tele-Tessar 物镜，相对孔径为 1∶6.3，视场角为 35°。也可以采用从 Emostar 物镜演变而来的结构型式，如图 4.25 所示。它的相对孔径通常为 1∶3.5～1∶2.5。

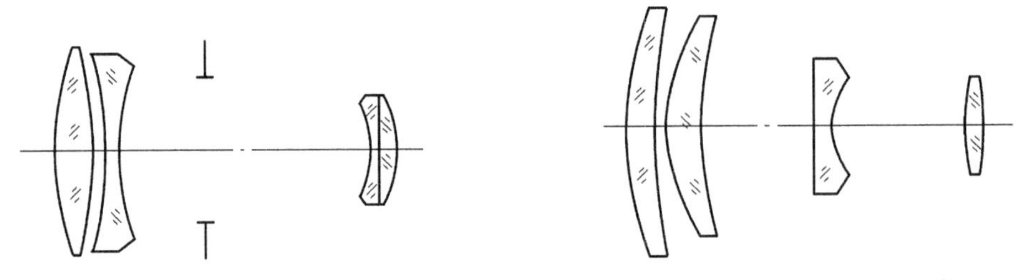
图 4.24　Tele-Tessar 物镜

图 4.25　Emostar 远距物镜

一般的远距物镜通常正光焦度前组与负光焦度后组分开一定距离，前组与后组有各种各样的结构型式，尤其是前组的结构更为复杂些。前组为三透镜结构，如图 4.26(a)所示，它的相对孔径为 1∶4；前组为四透镜结构，如图 4.26(b)所示，它的相对孔径可达 1∶2.8。

这种结构可用于可见光电视导引头等。

7. 反远距物镜

反远距型结构采取负正光焦度分离，负光焦度的透镜组在前，正光焦度的透镜组在后。

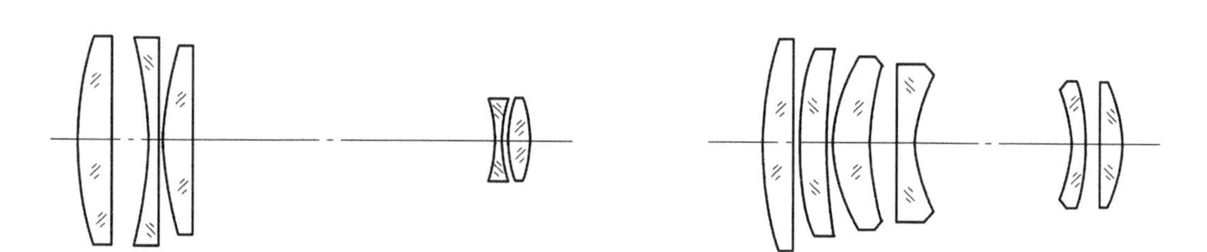

图 4.26　正负结构的远距物镜

图 4.27 为前组为单片后组为三片型的反远距物镜。

在使用短焦距物镜时，与远距物镜相反，往往要求它具有比焦距还要长的工作距离。为此，通常采用负光焦度前组与正光焦度后组分离的结构。这种结构型式的物镜成为反远距物镜。

按照上述结构设计的反远距物镜，前组和后组有各种各样的结构型式。负光焦度的前组从一个单片透镜直到非常复杂的结构，而正光焦度的后组往往采用 Petzval 型、三片型、双高斯型以及它们的复杂化结构。前组为单片透镜而后组为三片型、双高斯型的反远距物镜如图 4.27 和图 4.28 所示，是反远距物镜最简单的结构。它们的工作距离与焦距相当，视场角为 60°左右，而相对孔径为 1∶3.5～1∶2.5。

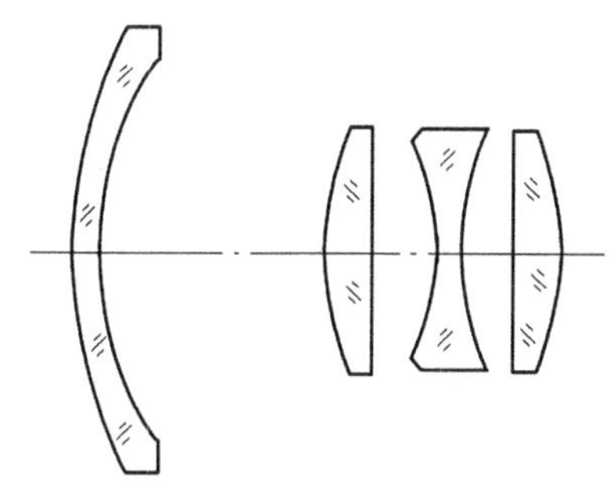

图 4.27　前组为单片后组为三片型的反远距物镜

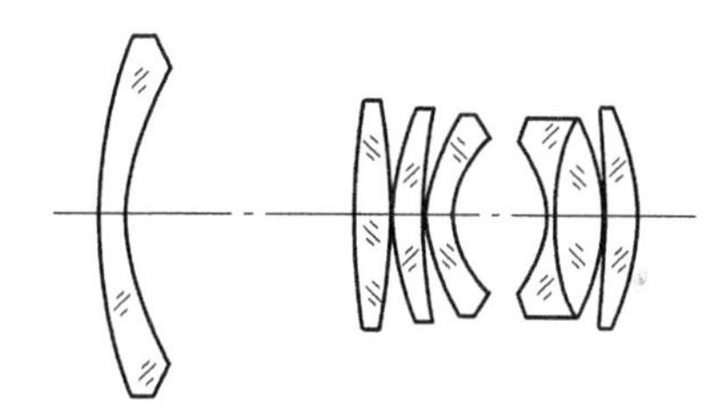

图 4.28　前组为单片后组为双高斯型的反远距物镜

对前组进行复杂化，其结构型式如图 4.29 所示，在相对孔径为 1∶4 时，视场角高达 90°以上。而对前组和后组同时进行复杂化，则可以同时获得大相对孔径和大视场角的反远距物镜，如图 4.30 所示的结构型式，相对孔径为 1∶1.2，视场角为 84°。

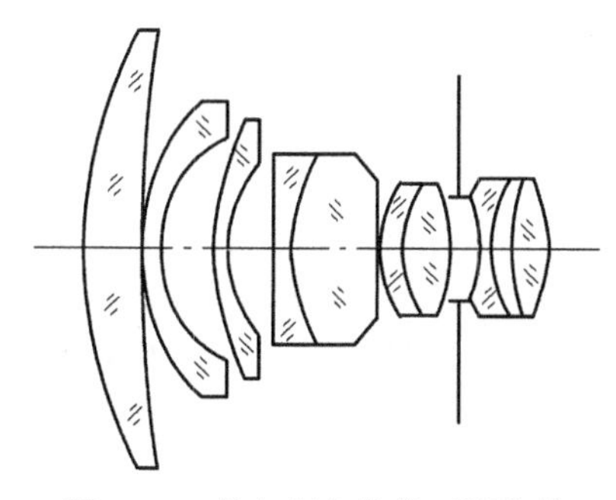

图 4.29　前组复杂化的远距物镜

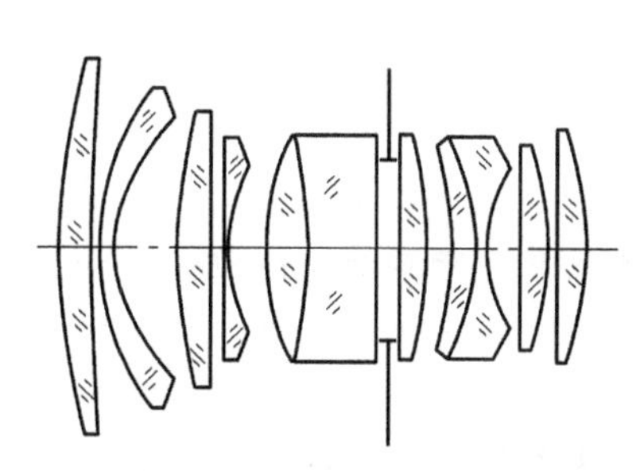

图 4.30　前组和后组同时复杂化的远距物镜

很多广角和超广角物镜，乃至鱼眼物镜，都是对前组进行复杂化而获得的。广角镜头是指焦距短于、视角大于“标准镜头”的镜头。顺便一提，标准镜头指焦距长度接近或等于底片/传感器对角线长度的镜头。尽管不同画幅的“标准镜头”焦距不同，但它们的视角却是基本相同的，都接近人眼的正常视角。因此，在诸如取景范围、透视关系等方面，标准镜头都与人眼观看的效果类同，显得特别亲切、自然。此外，标准镜头的技术已经趋于完善，其显著特点是孔径大、成像质量出众、价格低廉等。

以全幅135单反相机来说，焦距在30mm左右、视角在70°左右的镜头称为“广角镜头”，焦距小于22mm，视角大于90°的镜头称为“超广角镜头”。广角镜头具有如下特点：

(1) 景深大，有利于获得被摄画面全部清晰的效果。广泛地用于风光片的拍摄。

(2) 视角大，在有限的范围内可以获得较大的取景范围，在室内建筑的拍摄中尤为见长。

(3) 透视感强烈，可以营造具有强烈视觉冲击感的画面。

(4) 畸变较大，尤其是在画面的边缘部分。

与广角镜头相反的是远摄镜头，指焦距长于、视角小于“标准镜头”的镜头。以全幅135单反相机来说，焦距在200mm，视角在12°左右的镜头称为“远摄镜头”，焦距在300mm以上，视角在8°左右的镜头称为“超远摄镜头”。远摄镜头具有如下特点：

(1) 景深小，容易获得主体清晰，背景虚化的画面效果。

(2) 视角小，能够获得远处主体较大的画面且不干扰被摄对象，广泛地用于户外野生动物的拍摄。

(3) 压缩了画面透视的纵深感，拉近了前后景的距离。

(4) 影像畸变较小，有效用于人像摄影。

一种极端的超广角镜头，以全幅135单反相机来说，焦距在16mm以下，视角在180°左右的镜头就可称为“鱼眼镜头”(也称“鱼眼物镜”)。鱼眼镜头具有以下特点：

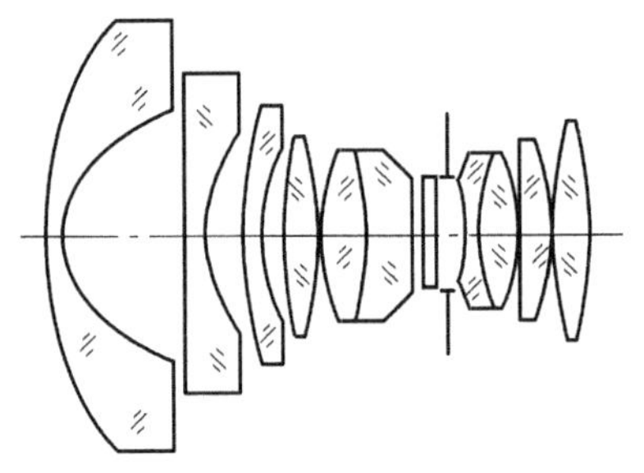

图4.31 鱼眼镜头

(1) 视角大，被摄范围极广。

(2) 透视感获得极大的夸张。

(3) 鱼眼镜头存在严重的畸变，但可以获得戏剧性的效果。

(4) 价格昂贵，原来为天文摄影而设计。

(5) 第一片镜片向外凸出，不能使用通常的滤镜，取而代之的是“内置式滤镜”。

图4.31所示的鱼眼镜头，它的相对孔径为1∶2.8，视场角为180°，而畸变为100%。有的鱼眼镜头的视场角更大，甚至高达270°。红外光学被动消热差系统中的结构型式多为这种。

8. 对称型广角和超广角物镜

比普通镜头视场大得多的镜头被称为广角镜头。一般将视场大于100°的反远距物镜称为广角物镜，其设计属于反摄远物镜设计。如此大的视场角会产生很大的畸变——以至于无法把这么大的畸变作为像差考虑。有些广角和超广角物镜对工作距离不作要求，而对畸变的要求却非常高，因此采用对称性结构。

对称型广角物镜中，有一类可以看出是由 Hypogon 物镜发展而来。在 Hypogon 物镜的里面加入一组对称于光阑的负透镜，就得到如图 4.32(a)所示的 Topogon 物镜，它的相对孔径为 1∶6.3，视场角为 100°，畸变为 0.3%。在为校正畸变所做的各种复杂化中，以在物镜的前后各加一平行平板为最有效，如图 4.32(b)所示。

另一类对称型广角和超广角物镜是著名的 Pyccap 物镜，它的半部可以看作是 Hill 全天物镜，如图 4.33 所示。而 Hill 物镜则可看作鱼眼物镜的雏形。Pyccap 物镜是把 Hill 物镜对称于光阑重叠起来，如图 4.34 所示。它的相对孔径为 1∶8，视场角为 122°，而畸变显著减小到 0.07%。

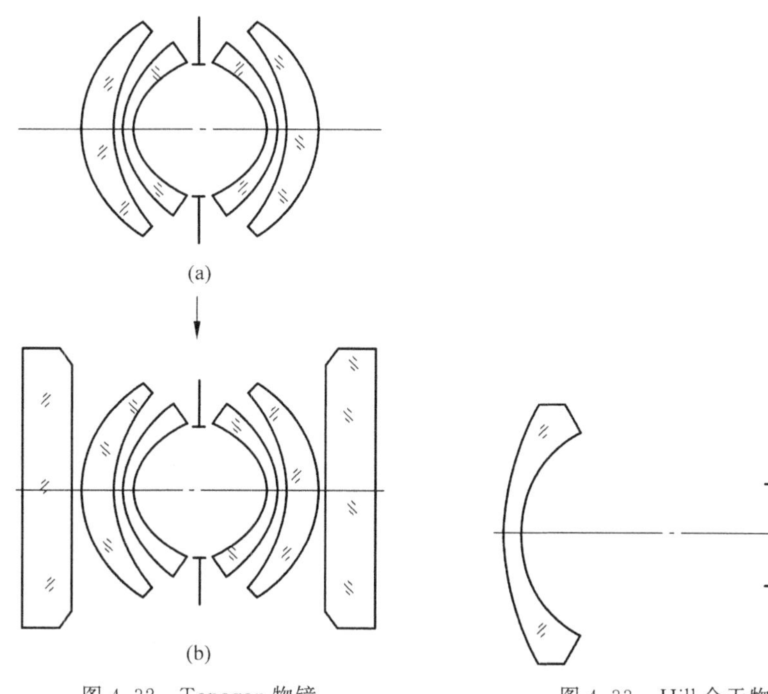

图 4.32　Topogon 物镜

图 4.33　Hill 全天物镜

Pyccap 物镜的复杂化，一种是在中间正透镜组中进行，如图 4.34 所示；另一种是同时在中间正透镜组和两边的负透镜中进行，如图 4.34 所示。这种复杂化的 Pyccap 物镜，相对孔径可大 1∶5.6，在视场角为 120°的范围内，畸变只有 0.03%，是著名的高质量物镜，几乎成了航测物镜的唯一结构型式。

9. 目镜

目镜被用于目视观察和放大由显微镜物镜或望远镜物镜所成的像，或用于观察诸如头盔式显示系统中的显示器。目镜是与前述不同的镜头结构，不仅其孔径光阑远离镜头主体，而且孔径光阑实际上就是眼瞳。通常，通过从眼睛(孔径光阑)向像面追迹光线来设计目镜，如图 4.35 所示。

边沿视场的光线主要源于透镜元件外围区域，这会导致相当大的像散、横向色差和畸变。在视场大于 60°的超广角目镜中，这些视场像差明显又难以校正。如果使用较高折射率的玻璃再加上一个或多个非球面，则将有助于减弱这些问题。

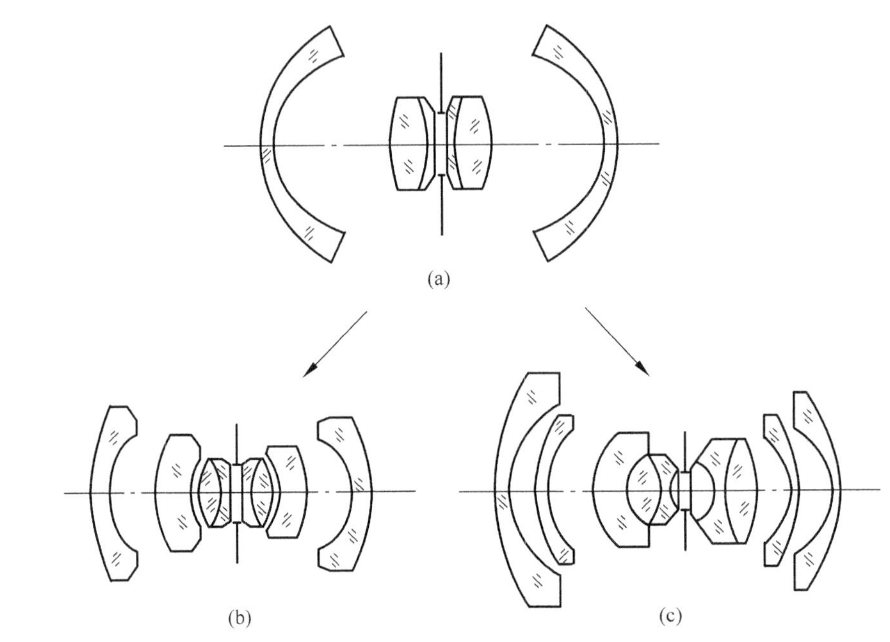

图 4.34　Руссар 物镜

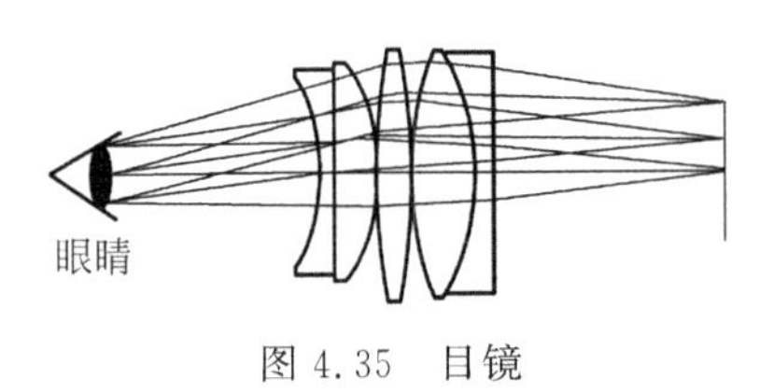

图 4.35　目镜

10. 变焦距镜头

变焦距(光学)系统(物镜、镜头)是一种可以通过移动光学系统中的一组或多组透镜来实现物镜焦距在一定范围内连续变化的光学系统,并保证整个焦距变化范围内光学系统的成像位置稳定、成像质量满足要求、相对孔径基本保持不变,满足对目标物体的观察、测量的要求。也就是说,变焦距镜头是在一定范围内可以连续变化焦距,从而得到不同宽窄的视场角、不同大小的影像和不同景物范围的(照相机、摄像机)镜头。变焦距镜头最大的特点,或者说它最大的工程应用价值在于它实现了光学系统的焦距可按照系统对目标物体观察测量要求实现连续变化的功能。焦距变化范围有两个极限值,分别为长焦位置和短焦位置,这两个位置处的焦距的比值即为系统的变倍比(变倍率)或变焦比。一般当变倍比≥10 时,系统称为高变倍比;反之为低变倍比。

系统之所以能实现焦距的改变,主要原因就是系统组分(变倍组、变焦组)间的距离可以调整。一般的系统如果组分间距发生了改变,像面会有一定的漂移(成像面位置不固定)。基于此,就需要考虑到像面补偿。常用措施就是用补偿组做出相应的移动来弥补由变倍组产生的像面漂移。针对像面的漂移,在变焦系统设计过程中需要尽力减少这种像面位置的不稳定。当通过每个移动单元的相互运动,达到共轭距的改变量之和等于零时,可以保持在变焦过程中像面位置稳定。对于有凸轮变焦镜头,在其设计的最后阶段,即各透镜组的光学结构参数(半径、间隔、材料)确定之后,还需要计算变倍组和补偿组位移量之间的数值关系,以便加工凸轮曲线(轨道)。

用于照相的变焦距镜头,一般变焦比要小些,像面补偿的要求不高,甚至可以不用补偿像面。如图 4.36 所示就是不补偿像面的两组式照相变焦距镜头。它的焦距范围为 28～

50mm，相对孔径为 1∶3.5，视场角为 75°～46.5°。图 4.37 给出了某焦距范围为 72～202mm 的传统结构型式((前)固定透镜组-变倍透镜组-补偿透镜组-(后)固定透镜组)的变焦距镜头光学结构。

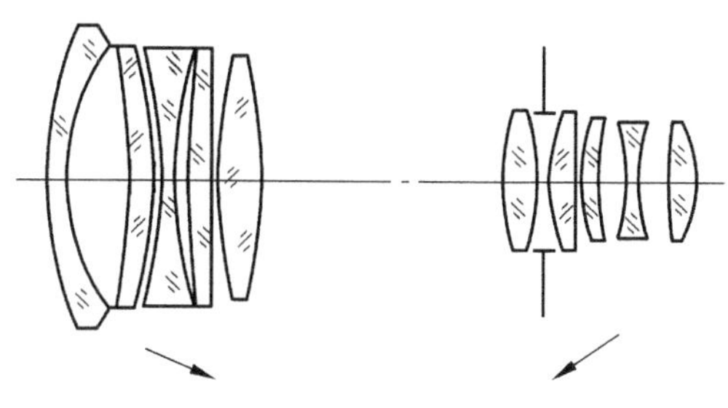

图 4.36 两组式照相变焦距镜头

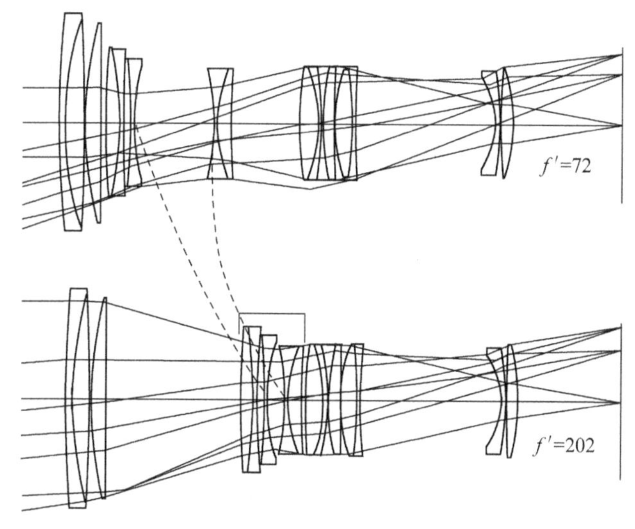

图 4.37 传统结构型式的变焦距镜头光学结构

1) 变焦距镜头分类

从不同角度，变焦距镜头有多种不同分类：

(1) 手动对焦和自动对焦。根据对焦方式的不同，可以把变焦镜头分为手动变焦镜头和自动变焦镜头。

(2) 变焦范围。一般来说，20～40mm 的称为广角变焦镜头，35～70mm 的称为标准变焦镜头，70～200mm 的称为中远变焦镜头，200～500mm 的称为远摄变焦镜头。当然，也有不少镜头囊括了广角至中焦、甚至远摄的范围，如 28～200mm、28～300mm 等。

(3) 变焦倍率。从变焦倍率来看，有 2 倍(如 35～70mm)、3 倍(如 70～210mm)、5 倍(如 28～135mm)、7 倍(如 28～200mm)、10 倍(如 50～500mm)等。总体来说，变焦范围越大，体积相应较大，画质相对较差，光圈相对稍小。

(4) 变焦方式。根据操作的不同，分为推拉式变焦和旋转式变焦两种。推拉式变焦的优点在于使用方便，可以快速从最远端变焦到最近端。缺点在于俯仰拍摄的时候镜头容易滑动。旋转式变焦的优点在于对焦环和变焦环各自独立，转动操作互不干涉。但操作不如推拉简便，尤其是采用“变焦拍摄爆炸效果”时，不如推拉变焦容易实现。

(5) 按补偿方式分类，变焦镜头分为光学补偿变焦镜头(Optical Compensation Zoom)和机械补偿变焦镜头(Mechanical Compensation Zoom)。在光学补偿方法中，运动组元中的变倍组和补偿组同步向同方向移动。其优点是不需要凸轮机构(Cam)；缺点是光学结构较长，有像面微移，变倍比小，一般不大于4∶1。机械补偿克服了光学补偿变焦的缺点，但必须有凸轮，以使变倍组线性移动，补偿组非线性移动。

(6) 按组元的多少，变焦镜头分为二组元、三组元、四组元、五组元等变焦镜头。最简单的是二组元变焦镜头，为了校正 Petzval 场曲，其中必须至少有一个是负组元。有两种结构型式的二组元变焦镜头，即正-负结构和负-正结构。

(7) 按有无凸轮，变焦镜头分为无凸轮变焦镜头(光学补偿变焦镜头)和有凸轮变焦镜头(机械补偿变焦镜头、双组联动变焦镜头、全动型变焦镜头)。

变焦距镜头结构类型及其区别和特点如表4.2所示。

表4.2 变焦距镜头结构类型及特点比较

变焦距结构类型	像面稳定情况	变焦比	结构特点
光学补偿	只能在有限的几个特殊位置实现像面补偿、满足像面稳定要求	较小	无需凸轮，光学系统中的透镜组线性运动，光学系统成像质量不高，结构较长
机械补偿	在变焦范围内，满足像面稳定要求	小	需要凸轮，变倍组线性、补偿组非线性运动，实现焦距连续变化的要求，满足稳像需要，结构长度一般
双组联动	在变焦范围内，满足像面稳定要求	较大	需要凸轮，光学系统中两组透镜相关联一起运动，满足变焦和补偿的目的，固联结构线性运动，补偿组非线性运动，结构较短
全动型	在变焦范围内，满足像面稳定要求	大	多组凸轮，各个透镜组之间独立(线性和/或非线性混合)运动，结构短、紧凑

2) 光学补偿变焦系统

光学补偿变焦系统通过系统中一组或几组透镜单元一起做线性运动来达到变焦的结果。用几组透镜作变倍和补偿时，各透镜组的移动按同向等速进行，因此只需用简单机械结构把各透镜组连在一起做线性运动即可。在光学补偿法变焦系统中根据第一透镜组分的正负可以分为两类。同时也可以根据透镜组分的数量分为两透镜系统、三透镜系统、四透镜系统。

这种结构的优点就是简化了机械结构，有利于控制光轴精度，易于加工、生产；没有使用到凸轮控制组分的移动，所以早期的变焦结构几乎都采用了这种结构；还可用一组机电控制系统实现变倍与调焦，进而减小系统的成本和重量，但设计难度相对要大。

但光学补偿变焦也有明显的缺点，那就是光学补偿变焦系统由于不能完全补偿像面位移，移动组必须移动到某几个特殊的位置，才能保证像面位置重合，得到稳定清晰的像面，其他变焦位置像面都有所偏移。这种成像焦点位置的偏移，相当于离焦，其焦距难以实现连续改变，这也导致系统在焦距变化的过程中的成像质量很差。致使其应用面受到了很大的局限，尤其是在焦距变化范围较大的时候，它的成像面的漂移量更大了，所以大多数的时候不采用这种结构。

3）机械补偿变焦系统

对于机械补偿变焦系统，各运动组元按不同的运动规律作相对复杂的对应移动，最终达到防止像面移动的目的。机械补偿法变焦镜头的一组透镜做线性移动（通称变倍组）以改变焦距，另一组透镜（通称补偿组）做少量非线性移动以补偿像面位移，来达到光学系统既变倍而像面位置又稳定的要求。变倍组一般是负透镜组，补偿组有取正透镜组，也有取负透镜组的。补偿透镜组的移动与变倍透镜组的移动方向不同且不等速，但它们的相对运动却有严格的对应关系，各透镜组通过一个复杂的凸轮机构实现相对运动。这类变焦距镜头的焦距在一定范围内连续改变。

机械补偿变焦距镜头，其光学结构由前固定组、变倍组、补偿组、后固定组组成。

（1）前固定组：其作用是给系统提供固定的像；

（2）变倍组：担负着系统的变倍作用，做线性移动以改变焦距；

（3）补偿组：按一定的曲线轨迹作非线性运动，以补偿变倍组在变倍过程中所产生的像面移动；

（4）后固定组：用于将补偿组的像转化为系统的最后实像，并调整系统的合成焦距值、设备孔径光阑，保证在变焦运动中系统的相对孔径不变。

在机械补偿变焦结构中，变倍组和补偿组的运动是相互独立的。其中以变倍组的运动来达到变倍的目的。由于变倍组分的移动，像面的位置必然发生漂移，正是因为有了补偿组，通过补偿组分的移动正好可以补偿这种像面位置的漂移。系统中为了保证补偿组份位置移动的精确性，都是通过控制补偿组非线性的移动来对象面漂移进行补偿，这就需要采用高精度的凸轮来实现。因此相对于之前的光学补偿法变焦系统，机械法补偿变焦结构更加复杂。得益于现代高精加工技术的发展，完全能够生产出满足产业化的高精度凸轮，因此目前大多数的变焦结构都采用了机械补偿法变焦结构。

连续变焦机构一般由电动机、齿轮、变倍凸轮、限位装置、导向销、变倍组、补偿组、导向机构等组成，其中，导向机构和变倍凸轮设计是连续变焦机构的核心技术。其工作原理为：当产品需要进行变焦时，由控制系统发给电动机变倍信号，电动机驱动齿轮，由齿轮带动变倍凸轮进行运动，此时，变倍组和补偿组通过导向销在满足函数关系的两条凸轮槽中进行运动，实现变倍组和补偿组直线运动，当变倍组和补偿组移动到两个极限位置时，可通过压力开关来控制驱动电动机的工作。精密电位计在齿轮的驱动下随变倍凸轮一起转动，电位计随着变倍凸轮转角的不同输出不同的电压，通过对电压值的换算可以得到系统的对应焦距。

变倍组导向机构可分为：

（1）一根光杠导轨和滚珠丝杠组合机构。这种结构精度较高，由于变倍和补偿同时移动的轨迹不同，需要两套导向驱动机构，占用较大空间，控制系统设计也有难度。

（2）两根圆柱导轨滑动机构。由于滑动部件为两根圆柱导轨，这种结构变倍精度高，承载的负荷也比第一种大。但是由于是超定位结构，光学通光口径太大，容易产生机构卡死现象，机构的径向尺寸也较大。一般适用通光口径为30～80mm的结构。

（3）3根圆柱导轨滑动机构。这种结构的优点是运动舒适、平稳，不容易产生卡死现象，可以带动通光口径较大的光学组件。缺点是运动精度较前两种低，一般适用通光口径为50～120mm的结构。

调焦机构还可分为凸轮调焦、采用直线电动机调焦、丝杠丝母调焦等。

4）双组联动变焦系统

所谓的双组联动变焦系统，其实就是将光学补偿法变焦系统和机械补偿法变焦的特点相结合。其结构由两个连接在一起的透镜组分统一运动，这个组合透镜即可以做线性运动，也可以做非线性运动。它的主要作用就是改变组分间的空间距离，起到变倍的作用。为了弥补这透镜组移动引起的像面位置漂移，在这个连接的透镜组间插入一个可以移动的透镜，该透镜针对像面位置的漂移，起到像面补偿的作用。

5）全动型变焦系统

全动型变焦结构是近些年新近提出的一种变焦结构，它的主要特点就是系统的每个组分都能相互独立的运动，无论线性移动还是非线性移动。每个组分的移动都起到变倍和补偿的作用，所以在全动型变焦系统中针对组分是没有变倍组和补偿组的区分的。这种结构正是由于其每个组分都能独立运动，所以在变倍比的提高和像质的提升上，相对于其他变焦结构都有所改善，整个光学系统的总长缩短，有利于系统的小型化开发。但是，在保证了变倍比和像质提升前提下，由于各个组分都相对独立运动，这种结构设计相对复杂，对每个组分的移动量的精度要求较高，加工难度较大。

应该指出的是，多组元全动型变焦距光学系统的设计一直是光学设计的重点和难点，由于光学系统中的运动透镜组数目多，所以在确定光学系统的初始结构参数时就存在很大的困难，包括确定各运动透镜组的位移、焦距、轴向放大率等，未知参数越多，设计过程中的自由性就越大，使得全动型变焦距光学系统的设计难度也越高。其中，多组透镜运动的凸轮曲线设计又是变焦距光学系统设计中的关键，对变焦距光学系统的设计有重要影响。随着光学设计人员不断探索与实践，全动型变焦距镜头的设计方法不断增多，实用逐步成为现实。

全动型变焦距镜头相对于传统意义上由补偿透镜组和变焦透镜组组成的变焦距光学系统是一种相对而言新型的变焦距镜头，它的特点就是在变焦运动过程中，各透镜组组分都按一定的轨迹运动，并且在变焦过程中各运动透镜组相互独立，这样可以使各透镜组均能按照实现焦距连续变化的最佳方式移动，尽可能地实现光学系统的焦距快速、连续的变化。全动型变焦距光学系统中各运动透镜组对系统焦距的变化均有贡献，并不像传统类型变焦距镜头存在变倍组、补偿组，可以实现在变倍率增大的情况下仍能使物镜的光学筒长减小到很短，在实现提高物镜焦距变倍率的同时使得光学系统结构更为紧凑，达到小型化的目的。

图4.38和图4.39分别为焦距范围为28～76mm的3组全动型变焦物镜和焦距范围为36～133mm的4组全动型变焦物镜光学结构示意图。

11. 多种折射式光学系统简要比较

多种折射式光学系统的特点简要比较如表4.3所示。

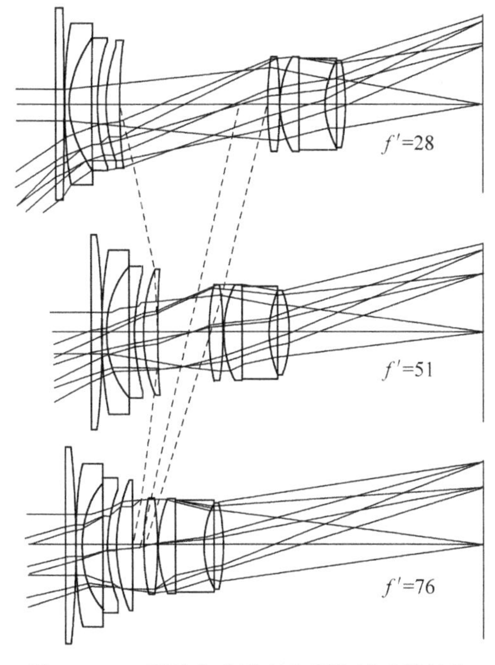

图 4.38　3 组元全动型变焦距物镜光学结构

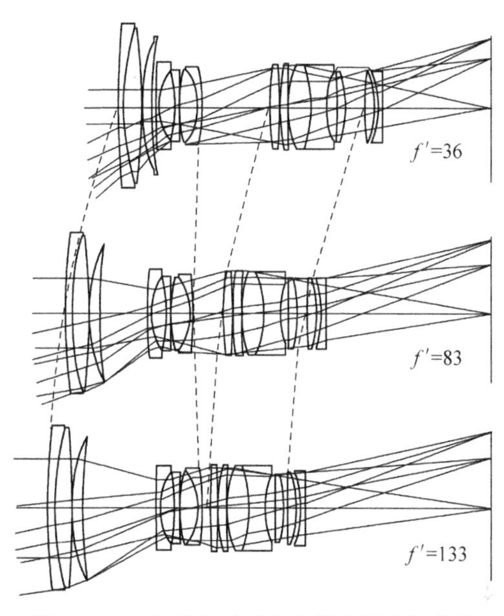

图 4.39　4 组元全动型变焦距物镜光学结构

表 4.3　多种折射结构特点简要比较

结构型式	特　点
Petzval 型	适合小视场物镜的设计，工作距离短
双高斯型	相对孔径为 1∶2～1∶1.7，视场角为 40°～50°。双高物镜的失对称变形和复杂化，可以得到各种结构型式的大相对孔径物镜
柯克三片式	由三片分离的薄透镜所组成，在视场角为 55°时，相对孔径可以达到 1∶3.5 和 1∶2.8，在视场角适当降低时，相对孔径可以提高到 1∶1.24 以上。Tessa、Ernostr、Heliar、Sonnar、Celor 等物镜均从柯克三片式演化而来
远距物镜	物镜的筒长变小，物镜前表面到像面的距离小于物镜的焦距
反远距物镜	采取负正光焦度分离的结构型式，负光焦度的透镜组在前，正光焦度的透镜组在后。其工作距离长于焦距
广角物镜	对工作距离要求很低，对畸变的要求却非常高
变焦镜头	焦距可按照系统对目标观察测量要求，实现在一定范围内连续变化、从而得到不同宽窄视场角，并保持像质稳定、良好

4.2.3　传统反射式光学系统结构型式

这里从结构特点概述、单反射镜、双反射镜、三反射式光学系统等方面进行分析介绍。

1. 结构特点概述

随着光学系统的分辨率要求都越来越高，大口径对于提高光学系统的性能有利。但在研制长焦距或超长焦距光学系统时，较少采用折射和折反系统。主要原因是：首先，大口径的折射系统和折反系统需要采用特殊光学材料或复杂的结构来消二级光谱；其次，大尺寸、高光学均匀性的材料较难熔炼，对加工与装调要求极高，而且对环境温度和压力的变化也特别敏感，因此其使用范围受到了相应的限制。相对而言，全反射系统较少存在这些问题，此类系统一般都要用到非球面，以前由于非球面光学系统的加工、检测和装调工艺水平较低，反射式光学系统没有得到广泛应用。如今，随着计算机辅助加工非球面技术的日益成熟和计算机辅助检测与装调技术的应用，反射式系统的设计与应用获得了充分的发展，出现了一些高质量、高性能的反射式系统。

纯反射式光学系统是一种没有色差和二级光谱的传统光学系统。双反射镜系统是目前反射式结构中应用较广泛的一种结构，由主反射镜和次反射镜组成，其中大的叫主镜，小的叫次镜。如果次镜为凸镜，且所处位置在主镜焦点之内，那么这种系统称为卡塞格林式系统，简称卡氏系统；如果次镜为凹镜，且所处位置在主镜焦点之外，那么称为格里高利系统，简称格氏系统。图 4.40 表示了这两种结构型式反射式光学系统的结构组成。相较这两种系统，由于卡塞格林式系统的次镜遮光较少，镜筒较短等优点，使得它在红外装置中得到广泛的应用。若将卡塞格林式系统的主镜改成双曲面，此时的系统称 R-C 系统，其不仅能消除球差，还能消除彗差。除此之外，R-C 系统还具有以下优点：

(1) 利用反射镜折叠光路，缩小了镜头的体积和减轻了重量；

(2) 完全没有色差；

(3) 可以在紫外到红外的很大波长范围内工作；

(4) 反射镜的镜面材料比透射镜的材料容易制造，特别是对大口径零件更是如此。

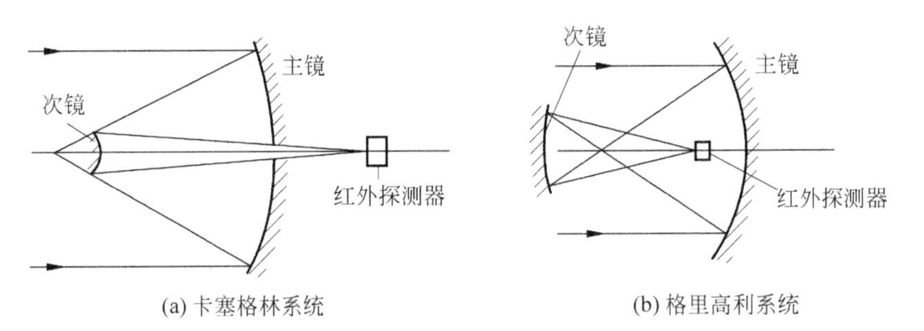

图 4.40 两种结构型式反射系统

因此，R-C 系统被广泛地应用在大型天文望远系统、航天光学遥感、紫外和红外仪器以及聚光照明等方面。

传统红外光学系统大都采用反射式，它的优点是没有色差而且工作波段很宽。此外反射可使光路折叠，并容易实现倒像等功能，使系统长度缩短，机械结构的重量变轻。由于反射只与表面有关，表面可通过镀膜来处理，因此基底材料和具体机械结构的选择就有很大的余地，容易得到大尺寸、稳定、重量轻的元件，是解决系统体积过大的一个有力措施。

单纯的双反射系统最多只能校正两种像差，而且有中心遮拦；三反射系统可以解决中心遮拦的问题，但是结构复杂，而且设计与装校较难。

从成像质量上来看，反射系统和其他传统光学系统相比，优势体现在没有色差，因为它是通过反射镜成像的。但是，反射系统对其他的像差的校正较弱，只能同时消除两种像差，如同时消除球差和彗差。

广泛使用反射式光学系统的有：辐射计、前视红外成像仪、激光雷达、大孔径望远镜以及导弹导引系统等。全部由反射镜组成的光学系统如今在航天遥感的应用中备受关注，越来越多地用于空间分辨率微米级和亚微米级航天相机上。纯反射式光学系统的主要优点包括：不存在任何色差，可用于宽谱段成像，特别适用于长焦距相机和光谱成像相机；通光口径可以很大，光在自由空间传播，不必通过光学玻璃，易解决由材料引起的问题，一般大尺寸光学系统必须用纯反射式系统；结构紧凑，所需光学元件少，便于用反射镜折叠光路，且可采用超薄镜坯或轻量化技术，大大减小反射镜的质量。

总之，反射式系统在设计上有很大的潜力，关键在于非球面（包括高次非球面）的加工和装调工艺能否满足要求。

2. 单反射镜

由单一球面或非球面反射镜构成的系统称为单反射镜。

当单反射系统的反射镜为球面镜时，一反射球面系统的光学视场不大，并且球差不会随光阑位置的变动而消失。单反射镜包括牛顿式和 Herschelian 式两种。

牛顿式光学系统（Newtonian Telescope）充分利用了抛物面的几何特性，即零视场平行光束经过抛物面镜反射后，光束无像差地会聚于抛物面的焦点，从而实现该视场的理想成像。其设计理论即为二次曲线抛物线的数学原理与近轴光学理论，其结构如图 4.41 所示。

该类系统的 F 数（焦距/孔径）数值较大，这样便于在光路中引入可以将光路转折的平面反射镜。该系统在零视场校正了球差，焦点为无像差点，故可获得优良的像质；在零视场以外，因为大量的彗差与像散的存在，使得光学像质急剧衰减。

Herschelian 式系统的光学结构型式是将入瞳离轴，离轴后的抛物面系统焦点不在入射光路中，光路中不存在遮拦，设计理论同牛顿式光学系统，其光路如图 4.42 所示。

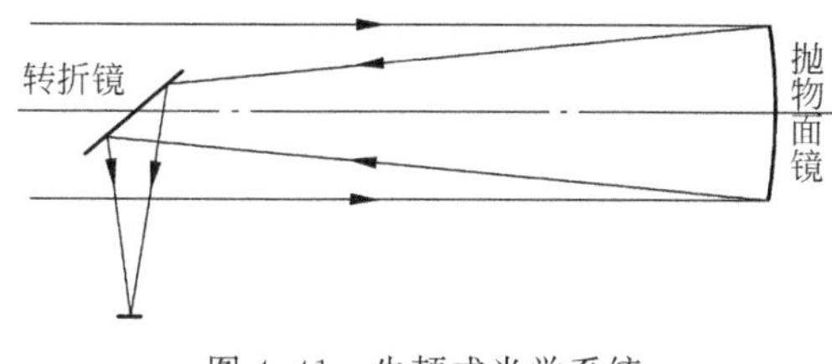

图 4.41　牛顿式光学系统

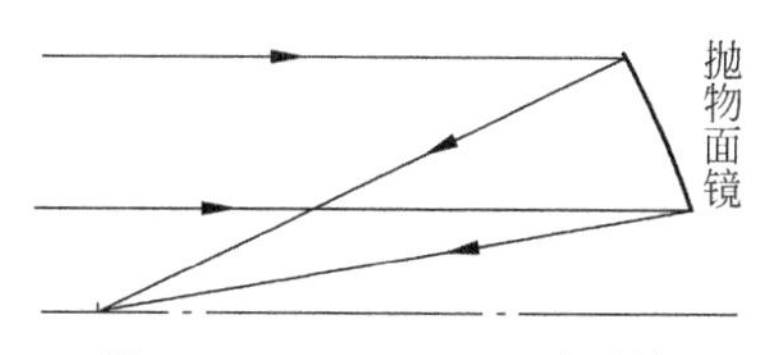

图 4.42　Herschelian 式系统

这类系统可以用于模拟无限远目标（平行光源）的平行光管、大口径望远镜等。

3. 双反射镜

由两个光焦度不为零的同轴反射镜组成的光学系统称为双反射系统。两镜系统的结构型式基本可以分为：仅消除球差的卡塞格林式系统、格里高利系统；可消球差和彗差的 R-C 系统；而无光焦度的两镜系统是其中的特例，最多能校正两种初级像差（球差和彗差），其余几种像差需使用折射元件校正。

两镜系统的设计方法相对容易，一般是按照所提出的性能指标，根据设计要求，通过解初级像差方程得到初始结构参数，在经过像差平衡得到所需要的像质。设计的关键是在较高的像质、较小的遮拦、确定的焦面引出长度、所需视场下消杂光可能性等诸多要求之间进行折中，最终得到一个最优的结果。

卡塞格林式系统、格里高利系统以及改进的 R-C 系统应用都很普遍，但常规的两镜同轴系统有两个典型的缺点：一是视场较小，纯两镜系统的视场角不大，一般在 30′左右，常规的卡塞格林式系统、格里高利系统只能在几分视场内得到接近衍射极限的成像质量，而 R-C 系统视场通常也小于 10′，若要增大视场需要加无光焦度或近无光焦度的孔径和视场校正器；二是具有中心遮拦，对口径内能量的利用和像点光能的集中程度都有影响，因此传统的两种反射镜系统很难适应现代空间光学系统的要求。

如果按照镜面凹凸的类型，二反射系统可以分为 4 种结构型式，即凹-凸型、凸-凹型、凹-凹型与凸-凸型。在经典卡塞格林式系统中，主镜为凹抛物面镜，次镜为凸双曲面镜。在此光学系统中，球差得到了消除，其他像差没有消除，其中，彗差系数为 $-1/2$，即与抛物面反射镜相同。在此系统结构下，因为仅消除了球差，部分校正了彗差，其他像差没有得到很好的消除或校正，所以，在较大的轴外光学视场，光学像质将会急剧衰减，其结构如图 4.40(a) 所示。

格里高利的主镜为凹抛物面镜，次镜为凹椭球面镜。在光路中，抛物面镜的焦点与椭球面的一个焦点重合，光线经过重合的焦点后，经椭球面镜的反射，会聚于椭球面的另一个焦点，此焦点同时也是整个光学系统的焦点，如图 4.40(b) 所示。在光路中，抛物面焦点所在处将会出现一个中间像面。在此光学结构中，零视场的球差得到消除，但轴外视场的球差、彗差等光学像差没有得到消除或校正，其中彗差系数为 $-1/2$，是一个恒定值。所以此光学结构的光学视场不会很大。格里高利系统的性能与卡塞格林系统的性能基本相同，不同之处是格里高利系统的光路有中间像面，并且其次镜为一个凹的椭球面镜。卡塞格林系统与格里高利系统是在两反射光学系统中应用非常广泛的结构型式，与校正透镜组一起使用，可以获得较大的光学视场。

R-C 式系统由两个反射镜组成，并且两个反射镜均为双曲面镜面，其中主镜为凹双曲面镜，次镜为凸双曲而镜。在 R-C 式光学结构中，其校正光学像差的能力较强，它可以同时校正球差与彗差，所以 R-C 式光学系统的光学视场较大，可以达到角分级，是两反射光学系统中像差校正能力最强的一个，其光学结构如图 4.43 所示。在指标相同的情况下，两反射光学结构多数会选择 R-C 式光学结构。

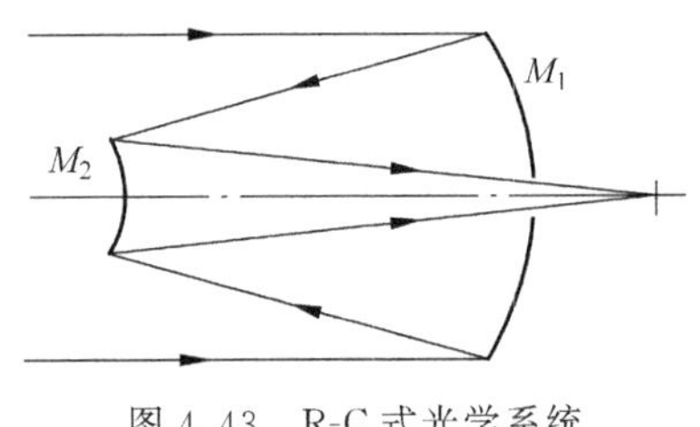

图 4.43 R-C 式光学系统

库特式系统可以校正球差、彗差与像散。在其光学结构中，两个反射镜均为凹面反射镜，并且焦面位于主次镜间而不能延伸至主镜的后面，其光学结构如图 4.44 所示。

施瓦兹希尔德式系统可以同时校正球差、彗差与场曲。其特点是光学视场较大，像面不存在弯曲，两个光学镜面的顶点曲率半径相等，其光学结构如图 4.45 所示。

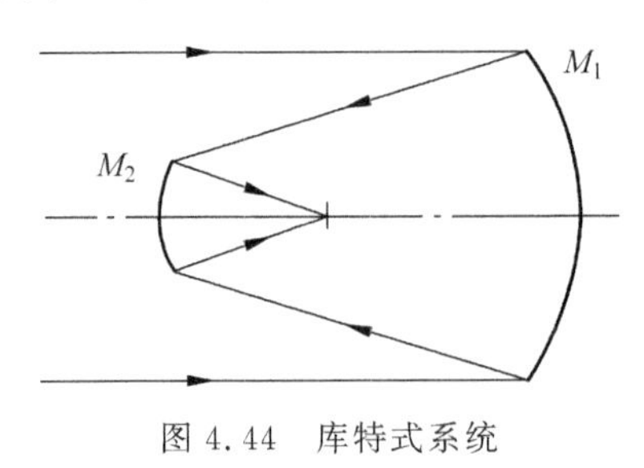

图 4.44 库特式系统

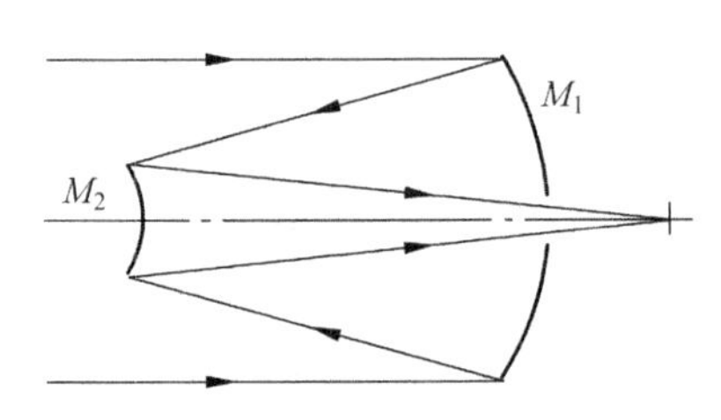

图 4.45 施瓦兹希尔德式系统

两镜系统主要应用于空间对地遥感领域。我国的2.16米天文系统、风云2号气象卫星系统与美国的Hobble太空系统均采用R-C系统作为主光学系统。

表4.4为典型的两镜光学系统结构型式的比较。

表4.4　典型两镜反射系统结构型式的比较

系统类型	主镜面型	次镜面型	特　点
卡塞格林	抛物面	双曲面	主要优点为系统的轴向尺寸较小，缺点是视场小，有中心遮拦，杂散光较为严重
格里高利	抛物面	椭球面	主要优缺点与卡塞格林式系统类似，不同点是该系统呈正像。由于主、次镜场曲叠加，该系统的场曲明显大于卡塞格林式系统
R-C系统	双曲面	双曲面	校正光学像差的能力较强，它可以同时校正球差与彗差，所以R-C系统的光学视场较大，可以达到角分级，是两反射光学系统中像差校正能力最强的一个

4. 共轴三反射式光学系统

两反射光学系统可以解决光学镜体材料的问题，可以实现高分辨率的需求，但不能满足大视场的要求。要想同时满足大孔径、高分辨率、大视场的要求，两反射系统的光学结构是难以实现的，为实现大视场或超大视场、高光学效率、高精度的遥感，大视场、超大视场的光学系统是极具吸引力的。为此，研究者们就发展了三反射式光学系统结构型式。

三反射式光学系统有共轴和离轴之分。共轴三反射式光学系统是由3个光焦度不为零的同轴反射镜组成的光学系统。在所有的全反射式光学系统中，由3块反射镜组成的三镜消像散(Three-Mirror Anastigmat，TMA)系统结构最简单，可以在不需使用折射元件的条件下同时消除4种初级像差(球差、彗差、像散和畸变)，且像质可达到较理想的状态，是近年来长焦距光学系统设计使用最多的类型之一，使用前景广阔。

图4.46为共轴三反系统结构简图，M_1、M_2、M_3 分别为系统的主镜、次镜、三镜；h_1、h_2、h_3 为主镜、次镜、三镜的口径尺寸；A_1 为像点；$-f'$为像方焦距；d_1 为 M_1 与 M_2 之间的间隔，d_2 为 M_2 与 M_3 之间的间隔，d_3 为 M_3 与像面之间的间隔。设计时首先要计算出共轴三反射式光学系统的初始结构参数：M_1、M_2、M_3 顶点的曲率半径 r_1、r_2、r_3，每一反射镜所对应的非球面系数 $-e_1^2$、$-e_2^2$、$-e_3^2$，以及反射镜之间的距离 d_1、d_2、d_3。

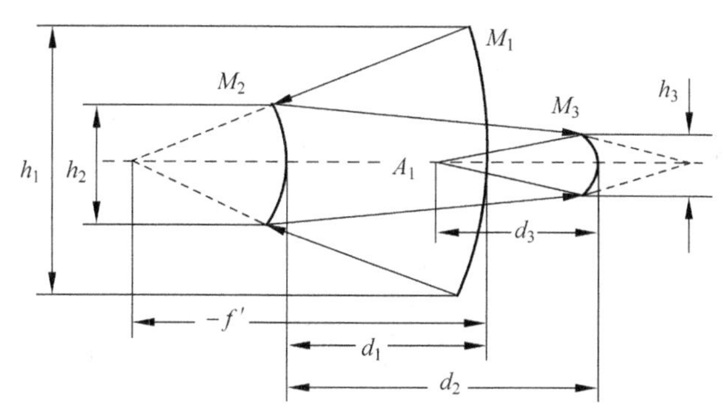

图4.46　共轴三反系统结构图

共轴的三反系统在满足焦距及球差、彗差、像散、场曲的条件下剩余的3个可变参数(也就是说,在共轴的三反系统的4个轮廓参数中,有3个参数是可以自由选择的),可以用来满足中心遮拦、工作距离等外形尺寸的约束要求,可以有多组解。

由于反射系统光路的转折,存在中心遮拦是不能避免的。中心遮拦的存在不仅影响了进入系统的能量,而且降低了系统的调制传递函数值,影响了成像质量。通过分析,要得到较高的MTF值,中心遮拦一般应该小于0.25。

三镜系统可用在空间遥感、军事侦察、军事预警等遥感仪器或设备中,应用实例包括美国的IKONOS相机、新千年EO-1光学相机、Quick Bird、法国的SPOT6等。

4.2.4 传统折反式光学系统结构型式

在有了折射式、反射式光学系统结构型式之后,为什么又有了折反式光学系统结构型式?因为反射式和折射式各有优劣;反射可以无色差,但校正其他像差困难;折射可以校正其他像差,但校正色差困难;于是折反式就是综合利用了两者的优势;折反式,是在球面反射镜的基础上,再加入用于校正像差的折射元件,可以避免困难的大型非球面加工,又能获得良好的成像质量。这里从结构特点概述、施密特系统、曼金折反系统、马克苏托夫系统、Klevtsov-Cassegrain系统、Pan-Cassegrain系统等方面进行分析介绍。

1. 结构特点概述

反射系统往往视场角较小,为了校正像差扩大视场,人们采用反射镜加折射改正镜的结构型式设计出了折反射式光学系统。折反系统一般是以球面反射镜为基础、加入适当的折射元件构成的。它具有光力强、视场大、像差小、结构紧凑等优点,在红外光学系统中应用较多。由于折反光学系统中主、次镜分担大部分光焦度,因此有利于无热化设计,而且利用反射镜折叠光路,还可以缩小镜头的体积和质量,长度可以做到比焦距短。但是折反系统存在中心遮拦而且易受杂散光影响的缺点。解决中心遮拦的问题,常用的方法是光阑离轴,这样将会增加装调的难度。折反光学系统结构型式包括施密特系统、曼金折反系统、马克苏托夫系统、Klevtsov-Cassegrain系统和Pan-Cassegrain系统。应用最为广泛的折反望远系统有施密特望远镜以及马克苏托夫望远镜两类。

2. 施密特系统

施密特系统由一个球面主反射镜及放置在主镜曲率中心处的一块消球差校正板组成,该校正板的一面是平面,另一面为高次曲面,使光束的中心部分略有会聚,而外围部分略有发散,正好校正球差和彗差,结构如图4.47所示。

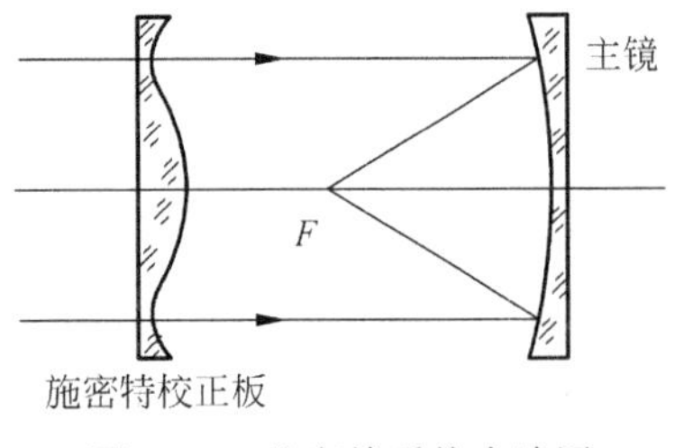

图4.47 施密特系统光路图

光线经过校正板时,近轴光束呈会聚状态,边缘光束呈发散状态。会聚与发散的程度与主镜的球差相匹配,以达到校正球差的目的。系统孔径光阑设在校正板上,即主镜的球心上,这样任何一条主光线都是光轴,故主镜与校正板都不产生彗差和像散。可以看出,该系统的成像点在两镜中间,不便用于目视。为了目视,可采用Schmidt-Cassegrain系统,如图4.48所示。在施密特系统的基础上,将一块凸球面反射镜放置在主反射镜与校正板之间,使光线经次镜反射后穿过主镜中心的圆孔,会聚在主镜之后。这种结构主要用于天文望远镜光学系统。

3. 曼金折反系统

曼金折反系统(曼金镜)由一个球面反射镜和一个与它相贴的弯月形折射透镜组成，可由一块可以使所需要的波段透射的材料组成。该系统共有 3 个表面，其中第一个面和第三个面的光焦度是相同的，为同一曲面，结构如图 4.49 所示。

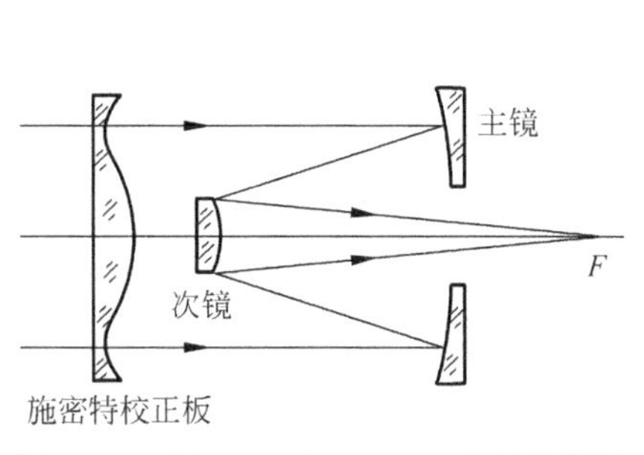

图 4.48 Schmidt-Cassegrain 系统光路图

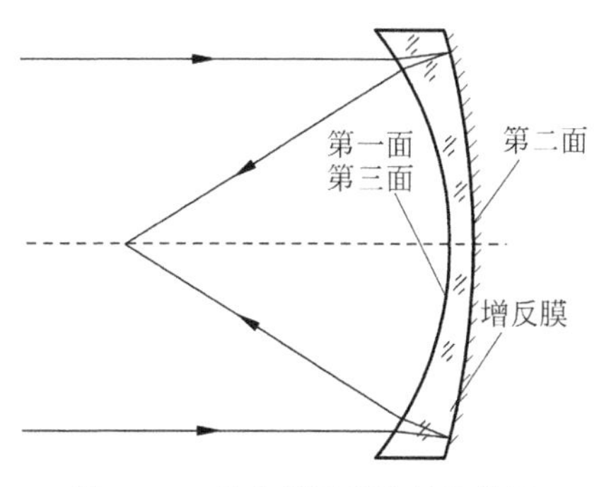

图 4.49 曼金折反系统结构简图

曼金镜的特点：系统的光阑就是它本身，球差是通过加入一个与反射镜相接的负透镜来校正的，但负透镜会带来色差。曼金镜的球差和彗差比球面反射镜的小，但色差较大。常把曼金镜做成胶合消色透镜。曼金折射镜、反射镜可都是球面镜，成本低，加工、安装容易。

根据实际的需要，曼金镜的前后表面可以加工成球面、非球面，且该系统的前表面镀有高效能的增透膜，增透相应的波段，并在后表面镀有增反膜。曼金系统的光线从折射面上即第一面上入射，入射到第二面再经第二面反射，反射后的光线经第三面再折射出系统，这样反射镜产生的球差通过与反射镜相接的透镜来校正。曼金镜多被应用在卡氏系统中，一般是为了扩大卡塞格林式系统的可用视场，将卡氏系统的次镜设计成曼金镜，如图 4.50 所示，曼金镜可与球面主镜一起来削弱剩余球差。如果想继续降低系统的球差，在小孔径的光学系统中，有时可以将主次镜都做成曼金镜，如图 4.51 所示。

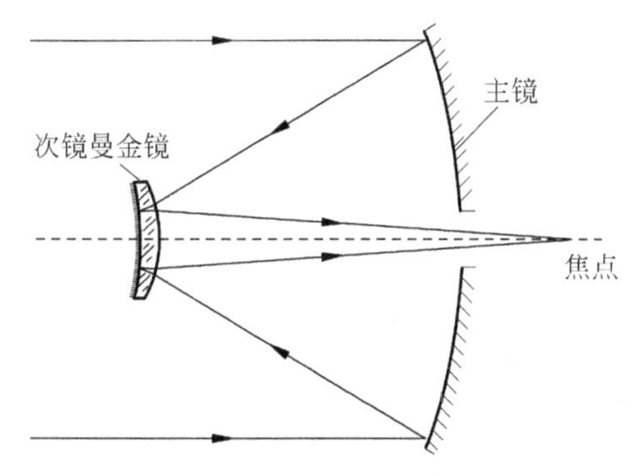

图 4.50 次镜为曼金镜的卡塞格林式系统

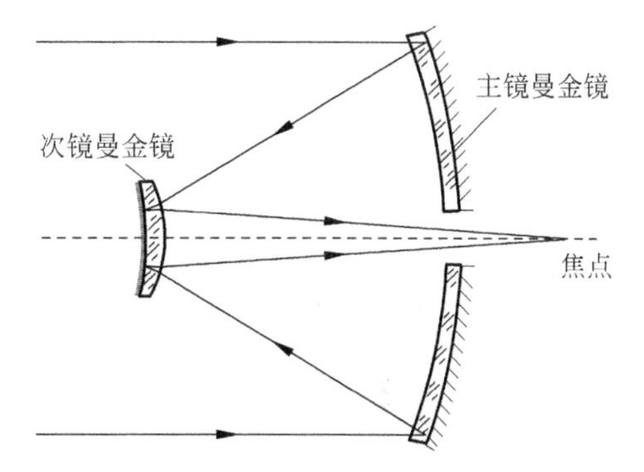

图 4.51 主次镜都为曼金镜的卡塞格林式系统

这种系统可以用于探照灯反射镜、红外测距经纬仪望远系统、红外空对空搜索跟踪系统等。

4. 马克苏托夫系统

马克苏托夫系统由一个球面主反射镜和一个弯月形厚透镜组成(弯月镜的主要作用是校正主镜的像差)，其结构型式如图 4.52 所示。

弯月镜在满足消色差的条件下，通过适当选择前后表面的曲率半径和厚度，可以补偿凹球面主镜的球差；通过调整弯月镜与主镜之间的距离，还可以对彗差进行校正；亦即选择合适的弯月透镜的参数和位置，可以同时校正球差和彗差。该系统的像散较小，但场曲较大，可通过采用曲面底片或者在焦面前放置一个负透镜来校正场曲。由图 4.52 可以看出，该系统成像位置在球面反射镜和弯月镜之间，难以实现目视，为方便目视观测，可采用 Maksutov-Cassegrain（马-卡）系统，如图 4.53 所示。

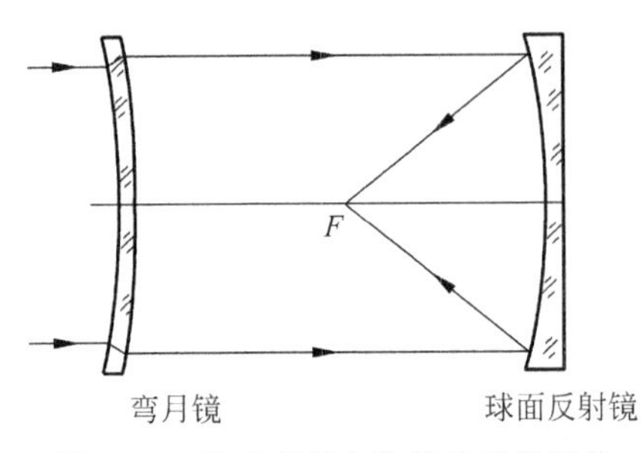

图 4.52　马克苏托夫物镜的光学结构

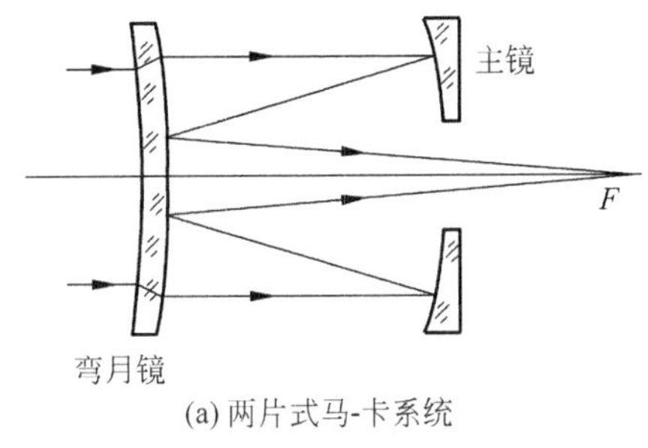

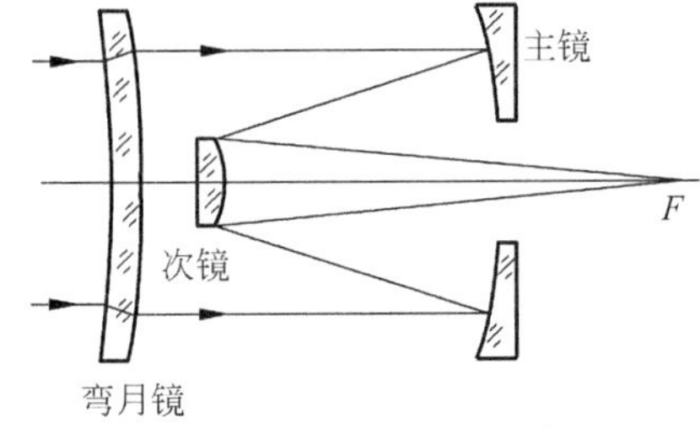

图 4.53　马-卡系统的光路图

常见的 Maksutov-Cassegrain 系统有两种结构型式，分别如图 4.53(a)和图 4.53(b)所示。图 4.53(a)中系统次镜是在弯月镜的第二面上通过金属镀膜形成的球面反射镜，被称为"两片式马-卡"系统。图 4.53(b)中系统由一块弯月镜和两块球面反射镜组成，被称为"三片式马-卡"系统。此两种结构型式采用的均是球面镜，且均可看作是在两镜系统的基础上，在正前方加了一块弯月镜。

马克苏托夫系统可用于双筒望远镜、显微镜及照相机的物镜等。

5. Klevtsov-Cassegrain 系统

Klevtsov-Cassegrain 系统由球面主反射镜、弯月镜和曼金镜组成，所有光学面为球面或近似球面，曼金镜第二面为球面反射镜，通过选择第一面光焦度来校正反射镜产生的球差，其结构型式如 4.54 所示

弯月镜的位置以参数 η 表示，$\eta=f/s$，η 的值越大表示新焦点 F' 离主镜越近，改正镜的直径越小，但由于其曲率半径不大，弯月镜会弯曲得很厉害，引起大的像散；反之，η 越小，则改正镜的直径越大，对于大系统，材料上可能受到限制，且这样遮光也很多。所以，一般取 $\eta=4\sim8$，而 f 可近似取值为主镜的焦距，求得弯月镜的位置，进而得到主镜与弯月镜之间的距离。假设曼金镜放置在新焦点 F' 处，第一面为平面，反射面的曲率半径已由两镜系统理论求得，由此可以近似得到 Klevtsov-Cassegrain 系统的初始结构参数（见图 4.55）。

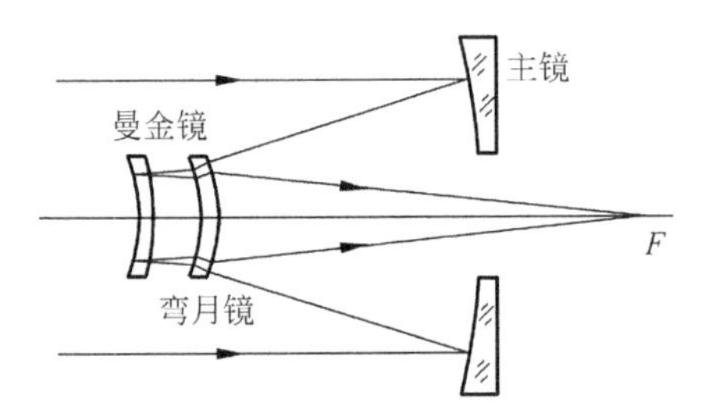

图 4.54　Klevtsov-Cassegrain 系统光路图

6. Pan-Cassegrain 系统

Pan-Cassegrain 系统由两镜系统发展而来（见图 4.56），其主次镜均为球面镜，在系统的

前端加一块薄平行平板，平行平板的一个面设定为四次方非球面，并在像面前引入了 2～4 块球面改正镜，对于具体的改正镜数目主要取决于系统的总焦比。

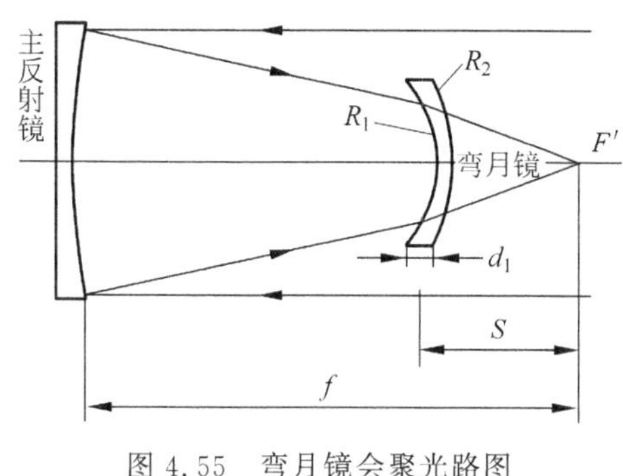

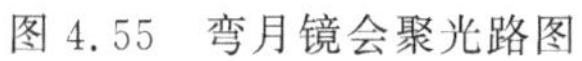
图 4.55　弯月镜会聚光路图

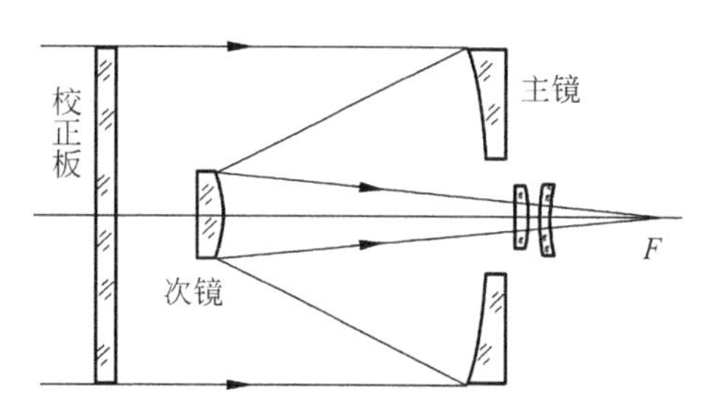

图 4.56　Pan-Cassegrain 系统的光路图

Pan-Cassegrain 系统在几何结构上类似于 Schmidt-Cassegrain 系统，对于轴外光线所产生的像差，可通过像面附近的改正镜组来校正。小改正镜组可以在软件优化时以平板输入，然后进行自动优化。平板到主镜之间的距离可以根据机械设计结构的需要来选定。这种系统主要应用于空间光学领域。

4.2.5　现代光学系统结构型式

随着光学系统的应用领域越来越广泛，对光学系统的技术指标参数的要求越来越高。现代光学系统往往要求光学系统具有大口径(或微小口径)、长焦距(或微小焦距)、高分辨率、成像质量好、结构简单、尺寸小、重量轻等特点，传统的光学系统已经不能完全满足这些要求，所以，一些新的光学系统结构型式应运而生。

1. 折射-衍射混合系统

折射-衍射混合系统是将折射光学元件与衍射光学元件结合起来的光学系统，如此结合，可获得新颖的设计。例如，Teledyne Brown Engineering 公司的宽视场傍轴红外望远镜就只采用了球面光学元件和一个二元光学校正器。衍射光学元件(Diffractive Optical Elements，DOE)即将透镜的某个表面蚀刻上二元光学图形，从而构成一种折射-衍射双面透镜。与普通的光学元件相比，DOE 能很好地消除热差和消色差。折射-衍射混合系统在很多领域都有广泛的应用，如大多数机载军用光学系统的工作环境温度变化范围比较大，由于折射-衍射混合系统具有很好的消热差特性，在机载红外成像系统中得到很好的应用。

2. 谐衍射光学系统

对于多波段或宽波段光学系统，普通 DOE 的平均衍射效率较低，这大大限制了它在混合光学系统中的应用。在现代军事侦察中，单一波段红外系统已不能满足全天候、高分辨率、抗干扰等要求。谐衍射光学元件(Harmonic Diffractive Optical Element，HDOE)的提出既保留了普通衍射透镜独特的性能，又可以在一系列分离的波长(实质为谐振波长)处获得相同的光焦度，而且可以大幅度提高各波段的衍射效率。因此，HDOE 可以用在多光谱、宽视场及大数值孔径的光学系统中。但是，由于 HDOE 只在一系列分离波长处获得很高的衍射效率，所以限制了其在宽波段成像光学系统中的应用。为了提高 HDOE 宽波段的衍射效率，多层 HDOE 应运而生。

3. 离轴三反光学系统

离轴三反光学系统设计是基于高斯光学理论，求取共轴三反光学系统结构作初始结构，通过光阑离轴或视场离轴，或者二者相结合的方法实现系统中心无遮拦，系统优化过程中，利用高次非球面来满足系统多种性能的要求。它除了具备与共轴全反射光学系统相同的优点，如无色差、无二级光谱、使用波段范围宽、易做到大孔径、抗热性能好、结构简单、宜轻量化等，还可成功解决系统中心的遮拦问题，且其系统优化变量多，在提高系统视场大小的同时能改善系统的成像质量。

解决中心遮拦主要有两种方法：一是将光阑放在次镜上，通过视场的倾斜来避免中心遮拦，光阑不离轴；二是将光阑置于主镜上，光阑离轴。

图 4.57 表示了一种通过视场倾斜来实现离轴的离轴三反光学系统结构。

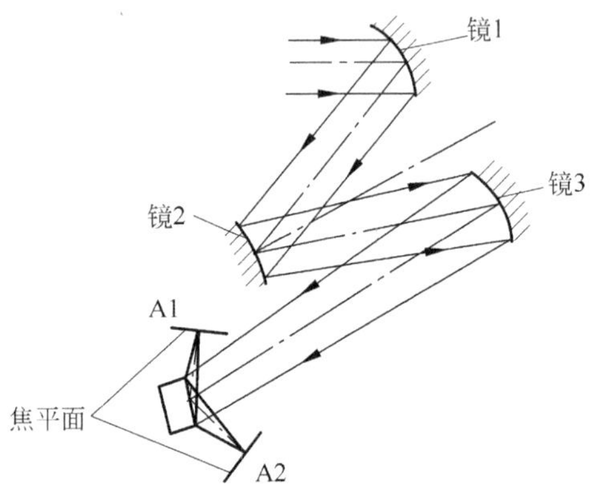

图 4.57　离轴三反光学系统

离轴三反系统(Off-axial TMA)由 3 个光焦度不为零的反射镜通过孔径离轴或视场偏置所组成。这种结构是一个无焦望远镜，不需要像卡塞格林式那样支撑次反射镜，还在抑制衍射光方面具有优势。该系统是在共轴三反(Coaxial TMA)系统的基础上设计而成的。在三反射光学系统中，变量个数多，从理论上说，可以同时消除球差、彗差、像散、场曲、畸变等光学像差，光学视场可以达到几度、十几度，甚至是几十度。不同的三反射光学系统的结构型式有着不同的光学性能，光学镜面可能均为非球面，若将部分非球面进行球面化设计，则会加大系统系统的结构尺寸或降低部分视场的光学像质，影响整机系统的性能。三反射系统光学结构的类型从镜面的凹凸类型可以分为 8 种，即凹-凸-凹型、凹-凸-凸型、凸-凹-凹型、凹-凹-凸型、凸-凸-凹型、凸-凹-凸型、凹-凹-凹型与凸-凸-凸型，为实现无场曲的应用，凹-凹-凹与凸-凸-凸的结构型式将不再适合，因此就剩下 6 种类型结构，其结构如图 4.58 所示，在该图中，仅取零视场与光阑离轴的结构型式。

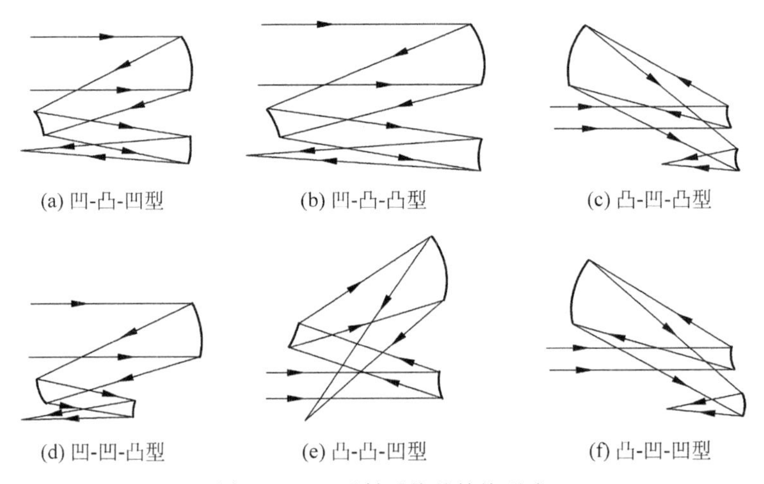

图 4.58　三反射系统的结构型式

三反射光学系统可以同时满足大孔径、高精度、大视场的要求，三反射消像散系统按照有无中间像面分为有中间像面与无中间像面的两种光学结构，常用的离轴三反射光学结构如图 4.59 所示，并且离轴三反射消像散光学系统（Off-axis Three-mirror-anastigmatic Telescope，Off-axis TMA Telescope）的性能更加优秀。

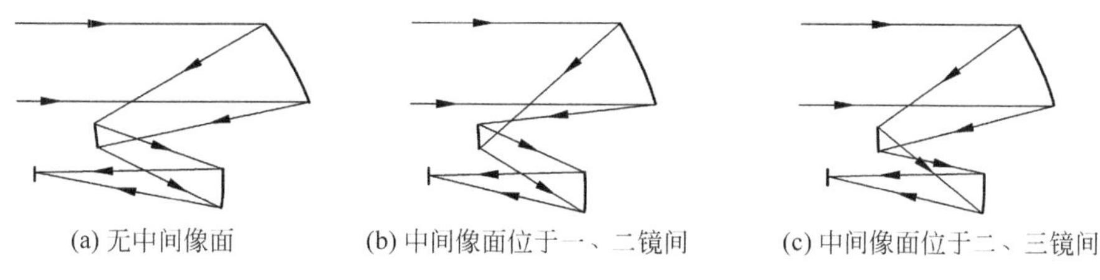

图 4.59　离轴三反射系统光学结构图

离轴三反系统具有大视场、结构简化等一系列优点，主要用于空间遥感、军事侦察、军事预警等仪器或设备中。近年来，国外开始在成像光谱仪望远系统中使用三反镜像散结构，如 HIRIS（High Resolution Imaging Spectrometer）、COIS（Coastal Ocean Imaging Spectrometer）等。在军用空间红外光学系统中，离轴三反系统得到很好的应用。

4. 多反射光学系统

多反射光学系统结构型式是指反射镜数量大于 3 的光学系统，以下是四反射和五反射系统的示例。

1）四反射光学系统

由四个光焦度不为零的反射镜组成的光学系统（其结构有同轴与离轴之别）称为四反射式光学系统。

四反射消像散光学系统是在三反射消像散光学系统的基础上另外引入一个镜面而成的，此时将总的光焦度由原来的 3 个镜面承担变为由 4 个镜面承担。因此，四反射系统结构型式也将更多。该类光学系统可以保证光学设计指标，同时可以在设计时将部分镜面进行球面化处理，起到降低制造难度的作用，尤其是对大相对孔径的光学系统，其意义重大。四反射光学系统如图 4.60 所示。

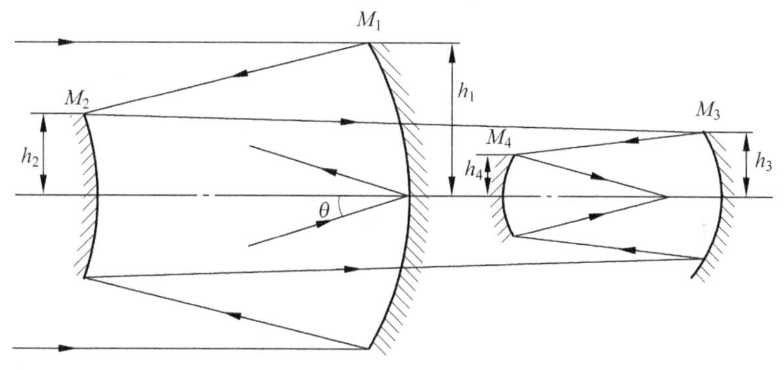

图 4.60　同轴四反射光学系统

此类结构型式主要用在空间遥感等需大视场、长焦距的光学系统中。

2）五反射系统

由 5 个光焦度不为零的反射镜组成的光学系统称为五反射系统（其结构有同轴与离轴

之别)。离轴五反的结构型式如图 4.61 所示。更多反射镜的系统会因为特殊需求而必须进行研究和研制。

5. 双视场光学系统结构

双视场系统一般分为两类：一类为切换式(插入式)，通过改变参与成像的透镜组达到改变光学系统焦距的目的。这类光学系统的特点是小视场光路中没有光学运动元件、其光轴稳定性好、系统切换时间短、透过率高，但透镜组的切入需要较大的空间，因而光学系统的横向尺寸较大，整体结构不紧凑，而且多次的透镜组切入易使两个视场光轴的一致性变差，因而对机械设计以及电子上控制精度要求较高。随着衍射元件的应用越来越广泛，可将衍射元件引入双视场光学系统中，可简化系统结构，减轻重量，使整机系统小型化、轻量化。第二类为透镜组的轴向移动式，即通过透镜组轴向间隔的变化来改变系统的焦距。这样不会占用横向的尺寸空间，而且反复的视场切换不易导致光轴一致性的偏移，使用中具有更好的优势。双视场光学系统光学结构如图 4.62 所示。

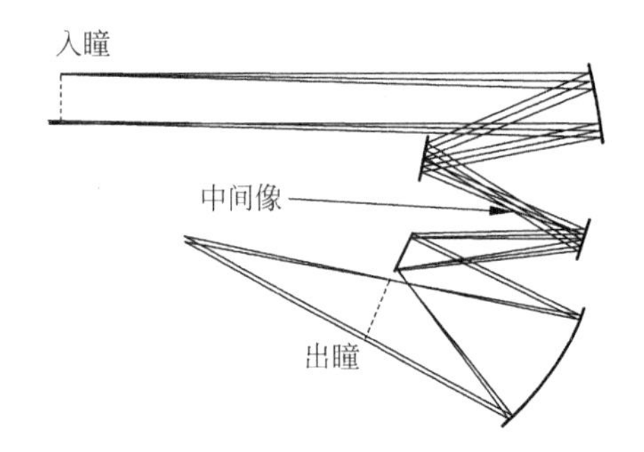

图 4.61　离轴五反射系统

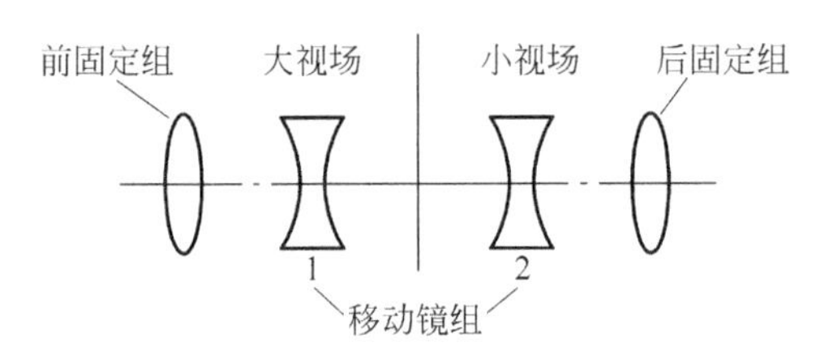

图 4.62　双视场光学系统结构

6.（红外）多（双）波段光学系统

红外辐射主要有近红外(0.75～2.5μm)、中红外(3～5μm)和远红外(8～14μm)3 个大气窗口。目前的大多数红外光学系统都工作在其中的某一个单波段，但是由于红外系统使用的区域不同、气候温度的改变、目标的伪装等，单一波段的系统获取信息就会减弱，特别是探测目标本身的操作或者行为的改变导致辐射波段移动等原因，使得探测系统不能获取目标或者探测准确度下降。

随着遥感和精密制导技术的发展，根据目标和背景的辐射和反射特性，对可见光或者红外光谱中的两个或者多个波段的辐射进行同时探测就显得非常重要。为了提高自身的生存能力和发现对方目标，在国外很早就提出了双波段成像系统的研究。此外，发展多(双)波段成像技术在工业、医学、航天、气象等民用方面也有广泛应用。因此，研究多(双)波段光学系统对军事领域和民用技术发展均有重要意义。

7. 自适应光学系统结构

自适应光学是新近发展起来的一种集光学、机械与电学于一体的技术。其系统能够实时测出光学误差，并通过校正元件自动加以补偿，从而使光学系统具有自动克服干扰保持良好性能的能力。也就是说，可对光学系统的波前变形进行实时校正，这样可放宽对仪器的热控要求，降低仪器研制经费，并且提高光学系统的成像质量。

自适应光学系统是一个闭环控制系统，它是以光学波前为控制对象的自动控制系统，通过对动态波前误差的实时探测、控制和校正，使光学系统自动克服外界干扰，维持系统良好的性能。自适应光学系统通常由波前传感(探测)器、波前控制(处理)器和波前校正器3个部分组成。波前传感器实时探测畸变波前的波前误差信息,波前控制器根据波前探测器探测到的波前进行斜率计算、波前重构以及控制算法,最后通过D/A转换输出控制信号,即将波前传感器探测到的波前误差信息转换为控制信号,波前校正器将波前控制器产生的控制信号转换为波前相位变化从而实时补偿湍流波前畸变。

自适应光学系统的核心器件为波前探测器和变形反射镜。目前波前探测器的主要技术有光栅剪切干涉波前探测技术、曲率波前探测技术、基准波前探测技术、Hartmann波前探测技术等。传统的自适应光学系统以变形镜为波前校正器,其特点是响应速度快,但是由于昂贵的价格、受限的单元数和宏观的机械运动等问题,使其在应用方面受到越来越大的限制。为此,许多新兴的波前校正器件,如液晶波前校正器和微机械变形镜等受到人们越来越多的关注。

自适应光学系统是将反馈控制用于光学系统内部而形成的。与一般的控制系统相比,有如下的特点:控制的目标是要达到良好的光学质量;控制精度为1/10波长,即数十到上百纳米数量级,甚至更高;控制通道数从几十到上百个;控制带宽达几百赫兹。

自适应光学技术已经广泛用在天文望远镜、星载相机等工作条件复杂、图像清晰度要求高的光学系统中。由于军用光学仪器对体积、质量、可靠性都有严格要求,为了使自适应光学技术在军事装备上得到应用,必须开展自适应光学系统的小型化、集成化的研究。随着微光刻技术、衍射光学、微电子、微机械制造技术等的发展,已经研制出了微透镜阵列、微小Hartmann-Shack(H-S)波前传感器组件以及微小型变形镜等自适应光学系统的关键部件。

8. 合成孔径光学系统

合成孔径系统是指利用干涉法、相干编码法和孔径组合的光学方法将容易制造的小口径光学系统合成为大口径系统。其中,小口径光学系统既可以是单独的镜片,也可以是独立的光学系统。

随着对地光学成像观测要求的逐步提高,迫切需要具有更高效费比的高分辨率大视场太空望远系统。由多子镜拼接的合成孔径光学系统在空间观测中将占据越来越重要的地位。这种结构型式的太空望远镜与普通光学系统在结构和成像性质上类似,但使用多块小口径子镜拼接成主镜来实现单一大口径光学系统的功能,可在发射时折叠、在轨展开,具有发射体积小、重量轻、口径大、分辨率高、部署灵活多变等优点。

合成孔径光学系统是由若干小孔径的圆形光学系统组成的光学系统,其孔径函数可以表示为圆域函数与二维冲击函数阵列的卷积,其结构型式如图4.63所示。

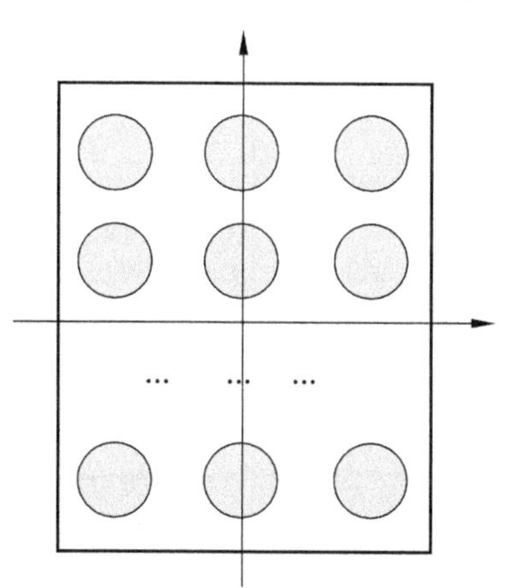

图4.63 合成孔径光学系统孔径示意图

合成孔径光学系统与传统单口径系统在点扩散函数(Point Spread Function,PSF)和MTF上的差异,使得合成孔径系统可以采用孔径组合的方法,得到与单个大口径系统相似的成像质量。合成孔径光学系统在军民用领域均有广泛应用。

9. 自适应编码孔径成像

编码孔径成像系统(波阵面编码成像)是混合光学-数字成像系统,也属于计算光学成像领域。采用多孔径编码掩模替代了具有聚光能力的光学元件(透镜、反射镜),这一掩模对将传播到一个二维探测器列阵的来自场景的波前进行编码,随后采用基于编码的掩模透射的知识,通过相关或解卷积对探测器的二维强度图像进行解码,恢复场景的图像。

自适应(可重构)编码孔径成像技术是美国和英国提出的一项能够进行实时大范围红外/可见光敏感和成像的新技术。自适应编码孔径传感器利用独特的成像结构实现大视场、类似于相控阵雷达的近瞬时波束方向操控和高分辨率,其编码的掩模可重构(例如,可以当作空间光调制器),用于恢复图像的解码算法和参数也可变。由于采用了可重构的编码孔径,能够敏捷地、自适应地成像。自适应编码光学系统在军用光电成像系统上的应用潜力是巨大的,有望满足更高的防御要求。

4.2.6 传统和现代光学系统结构型式比较

光学系统的结构型式各有所长,多种传统和现代光学系统结构型式之间的比较如表 4.5 所示。

表 4.5 传统和现代光学系统结构型式的比较

	结构型式	优点	缺点
传统光学系统	同轴反射式	(1) 没有色差和二级光谱,受温度影响较小,温度稳定性高; (2) 可使光路折叠,易实现长焦距、倒像等功能; (3) 反射镜表面可通过镀膜来处理,基底材料和具体机械结构的选择余地大,成本低,易得到大尺寸、稳定、重量轻的元件; (4) 工作波段宽	(1) 只能校正两种像差,而且存在中心遮拦(光通量、MTF 降低); (2) 多反射系统,结构复杂,且设计装调较难; (3) 大口径时,易受杂散光影响; (4) 安装误差灵敏度高,次镜支撑对准困难,装配难度大
	折射式	(1) 全通光口径,无中心遮拦且光能损失小,结构设计相对容易; (2) 较容易满足视场角的要求,容易获得多视场系统; (3) 像质优化潜力大,可通过非球面的使用来消球差,提高成像质量; (4) 光学系统安装误差灵敏度低,装配相对简单	(1) 口径不能做得很大,二级光谱大; (2) 温度效应严重,对材料要求严格,材料选择有限(红外波段); (3) 双分离透镜可以在材料不足的情况下使得色差为零,不过较难装配; (4) 筒体长,一般来说 $\sum L \geqslant f'$(L 为筒长,f'为系统焦距),轴上成像质量难以保证,很难调出理想像面; (5) 成本高
	折反射式	(1) 结构紧凑,其筒长通常是 $\sum L \leqslant 0.5f'$,且焦距可以做得很长,易实现长焦距; (2) 利用反射镜可折叠光路,使得镜头的体积和质量减小,且系统长度比焦距短; (3) 主次镜分担大部分光焦度,有利于无热化设计; (4) 主镜口径可以做到与入瞳大小相当; (5) 二级光谱较小,像质好,像质较纯反射式有所提高; (6) 运用非球面,可减少透镜数量、增大视场、提高成像质量	(1) 需要镜片较多,系统装配复杂,增加装配难度,使得成本提高; (2) 有中心遮拦,而且易受杂散光的影响较大; (3) 视场较小

续表

	结构型式	优　点	缺　点
现代光学系统	折衍混合系统(二元光的应用)	(1) 由于二元光学元件的色散与材料无关,仅依赖于波长,且色散系数为负值,故根据这个性质,在光学系统中采用折衍混合系统能够有效地校正色差; (2) 谐衍射透镜可以大幅度提高各波段的衍射效率; (3) 二元光学元件的应用使得系统对材料要求降低,增加了光学设计对材料选择的自由度,减少了对稀少和昂贵的材料的使用,二元光学元件具有微型化、易集成化和容易复制等优点,从而降低了成本和装调难度; (4) 衍射光学元件具有反向光热膨胀系数的特点,可以通过选择相匹配的材料设计出折衍射混合的热稳定结构,使光学系统满足空间恶劣温度环境的应用需求,故折射面与衍射面的组合可消热差,较易实现无热化设计	(1) 二元光学元件是一种表面三维浮雕结构,需要同时控制平面图形的精细尺寸和纵向深度,因而其制作难度大; (2) 衍射元件衍射效率偏低; (3) 受衍射光的影响,系统低频 MTF 降低; (4) 可用金刚石切削或是光刻法来制备,但是金刚石加工工具成本高,难以将其用在一些光学材料上制备衍射表面,而光刻法的加工工艺和设备无法适应各种不同尺寸光学元件要求; (5) 透射材料热特性使系统成像质量受外界环境温度影响较大
	离轴反射式(三反)系统	(1) 包括上述同轴反射式的优点,视场有所增大; (2) 以共轴三反系统结构为初始结构,光阑离轴或视场离轴,能够解决中心遮拦的问题;且其系统优化变量多,在提高系统视场大小的同时能改善系统的成像质量; (3) 无色差和二级光谱; (4) 抗热性能好,使用波段宽; (5) 易做到大孔径,结构简单,宜轻量化	(1) 结构不对称,加工装调技术要求精度很高,特别是大口径、离轴三反系统的装调,实现难度大,具有很大的技术挑战性和风险性; (2) 研制周期长,成本高
	双视场光学系统	(1) 能在同一系统内获得两个视场的成像; (2) 将衍射元件引入红外双视场光学系统中,可简化系统结构,减轻重量,使整机系统小型化、轻量化	(1) 分为两类:一类为改变参与成像的透镜组;另一类为透镜组轴向移动,若采用第一类,透镜组切入需要较大空间,使得系统横向尺寸较大,结构不紧凑,采用第二类精度难以控制; (2) 系统成像受外界温度影响; (3) 装调困难
	(红外)多(双)波段光学系统	能在共口径光学系统的条件下同时获得多波段(如长波红外和中波红外)信息	(1) 受到透射材料热特性的影响,系统成像质量受外界环境温度影响较大; (2) 系统笨重,装调困难

续表

	结构型式	优点	缺点
现代光学系统	自适应光学系统	(1) 实时探测、控制和校正使光学系统自动克服外界干扰，维持系统良好的性能，即对光学系统进行实时监控，自动调节光学系统受外界条件的影响； (2) 对于改善由镜面温度变形引起的球差、彗差、像散等高阶像差有很好的作用； (3) 自适应编码成像光学系统通过消除常规的光学元件降低了系统的质量和惯量矩，对给定的角分辨率可减小系统的厚度，且成本小，景深无限大，具有柔性故障模式，可以忽略图像失真和畸变	小型化、集成化的研究有待发展
	合成孔径光学系统	(1) 系统的传递函数可以通过改变子孔径光瞳的大小和相对位置来改善； (2) 合成孔径系统由于其单一孔径的口径较小，可达到较高的结构强度，系统可折叠，具有质量轻、口径大、分辨率高等优点； (3) 具有低惯量、低耗费，有利于系统制造成本的降低	(1) 和单一孔径相比，结构复杂，装调困难，在深空中应用不易冷却； (2) 由于合成孔径由 N 个孔径组成，每个系统的同一性、一致性的保证比较困难，对每个子孔径的精度要求高，一般要求精度优于 $\lambda/20$(λ 为波长)； (3) 合成孔径的图像质量随子孔径尺寸、排列方式及数量的改变而有所不同

光学系统的结构选型对于光学系统的成像质量至关重要，对于口径小、焦距短的系统，为使结构更加紧凑，可以采用折射式结构；对于大口径、长焦距的系统，大多采用反射或折反型式；如果系统有更高的要求可以采用谐衍射、合成孔径以及离轴反射式等结构型式。

4.3 光学设计及其发展

为了使读者全面掌握光学设计，有必要对光学系统的像差、光学设计所要完成的工作内容、光学设计的主要过程和基本步骤、像差与光学设计过程、光学系统设计要求，以及光学设计的发展等方面作详细的介绍。

4.3.1 像差概述

近轴光学主要讨论理想光学系统的成像特性。也就是说，所推导出的公式和得出的结论仅适用于光轴附近很小的区域，这个区域称为近轴区域。如果一个光学系统的成像仅限于近轴区域是没有什么实际意义的，因为进入的光能量太少，分辨率又很低。可以知道，分辨率和光学系统的通光口径有直接关系，口径越大，分辨率越高，进入系统的能量也越多。

事实上，任何光学系统都具有一定的孔径和视场。有的光学系统相对孔径很大，有的光学系统视场很大，大孔径、大视场的镜头也不少见。在这些情况下，仅仅用近轴光学理论来研究光学系统就不适合了。必须采用精确的三角光线追迹公式进行光线计算，求出光线在像面上的准确位置。这样得出的结果往往和近轴光线追迹公式得出的结果有差别，笼统地说，这种差别就是像差。当然，这种说法并不严密。像差是一个比较复杂的概念，很难用简单的几句话表达清楚。上面的说法并不很准确，只说明了轴上点的情况，没有论及不同视场的像差情况。

按照几何光学和近轴光学理论，一个点目标经过光学系统成像后仍为一个点。然而，实际情况并非如此，根据光的衍射理论，即使光学系统没有任何像差，在理想成像情况下，一个点目标经过该系统成像后，也不是一个点像，而是一个弥散的爱里斑（也称弥散斑）。实际上，绝对无像差的光学系统是不存在的。因此，由于光的衍射和光学系统像差的存在，一个点目标经过光学系统所成的像是一个比较复杂的图像，而不是一个点像，目标上各个点经过光学系统所成的像的综合就构成了整个目标的图像。

像差可以校正得尽量好，但衍射效应的影响是无法消除的。为了减少因衍射效应所导致的弥散斑的尺寸，在使用波长确定的情况下，可行的方法就是加大系统的通光口径，但通光口径的增加又受到像差的制约。

为做好光学设计，有必要回顾一下像差的知识。这里主要介绍像差的基本概念，通过理解像差的物理意义及其产生的主要原因，以降低或消除像差。学习像差概念就是要了解绝大多数实际光学系统的成像是不完善的，像差就是不完善之处的具体表述，几何像差是最直观、最容易同光学系统结构参数建立联系的表述方法。

像差（aberration）是指在光学系统中由透镜材料的特性或折射（或反射）表面的几何形状引起实际像与理想像的偏差，是指光学系统中的成像缺陷。理想像就是由理想光学系统所成的像。实际的光学系统，只有在近轴区域以很小孔径角的光束所生成的像才是完善的。但在实际应用中，需有一定大小的成像空间和光束孔径，同时还由于成像光束多是由不同颜色的光组成的，同一介质的折射率随颜色而异。因此实际光学系统的成像具有一系列缺陷。这就是像差。像差的大小反映了光学系统质量的优劣。像差可以分为几何像差和波像差两类。

几何光学上把像差（几何像差）分为单色光像差（球差、彗差、像散、场曲、畸变，其中球差、彗差、像散使像变模糊，场曲、畸变使像变形）和色光像差（位置色差、倍率色差）。物理光学上把像差称为波前像差或波阵面像差。是点光源发出的球面波经光学系统后形成的波形与理想球面波之间的距离。波前像差可以通过 Zernike 多项式周期表或球差、彗差等几何像差来表达。

几何像差主要有 7 种：球差（spherical aberration）；彗差（comatic aberration）；像散（astigmatism）；像面弯曲，也称像场弯曲、场曲（field curvature）；畸变（distortion）；位置色差；倍率色差。进一步全面说明如下：

球差：轴上球差（包括轴向球差、垂轴球差）；轴外球差（包括子午轴外球差、弧矢轴外球差）。

彗差：子午彗差；弧矢彗差；正弦差（相对弧矢彗差）。

像散：细光束像散；宽光束像散。

场曲：宽光束子午场曲；宽光束弧矢场曲；细光束子午场曲；细光束弧矢场曲。

畸变：绝对畸变；相对畸变。

位置色差：非近轴区域位置色差（轴向色差）；近轴区域位置色差；色球差；二级光谱。

倍率色差：非近轴区域倍率色差(也称放大率色差、垂轴色差)；近轴区域倍率色差。

轴外点以单色光被球面成像时，轴外单色像差有球差、彗差、像散、场曲、畸变。其中，球差和彗差属宽光束像差，像散、场曲和畸变属细光束像差。除场曲外，它们皆由辅轴球差引起，轴外点所处位置球差越大，其主光线偏离于辅轴越大，轴外像差也越大。若轴外点的主光线正好过球心，即主光线与辅轴重合时，即不会产生轴外像差。不过像面弯曲仍然存在。主要像差与孔径、视场的相互关系如表4.6所示。

表4.6 三级单色像差与孔径和视场角的相互关系

像 差	孔径依赖性	视场依赖性
球差	立方	—
彗差	平方	线性
像散	线性	平方
场曲	线性	平方
畸变	—	立方

用高斯公式、牛顿公式或近轴光线计算得到的像的位置和大小是理想像的位置和大小；而实际光线计算结果所得到的像的位置和大小相对于理想像的偏差，可作为像差的尺度。

在实际的光学系统中，各种像差是同时存在的，而对不同的光学系统影响的力度各异。因此在设计具体类型的光学系统时要抓住重点，有针对性地校正对其像质影响大的像差。像差影响了光学系统成像的清晰度、相似性和色彩逼真度等，降低了成像质量。值得一提的是，在所有的光学零件中，平面反射镜是唯一能成完善像的光学零件。

确定光学系统像差的最普通和最直接的方法就是追迹光线。除了追迹近轴光线之外，还要用光学三角公式追迹不同口径和视场下的光线(有时候也称这样的光线为大光线)，然后根据光线计算的结果来确定和分析各种像差。在计算机没有普及之前，光学设计者要把70%以上的精力花在“追”光线上。个人计算机的发展和普及把光学设计者从烦冗的光线计算中解脱出来，使其有充分的时间和精力致力于光学仪器和光电设备的总体结构分析，光学系统的总体设计、优化设计和质量评价等方面，以便研制出性能更好、功能更齐全的设备来。

单色初级像差又有轴上点像差和轴外点像差之分，轴上点单色像差只有球差一种，轴外点单色像差有彗差、像散、像面弯曲、畸变等。颜色像差的初级量主要有轴向(纵向)色差和倍率(横向)色差两种，高级色差主要有二级光谱、色球差等。像差有初级像差和高级像差之分，初级像差也叫作三级像差或赛得(Seidel)像差，而高级像差又有五级像差、七级像差之分。这里主要讨论像差的初级量。

以上讨论的都属几何像差，这种像差虽然直观、简单，且容易由计算得到。但对高质量要求的光学系统，仅用几何像差来评价成像质量有时是不够的，还需进一步研究光波波面经光学系统后的变形情况来评价系统的成像质量。波前像差分为低阶像差和高阶像差。按照Zernike多项式周期表，1～2阶为低阶像差，3阶以上为高阶像差。

几何光学中的光线相当于波阵面的法线，因此，物点发出的同心光束与球面波对应。此球面波经光学系统后，改变了曲率。如光学系统是理想的，则形成一个新的球面波，其球心即为物点的理想像点(实际上，由于受系统有限孔径的衍射，即使是理想系统也不可能对物点形成点像)。但是实际的光学系统的像点将使出射波面或多或少地变了形，不复为理想的球面波。这种实际波面相对理想波面的偏离就是波像差，一般可用实际波面和理想波面之间的光程差表示。

对于像差的数值计算，需掌握各种像差的基本概念，特别是初级像差，以及各种表面和薄透镜的三级像差贡献。光学计算通常要求6位有效数字的精度，这取决于光学系统的复杂程度、仪器精度和应用的领域。三角函数应在小数点后面取6位数，这相当于0.2″。这样的精度基本上满足了绝大多数使用要求。当然，结构尺寸较大的衍射极限光学系统要求的精度比这还要高些。

4.3.2　光学设计概述

光学设计所要完成的工作应该包括光学系统设计和光学结构设计，这里主要讨论光学系统设计。所谓光学系统设计，就是根据仪器所提出的使用要求和使用条件，来决定满足使用要求的各种数据，即决定光学系统的性能参数、外形尺寸和各光组的结构等。

为光电(光学)仪器设计一个光学系统，大体上可以分成两个阶段。第一阶段是根据仪器总体的技术要求(性能指标、外形体积、重量以及有关技术条件)，从仪器的总体(光学、机械、电路、控制及计算技术等)出发，拟定出光学系统的原理图，并初步计算系统的外形尺寸，以及系统中各部分要求的光学特性等。一般称这一阶段的设计为“初步设计”或者“外形尺寸计算”。第二阶段是根据初步设计的结果，确定每个透镜组的具体结构参数(半径、厚度、间隔、玻璃材料)，以保证满足系统光学特性和成像质量的要求。这一阶段的设计称为“像差设计”，一般简称“光学设计”。

这两个阶段既有区别，又有联系。在初步设计时，就要预计到像差设计是否有可能实现，以及系统大致的结构型式；反之，当像差设计无法实现，或者结构过于复杂时，则必须回过头来修改初步设计，一个光学仪器工作性能的好坏，初步设计是关键。如果初步设计不合理，严重的可致使仪器根本无法完成工作；其次会给第二阶段的像差设计工作带来困难，导致系统结构过分复杂，或者成像质量不佳。当然在初步设计合理的条件下，如果像差设计不当，同样也可能造成上述不良后果。评价一个光学系统设计的好坏，一方面要看它的性能和成像质量；另一方面还要看系统的复杂程度，一个好的设计应该是在满足使用要求(光学性能、成像质量)的情况下，结构设计最简单的系统。

初步设计和像差设计这两个阶段的工作，在不同类型的仪器中所占的地位和工作量也不尽相同。在某些仪器，例如，在大部分军用光学仪器中，初步设计比较繁重，而像差设计相对来说比较容易；在另一些光学仪器，例如，在一般显微镜和照相机中，初步设计则比较简单，而像差设计却较为复杂。

也可以把光学设计过程分为4个阶段：外形尺寸计算、初始结构的计算和选择、像差校正和平衡以及像质评价。

1. 外形尺寸计算

光学系统的外形尺寸计算要确定的结构内容包括系统的组成、各光组元的焦距、各光组元的相对位置和横向尺寸。外形尺寸计算基本要求如下：

(1) 系统的孔径、视场、分辨率、出瞳直径和位置；

(2) 几何尺寸，即光学系统的轴向和径向尺寸，整体结构的布局；

(3) 成像质量、视场、孔径的权重等。

也就是说，在这个阶段要设计拟定出光学系统原理图，确定基本光学特性，使满足给定的技术要求，即确定放大倍率或焦距、线视场或角视视场、数值孔径或相对孔径(相对口径)、共轭距、后工作距离光阑位置等。对于变焦光学系统，还要得出各个透镜组之间的间隔及运动透镜组凸轮曲线。因此，常把这个阶段称为外形尺寸计算。一般都按理想光学系统的理论和计算公式进行外形尺寸计算。在计算时一定要考虑机械结构和电气系统，以防止在结构上无法实现。每项性能的确定一定要合理，要求过高会使设计结果复杂造成浪费，要求过低会使设计不符合要求，因此这一步骤要慎重行事。

2. 初始结构的计算和选择

初始结构的确定常用以下两种方法。

1) 根据初级像差理论求解初始结构

这种求解初始结构的方法就是根据外形尺寸计算得到的基本特性，利用初级像差理论来求解满足成像质量要求的初始结构。

2) 从已有的资料中选择初始结构

这是一种比较实用又容易获得成功的方法。因此它被光学设计者广泛采用。但其要求设计者对光学理论有深刻的了解，并有丰富的设计经验，只有这样才能从类型繁多的结构中挑选出简单而又合乎要求的初始结构。

初始结构的选择是透镜设计的基础，选型是否合适关系到以后的设计是否成功。如果选择了一个不好的初始结构，再好的设计者也无法使设计获得成功。

3. 像差校正和平衡

初始结构选好后，要在计算机上用光学计算程序进行光路计算，算出全部像差及各种像差曲线。从像差数据分析就可以找出主要是哪些像差影响光学系统的成像质量，从而找出改进的办法，开始进行像差校正。像差校正和平衡是一个反复进行的过程，直到满足成像质量要求为止。

4. 像质评价

可以把目标看作是由大量的点元组成的集合体。目标中的每一个点通过光学系统成像后均为一个弥散斑，这些弥散斑的集合就构成了目标的图像。因此，详细讨论点目标(包括轴上点和轴外点)的成像特性，并对其成像质量进行评价是十分有意义的。

一个光学系统对点目标所成的像，弥散斑的尺寸有多大，是衍射效应占主导还是几何像差占主导，多大尺寸的弥散斑是可以接受的，弥散斑内的能量是如何分布的，图像的对比度降低了多少，该系统的整体质量如何，这些问题集中起来就是像质评价要解决的主要内容。

一个光学系统，如果像差校正得很好，整个波前变形量控制在1～2个波长范围之内，这样的像差主要影响爱里斑内的能量分布，基本上不影响爱里斑中央亮盘的大小。把这类光学系统称为小像差系统；对于大于上述波像差的光学系统，称为大像差系统，二者的评价方法是有差别的。对于小像差光学系统，通常用波像差来考虑，对于大像差系统，常用几何像差来评价。

像质评价经历了一个由简单到复杂，由主观评价到客观评价的发展历程。有一些评价方法，如点列图法和能量集中度法，虽然是很好的客观评价方法，但由于需要计算的光线太多，在计算机出现之前是无法实际应用的。

光学系统的成像质量与像差的大小有关，光学设计的目的就是要对光学系统的像差给予校正。但是任何光学系统都不可能也没有必要把所有像差都校正到零，必然有剩余像差的存在，剩余像差大小不同，成像质量也就不同。因此光学设计者必须对各种光学系统的剩余像差的允许值和像差公差有所了解，以便根据剩余像差的大小判断光学系统的成像质量。对光学系统的质量评价一般分两个阶段进行。第一个阶段是对光学系统的设计质量的评价；第二个阶段是对加工装调好的镜头或仪器的整体质量进行评价。评价光学系统的成像质量的方法很多，对设计质量的评价方法主要有像差曲线、极限分辨率、点列图、能量集中度、光学传递函数等。对加工装调好的镜头的评价方法主要有星点法、刀口法、阴影法、分辨率测量、调制传递函数测量等。这里简单介绍几种最常使用的像质评价方法。

1）瑞利判断

实际波面与理想（参考）波面之间的最大波像差 ΔW 来判断系统质量。当 $\Delta W\leqslant\frac{\lambda}{4}$时，认为系统是完善的。主要适用于小像差系统，如望远镜、显微物镜等。其优点是计算量较小，也比较方便；缺点是不够严格（对于不同光学系统，或一个光学系统的不同视场，不应该都以 $\Delta W\leqslant\frac{\lambda}{4}$为指标，而应有所不同）。

2）分辨力与分辨率

分辨力是反映光学系统分辨物体细节的能力（或两个像点间的距离）。瑞利提出“能分辨开两点间的距离等于爱里斑半径”。亦即当一个点的衍射图中心与另一个点的衍射图的第一暗环重合时，正好是这两个点刚能分开的界限。分辨力由不同系统的具体情况确定。主要用于大像差系统。其优点是定量、方便；缺点是对于小像差系统不准确（因为分辨力主要和相对孔径，照明条件，观测对象有关，不能准确反映像差情况）。值得注意的是，分辨率是指图像的精密度，是指单位面积（尺度）所能显示的点数（线数）的多少，可显示的点数（线数）越多，画面就越精细；可以把整个图像想象成是一个大型的棋盘，而分辨率的表示方式就是所有经线和纬线交叉点的数目。分辨率的单位与分辨力的单位不同，分辨率是指清晰度，分辨力是指精确度。

3）点列图

由一点发出的许多光线经光学系统以后，由于像差等原因，使其与像面的交点不全集中于同一点，而形成一个分布在一定范围内的弥散图形（散开的点阵分布），称为点列图。通常用集中 30％以上的点或光线的圆形区域为其实际有效的弥散斑，它的直径的倒数为系统能分辨的条数。还有将集中 68％左右能量的弥散斑直径视为像点尺寸，以此作为点列图度量。点列图一般用于评价大像差系统，优点是方便、直观；缺点是不够严谨（计算的光线越少，越不准确）。

4）星点检验

通过考查点光源（称为星点）经过光学系统后，在像面及其前后不同截面所形成的衍射像（即星点像）的光强分布，定性评价光学系统的成像质量。它是把实际系统的星点像与理论系统进行比较，不同的系统有不同的要求。可应用于一般光学系统。其优点是方便、直观；缺点是不定量，只是定性比较。

5）中心点亮度

有像差时衍射图形中最大亮度与无像差时最大亮度之比称为中心点亮度（S. D）。当

S. D≥0.8 时，认为系统是完善的。主要适用于望远镜、显微镜等小像差系统。其优点是比较严格、可靠；缺点是计算比较复杂。

6）光学传递函数

一个非相干光学系统，可看作是一个低通线性滤波器，即给光学系统输入一个正弦信号（光强正弦分布的目标），其输出仍是同频率的正弦信号，但像的对比（Modulation Transfer Function，MTF）有所下降，位相（Phase Transfer Function，PTF）有所移动，而且对比下降程度和位相移动的大小是空间频率 N 的函数。其中 MTF(N)称为调制传递函数或对比传递函数，PTF(N)称为位相传递函数，二者统称光学传递函数（Optical Transfer Function，OTF）OTF(N)。

也就是说，此方法是基于把物体看作是由各种频率的谱组成的，也就是将物的亮度分布函数展开为傅里叶级数或傅里叶积分。把光学系统看作是线性不变系统，这样，物体经光学系统成像，可视为不同频率的一系列正弦分布线性系统的传递。传递的特点是频率不变，但对比度下有所下降，相位发生推移，并截止于某一频率。对比度的降低和位相的推移随频率而异，它们之间的函数关系称为光学传递函数。由于光学传递函数与像差有关，故可用来评价光学系统成像质量。它具有客观、可靠的优点，并且便于计算和测量，它不仅能用于光学设计结果的评价，还能控制光学系统设计的过程、镜头检验、光学总体设计等各方面。

4.3.3 光学设计的主要过程和基本步骤

了解光学设计包括哪些主要过程和基本步骤，是进行设计工作的基本要求。

1. 光学设计的主要过程

光学设计的主要过程如下。

1）制定合理的技术参数

从光学系统对使用要求满足程度出发，制定光学系统合理的技术参数，这是设计成功与否的前提条件。

2）光学系统总体设计和布局

光学系统总体设计的重点是确定光学原理方案和外形尺寸计算。为了设计出光学系统的原理图，确定基本光学特性，使其满足给定的技术要求。首先要确定放大率（或焦距）、线视场（或角视场）、数值孔径（或相对孔径）、共轭距、后工作距、光阑位置和外形尺寸等。因此，常把这个过程称为外形尺寸计算。

在上述计算时，还要结合机械结构和电气系统，以防止这些理论计算在机械结构上无法实现。每项性能的确定一定要合理，过高的要求会使设计结果复杂，造成浪费；过低的要求会使设计不符合要求，因此，这一步必须慎重。

3）光组的设计

一般分为选型，初始结构的计算和选择，像差校正、平衡与成像质量评价 3 个阶段。

（1）选型。光组的划分，一般以一对物镜共轭面之间的所有光学零件为一个光组，也可将其进一步划小。现有的常用镜头可分为物镜和目镜两大类，目镜主要用于望远和显微系统，物镜可分为望远、显微和照相摄影物镜三大类。镜头在选型时首先应依据孔径、视场及焦距来选择镜头的类型，特别要注意各类镜头各自能承担的最大相对孔径、视场角，在大类型的选型上，应选择既能达到预定要求而又结构简单的一种，选型是光学系统设计的出发点，选型是否合理、适宜是设计成败的关键。

(2) 初始结构的计算和选择。初始结构的确定常用以下两种方法：

① 解析法(代数法)，即根据初级像差理论来求解初始结构。这种方法是根据外形尺寸计算得到的基本特性，利用初始像差理论来求解满足成像质量要求的初始结构，即确定系统各光学零件的曲率半径、透镜的厚度和间隔、玻璃的折射率和色散等。

② 缩放法，即根据对光组的要求，找出性能参数比较接近的已有结构，将其各尺寸乘以缩放比，得到所要求的结构，并估计其像差的大小或变化趋势。

(3) 像差校正、平衡与成像质量评价。初始结构选好后，要在计算机上进行光路计算，或用像差自动校正程序进行自动校正，然后根据计算结果画出像差趋向，分析像差，找出原因，再反复进行像差计算和平衡，直到满足成像质量要求为止。

4) 长光路的拼接与统算

以总体设计为依据，以像差评价准则，来进行长光路的拼接与统算，若结果不合理，则应反复试算并调整各光组的位置与结构，直到达到预期的目的为止。

5) 绘制光学系统图、部件图、零件图

绘制各类图纸，包括确定各光学零件之间的相对位置，光学零件的实际大小和技术条件。这些图纸是光学零件加工、检验，部件的胶合、装配、校正，乃至整机装调、测试的依据。

2. 光学设计基本步骤

光学设计就是选择和安排光学系统中各光学零件的材料、曲率和间隔，使得系统的成像性能符合应用要求，一般设计过程基本是减小像差到可以忽略不计的程度。从某种角度说，光学设计可以概括为以下几个步骤：

(1) 选择系统的类型；

(2) 分配元件的光焦度和间隔；

(3) 校正初级像差；

(4) 减小残余像差(高级像差)。

以上每个步骤可以包括几个环节，循环执行这几个步骤，最终会找到一个满意的结果。

从另一个具体角度来说，光学设计也可以概括为以下几个步骤：

(1) 确定设计指标；

(2) 光学系统外形尺寸计算、可行性分析、设计指标修正；

(3) 光学系统初始结构设计；

(4) 像差平衡，必要时修改初始结构；

(5) 像质评价与公差分析；

(6) 绘制光学系统图、部件图、零件图；

(7) 完成设计报告或设计说明书；

(8) 必要时进行技术答辩或技术评审。

4.3.4 像差与光学设计过程

关于如何进行光学设计，一直有两种观点。一种观点主张以像差理论为基础，根据对光学系统的质量要求，用像差表达式，特别是用三级像差表达式来求解光学系统的初始结构，然后计算光线并求出像差，对其结果进行分析。如果不尽如人意，那么就要在像差理论的指导下，利用校正像差的手段(弯曲半径、更换玻璃、改变光焦度分配等)进行像差平衡，直到获得满意的结果。如果最后得不到满意的结果，那么就要重新利用像差理论求解初始结构，而后再重复上述的过程，直到取得满意的结果。

另一种观点是从现存的光学系统的结构中找寻适合于使用要求的结构，这可从专利或文献中查找，然后计算光线，分析像差，采用弯曲半径，增加或减少透镜个数等校正像差的手段，消除和平衡像差，直到获得满意的结果。对于常规物镜，如 Cooke 三片、双高斯、Petzval 物镜等，常采用这种方法。这种方法需要计算大量的光线(计算机发展到今天，这已不成问题)，同时需要光学设计者有较丰富的设计经历和经验，以便对设计结果进行评价。

通常可以把二者结合起来，以像差理论为指导，进行像差平衡。特别是计算机发展到今天，光学计算已经不是干扰光学设计者的问题了。对于常规镜头，通常不再需要像以前那样从求解初始结构开始，而是根据技术指标和使用要求、从光学系统数据库或专利目录中找出合适的结构，然后进行计算和分析。采用自动光学设计程序和优化方法，再加上人的丰富经验，总会得到令人满意的结果。但对于非寻常的物镜结构，或者特殊要求的物镜，采用现成结构很可能满足不了要求，这时就要从技术指标和像差要求出发，求解初始结构。然而不管采用哪种力法，都要掌握光学设计理论和积累丰富的光学设计经验。

光学计算所花费的时间明显地取决于设计者的技巧和所使用的计算设备的先进程度。计算技术发展到今天，即使使用普通的个人计算机，光学计算所需的时间也已经很少了。但要对一个复杂的系统进行优化设计，特别是全局优化设计时，还是要花费一定的时间的。

光学设计在很大程度上来讲就是像差设计。光学系统的具体设计也可分为 3 个阶段：一是选型；二是初始结构的计算和选择；三是像差校正、平衡与成像质量评价。初始结构选好后，逐次修改结构参数，使像差得到最佳的校正与平衡，接着对结果进行评价。这几个阶段都需要设计者掌握较全面和坚实的像差理论。

像差校正与平衡是一项反复修改结构参数逐步逼近最佳结果的工作。在计算机辅助光学设计中，采用像差自动平衡的方法，充分挖掘系统各结构参数的校正潜力，极大地加快了设计进程，且显著地提高了设计质量。值得指出的是，好结果的取得仍然是相当困难的事，往往是在多个结果比较中优中选优。

当像差已校正与平衡到良好的状态后，需要借助适当的方法对像质做全面的评价，其判据(或指标)视像差的允差或传递函数的值，决定设计结果是否符合要求。如尚未达到要求，仍需继续做像差平衡工作；如发现再怎样做像质还是提高不大，则可以基本上判定这是“迷宫”中某道路的“死胡同”，应另选结构型式或另定初始参数，重复上述设计步骤继续工作，直到取得满意的结果为止。

4.3.5 光学系统设计技术要求

任何一种光学仪器的用途和使用条件必然会对它的光学系统提出一定的要求，因此，在进行光学设计之前一定要了解对光学系统的要求。光学系统要求概括起来有以下几个方面。

(1) 光学系统的基本特性。光学系统的基本特性有：数值孔径或相对孔径；线视场或视场角；系统的放大率或焦距。此外还有与这些基本特性有关的一些特性参数，如光瞳的大小和位置、后工作距离、共轭距等。

(2) 系统的外形尺寸。系统的外形尺寸，即系统的横向尺寸和纵向尺寸。在设计多光组的复杂光学系统时，外形尺寸计算以及各光组之间光瞳的衔接都是很重要的。

(3) 成像质量。成像质量的要求和光学系统的用途有关。不同的光学系统按其用途可提出不同的成像质量要求。对于望远系统和一般的显微镜只要求中心视场有较好的成像质量；对于照相物镜要求整个视场都要有较好的成像质量。

(4) 仪器的使用条件。在对光学系统提出使用要求时，一定要考虑在技术上和物理上实现的可能性。如生物显微镜的放大率 Γ 要满足 $500\mathrm{NA}\leqslant\Gamma\leqslant1000\mathrm{NA}$ 条件(NA 为数值孔径)，望远镜的视觉放大率一定要把望远系统的极限分辨率和眼睛的极限分辨率一起来考虑。此外，还应考虑系统的使用环境条件。

具体来说，还可分为光学系统的基本要求和光学系统技术要求。

1. 光学系统的基本要求

光学系统的基本要求包括如下：

(1) 性能。

① 提供理想像质，足够分辨视场内最小尺寸的特定物体；

② 弥散像元尺寸与探测器像素尺寸匹配；

③ 有效孔径和透过率必须足够满足设计要求。

(2) 构型选择。

① 设计型式必须能满足所需的性能；

② 特殊的技术要求比如在扫描系统、红外系统中的光阑等，要符合要求。

(3) 原材料、元件的可采购性、可检测性和经济性。

(4) 可制造性应考虑最小尺寸、最大尺寸、重量、工艺、工装、环境影响。

2. 光学系统技术要求

光学系统技术要求包括如下：

(1) 基本要求，包括物距、成像方式、像距、结构、F 数或数值孔径(Numerical Aperture, NA)、放大率、全视场、透过率、焦距、渐晕等。

(2) 成像质量要求，包括探测器类型、主波长、光谱范围、光谱权重(@3 或 5λ)、MTF、均方根值(Root Mean Square, RMS)、波前衰减、能量中心度、畸变、杂散光等。

(3) 机械和包装要求，包括长度、直径、后焦距、光学载重、物像间距离等。

(4) 特殊具体要求，包括中心遮拦、环境(温度、振动等)、离轴抑制、元件数量、材料、倾斜度、价格准则、光照度等。

(5) 红外系统的要求(如冷反射、扫描噪声、放大、扫描几何图、冷屏效率等)和紫外系统的要求(如散射)。

(6) 由于在 MWIR 和 LWIR 波段，其波长约为可见光波长的 8 倍和 20 倍，紫外波段的波长约为可见光波长的一半，因此，在对不同波段进行光学系统设计时，在具体材料选择、结构型式、加工装配等方面，必须区别对待。

(7) 始终考虑鬼影(像)的可能影响。鬼影是由光线在系统中光学元件(如透镜)表面的多次反射造成的，虽然鬼影在很多时候不是问题，但最好对这种情况进行分析。

(8) 其他系统要求。

3. 典型规格

某光学系统，其典型规格如下：焦距、F 数、通光孔径、全视场、光谱范围和相对波长权重、封装要求（长度、直径、后焦距）、环境参数[温度变化，梯度（径向、轴向）]、透过率和相对照度（有渐晕）、畸变、性能（MTF、RMS、波前衰减、能量中心度、其他）。

4.3.6 光学设计与计算光学设计的发展概况

在数百年来的光学发展过程中，成像模型不断被完善与创新，光源、光学系统、传感器、光学调制器等成像要素不断革新，从而能够对光信号进行高维高分辨率的调制与采集，逐渐形成了较完整的光学设计理论。另一方面，伴随着信息时代的到来，数字信号计算与处理、机器视觉与学习、大数据等领域都有了本质飞跃，使得更庞大、更迅捷的智能信息计算成为可能。在这样的大背景下，上述两大领域碰撞出火花，催生了计算光学设计理论的发展。

1. 光学设计的发展概况

早期，还在牛顿、伽利略时期，受限于当时的计算能力，镜头设计者们期望用通过最少的计算获得一个镜头设计结果。随着光学设计理论的发展，设计师们发现了其中的窍门：只需计算一根中心视场的边缘光线和一根边缘视场的主光线，就可以获得镜头焦距、主面位置、光阑孔位置和大小、入瞳出瞳位置、景深等描述镜头性能的框架性数据；在此基础上再计算两根边缘视场的边缘光线和弧矢方向的主光线，就能获得包括球差、彗差、像散等基础像差在内的像质评估数据；基于这些数据，根据实际的焦距、工作距等需求，列出方程，即可求解出镜头结构。这些是在学习光学理论时的主要理论框架，一系列经典镜头结构也由此而来。

光学设计是 20 世纪发展起来的一门学科，至今已经历了一个漫长的过程。最初生产的光学仪器是利用人们直接磨制的各种不同材料、不同形状的透镜，并把这些透镜按不同情况进行组合，找出成像质量比较好的结构。由于实际制作比较困难要找出一个质量好的结构，势必要花费很长的时间和很多的人力、物力，而且也很难找到各方面都较为令人满意的结果。

为了节省人力、物力，后来逐渐把这一过程用计算的方法来代替。对于不同结构参数的光学系统，由同一物点发出，按光线的折射、反射定律，用数学方法计算若干条光线；根据这些光线通过系统以后的聚焦情况，即根据这些光线像差的大小，就可以大体知道整个物平面的成像质量；然后修改光学系统的结构参数，重复上述计算，直到成像质量令人满意为止。这样的方法叫作“光路计算”，或者叫作“像差计算”，光学设计正是从光路计算开始发展的。用像差计算来代替实际制作透镜这当然是一个很大的进步，但这样的方法仍然不能满足光学仪器生产发展的需要，因为光学系统结构参数与像差之间的关系十分复杂，要找到一个理想的结果，仍然需要经过长期繁重的计算过程，特别是对于一些光学特性要求比较高、结构比较复杂的系统，这个矛盾就更加突出。

为了加快设计进程，促进人们对光学系统像差的性质及像差和结构参数之间的关系进行研究，希望能够根据像差要求，用解析的方法直接求出结构参数，这就是所谓“像差理论”的研究。但这方面的进展不能令人满意，迄今为止像差理论只能给出一些近似的结果，或者给出如何修改结构参数的方向，加速设计的进程，但仍然没有使光学设计从根本上摆脱繁重的像差设计过程。

正是由于光学设计的理论还不能采用一个普遍的方法，根据使用要求直接求出系统的结构参数，而只能通过计算像差，逐步修改结构参数，最后得到一个较满意的结果，所以设计人员的经验对设计的进程有着十分重要的意义，因此学习光学设计，除了要掌握像差的计算方法和熟悉像差的基本理论之外，还必须学习不同类型系统的具体设计方法，并且不断地从实践中积累经验。

工具的革命通常会带来一种技术的飞跃式发展，光学设计也一样。自从计算机出现后，由于计算能力指数级的上升，虽然对传统的设计方法也有很大的帮助，可以更精准、更快地求解方程而获得镜头结构；但是另一类基于大量计算力的设计方法却更加具有革命性：区别于通过计算直接获得每个镜片的参数，设计师们建立了每个镜片参数和所期望目标之间的联系，然后改变每个参数，观察评估值的变化，计算出改进的方向，再重复上述过程，迭代出最终的设计结果。这也就是常说的优化的方法。

在优化的过程中，真正设计的不是每个镜片的参数，而是设计各种“像差”，当然这里的像差是广义的，例如一个镜片的边缘厚度，如果超出了我们的期望值，也可以认为是一种“像差”。这使得光学设计工作变成了在理论指导下的一种“调整的技巧”，并且在事实上降低了入门门槛。一个光学设计工程师不需要再去分配每个镜片的光焦度、列公式计算像差，而只需要掌握一些软件使用的技巧，加上一些耐心和一些运气，就有可能获得一个不错的设计结果，因此这种设计方法已基本上成为了“主流”。

举例来说，对于传统变焦镜头的设计方法，时至今日，还是有不少的设计是基于理论计算获得的，尤其是在变焦镜头设计领域。由于变焦镜头的复杂性，其各个焦距结构之间并不一定存在连续性，但各个变焦结构之间又具有很强的相关性，一般的迭代优化方法很难再像以往一样奏效。当要寻找一个可用的初始结构时，除了去各专利库碰碰运气，有时还得排除专利中的“故意挖坑”，设计师们又必须开始学习复杂的变焦理论，计算各个变焦组、变倍组、补偿组光焦度，综合各类基础像差，列出方程并求解。这样的设计方法不仅有非常高的设计入门门槛，而且即使对于掌握了这种方法的工程师来说，通过求解方程也不是一个很有效率的设计方法。

现在情况有了变化。常规工程师在一个领域内通常只会学习一种软件，例如成像设计学 ZEMAX 或 CODEV，非成像设计学 Tracepro、Lighttools 或者 ASAP，因为各个软件在不同的领域都有其独特的优势，另一方面，从各个软件的文档和案例去学习和理解光学设计是一种有效的学习方法。因此可使用 SYNOPSYS 软件进行光学变焦镜头的设计。简单来说，SYNOPSYS 使得设计“像差”而非设计“透镜”这一思想能够在变焦领域内继续实现。如同定焦镜头设计一样，不用再去计算和分配各变倍组光焦度，甚至都不用掌握变焦设计理论的基本框架，只需要从“外部”去描述一个希望获得的镜头的性能，例如变焦的范围、F数、后焦距、镜片数量、光阑孔位置、每个变焦组的数量，以及一些常规的外形尺寸限制，然后让程序自动去寻找合理的结构，剩下的就是从程序计算的结果中挑选满意的结果并进行微调即可。

可以看出，由于计算机的出现，使光学设计人员从繁重的手工计算中解放出来，过去需要一个人几个月的时间进行的计算，现在用计算机只要几分钟或几秒钟就完成了。设计人员的主要精力已经由像差计算转移到整理计算资料和分析像差结果方面。光学设计的发展除了应用计算机进行像差计算外，还进一步让计算机代替人做分析像差和自动修正结构参数的工作，这就是所谓的“自动设计”或者“像差自动校正”。

现在大部分光学设计都在不同程度上借助于这样或那样的自动设计程序来完成。有些人认为在有了自动设计程序以后，似乎过去有关光学设计的一些理论和方法已经没用了，只要能上机计算就可以完成光学设计了。其实不然，要设计一个光学特性和像质都满足特定使用要求而结构又最简单的光学系统，只靠自动设计程序是难以完成的。在使用自动设计程序的条件下，特别是那些为了满足某些特殊要求而设计的新结构型式，主要是依靠设计人员的理论分析和实际经验来完成的，因此，即使使用了自动设计程序，也必须学习光学设计的基本理论，以及不同类型系统具体的分析和设计方法，才能真正掌握光学设计。

光学设计的发展经历了人工设计和光学自动设计两个阶段，实现了由手工计算像差、人工修改结构参数进行设计，到使用计算机和光学自动设计程序进行设计的巨大飞跃。国内外已出现了不少功能相当强大的光学设计 CAD 软件。如今，CAD 已在工程光学领域中普遍使用，从而使设计者能快速、高效地设计出优质、经济的光学系统。然而，不管设计手段如何变革，光学设计过程的一般规律仍然是必须遵循的。

然而，这样的光学设计与后期的探测器、图像处理设计，以往是分开进行的，往往导致光学成像缺陷和由图像处理所致缺陷难以相互补偿，错失全局最优设计，所以基于光电系统总体一体化优化设计方法的计算光学设计方法应运而生。

2. 计算光学设计的概况

传统光学成像系统一般通过增加光学元件数量、引入非球面甚至自由曲面来消除系统像差，提高成像质量。光学设计问题主要是通过优化光学材料、光学结构来控制像差，同时保证系统的制造公差和制造成本在可接受的范围内。如何在保证像质的前提下使得具有复杂结构的光学系统简单化、小型化和轻量化成为光学设计近年来的研究热点。

随着数字图像处理技术的发展，越来越多的研究关注于将数字图像处理过程作为整个图像获取系统的一部分，使得高质量图像的获取不再唯一依赖高质量的硬件镜头。计算(光学)成像技术通过将光学设计与计算消像差相结合的方式来获取高像质图像，它突破了传统仅仅依靠复杂化光学系统来获取高像质图像的思维方式，其明显优势在于能够用简单的光学系统获取像质与复杂镜头相媲美的图像，达到精简镜头结构、降低成本的目的，从而为光学(系统)设计指明了新的研究方向。

1) 简单光学系统的计算成像

简单光学系统的计算成像是计算成像的典型应用，该技术是一种新兴的结合图像处理方法简化光学系统的技术，通过放松前端光学系统设计中的成像质量要求，在后端利用图像复原算法去除系统的残余像差，从而使系统得到简化，在保证高像质的同时，实现前端光学系统的低成本、小型化的目的。

这里以简单透镜计算成像为例说明。传统的成像光学系统结构一般都比较复杂，简单透镜成像技术的目的是利用简单光学系统来代替复杂的光学系统(见图 4.64)，同时能够获得与复杂光学系统相媲美的成像质量。根据赛德尔像差理论可知，简单透镜成像系统要获得高质量图像所面临的主要挑战是像差。

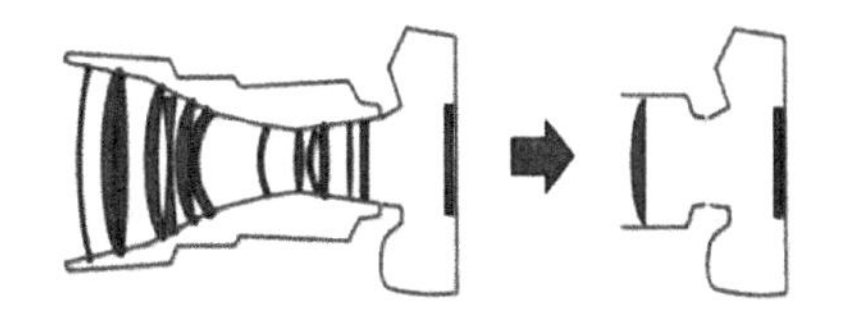

图 4.64 简单透镜计算成像替代复杂光学镜头

简单透镜成像系统由于存在严重像差不可避免地

会导致图像产生一定程度的模糊，其中，形成模糊图像的过程可理解为清晰场景与系统 PSF 的卷积再加上一定的噪声。那么，图像去模糊就是一个去卷积的过程。理想图像复原重建算法大多认为光学系统的点扩散函数空间不变，即整幅图像利用一个 PSF 进行去卷积，而实际光学系统物空间各点的退化随着空间位置的改变而改变，其复原重建过程涉及多个甚至海量 PSF 的提取、存储和运算。一般采用空间变化 PSF（Space-Variant Point Spread Function，SVPSF）图像复原技术。它比空间不变 PSF 图像复原技术要复杂、困难得多。比较典型的方法包括空间坐标转换法、等晕区分块复原法和直接复原法等，研究方向包括图像的分割和拼接、PSF 提取、噪声情况分析以及如何减少数据存储量、运算量并加快算法收敛速度等。

由此看来，图像去模糊的过程就是一个去卷积的过程。首先，通过对镜头点扩散函数进行分层、分区域的提取，采用去卷积算法可以有效去除单色像差，消除离焦模糊达到增加光学系统景深的作用。其次，通过对多通道的 PSF 进行处理还能消透镜除材料色散特性给图像带来的色差，从而降低图像质量对镜头的依赖。简单透镜成像的基本过程如图 4.65 所示。

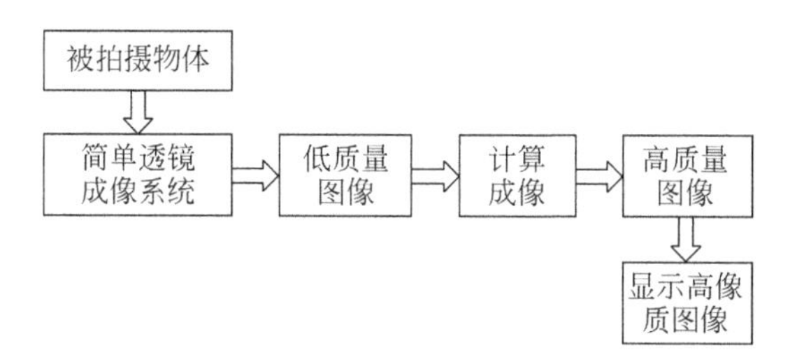

图 4.65 简单透镜计算成像过程

简单透镜成像技术的核心是计算成像，即利用图像复原技术重建出高质量图像。图像复原技术是指利用退化现象的某种先验知识重建被退化的图像，并最终达到改善给定图像质量的目的。因而，图像复原重建技术就是将图像退化过程模型化，并采用一个逆过程进行处理，以便复原出原始的清晰度较好的高质量图像。

2）光学设计与计算光学设计的区别和联系

计算光学设计方法并不追求光学成像系统达到最优性能或者图像处理系统达到最优性能，而是追求光学成像系统和图像处理系统的综合匹配，从而使整个系统达到最优性能。也就是说，可以基于图像复原重建方法，在精简光学镜头结构的情况下获取高像质图像。显然，相对计算光学设计而言，之前所述的“光学设计”，就称为“传统光学设计”，以示区别。

利用传统光学系统设计法在校正像差时往往采用加入多个镜片以增加系统的设计变量，达到平衡系统像差，完善系统成像质量的作用，这种设计方式往往导致光学系统结构十分复杂。此外，传统设计方式将光学与处理算法各自独立，设计光学时不考虑算法对像差的校正作用，这使得系统不能发挥光学与算法各自的优势，不仅使系统更加庞大复杂，而且易于错失全局最优解。而计算光学设计，可以基于图像复原重建方法，在精简光学镜头结构的情况下获取高像质图像。

基于计算光学原理发展起来的计算光学系统设计技术，即将光学系统、探测器和图像处理进行联合的设计方法，不再分别去优化光学系统和信号处理部分，而是以全局性优化思想统筹光学系统设计和后期信息处理，例如，对光学设计过程中易于图像复原校正的像差留给图像处理部分，充分利用光学设计和图像复原对光学像差校正的互补关系，通过计算光学成像原理构建像差优化函数对光学系统的设计参数进行计算，以获取最优成像结果。

4.4 光线追迹及像差校正常用方法

光线追迹是像差计算与校正的基础，而像差校正方法又是光学系统设计的重要内容。

4.4.1 光线追迹概述

设计和分析光学系统需要计算大量的光线。在近轴光学中讨论近轴光线追迹和子午面内的光线追迹、光线经过表面后的路径可用折射定律和反射定律求出来，然后利用转面公式，转到下一面的量，继续计算。光学计算经历了一个较长的历史过程。追迹光线最早是用查对数表的办法，速度很慢，不但需要一套追迹光线的公式，还要有相应的校对公式，以便核对所追迹的光线是否正确，有时候还需要两个人同时追迹同一条光线，以便进一步核对。这样一来，追迹一条通过一个折射表面的子午光线路可能要 3～10min，甚至更长时间。后来出现了台式手摇计算机，追迹光线的速度有所提高，但由于光线的计算量太大，特别是结构比较复杂的光学系统，往往要花费光学设计者大量的时间来进行光学计算。那时所追迹的光线基本上仅限于近轴光线和子午光线，因为空间光线计算起来实在太复杂了。20 世纪 60 年代末期以来，随着计算机的发展和逐步普及，光学计算的速度加快了。由于最初的计算机需要输入二进制的数据，这样就要用穿孔机在条带上穿出成千上万个孔而不许有任何差错，这是件十分困难的事情。再后来由于个人计算机的出现和迅速普及，才真正地把光学设计者从繁冗的、单调的光学计算中解脱出来，使光学设计者有足够的精力和时间去考虑光学总体结构和优化设计，从而为提高光学系统整体质量和性能价格比创造了条件。由于光学计算经历了一个由手算到自动计算的历史演变过程，因此出现了适应于不同阶段的光线追迹公式。因为查阅对数表进行光学计算的时代早已成为历史，相应地适合于用对数表计算光线的公式也就基本上没有实用价值了。

光线追迹要解决的问题是：给定一个光学系统的结构参数，如半径、厚度或间隔、折射率等，再给出入射到光学系统的光线方向和空间位置(也就是目标的位置)，最后求出光线通过该系统后的方向和空间位置。

光线追迹计算通常要经历以下 4 个步骤：

(1) 起始计算。这一步的目的是在给出光学系统结构参数的基础上能够进入系统，给出光线的初始位置和方向。

(2) 折射计算。这是光线追迹的关键一步，确定光线经过表面折射(或反射)后的方向和位置。

(3) 转面计算。该步骤完成到下一个表面的数据转换，以便于继续光线追迹。

(4) 终结计算与处理。本步骤确定光线的最后截点长度或高度。有时候还需要计算像差值。

在上述步骤中，折射计算和转面计算是重复使用的，也就是说，对系统的每个表面都要计算一次。而起始和终结计算仅在开始和结束的时候才各计算一次。

4.4.2　像差校正常用方法

应用初级像差理论求解初始结构参数的方法，最多只能满足初级像差的要求，并且随着系统中各组元光焦度的分配、玻璃的选取和对某些参数的选择的不同，满足初级像差的解是很多的，而其中往往只有少数的解有实用意义。这就需要进行全面、系统的计算、分析、归纳，以求得较好的初始解。一个好的初始解，应该使像差分布合理、透镜弯曲恰当，特别是高级像差不能很大。

校正了初级像差的解并不是直接能够应用的解。特别是当系统比较复杂、相对孔径和视场都较大时，初始解和最后的结果之间差别会很大。这表明，从一个初始解到成为一个可实用的解，尚需进行大量的像差校正和平衡工作，尽管已有许多颇为实用的光学自动设计程序问世，在操作中仍然需要很多的人工干预，设计工作不可能完全由计算机完成。同时，好的计算机软件也必须由人来设计。因此仍需了解如下校正光学系统像差的原则和常用方法。

(1) 各光组以及各面的像差分布要合理。在考虑初始结构时，可将要校正的像差列成用 P、W(初级像差系数)表示的方程组，这种方程组可能有多组精确解，也可能是病态的，或无解。若是前者，则应选一合理的解；若是后者，则应取最小二乘解。总之，有多种解方程组的算法可以利用，在计算机上实现并不困难。然后，应尽量做到各个面上以较小的像差值相抵消，这样就不至于会有很大的高级像差。在此，各透镜组的光焦度分配、各个面的偏角负担要尽量合理，要力求避免由各个面的大像差来抵消很多面的异号像差。

(2) 相对孔径或入射角很大的面一定要使其弯向光阑，以使主光线的偏角或第二近轴光线的入射角尽量小，从而减少轴外像差；反之，背向光阑的面只能有较小的相对孔径。

(3) 像差不可能校正到完美无缺的理想程度，最后的像差应有合理的匹配。这主要是指轴上点像差与各个视场的轴外像差要尽可能一致，以便能在轴向离焦时使像质同时有所改善；轴上点或近轴点的像差与轴外点的像差不要有太大的差别，使整个视场内的像质比较均匀，至少应使 0.7 视场范围内的像质比较均匀。为确保 0.7 视场内有较好的质量，必要时宁愿放弃全视场的像质(让它有更大像差)。因为在 0.7 视场以外已非成像的主要区域，当画幅为矩形时(如照相底片)，此区域仅是像面一角，其像质的相对重要性可以较低。

(4) 挑选对像差变化灵敏、像差贡献较大的表面改变其半径。当系统中有多个这样的面时，挑选修改的面应该既能改良自己像差，又能兼顾其他像差。在像差校正的最后阶段尚需对某一两种像差做微量修改时，作单面修改也是有效果的。

(5) 若要求单色像差有较大变化而保持色差不变，可对某个透镜或透镜组作整体弯曲。这种做法对消除色差和 Petzval 及以外的所有像差均属有效。

(6) 利用折射球面的反常区。在一个光学系统中，负的发散面或负透镜常是为校正正透镜的像差而设置，它们只能是少数。因此，让正的会聚面处于反常区，使其在对光起会聚作用的同时，产生与发散面同号的像差就显得特别有利。设计者应善于利用这一性质。

(7) 利用透镜或透镜组处于特殊位置时的像差性质。例如，处于光阑或与光阑位置接近的透镜或透镜组，主要用于改变球差和彗差(用整体弯曲的方法)；远离光阑位置的透镜或透镜组，主要用来改变像散、畸变和倍率色差。在像面或像面附近的场镜可以用来校正像面弯曲。

(8) 对于对称型结构的光学系统,可以选择成对的对称参数进行修改。作对称性变化以改变轴向像差,作非对称变化以改变垂轴像差。

(9) 利用胶合面改变色差或其他像差,并在必要时调换玻璃。可以在原胶合透镜中更换等折射率不等色散的玻璃,也可在适当的单块透镜中加入一个等折射率不等色散的胶合面。胶合面还可用来校正其他像差,尤其是高级像差。此时,胶合面两边应有适当的折射率差,可根据像差的校正需要,使它起会聚或发散作用,半径也可正可负,从而在像差校正方面得到很大的灵活性。同时,在需要改变胶合面两边的折射率差以改变像差的形态或微量控制某种高级像差,以及需要改变某透镜所承担的偏角等场合,都能通过调换玻璃材料而奏效。

(10) 合理地拦截光束和选定光阑位置。孔径和视场都比较大的光学系统,轴外的宽光束常表现出很大的球差和彗差,使 y'(像高)～$\tan U'$(U'为像方孔径角)特性曲线上下很不对称。原则上,应首先立足于把像差尽可能校正好,在确定无法把宽光束部分的像差校正好的情况下,可以把光束中 y'值变化大的外围部分光线拦去,以消除其对像质的有害影响,并在设计的最后阶段,根据像差校正需要最终确定光阑位置。

最后值得指出的是,在像差校正过程中,重要的问题是能够判断各结构参数,包括半径、间隔、折射率等对像差变化影响的倾向。知道这种倾向,像差校正就不致盲目从事。一般来讲,像差随结构参数而变化的定性判断是能够做出,至少是能够部分做出的。但要把握每一结构参数对所有像差的影响,特别是对最终像差的综合影响是不可能的。因此,逐个改变结构参数,求出各参数对各种像差影响的变化量表是十分必要的。这也是光学自动设计过程的必经之路。另外,如果像差难以校正到满足预期的要求,或希望所设计系统在光学性能,即孔径或视场上要有扩大时,也常采用复杂化的方法,如把某一透镜或透镜组分为两块或两组,或者在系统的适当位置加入透镜(例如,在会聚度较大的光束中,加入齐明透镜)等。

4.5 从行业角度如何深入光学设计

如何深入光学设计和尽快进入光学设计行业,是很多初学者的困惑。因为大部分初学者,面对实际的设计工作,在经历了一段时间的困惑和迷茫后,会领悟到一个"事实":光学理论和光学设计是两回事。都只会看纸面设计的结果,并且相当重视纸面设计的结果,以为纸面设计就是一切!然而,企业需要的是能提供可量产的光学设计方案的光学设计工程师,而不只是满肚子光学理论、只会纸上谈兵的理论"科学家"。

4.5.1 应掌握的光学设计基础

要进行光学设计,至少应掌握如下光学设计基础。

1. 了解光学系统对成像特性的影响

光学系统对成像特性的影响可分为 4 个方面:高斯光学性质、光度性质、衍射及像差校正状况。它们并不是完全孤立而是相互影响的,同时它们的数值或特征可以在相当宽的范围内变化。这种情况就使光学系统的性能选择和设计成为匹配整体中各个单元的主要手段。

光学系统最重要的成像特性是高斯光学性质,它使物体在一定位置成一定大小的像,以符合整体的需要。其次是它的光度性质，光学系统会使光束亮度降低，但将接收器与高折射率介质相贴合时可使亮度加大，另外，接收器感知的照度则由孔径角决定，即约与通光直径平方成正比。由于光度性质直接影响信号强度，从而影响到整体的信噪比。由于衍射和像差校正状况决定了光学系统的传递函数值，从而决定了它能区分的图像细节的限度。衍射决定了理想条件下使用光学系统的限度，而像差校正不完善则使这个限度更为紧缩。

光学系统设计的主要矛盾是系统尺寸要求与高斯光学的矛盾；增大孔径、视场与像差校正的矛盾。增大孔径不仅使光信号强度增大，而且使理想传递函数加大，但像差则将使传递函数减小。优良的设计就在于在具体条件下解决这个矛盾，使各个要求恰到好处地得到满足。

光学系统参数间的相互影响关系如下：

(1) 焦距大小的影响情况。焦距越小，景深越大；焦距越小，畸变越大；焦距越小，渐晕现象越严重，使像差边缘的照度降低。

(2) 光圈大小的影响情况。光圈越大，图像亮度越高；光圈越大，景深越小；光圈越大，分辨率越高。

(3) 像场中央与边缘。一般像场中心较边缘分辨率高；一般像场中心较边缘光场照度高。

(4) 光波长度的影响。在相同的摄像机及镜头参数条件下，照明光源的光波波长越短，得到的图像的分辨率越高。所以在需要精密尺寸及位置测量的视觉系统中，尽量采用短波长的单色光作为照明光源，对提高系统精度有较大的作用。

光学成像不仅可以用几何光学方法实现，也可以由物理光学的方法实现。Fresnel 环带板就是一个例子，而 Gabor 的"波面重构术"成像实质上是它的一个发展。Zernike 的位相显微镜又是另一方面的例子，它由光阑函数的变更而有意使物像不一致，使位相物体成为可观察的。采用这种方法——光阑函数作适当的振幅和位相变化，使图像的清晰度提高、除去图像中的某些线条、变更焦深增加瞄准精度等。光学系统对成像的这种特殊影响具有重要的意义。

2. 几何光学基础

几何光学的基本定律包括折射定律、反射定律、Malus 定律、Fermat 原理、Lagrange 不变量。几何光学是光学设计的基础。光学系统至少应该在高斯光学区域满足预定的设计要求，亦即在不计及像差时，光学系统的概略结构应使预定位置、预定大小的物体，经过预定直径、预定长度和预定光路转折的通光孔后，成像在预定像面上，像的大小和正倒应符合预定要求。

要进行光学设计，必须懂得各种光学系统成像原理及其结构型式，外形尺寸计算方法，了解各种典型光学系统的设计方法和设计过程。实际光学系统大多由球面和平面构成。掌握共轴球面系统光轴截面内光路计算的三角公式，了解公式中各参数的几何意义是必要的，具体公式可参考有关光学书籍。对于平面零件有平面反射镜和棱镜，它们的主要作用多为改变光路方向，使倒像成为正像，或把白光分解为各种波长的单色光。

在光学系统中造成光能损失的主要原因有 3 点：透射面的反射损失、反射面的吸收损失和光学材料内部的吸收损失。

除此之外，由于非球面和自由曲面在像差校正等方面的优越性，以及光学非球面、自由曲面加工、检测水平的提高，光学系统中采用非球面、自由曲面已是比较常见的情形，因此对于非球面、自由曲面光学系统的设计方法应有较深入的了解和掌握。

3. 像差理论

光学系统有7种初级像差：球差、彗差、像散、场曲、畸变、位置色差、垂轴色差。此外，还有高级像差、二级光谱色差等。除应掌握初级像差理论外，还应对高级像差理论等有深度涉猎。

4. 光学材料的选择和光学系统的公差分配及分析

光学材料按下列各项质量指标分类和分级：折射率和色散系数、同一批光学材料中折射率及色散系数的一致性、光学均匀性、应力双折射、条纹度、气泡度、光吸收系数等。

光学系统中各部件本身及其相互间的公差分配及分析，对系统设计成功与否具有重要影响，在设计中应予高度重视。

5. 了解、掌握光机结构和光学工艺

光学机械结构对光学设计成功与否具有重要作用，必须对其有所了解、掌握。光学工艺大致分为切割、粗磨、精磨、抛光和磨边等，最后还有镀膜和胶合等。光学工艺是光学设计实现的保证，因此必须根据实际工作需要，同时对光学工艺也要有不同程度的了解、掌握。

4.5.2 实际设计与工作方法

要独立完成常见光学系统的设计，除了掌握光学设计理论之外，如果有经验丰富的光学设计师提供具体指导，将会事半功倍。也可以说，初学者进入光学设计行业，首先，还应通过交流、讨论等途径，进一步熟练掌握光学设计理论，光学设计理论是做设计必不可少的基础；其次，最好能有经验丰富的光学设计师予以指导，可以少走弯路。实际设计与工作方法，大概可分以下几个方面。

1. 光学产品开发的理解

一些初学者，往往特别注重于软件操作及像差校正方法的学习，大部分初学者都在讨论：如何用更少的片数，获得好的MTF，以及用什么样的方法，建立光路，校正像差等；而对于如何解决实际问题、如何从光学产品性能需求提炼出最合理的光学系统(结构型式)、如何控制公差保证产品的成功率等，不是十分重视。以上反映出了很多初学者对于光学设计的看法，以为光学设计就是像差校正、像差校正是光学设计的重中之重。

实际上，像差校正理论和方法的掌握，仅仅是成为光学设计师的前期准备。光学产品设计的成败，大多数情况，是因为对光学产品的应用未理解透彻，对公差控制以及各方面的细节未考虑周全。由于像差校正方法未掌握而造成产品的失败，情况并不多。因为如果在光学设计阶段，像差都没有校正好，没有哪家企业会拿去加工制造的。

所以，对于光学产品开发的理解，一定要正确。哪个是主要矛盾，哪个是次要矛盾，一定要分清楚。不要把目光只锁定在像差校正和软件中像差的测评上。

2. 评判设计要求是否合理

一个合格的光学设计师，需要懂得如何引导用户提出合理的设计要求，并指出其要求不合理的地方。这不是仅仅掌握像差校正理论就能胜任的。这些知识、技能，不是一朝一夕能掌握的，需要初学者多分析已有成功案例、专利等，多做光学设计，日积月累，逐渐领悟。

3. 像差理论及软件的灵活运用

对于像差理论、软件的灵活运用，熟练者对初学者的指导，也十分重要。光学设计理论是正确的，至少在几何光学范畴是正确的。而新人能否正确、合理地将设计理论结合实际，这是要打一个很大的问号的。

软件的应用，并不是掌握其所有功能，就算是高手了（那只能算是软件高手，并不一定是光学设计高手）。因为光学设计是否成功，取决于光学软件设计出的系统能否和真实系统无限接近。

开始做光学设计一段时间之后，再回头看光学设计理论书籍，总会时不时地发现：原来对光学设计理论的理解，之前有些许偏差。现在的理解，因为经验的积累，已经更进一步了，或者可以说，现在的理解，更靠近实际。软件使用，也是如此，随着时间的推移，总能认识到以前的不足之处。

要绕过这些障碍，灵活运用像差理论和光学软件，有熟练设计人员的指导，会大大提升效率，节约不少时间。

4. 细节问题的提示

光学系统是一个极为精密的系统，漏掉任何不该忽视的细节，都会带来设计的失败。有些细节问题，往往可能在吃一堑、长一智之后，会有更深入的领悟。

4.6　基于折射-衍射混合的机载红外光学系统设计示例

机载红外光学系统是机载红外系统（包括机载红外跟踪系统、机载红外告警系统等）的重要组成部分，其光学性能的优劣，将直接影响机载红外系统的任务执行能力，甚至军事任务的成败。目前该系统设计面临的难题主要是既要保证口径和焦距足够大，又要使系统轻量化。在实际应用中，大多采用反射式系统来解决这一问题。但单纯的反射式系统在满足这些要求的同时，难以获得较大视场，且存在较大的剩余像差。为此，提出一种基于折射-衍射混合的机载大口径、长焦距红外光学系统，利用非球面和折射-衍射混合结构，以实现大口径、长焦距、非热敏化，轻量化等技术要求。并对其温度、振动、气压等环境适应性进行设计和分析。

4.6.1　系统主要技术指标

下面列出一些主要的技术指标。

系统焦距：$f=1200\pm5$mm；

口径：$D=260\pm5$mm；

视场角：$\omega\geqslant2^\circ$；

遮拦比：$\alpha<20\%$；

弥散斑直径：$\leqslant20\mu$m；

系统总长：$\leqslant400\mu$m；

MTF：$\geqslant0.4$，@空间频率 10(lp/mm)；

工作波长：3～5μm（中心波长 3.7μm）；

工作温度：$-50\sim+70$℃。

4.6.2 设计思路

机载红外光学系统大多采用两片反射式的卡塞格林(卡氏)结构型式,该结构相比于折射式与折/反射式结构具有无色差、体积小、质量轻、无二级光谱、系统可在很宽的光谱范围内成像等优点,通过使用非球面还可满足大孔径、长焦距的技术要求。对于卡氏结构,其经典设计由一个抛物面主反射镜和一个双曲面次反射镜组成。对于这种结构,彗差是限制性像差,与具有相同 F 数的单抛物面相同。为进一步改进像质,可将主反射镜设计成双曲面,构成无彗差的卡氏结构,其像差只受像散和场曲限制。同时由于存在次反射镜,系统会产生中心遮拦,在设计过程中要严格控制次镜的遮拦比。依据工程经验,在 $\omega \geqslant 2°$ 的条件下,当遮拦比小于 20%时,系统才符合实际应用要求。当发生遮拦现象时,系统的 F 数应为系统的焦距 f' 与有效通光孔径 D_e 之比,称为有效 F 数,用 F_e 表示,由式(4.1)决定。

$$F_e = \frac{f'}{D_e} = \frac{f'}{D} \cdot \frac{1}{\sqrt{1-\alpha^2}} \tag{4.1}$$

在遮拦比 α 小于 20%的条件下,当 $F_e < 5$ 时,可保证系统收集足够的红外辐射。

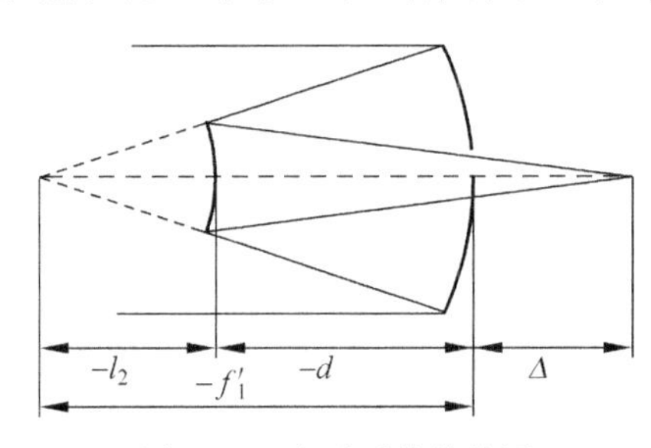

图 4.66 卡氏系统结构图

卡氏系统结构如图 4.66 所示。

在图 4.66 中,f'_1 为主镜焦距,Δ 为焦点伸出量,d 为主镜顶点到副镜顶点的距离,l_2 为副镜顶点到主镜焦点的距离。该结构的具体设计,要依据技术指标要求的系统焦距 f'、次镜放大率 β、遮拦比 α 以及焦点伸出量 Δ,计算得到主次镜间隔 d、主/次镜曲率半径 R_1/R_2 以及两镜面型系数(偏心率)e_1、e_2。其中 d 和 α 可分别由式(4.2)和式(4.3)确定。

$$d = -\frac{f'-\Delta}{1+\beta} \tag{4.2}$$

$$\alpha = \frac{\Delta \cdot \beta + f'}{f'(1+\beta)} \tag{4.3}$$

主镜、副镜曲率半径 R_1、R_2 可分别用式(4.4)和式(4.5)确定。

$$R_1 = -\frac{2f'}{\beta} \tag{4.4}$$

$$R_2 = -\frac{2(\Delta \cdot \beta + f')}{\beta^2 - 1} \tag{4.5}$$

当系统要求同时消球差和彗差时,两镜面型系数 e_1、e_2 可分别用式(4.6)和式(4.7)确定。

$$e_1^2 = 1 + \frac{2(1+\beta\Lambda)}{\beta^3(1-\Lambda)} \tag{4.6}$$

$$e_2^2 = \frac{(1+\beta)[\beta^2(1-\Lambda)+(1+\Lambda)]}{(\beta-1)^3(1-\Lambda)} \tag{4.7}$$

式中,$\Lambda = \dfrac{\Delta}{f'}$,为计算面型系数时引进的参数。

依据给出的技术指标可计算出卡氏系统相应的结构参数,确定卡氏系统初始结构。

但是卡氏结构的视场角较小,低遮拦比、长焦距系统一般在1°左右。为提高红外系统的捕捉能力,必须增大视场角,但提高视场角会导致像质降低、次镜的遮拦比增大。为使该系统视场角不小于2°,且具有良好像质,需在该结构型式中加入一组红外透镜,校正像散和场曲,稳定系统遮拦比。同时由于透镜组的加入,系统会产生新的色差,降低成像质量,且在−50℃～+70℃工作条件下,该透镜组消热差能力较差,从而使系统离焦。为解决这两个问题,需要在透镜组中引入消色差、热差性能优良的二元光学衍射元件。

对于衍射元件的设计,要在ZEMAX中将透镜组的其中一面替换为Binary 2(旋转对称)二元面。其相位分布函数由式(4.8)确定。

$$\varphi(r)=A_1r^2+A_2r^4+A_3r^6+\cdots \tag{4.8}$$

式中,A_1为二次相位系数,决定衍射面的旁轴光焦度;A_2、A_3为非球面相位系数,用于校正系统单色像差。

对于波长为λ,衍射级次为m(通常设置$m=1$)的衍射光学元件,其光焦度Φ_{dif}由相位分布函数中的A_1决定,关系由式(4.9)确定,

$$\Phi_{dif}=-2m\left(\frac{\lambda A_1}{2\pi}\right) \tag{4.9}$$

最大环带数n_{max}由式(4.10)确定,

$$n_{max}=\mathrm{Int}\left|\frac{A_1r_0^2+A_2r_0^4+A_3r_0^6}{2\pi}\right| \tag{4.10}$$

式中,r_0为衍射面归一化半径;Int为取整函数。

台阶深度h由式(4.11)确定,

$$h=\frac{n_2\lambda}{|n_1-n_2|\times L} \tag{4.11}$$

式中,L为台阶数;n_1,n_2分别为二元光学两侧空间的折射率。

衍射光学元件的衍射效率随台阶数的增多而增大,依据经验把台阶数设置为8,一级衍射效率可达0.95,再通过优化后的相位系数,可计算每一台阶深度。

4.6.3 设计过程

这里设计过程包括初始结构计算、优化、非热敏化分析、主次镜结构设计等。

1. 初始结构计算

依据给出的技术指标$f'=1200$mm,暂定遮拦比$\alpha=20\%$,次镜放大率$\beta=3$,视场2.5°,将以上数据代入式(4.2)～式(4.7),得到卡氏系统初始结构参数,如表4.7所示。

表4.7　初始结构参数

α	d	R_1	R_2	e_1^2	e_2^2
0.2	−800mm	−240mm	−300mm	1.059	4.937

参数输入ZEMAX后,优化后得到系统初始结构如图4.67所示,MTF如图4.68所示,点列图如图4.69所示。由图4.68和图4.69可知,系统弥散斑大于20μm,MTF<0.4[@空间频率10(lp/mm)]。不符合系统技术指标要求。

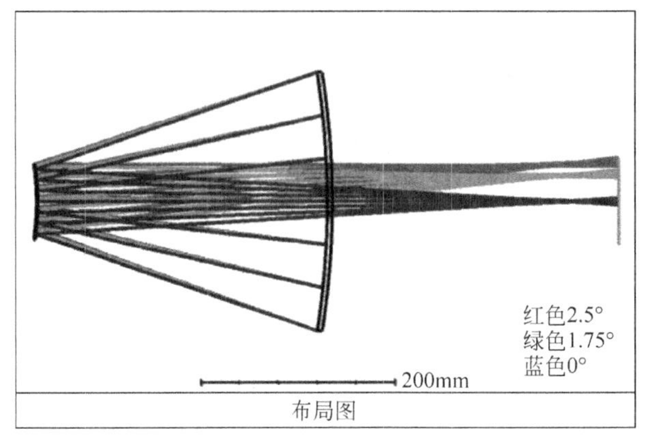

图 4.67　系统初始结构

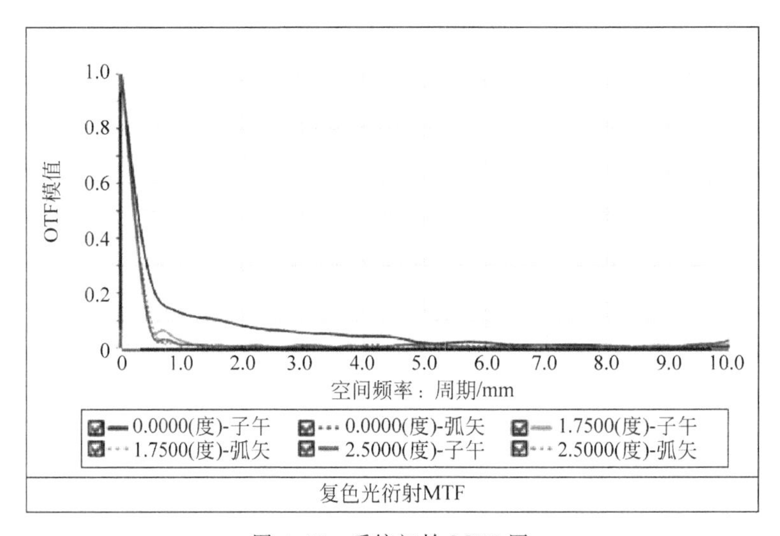

图 4.68　系统初始 MTF 图

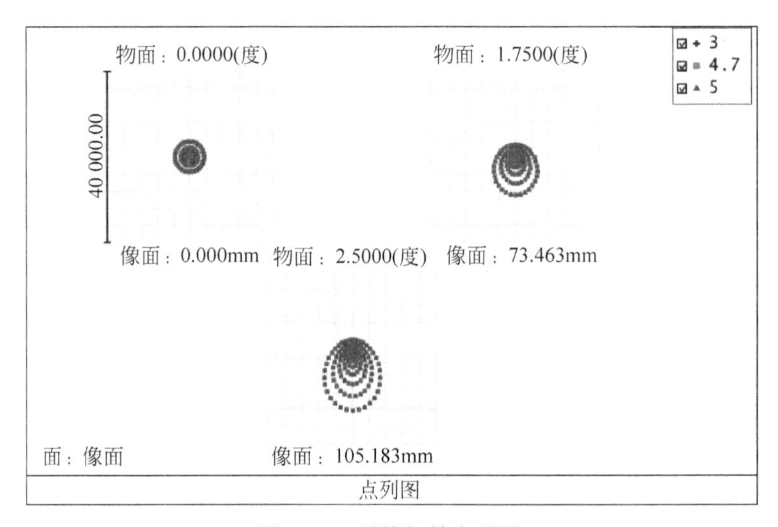

图 4.69　系统初始点列图

2. 优化结果

添加红外透镜，设置 Binary 2 二元面，其衍射级次为 1，台阶数为 8。减小视场、降低遮拦比，经 ZEMAX 优化后，得到添加折衍辅助透镜组后的系统结构，如图 4.70 所示；MTF 和点列图分别如图 4.71、图 4.72 所示，可知系统在 0°、1.47°和 2.1°这 3 个视场，弥散斑相应分别为 16.318μm、17.765μm 和 11.051μm，弥散斑均小于 20μm，MTF>0.4[@空间频率 10(lp/mm)]，主次镜口径分别为 130mm 和 23.5mm，遮拦比为 18%，小于 20%，该设计结果符合技术指标要求。实物模型如图 4.73 所示。

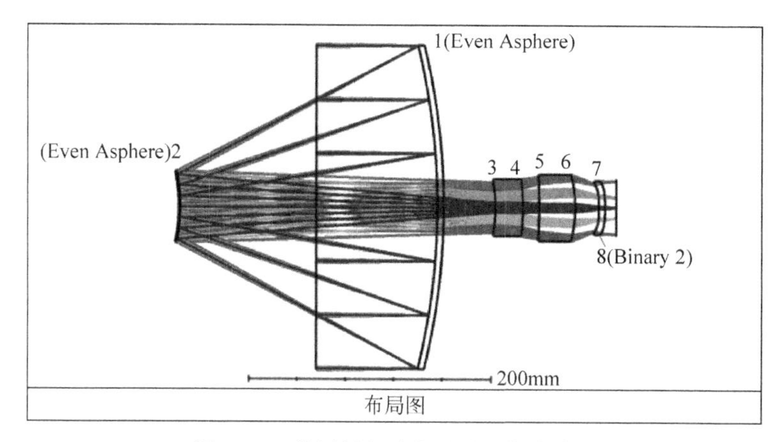

图 4.70　使用折衍混合后的系统结构图

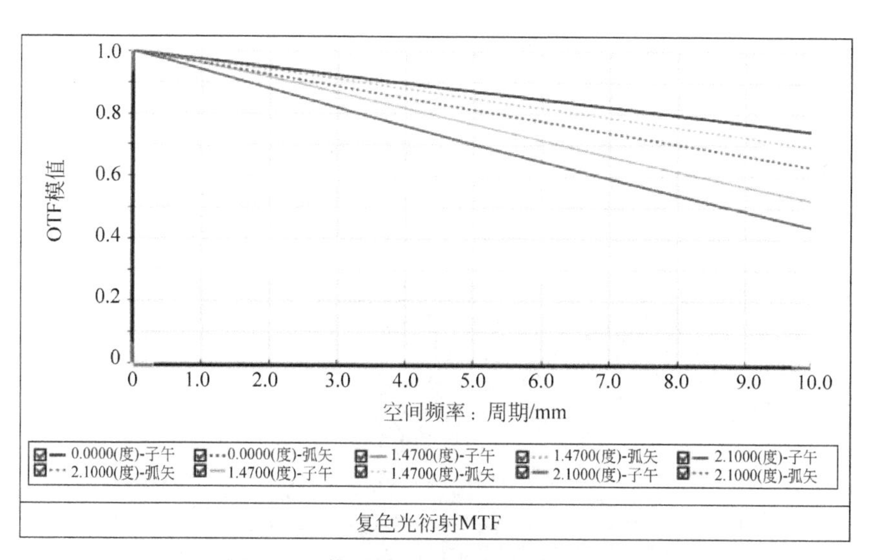

图 4.71　使用折衍混合结构后的 MTF 图

优化后圈入的衍射能量如图 4.74 所示，在该遮拦条件下，像质接近衍射极限，成像质量较好，符合设计要求。

3. 非热敏化分析

该系统要求在−50℃～+70℃的温度范围内正常工作，因此必须对其进行非热敏化分析，以保证系统具有较强的温度适应能力。用 ZEMAX 在该温度范围采样分析，分别取

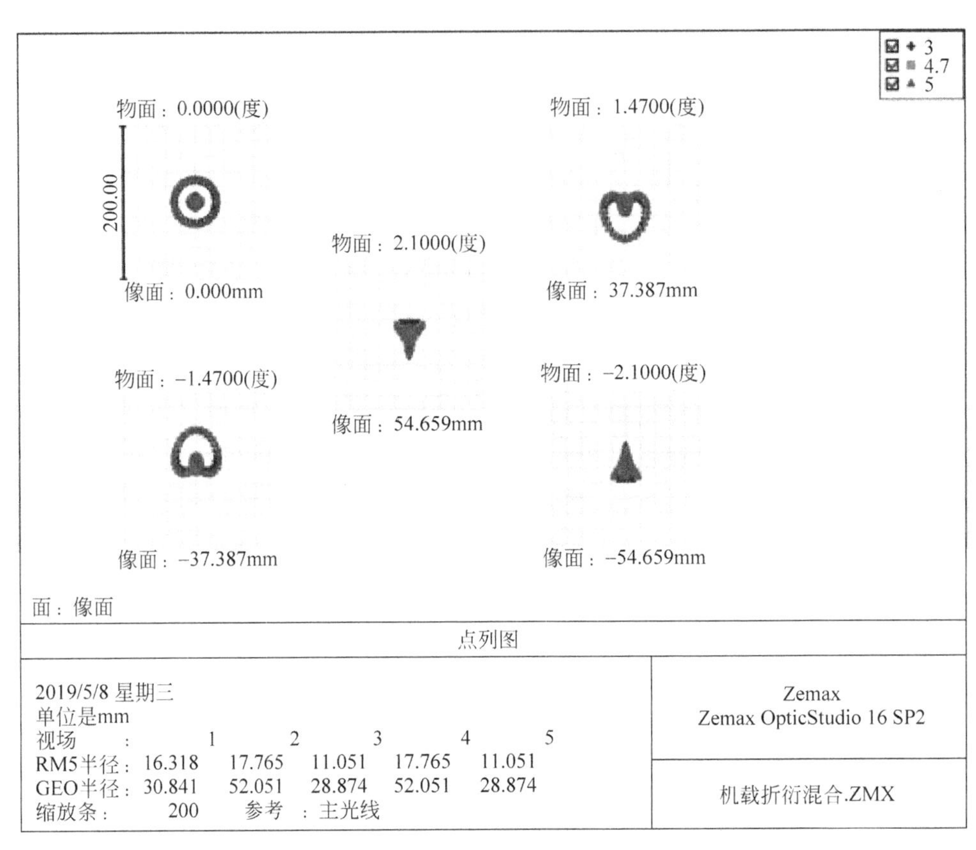

图 4.72 使用折衍混合后的点列图

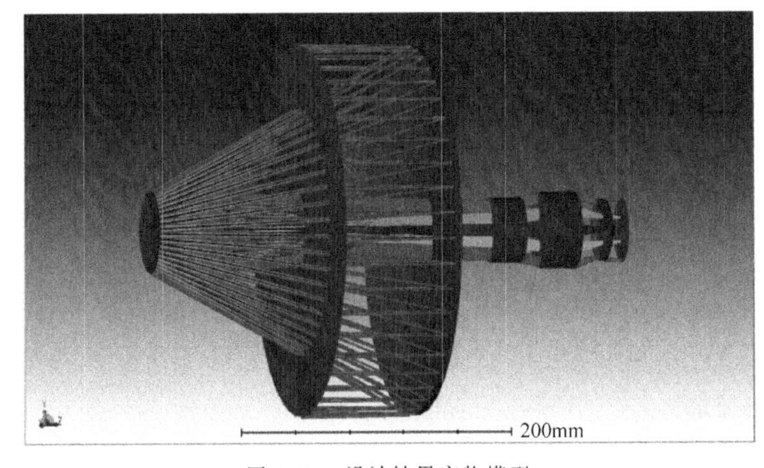

图 4.73 设计结果实物模型

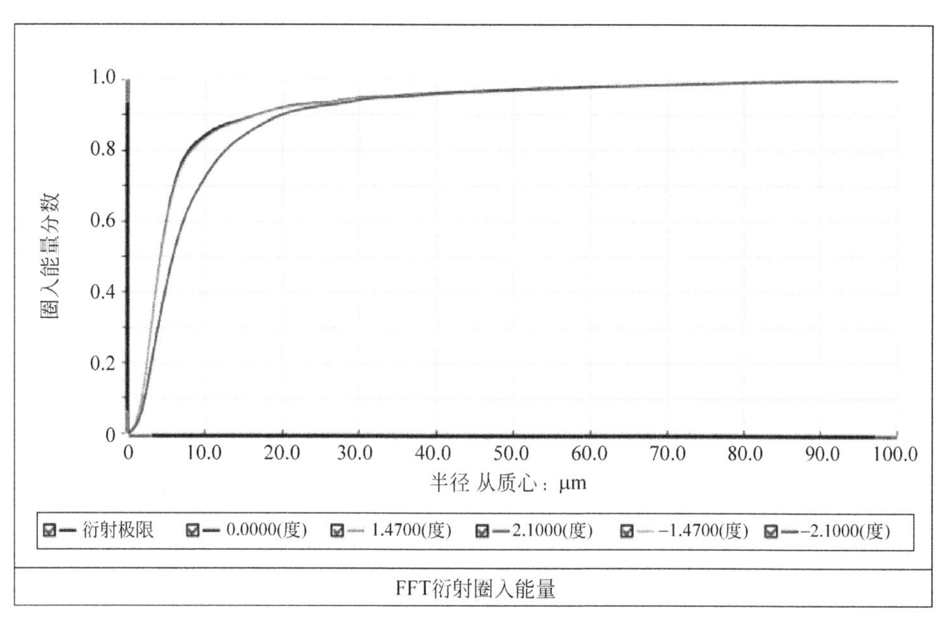

图 4.74　衍射圈入能量

−50℃、10℃、+70℃，全局优化后，得到该系统在不同温度下的 MTF，如图 4.75 所示。由图可知，3 种情况下的 MTF 变化非常小，说明该设计在不同温度下成像质量较好，符合系统非热敏化技术要求。

4. 主次镜结构设计

为进一步提高系统对温度、振动等环境的适应性，需对主次镜的结构进行合理设计。

1）主镜的结构设计

系统中主反射镜的直径尺寸确定为 260mm，主反射镜采用周边支撑固定。周边支撑固定以主反射镜的底面及一个侧面为定位基准面，将反射镜放置在周边相对密封的镜座内，保

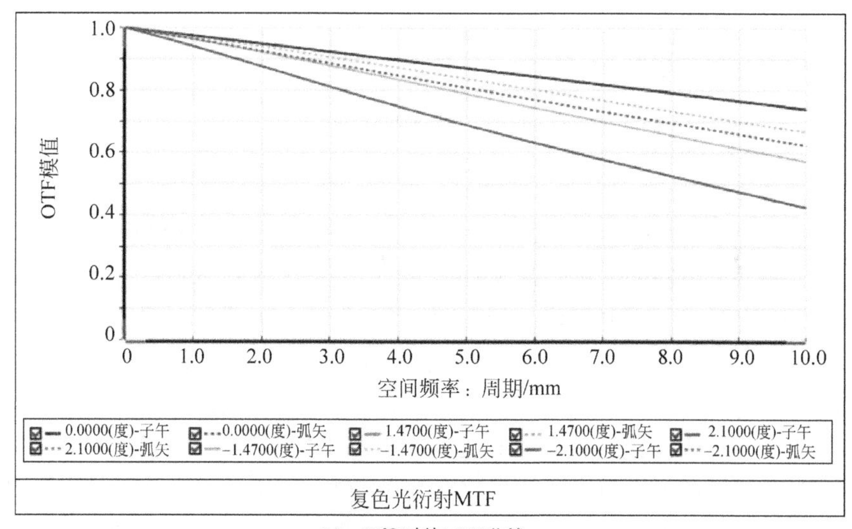

(a) −50℃时的MTF曲线

图 4.75　不同温度下的 MTF

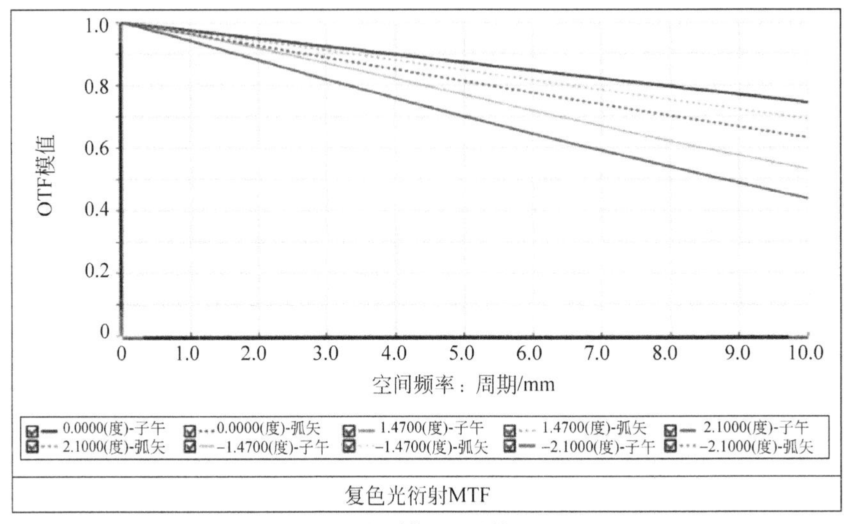

(b) 10℃时的MTF曲线

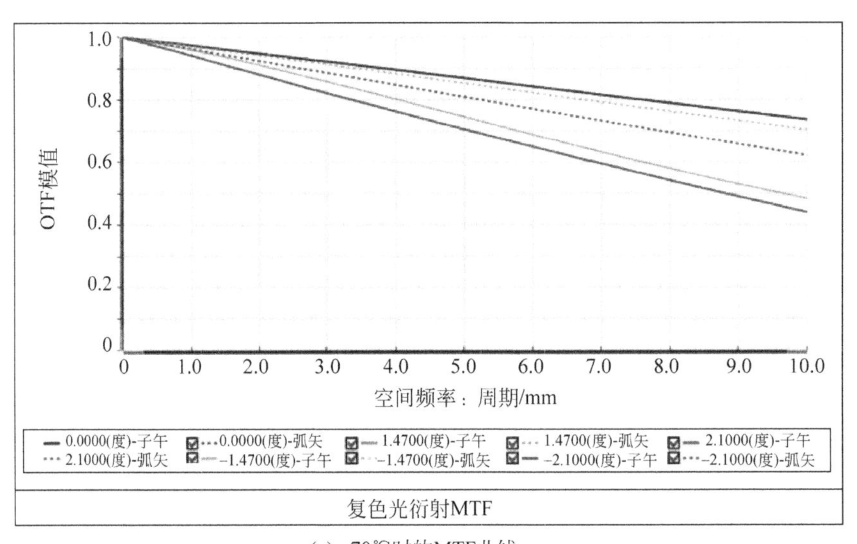

(c) +70℃时的MTF曲线

图 4.75 （续）

证反射镜的底面及侧面与镜座接触良好。同时，为了避免支撑结构的变形对主面面型产生不良影响，应考虑在适当位置设置柔性结构。可在反射镜与支撑结构连接处设置筋板，减小应力、应变对反射镜的影响。通过柔性环节产生的形变，达到卸载和吸收应变的目的。为使主镜固定结构既满足柔性又具有一定刚度。系统采用了三层固定结构，如图 4.76 所示。

在该结构中，主反射通过主镜座 4 和支撑座 2 与主镜本体 1 连接，使用回转结构，以消除温度导致机械材料热胀冷缩对主反射镜位置的影响，使主反射镜抗温度变化能力加强。该结构中支撑座与主镜座部件具备一定柔性，且在两个构件上刻画出消除应力的沟槽，如图 4.77 所示。使得该系统在工作过程中，较好地消除了由于自重产生的形变，也减少了振动的影响，另外，当外界存在温度梯度或装配应力时，主镜会产生变形。绝大部分应力被主镜座与支撑座吸收，可有效减少主镜变形。

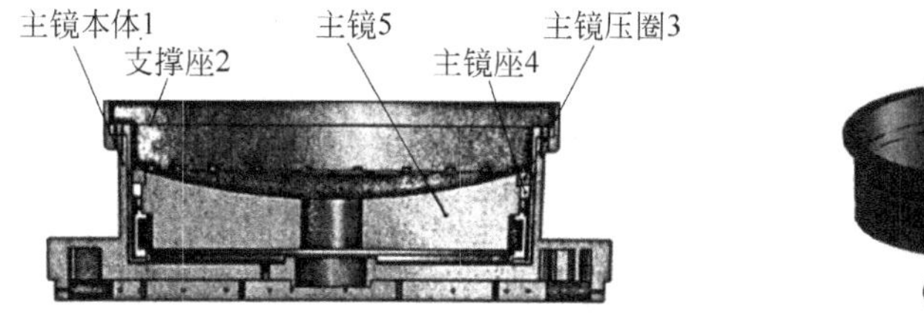

图 4.76 主镜固定结构

(a) 支撑座

(b) 主镜座

图 4.77 构件的柔性设计

2）次镜结构设计

该系统次反射镜口径相对来说口径较小，且主次镜之间距离小于 400mm，距离较短，为减少加工难度及重量，次镜支撑结构采用 A 型桁梁结构较为合适。次镜支撑结构如图 4.78 所示，固定结构如图 4.79 所示。

图 4.78 次镜支撑结构

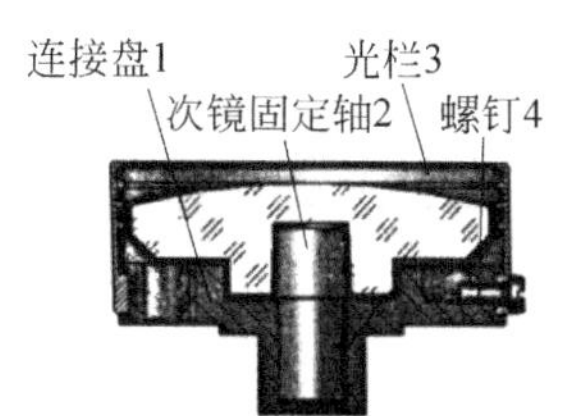

图 4.79 次镜固定结构

4.6.4 材料选择

这里材料选择主要包括透镜材料、反射镜基底材料、结构材料等的选择。

1. 透镜材料选择

对于红外透镜，适用在 3～5μm 波长范围内的材料种类较少，主要包括 ZnSe、ZnS、单晶 Ge、单晶 Si 等。4 种材料的性能对比如表 4.8 所示。单晶 Si 是一种半导体晶体红外材料，尽管其硬度较高，相比其他材料较难加工，但考虑到单晶硅属于软质光学晶体，可使用数控金刚石精密加工，从而提高加工精度，降低加工成本。同时，由表 4.8 可知，单晶硅的综合性能高于 ZnSe、ZnS、单晶 Ge。系统选用单晶 Si 作为透镜材料。

表 4.8 4 种材料的性能对比

材 料	透射范围/μm	折射率	密度/(g/cm^3)	阿贝数	吸收系数/cm^{-1}	导热系数/($W \cdot m^{-1} \cdot ℃^{-1}$)	均匀性
Si	1.36～11	3.4253	2.329	236.5	<0.01	159	<0.1
Ge	2～12	4.0247	5.327	103.4	≤0.03	59	≤1.0
ZnSe	0.55～18	2.4331	5.264	176.9	<0.001	16	0.1
ZnS	0.42～18.2	2.3468	4.09	109.3	0.2	27.2	<0.3

2. 反射镜基底材料选择

反射镜的基底材料可选择的种类较多，主要包括微晶玻璃、碳化硅和熔融石英等。碳化硅与其他材料性能对比，如表 4.9 所示。考虑到机载红外光学系统口径大、自重大以及工作温度跨度大等特点，反射镜基底材料要具有较大的比弹性模量、导热系数，同时要求其具有较高的机械强度。碳化硅虽然密度稍大，但是其弹性模量、导热率以及热变形系数性能参数远优于几种其他材料。选择碳化硅作为反射镜基底材料。

表 4.9　反射镜材料性能表

材　料	密度/(g/cm^3)	弹性模量 E/GPa	导热系数/($W \cdot m^{-1} \cdot ℃^{-1}$)	线膨胀系数 α/($10^{-6} \cdot ℃^{-1}$)	热变形系数(α/λ)/($10^{-8} \cdot m/W$)
SiC	3.2	400	185	2.5	1.4
微晶玻璃	2.5	92	1.46	0.05	3
熔融石英	2.2	67	1.3	0.03	2.3

3. 机械结构材料选择

适合机械结构的材料较多，应综合考虑结构机械性能，对空间环境的适应性，以及加工工艺性、重量等因素。选择铸造钛合金 ZTC4 较为理想，该材料不仅密度小、线性膨胀系数小、机械强度高、耐化学腐蚀性能好，而且热导率较低，可降低温度变化产生的应力。

4.6.5 公差分析

为便于加工与装配，还需对设计结果进行公差分析。依据装配和加工的允许误差范围，确定公差数据，利用 ZEMAX 软件进行分析。表 4.10 是输入的公差数据，表中 Operand 列为公差分析操作数，Min 和 Max 分别代表公差允许变化的最小值和最大值。

表 4.10　输入的公差数据

Operand	Original Surface	Finish Surface	Parameter	Min	Max
COMP	9	0	153.038	−20	+20
TWAV	—	—	4.7	—	—
TRAD	2	—	−513.754	−0.2	+0.2
TRAD	3	—	−327.877	−0.2	+0.2
TRAD	4	—	128.827	−0.2	+0.2
TRAD	5	—	136.994	−0.2	+0.2
TRAD	6	—	116.023	−0.2	+0.2
TRAD	7	—	90.165	−0.2	+0.2
TRAD	8	—	442.740	−0.2	+0.2
TTHI	1	2	124.326	−0.2	+0.2
TTHI	2	3	−134.399	−0.2	+0.2
TTHI	3	4	223.691	−0.2	+0.2
TTHI	4	5	28.805	−0.2	+0.2
TTHI	5	6	11.244	−0.2	+0.2
TTHI	6	7	21.998	−0.2	+0.2
TTHI	7	8	41.148	−0.2	+0.2
TTHI	8	9	20.058	−0.2	+0.2

输出的公差分析结果如图 4.80 所示，可知在 90%的概率下，系统弥散斑半径小于 14.36μm。符合系统技术指标要求。

```
Nominal      0.003819495
Best         0.021633270     Trial    16
Worst        0.153827781     Trial    11
Mean         0.096516155
Std Dev      0.037368622

Compensator Statistics:
Change in back focus:
Minimum              :          -5.930797
Maximum              :           3.239711
Mean                 :          -0.519554
Standard Deviation   :           2.453948

90% <=       0.143675730
50% <=       0.102977950
10% <=       0.044749020
```

图 4.80　公差分析结果

4.6.6　环境适应性分析

针对环境因素机载红外光学系统可靠性的重要影响，设计过程重点考虑了系统对于温度和振动环境因素的适应性。通过采用折衍混合辅助透镜，ZEAMX 不同工作温度条件全局优化，加装柔性机械结构，选择热性能优良的镜体材料和机械材料等措施，提高了系统对温度条件的适应性，实现系统的非热敏化。通过使用回转结构和刻画应力沟槽，降低了振动对系统的影响，提高了系统的可靠性。

机载红外光学系统除了考虑以上两种因素以外，还需增强其对气压、霉菌、太阳辐射等环境的适应性。环境因素对系统的影响以及提高适应性的方法，如表 4.11 所示。

表 4.11　环境因素对机载红外光学系统的影响及提高环境适应性的方法

环境应力	主要影响及典型故障模式	提高环境适应性的方法
霉菌	霉菌吞噬和繁殖、吸附水分、分泌腐蚀液体；材料强度降低、损坏，活动部分受阻塞导致其他腐蚀，如透镜表面薄膜侵蚀，金属腐蚀和氧化	选择防霉材料；加强干燥；密封前用足够的强度的紫外线辐射，防止和抑杀霉菌
高压	压缩；结构破坏；密封破坏；功能受影响	增加系统机械强度；密封增压采用低挥发性液体，改进热传导方法
低压(高空)	密封漏气，材料中的气泡会爆炸，造成损坏；由于没采取冷却措施，内部热量会增加；可能生产臭氧；很可能产生排气作用；包装器材破裂，产生爆炸性膨胀；机械强度降低	
沙尘	擦伤、磨坏精加工表面；增加表面之间的摩擦；材料磨损、龟裂或碎裂	空气过滤；密封
太阳辐射	光化作用和物理化学反应；脆化；表面变质；材料褪色	选择合适的涂覆材料；加强稳定性设计
风	受到力的作用；材料沉淀；热损失(低风速)；热增加(高速风)；结构破裂，功能受影响，机械强度降低；加速高、低温效应	加强结构强度

4.6.7 设计结果及分析

系统设计结果与相应的技术指标要求比较如表4.12所示，可知，该系统的主要参数满足技术指标要求。此外，该系统在给定公差条件下弥散斑直径大概率小于20μm，在−50℃～+70℃温度范围内成像良好，同时该系统对于温度、振动等环境具有良好的适应性，符合机载红外光学系统设计技术指标。

表4.12 设计结果与相应技术指标对照

主要参数	技术指标	设计结果
系统焦距/mm	1200±5	1200
有效口径/mm	260±5	260
视场角	≥2°	2.1°
遮拦比	≤20%	18%
MTF	≥0.4	0.45
弥散斑直径/μm	≤20	17.675
中心波长/μm	3.7	3.7
系统总长/μm	≤400	359

4.6.8 结论

该折衍混合结构的非球面卡塞格林式系统不仅满足了机载红外光学系统大口径、长焦距、轻量化、高像质的要求，同时系统结构简单，由两个反射镜和一组透镜组成，解决了宽温度范围的环境对系统影响较大的难题。加之合理的公差设计和结构设计使该系统的加工和装调具有可实现性，为系统的成功工程研制奠定了基础。

第5章 光电探测、成像、显示及电子系统设计

CHAPTER 5

光电探测、成像与显示系统既是复杂、大型光电系统的重要组成部分，也可各自构成独立的光电系统：光电探测系统、光电成像系统、光电显示系统。这3类光电系统从不同角度，细分类别较多，在许多领域现实应用广泛。电子系统不仅是这3类系统，也是各种光电系统的重要、甚至是核心组成部分，其性能和设计固然也是光电系统性能和设计不可或缺的关键。这里选取紫外、可见光、红外、太赫兹等几类典型光电探测与成像、显示，以及电子系统设计予以介绍。

本章首先简述紫外探测系统的系统组成与工作原理、总体技术方法、主要性能要求等，介绍CCD与CMOS传感器及其技术比较，以及在微光电视和紫外成像系统中的应用。其次详细分析红外凝视成像系统的系统组成和工作原理、性能评价常用指标、非均匀性产生的原因及其校正技术、微扫描技术、非制冷红外焦平面探测器等，特别示例短波红外成像系统及设计考虑。然后阐述太赫兹(Terahertz，THz)成像系统的组成、工作原理、技术特点及关键技术，对多种成像系统技术进行比较。接着通过示例介绍红外传感器工程设计，并简要介绍光电显示系统，研讨计算成像系统。最后，概略性归纳与评述电子系统设计。

5.1 紫外探测系统

紫外探测系统利用大气背景和目标(导弹和飞机等)紫外辐射可形成良好的对比度，并凭借其具有被动探测性、实时性、隐蔽性好等优势，在很多领域得到了广泛应用。在分析紫外探测系统的特点，并阐述其工作原理及组成的基础上，以近地层高空目标探测为例，对紫外探测系统总体技术进行分析，提出紫外探测系统主要技术性能要求。

5.1.1 紫外探测系统的特点

与可见光、红外探测系统相比，紫外探测系统具有以下特点：

(1) 宇宙天体中的许多元素在紫外波段有很强的吸收和发射作用，通过紫外探测系统对天体进行探测，能促进和加深对天体物理性质的认识。

(2) 紫外探测系统可以在良好的背景下工作，虚警率低，能更准确有效地对特定目标进行监视、跟踪和识别。

(3) 紫外探测系统采用相对成熟的高灵敏度传感器和信号处理技术。

(4) 紫外探测系统工作波长较短，光学衍射效应小，加上探测器对热特性不敏感，无须

低温冷却和扫描，使得系统重量轻，体积小，结构大大简化，同时也降低了成本。

由于紫外辐射的非热性，紫外波段大气辐射传输特性和可见光、红外辐射传输特性既有相似之处，又有自己的独特之处。在太阳辐射穿过地球大气层的过程中，高层大气中的氧气会强烈吸收波长小于200nm的紫外辐射，该波段的紫外辐射只能在太空中传输，因而这一波段的紫外被称为“真空紫外”。对流层上部平流层（同温层）中的臭氧强烈吸收200～300nm波长范围内的紫外辐射，该光谱区的太阳辐射基本上到达不了地球近地表面，光学背景微乎其微；通常将200～300nm这段太阳辐射无法到达近地表面的中紫外光谱区称作“日盲”区（也有指200～280nm），太阳中的这一波段紫外辐射在近地大气中几乎不存在。也就是说，地面不存在太阳光的“日盲”紫外干扰，同时也不会有“日盲”紫外由地面传输到地球大气层外。在大气层外观测地球背景时，“日盲”区内只有很少的紫外辐射会散射到大气层外，该区域的背景辐射非常微弱并且比较均匀。300～400nm近紫外区的太阳辐射通过大气层到达地表的成分较多，该区域被称为大气的“紫外窗口”。当星载探测仪器工作时，若响应光谱波段位于“日盲”区内，则观测目标会在均匀微弱的背景上形成“亮点”；若响应光谱波段位于“紫外窗口”内，则观测目标会挡住大气散射的太阳紫外辐射，从而在均匀的背景上形成“暗点”。因此，在大气层外，“日盲”区和近紫外区可用于紫外探测；在近地层，“日盲”区可用于非对准紫外光通信和相对近距离紫外成像，近紫外区波段可主要用于紫外成像。

5.1.2 紫外探测系统组成及工作原理

要对紫外探测系统进行设计，应充分了解其组成和工作原理。

1. 系统组成

紫外探测系统的组成如图5.1所示。

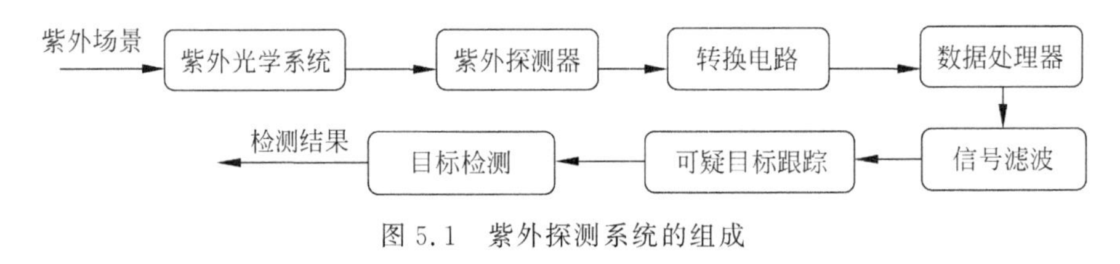

图5.1 紫外探测系统的组成

(1) 紫外光学系统：以大相对孔径对目标（如空间高速运动导弹和飞机等）的紫外辐射进行高分辨率接收。

(2) 紫外探测器：对紫外辐射信号源进行图像采集。通常的紫外探测器有光电真空探测器（光电倍增管、像增强器等）、光电导探测器（GaN基和AlGaN基光电导探测器等）和光伏探测器（Si、SiC、GaN P-N结、CCD和肖特基势垒光伏探测器等）。

(3) 转换电路：以紫外光学系统采集到的目标紫外辐射信号在紫外探测器响应，使探测器输出的模拟信号通过模数转换，转换成数字信号，方便后续电路的数字化处理。

(4) 数据处理器：进行数字信号的处理。

(5) 信号滤波：目的是使系统的随机噪声最大化的滤除，提取出有用信号，从而提高信噪比。

(6) 可疑目标跟踪：根据一定准则（如灰度、运动状态等），标记、跟踪潜在目标。

(7) 目标检测：对紫外数字信号进行多帧间的判断处理，提高探测系统识别目标的概率。

2. 系统工作原理

由于臭氧对太阳辐射光谱中的中紫外辐射在 20～30km 高度层中吸收作用明显，而使低空产生"日盲"效应。与之相反，目标紫外辐射相对较多(如飞机或导弹等高空高速目标飞行时因燃料猛烈燃烧使其温度很高而产生的紫外辐射较多)，这样在紫外场景中形成的对比度较高。目前紫外探测系统主要利用中紫外工作波段来探测导弹、飞机等目标辐射信号。

通过大相对孔径紫外光学系统高分辨率采集其视场范围内的目标紫外辐射信号，其辐射信号通过光电转换单元，由模拟光信号转换为模拟电信号，再对其模拟电信号进行有效处理，从而最大限度地滤除噪声，提高系统信噪比。然后通过数据处理器对信号进行数字化，从而实现信号中存在可疑目标的初级处理。再通过对信号的帧间处理，做出对在视场范围内有无目标的判定。如果有，则通过进一步的计算分析，从而得出目标的空间位置等信息。

5.1.3　总体技术方法分析

目标紫外探测总体技术研究的内容包括紫外探测系统的工作波段、目标紫外辐射特性、紫外大气传输、紫外光学系统、高性能紫外探测器、高质量滤光片、弱目标信号处理和作用距离模型的建立等。

为了使紫外探测系统获得较高的信噪比，选择系统工作波段时，需考虑目标及其背景辐射对比度特性、紫外大气传输特性、紫外光学材料响应和紫外探测器响应等方面的因素，进行综合考虑。

根据温度、大气成分和电离状态在垂直方向的分布特征，平流层大气密度较小，而且很稳定，对紫外大气传输影响不大，中间层、热成层和散逸层对紫外大气传输影响可忽略。因此，对紫外光传输特性影响最大的是对流层，需要深入研究。值得一提的是，地球大气背景紫外光谱辐射亮度及其场景分布是高空(星载)紫外探测系统对地监视、对空中目标探测识别等应用必需的基本数据，为空对地(地对空)紫外探测系统设计提供相关的理论基础。

紫外光学系统设计的目的是通过紫外光学系统使空间视场内的紫外辐射会聚在整个紫外探测器上。紫外光学系统往往需要具有工作波段宽、系统体积小和结构简单等特点，对其成像质量、环境适应性等进行评价。在紫外波段，反射式光学系统具有独特优势，因为反射镜没有色差，而折射材料在波长越短时，则色散越大。

紫外弱目标信号处理是关键技术之一。对弱信号进行如相关处理、信号平均、锁定放大、低噪声前置放大、自适应噪声抵消等有效的信号处理方法，最大限度地滤除探测系统的噪声，提高系统信噪比。紫外弱目标信号处理可采用自适应滤波方法。

紫外探测系统作用距离模型有多种，包括考虑弥散斑对成像质量影响，且基于信噪比的作用距离模型，以及基于探测概率和虚警率的作用距离模型。通过紫外目标辐射数据、探测器相关参数、大气传输数据，从不同的角度分别建立作用距离模型。以建立的紫外作用距离模型为基础，进一步对其产生影响的主要因素进行研究，从而得到具有工程应用参考价值的总体技术方法。

1. 目标紫外辐射特性

不同目标的紫外辐射特性是不同的。对高空高速运动目标，如导弹或飞机等目标，一般为在10km以下的高空，运动速度在亚音速以上。

1）高空高速目标的紫外辐射

战术型导弹常常采用固体推进剂，而其产生紫外辐射的主要来源为以下几个方面：

(1) 热发射。一类为黑体辐射。由于推进剂在燃烧室内燃烧剧烈，其温度可达3000K以上。根据普朗克黑体辐射理论，大部分辐射光谱分布在1～3μm的红外波段，只有少量分布在紫外波段。另一类是热粒子辐射。为了提高燃烧效率，固体推进剂中一般加入了固体铝，在其固化的过程中，因其产生的大量氧化铝粒子，其温度足够高且不变，向外产生紫外辐射，其过程在紫外发射过程中起关键作用。因此，导弹尾焰中的紫外辐射，其辐射效果可看成2300K的黑体辐射乘以氧化铝粒子的辐射效率曲线。

(2) 化学荧光辐射。大部分导弹尾气流中含有很多没有燃尽的燃料。由于燃烧生成高浓度的碳、氮和氢，这些残余燃料发生化学反应就产生了紫外辐射。

(3) 其他辐射。在几乎全部的碳氢焰的燃料同氧化剂发生氧化的过程中，OH基团都可发出强烈的紫外辐射。当发生剧烈反应燃烧时，激发态的OH基团衰变到基态时，从中产生紫外光子，成为产生紫外辐射的来源之一。

表5.1 OH基团等的发射带

分　　子	紫外波段/nm
OH	244～308
CO_2	287～316
CO	200～246
NO	250～370
O_2	244～437

另外，NO化学荧光发射也以相似的方式对紫外辐射做出一定的贡献。NO的Gamma辐射在所有以氮作基本燃料的火箭羽烟中都可以观察到这一现象。OH基团等的发射带如表5.1所示。

2）大气背景的紫外辐射

大气背景紫外辐射因季节、地理位置、天顶角、地面反射率不同，大气背景的不同而不同，其变化规律是紫外探测的重要理论基础之一。大气背景紫外辐射的变化影响着紫外探测器的动态变化范围。

特定条件下大气背景紫外辐射光谱辐射亮度曲线，如图5.2所示。有云条件下的大气背景紫外辐射亮度明显高于无云条件下的大气背景紫外辐射亮度。在不同气象条件下，介于290～320nm波段内的紫外辐射亮度大约有3个数量级变化。小于300nm的太阳辐射电磁波，因在20～30km高度层的臭氧比较强烈吸收作用，所以在近地面受大气条件的影响不大。

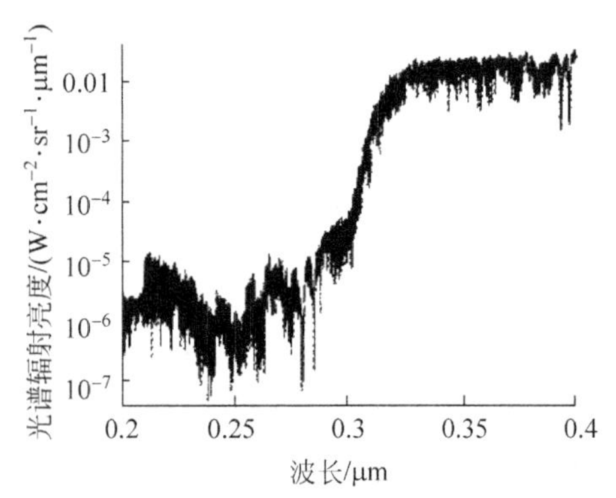

图5.2 大气辐射光谱亮度曲线

紫外探测系统的主要背景辐射源来自天空中气辉辐射，其辐射波段为100～390nm，但是它的辐射强度很低，通常只有几百个光子/(cm^2·s)。气辉有日辉和夜辉两种情况。日辉是由于白天时大气组分吸收了太阳辐射，并再辐射产生的光谱辐射，它们来源于太阳辐射的共振和荧光散射、化学和离子反应及原子和分子的光电激发，白天的背景辐射主要来自NO在200～300nm的辐射；夜辉是由大气在白天吸收了太阳紫外辐射而在夜间产生的光谱辐射。由于存在各种缓慢的反应，氧气在白天形成的O和O_3能够存储一定的能量，这些能量在夜间释放出来就形成气辉。在中紫外波段，夜辉的主要特征就体现在氧气的 Herzberg 带。

闪电过程中，气体温度在 20 000K 以上时所辐射的光谱包含紫外成分。在闪电放电过程中，所产生的紫外辐射如图 5.3 所示。

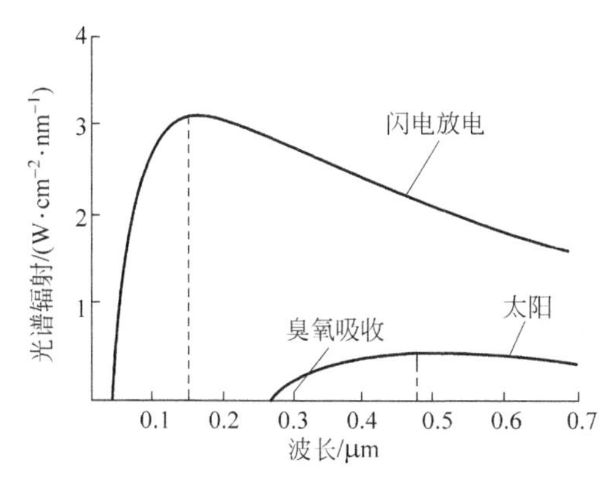

图 5.3　闪电放电、太阳辐射光谱与波长的关系

2. 高灵敏度紫外探测器

对"日盲"紫外探测而言，理想的紫外探测器具有探测面积大、增益高、量子效率高、光学效率良好和紫外/可见光抑制比高等特点。由于在中紫外区目标辐射信号较弱，除了在光路中使用必要的紫外光学元件和光路优化外，对紫外探测器性能指标要求也非常苛刻。在高空高速目标紫外探测系统中还要求紫外探测器具有较小的时间常数和较高的响应频率等。选择紫外探测器时，应综合考虑紫外探测器的增益、信噪比、制造器件工艺的可靠性、器件结构的复杂性和成本等因素。

第一代紫外探测系统以单阳极光电倍增管为核心，具有结构简单、性能可靠、体积小、重量轻、虚警率低、低功耗等优点。但缺点是角分辨率差、灵敏度较低、只能探测到紫外辐射的概略源等。之后发展的多阳极光电倍增管，具有处理二维信息能力，受到了重视。而在此基础上发展的多阳极微通道阵列器件可实现成像，且具有体积小、探测灵敏度高、增益高、暗电流小、响应速度快等优点，可用于探测高速运动的紫外目标。但缺点是仍离不开高压电源、功耗大，仍需要低效且昂贵的紫外滤光片。第二代增强型电荷耦合器件(Intensified CCD，ICCD)和电子倍增电荷耦合器件(EMCCD)，其中，紫外探测器能精确接收紫外辐射，具有识别能力强、体积小、重量轻、探测灵敏度高的优点，在国内外紫外探测系统中得到了广泛的应用。

近年来发展的 GaN 紫外探测器、ZnO 紫外探测器、SiC 紫外探测器和金刚石紫外探测器等新型的宽禁带探测器件，具有体积小、耐恶劣环境、工作电路简单、量子效率高、紫外/可见光抑制比很高等优点。然而，虽制备高铝组分 AlGaN 材料得到了长足的发展，但也存在诸多问题。制备在"日盲"区具有高效率的薄膜是研制高性能 $Mg_xZn_{1-x}O$ 紫外探测器所必需的。SiC 探测器应用于"日盲"光电探测技术有待进一步成熟。而金刚石紫外探测器因成本较昂贵，且与电路兼容性偏弱，使其得到广泛应用还有难度。

3. 高性能"日盲"紫外滤光片

"日盲"紫外滤光片通带多数在中紫外区，具有良好的紫外/可见光抑制比，且透过率大多在 20%～50%。根据滤光片的工作原理可将其划分为 3 种类型：吸收型滤光片、干涉型滤光片和声光型滤光片。吸收紫外滤光片具有高透过和深截止特性，透过率一定的紫外光信号，可调节吸收材料的浓度来改变背景光截止度。声光可调滤光片是一种电调谐滤光片，具有扫描速度快、调谐范围宽、入射孔径角大、无多级衍射、光谱分辨率高（可达到0.1nm）、易于实现计算机控制等特点。在干涉型"日盲"滤光片方面的研究较成熟，但是由于其具有机械强度和化学稳定性差等局限性，因此很难满足较长距离探测的要求。吸收型紫外滤光片具有良好的"日盲"功能，且满足长距离探测要求。如何增强吸收型紫外滤光片恶劣环境的适应性和设计可靠的安全裕度，是滤光片的主要研制方向。另外在设计紫外光学系统时，可以采用"日盲"材料的光学主镜进行组合滤光来提高滤光性能，从而提高整个系统的探测性能。

滤光片的主要性能参数有峰值透射比、峰值波长、通带中心波长、波形系数、背景抑制和截止区域等。所以具体选择滤光片时主要是围绕其主要性能参数，如峰值透过率高、背景低、截止区宽、中心波长定位精度高及波形系数考虑的。

在选择滤光片时，还应综合考虑以下几个因素：

（1）紫外辐射光谱分布。

（2）紫外辐射源干扰源。

（3）探测器件光谱灵敏度。

（4）由于紫外滤光片光学透过率较低且昂贵，消减了由大相对口径光学系统增加的光学效率，同时大相对口径紫外光学系统会聚紫外辐射能量，导致处于后级的窄带紫外滤光片在较短时间内升温，以致损坏。

因此滤光片的选择应该在目标特性和制作工艺上进行折中。

4. 弱目标信号处理系统

弱信号接收和处理系统是紫外探测技术发展的关键技术之一。紫外信号处理包括紫外信号的数字化和数字化图像的时空域处理。紫外辐射信号以模拟方式入射到紫外探测器上，相应的模拟检测方式包括紫外信号采集、光电转换和放大、调制解调以及编码-解码方式，尤其是抗干扰和去噪声是关键。对于热噪声、散弹噪声等，必须对噪声信号进行如锁定放大、低噪声前置放大、自适应噪声抵消等有效的信号处理方式，最大化地滤除探测系统的噪声，提高系统的信噪比。由于紫外探测器的输出信号会随紫外目标距离的变化而变化，因此过程中的信号放大电路可考虑采用自适应增益控制电路。

5.1.4 主要技术性能要求

紫外探测系统的主要技术性能要求包括紫外探测系统的作用距离、视场、分辨率、探测概率和虚警率等。

紫外探测系统在一定的环境条件、探测概率和虚警率情况下，紫外探测系统能探测或者跟踪目标的最大距离叫作用距离。作用距离是衡量紫外探测系统综合性能优劣的重要指标，也是设计的核心指标。

系统视场可分为紫外光学垂直视场和水平视场。

按经典理论通常将光学系统能够分辨物距处两个靠近的有间隙点源的能力叫分辨力。常见分辨力有辐射精度分辨力和空间分辨力。辐射精度分辨力是通过其目标辐射光谱范围及其发射率、背景噪声及其发射率计算得到。空间分辨力可通过紫外探测系统的瞬时视场计算得到。

紫外探测系统的探测概率 P_d、虚警率 P_{fa} 都与系统噪声密切相关。当紫外信号与系统噪声总幅值大于门限电压时，紫外探测系统就会认为发现紫外目标，它发生的概率称为探测概率 P_d。虚警率 P_{fa} 是当系统噪声电压超过系统门限电压时，紫外探测系统就会误认为发现了目标，这种实际目标不存在而系统错误地认为目标存在的情况，称为"虚警"，它发生的概率称为虚警率 P_{fa}。对于紫外探测系统，探测概率 P_d 一般要大于 50%，对于跟踪用途则要大于 90%。虚警率 P_{fa} 通常为 $10^{-6} \sim 10^{-12}$，在计算作用距离时，一般可取探测概率 P_d 为 0.96 以上。

5.2　CCD 与 CMOS 传感器

人类通过视觉器官所得到的信息量约占人能摄取的总信息量的 80%以上。CCD 和 CMOS 传感器是当前被普遍采用的两种图像传感器，两者都是利用感光二极管进行光电转换将光像转换为电子数据。自 20 世纪 60 年代末期美国贝尔实验室开发出 CCD 固体摄像器件以来，CCD 技术在图像传感、信号处理、数字存储等方面得到了迅速发展。然而随着 CCD 固体摄像器件的广泛应用，其不足之处逐渐显露出来：生产工艺复杂、功耗较大、价格高、不能单片集成和有光晕、拖尾等不足之处。

为此，人们又开发出了另外几种固体图像传感器，其中最有发展潜力的是采用标准 CMOS 集成电路工艺制造的 CMOS 图像传感器。实际上，早在 20 世纪 70 年代初，国外就已经开发出了 CMOS 图像传感器，但因成像质量不如 CCD，一直无法与之相抗衡。20 世纪 90 年代初，随着超大规模集成电路工艺技术的飞速发展，CMOS 图像传感器在单芯片内集成了 A/D 转换、信号处理、自动增益控制、精密放大和存储等功能，从而极大地改善了设计系统的复杂性、降低了成本，因而显示出强劲的发展势头。此外，CMOS 图像传感器还具有低功耗、单电源、低工作电压(3.3～5.0V)、无光晕、抗辐射、成品率高、可对局部像素随机访问等突出优点。因此，CMOS 图像传感器重新成为研究开发的热点。在军民两用领域，已经同 CCD 图像传感器形成强有力的竞争态势。

5.2.1　CCD 的基本原理及其主要性能指标

为了掌握和应用 CCD，并进行系统设计，就必须了解 CCD 的基本原理和其性能指标。

1. CCD 器件的基本原理

CCD 是一种金属氧化物半导体结构的新型器件，其基本结构是一种密排的 MOS 电容器，能够存储由入射光在 CCD 像敏单元激发出的光信息电荷，并能在适当相序的时钟脉冲驱动下，把存储的电荷以电荷包的形式定向传输转移，实现自扫描，完成从光信号到电信号的转换。这种电信号通常是符合电视标准的视频信号，可在电视屏幕上复原成物体的可见光像，也可以将信号存储在磁带机内，或输入计算机，进行图像增强、识别、存储等处理。因此，CCD 器件是一种比较理想的摄像器件，在很多领域中都有应用。

CCD 是一种光电转换器件，是 20 世纪 70 年代以来逐步发展起来的半导体器件。它是在 MOS 集成电路技术基础上发展起来的，为半导体技术应用开拓了新的领域。它具有光电转换、信息存储和传输等功能，具有集成度高、功耗小、结构简单、寿命长、性能稳定等优点，故在固体图像传感器、信息存储和处理等方面得到了广泛的应用。CCD能实现信息的获取、转换和视觉功能的扩展，能给出直观、真实、多层次的内容丰富的可视图像信息，被广泛应用于军事、天文、医疗、广播、电视、传真通信以及工业检测和自动控制系统。实验室用的数码相机和光学多道分析器等仪器，都用了CCD作为图像传感元件。

一个完整的CCD器件由光敏单元、转移栅、移位寄存器及一些辅助输入、输出电路组成。CCD工作时，在设定的积分时间内由光敏单元对光信号进行采样，将光的强弱转换为各光敏单元的电荷多少。采样结束后各光敏元电荷由转移栅转移到移位寄存器的相应单元中。移位寄存器在驱动时钟的作用下，将信号电荷顺次转移到输出端。将输出信号接到示波器、图像显示器或其他信号存储、处理设备中，就可对信号再现或进行存储处理。由于CCD光敏单元可做得很小(约10μm甚至更小)，所以它的图像分辨率很高。

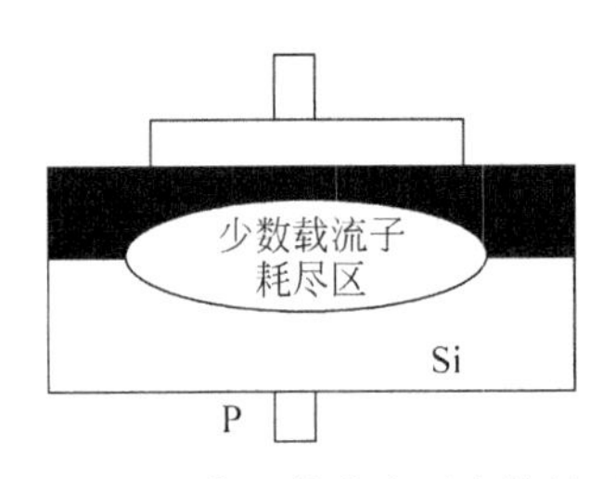

图5.4　用作少数载流子存储单元的MOS剖面图

CCD的基本单元是MOS电容器，这种电容器能存储电荷，其结构如图5.4所示。以P型硅为例，在P型硅衬底上通过氧化在表面形成SiO_2层，然后在SiO_2上淀积一层金属为栅极，P型硅里的多数载流子是带正电荷的空穴，少数载流子是带负电荷的电子，当金属电极上施加正电压时，其电场能够透过SiO_2绝缘层对这些载流子进行排斥或吸引。于是带正电的空穴被排斥到远离电极处，剩下的带负电的少数载流子在紧靠SiO_2层形成负电荷层(耗尽层)，电子一旦进入，由于电场作用就不能复出，故又称为电子势阱。

当器件受到光照时(光可从各电极的缝隙间经过SiO_2层射入，或经衬底的薄P型硅射入)，光子的能量被半导体吸收，产生电子-空穴对，这时出现的电子被吸引存储在势阱中，这些电子是可以传导的。光越强，势阱中收集的电子越多，光弱则反之，这样就把光的强弱变成电荷的数量，实现了光与电的转换，而势阱中收集的电子处于存储状态，即使停止光照一定时间内也不会损失，这就实现了对光照的记忆。

2. CCD传感器的主要性能指标

CCD器件是一种光电探测器件，它不同于大多数以光电流或电压为信号载体的器件，而是以电荷的形式存储和转移信息。常见的CCD传感器包括CCD摄像头和图像采集卡。为了全面评价CCD成像器件的性能及应用的需要，制定一系列特征参数。一般来说，具体有以下几类的特征参数。

1) 表征器件总体性能的特征参数

表征器件总体性能的特征参数有像素数，CCD几何尺寸(总尺寸及像元尺寸)，帧频，光谱特性，信噪比，MTF和分辨率，动态范围，非均匀性，暗电流，质量、功耗与可靠性(寿命)，接口。

2) 表征器件内部性能的特征参数

表征器件内部性能的特征参数有转移效率和转移损失率、工作频率(时钟频率的上下限)、光电转换特性与响应度、响应时间、噪声。

3) 表征器件工作环境适应性的特征参数

表征器件工作环境适应性的特征参数有工作温度范围、存储温度范围、相对湿度、振动与冲击、抗霉菌、强辐射等。

下面就CCD器件的主要性能指标作进一步分析。

1) CCD几何尺寸

一般来说，尺寸越大，包含的像素越多，清晰度就越高，性能也就越好。在像素数目相同的条件下，尺寸越大，则显示的图像层次越丰富。

2) CCD像素

CCD像素是CCD的主要性能指标，它决定了显示图像的清晰程度，分辨率越高，图像细节的表现越好。CCD是由面阵感光元素组成的，每一个元素称为像素，像素越多，图像越清晰。

3) 灵敏度

灵敏度是指在一定光谱范围内单位曝光量的输出信号电压（电流），也相当于投射在光敏单元上的单位辐射功率所产生的电压（电流）。

4) 分辨率

分辨率是图像器件的重要特性，常用调制传递函数MTF来评价。如图5.5所示，为某线阵CCD的MTF曲线（f 为空间频率）。

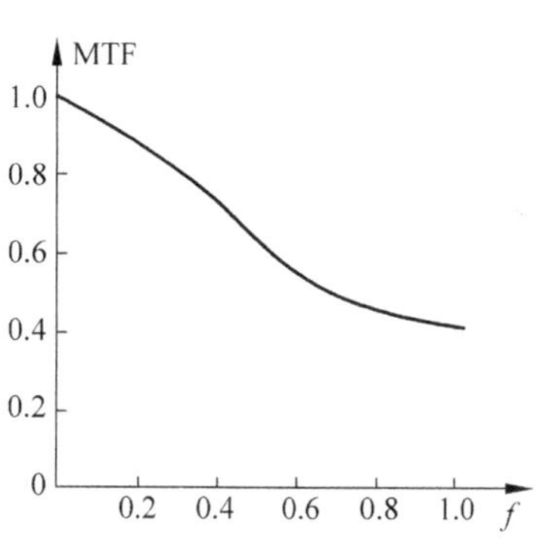

图5.5 某线阵CCD的MTF曲线

5) 信噪比

信噪比指的是信号电压对于噪声电压的比值，通常用符号 S/N 来表示。S 表示摄像机在假设无噪声时的图像信号值，N 表示摄像机本身产生的噪声值（比如热噪声），二者之比即为信噪比，用分贝（dB）表示。信噪比越高越好，典型值为46dB。

6) 光谱响应

目前广泛应用的CCD器件是以硅为衬底的器件，其典型光谱响应范围在400～1100nm。红外CCD器件用多元红外探测器阵列替代可见光CCD图像器件的光敏元部分，光敏元部分主要的光敏材料有InSb、PbSnTe和HgCdTe等，其光谱范围延伸至3～5μm和（或）8～14μm。

7) 动态范围

饱和曝光量和等效噪声曝光量的比值称为CCD的动态范围，CCD器件的动态范围一般在10^3～10^4数量级。

8) 暗电流

暗电流的存在限制了器件动态范围和信号处理能力。暗电流的大小与光积分时间、周围环境温度密切相关，通常温度每升高30℃～35℃，暗电流提高约一个数量级。CCD摄像器件在室温下暗电流为5～10nA/cm^2。

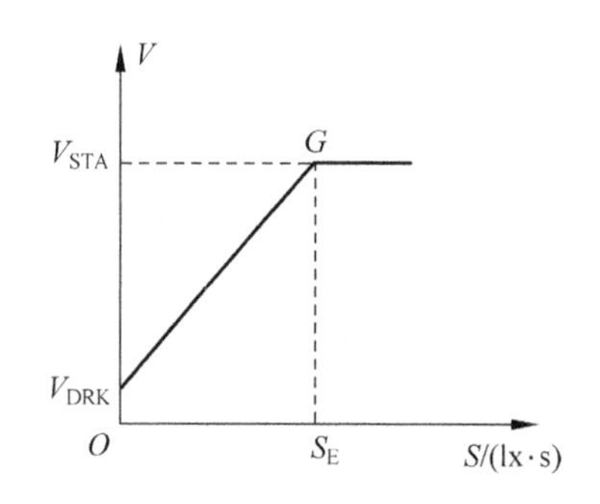

图5.6 CCD图像器件的光电转换特性

9) 光电转换性

CCD图像器件的光电转换特性如图5.6所示。图中横轴为曝光量，纵轴为输出信号电压值。它的光电转换特性与硅靶摄像管相似，具有良好的线性。特性曲线的拐点 G 所对应的曝光量叫饱和曝光量(S_E)，当曝光量大于 S_E 时，CCD 输出信号不再增加，G 点所对应的输出电压 V_{STA} 为饱和输出电压。V_{DRK} 为暗输出电压，即无光照时，CCD 的输出电压值。

10）转移效率 η 与转移损失率 ε

在一定的时钟脉冲驱动下，设电荷包的原电量为 Q_0，转移到下一个势阱时的电量为 Q_1，则转移效率 η 与转移损失率 ε 分别为

$$\eta = Q_1/Q_0 \tag{5.1}$$

$$\varepsilon = (Q_0 - Q_1)/Q_0 \tag{5.2}$$

一个电量为 Q 的电荷包，经过 n 次转移后的输出电荷量应为

$$Q_n = Q_0 \eta^n \tag{5.3}$$

总效率为

$$\eta^n = Q_n/Q_0 \tag{5.4}$$

一个 CCD 器件总效率太低时，就失去了实用价值。一定的 η 值，限定了器件的最大位数(见表 5.2)，这一点对器件的设计者及使用者都是十分重要的。

表 5.2　总效率随 η 值的变化(三相 1024 位器件)

η	0.999 00	0.999 50	0.999 90	0.999 95	0.999 99
Q_n/Q_0	0.1289	0.3591	0.8148	0.9027	0.9797

值得注意的是，转移损失并不是部分信号电荷的消失，而是损失的那部分电荷在时间上的滞后。其后果不仅仅是信号的衰减，更有害的是滞后的那部分电荷叠加到后面的电荷包上，引起传输信息的失真(CCD 传输信号的拖尾情况)。

11）量子效率

如果说灵敏度是从宏观角度描述 CCD 光电特性，那么量子效率是对同一个问题的微观描述，可以理解为一个光子能产生的电子数。

12）不均匀度

CCD 成像器件不均匀度包括光敏元不均匀和 CCD 不均匀。一般 CCD 是近似均匀的，即每次转移效率是一样的。光敏元响应不均匀是由工艺过程及材料不均匀引起的，像素越多，均匀性问题越突出，不均匀度是影响像素提高的因素，也是成品率下降的重要原因。

13）线性度

线性度是指在动态范围内，输入信号与曝光量关系是否呈线性关系。通常在弱信号和接近满阱信号时，线性度比较差。在弱信号时，噪声影响大，信噪比低；在接近满阱信号时，耗尽层变窄，使量子效率下降，灵敏度降低，线性度变差。

以上是对 CCD 图像器件主要性能指标的介绍，除去以上指标之外，影响 CCD 性能的指标还有如影响 CCD 总体性能的功耗与可靠性、质量等；表征 CCD 内部性能的如工作频率、响应时间以及 CCD 器件所处的温度、湿度、所受振动与冲击等环境条件。

5.2.2　CMOS 的基本原理及其主要性能指标

为了掌握和应用 CMOS，并进行系统设计，必须了解 CMOS 的基本原理及其性能指标。

1. CMOS 的基本原理

CMOS 图像传感器的像素结构主要有两种：无源像素图像传感器(PPS)和有源像素图像传感器(APS)，其结构如图 5.7 所示。PPS 出现于 20 世纪 90 年代初。从 1992 年至今，APS 发展非常迅猛。由于 PPS 信噪比低、成像质量差，目前应用的绝大多数 CMOS 图像传感器都采用 APS 结构。APS 结构的像素内部包含一个有源器件，该放大器在像素内部具有放大和缓冲功能，具有良好的消噪功能，且电荷不需要像 CCD 器件那样经过远距离移位到达输出放大器，因此避免了所有与电荷转移有关的 CCD 器件的缺陷。值得一提的是，CMOS 图像传感器新技术已有 C3D 技术和 Foveon X3 技术等。

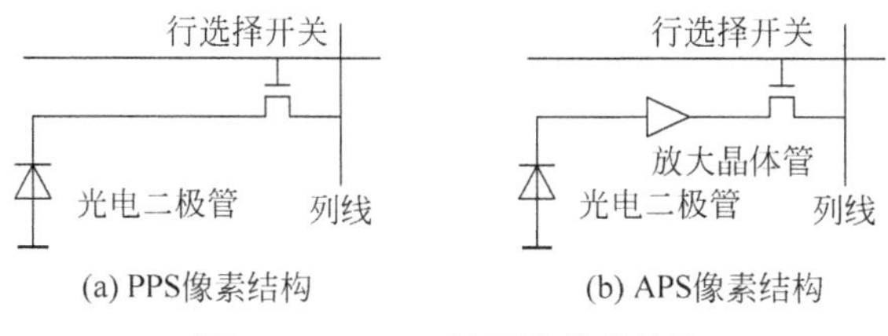

图 5.7 CMOS 的两种像素结构

由于每个放大器仅在读出期间被激发，将经光电转换后的信号在像素内放大，然后用 X-Y 地址方式读出，提高了固体图像传感器的灵敏度。APS 像素单元有放大器，它不受电荷转移效率的限制，速度快，图像质量较 PPS 得到明显改善。但是，与 PPS 相比，APS 的像素尺寸较大、填充系数小，其设计填充系数典型值为 20%～30%。

一个典型的 CMOS 图像传感器的总体结构如图 5.8 所示。在同一芯片上集成有模拟信号处理电路、I^2C(Inter-Integrated Circuit，集成电路总线)控制接口、曝光/白平衡等控制、视频时序产生电路、数字转换电路、行选择、列选及放大、光敏单元阵列。片上模拟信号处理电路主要执行 CDS(Correlated Double Sampling，相关双取样电路)功能。片上 A/D 转换器可以分为像素级、列级和芯片级几种情况，即每一个像素有一个 A/D 转换器、每一列像素有一个 A/D 转换器，或者每一个感光阵列有一个 A/D 转换器。由于受芯片尺寸的限制，像素级的 A/D 转换器不易实现。CMOS 芯片内部提供了一系列控制寄存器，通过总线编程(如 I^2C 总线)来对自动增益、自动曝光、白色平衡、γ 校正等功能进行控制，编程简单、控制灵活。直接输出的数字图像信号可以很方便地和后续处理电路接口，供数字信号处理器对其进行处理。

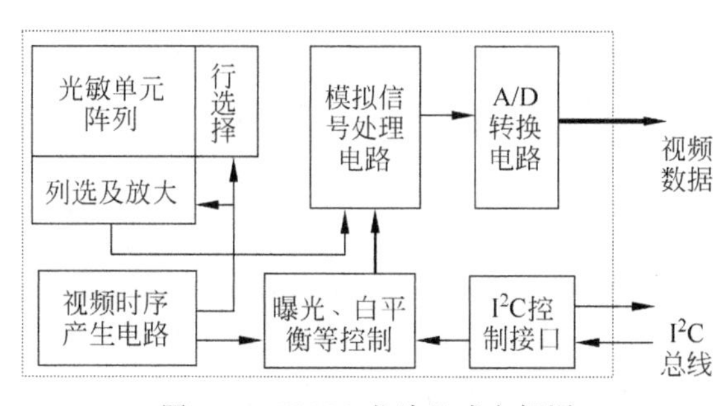

图 5.8 CMOS 芯片组成方框图

CMOS 成像器件将光敏元、放大器、A/D 转换器、存储器及数字信号处理器等全都集成在一个硅片上。每个 CMOS 成像单元都有自己的缓冲放大器，可以被单独选址和读出，这点与 CCD 的信号读出方式截然不同。

2. CMOS 传感器的主要性能指标

下面分析 CMOS 器件的主要性能指标。

1）传感器尺寸

CMOS 图像传感器的尺寸越大，则成像系统的尺寸越大。CMOS 图像传感器的常见尺寸有 1in、2/3in、1/2in、1/3in、1/4in 等。

2）像素总数和有效像素数

像素总数是衡量 CMOS 图像传感器的主要技术指标之一。CMOS 图像传感器的总体像素被用来进行有效的光电转换并输出图像信号的像素为有效像素。显而易见，有效像素总数隶属于像素总数集合。有效像素数目直接决定了 CMOS 图像传感器的分辨能力。

3）最小照度

最小照度是指在使用最大光圈增益、摄取特定目标时视频信号输出幅度为 100IRE 所对应的入射光的最小值。

4）动态范围

动态范围由 CMOS 图像传感器的信号处理能力和噪声决定，反映了 CMOS 图像传感器的工作范围。参照 CCD 的动态范围，其数值是输出端的信号峰值电压与均方根噪声电压之比，通常用 dB 表示。

5）灵敏度

图像传感器对入射光功率的响应能力被称为响应度。对于 CMOS 图像传感器来说，通常采用电流灵敏度来反映响应能力，电流灵敏度也就是单位光功率所产生的信号电流：

$$S_d = \frac{I_S}{P_S} \quad (\text{单位为：mA/W}) \tag{5.5}$$

式中，P_S 是入射光功率；I_S 是信号电流，取有效值，即均方根值。有些文献或器件手册中也会采用电压响应度来反映响应能力。电压响应度 R_V 定义为图像传感器的输出信号电压 V_S 与入射光功率 P_S 之比，即单位光功率所产生的信号电压：

$$R_V = \frac{V_S}{P_S} \tag{5.6}$$

光辐射能流密度在光度学中常用照度来表示，可以利用关系式 $1\text{W/m}^2 = 20\text{lx}$。对于一定尺寸的 CMOS 图像传感器而言，电压响应度可用 V/(lx・s)表示，电流灵敏度可用 A/(lx・s)表示。

6）分辨率

分辨率是指 CMOS 图像传感器对景物中明暗细节的分辨能力。通常用调制传递函数(MTF)来表示，同时也可以用空间频率 lp/mm 来表示。由于 CMOS 图像传感器是离散采样器件，由尼奎斯特定理可知，它的极限分辨率为空间采样频率的一半。如果某一方向上的像元间距为 d，则该方向上的空间采样频率为 $1/d$(单位为 lp/mm)，其极限分辨率将小于 $1/2d$(单位为 lp/mm)。因此 CMOS 图像传感器的有效像素数(行或列)以及 CMOS 传感器的尺寸(行或列)是衡量分辨率的重要的相关指标。由此可以得到极限分辨率(行或列)$=\frac{\text{有效像素数(行或列)}}{2\times\text{传感器尺寸(行或列)}}$(lp/mm)。

7）光电响应不均匀性

CMOS 图像传感器是离散采样型成像器件，光电响应不均匀性定义为 CMOS 图像传感器在标准的均匀照明条件下，各个像元的固定噪声电压峰-峰值与信号电压的比值，记为 PRNU，即

$$\mathrm{PRNU}=\frac{\mathrm{FPN}}{\mathrm{Signal}}\times 100\% \tag{5.7}$$

固定模式噪声(FPN)是指非暂态空间噪声，产生的原因包括像素与色彩滤波器之间的不匹配、列放大器的波动、PGA 与 ADC(数模转换器)之间的不匹配等。FPN 可以是耦合的或非耦合的。行范围耦合类 FPN 噪声也可以由较差的共模抑制造成。在实际应用中，由于受到测量的约束，常常将上面的定义等效为：在标准的均匀照明条件下，各个像元的输出电压中的最大值(V_{max})与最小值(V_{min})的差同各个像元输出电压的平均值(V_o)的比值，即

$$\mathrm{PRNU}=\frac{V_{max}-V_{min}}{V_o}\times 100\% \tag{5.8}$$

由于每个像元的输出电压直接对应于输出的灰度值，所以在这里将像元集合中的灰度最大数据作为灰度最大值，记为 G_{max}；将像元集合中的灰度最小数据作为灰度最小值，记为 G_{min}；将像元集合中的灰度数据的平均值作为平均灰度值，记为 G_o。则上面的计算公式可以通过像元的灰度数据来表示：

$$\mathrm{PRNU}=\frac{G_{max}-G_{min}}{G_o}\times 100\% \tag{5.9}$$

8）光谱响应特性

CMOS 图像传感器的信号电压 V_S 和信号电流 I_S 是入射光波长 λ 的函数。光谱响应特性就是指 CMOS 图像传感器的响应能力随波长的变化关系，它决定了 CMOS 图像传感器的光谱范围。通常可以选用光谱特性曲线来描述，其横坐标是波长，纵坐标是灵敏度。CMOS 图像传感器的光谱响应的含义与一般的光电探测器的光谱响应相同，指的是相对的光谱响应。CMOS 图像传感器的光谱响应范围是由光敏面的材料决定的，本征硅的光谱响应范围为 0.4～1.1μm。

5.2.3 CCD 和 CMOS 传感器的比较及发展趋势

CCD 和 CMOS 是两类主流图像传感器，对其进行制造工艺、性能差异的比较，了解其发展趋势，对于掌握、应用这两类图像传感器进行系统设计是必要的。

1. 制造工艺的差异

CCD 和 CMOS 的制造工艺，都是基于 MOS 的构造，不过从细节来看，两者还是有很大差异。表 5.3 虽然不能完全适用于所有图像传感器，但是以最常用的隔行转移方式 CCD 图像传感器及其使用 0.35～0.5μm 设计法则的 CMOS 图像传感为例进行了比较。CCD 的制造工艺是以光电二极管与 CCD 的构造为中心，为了垂直 CCD 与电子快门，大部分使用 N 型基板。此外，为了驱动 CCD 必须使用相当高的电压，除了形成较厚的栅极绝缘膜外，同时

CCD 转移电极也是多层重叠的构造。在 Al 遮光膜下，垂直 CCD 为了充分遮光，抑制漏光，不进行平坦化。

表 5.3 制造工艺与特性比较

	CCD 图像传感器	CMOS 图像传感器
制造工艺	实现光电二极管、CCD 特有的构造	基于 DMOS(Depletion MOS) LSI 的标准制造工艺
基板、阱	N 型基板、P-well	P 型基板、N-well
元件分离	LOCOS(Local Oxidation of Silicon)或注入杂质	LOCOS
栅极绝缘膜	较厚(50～100nm)	较薄(约 10nm 或以下)
栅极电极	2～3Poly-Si(重叠构造)	1～2Poly-Si(多晶硅)
层间膜	重视遮光性、光谱特性的构造、材料	重视平坦性
遮光膜	Al，W	Al
配线	1 层(与遮光膜共用)	2 或 3 层

对 CMOS 图像传感器，虽然也使用 N 型基板，但大多数依照标准的 CMOS 制造工艺使用 P 型基板。又由于使用以低电压动作的 MOS 晶体管，因此形成的栅极绝缘膜较薄。栅极电极使用硅化物类材料，为了达到多层配线的目标，层间膜需要进行平坦化。

2. 性能差异

CCD 与 CMOS 传感器是当前成像设备普遍采用的两种图像传感组件。两种传感器都是利用感光二极管进行光与电转换，将图像信号转换为数字信号，它们的根本差异在于传送信号数据的方式不同。由于信息传送方式不同，CCD 与 CMOS 传感器在效能与应用上存在诸多差异(见表 5.4)，这些差异主要具体表现在以下 12 个方面。

表 5.4 CCD 与 CMOS 图像传感器比较

类　别	CCD	CMOS
生产线	专用	通用
成本	高	低
集成状况	低，需外接芯片	单片高度集成
电源	多电源	单一电源
抗辐射	弱	强
电路结构	复杂	简单
灵敏度	优	良
信噪比	优	良
图像	顺次扫描	同时读取
红外线	灵敏度低	灵敏度高
动态范围	>70dB	>70dB
模块体积	大	小

(1) 灵敏度。灵敏度代表传感器的光敏单元收集光子产生电荷信号的能力。CCD 图像传感器灵敏度较 CMOS 图像传感器高 30%～50%。这主要因为 CCD 的感光信号以行为单位传输，电路占据像素的面积比较小，这样像素点对光的感受就高些；而 CMOS 传感器

的每个像素由多个晶体管与一个感光二极管构成(含放大器与 A/D 转换电路),使得每个像素的感光区域只占据像素本身很小的表面积,像素点对光的感受就低。CCD 像素单元耗尽区深度可达 10nm,具有可见光及近红外光谱段的完全收集能力。CMOS 图像传感器由于采用 0.18～0.5mm 标准 CMOS 工艺,且采用低电阻率硅片须保持低工作电压,像素单元耗尽区深度只有 1～2nm,导致像素单元对红光及近红外光吸收困难。

(2) 动态范围。动态范围表示器件的饱和信号电压与最低信号阈值电压的比值。在可比较的环境下,CCD 动态范围较 CMOS 高。主要由于 CCD 芯片物理结构决定通过电荷耦合,电荷转移到共同的输出端的噪声较低,使得 CCD 器件噪声可控制在极低的水平。CMOS 器件由于其芯片结构决定它具有较多的片上放大器、寻址电路、寄生电容等,导致器件噪声相对较大,这些噪声即使通过采用外电路进行信号处理、芯片冷却等手段,CMOS 器件的噪声仍不能降到与 CCD 器件相当的水平。CCD 的低噪声特性是由其物理结构决定的。

(3) 噪声。CCD 的特色在于充分保持信号在传输时不失真(有专属通道设计),透过每一个像素集合至单一放大器上做统一处理,可以保持资料的完整性;相对地,CMOS 的设计中每个像素旁就直接连着 ADC(放大兼模拟/数字信号转换器),信号直接放大并转换成数字信号。CMOS 的制造工艺较简单,没有专属通道的设计,因此必须先放大再整合各个像素的资料。所以 CMOS 计算出的噪点要比 CCD 多,这会影响到图像品质。

(4) 功耗。CMOS 传感器的图像采集方式为主动式,即感光二极管所产生的电荷会直接由晶体管放大输出;而 CCD 传感器为被动式采集,需外加电压让每个像素中的电荷移动,除了在电源管理电路设计上的难度更高之外,高驱动电压更使其功耗远高于 CMOS 传感器。CMOS 传感器使用单一电源,耗电量非常小。

(5) 响应速度。由于大部分相机电路可与 CMOS 图像传感器在同一芯片上制作,信号及驱动传输距离缩短,电感、电容及寄生延迟降低,信号读出采用 X-Y 寻址方式,CMOS 图像传感器工作速度优于 CCD。通常的 CCD 由于采用顺序传输电荷,组成相机的电路芯片有 3～8 片,信号读出速率不超过 70MPixels/s。CMOS 图像传感器的设计者将模数转换(ADC)做在每个像素单元中,使 CMOS 图像传感器信号读出速率可达 1000MPixels/s 以上,比 CCD 图像传感器快很多。

(6) 响应均匀性。由于硅片工艺的微小变化、硅片及工艺加工引入缺陷、放大器变化等导致图像传感器光响应不均匀。响应均匀性包括有光照和无光照(暗环境)两种环境条件。CMOS 图像传感器由于每个像素单元中均有开环放大器,器件加工工艺的微小变化导致放大器的偏置及增益产生可观的差异,且随着像素单元尺寸进一步缩小,差异将进一步扩大,使得在有光照和暗环境两种条件下 CMOS 图像传感器的响应均匀性较 CCD 有较大差距。

(7) 集成度。CMOS 图像传感器可将光敏单元、图像信号放大器、信号读取电路、模数转换器、图像信号处理器及控制器等集成到一块芯片上。

(8) 驱动脉冲电路。CMOS 芯片内部集成了驱动电路,极大地简化了硬件设计,同时也降低了系统功耗。

(9) 带宽。CMOS 具有低的带宽,并增加了信噪比。它还有一个固有的优点是防模糊(Blooming)特性。在像素位置内产生的电压先是被切换到一个纵列缓冲区内,再被传送到输出放大器中。由于电压是直接被输出到放大器中去,因此不会发生传输过程中的电荷损耗以及随后产生的图像模糊现象。其不足之处是每个像素中的放大器的阈值电压都有着细小差别,这种不均匀性会引起"固定模式噪声"。

(10) 访问灵活性。CMOS 具有对局部像素图像的编程进行随机访问的优点。如果只采集很小区域的窗口图像,则可以实现很高的帧频,这是 CCD 图像传感器很难做到的。

(11) 分辨率。CMOS 传感器比 CCD 传感器具备更加复杂的像素,这使得它的像素尺寸难以实现 CCD 传感器的标准,为此,在比较尺寸一样的 CCD 传感器与 CMOS 传感器的情况下,CCD 传感器可以做得更密,通常有着更高的分辨率。

(12) 成本。由于 CMOS 的集成度高,单个像素的填充系数远低于 CCD。从成本上来说,由于 CMOS 传感器采用半导体电路最常用的 CMOS 工艺,可以轻易地将周边电路,如自动增益控制(Automatic Gain Control,AGC)、CDS、时钟、数字信号处理(Digital Signal Processing,DSP)等,集成到传感器芯片中,因此可以大大地减少外围芯片的费用。此外,在 CCD 应用电荷传递数据的情况下,若存在一个不可以工作的像素,则会阻碍传输整排的数据。为此,与 CMOS 传感器相比,CCD 传感器的成品率更加难以控制。

3. CCD 与 CMOS 的发展趋势

从 CMOS 与 CCD 的应用及技术发展看,未来的发展趋势存在以下两种可能:

(1) CMOS 可能逐渐成为主流。CMOS 与 90%的其他半导体都采用相同标准的芯片制造技术,而 CCD 则需要一种极其特殊的制造工艺,故 CCD 的制造成本高得多。由此看来,具有较高解像率、制作成本低得多的 CMOS 器件将会得到发展。随着 CMOS 图像传感器技术的进一步研究和发展,过去仅在 CCD 上采用的技术正在被应用到 CMOS 图像传感器上,CCD 在这些方面的优势也逐渐消失,而 CMOS 图像传感器自身的优势正在不断发挥,其光照灵敏度和信噪比可达到甚至超过 CCD。基于此,可以预测,CMOS 图像传感器将会在很多领域取代 CCD 图像传感器,并开拓出新的更广阔的市场。

(2) CCD 与 CMOS 技术互相结合。研究人员做成了 CCD 和 CMOS 混合的图像传感器——BCMD(体电荷调制器件),兼有 CCD 和 CMOS 技术两者的优点,即低成本和高性能。BCMD 传感器利用了这两种传感器的长处但不继承它们的缺点,因而消除了许多障碍。主要优点有:

① 消除了 CCD 图像传感器的驱动要求;

② 可以实现单片系统集成和简化的电源设计,成本低;

③ 暗电流很小,暗电流的减小得益于所谓的表面态锁定技术;

④ 低噪声,是由于采用了相干性双取样电路,这种电路能有效抑制由于器件失配而引起的像素固定模式噪声和消除复位噪声;

⑤ 采用工业标准的 5V 和 3.3V 电源,淘汰了 CCD 所需的复杂、昂贵的非标准电源电压。

具体来说,CCD 和 CMOS 的发展趋势如下:

1) CCD 器件的发展趋势

经过多年的发展,CCD 图像传感器从最初的 8 像元移位寄存器发展至今已具有数百万至上千万像元。由于 CCD 具有很大的潜在市场和广阔的应用前景,因此近年来国际上在这方面的研究工作进行的相当活跃。近些年出现了超级 CCD 技术(Super CCD)、X3CCD(多层感色 CCD)技术、四色滤光 CCD 技术等。从 CCD 的技术发展趋势来看,主要有以下几个方向：

(1) 高分辨率。CCD 像元数已从 100 万提高到了 4000 万以上，大面阵、小像元的 CCD 摄像机层出不穷。

(2) 高速度。在某些特殊的高速瞬态成像场合，要求 CCD 具有更高的工作速度和灵敏度。CCD 的频率特性受电荷转移速度的限制，时钟脉冲电压变化太大，电荷来不及完全转移，致使转移效率大幅度降低。为保证器件具有较高的转移效率，时钟电压变化必须有一个上限频率，即 CCD 的最高工作频率。因此，提高电荷转移效率和提高器件频率特性是提高 CCD 质量的关键。

(3) 微型、超小型化。微型、超小型化 CCD 的发展是 CCD 技术向各个领域渗透的关键。随着国防科技、生物医学工程、显微科学的发展，十分需要超小型化的 CCD 传感器。

(4) 新型器件结构。为提高 CCD 像传感器性能，扩大其使用范围，就需要不断地研究新的器件结构和信号采集、处理方法，以便赋予 CCD 图像传感器更强功能。在器件结构方面，有帧内线转移 CCD(FIT CCD)、虚像 CCD(VP CCD)、亚电子噪声 CCD(NSE CCD)、TDI-CCD(即时间延迟积分 CCD)、EMCCD 等。

(5) 微光 CCD。由于夜空的月光和星光辐射主要是可见光和近红外光，其波段正好是在硅 CCD 的响应范围，因此 CCD 刚一诞生，美国以 TI、仙童为代表的一些公司就开始研制微光 CCD，如增强型 CCD(ICCD)。目前微光 CCD 最低照度可达 10^{-6}lx，分辨率优于 510TVL。

(6) 多光谱 CCD 器件。除可见光 CCD 以外，红外及微光 CCD 技术也已得到应用。正在研究 X 射线 CCD、紫外 CCD、多光谱红外 CCD 等，都将拓展 CCD 应用领域。

2) CMOS 器件的发展趋势

CMOS 图像传感器的研究热点主要有以下几个方面：

(1) 多功能、智能化。传统的图像传感器仅局限于获取被摄对象的图像，而对图像的传输和处理需要单独的硬件和软件来完成。由于 CMOS 图像传感器在系统集成上的优点，可以从系统级水平来设计芯片。如可以在芯片内集成相应的功能部件应用于特定领域，如某公司开发的高质量手机用摄像机，内部集成了 ISP(Image Signal Processing)，并整合了 JPEG 图像压缩功能。也可以从通用的角度考虑，在芯片内部集成通用微处理器。为了消除数字图像传输的瓶颈，还可以将高速图像传输技术集成到同一块芯片上，形成片上系统型数字相机和智能 CMOS 图像传感器。另外，在新的图像处理算法、体系结构、电路设计以及单片 PDC(Programmable Digital Camera)的研究方面取得了一些令人瞩目的成果。

(2) 高帧速率。由于 CMOS 图像传感器具有访问灵活的优点，所以可以通过只读出感光面上感兴趣的很小区域来提高帧速率。同时，CMOS 图像传感器本身在动态范围和光敏感度上的提高也有利于帧速率的提高。

(3) 宽动态范围。有研究将用于 CCD 的自适应敏感技术用于 CMOS 传感器中，使 CMOS 传感器的整个动态范围可达 84dB 以上，并在芯片上进行了实验；还致力于将 CCD 的工作模式用于 CMOS 图像传感器中。

(4) 高分辨率。CMOS 图像传感器的最高分辨率已达 3170×2120 像素(约 616 万像素)。

(5) 低噪声技术。用于科学研究的高性能 CCD 能达到的噪声水平为 3～5 个电子，而

CMOS 图像传感器则为 300～500 个电子。有实验室采用 APS 技术的图像传感器能达到 14 个电子。

(6) 模块化、低功耗。由于 CMOS 图像传感器便于小型化和系统集成，所以可以根据特定应用场合，将相关的功能集成在一起，并通过优化设计进一步降低功耗。

总之，CMOS 图像传感器正在向高灵敏度、高分辨率、高动态范围、集成化、数字化、智能化的“片上相机”解决方案方向发展。芯片加工工艺不断发展，从 0.5μm→0.35μm→0.25μm→0.18μm，接口电压也在不断降低，从 5V→3.3V→2.5V/3.3V→1.8V/3.3V。研究人员致力于提高 CMOS 图像传感器的综合性能，缩小单元尺寸，调整 CMOS 工艺参数，将数字信号处理电路、图像压缩、通信等电路集成在一起，并制作滤色片和微透镜阵列，以实现低成本、低功耗、低噪声、高度集成的单芯片成像微系统。随着数字电视、可视通信产品的增加，CMOS 图像传感器的应用前景会更加广阔。

5.2.4 CCD 在微光电视和紫外成像系统中的应用

CCD 图像传感器在多类成像系统中有重要应用，这里介绍在微光电视和紫外成像系统中的应用。

1. CCD 图像传感器在微光电视系统中的应用

近 30 年来，CCD 图像传感器的研究取得了惊人的进展，它已经从最初简单的 8 像元移位寄存器发展至具有数百万至上千万像元。随着观察距离的增加和要求在更低照度下进行观察，对微光电视系统的要求越来越高，因此必须研制新的高灵敏度、低噪声的摄像器件，CCD 图像传感器灵敏度高和低光照成像质量好的优点正好迎合了微光电视系统这一发展趋势。作为新一代微光成像器件，CCD 图像传感器在微光电视系统中发挥着关键的作用。

1) CCD 微光电视系统的组成

CCD 微光电视系统的组成如图 5.9 所示。

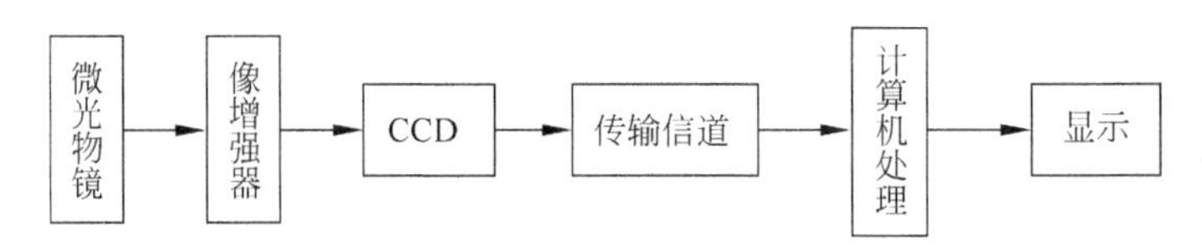

图 5.9 CCD 微光电视系统组成结构图

2) 像增强器与 CCD 的耦合

现在，单独的高灵敏度 CCD 器件虽然可以在低照度环境下工作，但要将 CCD 单独应用于微光电视系统还不可能。因此，可以将微光像增强器与 CCD 进行耦合，让光子在到达 CCD 器件之前使光子先得到增益。微光像增强器与 CCD 耦合方式有 3 种。

(1) 光纤光锥耦合方式。

光纤光锥也是一种光纤传像器件，它一头大，另一头小，利用纤维光学传像原理，可将微光管光纤面板荧光屏(通常，有效孔径 Φ 为 18mm、25mm 或 30mm)的输出经增强的图像耦合到 CCD 光敏面(对角线尺寸通常是 12.7mm 或 16.9mm)上，从而可达到微光摄像的目的，如图 5.10 所示。

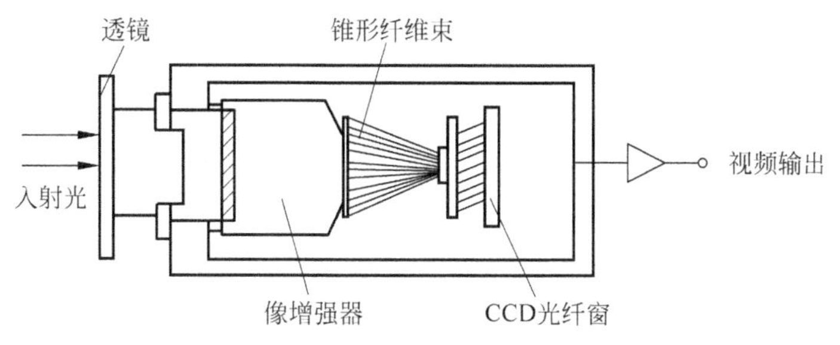

图 5.10 光纤光锥耦合方式结构图

这种耦合方式的优点是荧光屏光能的利用率较高，理想情况下，仅受限于光纤光锥的漫射透过率(≥60%)。缺点是需要带光纤面板输入窗的 CCD；对于背照明模式 CCD 的光纤耦合，有离焦和 MTF 下降问题；此外，光纤面板、光锥和 CCD 均为若干个像素单元阵列的离散式成像元件，因而，三阵列间的几何对准损失和光纤元件本身的疵病对最终成像质量的影响等都是值得认真考虑并予严格对待的问题。

(2) 中继透镜耦合方式。

采用中继透镜也可将微光管的输出图像耦合到 CCD 输入面上，其优点是调焦容易，成像清晰，对正面照明和背面照明的 CCD 均可适用；缺点是光能利用率低(≤10%)，仪器尺寸稍大，对系统杂光干扰问题需特殊考虑和处理。

(3) 电子轰击式 CCD(即 EBCCD)。

前两种耦合方式的共同缺点是微光摄像的总体光量子探测效率及亮度增益损失较大，加之荧光屏发光过程中的附加噪声，使系统的信噪比特性不甚理想。为此，人们发明了电子轰击 CCD(Electron Bombardment CCD，EBCCD)，即把 CCD 做在微光管中，代替原有的荧光屏，在额定工作电压下，来自光阴极的(光)电子直接轰击 CCD。实验表明，每 3.5eV 的电子就可在 CCD 势阱中产生一个电子-空穴对；10kV 工作电压下，增益达 2857 倍。如果采用缩小倍率电子光学倒像管(例如，倍率 $m=0.33$)，则可进一步获得 10 倍的附加增益，即 EBCCD 的光子-电荷增益可达 10^4 以上；而且，精心设计、加工、装调的电子光学系统，可以获得较前两种耦合方式更高的 MTF 和分辨率特性，无荧光屏附加噪声。因此，如果选用噪声较低的 DFGA-CCD(DFGA 为 Distributed Floating Gate Amplifier 的缩写，即分布式浮栅放大器)并入 $m=0.33$ 的缩小倍率倒像管中，有望实现景物照度 $\leqslant 2\times10^{-7}$lx 光量子噪声受限条件下的微光电视摄像。

微光电视系统的核心部件是像增强器与 CCD 器件的耦合。中继透镜耦合方式的耦合效率低，较少采用。光纤光锥耦合方式适用于小成像面 CCD。

耦合 CCD 器件的性能由像增强器和 CCD 两者决定，光谱响应和信噪比取决于前者，暗电流、惰性、分辨率取决于后者，灵敏度则与两者有关。

2. CCD 图像传感器在紫外成像系统中的应用

紫外成像系统的组成结构图与 CCD 微光电视系统组成结构图(见图 5.9)相似，只不过相应采用紫外物镜、紫外像增强器、紫外 ICCD 或紫外 ICMOS(Intensified CMOS，增强 CMOS)，另外增加“日盲”紫外滤光片。像增强器与 CCD 的耦合方式一般有光纤光锥耦合、直接耦合、镜头耦合。读出帧频(f/s)从 25f/s 可到 1000f/s，甚至更大。

紫外线的波长范围是40～400nm，太阳光中也含紫外线，但由于地球的臭氧层吸收了部分波长的紫外线，实际上辐射到地面上的太阳紫外线波长大都在300nm以上，低于300nm的波长区间被称为“日盲”区。利用这一特性，紫外成像系统在电力故障检测等方面具有重要应用。

在高压设备电离放电时，根据电场强度（或高压差）的不同，会产生电晕、闪电或电弧。电离过程中，空气中的电子不断获得和释放能量。当电子释放能量即放电时，会辐射出光波和声波，还有臭氧、紫外线、微量的硝酸等。紫外成像系统就是利用特殊的仪器接收放电产生的紫外线信号，经处理后成像并可与可见光图像叠加，达到确定电晕的位置和强度的目的，从而为进一步评价设备的运行情况提供依据。

紫外成像系统利用紫外线束分离器将输入的影像分离成两个部分。它用日盲光滤光器过滤掉太阳光，并将第一部分的影像传送到一个影像放大器上，因为电晕放电会发射出230～405nm范围内的紫外线，而紫外光滤波器的工作范围为240～280nm，这个比较窄的波长范围内产生的影像信号也比较微弱（因为电晕信号只包括很少的光子），因此影像放大器的工作是将微弱的影像信号变成可视的影像。因为没有太阳光辐射的影响，所以可以得到高清晰的图像。影像放大器将紫外光影像发送到一个装有CCD的装置中，而同时被探测目标的影像被发送到第二个标准的视频CCD装置中，经过特殊的影像处理工艺将两个影像叠加起来，最后生成显示绝缘子、导线或其他输电线路元件及其电晕的图像。

由于电晕一般在正弦波的波峰或波谷产生，且高压设备的电晕在放电初期总是不连续、瞬间即逝的，紫外成像系统根据电晕的这个特性，在观测电晕时，有两种模式供选择。一种是活动模式，实时观察设备的放电情况，并实时显示一个与一定区域内紫外线光子总量成比例关系的数值，便于定量分析和比较分析。另一种是集成模式，将一定时间区域内（该区域长短可调）的紫外线光子显示并保留在屏幕上，按照先进先出和动态平均的算法实时更新。该模式下若正确调节仪器，则可清楚地看到设备放电区域的形状和大小。

实践表明，紫外成像系统能有效、直观地观测到高压设备放电的情况，为故障检测提供了新的诊断手段，且发展到了可在白天进行检测的水平，技术上完全可以达到观察放电的目的。紫外成像系统还可与红外成像系统互补，紫外检测放电异常，红外检测发热异常，原理不同，各自具有不可互替的优点，检测目的、应用方法也各具特色。这两项技术的结合应用，将会增强高压设备故障点的全面检测能力，完善电力系统的故障检测系统。融合CCD（CMOS）的紫外成像系统在高压设备故障检测中还有更多应用有待拓展。值得一提的是，紫外成像系统在导弹紫外告警、紫外制导、紫外成像辅助导航等军事方面也有许多应用。

3. 存在的问题及解决途径

从成像的要求考虑，最主要的是要提高器件的信噪比。为此应降低器件噪声（即减少噪声电子数）和提高信号处理能力（即增加信号电子的数量）。可以采用制冷CCD和EBCCD两种方法。其主要目的是在输出信噪比为1时尽可能减少成像所需的光通量。

满足电视要求50～60f/s(f/s为帧/秒)的CCD在室温下有明显的暗电流，它将使噪声电平增加。在消除暗电流尖峰的情况下，暗电流分布的不均匀也会在输入光能减少时产生一种噪声的“固定图形”。此外，在高帧频工作时，还不希望减少每个像元信号的利用率。器件制冷会使硅中的暗电流明显改善。每冷却8℃噪声将下降一半。用普通电气制冷到−20℃～−40℃时，暗电流是室温下的1%～1‰，但这时其他噪声就变得突出了。

尽管CCD图像传感器至今被公认为低照度成像最有前景的器件，尤其在小信号的情况下，对低照度成像系统电荷转移效率不是主要限制，主要限制还是输出放大器和低噪声输出检测器，因此，必须了解成像的低噪声检测情况。配合制冷，采用浮置栅放大器的低噪声输出，CCD的检测效果更为理想。

5.3 红外凝视成像系统

红外探测系统可分为红外成像系统和红外非成像系统两类，进一步又有主动探测、被动探测以及主/被动探测之分。红外探测器为其核心，其作用是把接收到的红外辐射能转变成其他形式的能量，在多数情况下是转变成电能，或是变成另一种可测量的物理量，如电压、电流或探测材料其他物理性质的变化。

红外成像技术，顾名思义，是对红外辐射成像的技术，涵盖了红外光学、材料科学、电子学、微机械工程技术、集成电路技术、图像处理算法等诸多技术。红外成像技术主要包括近红外(短波红外)成像技术、中波红外成像技术、长波红外成像技术。而红外热成像技术主要指利用中波红外和/或长波红外成像的技术，是世界先进国家都在竞相研究和发展的高新技术。

红外凝视成像是指在所要求覆盖的范围内，用红外探测器面阵充满物镜焦平面视场的方法来实现对目标成像，即指采用红外焦平面阵列探测器的红外成像。红外凝视成像是特定的红外成像。换句话说，红外凝视成像完全取消了光机扫描，采用像元数足够多的探测器面阵，使探测器单元与系统观察范围内的目标一一对应。由于(红外)焦平面阵列(Focal Plane Array，FPA)由排成矩阵形的许多微小探测单元组成，在一次成像时间内即可对一定的区域成像，真正实现了即时成像，采用红外焦平面阵列的无光机扫描机构的系统即为红外凝视成像系统。

红外焦平面列阵(Infrared Focal Plane Array，IRFPA)探测器是将红外探测器与信号处理电路结合在一起，并将其设置在光学系统焦平面上，是将CCD、CMOS技术引入红外波段所形成的新一代红外探测器，是现代红外成像系统的关键器件。而“凝视”是指红外探测器响应景物或目标的时间与取出列阵中每个探测器响应信号所需的读出时间相比很长。探测器“看”景物时间很长，而取出每个探测器的响应信号所需的时间很短，即“久看快取”，称为“凝视”。

由于景物中的每一点对应一个探测器单元，凝视列阵在一个积分时间周期内对全视场积分，然后由信号处理装置依次读出。由此，在给定帧频条件下，凝视型红外系统的采样频率取决于所使用的探测器数目，而信号通道频带只取决于帧频。在红外凝视成像系统中，以电子扫描取代光机扫描，从而显著地改善了系统的响应特性，简化了系统结构，缩小了体积和重量，提高了系统的可靠性，给使用者带来了极大的方便。

5.3.1 红外凝视成像系统的组成、工作原理与特性分析

本节主要分析红外凝视成像系统的组成、工作原理、光学系统的技术特点、IRFPA探测器、制冷与制冷器等。

1. 红外凝视成像系统的组成

红外凝视成像系统一般由红外光学系统、IRFPA探测器、信号放大和处理与显示记录系统等组成。其组成方框图如图5.11所示。

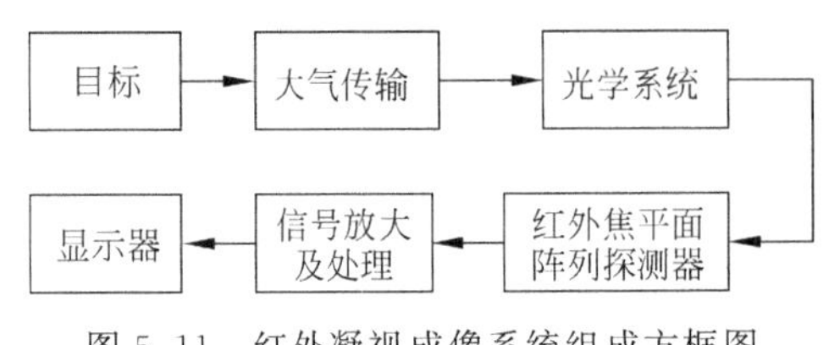

图5.11 红外凝视成像系统组成方框图

2. 红外凝视成像系统的工作原理

红外光学系统把目标的红外辐射会聚到红外探测器上,并以光谱和空间滤波的方式抑制背景干扰。红外探测器将集聚的辐射能转换成电信号。微弱的电信号经放大和处理后,输送给控制和跟踪执行机构或送往显示记录装置。信号处理系统把前置放大器输出的信号进一步放大和处理,从信号中提取控制装置或显示记录设备所需的信息。一般非成像系统视目标为点辐射源,相应的信号处理、显示记录系统比较简单。红外成像系统通常需将目标红外辐射转换成黑白照片和伪彩色照片或电视图像。这种图像不像可见光照相机所得的图像那样直观,它反映的是目标的辐射温度分布。

也就是说,红外成像系统为了获取景物图像,首先将景物进行空间分解,然后依次将这些单元空间的景物温度转换成相应的时序视频信号。凝视红外成像系统中信号放大和处理的基本任务是:放大探测器输出的电信号,形成于景物温度相应的视频信号,如要测温,还要根据景物各单元对应的视频信号标出景物各部分的温度。为了提高图像质量和测温精度,需要对探测器输出的信号进行必要的补偿、校正、转换、量化及伪彩色编码等处理,然后按一定的格式进行显示。实时图像处理基本上用硬件来实现。

要将时序视频信号转换成景物的二维图像,必须经过同步复扫,最后完成热图像的显示。常用的显示方式有电视兼容显示、LED显示、阴极射线管显示、液晶显示器显示等。

3. 红外光学系统

由于红外辐射的特有性能,使得红外成像光学系统具有以下特点:

(1) 红外辐射源的辐射波段一般位于1μm以上的不可见光区,普通光学玻璃对2.5μm以上的光波不透明,而在所有可能透过红外波段的材料中,只有几种材料有需要的机械性能,并能得到一定的尺寸,如锗(用于MWIR和LWIR)、硅(用于MWIR)、蓝宝石(用于从远UV到MWIR)、硫化锌(用于MWIR和LWIR,如果经热压而成,则可用于从可见光到LWIR)、三硫化砷(用于MWIR和LWIR)等,这就大大限制了透镜系统在红外光学系统设计中的应用,使反射式和折反射式光学系统占有比较重要的地位。

(2) 为了探测远距离的微弱目标,红外光学系统的孔径一般比较大。

(3) 8~14μm波段的红外光学系统必须考虑衍射效应的影响。

(4) 在各种气象条件下或在抖动和振动条件下,具有稳定的光学性能。

红外成像光学系统应该满足以下几个方面的基本要求:物像共轭位置、成像放大率、一定的成像范围,以及在像平面上有一定的光能量和反映物体细节的能力(分辨率)。

传统红外光学系统结构形式,一般可分为反射式、折射式(透射式)和折反射式3种,后两种结构需采用具有良好红外光学性能的材料。新型红外光学系统结构形式主要有折衍混合系统、定焦离轴两反系统、定焦离轴三反系统、双视场光学系统、机械反射变焦光学系统(共轴反射变焦光学系统、离轴反射变焦系统)、主动反射变焦光学系统(三反主动变焦光学系统、四反主动变焦光学系统）等。

4. IRFPA 探测器及探测器性能参数

红外探测器的种类很多，分类方法也很多。如根据探测谱段，可分为近红外、短波、中波、长波、甚长波红外探测器；根据工作温度，可分为低温、中温和室温探测器；根据器件像元数方式，还可以分为单元、线阵和面阵探测器。根据光谱信息，可分为能量探测和相位及偏振探测。红外探测器可以是成像型的，也可以是非成像型的；根据集成形式可分为红外焦平面探测器和红外非焦平面探测器；按工作转换机理又可分为热探测器和光子探测器两类；从结构上分，有三维结构、量子阱、超晶格等；从材料上分，有碲镉汞（Mercury Cadmium Telluride，MCT，HgCdTe）、锑化铟（InSb）、氧化钒（VO_X）等探测器。由此可知，红外焦平面探测器是红外探测器的特定类别。

作为成像系统的核心部件，IRFPA 探测器由红外探测器与读出电路（Readout Integrated Circuit，ROIC）两部分组成，其中红外探测器是先进的成像传感器，其主要作用是收集目标的红外辐射信息，将光信号转换为可测量的电信号，然后经过 ROIC 的放大、采样、降噪、模数转换等操作后输出。

根据不同的分类标准，红外焦平面探测器可划分如下。

1）按制冷方式划分

IRFPA 探测器可分为两大类：制冷 FPA 探测器和非制冷 FPA 探测器。制冷型红外焦平面探测器的优势在于灵敏度高，能够分辨更细微的温度差别，探测距离较远，主要应用于高端军事装备。非制冷红外焦平面探测器无需制冷装置，能够工作在室温状态下，具有体积小、质量轻、功耗小、寿命长、成本低、启动快等优点。虽然在灵敏度上不如制冷型红外焦平面探测器，但非制冷红外焦平面探测器的性能已可满足部分军事装备及绝大多数民用领域的技术需要。近年来，随着非制冷红外焦平面探测器技术的不断进步和制造成本的逐渐下降，其性价比快速提升，为推动非制冷红外焦平面探测器的大规模市场应用创造了良好条件。

制冷型 IRFPA 主要有 HgCdTe、硅化铂（PtSi）、InSb 和砷铝化镓/砷化镓（GaAlAs/GaAs）等。

非制冷 IRFPA 主要有铟镓砷/磷化铟（InGaAs/InP）、VO_X、多晶硅及热释电焦平面阵列等。

（1）铟镓砷在室温下即可稳定工作，光谱响应为 0.9～3μm；

（2）氧化钒、多晶硅及热释电焦平面阵列，光谱响应为 8～14μm，需使用半导体制冷器保持温度恒定。

非制冷 IRFPA 属于热探测器，典型代表有微测辐射热计和热释电焦平面探测器。

2）按工作原理划分

根据光电转换机理，IRFPA 探测器可分为热探测器和光子探测器。热探测器是利用物体热辐射产生的热效应实现光电转换，与入射波长无关，对不同波长入射探测灵敏度相同；其制造工艺相对简单、成本低，但响应速度慢、灵敏度不高，光子探测器对入射波长敏感，具有选择性，以光电效应为基础；其灵敏度高、响应速度快，工作在低温环境，通常需要制冷。

3）按结构划分

IRFPA 包括红外探测器和 ROIC 两部分，根据其结构和具体形成过程，又可分为单片式和混合式两种类型：

（1）单片式类型，ROIC 和探测器使用的材料相同，且都集成在同一片硅衬底上；

（2）混合式类型，ROIC 和探测器两者材料不同，并按一定结构形式契合而成，包括倒装式结构和 Z 平面结构。

4）按成像方式划分

按照成像方式可分为扫描型和凝视型。扫描型成像器件通过串行方式读取电信号，按一定频率将逐行采集的数据整理成二维图像，其结构较复杂、灵敏度低；而凝视型成像器件是二维焦平面，通过并行方式读取电信号，直接记录数据便可生成二维图像，性能比扫描型要高，但 ROIC 设计相对复杂、成本较高。

5）按波段划分

由于红外辐射存在 3 个大气窗口，因此，以红外探测器的光谱响应范围来划分，产生了短波、中波及长波这 3 种红外探测器。

中波红外焦平面阵探测器是最成熟的探测器产品，最早的 PtSi 中波红外焦平面阵探测器已逐渐由 InSb 和 MCT 中波 IRFPA 探测器所取代。长波 IRFPA 探测器主要有 MCT，它是今后继续研究和发展的热点之一。大力研究与开发非制冷焦平面阵探测器技术与产品以及应用是当前红外技术的热点之一，自 1991 年以来，非制冷的 IRFPA 及其在红外成像系统中的应用已取得惊人成就。最成熟的是混合型铁电一热电效应 FPA[混合铁电-热电(微)测辐射热计]。市场上已出现大量商用非制冷 IRFPA 探测器热像仪。

探测器的主要性能参数有响应率（度）、响应时间、噪声等效功率、探测率（D）和比探测率（D^*）、光谱响应等。

1）响应度 $\Re$

响应度是描述入射到探测器上的单位辐射功率所产生信号大小能力的性能参数。其定义是，红外辐射垂直入射到探测器光敏单元上时，探测器的输出信号电压的均方根值 V_s 或电流响应度 I_s 与入射辐射功率的均方根值 P_s 之比。

2）噪声等效功率（NEP）

当红外辐射信号入射到探测器响应平面上时，若该辐射功率所产生的电输出信号的均方根值正好等于探测器本身在单位带宽内的噪声均方根值，则这一辐射功率均方根值就称为探测器的噪声等效功率 NEP，与 NEP 类似的性能参数是噪声等效辐照度（NEI），其表示系统输出信噪比为 1 时的输入辐照度。

3）探测率 D 和比探测率 D^*

噪声等效功率表征了探测器所能探测的最小辐射功率的能力，此值越小，表示探测器的性能越好。这不符合一般的习惯，所以又引入了探测率这个参数，它是 NEP 的倒数。显然，NEP 越小，D 越大，探测器性能越优。但是，大多数红外探测器的 NEP 与光敏面积的平方根成正比，还与放大器的带宽 Δf 有关。所以，用 NEP 的数值很难比较两个不同探测器性能的优劣。为此，在 D 的基础上引入了归一化的比探测率 D^* 来描述探测器的性能。

4）响应时间

响应时间是指探测器将入射辐射转变为电输出的弛豫时间，是表示探测器工作速度的一个定量参数。当一定功率的辐射突然入射到探测器的敏感面上时，探测器的输出电压要经过一定的时间才能上升到与这一辐射功率相对应的定值。当辐射突然清除时，输出电压也要经过一定时间才能下降到辐射照射前的值。在大多数情况下，信号按$(1-e^{-t/\tau})$的规律上升或下降，其中τ定义为探测器的响应时间或时间常数，即输出信号电压从零值上升到最大值的63%所需的时间。现代光子探测器的时间常数很短，可达微秒或纳秒数量级。

5）光谱响应

相同功率的各单色辐射入射到探测器上，所产生的信号电压与辐射波长的关系，叫探测器的光谱响应，通常用单色辐射的响应度$\Re(\lambda)$或光谱比辐射D_λ^*对波长作图来描述。

光子探测器和热探测器的光谱响应曲线是不同的。热探测器的响应只与吸收的辐射功率有关，而与波长无关，因为其温度的变化只取决于吸收的能量。

5. 制冷器与冷光阑

制冷红外焦平面探测器为了探测很小的温差，降低探测器的噪声，以获得较高的信噪比，红外探测器必须在深冷的条件下工作，一般为77K或更低。为了使探测器传感元件保持这种深冷温度，探测器都集成于"杜瓦瓶"组件中。这种杜瓦瓶尺寸虽小，但由于制造困难，所以价格特别昂贵；杜瓦瓶实际上就是绝热的容器(真空瓶)，类似于传统的"保温瓶"。如图5.12所示为通用探测器/杜瓦瓶组件的剖视图。

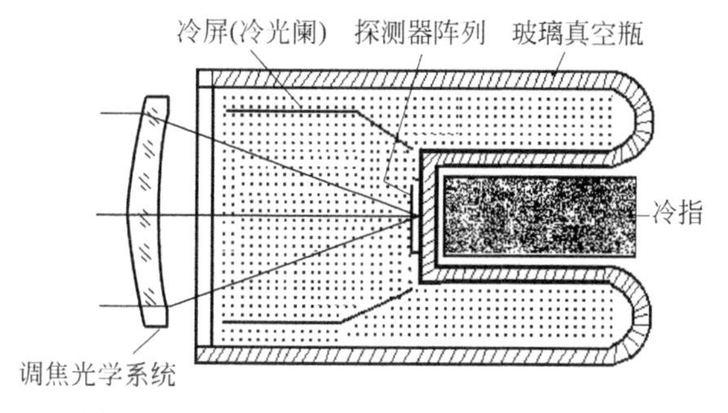

图5.12　通用探测器/杜瓦瓶组件的剖视图

"冷指"贴向探测器，并使之冷却。这种冷指是一种用气罐或深冷泵冷却至深冷的元件。进一步说，冷指自身是一根由铁或钢制造的高比热金属棒，它被线管缠绕包围，液氮不断被泵浦通过线管(或其他类似操作)，如此循环，使探测器制冷。

透过红外线的杜瓦窗起到真空密封的作用。图5.12中所示的"冷屏"(或"冷光阑")，自身实际上没有辐射，是杜瓦瓶组件不可分割的一部分。冷屏后表面上的低温呈不均匀分布(尽管只比探测器阵列的温度略高)，因此会发射少许热能，或不发射。冷屏的作用是限制探测器观察的立体角，抑制杂散光。其作用效果可用冷光阑效率表示。

冷光阑效率是指景物对探测器的立体角与冷光阑口径对探测器的立体角之比。如果探测器只能探测到来自景物的能量，则称该红外系统具有100%冷光阑效率。图5.13下面的图是上面虚线圈内区域的放大图，图5.13(a)和图5.13(b)分别示出了非100%冷光阑效率和100%冷光阑效率的两个系统。如果把眼睛放在FPA的下端并朝向景物观察，图5.13(a)可以看到非景物(杂散光)。

对于制冷器，还有气体节流式制冷器、斯特林循环制冷器和半导体制冷器等，制冷器的制冷原理主要有相变制冷、焦耳-汤姆逊效应制冷、气体等熵膨胀制冷、辐射热交换制冷和珀尔帖效应制冷。采用何种制冷器，需视系统结构、所用探测器类型和使用环境而定。

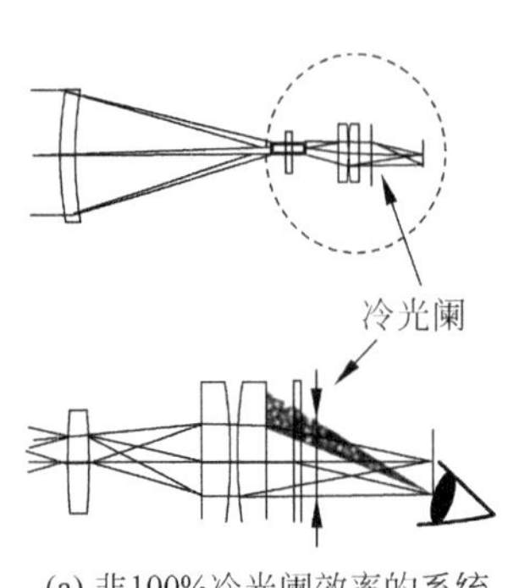

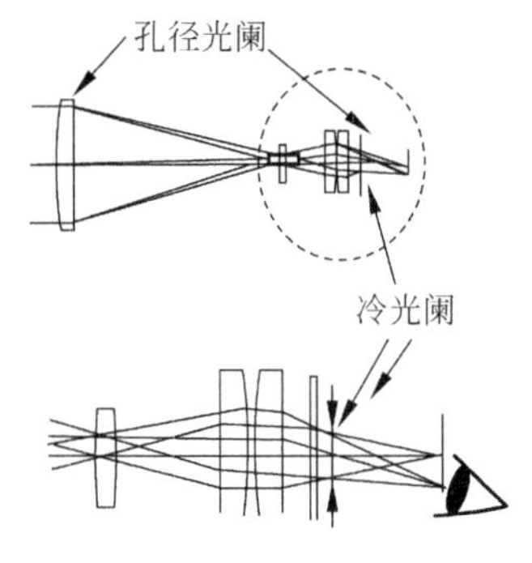

(a) 非100%冷光阑效率的系统　　(b) 100%冷光阑效率的系统

图 5.13　冷光阑示意图

5.3.2　红外热成像系统性能评价的常用指标

红外热成像系统总体性能评价常用指标有噪声等效温差(Noise Equivalent Temperature Difference，NETD)、最小可分辨温差(Minimum Resolvable Temperature Difference，MRTD)、最小可探测温差(Minimum Detectable Temperature Difference，MDTD)，以及调制传递函数(MTF)、作用距离等，这里介绍前 3 个常用重要指标。

1. 噪声等效温差

NETD 定义为：一个扩展目标处于均匀背景中，当系统扫描使基准电子滤波器输出产生的峰值信号电压 V_S 等于系统均方根噪声电压 V_N 时，目标与背景的温差 ΔT。其表达式为

$$\mathrm{NETD}=\frac{\Delta T}{V_S/V_N} \tag{5.10}$$

对于受探测器噪声电压限制的热成像系统，其噪声等效温差为

$$\mathrm{NETD}=\frac{4F^2(\Delta f_n)^{1/2}}{\pi A_d^{1/2} n_s^{1/2}\tau_a\tau_o\int_{\Delta\lambda} D_\lambda^*(f_1)L'_{\lambda T}\,\mathrm{d}\lambda} \tag{5.11}$$

式中，F 为光学系统的 F 数；A_d 为探测器面积(cm^2)；τ_a 为在 $\Delta\lambda$ 光谱带内平均大气透过率；τ_o 为在 $\Delta\lambda$ 光谱带内光学系统的平均透过率；$L'_{\lambda T}$ 为在波长 λ 和等效背景辐射温度 T 时，光谱辐射亮度对温度的微商($\mathrm{W/(cm^2\cdot rad\cdot \mu m)}$)，$L'_{\lambda T}=\pi^{-1}\cdot\dfrac{\partial M(\lambda,T)}{\partial T}$，$M(\lambda,T)$ 为(黑体)目标的光谱辐射出射度；$D_\lambda^*(f_1)$ 为信号频率 f_1 时，探测器的光谱探测率($\mathrm{cm\cdot Hz^{1/2}/W}$)；$n_s$ 为(串扫)探测元数；Δf_n 为基准滤波器的等效噪声带宽。

在背景限制光子探测条件下，系统的噪声等效温差

$$\mathrm{NETD}=\frac{2F(\Delta f_n)^{1/2}}{\pi A_d^{1/2} n_s^{1/2}\eta_{cs}^{1/2}\eta_q^{1/2}\tau_a\tau_o\int_{\Delta\lambda} D_\lambda^{**}(f_1)L'_{\lambda T}\,\mathrm{d}\lambda} \tag{5.12}$$

式中，η_{cs} 为冷屏蔽效率；η_q 为探测器量子效率；$D_\lambda^{**}(f_1)$ 为具有 2π 立体角(半球)视场的探测器的探测率，且

$$D_\lambda^*(f_1)=2F\eta_{cs}^{1/2}\eta_q^{1/2}D_\lambda^{**}(f_1) \tag{5.13}$$

2. 最小可分辨温差

MRTD 定义为：具有不同空间频率，高宽比为 7∶1 的四杆状目标处于均匀背景中（见图 5.14），T 为目标温度，T_B 为背景温度，目标与背景的温差从零逐渐增大。在确定的空间频率下，观察者刚好能分辨出四杆状图形时，目标与背景的等效黑体温差。

当探测概率为 90%，取探测一线条的阈值显示信噪比 $SNR_{DT}=4.5$ 时，MRTD 的一般表达式为

$$\text{MRTD}=3\,\frac{\text{NETD}}{\text{MTF}_s}f_T\left\{\frac{\alpha\beta}{T_e\dot{F}\tau_d\Delta f_n}\right\}^{1/2} \tag{5.14}$$

图 5.14　用于 MRTD 测定的目标

式中，MTF_s 为不包括显示器在内的系统的 MTF；f_T 为空间频率（lp/mm）；T_e 为人眼的积分时间（s）；$\dot{F}$ 为帧频（Hz）；τ_d 为探测器驻留时间；α、β 为探测器的水平、垂直瞬时视场。

3. 最小可探测温差

MRTD 是实验室评价热像仪性能的重要函数，但不能表征实际探测目标的性能水平，引入最小可探测温差可用来表征受噪声限制的野外探测性能。它被定义为观察者恰能发现处于大面积均匀背景中的方形或圆形目标时，所需的黑体温差。它是目标大小的函数。

MDTD 的计算公式为

$$\text{MDTD}(f_T)=\sqrt{2}\,\text{SNR}_{DT}\left(\frac{\text{NETD}}{I(x,y)}\right)\left(\frac{f_T\beta Q(f_T)}{T_e\dot{F}\Delta f_n}\right)^{1/2} \tag{5.15}$$

式中，SNR_{DT} 为阈值显示信噪比；$Q(f_T)$ 为噪声滤波函数；$I(x,y)$ 是归一化为单位振幅的方形目标的像，即像分布函数的傅里叶变换，对于比探测器立体角小得多的目标，$I(x,y)$ 为目标立体张角与探测器立体张角之比：

$$Q(f_T)=\int_0^{\infty}g^2(f_T)H_e(f_T)H_m(f_T)H_{ey}(f_T)\mathrm{d}f_T \tag{5.16}$$

式中，$g(f_T)$ 为噪声频谱；$H_e(f_T)$、$H_m(f_T)$、$H_{ey}(f_T)$ 分别为电路系统、显示器、人眼的 MTF。

5.3.3 凝视成像系统的优点

以前使用的单元扫描成像方法不适合制作更高级的红外成像系统，即使使用一维线阵探测器也受到限制。首先，线阵探测器仍需采用二维扫描，使系统结构复杂，而凝视型焦平面列阵由于取消了光机扫描机构，减小了体积和质量，结构紧凑；其次，凝视型焦平面的探测器单元有较长积分时间，因而有更高的灵敏度。

此外，与扫描型系统相比，凝视型焦平面还具备以下优点。

1. 提高了信噪比和热灵敏度

设单个探测器对视场扫描的驻留时间为

$$\tau_{cs}=\frac{\eta_s\alpha\beta}{ABF'} \tag{5.17}$$

式中，η_s 为扫描效率；α、β 分别为水平和垂直方向上的瞬时视场；A、B 分别为水平和垂直

方向上的总视场；F'为取像效率。

相应的信号通道频带宽度为

$$\Delta f_{is}=\frac{\pi}{4}\frac{1}{\tau_{cs}}=\frac{\pi}{4}\frac{ABF'}{\eta_s\alpha\beta} \tag{5.18}$$

若使用 $n_h\times n_v$ 个探测器单元，则驻留时间为

$$\tau=n_h n_v\tau_{cs} \tag{5.19}$$

频带宽度为

$$\Delta f=\frac{\pi}{4}\cdot\frac{1}{\tau}=\frac{1}{n_h n_v}\Delta f_{is} \tag{5.20}$$

由于系统的信噪比与频带宽度的平方根成反比，所以，由 $n_h\times n_v$ 个探测器构成的系统信噪比为单个探测器的$(n_h n_v)^{1/2}$ 倍。另外，扫描系统的热灵敏度公式为

$$(\mathrm{NETD})_{si}=k\,\frac{F^2}{A_d^{1/2}\tau_o D_P^*}\left(\frac{ABF'}{\alpha\beta\eta_s}\right)^{1/2} \tag{5.21}$$

式中，F 为系统的相对孔径；A_d 为探测器敏感面积；τ_o 为光学系统透过率；D_P^* 为探测器峰值探测率；k 为常数，与工作波长范围、背景及目标温度有关。

凝视系统的热灵敏度公式为

$$(\mathrm{NETD})_{si}=k\,\frac{F^2}{A_d^{1/2}\tau_o D_P^*}\left(\frac{F'}{n_h\times n_v}\right)^{1/2} \tag{5.22}$$

式中，$n_h=A/(\eta_h\alpha)$，$n_v=B/(\eta_v\beta)$；$\eta_s=\eta_h\times\eta_v$，$\eta_h$、$\eta_v$ 分别为水平和垂直方向的扫描效率。

从式(5.21)和式(5.22)可以看出，当系统参数相同时，凝视型红外系统的灵敏度为扫描型系统的 $n_h n_v$ 倍。提高信噪比和灵敏度，就提高了整个红外系统的性能。

2. 最大限度地发挥探测器的快速性能

在达到相同的扫描频率时，凝视型比扫描型对探测器的响应速度要求低。设扫描一帧包括 N 个分辨单元的图像，探测器为 n 元的列阵，每个探测器扫过 N/n 个分辨元，则探测器的驻留时间为

$$\tau=n\times\frac{T_F}{N}\times\eta_s \tag{5.23}$$

式中，T_F 为帧周期；η_s 为扫描效率。

例如，$T_F=(1/20)\mathrm{s}$，$N=500\times500$ 像元，假定扫描效率为 100%，则单元探测器扫描的驻留时间为 0.2μs。而对 $n=100\times100$ 元的探测器，驻留时间增加到 2000μs，大大降低了探测器响应速度；另外，当探测器的响应速度相同时，凝视型的扫描速度为扫描型的 n 倍。即驻留时间 $\tau=0.2\mu\mathrm{s}$ 时，单个探测器的帧周期为(1/20)s；而 $n=100\times100$ 元的探测器的帧周期 $T_F=(1/200\,000)\mathrm{s}$，提高扫描速度近一万倍。

由于凝视型成像大大提高了系统的快速响应能力，使目标图像能随目标机动变化，这对于红外成像跟踪系统是非常重要的。

3. 简化信号处理，提高可靠性

由于红外焦平面列阵本身具有多路到单路的信号传输功能，所以凝视型系统简化了信号处理和信号读出电路，提高了可靠性。在红外成像导引头信号处理中，可采用体积小、质

量轻、运算速度快、软件固化灵活等优点的高速单片微机来完成图像信号的读出与处理。

4. 可以批量生产,易于形成规模

由于凝视系统不需要机械扫描,因此生产步骤简化,可以省略调校、加工等复杂环节。凝视红外焦平面可以集成为一块电路板,适于大批量生产。

5.3.4　IRFPA 非均匀性产生的原因及其校正

近几十年,无论在军事上还是在商业领域红外成像技术都获得了突飞猛进的发展,其中红外焦平面探测器的应用是一个关键的因素。IRFPA 器件是一种辐射敏感和信息处理功能兼备的新一代红外探测器,是当今技术性能最先进的红外探测器,与传统的光机扫描红外成像系统相比,用它构成的红外成像系统具有结构简单、工作稳定可靠、灵敏度高、噪声等效温差小等优点。但 IRFPA 器件由于受探测器材料和工艺水平所限,也存有其弱点——非均匀性问题,正是由于它的存在又限制了凝视红外成像系统的探测性能。FPA 成像的非均匀性是指焦平面在均匀辐射输入时各单元输出的不一致性,又称为固有空间噪声。

由于制造和使用环境的影响,也就是说,由于量子效率差异、光谱响应差异、各个像元暗电流的差异、像元视场角的差异、读出电路输入级零点偏移不均匀、读出电路 A/D 非线性和焦平面工作温度稳定性的影响,使得图像的非均匀性成为制约红外焦平面探测器性能的限制性因素。其中,像元线性度(包括读出电路)是最关键的因素之一,敏感材料本身的均匀性也是十分重要的。

一般意义上的非均匀性是指由探测器各阵列的红外响应度不一致而导致的像质降低。更一般意义上的非均匀性还包括由 FPA 所处环境温度的变化,电荷传输效率以及 $1/f$ 噪声等诸因素所造成的像质的下降。红外图像的非均匀性严重影响着红外传感器的成像质量,因此,必须进行红外非均匀性校正(Non-uniformity Correction,NUC)。

探讨红外成像非均匀性的来源及其表现形式对 NUC 来说是十分重要的。通过对非均匀性来源的分析,探讨其成因,以利于校正算法的研究。非均匀性的主要来源及表现形式有以下 6 种:

(1) 探测器中各阵列元的响应特性不一致。这种不一致是由制造过程中的随机性所引起的,如 FPA 各探测元有效感应面积的不同以及半导体掺杂的变化等原因,其表现为信号乘性和加性的变化。当阵列具有较高的稳定性时,这种非均匀性在像平面上的模式是固定的。

(2) $1/f$ 噪声。虽然对 $1/f$ 噪声的成因尚未完全清楚,但通常认为它是由半导体的表面电流所引起的。不同的阵列元内部的 $1/f$ 噪声可以近似地认为彼此互不相关。$1/f$ 噪声为一个非平稳随机过程。

(3) 电荷传输效率。这种非均匀性存在于采用移位读出的 FPA 中,表现为图像平面上的阴影,随像素点与阵列读出节点的距离作指数变化,距离越大,亮度越暗。通常也表现为固定的乘性噪声。

(4) 红外光学系统的影响。如镜头的加工精度、孔径的影响等因素,它表现为固定的乘性噪声。当孔径的中轴和光轴重合时,表现为中间亮、四周暗。

(5) 无效探测阵列元的影响。在焦平面上,有少量的阵列敏感元对红外辐射的响应很弱或几乎不响应,这些阵列元在图像上一直表现为黑点。

(6) FPA 所处环境的温度变化。温度的变化将对所有的阵列元起作用,温度的变化是随机的。

从上面的分析可以看出,红外非均匀性表现为乘性和加性噪声,并且噪声会随时间发生变化,NUC 的目的即是要消除以上因素的影响,提高图像质量。

虽然造成红外焦平面探测器成像非均匀性的原因有很多,但总体上可分为两类:第一类是与探测器本身性能有关;第二类是与探测器本身无关。对于第一类因素比较容易校正,而对第二类因素却很难校正。正是红外焦平面探测器成像非均匀性的复杂特点,增加了对它进行校正的难度,至今红外探测器成像的 NUC 主要集中在对第一类因素的校正上。

目前常用、有效且易行的校正方法有单点温度校正法(单点法)、两点温度校正法(两点法)和多点温度校正法(多点法)。NUC 方法采用较多的是两点校正法,即假定探测元的响应特性在所感兴趣的温度范围内是线性的,但实际情况并非完全如此。为弥补两点校正方法的不足,可进一步采用多个温度点进行多点校正。但由于 FPA 响应特性的时间性及有些情况下辐射体温度的不可预知性,NUC 应随环境的变化作自适应调整。但是,由于现在阵列的像元数越来越多,多点校正需要的数据量相当庞大,所以实际工作中多点法还没有普遍采用。

对于最关心红外目标情况(如末制导),至于背景杂波的模糊和淡化对后续的检测还是十分有利的因素。因而采用高通滤波校正方法具有较好的应用效果。

另外,通过分析可以得到,高通滤波方法一般具有以下特点:

(1) 高通滤波的结果保留在图像平面中不断移动的物体上,包括不断抖动的斑点目标,云层的边缘以及时域上的高频噪声。

(2) 高通滤波算法要求目标在像平面上处于不断的移动之中,这样才能保证目标不被滤除。

(3) 每一个像素点的滤波都是彼此独立的,因此高通滤波校正算法易于用硬件并行实现。

值得一提的是,利用人工神经网络方法进行红外焦平面非均匀性自动校正是一种有前途的技术手段。

具体来说,探测器 NUC 常用方法主要有两点温度校正法、恒定统计平均法、时域高通滤波法和人工神经网络法。这些方法可以分为两类,即线性校正和非线性校正,其中前两种属于线性校正技术,后两种属于非线性校正技术,线性校正相对非线性校正来说技术上较为成熟。此外,后来国内外又研究提出了基于场景的代数算法、基于干扰抵消原理的自适应校正法和基于低次插值的多点校正算法等。

焦平面阵列非均匀性的表示方法主要有以下 4 种:

(1) 响应率的标准偏差和相对标准偏差。焦平面阵列的非均匀性是该阵列像元响应率的标准偏差与平均响应率之比,是一个百分比。在实际工作中,用一个指定温度的面源黑体为辐射源,测得像元响应电压的标准偏差及其平均值,其比值就是该阵列响应非均匀性的度量。以标准偏差和平均值来表示非均匀性是最经典的做法。

(2) 空间噪声。凝视阵列的探测器响应非均匀性可作为一个重要的噪声源来对待。它同探测器其他噪声源具有不同的性质。非均匀性貌似一种固定图案的噪声,也称为空间噪声。焦平面的总噪声是瞬时噪声和空间噪声的总和。空间噪声的大小等于焦平面的残存非均匀性乘上信号电子数，它是对整个阵列而言的。

（3）残余固定图形噪声（Residual Fixed Pattern Noise，RFPN）。表示经过一次或多次NUC后还残余的非均匀性，并且赋予这一概念温度量纲。也可以说是非均匀性所对应的噪声等效温差。

（4）可校正系数。可校正系数 $c=\sqrt{\frac{\sigma_t^2}{\sigma_n^2}-1}$，其中，$\sigma_t^2$ 是经过非均匀性校正后的残余噪声，σ_n^2 是瞬时噪声。非均匀性校正的目的是使 $c<1$，即空间噪声小于时间噪声。在一次校正后，随着长时间的使用，c 逐渐上升，达到或超过 1 时，又要进行新一轮的校正。长期稳定性时间常数就是表征两次校正之间的有效工作时间。

以上 4 种表示方法，区别仅在于考查的角度不同，其实质是一样的。

5.3.5　红外凝视系统中的微扫描

红外探测器阵列由于受到工艺水平的限制，不能制成用于产生高分辨率红外图像所要求的密度，一般会产生空间欠抽样图像，图像中有严重的混淆现象，为了减小这种混淆、提高分辨率，引入了微扫描技术。

通过理论和计算机仿真分析可知，微扫描能有效地减小频谱混淆，提高图像分辨率。微扫描利用了同一景象的序列图像之间不同却相互补充的信息，可以更好地重建原始图像。

1. 红外成像过程

凝视成像技术的运用，使探测器所探测到的目标是一个图像而不是一个点，在很大程度上提高了识别真假目标的能力，FPA 可以有效提高探测的灵敏度和探测距离。随着IRFPA、二元光学和计算机的发展，新一代的大视场、轻结构的红外凝视成像系统已经形成。现在正在研制和开发“灵巧型”IRFPA，它是一种将 IRFPA 读出电路和信号处理结合在一起的智能化系统。要求帧成像积分时间、帧图像传输时间和帧图像处理时间在帧周期之内完成。红外热像仪中的焦平面探测器阵列靠探测目标和背景间的微小温差而形成热分布图来识别目标，即使在漆黑的夜晚也能准确地辨别目标。红外焦平面探测器阵列接收到目标物体的红外辐射后，通过光电转换、电信号处理等方式，将目标物体的温度分布图像转换成视频图像。

在凝视成像的过程中，景象首先被光学系统所模糊，经过光学系统模糊的图像再被探测器阵列模糊和抽样，最后，利用探测器的抽样数据重建并显示图像。众所周知，如果一个系统是线性的和空间不变的，那么常用 MTF 来对系统的性能进行评价。然而，采样系统不满足空间不变的条件，即不满足 MTF 的假设条件，因此不能用传统的 MTF 进行分析。

焦平面探测器阵列对模糊图像进行离散抽样，在这个过程中会产生由于探测器单元的有限尺寸所引起的模糊以及由抽样引入的频谱混淆。探测器将采集到的数据输入存储器，然后传输到显示器上进行显示。这时所显示的图像的效果是限定的。

随着探测器阵列在光电系统中的广泛应用，且红外探测器阵列的单元尺寸比较大，那么如何提高红外凝视成像系统的分辨率就成为首要的任务。目前，提高红外凝视成像系统分辨率的方法主要有 4 类。第一类为纯硬件法，就是直接改进探测单元的制作工艺，减小探测单元感光单元尺寸，增加探测单元像素数，提高光敏面的使用率。但是减小感光单元的尺寸，增加像素数，受到工艺水平的限制，而且像元减小会带来灵敏度的降低和信噪比的减小。第二类方法采用多块探测器进行几何拼接，以提高探测单元的总像素数。第三类为纯软件方法，即在图像原始信息有限的前提下，用软件插值算法，增加输出图像的像素数，但是，因其原始信息量没有增加，所以从严格意义上讲难以提高分辨率。第四类方法即是微扫描方法，它是在不增加探测单元像素数的情况下有效提高分辨率的常用方法。

现在，在可见光领域的探测器的填充因子现在可达100%，而红外探测器由于制造工艺等问题还不能做到很高的填充因子，由于探测单元之间有间隔，探测单元的实际填充因子只有30%～90%，提高填充因子对于制作工艺的要求是很高的，成本也很昂贵。具有高分辨率的红外探测器阵列不容易获得，因此，讨论在红外凝视系统中引入微扫描的方法，在不对探测器阵列提出过高要求的前提下，来有效地提高含有探测器阵列的成像系统的分辨率。因此，微扫描技术的研究对于红外成像系统的发展具有重要的现实意义。

2. 微扫描

CCD图像传感器在对空间频率较丰富的景物进行成像时，由于有限的CCD像元尺寸的限制，图像分辨率低，混频现象有时很严重，红外成像系统尤其如此。基于高密度的IRFPA的制备技术还有待完善，而且制作成本昂贵。CCD对图像的接收和记录过程直接影响到最终的成像质量，尤其在航天、遥感、目标识别等领域，要求系统有很较高的分辨率。微扫描技术的引进可以在不对CCD探测器阵列提出过高要求的前提下，有效地改善系统的成像质量。因此，微扫描是一种在不增加探测器数目的情况下，提高光学系统分辨率、改善成像质量的重要方法。微扫描技术常用在凝视成像系统中，它在红外凝视成像系统中的应用尤为普遍。随着FPA和计算机技术的快速发展，微扫描技术获得了更大的发展空间。

微扫描技术是以抽样定理为理论基础的，该定理给出了一个重要的结论：一个连续的限带函数可以由其离散抽样序列代替，而且并不丢失信息。在实际情况下，图像的带宽并不满足带限及系统的Nyquist条件，采用过程会引起频谱混淆。为了减少频谱混淆对图像造成的模糊效应，最直接的办法就是减小探测器单元之间的间距，但是高度密集的探测器受到工艺水平的限制，而且成本较高，因此发展了微扫描技术，它能够在不增加探测器单元数的前提下有效地提高系统分辨率，减小频谱混淆的影响，下面就来详细的阐述微扫描的原理。

1）微扫描的工作原理

微扫描是一种减少频谱混淆的常用方法，它利用微扫描装置将光学系统所成的图像在x，y方向进行$1/N$（N为整数）像素距的位移，得到$N\times N$帧欠抽样图像，并运用数字图像处理器将多帧经过亚像素位移的图像重建成一帧图像，从而达到最终实现提高分辨率的目的。

通常微扫描有两种模式：一种是在垂直和水平方向进行的双向扫描，也称矩形双向扫描模式，以2×2微扫描为例，它是将图像沿水平和垂直方向分别移动像素间距的一半，得到4帧低分辨率图像，3×3微扫描是将图像沿水平和垂直方向分别移动像素间距的1/3，得到9帧低分辨率图像；另一种是对角线扫描模式，它是将图像沿着由相邻4个有效像元之间的间距对角线移动对角线长度的一半，得到两帧低分辨率图像。其中最常用的是矩形双向微扫描模式。考虑下面的 2×2 微扫描的情况，假设 FPA 的抽样栅格如图 5.15 所示，该采样栅格用一个矩形点阵来表示。采样间距取为 1mrad，黑点表示单个探测器单元，空间的空白部分表示非敏感区。

图 5.16 显示了矩形双向微扫描模式。第一帧场像是在位置 1 处，当微扫描装置固定时由 FPA 所采集的图像。经过时间 τ，微扫描装置将抽样位置向右移动阵列间距的一半到达位置 2，在微扫描装置移动时，经由 FPA 抽样的第一帧场像被输出到数字存储器中。微扫描装置稳定在位置 2，采集第二帧场像，这帧场像里包含了一些在第一帧场像里没有采集到的探测器单元之间的非敏感区的信息。图像被移动到抽样位置 3 时，进行第三帧场像的采集。这个过程重复到第四帧场像，并返回位置 1，开始下一帧图像的采集。如果景象是静态的，那么当所有的场像组合时，水平和垂直方向的有效抽样间距为 0.5mrad。这说明，使用微扫描方法可使抽样间距减小 1/2，则水平和垂直方向的抽样频率增大为原来的 2 倍，最高可探测频率也增大为原来的 2 倍。

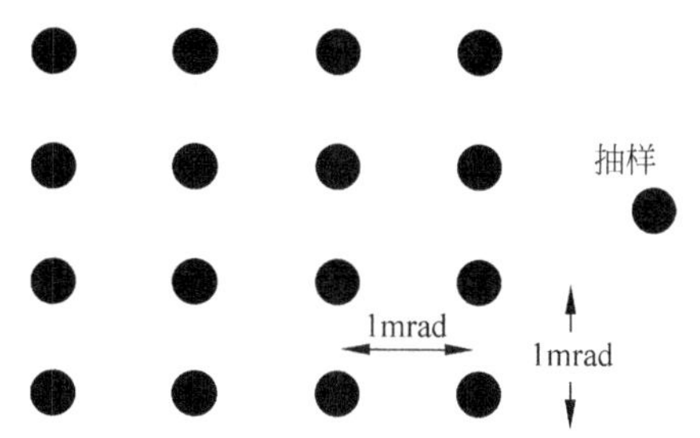

图 5.15　每帧场像的采样栅格

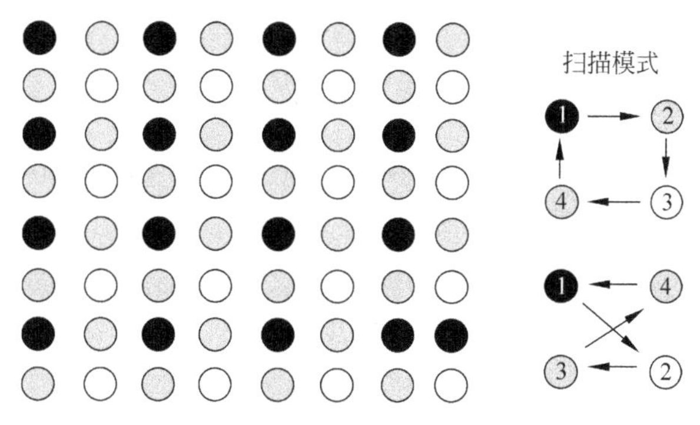

图 5.16　矩形双向扫描模式

与矩形双向微扫描模式类似，对角线微扫描模式是将图像在 FPA 上移动了由 4 个相邻探测器单元所确定的矩形的对角线的间距的一半，如图 5.17 所示。

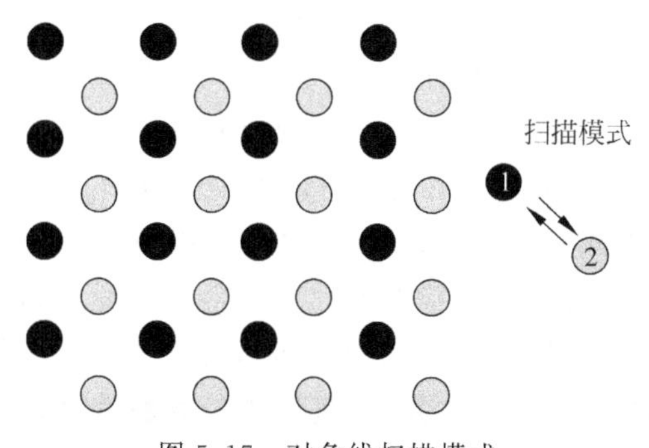

图 5.17　对角线扫描模式

由微扫描产生的序列图像必须在显示前进行处理，依照所选择的微扫描模式，利用所有的序列图像的交错像素形成微扫描图像。在成像系统中包含一个实时图像处理器，这个处理器是一个双重帧缓存器结构。这个缓存器有不同的读写次序。实时微扫描处理器直接由序列图像建立微扫描图像,并把它发送到高速视频总线进行显示。图像的重建就是利用同一物体的多帧场像之间不同但相互补充的信息进行超分辨率复原,从一系列低分辨率的图像恢复出高分辨率的单帧图像,从而改善成像系统的成像质量。

由于人眼的视觉残留特性,当帧频足够高,如每秒 24 帧时,人眼就感觉不到一帧图像是不连续的,因此,为不使人眼对图像有闪烁的感觉,在微扫描中帧频应高于每秒 24 帧,假设采用的帧频为 30Hz,则在 2×2 微扫描模式时,场频为 120Hz,也就是说,在 1/120s 的时间内,一帧场像已经完成了移动和采集图像的过程。现有的红外探测器的积分时间能满足执行微扫描所需的条件。

2) 微扫描的工作模式

微扫描的工作模式决定了在探测器平面上图像的移动的周期和路线。图 5.18 是一些常用的微扫描模式,它们的实质是相同的,只是路线、帧频和周期略有不同。微扫描的步数越多,说明探测器的抽样间距越小,空间抽样率越高,对图像分辨率的提高越好。

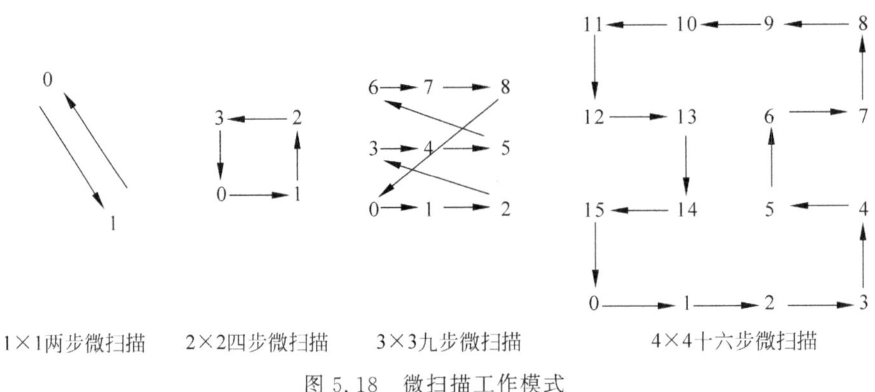

图 5.18 微扫描工作模式

3) 微扫描装置

为了实现图像在阵列上的移动,要求系统内有移动机械装置,也就是微扫描装置。常用的微扫描机械装置是将扫描反射镜、扫描透镜、扫描探测器和扫描棱镜与压电陶瓷激励器进行组合构成的,它们都有各自的优缺点。移动焦平面自身当然是最直接的方法,但这并不是一个好的选择,FPA 常常安装在沉重的模块上,由于压电陶瓷驱动器上的重量过载,很难实现精确和快速的移动。采用棱镜的方法可以实现快速移动,且重量较轻,但是会引入一些色差,对于宽波带的系统是不适用的。扫描反射镜有消除像差的优势,然而它要求光路的折转,在有些系统中可能很麻烦,而且它可能引起图像在探测器上不可忽略的旋转,这也是很难补偿的。两个摆动平面镜可以使图像在阵列上产生二维的移动,摆动平面镜做的是快速移动,因为机构本身有一定的惯性,所以摆动平面镜稳定性很差,不适合高速扫描。而且在高速摆动的情况下,视场边缘变得不稳定,并且要求较高的电动机传动功率,总的来说不适合高速扫描。

扫描透镜是指移动探测器阵列前的聚焦透镜的方法,这种方法的优势是非常简洁,通常只需要驱动一块扫描透镜,扫描透镜产生的低的色差可以通过前面的固定的透镜组来实现校正。而且透镜的移动量正好是所要求的图像在像面上的移动量，如图 5.19 所示。

微扫描装置的作用是使图像的位移频率与 FPA 的帧频同步，并将微扫描的步长设置成所选的工作模式，确定扫描路线。微扫描装置的转动是很小的，图像在 FPA 上进行亚像素(小于抽样间距)的平移，而且微扫描装置可以制成对几个轴进行扫描的形式。例如，图 5.20 给出的是微扫描透镜与压电陶瓷驱动器相结合的微扫描装置。微扫描透镜前是一个望远系统，利用微扫描透镜将景象成像在 FPA 上，微扫描透镜被固定在一个双轴移动平台上，这个移动平台受到压电装置的驱动产生亚像素的位移，从而使图像在 FPA 上产生移动。

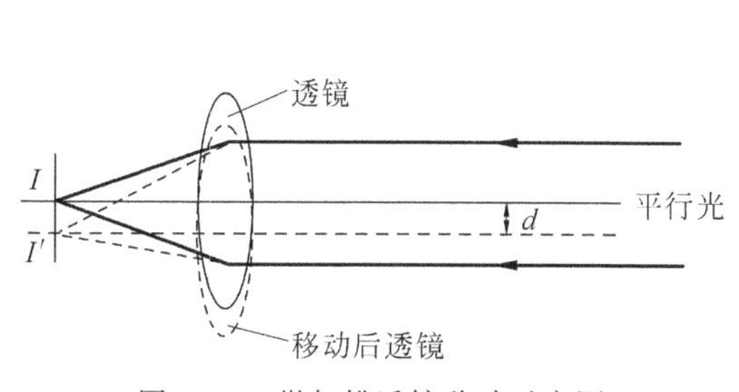

图 5.19　微扫描透镜移动示意图

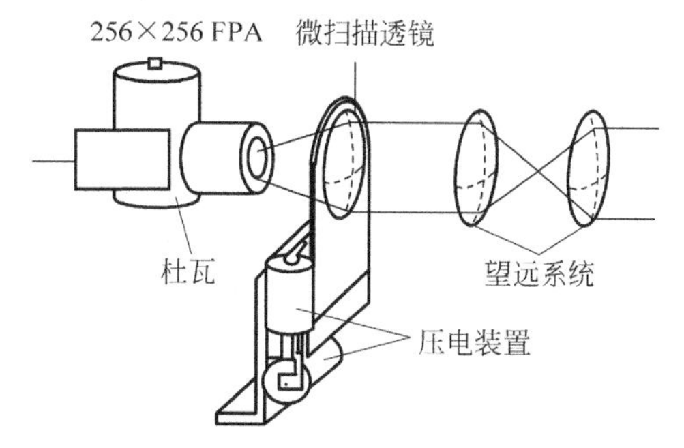

图 5.20　微扫描装置

3. 非均匀微扫描

前面所描述的微扫描技术，能有效地减小红外图像的频谱混叠，提高成像系统分辨率。通常说的 N 级微扫描是一种均匀微扫描：将目标图像分别在 x，y 方向上进行 $1/N$(N 为整数)像素距的亚像素位移，得到 $N\times N$ 幅欠抽样图像将其置于更精细的网格上，合成一幅 Nyquist 频率提高到 N 倍的微扫描图像。微扫描技术包括了多幅图像的插值，这些图像包含了同一场景的近似但又不完全相同的信息，利用这些相互补充的信息，就可以更好地还原原始图像。利用压电装置和光学元件相结合的微扫描装置来产生微位移，从而得到了多幅低分辨率的图像。这种微扫描的方式被称为受控微扫描，简称微扫描，是一种均匀微扫描。

但在一些实际应用中，并不能保证得到的多帧图像的相对位移在像素网格上是均匀分布的。但是只要图像之间有非整数倍的位移，就可以获得更多的信息。直观上讲，就该有机会合成一幅质量更好、混叠更少的图像。所以有必要注意非均匀微扫描的情况。

前视红外探测器阵列系统经常被安装在小型直升机、车辆和坦克上，安装平台会由于运动而产生正常的抖动，利用这种抖动也可以获得图像的移动。只要这种移动是亚像素的，图像之间就会包含有互补的信息，同样也可以利用这些互相补充的信息来重建高分辨率的图像，这种微扫描的方式被称为抖动微扫描或非受控微扫描，是一种非均匀微扫描。因此这种系统中不再需要微扫描镜和驱动系统。但是由抖动得到的这些图像之间的移动量是随机的，如果能利用某种算法得到图像之间的这种移动量，则可以利用这些多幅图像重建高分辨率图像。

采用空域错位叠加的方法，已经很好地证明了微扫描在成像过程中的重要作用。采用一些更优的重建算法得到的图像会比直接叠加重建的图像效果更好。

微扫描是一种在不增加探测器数目的情况下，提高光学系统分辨率、改善成像质量的有效方法。对于非均匀微扫描来说，只要能够求出图像之间的移动量，就可以利用图像之间相互补充的信息重建高分辨率的图像。

微扫描过程可以有效地改善 FPA 的分辨率，可达到与单个探测器连续扫描接近的性能。然而目前微扫描技术主要受到以下的限制：

(1) 对于给定的帧频，探测器对图像进行抽样的积分时间减少了，对探测器的灵敏度和响应时间有较高的要求。需要明确的一点是，对于每帧图像要求的积分时间乘以微扫描过程的步数的结果不可超过可用的帧周期。为了尽量减小微扫描镜振动的影响，应尽量减小微扫描镜的移动时间，多留时间用于稳定微扫描镜。

(2) 微扫描过程要进行大量的数据处理，要进一步研究图像的重建算法，尽量减小运算时间，以便进行实时处理。微扫描步数和探测器灵敏度的要求要与实时的数据图像处理达到一个折中状态。

(3) 微扫描技术还受到压电陶瓷从一点移动图像到另一点的时间和精度限制。

微扫描技术是一种非常有效的提高成像系统分辨率的技术。因此，研究微扫描的工作原理、工作过程，并对其进行计算机仿真，以此来指导微扫描的开发和研制，具有重要的理论研究价值和应用价值。

5.3.6 非制冷红外焦平面探测器

非制冷红外焦平面(阵列)探测器是热成像系统的核心部件。非制冷红外探测器利用红外辐射的热效应，由红外吸收材料将红外辐射能转换成热能，引起敏感元件温度上升。敏感元件的某个物理参数随之发生变化，再通过所设计的某种转换机制转换为电信号或可见光信号，以实现对物体的探测。非制冷红外焦平面探测器从设计到制造一般可分成非制冷器件、ROIC、真空封装三大技术模块。

1. 非制冷红外焦平面探测器分类

非制冷红外焦平面探测器分类如图 5.21 所示。这里主要介绍热释电型探测器、热电堆探测器、二极管状探测器、热敏电阻型探测器。

1) 热释电型探测器

红外辐射使材料温度改变，引起材料的自发极化强度变化，在垂直于自发极化方向的两个晶面出现感应电荷。通过测量感应电荷量或电压的大小来探测辐射的强弱。热释电红外探测器(见图 5.22)与其他探测器不同，它只有在温度升降的过程中才有信号输出，所以利用热释电型探测器时红外辐射必须经过调制。探测材料有硫酸三甘肽、钽酸锂、钽铌酸钾、钛(铁电)酸铅、钛酸锶铅、钽钪酸铅、钛酸钡等。

非制冷红外焦平面探测器
热释电型：硫酸三甘肽、钽酸锂等
热电堆型：N型和P型的多晶硅
二极管型：单晶或多晶PN结
热敏电阻型：氧化钒、非晶硅等

图 5.21 非制冷红外焦平面探测器分类

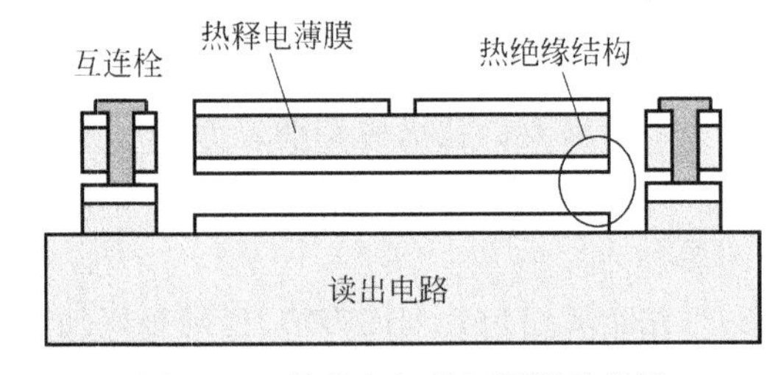

图 5.22 热释电红外探测器示意图

2）热电堆型探测器

由逸出功率不同的两种导体材料所组成的闭合回路，当两接触点处的温度不同时，由于温度梯度使得材料内部的载流子向温度低的一端移动，在温度低的一端形成电荷积累，回路中就会产生热电势[塞贝克效应（Seebeck）]，这种结构称为热电偶。一系列的热电偶串联称为热电堆。因而，可以通过测量热电堆两端的电压变化，探测红外辐射的强弱，如图5.23所示。

3）二极管状探测器

二极管状探测器利用半导体PN结具有良好的温度特性，与其他类型的非制冷红外探测器不同，这种红外探测器的温度探测单元为单晶或多晶PN结，与CMOS工艺完全兼容，易于单片集成，非常适合大批量生产，如图5.24所示。

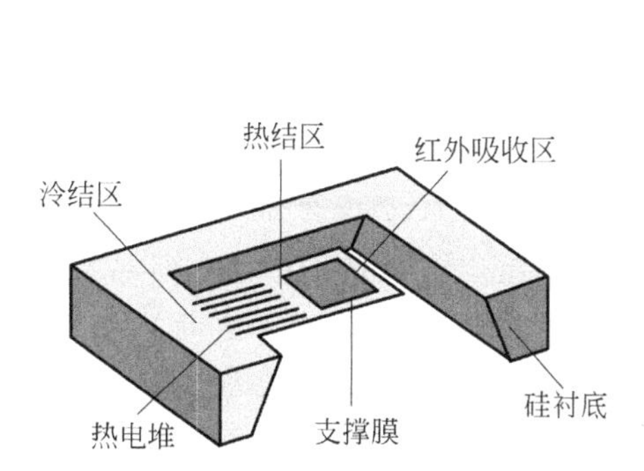

图5.23　微机械热电堆红外探测器示意图

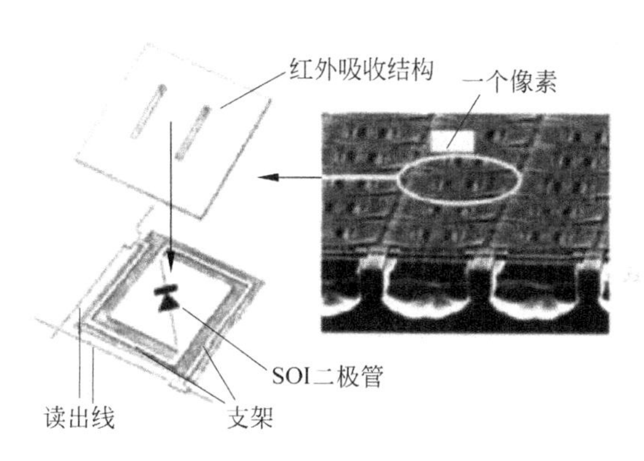

图5.24　二极管状红外探测器示意图

4）热敏电阻型探测器

热敏电阻型（微测辐射热计）探测器利用热敏电阻的阻值随温度变化来探测辐射的强弱。一般探测器采用悬臂梁结构，光敏单元吸收红外热辐射，由ROIC测量热敏材料电阻变化而引起的电流变化，通过ROIC对电信号采集分析并读出。探测器一般采用真空封装以保证绝热性好。探测材料有氧化钒、非晶硅、钛、钇钡铜氧等。

单个微测辐射热计在硅衬底上通过MEMS（Micro-Electro-Mechanical System，微机电系统）技术生长出与桥面结构非常相似的像元，也称为微桥。桥面通常由多层材料组成，包括用于吸收红外辐射能量的吸收层，和将温度变化转换成电压（或电流）变化的热敏层，桥臂和桥墩起到支撑桥面，并实现电连接的作用。微测辐射热计的工作原理是：来自目标的热辐射通过红外光学系统聚焦到探测器焦平面阵列上，各个微桥的红外吸收层吸收红外能量后温度发生变化，不同微桥接收到不同能量的热辐射，其自身的温度变化也不同，从而引起各微桥的热敏层电阻值发生相应的改变，这种变化经由探测器内部的读出电路转换成电信号输出，经过探测器外部的信号采集和数据处理电路最终得到反映目标温度分布情况的可视化电子图像。

为了获得更好的性能，需要在微测辐射热计的结构设计上做精心的考虑与参数折中。主要的设计参数及要求包括：微测辐射热计与其周围环境之间的热导要尽量小；对红外辐射的有效吸收区域面积尽量大以获得较高的红外辐射吸收率；选用的热敏材料需要具有较高的电阻温度系数、尽量低的$1/f$噪声和尽量小的热时间常数。

2. 非制冷红外探测器的组成及关键技术

非制冷红外探测器由红外窗口、非制冷器件、ROIC、吸气剂、TEC（Thermo Electric Cooler，热电温控器）、真空封装管壳等组成。关键技术主要有材料制备技术、MEMS加工技术、ROIC技术、低成本真空封装技术等，这里主要介绍ROIC技术、低成本真空封装技术。

1）ROIC技术

照射到焦平面上的红外辐射所产生的信号电流非常小，一般为纳安甚至皮安级，这种小信号很容易受到其他噪声的干扰，因此ROIC的电学噪声要控制得尽量小，以免对探测器的灵敏度指标造成不必要的影响。

ROIC的传统功能是实现信号的转换读出，近年来也逐渐加入了信号补偿的功能。ROIC对微弱的红外辐射信号产生的电信号进行提取、积分、放大和模数转换。甚至完成片上非均匀性校正、片上数模转换功能。ROIC有混合电路系统模拟部分（单元偏置电路、积分电路、采样/保持电路等）和数字部分（中央时序控制、行选控制、列选控制等）。

探测器制造工艺存在的偏差会导致探测器的输出信号存在非均匀性，近年来一些降低读出信号非均匀性的设计方法逐渐在ROIC上得到实现。例如，列条纹非均匀性就是一种与ROIC密切相关的形态，这是由于ROIC中有一些部件是焦平面阵列中每一列共用的，如积分器。这种电路结构会给同一列的输出信号引入一些共性特征，不同列之间的特征差异就表现为列条纹。针对列条纹的产生机理，可以通过改进ROIC设计来有效地抑制甚至基本消除列条纹，提高列与列之间的均匀性。

早期的非制冷红外焦平面探测器必须使用TEC来保持焦平面阵列的温度稳定，这是因为不同像元之间由于制造工艺的偏差会带来阻值的差异，最终表现为阵列的不均匀性：即使所有像元接受同样的黑体辐射，它们各自输出的电压信号幅值也是不同的；即使所有像元面对同样的黑体辐射变化，它们各自所输出的电压信号的变化量也是不同的。上述这种由于像元之间差异所导致的阵列不均匀性，还会随着焦平面温度的变化而改变，使得探测器输出信号呈现出复杂的变化，为后续信号处理工作带来困难。近年来，随着ROIC设计水平的提高，在实现传统ROIC的行选列选、积分器、信号驱动等基础功能之外，一些抑制像元输出信号随温度漂移的补偿电路也逐渐用于ROIC设计，从而可以实现无TEC应用，使得非制冷红外焦平面探测器在功耗、体积、成本等方面更具优势。

2）低成本真空封装技术

为了保证探测器光敏单元在接收微弱的辐射后，其接收到热能不与其他介质发生热交换，需要把探测器芯片封装在真空中，一般对真空度的要求是小于0.01mbar（即0.000 01atm）并保证良好的气密性。

封装体的具体要求是：优异且可靠的密闭性；具有高透过率的红外窗口；高成品率；低成本。目前的封装技术可分为芯片级、晶圆级、像元级等，其中芯片级封装技术按照封装外壳的不同又可分为金属管壳封装和陶瓷管壳封装。

金属管壳封装是最早开始采用的封装技术，该技术已非常成熟，由于采用了金属管壳、TEC和吸气剂等成本较高的部件，导致金属管壳封装的成本一直居高不下，使其在低成本器件上的应用受到限制。金属管壳封装形式的探测器曾经占据了非制冷红外焦平面探测器的大部分市场，无论国外还是国内的生产厂商都有大量的此类封装产品。图5.25为2种量产的金属管壳封装的探测器。随着更低成本的新封装技术的日渐成熟，金属管壳封装形式的探测器所占市场份额已经显著减少。

陶瓷管壳封装是近年来逐渐普及的红外探测器封装技术，可显著减小封装后探测器的体积和重量，且从原材料成本和制造成本上都比传统的金属管壳封装大为降低，适合大批量生产。陶瓷管壳封装技术的发展得益于无TEC技术的发展，省去TEC可以减小对封装管壳体积的要求并降低成本。图5.26为非制冷红外焦平面的陶瓷管壳封装示意图。

图5.25　非制冷红外焦平面的金属管壳封装

晶圆级封装是近些年开始走向实用的一种新型红外探测器封装技术，需要制造与(微测辐射热计)晶圆相对应的另一片硅窗晶圆，硅窗晶圆通常采用单晶硅材料以获得更好的红外透射率，并在硅窗口两面都镀有防反增透膜。(微测辐射热计)晶圆与硅窗晶圆通过精密对位，红外探测器芯片与硅窗一一精确对准，在真空腔体内将两片晶圆通过焊料环焊接在一起，最后再裂片成为一个个真空密闭的晶圆级红外探测器。图5.27为一个晶圆级封装红外探测器的封装示意图。

图5.26　非制冷红外焦平面的陶瓷管壳封装

图5.27　非制冷红外焦平面的晶圆级封装

与陶瓷管壳封装技术相比，晶圆级封装技术的集成度更高，工艺步骤也有所简化，更适合大批量和低成本生产。晶圆级封装技术的应用为红外热成像的大规模市场(如车载、监控、手持设备等)提供了具有足够性价比的探测器。

像元级封装技术是一种全新的封装技术，相当于在非制冷红外焦平面探测器的每个像元(微桥结构)之外再通过MEMS技术制造一个倒扣的微盖，将各个像元独立地密封起来。像元级封装技术使封装成为了MEMS工艺过程中的一个步骤，这极大地改变了封装技术形态，简化了非制冷红外焦平面探测器的制造过程，使封装成本降低到极致。随着像元级封装技术的成熟和实用化，非制冷红外焦平面探测器的成本还将大幅下降，更加贴近民用和消费级应用市场的需求。

3. 高性能、低成本非制冷红外探测器的实现途径

高性能的非制冷红外探测器的实现，关键在于探测器结构的设计以及ROIC的设计。低成本的关键因素取决于探测器结构的加工方式，以及探测器的封装方式。小型化、低功耗、低成本取决于像元尺寸不断减小，阵列规模持续增加。晶圆级封装及低成本封装工程化应用包含数字化、非均匀性校正的片上处理系统的ROIC设计。

(1) 像元尺寸不断减小。更小的像元尺寸能够在焦平面单位面积上集成更多的像素，提高红外探测器的分辨率，同时也可以显著减小热成像设备的体积、重量、功耗和成本，因此具有重要的意义。近年来，主流非制冷红外焦平面探测器的像元尺寸从最初的 50μm 左右，历经 45μm、35μm、25μm、20μm 等几种规格，已经逐渐进入以 17μm 为主流的时代，且更小像元尺寸如 15μm、12μm 也已进入实质性生产阶段。更小的像元意味着 MEMS 制造技术复杂程度的提高。

（2）响应波段向中波以及太赫兹波段扩展。

（3）面阵规模不断增大。1024×768 像素及更大面阵规模的探测器也已开始研制及试生产。

（4）性能不断提高。探测器制造厂商重点研究如何在像元尺寸缩小的同时还能保持甚至提高性能，NETD 已可小于 35mK，响应时间小于 5ms。

（5）金属管壳封装探测器因其高昂的封装成本会逐渐退出市场，陶瓷管壳封装探测器进入全面推广时期，晶圆级封装甚至像元级封装的探测器以其更低的成本优势可望获得快速增长。

（6）包含数字积分、非均匀性校正和其他数字图像处理功能的片上处理技术也是“智能化”非制冷红外焦平面探测器的重要发展方向之一，在探测器 ROIC 中集成处理器和存储器将逐渐成为现实，可明显提高探测器组件的成像质量，提高可靠性，减小体积、重量和功耗。

5.3.7 短波红外成像系统

这里短波红外辐射一般是指波长为 1～3μm 的红外辐射，其主要来源有太阳辐射、地物反射、高温物体自身热辐射以及人工辐射光源等。在短波红外波段，地物的太阳反射光谱特征丰富，并且有 1.15～1.35μm、1.5～1.8μm、2.1～2.4μm 等大气透射窗口。短波红外成像是被动红外成像的一种形式。利用短波红外辐射的成像系统，即为短波红外成像系统。它与可见光成像系统、中长波红外成像系统相比较，既有其相同、类似之处，也有不同之处。从功能、用途来说，二者具有一定的互补性。

1. 系统组成与工作原理

短波红外成像系统与可见光成像系统、中长波红外成像系统，从硬件组成结构图来说，一般都是由光学系统、探测器、信号处理等多个部分组成，只是所采用的具体光学系统、具体组成器件、软件、设计细节等不同而已。图 5.28 为某短波红外成像系统组成结构图。

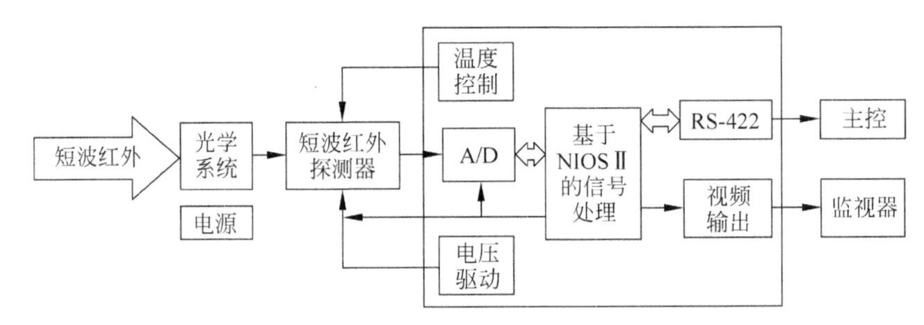

图 5.28 某短波红外成像系统组成结构图

光学系统接收短波红外能量，并将光束整形变换，聚焦在探测器的焦平面上。探测器完成短波红外的光电信号转换，以电压的方式输出目标景物的信息。A/D 转换电路完成探测器输出信号的模数转换。信号处理电路实现图像的预处理，包括短波非均匀性校正、盲元检测与补偿等。显示模块完成短波红外图像的视频显示。温度控制电路稳定探测器的工作温度。串口通信模块实现与外界(如 PC)的通信。

该系统采用 640×512 InGaAs 短波红外探测器，响应波段为 0.9～1.7μm，内部集成 CMOS 读出电路，内置 TEC，量子效率和灵敏度较高。探测器驱动电路由驱动电压和驱动时序两部分构成，主要用于生成探测器驱动所需的多种不同精度以及噪声要求的偏置电压信号和时序信号。A/D 转换模块选择 ADI 公司的转换芯片 AD 9220，具有超低功耗、10MSPS(每秒采样百万次)采样速率等优点。

信号处理电路是短波红外成像系统的中枢，其主要作用是针对短波红外图像的特点进行实时信号处理，如图 5.29 所示。采用 Altera 公司基于 NIOS Ⅱ 的单片 FPGA(Field Programmable Gate Array，现场可编程门阵列)完成信号处理。

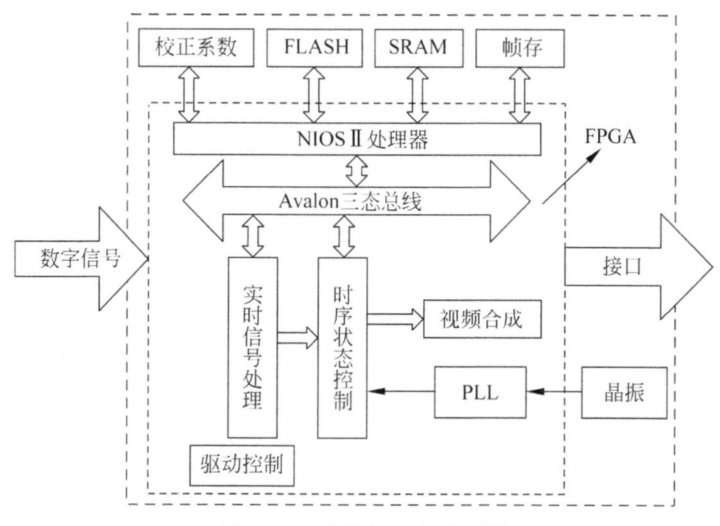

图 5.29　信号处理电路框图

FPGA 是系统的核心部件，由 NIOS Ⅱ 处理器和外部逻辑模块组成。NIOS Ⅱ 处理器是整个系统计算及控制的核心，完成非均匀性校正系数计算、灰度映射等需要复杂计算的功能，以及系统管理、串行通信等工作。外部逻辑模块实现实时信号处理、视频合成、时序管理等功能，并且为探测器、A/D 转换器、视频输出模块提供各种符合严格相位和逻辑关系的脉冲驱动信号。程序/数据存储器包括用于固化 FPGA 配置数据、NIOS Ⅱ 软件和存储非均匀性校正系数的 Flash 器件、图像帧存、实时校正系数存储器和 NIOS Ⅱ 的片外 SRAM。

实时信号处理主要实现短波红外图像非均匀性校正和盲元填充，原理如图 5.30 所示。

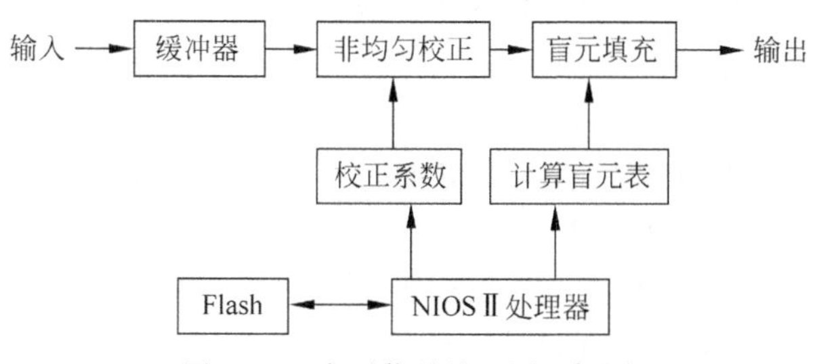

图 5.30　实时信号处理原理框图

焦平面阵列中各敏感像元自身基准温度的不一致将导致响应的非均匀性，为了提高成像质量，必须保证探测器工作温度的稳定，探测器内嵌 TEC 制冷器。

2. 成像特点

与中波红外和长波红外利用物体自身发射的热辐射成像不同，短波红外成像依靠接收物体反射环境中普遍存在的短波红外辐射进行成像。短波红外成像系统获取的主要是地物对太阳光的反射信号和高温物体的自身辐射，中波、长波红外成像系统接收到的是低温目标自身的热辐射。由于高温物体的辐射能量集中在短波红外波段，从而保证了短波红外成像系统接收到足够多的能量进而清晰成像。当短波红外成像系统的灵敏度足够高之后，系统能从暗电流和仪器背景辐射等背景信号中探测识别常温物体的热辐射，对常温等目标可以通过延长积分时间来增强热辐射能量，这时才能实现对目标的热成像。

因此，当不是利用物体在短波红外波段散发的辐射，而是利用反射光时，短波红外成像系统就不是热成像。白天具有很多短波红外光线，并且由于天空辉光现象，夜晚也具有很多短波红外光线。利用反射光及与可见光相近与其他红外波段较远的波长，短波红外成像系统能产生高分辨率的自然图像，图 5.31 为日出时海岸边可见光成像、长波红外(热成像)、短波红外成像对比图。

图 5.31 日出时海岸边可见光成像、长波红外、短波红外成像对比

短波红外范围敏感是由于铟镓砷(InGaAs)探测器的发展才于近些年成为现实的。短波红外传感器采用 InGaAs 探测器，可在室温下工作，无须制冷。短波红外相对于其他波长探测而言，既具有类似可见光反射式成像可分辨细节的能力和相对明显的穿云透雾的能力，又具有不可见光探测能力，具有鲜明的不可替代的成像优势，可应用于众多领域。

绿色植物对短波红外的反射能力比对可见光要强。部分矿物在短波红外波段有强吸收峰。由于该特点，短波红外对于植被、岩石、云层探测方面有重要作用。短波红外探测在辨别军事伪装方面也有独特优势。由此，短波红外成像可以提供可见光、微光夜视、中波、长波红外成像所不能提供的信息。

短波红外成像与人眼所看到的非常类似，在其图像上也有阴影和反差，这增强了识别能力，减少了潜在的误判，而且能够透过玻璃进行成像，以及短波红外在白天可避免可见光强光干扰，在夜晚又可以具有高灵敏探测能力，适用性强，可用于全天候监控。

与中长波红外相比，短波红外的分辨率更高，其成像效果更接近于可见光图像。与可见光相比，它能够更好地穿透霾、雾、雨，可显示目标上的字母及涂料，也可消除某些类型的伪装。除此之外，短波红外还具有以下特点：

(1) 低照度成像(夜视能力)。大气层夜晚的辉光含有短波红外部分，短波红外可以在最低有星光的夜晚成像，具备一定的夜视能力。

(2) 识别目标。短波红外对水分非常敏感，缺少水分的物体呈现白色，富含水分的物体呈现黑色，这一点，可以识别有无生命的物体。

(3) 探测隐蔽照明。由于短波红外对人眼、热像仪和夜视镜都不可见，可在保持隐蔽的同时，与主动照明一起使用，可用照射灯或人眼安全激光器照明。对人眼安全的1550nm的波长的照明是肉眼看不见的，却很容易由短波红外成像系统(红外相机)看到。

3. 光学系统设计考虑

制作短波红外镜头的光学材料与可见光的材料大都相同，如果简单地认为可以采用普通的可见光镜头与短波红外探测器进行匹配成像，这种观点不完全正确。

普通的可见光镜头的确可以透过短波红外的光谱，但由于波段的变化，光学材料的光学特性(色散)发生本质变化，适用于普通可见光镜头的玻璃组合难以实现对短波红外波段的色差校正，其在短波红外波段的成像质量变差，系统分辨率受到影响。另外，由于波段不同，可见光镜头在短波波段范围的透过率变差，杂散光问题可能会变得严重。

所以，应用在短波红外波段的镜头需要特殊的设计，完美地与短波红外探测器相匹配。在短波红外可用于校正色差的玻璃组合并不是很多，一些氟化物玻璃在该谱段具有较高的色散系数及相对较好的理化性能，因而是在该谱段消色差材料的首选。重火石类材料与氟化物玻璃组合有较好的消色差能力。

4. 与中长波红外系统的比较

如果将短波红外与长波红外融合，可以最大化地进行目标检测和识别。短波红外与中长波红外相比较，有一项重要的差异是，它利用反射光成像，而不是热成像。短波红外这个名字，往往会把人带进误区，让人觉得跟中长波红外类似，反映的是物体温度的差异性。当中长波探测器难以看到海上目标的重要细节特征时，短波红外可以对此提供辅助。在视觉增强以及恶劣天气低能见度条件下，短波红外是热像仪的有益补充。热像仪能很好地检测出冷背景下有温度的目标，然而短波红外能很好地识别出该目标是什么，例如船舶、车辆、人员。

由于处在热交叉点上，海岸与海水的细节在热成像中都丢失了，短波红外能对反射光成像而不是依赖温度差，海岸线图像脱颖而出，同时由于短波红外的透雾能力，相比可见光成像能捕获更多细节。因此，短波红外具有高灵敏度、高分辨率、能在夜空辉光下观测、昼夜成像、隐蔽照明、能看到隐蔽的激光信标、无需低温制冷、尺寸小、功率低的特点。

短波红外与非制冷热成像系统相比，探测器温度控制电路组成是类似的，如图5.32所示。温控电路由温度传感器、温度传感器测量电路、比较电路、误差放大电路、PID补偿网络、H桥电路组成。

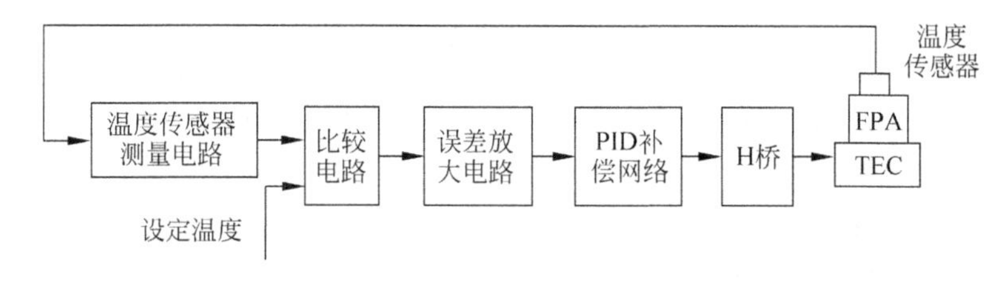

图5.32 温度控制电路

值得一提的是，中、长波红外热像系统采用黑体提供标准辐射输入进行非均匀性校正，然而，短波红外成像系统则采用积分球提供标准照度输入进行校正。

5. 与激光主动成像系统的比较

这里所述的短波红外成像系统是被动成像的。被动成像系统最大的特点就是本身不带光源,依赖于环境或目标的发光,并最终成像。主动成像系统由一个人造光源(一般为激光器)和接收机(被动成像系统)组成,其接收机用于收集和探测目标景物直射或反射后的部分光辐射。

激光主动成像以近红外激光作为照明光源,对低照度的情况下,远距离目标进行探测成像。由于激光具有高强度、高准直性、单色性好、易于同步等优点,因而在成像系统中常常采用激光器作为照明光源。由于激光主动成像系统的照明激光主要在近红外波段(波长有 0.808μm、0.830μm、0.850μm、0.915μm、0.940μm 和 0.980μm 等),这时激光主动成像系统也可以说是主动型短波红外成像系统。

由于波长 0.808μm 的半导体激光器工艺最成熟,使用也较广泛,加之普通 CCD/CMOS 图像传感器在近红外波段量子效率随着波长的延伸逐步降低,所以为了获得最好的照明效果,激光主动成像系统通常选用波长 0.808μm 的半导体激光器作为照明光源。

采用距离选通技术的激光主动成像原理如图 5.33 所示。

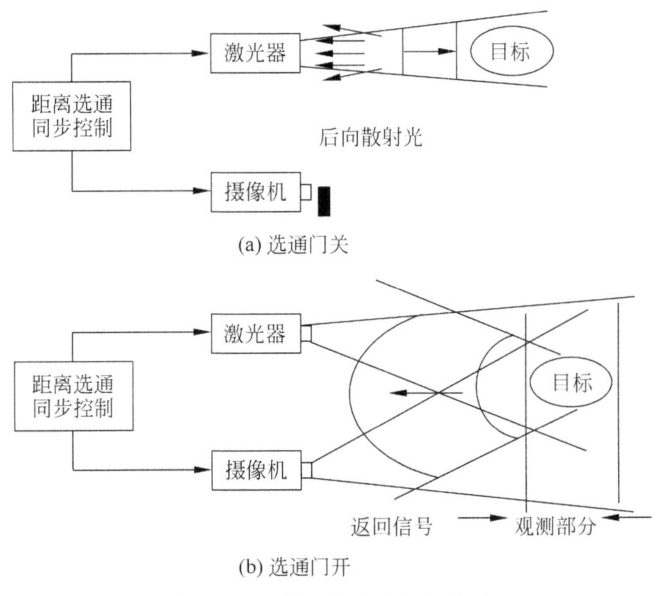

图 5.33 距离选通技术原理图

距离选通技术是利用脉冲激光器和选通 ICCD(或 EBCCD 等),以时间的先后分开不同距离上的散射光和目标的反射光,使由被观察目标反射回来的辐射脉冲刚好在 ICCD 选通工作的时间段内到达相机并成像。其中,距离选通同步控制是距离选通激光成像系统的核心,直接关系到能否得到目标的选通图像,主要是使激光器和 ICCD 同步,并且提供选通脉冲宽度和延迟时间选择。

激光距离选通可以分为 4 个阶段:

(1) 激光器发射很强的短脉冲,激光脉冲向目标方向传输。这时接收器的选通门是关闭的。

(2) 当激光脉冲处于往返途中时,会受到大气吸收、散射、后向散射和背景辐射等影响,尤其是强烈的后向散射光往往会将有用的信号淹没，使接收器饱和而无法接收有用的光信号。这时摄像机的选通门是关闭的。这样就挡住了大气中悬浮微粒引起的后向散射光。

（3）当反射光到达摄像机时，选通门开启，让来自目标的反射光进入摄像机。选通门开启持续时间与激光脉冲一致。

（4）接收到从目标反射回来的激光脉冲信号后，再将选通门关闭，使背景辐射等其他干扰光不能进入接收器。

这样形成的目标图像主要与距离选通时间内的反射光有关。如果选通脉冲宽度和激光脉冲宽度都很窄，使得只能探测到目标附近的反射光，则能够大大提高回波信号的信噪比。

激光主动成像系统具有成像距离远、成像清晰、可以采用距离选通技术、抑制背景干扰、距离选通成像、识别目标及要害、测距、三维成像等特点，可作为被动成像的有益补充，在远距离暗(隐蔽)目标探测和水下探雷、水下成像等领域有着重要的应用。

5.3.8　红外光学系统抗干扰方法

在多数情况下，相对于可见光来说，红外目标为低对比度的弱目标；红外光学零件的剩余反射率也比可见光大得多，因此红外光学系统的自身抗干扰能力很低，红外系统对温度分辨率的要求越来越高，通常都要求对 0.1℃以下物体的细小温差进行分辨。要使红外系统在恶劣环境条件下始终获得稳定清晰的图像，除了电子系统尽可能降低噪声外，光学系统往往要采取多种措施来抑制和降低这些干扰。

红外探测器所接收到的辐射主要由 3 部分组成：

（1）目标辐射；

（2）直接到达探测器的内部辐射；

（3）通过透镜表面的反射到达探测器的内部辐射，这其中包括镜筒的热辐射与探测器自身的冷辐射，即一次冷反射像(Narcissus)。对于具有内置扫描器的红外光学系统，这些内部辐射都将对图像造成致命的干扰，产生固有的图像缺陷。

下面介绍抗干扰的主要方法。

1. 100%冷光阑效率

红外系统的内部辐射往往要比目标辐射强得多，尤其在高温的环境下，如不考虑冷光阑效率，热图像随着温度的升高很快变白，甚至使探测器饱和，降低红外系统的动态使用范围，相关的实验证明：不考虑冷光阑效率，红外系统无法在环境温度条件高于 50℃的情况下正常工作。

2. 辅助光学系统

利用发射率很低的反射面，合理设计曲率，使冷反射散焦，同时使内部热辐射散射无法进入探测器。

3. 减小光学扫描噪声

在整个扫描视场中，由于系统的渐晕和光束移动而造成接收能量的变化，从而以交变噪声的形式出现，对图像产生干扰，所以具有内置扫描器的红外光学系统应是无渐晕的，同时尽可能减小光束的移动。

4. 光学零件的高效增透

相对目标的辐射而言，光学零件 1%的剩余反射对红外图像的干扰都是非常明显的。

好的镀膜技术与质量对于提高红外图像质量是重要的，它使红外光学系统的设计变得相对简单。

5. 改变透镜曲率

使任意光学表面的冷反射像相对于冷的探测器明显散焦，来减小冷像的强度，同时使内部热辐射尽可能少地进入探测器。这种办法往往是以牺牲光学系统的其他性能为代价的。

6. 滤除冷像

利用冷像和景物像的光谱特性的不同，合理使用滤光片，可以减小冷像的强度。

5.4 太赫兹成像系统

太赫兹($1THz=10^{12}Hz \sim 1ps \sim 300\mu m \sim 33cm^{-1} \sim 4.1meV \sim 47.6K$)辐射(波)是对一个特定波段(100GHz～10THz)的电磁辐射的统称，它处于红外和毫米波之间。在电磁波(电子学)研究领域，这一频段的电磁波又被称为毫米波或亚毫米波，遵循麦克斯韦方程，应用电路、天线、波导等元器件；而在光学研究领域，它也被称为远红外光(射线)，遵循薛定谔方程，应用透镜、反射镜、光纤等元器件。它具备独特的辐射特性。值得一提的是，THz 波段在有些场合特指 0.3～3THz，在另一些场合被赋予一种更广义的范围，其频率范围高达 100THz，这包含整个中、远红外波段。自然界中拥有大量的太赫兹辐射源，绝大多数物体的热辐射都在 THz 波段。但由于缺乏 THz 波段高效率的辐射源和灵敏的探测器，直到 20 世纪 90 年代才开始深入研究。

THz 成像是 THz 技术的一个重要应用方向。其成像技术被作为一种新型的成像方式正随着材料科学、反隐身、高技术武器攻防、信息对抗、自动导航、目标搜索及跟踪等技术的快速发展而日益被重视，已成为世界研究的热点。针对设计清晰、实时、高灵敏度、小型化及低成本 THz 成像系统还比较困难的问题，就其在成像方面的特点、工作原理、组成及关键技术(包括 THz 光学系统、探测器及信号处理)进行研讨，并分析比较电磁波段中 γ 射线、X 射线、紫外、可见光、微光、红外、THz 及毫米波各成像系统的优缺点和应用，以及 THz 成像系统的典型应用。也就是说，从设计 THz 成像系统的角度出发，对 THz 成像的独特性、关键技术、现状、应用及其成像技术的比较研究显得尤为重要。

5.4.1 太赫兹辐射特性

与短波长的电磁辐射相比，太赫兹辐射具有以下特点：

(1) 透视性。太赫兹辐射对于很多介电材料和非极性的液体有良好的穿透性。因此太赫兹辐射可以对不透明物体进行透视成像。太赫兹辐射的一个很有力的应用前景就是作为 X 射线和超声波成像等技术的补充，用于安全检查和无损检测。太赫兹辐射不但对固体材料具有良好的透视性，而且由于它的波长远大于空气中悬浮的灰尘或烟尘的尺度(从亚微米到几十微米)，这些悬浮颗粒对太赫兹波的散射要远小于对光频和红外波段电磁辐射的影响。太赫兹波在 30m 长的氯化锌烟尘环境中传播的实验表明，即使烟尘的浓度使可见度为零，烟尘对太赫兹波的衰减仍然很小。因此太赫兹辐射是浓烟(比如火灾)或风尘环境(比如沙漠)中成像的理想光源。

(2) 安全性。太赫兹辐射的另一个显著特点是它的安全性。相比于 X 射线具有千电子伏的光子能量，太赫兹辐射的光子能量只有毫电子伏的数量级，因此它不会引起有害的电离反应。另外，由于水对太赫兹辐射有强烈的吸收，太赫兹辐射不能穿透人体的皮肤，因此即使强烈的太赫兹辐射，对人体的影响也只能皮肤表层，而不像微波那样穿透到人体的内部。

(3) 光谱分辨本领。大量的分子，尤其是有机分子，其转动和振动的跃迁，在这一频段表现出强烈的吸收和散射特性。太赫兹波的光谱分辨特性使得太赫兹探测技术，特别是太赫兹光谱成像技术，不但能够辨别物体的形貌，而且能够鉴别物体的组成成分。

太赫兹辐射与长波长的电磁辐射相比，也有其特点：

(1) 与微波相比，太赫兹辐射的频率更高，因此作为通信载体时，单位时间内可以承载更多的信息，在中短距离高容量无线通信中有应用潜力。

(2) 由于太赫兹辐射的波长更短，其发射方向性要好于微波。

(3) 在成像应用中，它的短波长使之具有更高的空间分辨率，或者在保持同等空间分辨率时具有更大的景深。

但是，太赫兹辐射应用也有其局限性：

(1) 太赫兹辐射在实用方面还有很大的潜力，尚处于发展中的领域。

(2) 太赫兹辐射无法穿透导电的物体，也就无法对金属等材料进行透视研究。

(3) 强极性液体(如水等)对太赫兹辐射有非常强的吸收，液态水在 1THz 的吸收系数是 $230cm^{-1}$(但水汽对太赫兹辐射的吸收表现出显著的光谱特性，比如在 0.4～1THz 之间有 0.5THz、0.65THz、0.87THz 等窗口)。

(4) 太赫兹辐射在空气中的远距离传输受到气体吸收的限制，有显著的衰减。

5.4.2　太赫兹成像系统的组成、工作原理、分类及技术特点

THz 成像系统的组成、工作原理、分类及技术特点如下。

1. THz 成像系统的组成

THz 成像系统大致包括太赫兹辐射源、THz 光学系统(包括频带选通、准直及聚焦)、THz 探测器、交直流信号转换、信号放大滤波处理、采集存储和信号调制处理、显示器。其组成框图如图 5.34 所示。系统的整个成像过程若采取扫描的方式，则当扫描完成后就会呈现出整个目标图像。随着焦平面成像技术的发展，光导天线形成探测阵列已被应用到 THz 成像系统中来提高系统吸收效率及灵敏度。

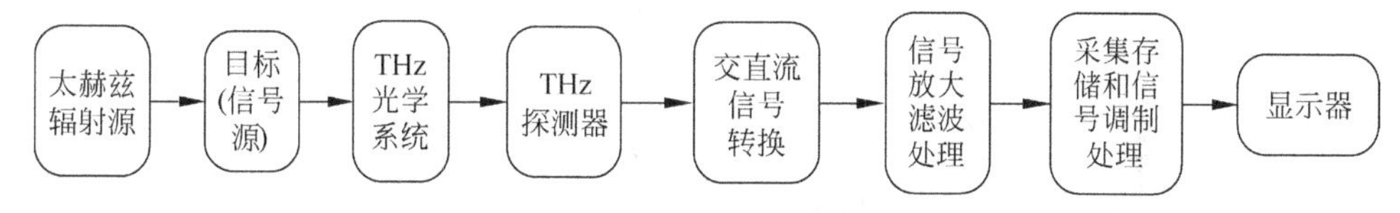

图 5.34　THz 成像系统组成框图

2. THz 成像的工作原理

利用太赫兹辐射源所产生的已知 THz 波作为成像射线，经目标透射或反射后记录了其谱信息(包括复介电常数强度、振幅及相位的空间分布信息)的 THz 波，或目标自身辐射已载有目标信息的 THz 波，经过 THz 光学系统后，通过(斩波器)调制，再聚焦至 THz 探测器引发其特性变化，根据不同的变化转换为相应电信号，随后经适当的信号分析处理，最终得

到目标的二维或三维图像。

3. THz 成像的分类

从不同角度,THz 成像有多种分类。根据相干与否,可分为相干成像和非相干成像。根据成像手段的不同,可分为主动成像和被动成像,也分别称为有源成像和无源成像。根据对样品的成像方式,主动(有源)成像又分为透射成像和反射成像。另外,THz 主动成像还可分为扫描成像、近场成像及层析成像等。

THz 时域光谱成像是一种典型的相干探测成像;THz 近场成像可突破波长对分辨率的限制,提高 THz 成像的空间分辨率;THz 层析成像可研究物体内部结构,进而对其进行二维和三维成像。提高空间、谱和时间分辨率是 THz 成像研究的主要方向之一。

THz 成像主要有:基于 THz QCL(Quantum Cascade Laser,量子级联激光器)的二维扫描成像、采用 THz QCL 进行三维重构成像、基于 THz QCL 的实时成像、基于 THz QCL 的相干合成孔径雷达成像、基于 THz QCL 的主动扫描成像、基于 THz QWP(Quantum-Well Photodetector、量子阱探测器)的被动成像、基于 THz QWP 的透射扫描成像、基于 THz QCL 和 THz QWP 的计算机断层成像(Computed Tomography,CT)、衍射层析成像、菲涅尔透镜三维成像、飞行时间成像、光谱成像、透视成像、合成孔径成像和干涉成像等。

4. THz 成像的技术特点

THz 成像有如下技术特点:

(1) THz 光子能量只有毫电子伏数量级,不会对物质产生破坏作用,适合用于对生物组织进行活体成像检查,并具有对黑体辐射或热背景不敏感的优点。

(2) THz 脉冲源只包含若干个周期的电磁振荡,偶极子的转动、振动跃迁及一些晶体材料的声子振动能级都落在该范围。对研究药物化学元素组成、指纹识别、检测电子元器件及鉴定炸药属性等具有特殊意义。

(3) 与其他光源相比,太赫兹辐射可测量出材料的空间密度及折射率空间分布,获得材料的更多信息。结合断层扫描技术,可获得样品的三维信息。

(4) THz 脉冲的带宽很宽并具有相干性,可在亚皮秒分辨率的基础上直接测量电磁场,这为研究散射机理提供了一种有价值的新方法,利用此特性可进行军事目标识别及生物成像等。

(5) THz 成像可探测比可见和中长波红外更远的信息。极大信号带宽和极窄天线波束因 THz 频率很高而易于实现。在 THz 雷达成像中,信号带宽决定距离差,其纵向分辨率有:$\Delta=c/2B$,其中 c 为光速,B 为信号带宽。因此,通过测量脉冲相干 THz 信号时域波谱,可获得更小目标的精确定位,且保密性更强。

5.4.3 太赫兹成像系统关键技术

THz 成像系统关键技术主要包括太赫兹辐射(光)源、THz 光学系统、THz 探测器、信号处理等。

1. 太赫兹辐射源

太赫兹辐射源对成像性能有重要影响,可分为有自然辐射源和人工辐射源。THz 人工辐射源通常包括自由电子激光器、工作于 THz 频段的气体激光器、真空电子学 THz 源、超快激光泵浦光电导 THz 源、THz QCL 以及光电子学太赫兹辐射源和其他半导体电子学

THz 源、反波管等。在 THz 成像系统设计时，应充分考虑辐射源特性（波段、频谱强度分布等）。

2. THz 光学系统

THz 光学系统应根据应用场合来设计。THz 光学系统设计应满足如下要求：

（1）小尺寸，便于整机安装调试；

（2）尽可能大的相对孔径；

（3）满足要求的视场角；

（4）在所选波段内有最小辐射能损失；

（5）适应不同环境，并具有可靠稳定的光学性能等。

在二维成像光学系统中，一般应用光电晶体进行探测，光学系统物距总是远远大于透镜焦距。其成像分辨率为

$$\Delta = 1.22\lambda D_{t} f/(D_{s} D) \tag{5.24}$$

式中，λ 是成像载波波长；D_t 是目标尺寸；f 是透镜焦距；D_s 是探测晶体尺寸；D 为透镜直径。由此，一旦探测晶体尺寸、透镜直径及探测波长确定，则可设计如图 5.35 所示的谐衍/折射变焦光学系统来得到一定分辨率的图像。

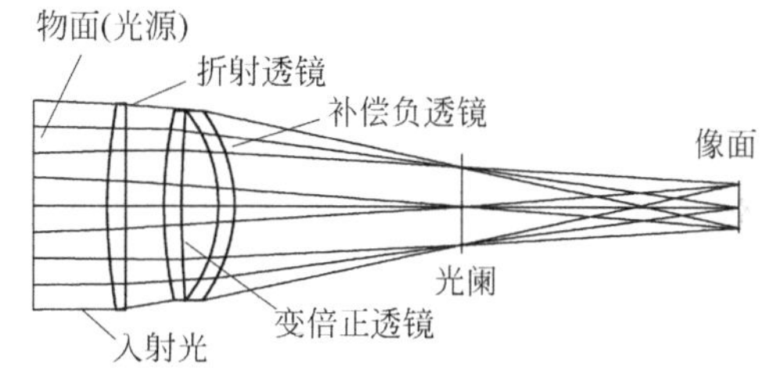

图 5.35　谐衍/折射变焦光学系统简图

反射式 THz 光学系统具有易获得大口径反射材料，无色差且能较好地校正球差和彗差，光能损失小，工作波段宽，系统总长度短等优点；但其 F 数较大，中心挡光，光机结构复杂性增大，加工装调困难，杂散光不易控制，制作成本高，难以满足大视场、大孔径成像要求。如图 5.36 所示，图 5.36(a)为离轴三反光学系统简图，图 5.36(b)为共轴三反光学系统简图。

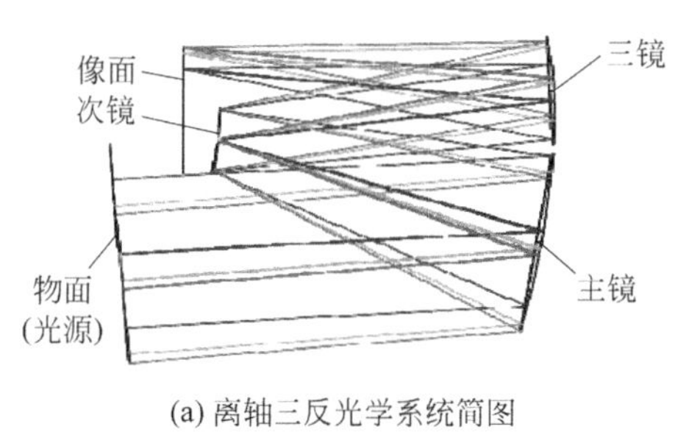

(a) 离轴三反光学系统简图

(b) 共轴三反光学系统简图

图 5.36　反射式光学系统简图

可利用 ZEMAX 光学成像设计软件，通过编写简单的 ZPL 宏指令及光阑和视场离轴，实现初始结构计算，再经优化计算而设计出理想的光学系统。

3. THz 探测及其探测器

太赫兹辐射源的低功率输出和 THz 频率范围内较大的热辐射背景噪声等因素对 THz 探测器的探测灵敏度等性能提出了很高的要求。对于太赫兹辐射的探测主要采用傅里叶变换光谱探测法、时域光谱 THz 探测法、外差式探测法、THz 半导体量子阱探测器直接探测法、量子点单光子探测法和肖特基(Schottky)二极管探测法等，这些方法各有其特点。

近年来,THz 探测器发展较快。光电导探测器主要材料有光子晶体、可探测频率范围仅为 3～4THz 的半绝缘 GaAs(砷化镓)材料,若采用低温 GaAs 光导天线,则可以探测至 20THz。光电导天线、电光晶体还是脉冲太赫兹波收发器(既可作为发射器,也可作为探测器)。用一种强 THz 脉冲照射普通的半导体材料 GaAs 会导致载荷子密度提高 1000 倍,这一发现有望带来超高速晶体管。表 5.5 为几种超脉冲信号探测器的基本性能参数比较。

表 5.5　超脉冲信号探测器比较

探测器	工作温度	工作频段/THz	带宽/THz	噪声等效功率/W·$Hz^{-1/2}$	响应速度	相干性
光电导天线	室温	0.1～20	约为 2	10^{-15}	约为 100fs	相干
电光晶体	室温	0.1～100	约为 10	10^{-15}	约为 10fs	
空气探测	室温	0.1～100	约为 8	—	约为 ps	

对外差式探测器的研究,已研制出截止频率达到 3.37THz 的 THz 肖特基二极管和应用于 THz 频段的石英电路。作为 THz 倍频器核心器件,实现了倍频器在 THz 频段的工作,在 170～220GHz 的倍频效率为 3.6%,220～325GHz 的倍频效率达到 1.0%,可实现宽频带倍频。在 THz 成像、通信和卫星遥感方面有着广阔的应用前景。表 5.6 为几种连续信号探测器中某些器件的基本性能参数对比,其中 SBD 为肖特基二极管、SIS 为超导体—绝缘体—超导体结混频探测器、HEB 为电子辐射热量计混合器。

表 5.6　连续信号探测器比较

探测方式	探测器	工作温度	本振功率	工作频率范围/THz	噪声等效功率/(W·$Hz^{-1/2}$)	响应速度
外差式探测器	SBD	低/室温	0.5mW,3～5mW	0.5～3.37	10^{-19}	约为 ps
	SIS	2～4K	1～10μW	0.1～2	10^{-21}～10^{-20}	约为 ps 级至 ns 级
	HEB	2～4K	1～250nW	1～5	10^{-21}	约为 ps 级至 ns 级
	测辐射热计	低温	约 10nW	全波段	10^{-12}	几十 ps
直接式探测器		低/室温	—		10^{-15}～10^{-12}	约为 ms
	Golay	室温	—	全波段	10^{-15}～10^{-12}	约为 100ms
	热释电	室温	—	全波段	约 10^{-9}	约为 100ms
	单光子	约 50mK	—	1.4～1.7	约 10^{-22}	约为 1ms

THz 成像系统中,探测器关系到随后成像质量。在太赫兹辐射源功率普遍较低的情况下,发展高灵敏度、高信噪比、宽动态范围的 THz 探测器特别重要。图 5.37 为 THz 探测器的分类及其应用。

THz 成像所采用的探测器主要包括焦热电探测器(pyro-electric detector)、热辐射计(bolometer)、热膨胀式探测器(golay)、肖特基二极管、THz QWP 和碲化锌(ZnTe)电光晶体等。

4. 信号处理

在 THz 成像系统中,信号处理决定着检测的灵敏度、噪声系数、抗干扰能力等关键指标,关系到最终成像质量。根据多级级联放大器总噪声系数公式:

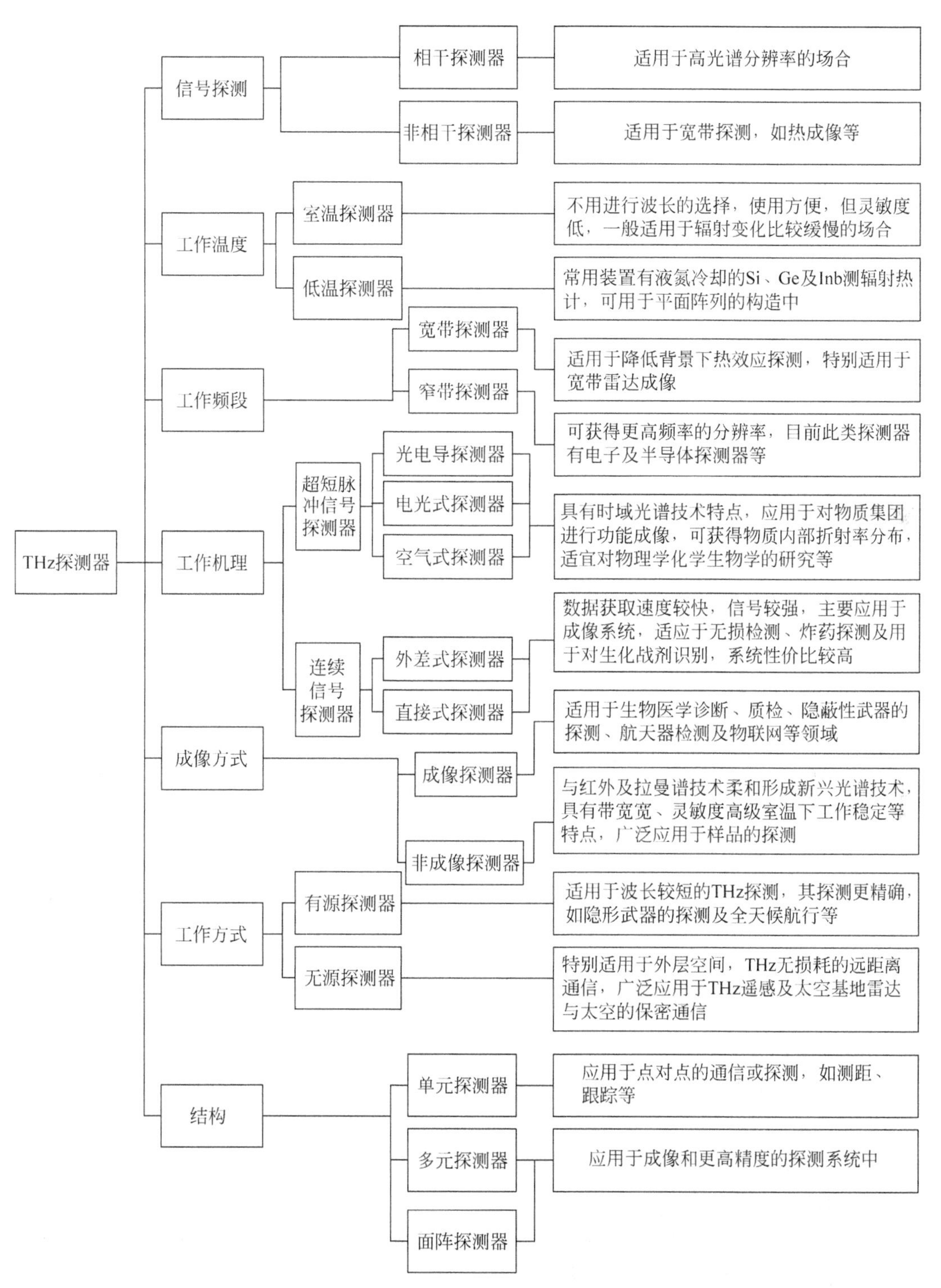

图 5.37　THz 探测器分类及应用

$$F = F_1 + \frac{F_2 - 1}{K_1} + \frac{F_3 - 1}{K_1 K_2} + \cdots + \frac{F_M - 1}{K_1 K_2 \cdots K_{M-1}} \tag{5.25}$$

式中，F 为各级放大器噪声系数；K 为功率增益，下标代表放大器级数。可知高性能前置放大器设计尤为关键。

前置放大电路的设计要求：

（1）高增益及低噪声，以保证足够大的信噪比；

（2）足够的带宽，以免产生波形失真；

（3）输出阻抗低；

（4）负载能力强；

（5）抗干扰能力强。

以下将恒压或恒流信号源热噪声（源电阻）来等效探测器和偏置电路的总噪声，综合考虑放大电路类型、器件选择及放大方式来设计前置放大电路，表5.7为设计前置放大电路的最佳组合方式。

表5.7 设计前置放大电路的最佳组合方式

<table>
<tr><th>源等效阻抗</th><th>放大器件</th><th>放大类型</th><th>放大方式</th><th>优点</th></tr>
<tr><td>10Ω～1MΩ</td><td>晶体管</td><td>低阻型</td><td>电荷放大</td><td>工作稳定可靠</td></tr>
<tr><td>1kΩ～1GΩ</td><td>JFET</td><td>高阻型</td><td>电流放大</td><td rowspan="2">负载能力强，耦合电容小，采用热电探测器时可用此方法</td></tr>
<tr><td>>1MΩ</td><td>VMOS场效应管</td><td>高阻型</td><td>电流放大</td></tr>
<tr><td>1kΩ～1MΩ</td><td>运算放大器</td><td>跨阻型</td><td>电压放大</td><td>信噪比及灵敏度高、频带较宽、直流精度很高</td></tr>
</table>

通常可以利用电子电路仿真设计软件（如Multisim）对放大电路基本特性如输出增益、输出脉冲上升时间、噪声、输入输出阻抗和带宽等进行仿真测试。这种理论测试分析对实际前置放大器的设计有帮助与参考价值。

5.4.4 多种成像系统技术比较

按电磁波段划分成像系统类型，比较分析其优缺点及主要应用如表5.8所示，其中，各成像系统共同的主要性能参数有系统信噪比、传递函数、视场及动态范围。

5.4.5 太赫兹成像系统的典型应用

太赫兹辐射之所以引起人们的广泛关注，是因为它具有不同于微波、红外光以及X射线等电磁波的特点。其研究与应用涉及物理学、材料学、生命科学、天文学、信息技术和国防安全等许多领域。它在太赫兹波谱分析、物体成像、太赫兹环境与质量监测、太赫兹生物与医疗诊断、太赫兹射电天文探测、太赫兹通信（宽带移动通信、卫星通信）和军用雷达等方面具有广阔的应用前景。

相对于可见光和X射线，太赫兹成像具有非常强的互补性，特别适合于可见光不能透过，X射线成像的对比度又不够的场合。太赫兹摄像机能在10～20m范围内将隐藏物呈现出来；超宽带太赫兹探测成像仪，可透视墙壁。利用太赫兹成像技术对实现地沟油进行直观检测及分析。另外，随着太赫兹技术的发展，制造高能量太赫兹射线将有望“剿灭”癌症。

表 5.8　多种成像系统技术比较

成像方式	波长/μm	应用类型	主要性能指标	成像系统优点	成像系统缺点	主要应用
γ射线	$<10^{-4}$	γ相机； γ望远镜； γ全息成像	位置、能量及空间分辨率；探测效率；系统灵敏度；背景触发率；几何面积；噪声阈值	(1) 具有一定的穿透力； (2) 对放射性物质成像距离远、灵敏度高； (3) 可达到观测小脏器的分辨率； (4) 使用方便等	(1) 边界产生压缩效应； (2) 光学系统材料较少； (3) 低能量下灵敏度不够高； (4) 辐射会造成人体伤害等	(1) 疾病诊断； (2) 原子、离子等结构研究； (3) 天文研究； (4) 核污染区分布及程度的判定； (5) 军控核查及反恐等
X射线	$10^{-5}\sim0.01$	X线透射机； X线摄影机； X线照相	辐射剂量；空间分辨率；噪声率；图像的灰度级；穿透力；图像评估	(1) 信息量大； (2) 背景杂波低； (3) 穿透能力强； (4) 影像清晰； (5) 拍摄条件宽容范围大； (6) 动态特性高等	(1) 图像时间分辨率低； (2) 对被测人体有辐射损害； (3) 空间分辨率受限； (4) 成本高等	(1) 疾病诊断； (2) 材料的无损检测及焊接； (3) 安检； (4) 对生物内部运动情况研究等
紫外成像	$0.3\sim0.4$	紫外照相； 紫外显微镜； 紫外望远镜； 紫外摄影	最小紫外光灵敏度；作用距离；聚焦距离；帧速；光谱分辨率	(1) 灵敏度高； (2) 抗干扰能力强； (3) 对环境要求低； (4) 操作简单； (5) 检测方法安全可靠且效率高等	(1) 穿透能力弱； (2) 紫外线辐射可直接造成某些检测物损伤； (3) 光学材料稀少且制备困难等	(1) 对敌对目标的跟踪及精确打击； (2) 电力放电检测； (3) 岩石分布探测； (4) 火焰燃烧控制； (5) 现场侦查取证； (6) 零件探伤； (7) 天文学研究等
可见光成像	$0.4\sim0.76$	显微成像； 照相机； 望远镜； 电视摄像机	作用距离；灵敏度；帧频；分辨率；带宽；最小可分辨对比度	(1) 操作极其简单； (2) 图像的细节（光谱信息）丰富； (3) 动态范围大； (4) 结果准确、直观、灵敏度高； (5) 安全可靠等	(1) 由环境引起低能见度下，成像效果受到极大限制； (2) 光照过强，图像对比度会下降等	(1) 生物组成及病变的研究； (2) 天象及天体研究； (3) 公共场所监视； (4) 环境监测； (5) 卫星侦查等

续表

成像方式	波长/μm	应用类型	主要性能指标	成像系统优点	成像系统缺点	主要应用
微光成像	0.5～0.9	微光直视； 微光电视； CCD微光摄像机	光谱响应范围；灵敏度；作用距离；亮度增益；分辨率；出瞳直径及距离；灰度等级	(1) 极其微弱照度下可清晰成像，像调制度高； (2) 自身隐蔽性好； (3) 性价比高； (4) 动态范围大； (5) 体积小、重量轻； (6) 操作方便等	(1) 图像层次不够分明； (2) 强光出现时，图像模糊； (3) 浓云和烟雾影响观察效果； (4) 电子倍增装置需冷却，其帧频有所限制等	(1) 夜间监视、警戒、指挥、制导； (2) 微光夜视眼镜、夜视头盔、夜瞄具及微光电视跟踪制导仪的辅助配件； (3) 侦查摄影及水下作业等
红外成像	0.76～14	红外显微镜； 红外热成像； 红外凝视成像	光谱频带；热灵敏度；空间分辨率；工作温度；噪声等效温差NETD；最小可分辨/探测温差；帧频/行频	(1) 抗干扰能力强； (2) 可夜间工作； (3) 视距远且识别伪装能力强； (4) 无损害、自动化程度高、有一定的伪装能力； (5) 对地扫描可快速、高效获取地面目标图像等	(1) 对冷目标成像质量较差； (2) 穿透力弱； (3) 对环境适用性不够； (4) 空间分辨率低，图像层次感不强； (5) 制造复杂； (6)成本较高等	(1) 深层组织成像； (2) 产品的检测、识别和定量分析； (3) 加工参数监控； (4) 进行战略预警、战术报警、侦查、瞄准、导航、制导、气象、搜救、森林防火等
太赫兹成像	$30\sim3\times10^{3}$	太赫兹显微镜； 太赫兹时域光谱成像； 太赫兹连续波成像	频谱范围；作用距离；功耗；空间分辨率；工作温度；像素；采集速率；响应度	(1) 抗干扰能力强； (2) 反隐身能力强； (3) 穿透深度大； (4) 成像速度快、对比度和均匀性好； (5) 对物质敏感度强，安全可靠； (6) 可全天候工作等	(1) 成像质量不够高； (2) 光谱不够宽； (3) 欠缺高效、实用的辐射源； (4) 探测器材料及工艺水平欠缺等	(1) 安检； (2) 反恐； (3) 疾病诊断； (4) 金属、地雷及隐身武器的探测； (5) 材料无损探伤； (6) 瓦斯含量预测； (7)环境监控等
毫米波	$10^{3}\sim10^{4}$	主动成像（合成孔毫米波雷达成像、三维全息成像）；被动成像系统	工作频率；作用距离；信号带宽；信号极化方式；焦距；角分辨率；物镜口径；噪声等效温差；帧频；系统灵敏度	(1) 成像层次感强； (2) 可对远距离小目标成像； (3) 具有一定的烟尘穿透力； (4) 受环境影响小； (5) 隐蔽性与抗干扰能力强； (6) 指向性好等	(1) 有绕射现象； (2) 成像帧速率和系统的温度灵敏度相制约； (3) 存在空变问题； (4) 分辨率及实时性还不够高； (5) 体积大等	(1) 医疗检查； (2) 本战斗机群的信息获取； (3) 引导飞机着陆； (4) 目标识别与跟踪； (5) 隐匿物检测； (6) 军事地形测绘； (7) 武器制导等

太赫兹成像的应用领域有：

（1）物理化学研究，如对分子团簇等气相物质的光谱及动力学性能研究、对蛋白质二级和三级结构细节清晰显示、对分子构型动力学相干控制等。

（2）生物学研究，如药材成分鉴别、对DNA及蛋白质研究。

（3）国土安全，如对爆炸物、违禁品及武器等危险物品的远程监测等。

（4）遥感，如对航天器着陆进行全天候成像、对恐怖袭击进行预警、气象分析等。

（5）雷达，如对目标的测距、跟踪等。

以下着重研究分析太赫兹成像系统在医疗、安检及军事领域的应用。

1. 在医疗方面的应用

太赫兹成像系统在医疗方面的主要应用有：

（1）癌症诊断，太赫兹医疗成像主要进行皮肤膜疾病的诊断，特别是应用于区别近皮肤表面的良性与恶性损伤。

（2）损伤探测，对于外科手术前预估入侵瘤的大小和深度、精确测定边缘处组织、精确皮肤烧伤深度及龋齿检测等方面具有独特的作用。

（3）制药研究，主要用于对毒品、假冒药品及药物污染程度的鉴定；药物保质期的确定等。

2. 在安检方面的应用

太赫兹成像系统在安检方面的主要应用有：

（1）对地雷或简易爆炸物的探测及对航天器进行无损探伤。

（2）在公共场所、警戒区及安检站可检测出隐藏在衣服下的武器、装饰品、塑料炸弹等危险物。

（3）对煤矿中瓦斯含量进行探测分析及可对稀有矿物质进行搜寻。

（4）将该技术与物联网技术有机结合，可用于火灾、地震、塌方等灾害现场人员的快速搜救。

（5）随着片上集成太赫兹系统的发展，利用太赫兹透射性等独特优点将其人体成像，经组网后，对失踪者进行可视化跟踪或搜寻，用以解决人员失踪问题。

3. 在军事方面的应用

太赫兹成像系统在军事方面的主要应用有：

（1）太赫兹单脉冲雷达可在标准大气环境及全天候条件下识别出距海平面1km远的隐蔽目标，在路、海、空、天、电磁五维战场中，均可对其目标物进行对象识别。

（2）在单兵作战中通过无线组网实时监控周边灰尘或烟雾环境及在此恶劣环境下进行远距离的敌情勘查并指挥作战。

（3）用于坦克及装甲车对敌军目标精确识别、跟踪及告警等指挥控制。

（4）在作战期间，用来感测地雷、炸弹、毒气及生物战剂，并提醒战斗人员做进一步处理。

（5）在近距离反恐中，可透过障碍物观察恐怖分子内部人员的分布及携带武器情况。

（6）可对敌方隐形战斗机进行实时监测或精确打击。

（7）用于对军事装备进行质量检查。

（8）在空间军事侦察中，可建立空间在轨目标的准确编目并识别卫星的载荷。

(9) 在导弹防御方面,用于紧密跟踪战略或战术导弹的尾焰,并快速做出应敌策略,提高导弹的预警能力。特别地,在终端制导、侦查预警空天飞机与超音速飞行器等方面将应用广泛。

太赫兹成像技术已经成为γ射线、X射线、紫外、可见光、微光、红外及毫米波等成像技术的有力补充,在医学、安检及军事等方面发挥着其独特作用并具有广阔应用前景。随着国内外太赫兹探测器材料、数字读出电路、太赫兹焦平面、反褶积信号处理、压缩图像处理及片上集成太赫兹系统等技术的迅速发展,实现清晰、实时、高灵敏度、高度紧凑及低成本的太赫兹成像系统将是未来的发展方向。

5.5 红外传感器工程设计示例

红外传感器是红外系统的主要功能单元之一,主要使命任务是对各种动静态目标进行探测,并将探测到的目标信号送红外信息与图像处理单元进行处理。红外传感器工程设计的优劣对整个系统的性能实现具有至关重要的作用。因此,针对具体的应用对象和场合,对红外传感器的工作波段、组成、探测器选型、红外光学系统、红外信号预处理等工程设计内容进行研究是不可或缺的工作。

5.5.1 设计出发点及分析

从红外物理学的基本概念和普朗克定律出发,可以通过对目标背景光谱辐射对比度的分析和两个波段的工作环境、实际应用情况等因素的比较,给出红外成像系统工作波段的选择方法,所给出的选择因素是红外系统设计的基本出发点。根据某型红外系统的功能性能要求,提出相应红外传感器的主要功能和具体性能指标。在分析红外传感器工作原理的基础上,进行红外传感器的组成方案设计,包括物镜、红外探测器的组成、红外信号预处理电路、控制与通信电路等方面的内容,尤其是分析确定 NUC 的工程方法。对红外探测器组件的选型进行分析,对物镜光学系统进行工程方案设计,确定其具体参数。针对物镜的温度补偿问题,确定选用具体有效的温度补偿方法。

5.5.2 红外工作波段选取分析

3～5μm 和 8～12μm 波段的红外成像技术,一直是红外成像技术发展的重点。这两个波段哪个波段在远距离探测方面性能更优越,因假定的条件、应用的场合和选用的数据不同,结论有所差别,从 20 世纪 70 年代开始一直在讨论中,由此可见这个问题的重要性。由于红外成像系统的敏感器件探测器响应的是目标、背景的辐射功率,因此确切地讲,红外成像是利用目标与背景的辐射出射度(radiant exitance)差异来实现的。这个辐射出射度差称为辐射对比度(radiant contrast),它不同于辐射温差,对于相同的温差,辐射对比度会随着波段的不同有所变化。因此,可以通过选择合适的光谱通带,获得最大的目标背景辐射对比度。下面将探讨不同的目标温度应用场合,如何选择红外系统的工作波段,以获得最大的辐射对比度。

1. 光谱辐射出射度

由普朗克(Planck)辐射公式:

$$M(\lambda,T)=\frac{c_1}{\lambda^5(e^{c_2/\lambda T}-1)} \tag{5.26}$$

可知黑体的光谱辐射出射度 $M(\lambda,T)$ 有一个极大值，对应极大值的波长 λ_m 称为峰值波长。假定背景辐射温度为 $T_1=T$，目标辐射温度为 $T_2=T+\Delta T$，可以得到如图 5.38 所示的两条光谱曲线。不难看出，尽管目标背景的辐射温差 ΔT 相同，但辐射出射度 ΔM 却不相同，而且 ΔM 的极大值也不在峰值波长 λ_m 处。后面将详细说明辐射出射度 ΔM 与 λ 的关系。

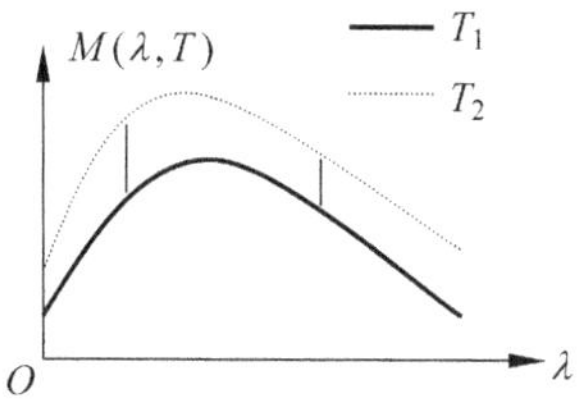

图 5.38　目标背景辐射曲线

2. 光谱辐射对比度

在目标背景温差相对较小的情况下，以微分近似有限差分，可以得到由温差变化引起的黑体辐射功率的变化：

$$\frac{\Delta M(\lambda,T)}{\Delta T}=\frac{\partial M(\lambda,T)}{\partial T}=\frac{c_1c_2}{\lambda^6T^2}\frac{e^{c_2/\lambda T}}{(e^{c_2/\lambda T}-1)^2} \tag{5.27}$$

也即

$$\Delta M(\lambda,T)=\frac{c_1c_2}{\lambda^6T^2}\frac{e^{c_2/\lambda T}}{(e^{c_2/\lambda T}-1)^2}\Delta T \tag{5.28}$$

它表明辐射出射度的增量随温差的变化幅度与温度、波长有关，对某一特定的温度，可以得到光谱辐射对比度曲线如图 5.39 所示，从中可以直观地发现光谱辐射对比度存在一个极大值。但它是否存在且只存在一个极大值？这个极大值存在于何处？下面将详细说明。

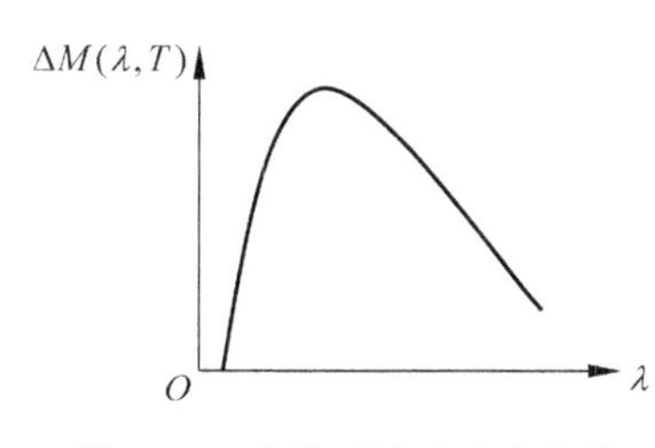

图 5.39　光谱辐射对比度曲线

3. 光谱辐射对比度极值波长

为求得光谱辐射对比度的极大值，对式(5.28)进行微分，并令其结果等于零。由于只考查在某一特定温度下，ΔM 与 λ 的变化关系，故可在推导中将 T、ΔT 看作常量。即

$$\frac{d}{d\lambda}(\Delta M)=0 \tag{5.29}$$

得到

$$\frac{c_1c_2\Delta T}{\lambda^7T^2}\frac{e^{c_2/\lambda T}}{(e^{c_2/\lambda T}-1)^2}\left(\frac{2c_2}{\lambda T}\frac{e^{c_2/\lambda T}}{e^{c_2/\lambda T}-1}-\frac{c_2}{\lambda T}-6\right)=0 \tag{5.30}$$

上式中前两项均不可能等于零，只有

$$\frac{2c_2}{\lambda T}\frac{e^{c_2/\lambda T}}{e^{c_2/\lambda T}-1}-\frac{c_2}{\lambda T}-6=0 \tag{5.31}$$

就目前红外成像所采用的工作波段和温度范围，取极端情况也能满足 $c_2>3\lambda T$，则 $e^{c_2/\lambda T}/(e^{c_2/\lambda T}-1)\approx 1$，故式(5.31)可简化为

$$\frac{2c_2}{\lambda T}-\frac{c_2}{\lambda T}-6=0 \tag{5.32}$$

解此方程，得

$$\lambda T=2398\mu m\cdot K \tag{5.33}$$

式中，c_2 为第二辐射常数。如果对式(5.31)采用计算机数值解法精确求解，可求得

$$\lambda T = 2410\mu\text{m} \cdot \text{K} \tag{5.34}$$

至此，可以判定光谱辐射对比度仅存在一个极大值，也就是最大值。该最大值存在于 $\lambda_M = 2410/T$ 处。式(5.34)简洁地表达了对温度为 T 的目标，如果想获得最大光谱辐射对比度，就应选择 λ_M 附近的谱带作为红外成像系统的工作波段。

例如，对用于观察常温目标的红外成像系统，常温约 305K，由维恩位移定律，知道其峰值辐射波为 $\lambda_m = 2897/T = 2897/305 = 9.498\mu\text{m}$。假定某距离上大气传输透过率为 $\tau = 0.66$，常温目标辐射系数 $\varepsilon = 0.99$，则目标到达成像系统的辐射温度传递为 $T' = \dfrac{c_2 T}{c_2 - \lambda T \ln(\tau\varepsilon)} = 281K$。代入式(5.34)，得 $\lambda_M = 2410/T' = 8.57\mu\text{m}$。

因此，8～12μm 是比较理想的观察波段。如果需要观察高温目标，比如以 $Ma = 3$ 速度飞行的 x-2 型飞机，其蒙皮温度可达 605K，则 $\lambda_m = 2897/T = (2897/605)\mu\text{m} = 4.78\mu\text{m}$。其表面辐射系数 $\varepsilon = 0.9$，同样对 $\tau = 0.66$ 的大气传输路程为 $T' = \dfrac{c_2 T}{c_2 - \lambda T \ln(\tau\varepsilon)} = 548\text{K}$。代入式(5.34)，得 $\lambda_M = 2410/T' = 4.39\mu\text{m}$。即选用 3～5μm 的工作波段是合适的。

需要说明的是，对于红外测温系统，一般高温测温仪(700℃以上)的工作波段主要为 0.76～3μm，中温测温仪(100℃～700℃以上)的工作波段主要为 3～5μm，低温测温仪(100℃以下)的工作波段主要为 5～14μm。

4. 两个红外波段的一些实际比较

较高温度的目标在 3～5μm 波段有很强的辐射。对于侧面或尾追探测时，喷口的尾焰辐射 3～5μm 波段占总能量的 60%以上，此时蒙皮辐射较小，适于探测空中目标。在南方湿热或大气水分高的地区，3～5μm 波段优于 8～12μm 波段。而 8～12μm 波段适合在低温干燥的气候条件下工作。从探测的目标特性来考虑，探测超音速导弹，采用 3～5μm 波段更好；探测亚音速导弹，采用 8～12μm 波段更好。

对红外系统来说，在光学衍射限制和同一分辨角的情况下，3～5μm 波段的光学口径要比 8～12μm 波段小一半，这对降低红外系统的体积与重量有显著的贡献，适装性更强。两个波段相同规模的探测器、光学系统的成本价格比较，3～5μm 波段的价格低于 8～12μm 波段的价格。

正确选择工作光谱通带对充分发挥红外成像系统性能、提高灵敏度至关重要。当然，选择工作波段时，还应充分考虑大气传输窗口及探测对象、工作环境等因素，但这里所给出的选择因素只是红外系统设计的基本出发点。值得一提的是，3～5μm 波段和 8～12μm 波段各有优劣，因此从长远来看，采用双波段探测甚至包括短波红外波段探测是发展趋势。

对于 300K 左右的目标(如直升机、飞机、迎头导弹)，其蒙皮辐射主要集中在 8～12μm 波段，这是因为 300K 时红外辐射的峰值波长约为 10μm。海上舰艇的红外辐射峰值波长也在 10μm 左右，加之 8～12μm 波段较宽，这是在采用单波段情况下，某型舰艇红外系统选取 8～12μm 作为工作波段的主要原因之一。从响应性能考虑，对于 8～12μm 波段宜选择 HgCdTe 材料。

5.5.3 系统总体对红外传感器提出的功能及性能指标要求

系统总体对红外传感器提出的功能及性能指标要求具体如下。

1. 主要功能

红外传感器的主要功能包括：

(1) 接收目标与背景的红外辐射，并将其转换成电信号；

(2) 二次稳定(陀螺稳定反光镜)；

(3) 电子滤波及 A/D 转换；

(4) NUC；

(5) 疵点消除；

(6) 合成排序、并行信号输出及长线传输；

(7) 自检。

2. 红外传感器性能

红外传感器的性能指标包括：

(1) 目标特性，包括运动状态、辐射强度、目标面积；

(2) 环境条件，包括环境温度、相对湿度、能见度；

(3) 红外传感器运动状态；

(4) 探测距离；

(5) 信噪比；

(6) 信号响应的非均匀性、信号带宽、信号传输距离；

(7) 二次稳定精度；

(8) 可靠性、维修性；

(9) 连续工作时间、间歇时间、启动时间；

(10) 红外传感器的重量、几何尺寸(长、宽、高)；

(11) 其他。

5.5.4 红外传感器工作原理与组成

红外传感器工作原理与组成具体如下。

1. 红外传感器工作原理

目标与背景的红外辐射经物镜后，成像在探测组件的焦平面上，红外探测组件将红外辐射转换成电信号，通过红外信号预处理电路，对红外信号经相关双采样(Correlated Double Sample，CDS)、电子滤波、A/D 转换后，进行 NUC、疵点消除与合成排序，经一定距离传输线以并行数字信号输送到潜在目标处理单元进行下一步处理。

2. 红外传感器组成

红外传感器由物镜(红外光学系统)、红外探测组件、红外信号预处理电路、二次稳定装置和控制与通信电路组成，其组成框图如图 5.40 所示。

1) 物镜

红外传感器的物镜对成像质量和光学效率的要求都很高，经典的光学设计无法保证物镜的光学效率要求，因此要采用非球面设计，将物镜设计为非球面的透射式光学系统。设计

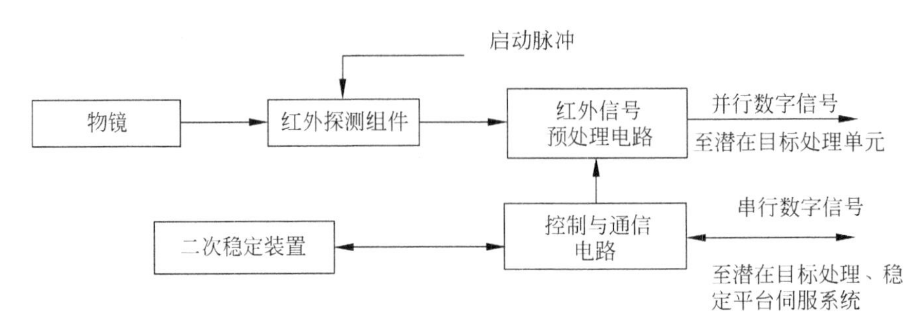

图 5.40　红外传感器组成框图

上采用多种材料来校正工作波段内的色差。

2）红外探测组件的组成

该红外探测组件由以下部分组成：

（1）ID TL005 288×4 LWIR IDDCA 组件。

（2）探测器时钟脉冲发生电路——产生保证探测器正常工作所需的脉冲信号。

（3）探测器偏压电路——产生探测器正常工作所需的偏置电压。

（4）启动脉冲发生电路——探测器 CCD 读出电路的启动脉冲信号由测角系统产生，启动脉冲到来后，时钟脉冲发生电路即产生 CCD 所需的脉冲信号。

3）红外信号预处理电路

红外信号预处理电路的组成框图如图 5.41 所示。

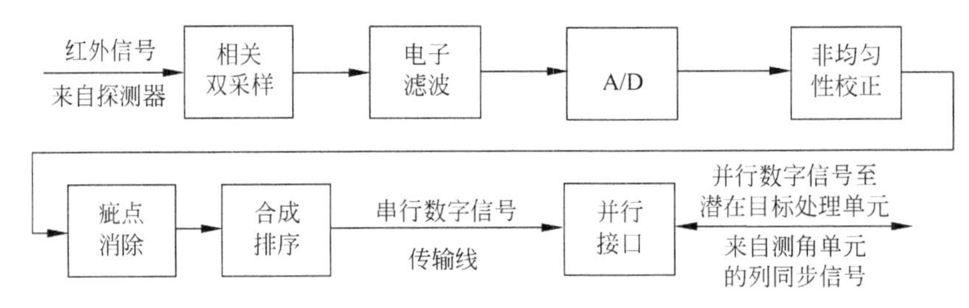

图 5.41　红外信号预处理电路组成框图

（1）CDS：对探测器输出的信号进行 CDS，滤除探测器读出电路产生的开关噪声。

（2）电子滤波：滤除低频噪声，抑制高频噪声，提高信噪比。

（3）A/D 转换：对红外信号进行模拟量/数字量转换，量化等级为 12bit。

（4）NUC：对探测器 288 个通道中每一通道的输出信号逐一进行校正，以保证在相同的红外辐射能量作用下，各个通道所产生信号的非均匀性≤0.5%。对于线性响应的探测器进行响应度和偏置点两点算法校正已足够了，对于非线性响应的探测器，需要采用多点分段线性逼近算法进行校正。由于某型红外系统需覆盖 360°，不可能把温度基准装入系统中，通过对两点算法、多点分段线性逼近算法和基于场景的非均匀性补偿算法进行研究，工作情况良好，于是研制执行这 3 种算法的通用硬件。

（5）疵点消除：用疵点邻域的两个非疵点通道的信号平均值替代疵点信号，实现疵点消除。

（6）合成排序：使前一列信号延迟相当于相邻两列间隔的时间，两列信号复合处理后形成一列信号，完成合成排序。

(7) 并行接口：以并行方式向潜在目标处理单元输出数字红外信号、像素同步信号和列同步信号，同时接收来自测角单元的列同步信号。

4) 控制与通信电路

控制与通信电路完成以下功能：

(1) 接收来自潜在目标处理单元的控制信号(包括均匀性校正控制信号、自检控制信号、增益控制信号)，向潜在目标处理单元发送自检结果信号。

(2) 接收来自稳定平台伺服系统的平台姿态信号。

(3) 控制二次稳定装置。

(4) 控制红外信号预处理电路。

5) 二次稳定装置

二次稳定装置由反射镜、陀螺、伺服电动机和驱动电路组成，其功能是对红外光轴进行二次精稳定。

5.5.5　红外探测器件及物镜光学参数选取

该红外探测器件及物镜光学参数具体选取如下。

1. 红外探测器组件的选取

考虑到某红外系统对红外器件的具体使用要求，在系统研制时选用 4N 型红外探测器件。该探测器不但性能良好，而且在市场上可以采购到。由于该探测器采用延时积分技术，将 4 个像元的信号积累起来，信噪比增大 2 倍，从而使器件的探测灵敏度和响应率都有很大的提高，也补偿了该器件因工作波段(7.7～10.3μm)变窄而产生的不足。经过对比分析，同时借鉴国外同类红外系统红外传感器的研制经验，选用某公司生产的 288×4 像元 TDI 焦平面红外探测器组件，组件型号为 ID TL005，红外探测组件的排列方式如图 5.42 所示。它是一种集成化的红外探测器——杜瓦瓶——微制冷器组件(IDDCA)。

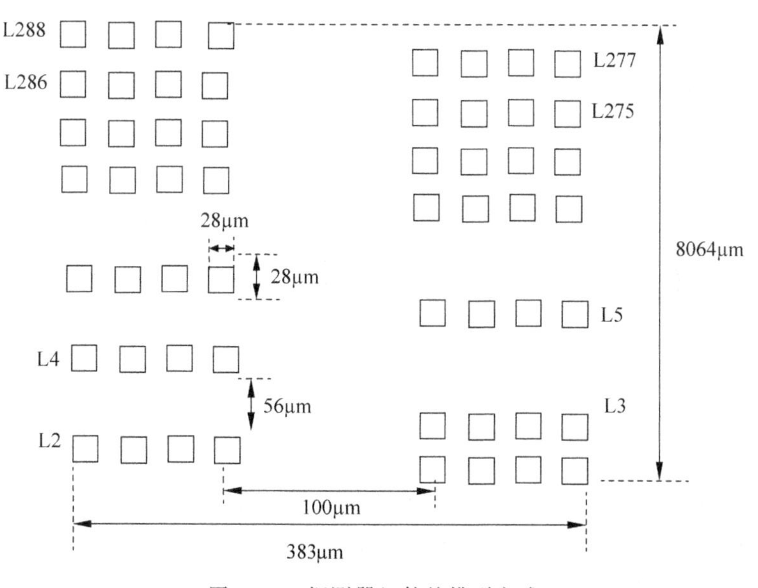

图 5.42　探测器组件的排列方式

ID TL005 型 288×4 像元长波红外探测器组件的主要性能指标如表 5.9 所示。

表 5.9　ID TL005 型 288×4 像元长波红外探测器组件的主要性能指标

波段/μm	7.7～10.3
单元尺寸($a\times b$)/(μm×μm)	25×28
像元数	288×4
平均峰值探测率 $\overline{D^*_{\lambda_p}}$/($\mathrm{cm\cdot Hz^{1/2}\cdot W^{-1}}$)	$\geqslant 1.5\times 10^{11}$
制冷方式	直线驱动斯特林闭路循环制冷
致冷器启动时间/min	≤10(@20℃)
工作温度	−54℃～+71℃
MTBF/h	>3000(按 MIL-STD-781-C 标准)
杜瓦瓶保真空时间/年	>10
重量/kg	<1.4

2. 物镜光学系统的设计考虑及参数选取

该物镜光学系统的设计考虑及参数选取如下。

1）物镜光学系统的设计考虑

一般来说，红外光学系统的设计与可见光系统的设计从根本上讲没有什么区别。主要考虑 F 数、视场、焦距、有效口径、透过率、像差和红外光学材料。此外还必须满足冷屏效率、镜像效应以及选用的绝热方法等条件。同时还必须决定是使用折射还是反射光学系统，并对非球面和(或)衍射光学系统等的采用做出决定。

适用于红外系统的光学材料有多种，包括硫化玻璃、碱金属卤化物和电解质。其中最常用的材料有硅、锗、硒化锌和硫化锌。满足野外使用的特性：折射率要高、色散和吸收率要低、要与防反射膜适配、折射率的热系数应低、较高的表面硬度和机械强度高、无水溶性等。由于它们的折射率高，界面反射损失大，所以每面应镀增透膜。

2）物镜光学系统的参数选取

该物镜光学系统的参数选取包括视场 θ、物镜焦距 f'、物镜口径 D_0、物镜的总透过率 K、点弥散圆的线直径 d。

(1) 视场。

某型红外系统研制要求中要求系统高低视场 $\theta\geqslant 4°$，因此实际设计中选取物镜视场为 $\theta=4.2°$。

(2) 物镜焦距。

由图 5.42 可知，探测器的总线度 $L=8.064\text{mm}$，则 $f'=\dfrac{L/2}{\tan(\theta/2)}=109.96\text{mm}$，归整取 $f'=110\text{mm}$。

(3) 物镜口径。

物镜口径的大小对作用距离的影响很大，大口径的物镜能使作用距离更长。但从光学设计来讲，如果物镜的 $F_{数}$ 取得过小，那么不仅设计加工难度大，而且要增加镜片数量，降低光学透过率。因此，综合各个因素来考虑，物镜系统选取 $F_{数}$ 为 1，于是 $D_0=f'/F_{数}=110\text{mm}$。

（4）物镜的总透过率。

国外的红外光学透镜单片的透过率可高达 99%以上，国内可达 98%以上，通过采用非球面设计，物镜的总透过率 K 可达：$K\geqslant 95\%$（在 7.7～10.3μm 波长范围内）。

（5）点弥散圆的线直径。

弥散圆的大小不仅对信号有相当大的影响，而且对成像的清晰度有很大的影响。当 $\lambda=9\mu m$ 时，$d=2.44\lambda F_{数}=21.96\mu m$，弥散圆线直径 d 值小于像元尺寸 25μm，表明物镜参数的选取是正确的。

3. 物镜的温度补偿

由于大多数的红外材料（特别是锗）的$\frac{\partial n}{\partial T}$（折射率的热系数）很高，所以热效应是红外系统的固有特性。此外，大多数红外系统在使用环境中的极限工作温度低温小于−20℃，高温大于 40℃，因此，需考虑到折射率随温度变化而对成像系统的影响。单个薄透镜在空气介质中的热散焦 δ 由下式求出：

$$\delta=\left(\alpha f+\alpha_{m}L-\frac{f}{n-1}\frac{\partial n}{\partial T}\right)\Delta T \tag{5.35}$$

式中，α 为折射介质的热膨胀系数；f 为焦距；α_m 为透镜框的热膨胀系数；L 为透镜的总长度；n 为透镜的折射率；ΔT 为温度变化。

然而，在光学系统设计中，多透镜组的热效应更加复杂。如果 δ 大于系统的焦深，则必须考虑补偿。既可采用主动的也可采用被动的绝热法。可用的方法如下：

（1）采用手动调焦；

（2）自动机电调焦；

（3）利用有效的$\frac{\partial n}{\partial T}$值为 0 的组合透镜材料对透镜绝热；

（4）利用具有不同热扩散系数的透镜框使光学系统反向胀缩来补偿散焦对透镜绝热；

（5）使用衍射光学系统实现被动绝热。

由此可知，某型红外系统将在较宽的温度范围内（−30℃～+65℃）工作，而温度的变化对红外光学材料的特性有一定的影响，导致物镜光学系统焦面漂移，因此，要使设备满足工作环境温度的要求，使设备能在各温度条件下正常工作，就应该对物镜光学系统进行温度补偿。

国内外普遍采用的物镜光学系统的温度补偿技术有 3 种方式，即机械温度补偿、电动温度补偿及自动温度补偿。鉴于红外传感器安装部位的特殊性以及对体积、重量的严格要求，选用电动温度补偿方法进行物镜的温度补偿是合理可行的。即当红外光学系统工作的环境温度发生变化时，按一定关系通过移动其中的透镜，来实现红外光学系统的热不敏，保证整个红外光学系统在环境温度发生变化时，依然具有较高的传递函数值。

5.6　光电显示系统

显示（Display）是指对信息的表示，即 Information display。在信息工程学领域中，把显示技术限定在基于光电子手段产生的视觉效果上，即根据视觉可识别的亮度、颜色，将信息内容以光电信号的形式传达给眼睛产生视觉效果。光电显示系统就是利用光电显示技术与器件制造的装置或设备，其中，显示器件（单元）至关重要。从显示原理的本质来看，显示器件利用了发光和电光效应两种物理现象。光电显示技术是将电子设备输出的电信号转换成视觉可见的图像、图形、数码以及字符等光信号的一门技术。它作为光电技术的重要组成部分，近年来发展迅速，应用广泛。

5.6.1 光电显示系统的基本组成及工作原理

光电显示系统的基本组成框图如图 5.43 所示。

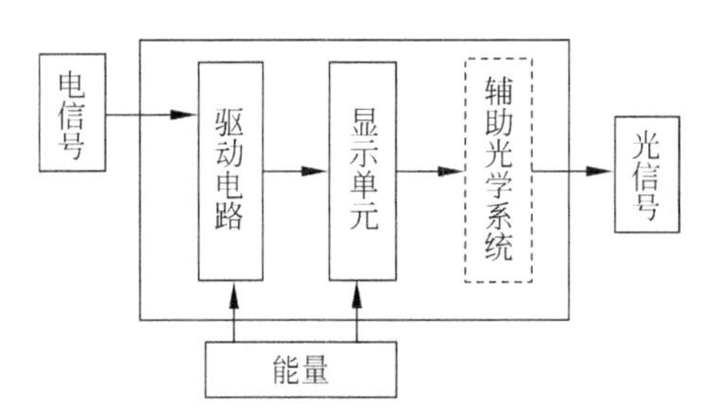

图 5.43 光电显示系统的基本组成框图

输入信号为具有一定格式协议的电信号，如电视信号。输入能量为电源，一般为 220V 市电。驱动电路将输入信号转化为与显示单元（器件）匹配、反映图像信息的驱动电信号。显示单元将图像电信号转化为光信号。输出可被人眼感知、反映原始场景的光信号。

值得一提的是，对于具体的光电显示系统，其组成结构形式往往是不同的，甚至差别较大。图 5.44 是基于扫描的激光投影显示系统的结构示意图，图 5.45 是基于面阵空间光调制器的激光投影成像系统的结构示意图。

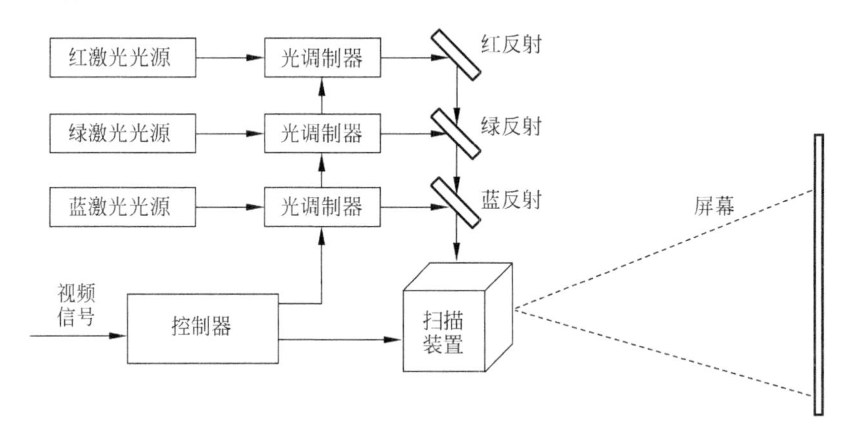

图 5.44 基于扫描的激光投影显示系统结构示意图

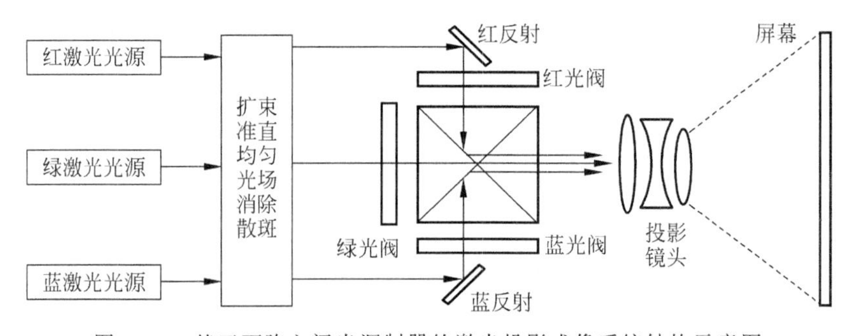

图 5.45 基于面阵空间光调制器的激光投影成像系统结构示意图

5.6.2　光电显示器件及系统分类

从显示器类别(显示原理)的角度来看，不同类别的显示器件构成不同类别的光电显示系统。具体分类有阴极射线管(CRT)、真空荧光管(VFD)、辉光放电管(GDD)、液晶显示器(LCD)、等离子体显示器(PDP)、LED、场致发射显示器(FED)、电致发光显示器(ELD)、电致变色显示器(ECD)、激光显示器(LPD)、电泳显示器(EPD)、铁电陶瓷显示器(Transparent Ceramics Display，PLZT)等。显示器件大致分类如图5.46所示。

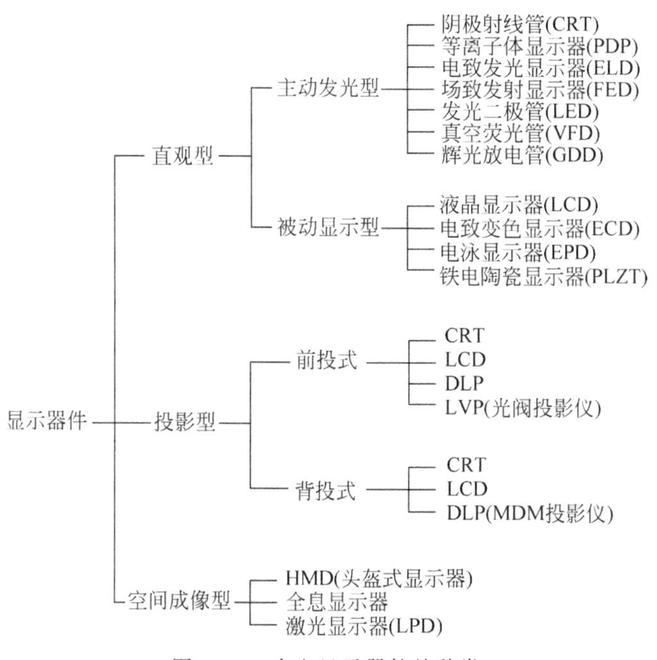

图5.46　光电显示器件的种类

从其他角度来看，光电显示系统至少还可分类如下：

按显示屏幕大小，分为超大屏幕($>4m^2$)、大屏幕($1\sim4m^2$)、中屏幕($0.2\sim1m^2$)和小屏幕($<0.2m^2$)。

按色调显示功能，分为黑白二值色调显示、多值色调显示(三级以上灰度)和全色调显示。

按色彩显示功能，分为单色(monochrome)黑白或红黑显示、多色(multi color)显示(3种以上)和全色显示。

按显示内容、形式，分为数码、字符、轨迹、图表、图形和图像显示。

按成像空间坐标，分为二维平面显示和三维立体显示。

按所用显示材料，分为固体(晶体和非晶体)、液体、气体、等离子体、液晶体显示等。

按使用便捷性，分为柔性显示器和非柔性显示器。

这些不同类别的光电显示系统，往往还可以细分成许多类别。如大屏幕图像显示系统，按显示技术又可分成如图5.47所示的种类。

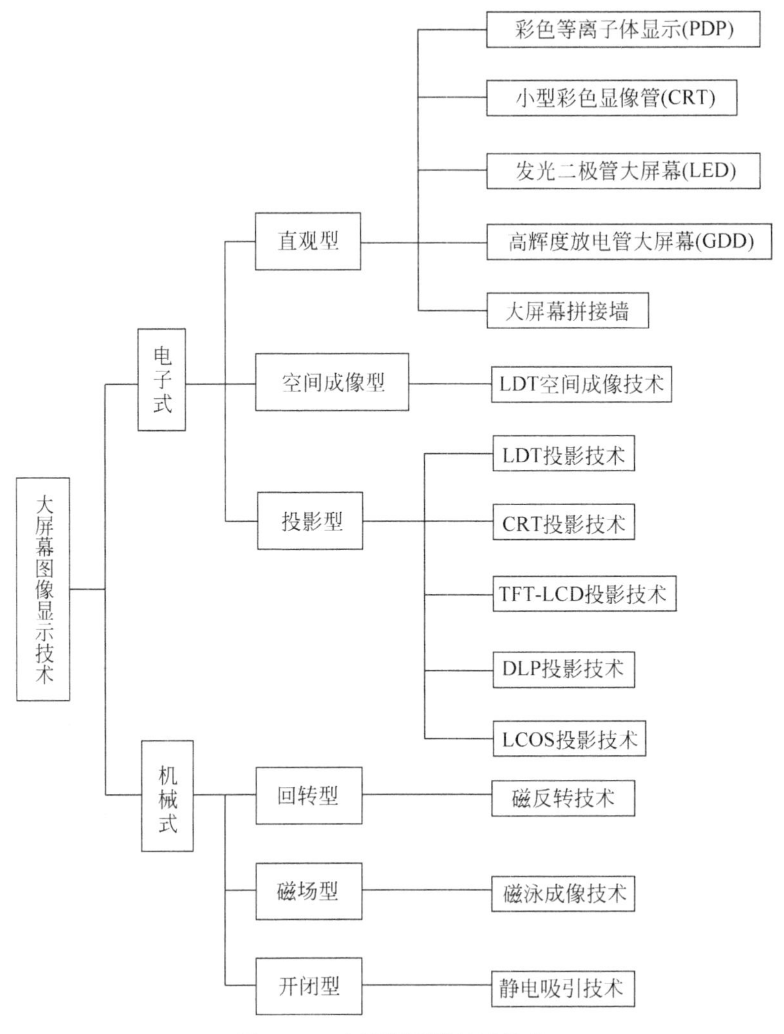

图 5.47 大屏幕图像显示技术

5.6.3 显示器件主要技术性能要求

显示器件主要技术性能要求体现在如下几个方面。

1. 像素

像素指构成图像的最小面积单位，具有一定的亮度和色彩属性。在显示器中，像素点的大小可依据该系统的观看条件（如观看距离、照明环境等）下，肉眼所能分辨的最小尺寸而确定。实际系统的具体举例如表 5.10 所示。

2. 亮度

显示器件的亮度指从给定方向上观察的任意表面的单位投射面积上的发光强度。亮度值用 cd/m^2 表示。一般显示器应有 $70cd/m^2$ 的亮度，具有这种亮度图像在普通室内照度下清晰可见。在室外观看要求亮度更高，可达 $300cd/m^2$ 以上。人眼可感觉的亮度范围为 $0.03 \sim 50\,000cd/m^2$。

表 5.10 显示器制式与像素数、宽高比

器件	显示器制式	有效像素数			宽高比
		宽	高	总像素数	
彩色显像管	PAL	720	576	403 200	4∶3
	NTSC	720	490	352 800	4∶3
	HDTV	1920	1080	2 073 600	16∶9
彩色显示器	VGA	640	480	307 200	4∶3
	SVGA	800	600	480 000	4∶3
	XGA	1024	768	786 432	4∶3
	SXGA	1280	1024	1 310 720	5∶4
	UXGA	1600	1200	1 920 000	4∶3
	QXGA	2048	1536	3 145 728	4∶3
	QXGA	2560	2048	5 242 880	5∶4

3. 亮度均匀性

亮度均匀性反映的是显示器件在不同显示区域所产生的亮度的均匀性。通常也用它的反面概念——不均匀性来描述,或者用规定取样点的亮度相对于平均亮度的百分比来描述。CRT 显示器亮度均匀性能达到≥45%的水平,原因在于其边角的亮度值与中心区域的亮度值有一定差距,这也是由于 CRT 显示器件电子枪发射电子到显示屏上的不均匀性造成的。其他显示器件由于其显示屏由许多个显示单元组成,各个单元的亮度值相差不大,所以亮度均匀性都可以达到 80%以上。

4. 对比度

对比度指画面上最大亮度和最小亮度之比。该指标与环境光线有很大关系,另外测试信号一般采用棋盘格信号,并将亮度控制器调整到正常位置,对比度调整到最大位置,此时对比度为白色亮度和黑色亮度的比值。一般显示器应有 30∶1 的对比度。

5. 灰度

灰度指画面上亮度的等级差别。例如,一幅电视画面图像应有 8 级左右的灰度。人眼可分辨的最大灰度级大致为 100 级。

6. 清晰度

清晰度是指人眼能察觉到的图像细节清晰的程度,用光高度(帧高)范围内能分辨的等宽度黑白条纹(对比度为 100%)数目或电视扫描行数来表示。如果在垂直方向能分辨 250 对黑白条纹,就称垂直清晰度为 500 线(行)。根据数字电视有关标准来看,平板显示器(FPD)通过分量视频输入基本可以达到 720 线以上,而 CRT 显示器稍微低一些,达到 620 线以上,垂直清晰度与水平清晰度相同。其中,CRT 边角的清晰度要低于中心区域的清晰度。

7. 分辨率

分辨率是人眼观察图像清晰程度的标志,与清晰度定义近似,分辨率可以用图像小投影点的数量表示,如 SVGA 彩色显示器的分辨率是 800×600,就代表画面是由 800×600 个点所构成,组成方式为每条线上有 800 个投影点,共有 600 条线。分辨率有时也用光点直径来表示。用光栅高度除以扫描线数,即可算出一条亮线的宽度,此宽度即为荧光屏上光点直径的大小。在显示器件中,光点直径大约几微米到几千微米。一般对角线为 23～53cm 的电视显像管其光点直径约为 0.2～0.5mm。

8. 发光颜色

发光颜色(或显示颜色)可用发射光谱或显示光谱的峰值及带宽的方法,或用色度坐标的方法表示。显示器件的颜色显示能力,包括颜色的种类、层次和范围,是彩色显示器件的一个重要指标。真(全)色彩的色彩数目为16 777 216色,即如果红、绿、蓝各256级灰度,$256\times256\times256=16\ 777\ 216\approx16M$。

9. 余辉时间

余辉时间指荧光粉的发光,从电子轰击停止时刻开始,到亮度减小到电子轰击时稳定亮度的1/10所经历的时间。余辉时间主要决定于荧光粉的种类,一般阴极射线荧光粉的余辉时间从几百纳秒到几十秒。

10. 解析度DPI

解析度指图片1英寸长度上投影点的数量,分为水平解析度和垂直解析度。解析度越高显示出来的影像也就越清晰。

11. 收看距离

收看距离可以用绝对值表示,也可以用与画面高度 H 的比值来表示(即相对收看距离)。收看电视的适当距离约为距离屏幕2m较好,以利于通过眼球四周的肌肉收缩和松弛来调节眼睛的焦点。在现行彩色电视的隔行扫描的场合,约 $6H\sim8H$ 为宜。在办公自动化中,距离视频显示终端(VDT)的距离为50cm较为适宜。

12. 周围光线环境

周围光线环境主要指观看者所在的水平照度以及照明装置。在收看电视时,室内照明条件太亮或太暗都不好,四周光线的反射亮度应控制在 $2cd/m^2$ 以下,最好的值约为 $0.7cd/m^2$。在办公自动化中,对于计算机键盘和录入原稿等的水平面工作照度以500lx或稍高一些为好,约为家庭平均电视收看场合的周围水平面照度的2倍;显示器平面的垂直入射照度以300lx左右为好。在电影院参看电影时,屏幕亮度范围由ISO-2910国际标准规定为 $25\sim65cd/m^2$,中心亮度标准值为 $40cd/m^2$。在体育场、广告牌等室外大屏幕显示场合,光照环境在阳光直射下约为 10^4lx,因此需要 $3000\sim500cd/m^2$ 的亮度。

13. 图像的数据率

数据率指在一定时间内、一定速度下,显示系统能将多少单元的信息转换成图形或文字并显示出来。

14. 其他

其他指标如辐射,CRT明显大于其他显示器件,其他显示器件之间差别不大。在显示相应时间方面,LCD类的显示器件劣于其他器件。在显示屏的缺陷点方面,CRT一般不会出现这样的问题,而其他显示器件虽然在出厂时该指标控制得较严,但在用户使用过程中有时会出现缺陷点。在可靠性方面(MTBF值),基本上可以达到15 000h,甚至更高。需要注意的是,投影系统中如果使用了耗损器件,那么在使用过程中需要定期更换这些部件。

5.7 计算成像系统

传统光电成像是在工业化时代发展起来的,随着工业化在深度和广度的发展,逐渐产生了一些瓶颈问题。真实世界的视觉光信息是复杂的高维度连续信号,而现有的数字成像方式是低维耦合离散采集,在成像的各个维度——空间分辨率、时间分辨率、视角及深度、颜色(光谱)等均已达到瓶颈;基于能量探测的传统成像方法,丢失了光的波动方程中的相位以及矢量信息,造成实数模型描述的局限性,而实际的光学系统中则是对光波进行复数调制,即给光学系统的像差表示带来了一个相位项。这极大地限制了场景视觉信息的全面获取。更强计算能力、新材料、量子理论等途径的涌现,为光电成像带来广阔的新的发展空间。

计算成像将计算与成像相互融合相互促进的思维方式,早在成像技术的发展初期就已经萌芽。如果从系统工程的思想出发,将光电成像系统改写成复数型的非线性模型,不仅为光电成像带来了更多自由度的设计,而且可将大气和水等传输介质作为成像系统的一部分参与成像。尤其是将整个成像链路全局一体化优化设计,即光电系统总体优化设计,会推动现有的成像体制发展,取得理论和应用上的突破,产生新的成像技术——计算成像技术,从而形成相应的计算成像系统。

计算成像技术综合了信号处理、光学、视觉、电子学、图形学等多学科知识,可突破经典成像模型和硬件的局限,以更加全面、精确地捕捉真实世界的视觉信息。其基础是传统的光学数码成像。凡是在成像过程中引入计算的过程,都属于计算成像。计算成像实际上是将物理问题转换为数学问题,通过信号处理手段完成"数学"成像的方法,即针对解决某一问题,通过数学建模方法获得最优解。计算光学成像是传统技术上的融合创新,其利用数理模型描述或改变成像过程,可以突破传统光学技术的某些限制,按需设计、灵活多变,是一类有别于传统光学成像"所见即所得"的信息获取和处理方式的新体制成像方式,还没有完全统一、规范的定义。

5.7.1 传统成像和计算成像的原理及其比较

传统成像和计算成像如图 5.48 所示,其模式差异如图 5.49 所示。传统数码成像与计算成像的区别如图 5.50 所示。这些图简明、清晰地概括了传统成像和计算成像的原理与技术基础。

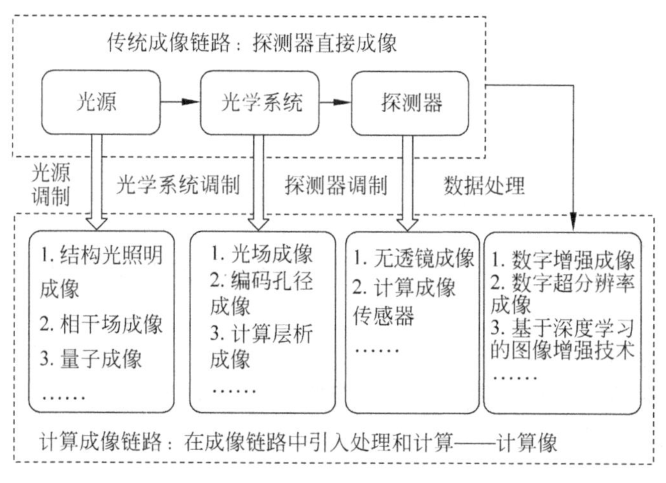

图 5.48　传统成像和计算成像

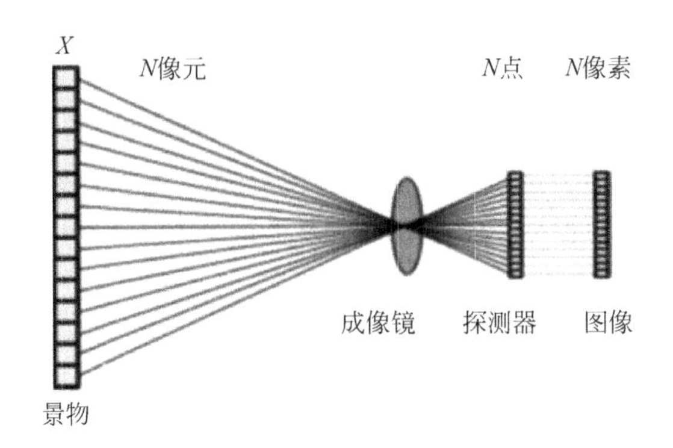

(a) 传统成像模式

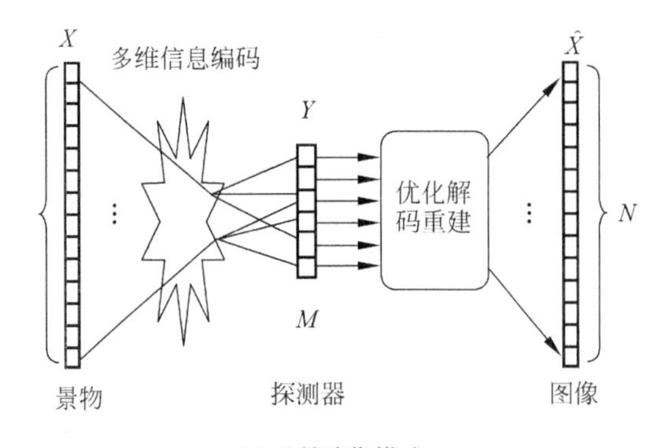

(b) 计算成像模式

图 5.49 传统成像模式与计算成像模式比较

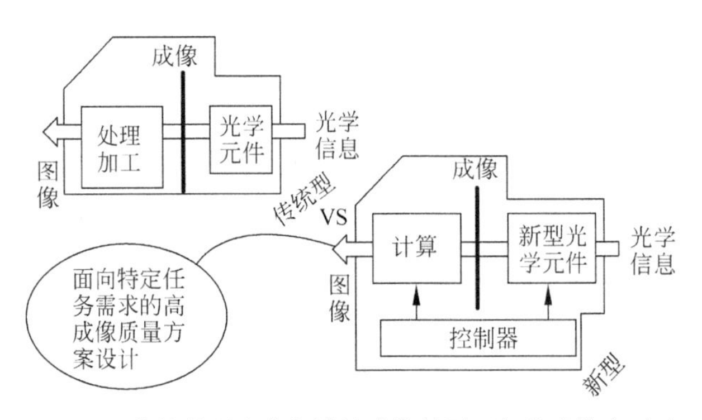

图 5.50 传统数码成像与计算成像的原理与技术综合对比

计算成像方法是在建立光的波动场、几何光学场和光波干涉场等模型的基础上，采用编码调制的方式，建立目标与观测点之间的变换或调制模型，然后利用逆问题求解等数学手段，通过计算反演来进行成像。这种计算成像方法实质上就是在目标和图像之间建立了某种特定的联系，这种联系可以是线性的也可以是非线性的，可以突破一一对应的直接采样形式，实现非直接的采样形式，使得采样形式更加灵活，更能充分发挥不同传感器的特点与性能。

5.7.2 计算成像的特点

计算成像具有以下特点：

(1) 采用新型光学元件、多种成像方式，各类新材料对于成像过程进行特定调制，从而耦合待采集信息。

(2) 以需求为目标设计新型成像系统，直接或间接地采集含有目标信息的多样化信号；最后利用现代计算机的强大计算能力，从采集得到的信号中恢复重建目标物体不同维度的视觉信号，或进一步调节成像光路，引入反馈机制，达到最终成像目的。

(3) 图像重建过程是软件编程的，可以根据需求改变成像模型，模拟实现多种类型的光学成像系统。可以说，计算成像是一种柔性相机，其光学系统具备实时改变能力。

(4) 具有开放的软件系统，可以给用户更高的自由度和灵活性，以产生与任务最相关的视觉信息，甚至可订阅需要的视觉信息。

(5) 通过赋予传统光学设计更多计算的特征，包括建模、优化、耦合与解耦等，克服了传统成像器件的不足与局限性，增强、扩展了数字成像技术能力，真正从系统层面处理整个成像过程，而不仅仅着眼于基础成像器件，从而能够生成更高维度，更多尺度，更为丰富，生动，更具有视觉表现力的多样视觉信息，突破传统成像极限，为生命科学、医学、材料科学、计算机视觉等领域带来了全新的发展契机。

应该指出的是，计算成像不是孤立于传统的透镜成像技术，是为了解决成像过程中存在的某些问题，而对传统的光学成像技术的处理方法或在成像过程中引入计算环境。计算成像虽然可以突破一些限制，取得一些效果，但成像模型中的多因素相互关联和制约，计算成像必须在多种参数中进行权衡，其利用计算方法重构或增强成像结果，有一定的技术优势，但也有其局限性，导致其在很多场景中应用受限。采用计算成像技术有得有失，得失需要均衡综合考虑。

5.7.3 计算成像的分类

计算成像可分为超衍射极限成像、无透镜成像、大视场高分辨率成像、透过散射介质清晰成像(基于波前整形的散射成像、基于光学记忆效应的散射成像)、偏振成像(偏振透雾霾成像、基于图像复原的水下偏振成像)、基于光子计数的成像、仿生光学成像[仿生多孔径成像、共心多尺度成像(根据有无中间像面分为开普勒型与伽利略型)]、计算探测器成像(直接型计算探测器成像、基于光谱调制的计算探测器成像)、三维成像(双目三维重构成像、基于结构光的三维成像、全息三维成像、偏振三维重构)、计算编码成像、波阵面编码成像、复合成像极弱光成像等。

从不同角度看，计算成像有不同分类。下面从各个维度成像分类、成像系统过程引入调制分类进行介绍。

1. 从各个维度成像进行分类

由于计算成像的发展，是基于全光函数的各个维度的观测，甚至更多附加维度的观测。从全光函数的维度出发，计算成像可分为空间维度成像、时间维度成像、角度维度成像、光谱(频谱)维度成像、相位维度成像、其他维度成像(如偏振特性、动态范围与极化)等。这里仅对其中的几类成像进行简单介绍。

1）空间维度成像

传统成像方法的空间维度成像主要受到 3 个方面的限制：

（1）使用光学方法成像会受到衍射极限的限制，难以实现分辨率超过 100nm 的显微成像。

（2）受制于物镜的成像分辨率和空间带宽积，目前的相机仅仅可以达到千万像素级别，难以实现更高像素数量的成像。

（3）难以解决视野范围和空间分辨率的矛盾关系，如果扩大成像的视野就会牺牲空间分辨率，而如果提升分辨率，就会使得观测的视野变小，没有办法对较大范围的对象进行精细成像。

因此，产生了计算超分辨率成像和大视野高分辨率两个方向的研究，通过改进成像的原理，实现了突破衍射极限的超分辨成像。其中，典型成像包括受激发射损耗显微技术（STimulated Emission Depletion，STED）、基于"光子可控开关的荧光探针"的光敏定位显微（Photo Activated Localization Microscopy，PALM）、随机光学重建显微（Stochastic Optical Reconstruction Microscopy，STORM）以及基于结构光照的显微成像（Structured Illumination Microscopy，SIM）。

2）时间维度成像

传统成像方法采用二维空间维度和一维时间维度的时空采样，成像的时间分辨率受到传感器感光灵敏度、数据转化和存储速率的限制，很难达到较高的时间分辨率。目前已经商用的高速相机最快的时间分辨率仅为约 1μs。近年来，超快速成像领域通过将场景的时间维度信息编码到空间维度或光谱维度，将成像的时间分辨率提升到皮秒甚至飞秒量级。该类典型成像有飞秒成像，可以通过精确地区分出多次散射和反射的传播过程，对不在视野范围内的被障碍物遮挡的物体进行成像，再结合特定光的不同传播时间，实现三维"拐角成像"的效果。

3）角度维度成像

在传统图像中，光线的角度信息几乎是完全丢失的，而这一信息却真实地反映了场景的光照、材质以及三维结构等性质。众多的计算成像技术通过采集同一场景在不同角度下的信息配合计算重建算法，以获得更高维或者高分辨率的场景数据。近年来，一些基于多角度信息计算成像的经典系统，从相干光、部分相干光到非相干光，从微观到宏观，从多角度光照到多角度采集，利用多角度信息能够在各类条件下恢复场景的高维高分辨率信息（例如，10 亿像素成像显微系统）。

总而言之，光照端多角度信息的引入，配合计算成像技术往往能以更低的成本突破传统透镜成像的极限，引入更多的三维信息，弥补成像透镜现有工艺水平上的不足，从而实现更高性能、更高维度的成像。采集端多角度信息的引入，则能够将物体的三维信息耦合至二维采样中，配合计算重构，使得通过二维传感器实现快速三维成像成为可能。

4）光谱维度成像

光谱信息能够反映出光源、物体以及场景的自然属性，因此光谱采集技术成为了进行科学研究与工程应用的重要工具。近年来，高分辨率超光谱成像技术的研究日益增多，基于超光谱成像技术得到的光谱信息为研究者与应用人员提供了场景更多的特征。

2. 从成像系统过程引入调制进行分类

从成像的过程来看（见图 5.48），一般光学成像系统分为光源（包括主动发射光源和被动接收光源）、光学系统、探测器、数据采集处理器。计算光学成像系统则是在成像系统过程引入调制，一般可以分为光源调制型、光学系统调制型、探测器调制型、数据处理型。

1）光源调制型

光源调制型成像分为结构光照明成像、相干场成像、量子成像等。

（1）结构光照明成像：利用辅助的结构光照明（编码光源）获取物体三维像的技术，投影一个载频条纹到被成像的物体表面，利用成像设备从另一个角度记录受被成像物体高度调制的变形条纹图像，再从获取的变形条纹图中数字解调重建出被测物体的三维数字像。结构化光源包括点结构光、线结构光和简单的面结构光。

（2）相干场成像（傅里叶望远镜）：利用相干场与被测目标相互调制，从返回的接收信号中提取被测目标空间频谱信息和运动参数信息进行计算探测的技术。该技术主要应用于空间目标的识别与遥测等领域。采用激光主动照明成像的方式，解决了深空暗弱目标亮度过低的难题。在相同等效口径条件下，采用发射望远镜阵列分布形式，大大降低了技术难度和成本，接收系统采用大量廉价低质接收器接收反射能量，进一步简化了系统，降低了成本。

（3）量子成像：是研究在光场量子特性下所能达到的光学成像极限问题。不同于经典成像，量子成像是利用光场的量子力学性质和其内在并行特点，在量子水平发展出的新的光学成像和量子信息并行处理技术。相对于传统光学成像技术通过记录辐射场的光强分布从而获取目标的图像信息的方法，量子成像则是通过利用、控制（或模拟）辐射场的量子涨落来得到物体的图像。

2）光学系统调制型

光学系统调制型成像分为光场成像、编码孔径成像、计算层析成像、干涉光谱成像等。

（1）光场成像：通过在普通相机镜头（主镜头）焦距处加微透镜阵列实现记录光线，再通过后期算法数字变焦。光场成像的过程包括光场的采集以及相应的光场数据处理。从结构上来分，光场的采集主要包括多相机组合和单相机改造两种方式。光场成像体现出的优势在于：任一深度位置的图像都可以通过对光场的积分来获得，因而无须进行机械调焦，同时解决了景深受孔径尺寸的限制问题；在积分成像之前对光辐射的相位误差进行校正，能够消除几何像差的影响；从多维度的光辐射信息中能够实时计算出目标的三维形态或提取出其光谱图像数据。

（2）编码孔径成像：对光线进行了调制，使光线穿过按不同变化规律分布的孔径，在接收平面上投影形成图像。使得来自不同物体点的光束达到像平面的同一位置，它们相互叠加、交错，所以接收像平面上获得了重叠的、退化的二维模糊像，即所谓的图像被编码了。

（3）计算层析成像：是由低维投影数据重建高维目标的一项技术，最早于1963年提出，在医学上起到了划时代的作用，但是由于计算机水平和探测器水平的限制，直到20世纪90年代层析投影成像开始应用于成像光谱技术。

（4）干涉光谱成像：通过光路中增加干涉仪，将入射光谱转换为干涉图，提高光通量和信噪比，通过重构变换得到原始光谱的成像方法。干涉型计算层析成像光谱仪是一种将空间调制傅里叶变换成像光谱仪（FTIS）的原理与计算层析成像光谱仪（CTIS）的原理相结合的一种新型成像光谱仪，具有高通量、高光谱分辨率以及高空间分辨率的特点。

3）探测器调制型

探测器调制型成像分为无透镜成像、计算成像传感器等。

（1）无透镜成像：无透镜成像最早见于X射线晶体学中的相干衍射成像（Coherent

Diffraction Imaging,CDI),因普通光学透镜对于 X 射线具有强吸收效应,故在 X 射线成像中,样品物函数需直接从其远场衍射斑重建。在感光器件之前直接对目标光进行编码或衍射,通过计算重构图像。无透镜系统具有高分辨率、大视场、无像差等特性,无透镜片上显微技术能实现像素级的成像分辨率、毫米级成像视场,通过使用像素超分辨算法预处理低分辨衍射图后,无透镜系统的成像分辨率能有效突破亚像素限制。无透镜成像又可进一步分为叠层扫描成像、多距离成像、多波长成像、多角度照明成像等。无透镜成像在成像结构上相对简单,但需要对目标光进行解算和重构来得到图像,其具有一定适用范围。

(2) 计算成像传感器:不同于传统的成像传感器的每个像元均匀分布的,且响应和排布都是均匀的情况,计算成像传感器是根据需求编程设定每个探测器不同的响应等参数。

4) 数据处理型

数据处理型成像分为数字增强成像、数字超分辨率成像、基于深度学习的图像增强技术等。

(1) 数字增强成像:对图像进行空间滤波、对比度变换等图像增强技术。

(2) 数字超分辨率成像:通过一系列低分辨率的图像通过不同的超分辨率重建算法重建得到一幅高分辨率的图像。超分辨率重建的核心思想就是用时间带宽(获取同一场景的多帧图像序列)换取空间分辨率的转换。

(3) 基于深度学习的图像增强技术:通过深度学习的方法,对不同图片进行训练,建立误差的特征模型,据此对图像进行增强处理。

5.7.4 波阵面编码成像及设计流程示例

波阵面编码成像是计算成像的一种,通过此例具体介绍计算成像。

波阵面编码(Wave Front Coding,WFC)技术在成像系统中加入特殊非球面透镜[立方相位屏(CPM)],并辅以数字信号处理,能提供常规成像系统难以获得的优异性能。它使用专门的光学系统生成并捕捉被摄场景的编码图像,通过数字处理解码提供清晰图像。通过融合光学设计和数字信号处理技术,波阵面编码能扩大图像的景深。WFC 技术能够把解码步骤的计算过程做成对用户完全透明,可以由用户自己设计。实时的 WFC 成像系统方便易行并且具有较好的性价比。这种计算成像技术适合解决广泛的成像问题,提供包括免聚焦成像、增加景深、增加扫描阅读深度、校正像差(甚至包括单镜头系统)及弥补因装配和温度变化引起的失调等诸多解决方案。WFC 成像技术正在包括便携式摄像机(照相机)、显微镜、望远镜、机器视觉、红外成像等的系统中得到越来越广泛的应用。

波阵面编码成像是结合特殊非球面光学"编码"和 DSP"解码"的技术,以编码的形式捕捉图像,经由后续的数字处理得到最终的图像。通过在光学系统中加入 CPM 使得光学成像特性对于与散焦相关的像差不敏感。虽然光学系统并不能直接产生一个清晰锐利的图像,但是将数字信号处理应用于抽样图像可以产生一个清晰锐利的最终图像。该图像对于与散焦相关的像差不敏感。由此带来的最明显、最直接的好处就是,不必缩小光圈,就能大幅度扩展景深。它能够大幅度地提高成像系统的性能并或减少成本。波阵面编码成像系统的设计技术与传统成像系统相比是独特的。这是因为,为使系统性能达到最优,必须对系统的光学与数字处理特性进行共同优化。

1. 波阵面编码成像系统工作原理

图 5.51 是波阵面编码成像系统的组成方框图。

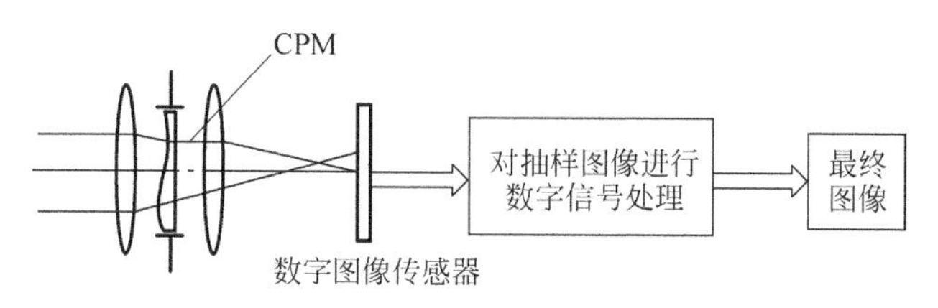

图 5.51 波阵面编码成像系统组成方框图

在光学系统区把一个特殊的非球面 CPM 光学元件靠近放置于光阑处，以改进传统光学系统。将该光学元件加入成像系统，图像上就会形成一种对散焦不敏感的经过仔细控制的特殊模糊或点扩展函数(PSF)。对抽样图像进行数字处理后，得到一个清晰锐利的图像，该图像也对散焦效果不敏感。

要使用波阵面编码技术，必须对整个数字成像系统进行专门设计。这不仅需要镜头系统的知识，还需要数字图像传感器的知识。传感器噪声值是一个重要的参数。因为对于一个给定的系统，它决定了在不降低分辨率的前提下可获得的性能提高值(例如，景深的增加值)。

2. 与传统的数字成像系统的区别

波阵面编码成像系统与传统的数字成像系统有两点根本不同。

(1) 通过波阵面编码镜头系统的光并不是会聚在一定的焦平面上，而是将一个特殊的表面 CPM 引入光学系统，放置在光阑位置，物像点不是在焦平面成像，而是在焦平面前后形成的一个扩展域内均匀地变模糊。这就是光通过光学系统被"编码"的情形。换言之，引入镜头系统的特殊波阵面编码表面改变了光线路径，使每条光线(除了轴向光线)偏离其固有路径，不会像在传统的光学系统中那样会聚于焦平面。传统系统的光线密度对于移动成像面或散焦极为敏感。相比之下，显然波阵面编码系统的光线密度对于成像面位置移动不敏感。波阵面编码系统的光线密度示意图还显示出，在镜头之后无法直接形成一个清晰的图像。要产生一个清晰的图像，必须进行后期数字处理。

(2) 波阵面编码系统的图像传感器所检得之图像不是清晰锐利的，因而必须由后续的数字滤波运算加以"解码"。经"解码"的图像是清晰锐利的，而且产生了诸多的改进属性。例如，就景深(或焦深)而言，对于同样的 F 数，波阵面编码系统的景深远远大于传统的镜头系统。

3. 功能优点

功能与优点如下：

1) 景深扩展

传统扩展景深的方法就是缩小光圈，可是，镜头入光量也随之骤减。例如，光圈缩小一级，镜头进光量就减到原来的 1/2。一个典型的高速成像应用可能会要求光圈降至 $F/30$ 级别，为了获得有用的数据，必须加上数千瓦的照明。

在不缩小光圈或不增加照明的情况下，波阵面编码技术能够把景深扩大到原来的数倍。波阵面编码技术首先使用 CPM 对图像进行编码使之形成均匀恒定的散焦；之后，运用数字信号处理解码出清晰图像，实现成像系统景深的增加。使用该技术，一个理想的 $F/2$ 数字成像系统(理想的光学系统和理想的图像传感器)能够达到 $F/20$ 系统的景深水平；同时，还能保持 $F/2$ 系统原先的入光能力和空间分辨率。

2）降低光学系统复杂度而不增加像差

传统的镜头设计通常是对成本和质量的折中。对于量产镜头而言，成本和质量都首先与所使用的光学元件的数量和材质相关。为了消除多种不同的光学像差，典型的传统镜头一般都由若干玻璃透镜组成。像差会引起模糊，降低分辨率，使图像彩色显示不正确或移位。与散焦相关的像差包括球差、散光、场弯曲、色差。与温度有关的像差通常多发生于塑料光学材料上。

波阵面编码技术使得光学设计者能够减少用于图像处理的光学元件数目。此外，运用波阵面编码技术还能够调节各种像差，包括与温度相关的像差，因而可以使用塑料制造光学元件。波阵面编码技术提供了一个低成本、大批量生产的解决方案。

采用波阵面编码技术的大景深单片式镜头可以产生高质量的图像。依靠传统的镜头技术，可能用两到三片透镜组成的光学系统方可实现。这一类的波阵面编码系统通过传统的设计技术使像差尽量减小，剩余部分由光学设计和数字信号处理的组合来消除。

对于多组件镜头，包括定焦镜头或变焦镜头，其设计允许通过传统的光学设计控制较多的像差，而非通过波面编码。例如，对于给定的镜头速度或 F 数，一个传统的三片式镜头有着一定的景深。在传统设计中，镜头速度的增加意味着景深的降低。

一个使用波阵面编码技术的三片式镜头可以令其景深和速度均大为提高，并使其对数字处理的需求降至最低。依靠传统光学设计中的像差控制技术，使用波阵面编码技术的三组件镜头所需要的数字处理量比单片式镜头要少得多。

3）消除混淆失真

混淆失真通常会在传统的数字成像系统产生。当场景细节的空间频率高于数字传感器所能记录的水平时，空间细节信息不能被正确地记录，而反映为较低空间频率的伪象或混淆。发生混淆失真的数字图像看起来往往有一种彩虹效果。

广播级摄像机、民用摄像机和数字相机都会发生混淆失真。用波阵面编码技术应用于镜头系统，作为抗混淆光学滤波器的方案，性能优异且成本低廉。此外，波阵面编码技术使用非球面光学，实现了可调空间带宽，能够使各种数字图像传感器的性能得到最大限度的发挥。波阵面编码抗混淆滤波器能起到低通滤波器的作用，允许较低的空间频率通过并阻挡较高的空间频率。应用波阵面编码技术的抗混淆方案无须进行后期数字信号处理。

4. 一般设计流程

波阵面编码成像系统由非传统光学和对所得图像的数字信号处理组成。所采用的数字信号处理针对特定的光学系统。波阵面编码光学系统又取决于所采用的数字信号处理的类型与数量。由于光学系统与信号处理紧密联结，为达到系统最佳性能，自然要把光学和数字部件进行联合优化设计。这种设计难以直接使用通用的商业设计工具。为此，已有光学公司开发出专门的软件设计工具，与商业化光线追迹软件联合使用，可以提供波阵面编码系统的光学/数字优化设计。

光学部件的设计目标是使光学系统对于散焦效果的变化或敏感度最小化，以便进行高效率的信号处理。数字部件的设计目标是使算法复杂性、处理时间和数字处理后的图像噪声最小化。

波阵面编码设计程序是一个商业化的光线追迹软件。它不仅能生成波阵面编码表面形状，还能描绘出穿过典型的球面与非球面镜头的光路。

波阵面编码成像系统的通用设计内容包括：

(1) 传统光学表面、材料、厚度和间距；

(2) 波阵面编码表面的参数；

(3) 数字滤波器系数。

波阵面编码系统设计流程表述如下：

(1) 首先输入一定的光学表面、厚度和工作条件(波长、视场、温度范围、样本物体图像等)；

(2) 通过传统的光线追迹方法生成出瞳光学路径差(OPD)；

(3) 计算光学传递函数(OTF)；

(4) 计入与图像传感器几何特性有关的传递函数；

(5) 计算抽样的 OTF 和 PSF；

(6) 依据抽样的 PSF 选取数字信号处理算法，计算数字滤波器系数；

(7) 按照最小化原则形成指标数字(或波阵面编码操作数据)；

(8) 把波阵面编码操作数据和传统光学操作数据[Seidel 波阵面像差、波阵面 RMS(均方根误差)等]共同代入优化程序并修改光学表面；

(9) 返回步骤(2)，直至符合设计要求。

5.8　电子系统设计

光电探测、成像(非成像)、显示等各种光电系统，都不同程度地需要电子系统(单元电路、复杂电路、集成芯片组件、电子装置等)来完成电信号的采集、放大、处理、传输等功能。因此电子系统是光电系统的重要组成，甚至是核心组成，就像光电系统各组成部分的设计一样，电子系统设计也是光电系统设计的有机组成。在电子系统设计技术的几次变革中，历经了应用分离元件到 SSI(Small Scale Integrated circuit，小规模集成电路)、SSI 到 MCU(Micro Control Unit，微程序控制器)，一次次的创新和发展让电子系统设计中的难题得到了一次又一次的解决，也让电子系统的智能化水平得到了极大的提升。在 MCU 的出现后，电子系统设计水平迈上了一个新台阶。

5.8.1　电子系统的界定及分类

通常将由电子元器件或部件组成的能够产生、传输、采集或处理电信号及信息的客观实体称为电子系统。电子系统的构成依次为元件级、部件级、子系统级、系统级。电子系统的种类较多，从不同角度有不同的分类，总体上可分为：

(1) 模拟系统。从概念上讲，凡是利用模拟技术处理和传输信息的电子系统都可以称为模拟系统。模拟电子系统的主要功能是对模拟信号进行检测、处理、变换和产生。模拟信号的特点是：在时间上和幅值上均是连续的，在一定的动态范围内可以任意取值。这些信号可以是电量(如电压、电流等)，也可以是来自传感器的非电量(如应变、温度、压力、流量等)。组成模拟电子系统的主要单元电路有放大电路、滤波电路、信号变换电路、驱动电路等。

(2) 数字系统。从概念上讲，凡是利用数字技术处理和传输信息的电子系统都可以称为数字系统。由若干数字电路和逻辑部件组成，处理及传送数字信号的设备(单元)称为数字系统。数字信号的特点是不随时间作连续变化。一个复杂的数字电子系统可分解为控制器加若干个子系统。这些子系统完成的逻辑功能比较单一,一般由中大规模集成电路实现,如存储器、译码器、数据选择器、加法器、比较器、计数器等。数字电子系统中必须要有控制器,控制器的主要功能是来管理各个子系统之间的互相操作,使它们有条不紊地按规定的顺序操作。可以分为以标准数字集成电路(如 TTL、CMOS 器件)为核心的电子系统以及以 MPU(Micro Processor Unit,微处理器单元)、MCU、PLD(Programmable Logic Device,可编程逻辑器件)、ASIC(Application Specific Integrated Circuits,专用集成电路)为核心的电子系统。

(3) 模数混合系统。即模拟-数字电子混合系统。简单地说,包含有模拟电子电路和数字电子电路组成的电子系统称为混合电子系统。许多光电系统需要模拟-数字混合电子系统来实现。

此外还有 DSP 系统、嵌入式系统等。

5.8.2 ASIC 与 EDA

ASIC 是面向专门用途的电路,以此区别于标准逻辑(Standard Logic)、通用存储器、通用微处理器等电路。电子设计自动化(Electronic Design Automation,EDA)是指利用计算机完成电子系统的设计。

1. ASIC

在集成电路界,ASIC 被认为是用户专用集成电路(Customer Specific Integrated Circuit),即它是专门为一个用户设计和制造的。换言之,它是根据某一用户的特定要求,能以低研制成本、短交货周期供货的全定制、半定制集成电路。ASIC 的分类如图 5.52 所示。

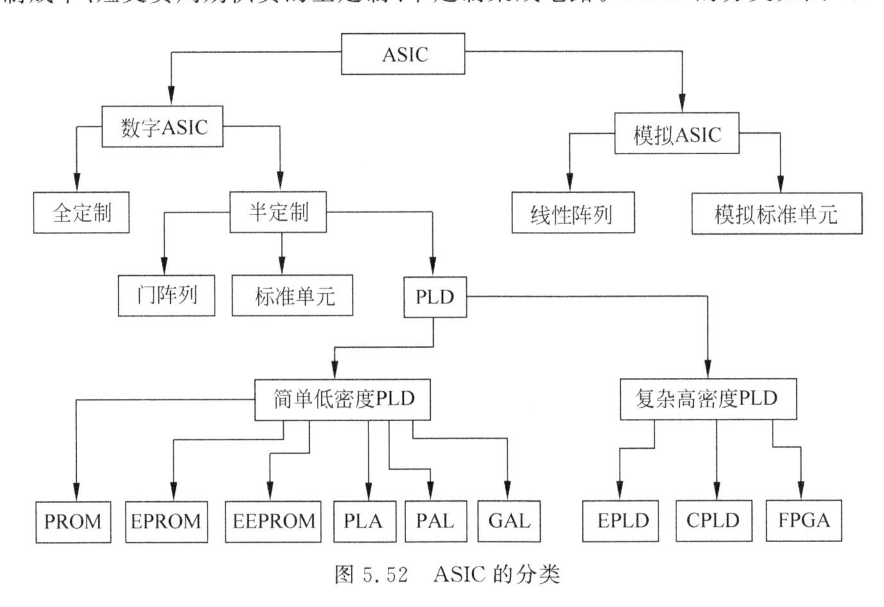

图 5.52 ASIC 的分类

在图 5.52 中,PROM 为可编程只读存储器(Programmable Read-Only Memory);EPROM 为可擦除可编程 ROM(Erasable Programmable ROM);PLA 为可编程逻辑阵列(Programmable Logic Array)(器件);PAL 为可编程阵列逻辑(Programmable Array

Logic)(器件)；GAL 为通用阵列逻辑(Generic Array Logic)(器件)；EPLD 为可擦除可编辑逻辑器件(Erasable Programmable Logic Device)；CPLD 为复杂可编程逻辑器件(Complex Programmable Logic Device)。PLA、PAL、GAL 是早期的可编程器件，现在已基本不用了；目前常用的有 EEPROM、CPLD、FPGA。

PLD 是 ASIC 的一个重要分支，是厂家作为一种通用性器件生产的半定制电路，用户可通过对器件编程实现所需要的逻辑功能。PLD 是用户可配置的逻辑器件，它的成本比较低，使用灵活，设计周期短，而且可靠性高，风险小，因而很快得到了普遍应用，发展非常迅速。其发展趋势为：

(1) 向高密度、大规模的方向发展；

(2) 向系统内可重构的方向发展；

(3) 向低电压、低功耗的方向发展；

(4) 向高速可预测延时器件的方向发展；

(5) 向混合可编程技术方向发展。

2. EDA

EDA 技术是以计算机和微电子技术为先导，汇集了计算机图形学、拓扑、逻辑学、微电子工艺与结构学和计算数学等多种计算机应用学科最新成果的先进技术。一般采用自顶向下的设计方法，也叫正向设计，它是针对传统的自底向上的设计方法而提出的。已经在多种产业广泛应用，从设计、性能测试、特性分析、产品模拟等，皆可在 EDA 环境下进行开发与验证。这不但可大幅缩短开发流程，还可增加产品设计效能。EDA 所扮演的角色主要在于提供 IC 设计者的工具，最重要的功能是自动化减少晶片设计的时间并缩短制造周期，对 IC 设计业者而言，EDA 产业的提升，具有相当的影响性。在芯片设计领域，可以通过 EDA 将芯片的电路设计、性能分析、设计出 IC 版图的整个过程交由计算机自动处理完成。EDA 的发展大致经历了 4 个阶段。

第一阶段，20 世纪 60 年代中期—20 世纪 80 年代初期为 CAD 阶段，其特点是一些单独的工具软件，主要有 PCB(Printed Circuit Board)布线设计、电路模拟、逻辑模拟及版图的绘制等，通过计算机的使用，从而将设计人员从大量烦琐重复的计算和绘图工作中解脱出来。

第二阶段，20 世纪 80 年代初期—20 世纪 90 年代初期为 CAE(Computer Aided Engineering，计算机辅助工程)阶段，在集成电路与电子设计方法学以及设计工具集成化方面取得了许多成果。各种设计工具，如原理图输入、编译与连接、逻辑模拟、测试码生成、版图自动布局以及各种单元库已齐全。由于采用了统一数据管理技术，因而能够将各个工具集成为一个 CAE 系统。按照设计方法学制定的设计流程，可以实现从设计输入到版图输出的全程设计自动化。

第三阶段，20 世纪 90 年代为 EDA 阶段，微电子技术以惊人的速度发展，其工艺水平达到深亚微米级，在一个芯片上可集成数百万乃至上千万只晶体管，工作速度可达到 GHz。此阶段主要出现了以高级语言描述、系统仿真和综合优化为特征的第三代 EDA 技术，不仅极大地提高了系统的设计效率，而且使设计人员摆脱了大量的辅助性及基础性工作，将精力集中于创造性的方案与概念的构思上。

第四阶段，21 世纪至今，是现代 EDA 技术阶段。以计算机为工具，在 EDA 软件平台上，根据 HDL(Hardware Description Language，硬件描述语言)完成的设计文件，能自动地完成用软件方式描述的电子系统到硬件系统的逻辑编译、逻辑化简、逻辑分割、逻辑综合及优化、布局布线、逻辑仿真，直至完成对于特定目标芯片的适配编译、逻辑映射和编程下载等工作。

EDA的主要技术特点：

(1) 高层综合(High Level Synthesis，HLS)的理论与方法取得较大进展，将EDA设计层次由RT级提高到了系统级(又称行为级)，并划分为逻辑综合和测试综合。

(2) 采用HDL来描述10万门以上的设计，并形成了VHDL(Very High Speed Integrated Circuit HDL)和Verilog HDL两种标准硬件描述语言。

(3) 采用平面规划(floor planing)技术对逻辑综合和物理版图设计进行联合管理，做到在逻辑综合早期设计阶段就考虑到物理设计信息的影响。

(4) 可测性综合设计。

(5) 为带有嵌入IP(Intellectual Property，知识产权)模块(核)的ASIC设计提供软硬件协同系统设计工具，IP核是具有知识产权的集成电路芯核的简称，其作用是把一组拥有知识产权的电路设计集合在一起，构成芯片的基本单位，以供设计时"搭积木"之用。

(6) 建立CE(Concurrent Engineering，并行工程)框架结构的集成化设计环境，以适应当今ASIC的一些特点。

值得一提的是，EDA有一个特殊性——它位于产业链的最上游。从集成电路的产业链来看，从上游到下游分别是EDA企业、芯片设计企业、芯片制造企业、终端企业。这种特殊性，使得EDA企业没有供应商。此外，EDA是一种轻资产、智力性的工作，完全依靠工程师的创造性劳动，人才是最重要、最大的资产。EDA已经是整个(光电)信息产业中的一个非常重要的工业软件，AI(Artificial Intelligence，人工智能)、5G(5th generation mobile networks或5th generation wireless systems、5th-Generation，第五代移动通信技术)等新技术的发展离不开EDA的支撑，在很大程度上，算法也要靠一些EDA工具来支持。同时对EDA行业来说，EDA为加快计算速度，大力使用AI技术，将AI引入EDA工具的未来而言是至关重要的。具备AI特性的EDA工具将助力客户设计出更好的芯片，并快速推向市场。

5.8.3 一般设计方法

电子系统设计方法有自顶向下、自底向上，以及自顶向下与自底向上相结合的设计方法(以自顶向下方法为主导，并结合使用自底向上的方法)。这里指的"顶"即为系统的功能，这里指的"底"即为最基本的元件，甚至是版图。

自顶向下设计法如图5.53所示。自顶向下法的优点：尽量运用概念(抽象)描述、分析设计对象，不过早地考虑具体的电路、元件和工艺；抓住主要矛盾，不纠缠于具体细节，控制设计的复杂性；其要领是从概况到展开、从粗略到精细。

自底向上的特点是在系统的组装和调试过程中很有效，可利用前人的设计成果，但是部件设计在先，设计系统时将受这些部件的限制，影响系统性、易读性、可靠性、可维护性等。

自顶向下和自底向上结合的设计方法如图5.54所示。

电子系统设计的基本原则：满足系统功能和性能指标；电路简单；电磁兼容性好；可靠性高；系统集成度高；调试简单方便；生产工艺简单；操作简便；性价比高等。

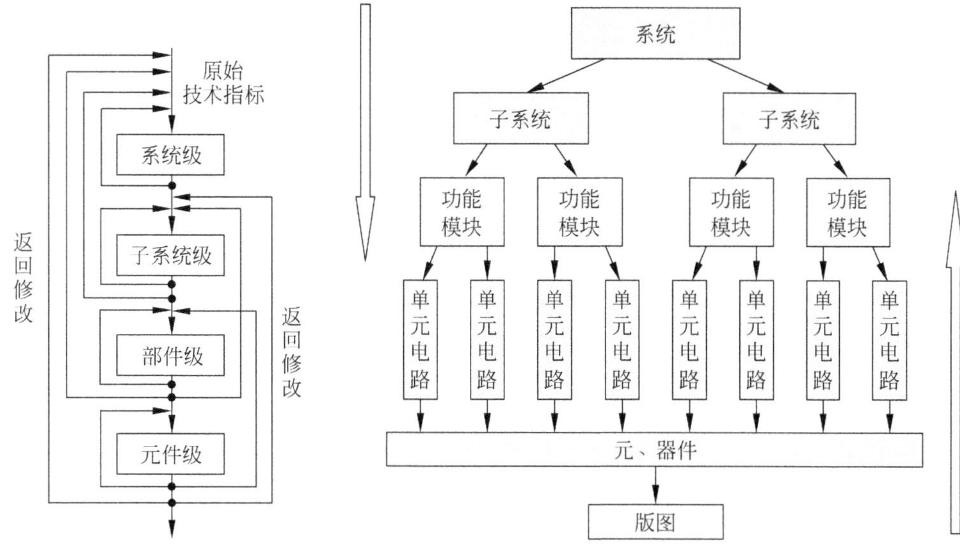

图 5.53 自顶向下设计法

图 5.54 自顶向下和自底向上结合的设计方法

系统实现技术：

(1) 模拟技术，通常所使用的器件数量较少，但是对器件的依赖性较大、调试较困难、在与计算机配合方面不如数字技术方便。

(2) 数字技术，对器件的依赖性较小、调试较容易、与计算机配合方便、具有可编程功能。

(3) 软件实现，软件离不开硬件支持——单片机(计算机)、DSP、嵌入式系统等。

比较数字技术与模拟技术，数字电路靠逻辑、模拟电路靠经验。模拟电路在某些场合(高频、大功率、小信号等)无法被替代。系统设计的主体为数字技术，质量靠模拟技术。系统级的物理描述与设计包括：组成系统的各抽象子系统；各具体子系统(或 IP)；提出具体的要求并转入下一层设计。

5.8.4 以单元电路为基础的设计方法

以单元电路(电路板)为基础的设计，尽量选用高性能、控制简单、集成度高、应用广泛的新产品，通过查手册和网上查询，了解什么是关键指标，如何选择代用品。在进行单元电路设计时，必须明确对各单元电路的具体要求，详细拟定出单元电路的性能指标，认真考虑各单元之间的相互联系，注意前后级单元之间信号的传递方式和匹配，尽量少用或不用电平转换之类的接口电路，并考虑到各单元电路的供电电源尽可能统一，以便使整个电子系统简单可靠。另外，选择现有的、成熟的电路来实现单元电路的功能。有时找不到完全满足要求的现成电路，可在与设计要求比较接近的某电路基础上适当改进，或自己进行创造性设计。为了使电子系统的体积小，可靠性高，电路单元尽可能用集成电路组成。

以模拟器件为核心的电子系统设计流程如图 5.55 所示。以标准数字集成电路为核心的电子系统设计流程如图 5.56 所示。

1. 参数计算

在进行电子电路设计时，应根据电路的性能指标要求决定电路元器件的参数。例如根

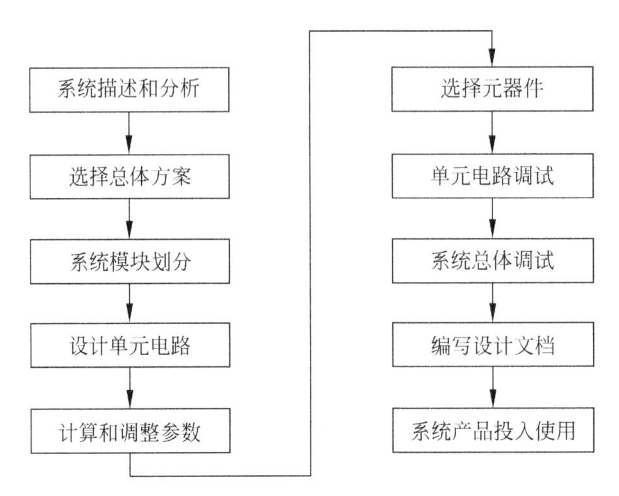

图 5.55 以模拟器件为核心的设计流程

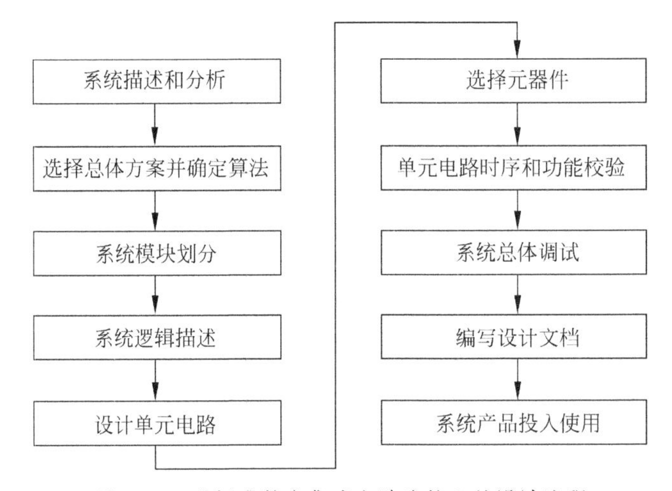

图 5.56 以标准数字集成电路为核心的设计流程

据电压放大倍数的大小，决定反馈电阻的取值；根据振荡器要求的振荡频率，利用公式，计算出决定振荡频率的电阻和电容值等。但一般满足电路性能指标要求的理论参数值不是唯一的，设计者应根据元件的性能、价格、体积、通用性和货源等灵活选择。计算电路参数时应注意以下几点：

(1) 在计算元器件工作电流、电压和功率等参数时，应考虑工作条件最不利的情况，并留有适当的余量。

(2) 对于元器件的极限参数必须留有足够的裕量，一般取 1.5～2 倍的额定值。

(3) 对于电阻、电容参数的取值，应选计算值附近的标称值。电阻值一般在 1MΩ 内选择；非电解电容器一般在 100pF～0.47mF 范围内选择；电解电容一般在 1～2000mF 范围内选择。

(4) 在保证电路达到功能指标要求的前提下，尽量减少元件的品种、价格、体积等。

2. 元件选择

电子电路的设计就是选择最合适的元件，并把它们有机地组合起来。在确定电子元件时，应根据电路处理信号的频率范围、环境温度、空间大小、成本高低等诸多因素全面考虑。具体表现为：

（1）一般优先选择集成电路。由于集成电路体积小、功能强，可使电子电路可靠性增强，安装调试方便，可大大简化电子电路的设计。如随着模拟集成技术的不断发展，适用于各种场合下的集成运算放大器层出不穷，只要外加极少量的元件，利用运算放大器就可构成性能良好的放大器。同样，在进行直流稳压电源设计时，已很少采用分立元件进行设计了，取而代之的是性能更稳定、工作更可靠、成本更价廉的集成稳压器。

（2）电阻器和电容器是两种最常用的元件，它们的种类很多，性能相差也比较大，应用的场合也不同。因此，对于设计者来说，应该熟悉各种电阻器和电容器的主要性能指标和特点，以便根据电路要求，做出正确的选择。

（3）分立半导体元件的选择。首先要熟悉它们的功能，掌握它们的应用范围；根据电路的功能要求和元器件在电路中的工作条件，如通过的最大电流、最大反向工作电压、最高工作频率、最大消耗的功率等，确定元件型号。

3. 计算机模拟仿真

随着计算机技术的飞速发展，电子系统的设计方法发生了很大变化。EDA 技术已成为现代电子系统设计的必要手段。在计算机工作平台上，利用 EDA 软件，可对各种电子电路进行调试、测量、修改，大大提高了电子设计的效率和精确度，同时节约了设计费用。

4. 实验

电子设计要考虑的因素和问题相当多，由于电路在计算机上进行模拟时采用元件的参数和模型与实际元件有差别，所以对经计算机仿真过的电路，还要进行实际实验。通过实验可以发现问题、解决问题。若性能指标达不到要求，应深入分析问题出在哪些单元或元件上，再对它们重新设计和选择，直到达到性能指标为止。

5. 绘制总体电路图

总体电路图是在总框图、单元电路设计、参数计算和元器件选择的基础上绘制的，它是组装、调试、印制电路板设计和维修的依据。绘电路图一般是在计算机上利用绘图软件完成。

5.8.5　以芯片为基础的设计方法

从总体上说，电子系统基于芯片的设计方法与传统的设计方法比较如图 5.57 所示。顺便指出，有专家形象地比喻在 AI 的赛道上，算法为“天”、计算能力为“地”、芯片为“核心”，能否在 AI 上实现领先，首先要看在核心阵地（芯片）是否有所作为。目前，在 AI 芯片领域，主要存在图形处理器（Graphics Processing Unit，GPU，又称显示核心、视觉处理器、显示芯片）、FPGA、ASIC、类脑芯片四大流派。

1. 一般设计流程

以 MPU 和 MCU 为核心的电子系统设计流程：确定任务、完成总体设计；硬件、软件设计与调试；系统总调、性能测试；编写设计文档；系统产品投入使用。

以 CPLD/FPGA 为核心的电子系统设计流程如图 5.58 所示。

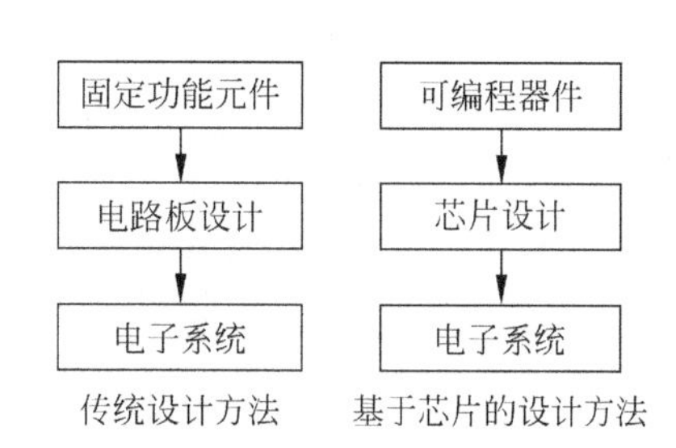

图 5.57　基于芯片的设计方法与传统的设计方法比较示意图

以数字 ASIC 为核心的电子系统设计流程如图 5.59 所示。以模拟 ASIC 为核心的电子系统设计流程如图 5.60 所示，主要包括结构设计、拓扑选择、物理版图设计。

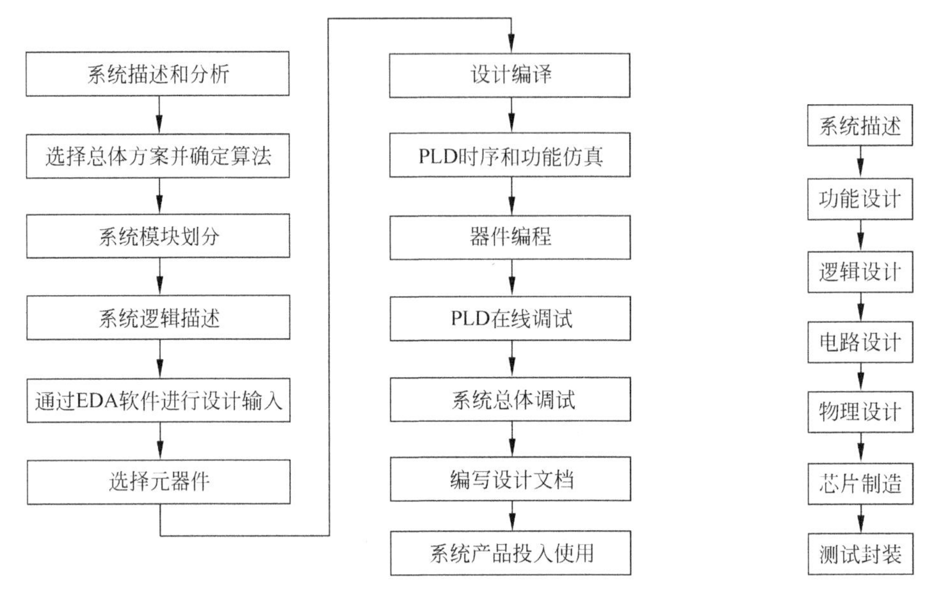

图 5.58　以 CPLD/FPGA 为核心的电子系统设计流程

图 5.59　以数字 ASIC 为核心的电子系统设计流程

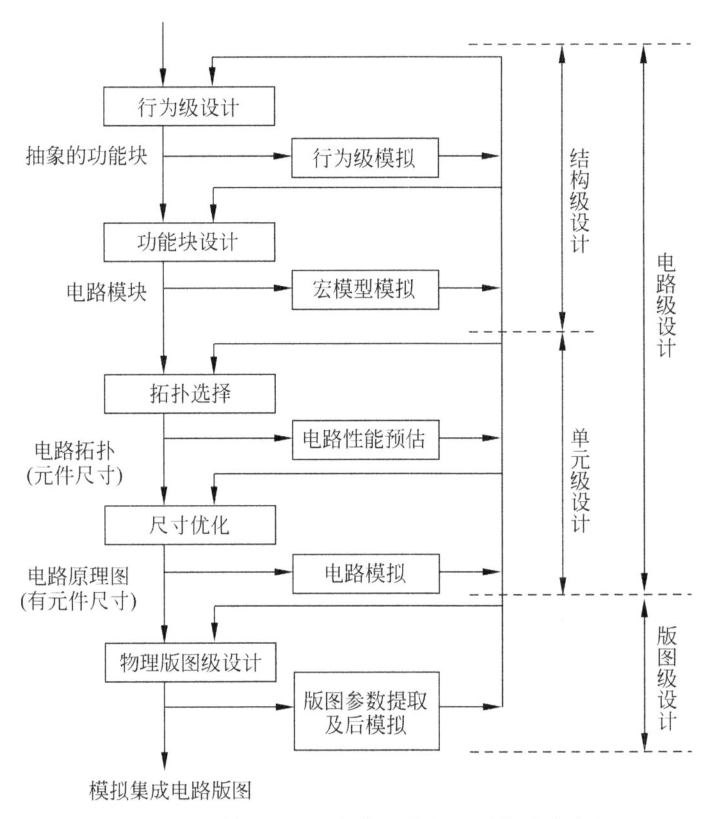

图 5.60　以模拟 ASIC 为核心的电子系统设计流程

以片上系统(System on Chip,SoC)为核心的电子系统设计流程如图5.61所示。

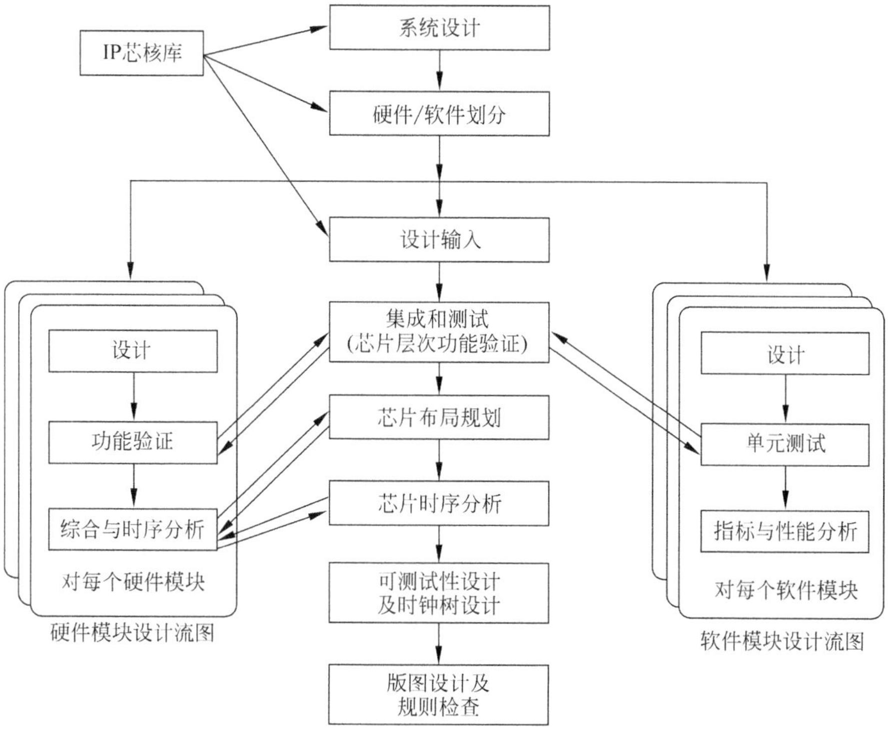

图5.61 以SoC为核心的电子系统设计流程

2. 可编程逻辑器件的设计

对于可编程逻辑器件的设计方法有传统的系统硬件电路设计方法和EDA硬件电路设计方法。

1) 传统的系统硬件电路设计方法

在EDA出现以前,人们采用传统的硬件电路设计方法来设计系统。传统的硬件电路采用自下而上的设计方法。其主要步骤是:根据系统对硬件的要求,详细编制技术规格书,并画出系统控制流图;然后根据技术规格说明和系统控制流图,对系统的功能进行分化,合理地划分功能模块,并画出系统功能框图;接着就是进行各功能模块的细化和电路设计;各功能模块电路设计调试完毕以后,将各功能模块的硬件电路连接起来,再进行系统的调试;最后完成整个系统的硬件电路设计。

传统自下而上的硬件电路设计方法主要特征如下:

(1) 采用通用的逻辑元器件。

(2) 在系统硬件设计的后期进行仿真和调试。

(3) 主要设计文件是电原理图。

2) EDA硬件电路设计方法

20世纪80年代初,在硬件电路设计中开始采用计算机辅助设计技术,开始仅仅是利用计算机软件来实现印制板的布线,以后慢慢地才实现了插件板级规模的电子电路设计和仿真。

EDA设计方法采用了自上而下的设计方法。就是从系统总体要求出发，自上而下地逐步将设计内容细化，最后完成系统硬件的整体设计。

利用HDL语言对系统硬件电路的自上而下设计一般分为3个层次，如图5.62所示。

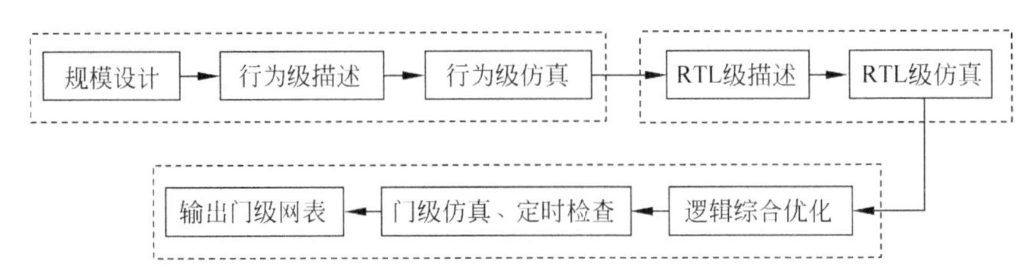

图5.62 自上而下设计示意图

第一层为行为描述，它是对整个系统的数学模型的描述。第二层是RTL(Register Transfer Level，寄存器传输层)级描述(又称数据流描述)。将行为描述的HDL程序，针对某一特定的逻辑综合工具，采用RTL方式描述，然后导出系统的逻辑表达式，再用仿真工具对RTL方式描述的程序进行仿真。第三层是逻辑综合。利用逻辑综合工具，可将RTL方式描述的程序转换成用基本逻辑元件表示的文件(门级网络表)，也可将综合结果以逻辑原理图方式输出。RTL级和门级简单的区别在于：RTL是用硬件描述语言(Verilog或VHDL)描述理想情况下能够达到的功能，门级则是用具体的逻辑单元(依赖厂家的库)来实现其功能，门级电路最终可以在半导体厂加工成实际的硬件，一句话，RTL和门级是设计实现上的不同阶段，RTL电路经过逻辑综合后，就得到门级电路。

EDA自上而下的设计方法具有以下主要特点：

(1) 电路设计更趋合理；

(2) 采用系统早期仿真；

(3) 降低了硬件电路设计难度；

(4) 主要设计文件是用HDL语言编写的源程序。

3) 设计流程

可编程逻辑器件的设计流程如图5.63所示。

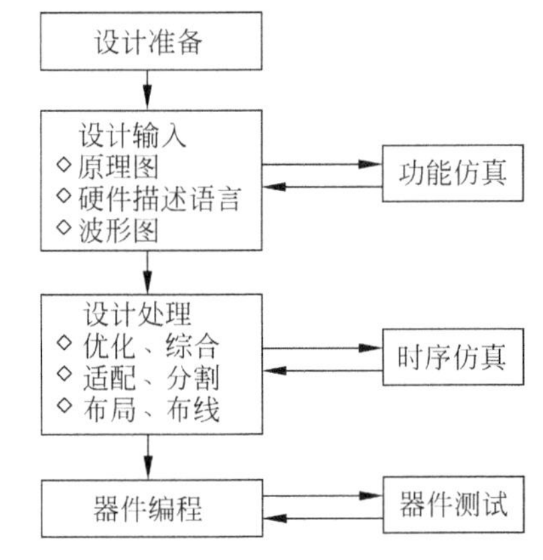

图5.63 可编程逻辑器件的设计流程

(1) 设计准备。在系统设计之前，首先要进行方案论证、系统设计和器件选择等准备工作。

(2) 设计输入。设计人员将所设计的系统或电路以开发软件要求的某种形式表示出来，并送入计算机的过程称为设计输入。设计输入通常的形式如下：原理图输入方式；硬件描述语言输入方式；波形输入方式。

(3) 功能仿真，也叫前仿真。用户所设计的电路必须在编译之前进行逻辑功能验证，此时的仿真没有延时信息，对于初步的功能检测非常方便。

(4) 设计处理。设计处理是器件设计中的核心环节。在设计处理过程中，编译软件将对设计输入文件进行逻辑化简、综合优化和适配，最后产生编程用的编程文件。包括：语法检查和设计规则检查；逻辑优化和综合；适配和分割；布局和布线。

(5) 时序仿真：时序仿真使用布局布线后器件给出的模块和连线的延时信息，在最坏的情况下对电路的行为做出实际的评估。

(6) 器件编程：通过编程方式改变集成电路的内部逻辑。

(7) 器件测试：验证器件设计指标是符合要求。

5.8.6 电子系统设计常用工具

设计工具硬件类包括：示波器；函数发生仪；数字万用表；直流稳压电源；逻辑分析仪、频谱分析仪；仿真器；编程器等。

设计工具软件类包括：

(1) 模/数电路仿真——PSPICE、EWB、Multisim。

(2) 电路板设计工具——PROTEL、Power PCB、ORCAD。

(3) 单片机开发软件——Keil C51、伟福等仿真器配套软件、MCU厂商配套软件(如MPLAB IDE、ADS)。

(4) CPLD、FPGA开发软件——QuartusⅡ、MaxPlusⅡ(ALTERA)；ISE(XILINX)。

(5) DSP开发软件——CCS(TI)、Visual DSP(ADI)；MATLAB、Simulink、Systemview。

(6) SOC设计软件——Synopsys、Mentor、Synplicity等公司的开发套件。

(7) EDA工具——Active-HDL、FPGA-Express、Cadence、Verilog-XL、NC-Verilog等，国产的有熊猫ICCAD系统(1993)、九天Zeni系统、模拟电路EDA全系统工具、ALPS、Empyrean ALPS-GT、Empyrean Qualib等。

第6章 目标图像处理、识别及跟踪

CHAPTER 6

目标图像处理、识别及跟踪是提取所需目标、并予以识别,甚至动态跟踪目标,是许多光电系统(尤其是某些智能光电系统)的重要组成环节,并在其中发挥着至关重要的作用,为光电系统赋予更多功能和拓展应用空间。

本章首先从多个方面扼要地讲解目标图像处理、识别及跟踪技术;然后通过示例分析紫外图像处理及目标检测方法和电视图像动态多目标自动识别及自适应多波门跟踪技术;最后概要介绍和研讨自动目标识别(Automatic Target Recognition,ATR),包括ATR算法原理分析、算法与处理器结构的匹配、多传感器的信息融合、基于知识的ATR系统、ATR系统分析等。

6.1 概述

目标图像处理、识别与跟踪是光电(跟踪)系统的重要组成部分,一般由目标图像预处理、目标图像识别、跟踪算法、硬件实现等组成。

6.1.1 目标图像预处理

对成像器输出的视频信号首先要进行预处理,包括信号的阻抗匹配、幅值调整、数字化、滤波、分割、增强等处理,其中关键在于图像的数字化、滤波(复原或去模糊)和图像分割。

图像数字化是将探测器获取的模拟图像信号经高速A/D变换成为离散的序列信号,根据精度和实时的需要选取适当的A/D转换器。

对于空间邻域的预处理,卷积滤波和中值滤波是比较有代表性的处理方法。实施中值滤波的关键是探讨快速算法,一种改进的中值滤波方法——中值-平滑滤波的处理速度和降噪效果优于同样窗口的中值滤波,并且已经硬件化。

在预处理中,图像分割是最重要的一环,通过它,可以从背景中准确地将目标分割出来。通常可按亮度不同来分割不同区域,也可按边缘、形状或灰度分布等特征来分割不同的区域。当目标对比度高、目标的边界明显、在目标附近没有类似目标的背景干扰时,图像分割会产生准确的目标轮廓。至少已有3种方法用于探测潜在目标的轮廓,分别是边缘检测方法、阈值化方法和区域增长方法。许多分割器都是这3种方法的组合,例如,通过对图像应用差分算子来检测边缘,并利用边缘的平均亮度来确定阈值;在应用边缘操作算子后,为了连结小距离分割的区域,可以利用区域增长的方法。

基于阈值处理的分割器常常根据图像的统计值来计算阈值。有时会计算亮度直方图，并在直方图峰值之间设置阈值。然而，许多图像的直方图并没有明显的峰值，则必须采取其他的方法。

随着目标图像分割技术的发展，从单个阈值进行图像分割，逐渐转入利用多个阈值、浮动阈值或自适应阈值进行图像分割，甚至利用智能知识进行图像分割；从仅仅利用图像的一维直方图，逐渐转入充分利用二维或三维图像信息，乃至色度信息、动态（运动）信息、深度学习信息等进行（智能）图像分割。下面通过示例简要介绍两种图像分割算法。

(1) 二维熵阈值算法：由于大多数选择阈值的方法仅仅利用图像的一维直方图，没有充分利用图像信息，Brink 从信息论的角度出发，提出了二维熵阈值算法，充分利用图像信息，取得了良好的分割效果。

(2) 基本目标均匀性和有关知识的图像分割算法：对于非均匀光照图像，仅以灰度值为标准来分割图像是不够的；同时，对于一些背景与目标间灰度较接近的图像，阈值的小量变化也将导致图像分割质量相差较大。因而独立考虑图像灰度的分割方法难以适应复杂图像分割。

利用目标图像的均匀性和有关目标的知识作为图像分割的依据。首先，在图像平面中以水平扫描顺序检测每个未被搜索像素的区域生长情况，由此而生长成的区域具有均匀性，即该区域中的每一个点至少与其$(2r+1)\times(2r+1)$（例如，$r=1$）邻域内的一个像素间灰度差小于阈值 T（例如，$T=2$）。已被生长的像素点，其灰度值应赋为-1，使得下一次区域生长时不会再去搜索这些点。其次，利用目标的有关知识（大小范围、周长面积比范围等），判别被生长区域形成的点集是否为潜在目标，如果是潜在目标，则该区域中的像素灰度值赋为-2（-2 代表目标）；否则，区域中的像素保持为-1。不断重复以上过程（灰度值小于 0 的点不作为搜索对象），直至水平扫描完成。这样，潜在目标为图像中灰度值为-2 的像素，将这种点赋为 255（如果整个图像灰度级为 256），同时将灰度值为-1 的像素赋灰度为 0，由此完成了图像分割任务。

完成以上算法操作后，潜在目标图像在整个图像平面内已转成二值图像。如果目标图像本身比较均匀，那么利用以上操作就可找到整体目标，可将目标从整个图像中提取出来。如果目标本身不均匀（可能因光照原因使得目标由几种灰度的团块组成），则利用以上算法操作不能提取整体目标，但对二值化图像再进行以上算法的操作，因为目标已由高等级灰度范围的像素组成，所以整体性的团块目标就可被提取出来。

6.1.2 目标图像识别

图像分割之后，接着进行目标图像识别。要识别目标，首先要进行特征选择与提取，即选择最佳结果特征，进行决策分类处理。在识别算法中，目标特征选择一般是以目标物理特征为主，如考虑目标温度特征、目标形状特征（包括目标外形、大小、面积、周长、长宽比、复杂度等）、目标灰度分布特征（目标对比度、目标统计分布）、目标运动特征（目标相对位置、相对速度、相对加速度等）、目标图像序列特征，乃至目标光度量特征、目标辐射度量特征、目标彩色（色度）量特征等。目标图像识别算法从原理、方法上一般可分为 4 类：统计模式识别算法、模板相关算法、基于模型的算法和人工神经网络算法（AI 算法）。但是，比较成熟、常见的军用红外目标识别算法主要有以下 3 类：

(1) 相关算法。提取潜在目标图像和标准目标图像的相关值,把相关值高的潜在目标作为目标物处理。这种算法又可分为积相关算法与差相关算法。

(2) 不变矩算法。不变矩是常见的一种特殊函数,具有平移、旋转和比例放大3个不变性。如果目标图像是一个二值图像,则不变矩只描述目标点在 X、Y 平面上的空间排列信息,即目标形状信息,不同目标的这种不变矩是不同的,因而可用来识别目标。

(3) 投影算法:将二维图像投影在某一方向轴上,然后根据位置探测和投影特征进行判别。这种投影识别算法已在一些具体的ATR系统中获得应用,并取得了较好的效果。

此外,利用Hough变换进行目标识别也是一种有用的方法。它根据图像空间中图像的特征将图像映射到参数空间中成为一个点集,这些点可以由描述直线的参数来表达。因此,参数空间就成为一个二维的斜率、截距平面。图像空间中的直线段在Hough空间中可产生一个最大值,而最大值的位置定义了线段的直线参数,这就是应用Hough变换的基本原理。在二维参数空间中,直线被变换成无数点,而线检测则被转换成了峰值检测问题。由于这种变换是一种积分变换,这样便有效地抑制了噪声和无关的线段。这种方法已应用于具有直线型目标和简单形状的目标识别中,还可推广到用于检测解析曲线和任意形状,并已经提出了若干种快速Hough变换算法,从而使识别问题简化,识别速度提高。

目标识别算法实际上不限上述几种,它有相当多的形式,可以有多种多样的判据来进行目标识别。目标分类也有多种方法,包括统计分类、Fisher准则分类、人工神经网络分类等。

以上是对于目标像素较多(面目标)的情况,特征提取相对较容易,已经有了针对各种情况的多种方法。但是对于目标像素较少(近似点目标或点目标)的情况,目标识别(尤其是对动目标识别,甚至智能化识别)仍是一个有难度的问题。例如,对于远距离红外成像跟踪,如何衔接远距离时点目标段和近距离时的成像段的目标识别,是系统设计的一个关键问题。随着电子战的日益加剧,防御系统的性能必须随之进一步改善,只具有单独识别近距离面目标图像的功能是不够的,还必须具有能够识别远距离点目标图像的功能。

远距离目标由于它远离成像探测器,因而在其一帧图像中仅占一个或几个像素,呈点状,无形状和结构信息,这时那些利用形状与结构信息的近距离目标图像识别方法将陷入困境。为此需要研究和探索新的方法解决远距离点目标图像的识别问题。利用运动点目标(如导弹)的运动轨迹、速度、亮度值或灰度值的大小及其变化的快慢,作为识别威胁目标,判断威胁权值,是一种有效的方法(例如这种方法可用于红外搜索系统)。人工神经网络在点目标识别方面的研究方兴未艾,取得了一系列阶段性研究成果。一种基于二阶节点神经网络的运动点目标识别方法就是一例,整个识别系统,如图6.1所示。这种方法由3个步骤组成:

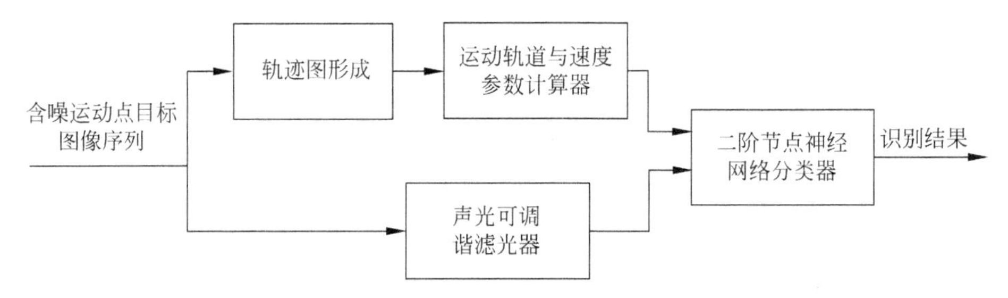

图6.1 基于二阶节点神经网络的点目标识别系统结构框图

（1）运动点目标轨迹图形成；

（3）点目标运动轨道与速度参数提取；

（3）利用二阶神经元构成多层前馈网络进行分类。应用声光可调谐器可获得有关点目标在6个固定波长上的光谱线 $I_1 \sim I_6$，把 $I_1 \sim I_6$ 以及提取的点目标运动轨迹参数（m^*，b^*）与速度分量 V_x 和 V_y 选作特征，一并输至图6.2所示的二阶神经网络进行分类。网络中的每个节点的输入和输出之间存在某种非线性关系。

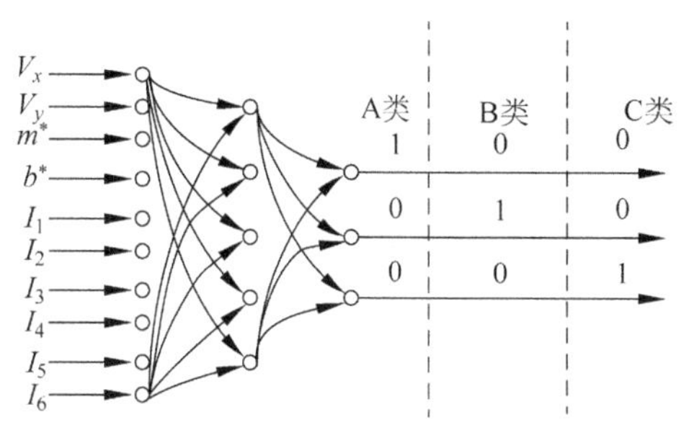

图6.2　二阶节点神经网络

6.1.3　弱目标的探测和识别问题

对弱目标的探测和识别问题，一般至少有以下3种探测弱目标的技术途径。

1. 利用序列图像处理技术提高系统识别弱目标的能力

采用单帧图像数据识别目标时，由于目标与背景的对比度较弱，难以用常规的方法将目标的全部信息从背景中提取出来，甚至出现错误。利用序列图像处理技术，将图像的空间处理与时间处理结合，使目标的特征信息在时间上得到积累，为图像分割提供了较充分可靠的依据。该方法比较适用于红外监视及跟踪系统，对目标的要求是帧与帧之间的目标形状变化较慢；否则，就可能产生一种图像"拖尾"现象。序列图像处理的不足之处是：由于图像识别的结果需要多帧图像的信息，加之算法和结构上的复杂程度，对其应用于实际系统带来了一定的困难。

2. 选择合理的统计检测方法，增强系统的检测性能

基本统计方法的目标识别系统，主要由4部分组成：图像信息获取、预处理、特征选择和提取、分类器设计和分类决策，如图6.3所示。

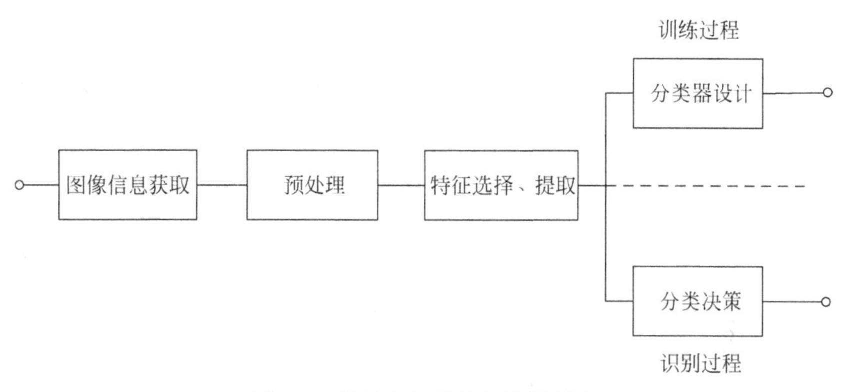

图6.3　统计方法的目标识别系统

经常使用的统计识别方法是Fisher准则法，但是，利用Fisher准则建立判别函数时，仅当两类目标（背景）差别显著时才有好的效果。因此，当红外干扰比较强，背景与目标的差别不够显著时，Fisher准则将不适用。这时可以考虑使用下列方法：

（1）t 检验法。此时 t 检验法被用来比较两个带有未知方差（但方差相等）的正态母体的均值是否相等的问题。设正态母体为 X 和 Y，$X \sim N(\mu_1, \delta^2)$，$Y \sim N(\mu_2, \delta^2)$，其中

δ、μ_1、μ_2 是未知参数，要求检验 $H_0: \mu_1 = \mu_2$。分别从 X、Y 两母体抽得容量为 m 和 n 的两个独立子样，其子样均值和方差分别为 $\bar{X}$、$\bar{Y}$、S_m^2、S_n^2，则统计量为 $T = \frac{\bar{X} - \bar{Y}}{\sqrt{mS_m^2 + nS_n^2}} \cdot \sqrt{\frac{mn(m+n-2)}{m+n}}$。对给定的显著性水平 α，由 t 分布表查得 $t_{\alpha/2}$，然后观察数据计算出 T 的观察值 t，比较 $|t|$ 和 $t_{\alpha/2}$，若 $|t| > t_{\alpha/2}$ 则拒绝假设 H_0。

(2) 非参数统计法。在 t 检验法中，母体的分布密度先验知识是以一个参数函数族的形式给出的，依此计算的分类器，仅要求存储参数矢量，存储量的大小与样本集的容量无关。使用非参数统计方法，可以在没有母体分布密度先验知识的情况下，完成目标和背景的统计模式识别，但一般必须存储样本集的所有元素，计算量较大。

(3) 相关检测。相关检测是利用目标与干扰的统计特性不同，对干扰进行抑制，并从中分离出目标。相关检测的方法有匹配滤波器法、相关接收法和相干法等。

根据系统工作的目的及可能的干扰形式，合理地选择统计识别的算法，将提高系统的识别及抗干扰能力。

3. 光电复合、多模工作体制

红外成像系统与可见光电视、雷达、激光雷达、毫米波甚至紫外成像系统协同工作，构成多模工作体制。利用主动传感器提供的距离、多普勒信息等，进行动目标探测与识别，是一种有效的方法。多模工作需要解决的主要问题是大数据量、多种信息融合的高速处理、降低成本等。

6.1.4 跟踪算法

目标跟踪是视频分析和计算机视觉的一个重要分支，融合了图像处理、机器学习、最优化等多个领域的理论和算法，是完成更高层图像理解(如目标行为识别)任务的前提和基础。当系统捕获、识别目标后，就转入跟踪。跟踪时，一般都是使用一个或若干个跟踪波门，用它将目标套住，波门中心随目标运动而运动，窗口大小随目标状况而变，一般只进行波门内图像数据处理。影响跟踪稳定性的情况主要包括目标形变、遮挡、光照变化、相似背景、尺度变化等；而一个稳定的跟踪系统至少需要具备鲁棒性、自适应性、实时性等性质。

传统图像跟踪算法基本上分为 3 种：波门跟踪算法、相关跟踪算法和预测跟踪算法。新的算法包括 Cam-Shift(Continuously adaptive mean Shift，连续自适应均值漂移)算法、卷积神经网络算法(Convolutional Neural Networks，CNN)、基于深度学习的目标跟踪算法等。

波门跟踪算法又分为边缘、双边缘、中心、区域平衡和形心跟踪算法等。

相关跟踪算法是使用相关函数来计算两幅图像匹配度的算法。相关函数用于度量图像的相似性，较为常见的相关函数有平均平方差法(MSD)、平均绝对差法(MAD)、序贯相似度检测法(SSDA)等。其中，SSDA 算法是对绝对差法(MAD)进行序贯检测，实现图像匹配跟踪。它所用的硬件较少，相对来说比较容易实现。该算法最大的特点就是速度快，这是其他方法无法比拟的。相关跟踪算法通过循环样本增加样本丰富性，其缺点在于边界效应问题，导致判别器不稳定。相关跟踪算法的改进主要体现在特征、尺度、边界效应、目标分块、响应自适应 5 个方面。

预测跟踪算法在图像跟踪算法中具有重要地位。如果在对运动目标进行跟踪的过程中突然遇到遮挡的情况下，预测跟踪可以根据上一帧或上几帧图像中目标位置的中心点来预测下一帧图像中目标位置的跟踪波门中心，具有明显的抗干扰性。卡尔曼自适应预测算法的优点是收敛速度快，预测精度高，因此在预测算法中被广泛使用。但由于卡尔曼预测算法运算量较大，如果系统在跟踪过程中需保证实时性，那么常可采用线性预测和平方预测综合起来的组合预测算法。

Cam-Shift 算法的基本思想是将颜色直方图作为目标模型。Cam-Shift 算法的原理是根据图像的颜色直方图将其转换为颜色概率分布图，对视频图像的每一帧进行 Mean-Shift（均值漂移）运算，上一帧的结果同时作为下一帧 Mean-Shift 算法搜索窗口的初始值，一直进行迭代运算，实现对目标的跟踪。由于 Cam-Shift 只和颜色特征有关，在该算法中首先将图像转化成 HSV（Hue、Saturation、Value，即色调、色饱和度和明度）空间。再根据饱和度 S 和明度 V 计算颜色概率。

CNN 卷积神经网络用于目标跟踪，直接输入原始图像即可，无须进行预处理，降低了复杂度。CNN 将深度学习与视频图像目标跟踪结合，具有广泛的应用前景，成为图像跟踪领域的热门研究方向。卷积神经网络结构主要包括特征提取层和映射层。在特征提取层中，上一层的局部接收域连接每个神经元的输入，并将这一局部的特征提取出来，并确定该特征和别的特征之间位置上的关系；在特征映射层中，多个特征映射组成每个计算层，特征映射层平面上的全部神经元都具有相等的权值。卷积神经网络算法包括 YOLO、Faster R-CNN 和 Mask R-CNN 算法等。

基于深度学习的跟踪算法是利用深度卷积网络对目标进行特征提取、分类的跟踪算法。其特点是精准度高，针对复杂场景表现优越，但是存在训练样本不足、在线微调机制导致跟踪速度慢等问题。算法主要包含 3 种思路：将目标跟踪转化为分类问题；将目标跟踪转化为概率图问题；通过孪生网络来实现跟踪。该算法更侧重于跟踪的性能，但大多无法满足实时性。不过，其中基于孪生神经网络的目标跟踪算法已渐渐发展成了目标跟踪领域的"领头羊"，例如 CIR（Cropping Inside Residual，自裁残差）算法、SiamMask 算法等在目标跟踪算法综合性能评估中表现出色，不仅表现在实时跟踪速度方面，而且还体现出很好的跟踪鲁棒性。尤其是 SiamMask 实现了目标跟踪和目标分割任务之间的互相补充，可以利用分割来优化跟踪精度，不仅可以得到目标更精准的包围框，还可以得到目标的像素级标注。

值得一提的是，许多系统大多数采用复合跟踪方式，让几个跟踪器并行工作，由一个主控机依据各自的置信度选择跟踪控制信号，让各个跟踪器相辅相成、协调工作。目前，跟踪技术已发展为多目标、自适应、智能化多跟踪模式。

6.1.5 多目标跟踪

单目标跟踪（Single Object Tracking，SOT）起源于相关滤波目标跟踪。这就涉及一种基本的运算——互相关（cross-correlation）。互相关运算可以用来度量两个信号之间的相似性。相关滤波跟踪算法一般需要用到 CN（Color Names）、HOG（Histogram of Oreinted Gradients）等特征，以及用 CNN 提取的特征进行结合，从而用于滤波器的学习。

与单目标跟踪相比，多目标跟踪（Multi Object Tracking，MOT）研究进展则相对缓慢，相对来说实现难度更大，多目标跟踪是一个更工程化的问题，深度学习在该问题上的潜力正在被挖掘出来。

一般提到视觉目标跟踪(Visual Object Tracking,VOT),往往指的是单目标跟踪。尽管看起来 SOT 和 MOT 只是目标数量上的差异,但它们通用的方法实际上可能截然不同。从研究对象上讲,单目标跟踪算法一般是不限类别的,而多目标跟踪一般是仅针对特定类别的物体。从时长上讲,单目标跟踪更多地针对短时间的图像序列,而多目标跟踪一般要处理较长的视频,其中涉及各个目标的出现、遮挡和离开等情况。从实现思路上讲,单目标跟踪更关注如何对目标进行重定位,而常见的多目标跟踪方法往往更多地关注如何根据已检测到的目标进行匹配。

按照初始化方式,常见的多目标跟踪算法一般可分为基于检测的跟踪(Detection-Based Tracking,DBT)和无检测的跟踪(Detection-Free Tracking,DFT)。DBT 要求由一个目标检测器首先将每帧图像中的目标检测出来,而 DFT 要求已知每个目标首次出现的位置,再对每个目标分别进行跟踪(这一点可以看作是在同一个视频中进行的多个单目标跟踪)。显然,前者的设定更接近实际应用场景。

按照处理方式,多目标跟踪算法又可分为在线跟踪(On-line Tracking)和离线跟踪(Off-line Tracking)。在线跟踪要求处理每一帧时,决定当前帧的跟踪结果时只能利用当前帧和之前帧中的信息,不能根据当前帧的信息来修改之前帧的跟踪结果。离线跟踪则允许利用之后帧的信息从而获得全局最优解。显然,离线跟踪的设定不太适合实际应用场景,但是每次得到若干帧,并在这些帧中求全局最优的离线跟踪方式具有一定的可行性,只是会导致一点延迟。

6.1.6 硬件实现分析

由于对目标图像处理往往需要在极短的时间内完成,因此,必须实时处理。采用专用高速硬件芯片,进行并行处理,是实时处理的主要途径。预处理要求的运算速度至少为每秒 5 亿次(即 5×10^8 rps)以上,视频信号处理要求速度为至少每秒 5 千万次以上,目标位置数据处理要求的运算速度至少为每秒 500 万次以上,一般只能用专用硬件实现。

图像处理硬件以往有两种常见的形式:一种形式是以一台专用计算机为主,各种专用硬件连接在总线上;另一种形式是用一台简单专用计算机指挥一台或多台高速矢量处理器工作,数据直接与处理器打交道。但是应该指出,现在常用的专用硬件芯片(如 DSP、FPGA、GPU、类脑芯片等)是实现目标图像识别跟踪系统的关键。随着高速大规模专用计算机芯片的发展,将为各种具体系统的实现提供计算速度快、内存容量大、体积小、功能强而廉价的工具。

6.2 紫外图像处理及目标检测方法

光电图像中有目标信号、噪声信号以及背景信号,如何有效地抑制背景信号和噪声信号并对目标进行检测,成为了光电(数字)图像处理的重点。因此,研究数字图像的预处理、背景抑制以及目标检测等相关数字图像处理算法是必要的。这里以远距离紫外目标光电(数字)图像处理为例进行具体介绍。

6.2.1 数字图像特点

一般普通目标的数字成像，可以分为点目标成像、小目标成像、面目标成像，它们的区别在于所成像素的大小，有机构将成像区域面积小于80个像素的目标成像称为小目标成像，将成像区域面积小于5个像素的目标成像称为点目标成像，其余的称为面目标成像。由于紫外目标和成像系统位置较远，以及辐射传输衰减，因此紫外目标成像极其微弱，所得图像的像素个数通常不足一个像素或者只有几个像素，因此应该看作点目标。点目标成像面积很小不能反映它的几何轮廓，因此如何在复杂的背景下寻找点目标所成的像，就需要特殊的处理方法。

对于基于微通道板（Micro Channel Plate，MCP）和ICCD（或者CCD）技术的紫外成像探测器来说，由于ICCD（或CCD）本身就存在暗电子发射的特殊性，导致了在没有目标出现的情况下也能产生一定的图像噪声；由于MCP在检测目标紫外辐射的微弱性时，至少需要40%以上的MCP放大才能检测到目标的存在，MCP在放大有用的紫外信号的同时，噪声也被放大。因此，紫外探测中噪声是一个不能回避的问题，只能无限减小不能消除，紫外数字图像中噪声具有如下特点：

（1）当增益为一定值时，图像中噪声的出现的点数以及出现的时间和位置的随机性；

（2）噪声随着增益的增加也非线性地增加，但是噪声中最大灰度值不会产生很大的变化；

（3）某些噪声和目标很相似，都具有高频特性，它们唯一的差别就是目标具有帧相关性，通过多帧平均或者帧相关联等方式进行处理可以最大限度地消除噪声；

（4）由于目标距离较远和中波紫外辐射较微弱，目标信号在图像中不足一个或者只是几个像素，目标的全部信息都集中在一个点上；通过图像得不到目标的形状、大小、纹理和几何特征，并且有时会淹没在复杂的背景之下，因此需要特殊的信号处理技术。

根据噪声在紫外图像中的特点，需要采取特殊的处理方法。根据紫外噪声信号具有随机性和紫外目标信号具有帧相关性的特点，采取合适的数字图像处理算法对相关紫外图像进行处理。在信号处理方面，由于红外弱小目标信号处理技术相对比较成熟，因此有很多地方可以借鉴。

6.2.2 目标成像模型

由于紫外目标尺寸和目标与探测器之间的距离相比可以忽略不计，且成像只有不到一个像素或者几个像素，因此，此处的紫外目标成像模型主要就是点目标的成像模型。对于点目标的紫外成像可用式(6.1)表示。

$$f(x,y,t)=f_{\mathrm{T}}(x,y,t)+f_{\mathrm{B}}(x,y,t)+n(x,y,t) \tag{6.1}$$

式中，$f(x,y,t)$为紫外点目标成像模型；$f_{\mathrm{T}}(x,y,t)$为目标信号图像；$f_{\mathrm{B}}(x,y,t)$为背景图像；$n(x,y,t)$为噪声图像，可用式(6.2)表示。

$$f_{\mathrm{T}}(x,y,t)=I\cdot\exp\left\{-\frac{1}{2}\left[\left(\frac{x}{\delta_x}\right)^2+\left(\frac{y}{\delta_y}\right)^2\right]\right\} \tag{6.2}$$

式中，I为目标辐射强度；δ_x、δ_y分别为目标在x、y方向上的宽度。紫外弱目标通常表现为比周围背景高的亮点，目标可以近似看作一个二维高斯脉冲。

由于紫外信号的微弱性以及检测出目标的必要性，因此系统有一个最小的信噪比 SNR_m，只有比最小信噪比大的目标信号强度才可能被检测出来，最小信噪比如式(6.3)所示。

$$SNR_m = \frac{m-\mu}{\sigma} \tag{6.3}$$

$$m = SNR_m \cdot \sigma + \mu \tag{6.4}$$

式中，m 为紫外图像中目标信号的最小灰度值；σ 为整个图像灰度方差；μ 为整个图像灰度均值。式(6.4)表示紫外图像中点目标的灰度值都大于或等于 m。

背景信号 $f_B(x,y,t)$ 主要占据图像的低频部分，是一个非平稳过程。不同帧的背景信号与目标信号一样具有一定的相关性，因此可以根据此特性抑制背景信号对目标信号的干扰。对于高空高速目标成像，由于紫外背景的随机变化，背景中可能含有少数的高频分量。

噪声信号 $n(x,y,t)$ 的存在体现为多种形式，例如，紫外辐射吸收能力在透镜不同位置具有一定的差异性，能量传播过程中损失不同，在图像上表现为不同程度的污点，称为光学噪声；最主要的噪声来源是紫外探测器的噪声，产生原因异常复杂，但依据产生原因具体可分为热噪声、产生复合噪声、$1/f$ 噪声等。噪声信号主要占据图像的高频部分，它与目标信号具有相似性——都具有高频特性。但是噪声信号空间分布是随机的，没有目标信号在连续帧图像中的关联性，因此可以利用该特性在不影响探测概率和虚警率的基础上最大限度地去除噪声。

针对紫外信号模型的组成特点，在对紫外图像处理时，首先要对图像进行预处理，对图像进行灰度等形式的变换；经过预处理的图像中含有噪声信号和目标信号，根据噪声和目标信号的不同特点，进行基于单帧图像的背景抑制和目标检测，再根据目标信号的帧相关性，对可疑目标进行定位跟踪。因此，不管应用什么算法，对于弱目标紫外探测信号处理，有几个关键技术：图像预处理技术、基于单帧图像的复杂背景抑制技术、基于单帧图像的目标检测技术以及基于多帧图像的目标跟踪和数据融合技术等，具体处理方法如图 6.4 所示。

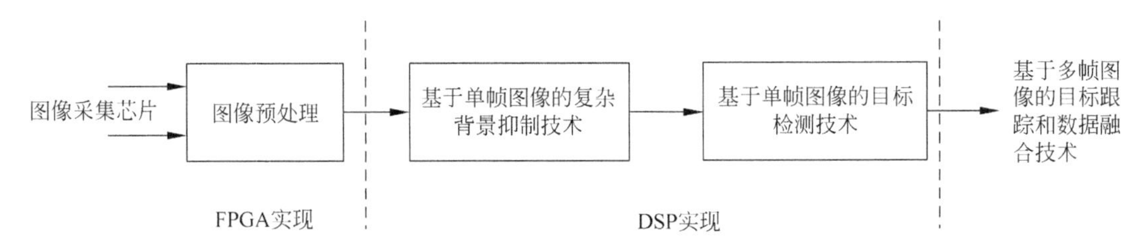

图 6.4 紫外图像处理方法和流程

下面就对紫外图像中的图像预处理、基于单帧图像的复杂背景抑制技术和基于单帧图像的目标检测技术进行相关算法的研究和评估。

6.2.3 图像预处理

在图像采集卡采集到图像以后，由于图像中对比度不强、整体灰度比较低等问题，因此需要对原始图像进行一定的预处理，图像预处理一般用于改善像质。通常改善降质图像有两种方式：其一，忽略图像降质的原因，选择性地突出感兴趣的目标或者特征；其二，根据降质原因和因素，尽可能使处理后的图像接近原来的图像。这里根据第一种方式改善图像质量，主要是利用 FPGA 对图像进行增强，以方便后面对数字图像的进一步处理。

1. 直方图均衡

所谓直方图均衡，就是以概率论为数学基础，将灰度概率分布已知的图像经过变换成为具有均匀灰度概率分布的新图像，即将原图的直方图进行均匀化，并据此修整原图像，根据占据不同灰度相应像素的多少压缩到不同的灰度级别。

记 $P_f(k)$ 和 $P_g(k)$ 分别表示输入图像和输出图像的概率灰度函数，由直方图变换原理可知输入图像在灰度区间 $[f, f+\Delta f]$ 与输出图像在灰度区间 $[g, g+\Delta g]$ 的所有像素数目相等，即

$$\int_{g}^{g+\Delta g} P_g(k)\mathrm{d}k = \int_{f}^{f+\Delta f} P_f(k)\mathrm{d}k \tag{6.5}$$

直方图具有明显的优点：很好地避免了灰度对比度展宽中较少像素占较大灰度空间的问题。但是直方图均衡化也有缺点：一是由于灰度级可能被过多地合并而使图像的层次感降低；二是最大灰度变化大于输出图像的实际灰度变化范围；三是均匀分布的特性不代表最佳值。

2. 灰度变换

灰度变换是一种图像预处理技术，是图像处理中简单而有效的方法。所谓灰度变换，就是针对原图像不同的降质原因，采用不同的处理函数 T 逐个像素点进行处理，以达到不同的要求，这种处理方法也称为点处理。具体变换如下式所示。

$$g(x,y,t) = T[f(x,y,t)] \tag{6.6}$$

式中，$g(x,y,t)$ 为变换后的图像；$f(x,y,t)$ 为变换之前的图像。变换函数 T 根据要求可以有多种形式，如线性、非线性；连续变换、分段变换以及自适应灰度变换等，例如下面的变换函数就属于线性变换。

$$T[f(x,y,t)] = af(x,y,t) + b \tag{6.7}$$

式中，a、b 均为常数，根据 a、b 取值的不同，函数可以实现不同的变换功能，表 6.1 列出了几种不同的情况。

表 6.1　a、b 取值不同对图像变换的影响

a、b 取值	图像变换效果
$a=1 \quad b=0$	输出图像复制输入图像
$a=1 \quad b\neq0$	输出图像比输入图像偏暗或偏亮
$a>1 \quad b=0$	输出图像为输入图像对比度扩展增强
$a<0 \quad b=0$	输出图像为输入图像的求反
$a<1 \quad b=0$	输出图像为输入图像的对比度压缩

6.2.4 基于单帧图像复杂背景抑制技术

高空高速目标在运动过程中，紫外探测器可以探测到羽烟辐射的紫外光，在图像中显示为具有帧相关特性的亮点；同时，在不同的背景下运动，目标在图像上显示为背景噪声信号。因此，在进行目标探测和跟踪之前，首先要对复杂的背景进行抑制。在背景抑制技术中，算法的选取要具有针对性，要针对背景、目标信号等特性进行选择，在不影响目标信号的

基础上最大限度地抑制背景，同时又要兼顾硬件实现的实时性要求，尽可能减少计算量和缩短计算时间。图像中背景噪声信号有下面几点显著的特征：

（1）背景噪声信号具有总体灰度分布未知的特点；

（2）背景具有时空的随机性；

（3）背景信号在全局范围内是剧烈变化的非平稳随机过程，而在局部内则是准平稳随机过程；

（4）背景噪声主要是由紫外探测器暗电流等因素引起的椒盐噪声，是处理背景噪声信号的重点。

可以应用到背景抑制技术中的算法很多，常用的有以下几种。

1. 高通滤波法

背景噪声信号是随机变化的信号，而目标信号是一些灰度奇异点，具有帧相关性，一般占据高频部分，常用的高通滤波器可以分为空域和频域两类。空域中高通滤波器可用式(6.8)表示：

$$g(x,y,t)=f(x,y,t)*h(x,y,t) \tag{6.8}$$

式中，$g(x,y,t)$为滤波器的输出信号；$f(x,y,t)$为滤波器的输入信号；$h(x,y,t)$为滤波器的脉冲响应函数；$*$表示卷积运算。在高通滤波卷积运算中，要用到高通范本，一般常用的 3×3、4×4、5×5 高通范本有式(6.9)、式(6.10)所示的几种。

$$\boldsymbol{H}_1=\begin{bmatrix}-1 & -1 & -1\\ -1 & 8 & -1\\ -1 & -1 & -1\end{bmatrix} \quad \boldsymbol{H}_2=\begin{bmatrix}1 & 2 & 2 & 1\\ 2 & -5 & -5 & 2\\ 2 & -5 & -5 & 2\\ 1 & 2 & 2 & 1\end{bmatrix} \tag{6.9}$$

$$\boldsymbol{H}_3=\begin{bmatrix}-1 & -1 & -1 & -1 & -1\\ -1 & -1 & -1 & -1 & -1\\ -1 & -1 & 24 & -1 & -1\\ -1 & -1 & -1 & -1 & -1\\ -1 & -1 & -1 & -1 & -1\end{bmatrix} \quad \boldsymbol{H}_4=\begin{bmatrix}-1 & -1 & -1 & -1 & -1\\ -1 & -1 & 4 & -1 & -1\\ -1 & 4 & 4 & 4 & -1\\ -1 & -1 & 4 & -1 & -1\\ -1 & -1 & -1 & -1 & -1\end{bmatrix} \tag{6.10}$$

这两个模板各有优缺点，范本 $\boldsymbol{H}_1$ 和 $\boldsymbol{H}_3$ 中心权值比较大，对于信号强度高的噪声和目标信号容易通过，背景和其他噪声则不易通过；模板 $\boldsymbol{H}_2$ 和 $\boldsymbol{H}_4$ 中心权值分散在十字中心上，可以起到膨胀小目标以及使背景变得均匀的作用。

下面介绍频域高通滤波。根据卷积理论，时域的卷积等于频域的乘积对式(6.8)应用傅里叶变换，可得式(6.11)。

$$G(u,v)=F(u,v)\cdot H(u,v) \tag{6.11}$$

式中，$G(u,v)$、$F(u,v)$、$H(u,v)$分别表示 $g(x,y,t)$、$f(x,y,t)$、$h(x,y,t)$的傅里叶变换，频域高通滤波的关键是选择可以满足处理要求的传递函数 $H(u,v)$。典型的高通滤波器有 LHPF(理想高通滤波器)、BHPF(巴特沃斯高通滤波器)、EHPF(指数高通滤波器)，它们的传递函数分别如式(6.12)～式(6.14)所示。

$$H(u,v)=\begin{cases}0, & D(u,v)\leqslant D_0\\ 1, & D(u,v)>D_0\end{cases} \quad (\text{LHPF}) \tag{6.12}$$

$$H(u,v)=\frac{1}{1+(\sqrt{2}+1)[D_0/D(u,v)]^{2n}}\text{(BHPF)} \tag{6.13}$$

$$H(u,v)=\mathrm{e}^{-0.347[D_0/D(u,v)]^{2n}}\text{(EHPF)} \tag{6.14}$$

式中，D_0 为截止频率；$D(u,v)=\sqrt{u^2+v^2}$ 表示坐标(u,v)到原点的距离；n 为决定滤波器衰减速度的系数，根据其值大小可以有不同的衰减速度。

2. 数学形态学方法

数学形态学(Mathematical morphology)是一门建立在格论和拓扑学基础之上的图像分析学科，是数学形态学图像处理的基本理论；也可以说是以几何学为基础处理图像，其基本原理是用一个结构元素去探测一个图像，探究结构元素是否能很好地填在图像的内部以及方法的有效性。其基本运算包括腐蚀和膨胀、开运算和闭运算、骨架抽取、极限腐蚀、击中击不中变换、形态学梯度、Top-hat 变换、颗粒分析、流域变换等。这里仅介绍其中的 4 种。

1) 腐蚀(erosion)(形态学)

腐蚀是数学形态学中两个基本的算子之一(另一个是膨胀)，用 Θ 表示。设 A 和 B 均为二维整数集合，集合 A 被集合 B 腐蚀定义为

$$A\Theta B=\{x:B+x\subset A\} \tag{6.15}$$

式中，A 为输入图像；B 为结构元素。表示 B 平移 x 的距离但仍包含于 A 内所有点 x 的集合。这里，若坐标原点在 B 的内部，则腐蚀过程就是 A 收缩的过程；若不在 B 的内部，则腐蚀结果可能不在 A 之内。

2) 膨胀(Dilation)(形态学)

膨胀与腐蚀是相对的一种运算，用$\oplus$表示，B 对 A 膨胀可以表示为

$$A\oplus B=\{x:(-B+x)\cap A\neq\varnothing\} \tag{6.16}$$

或

$$A\oplus B=[A^C\Theta(-B)]^C \tag{6.17}$$

式(6.16)是从膨胀的数学意义出发来定义的；式(6.17)是从膨胀与腐蚀是一对逆运算的角度定义的。不管利用哪一种定义，都表示 B 膨胀 A，即 A 获得了扩张。具体的意义可表示为：在 B 平移过程中，B 所覆盖点的并集即是膨胀的结果。但是不能让图像无限扩大，需要限制这种增长，记图 A 为C 的子集，则 B 相对C 对A 作膨胀处理，可通过限制在C内的平移得到，如下式所示。

$$A\oplus B:C=\bigcup\{(B=b)\cap C:b\in A\} \tag{6.18}$$

3) 开运算(形态学)

B 对 A 作开运算就是先腐蚀后膨胀的过程，具体定义为

$$A\circ B=(A\Theta B)\oplus B \tag{6.19}$$

或

$$A\circ B=\bigcup\{B+x:B+x\subset A\} \tag{6.20}$$

式(6.20)表示，通过计算所有可以填入图像内部的结构元素，平移后可以求得相应的开运算，相当于一个低通滤波器，可以平滑图像的外部边缘。

4) 闭运算(形态学)

闭运算就是一个先膨胀后腐蚀的过程，B 对 A 的闭运算可定义为

$$A \cdot B = [A \oplus (-B)]\Theta(-B) \tag{6.21}$$

或

$$A \cdot B = (A^C \circ B^C)^C \tag{6.22}$$

闭运算在图像处理中具有填充物体内细小洞隙、平滑边界、连接邻近物体、磨光图像内部尖角等对图像进行滤波的功能。开运算和闭运算具有很多优异的性质，如对偶性、单调性等。

3. 维纳滤波

维纳滤波以图像和噪声的随机过程为基础，寻找理想图像 $f_i(x,y,t)$ 的估计值 $\hat{f}(x,y,t)$，使二者的均方误差(ε^2)最小，具体如式(6.23)所示。

$$\varepsilon^2 = E\{f_i(x,y,t) - \hat{f}(x,y,t)\}^2 \tag{6.23}$$

式中，误差函数最小值的频域表达式 $F(u,v)$ 如下所示。

$$\begin{aligned} F(u,v) &= \frac{H^*(u,v)S_f(u,v)}{S_f(u,v)\,|H(u,v)|^2 + S_\tau(u,v)} \cdot G(u,v) \\ &= \frac{G(u,v)}{H(u,v)} \cdot \frac{|H(u,v)|^2}{|H(u,v)|^2 + K} \end{aligned} \tag{6.24}$$

式中，$K = S_\tau(u,v)/S_f(u,v)$，通过调整 K 值达到最佳的滤波效果。$H(u,v)$ 表示退化函数，$H^*(u,v)$ 为其复共轭函数，$S_\tau(u,v) = |N(u,v)|^2$ 为噪声功率谱，$S_f(u,v) = |F(u,v)|^2$ 为未退化图像的功率谱。

4. 中值滤波法

中值滤波是一种典型的非线性滤波算法，可分为一维中值滤波和二维中值滤波。对于长度为 K 帧的紫外图像序列 $f_1(x,y,t), f_2(x,y,t), f_3(x,y,t), \cdots, f_K(x,y,t)$，在 K 帧图像的相同位置可以取到 K 个像素值，对这 K 个像素值进行升序排列，如果 K 是奇数，则直接取中值作为该固定点的像素值；如果 K 是偶数，则取中间两个值的平均值作为该固定点的灰度值，可以统一用下式表示。

$$\hat{f}_B(x,y,t) = \begin{cases} f_{\frac{K+1}{2}}(x,y,t), & K \text{ 为奇数} \\ f_{\frac{K}{2}}(x,y,t) + f_{\frac{K+2}{2}}(x,y,t), & K \text{ 为偶数} \end{cases} \tag{6.25}$$

式中，$\hat{f}_B(x,y,t)$ 为背景噪声估计信号。

对于二维中值滤波，其基本思想是：在输入图像中以任意一个像元为中心确定一邻域 R，然后将邻域内的各像素的灰度值按照升序进行排列，取位于中间位置的中值作为该像元最后的灰度值，用该方法遍历整个图像就可以完成对图像的滤波过程，设窗口尺寸为 $R = (2k+1) \times (2k+1)$，$x_{i,j}$ 为位于(i,j)位置处的像素值，则二维中值滤波原理可以表示为如式(6.26)所示。

$$y_{i,j} = \text{median}\{x_{i+r,j+s} \mid (r,s) \in R\} \tag{6.26}$$

式中，$y_{i,j}$ 为滤波器的输出；$x_{i+r,j+s}$ 为 $x_{i,j}$ 附近的像素值。

对于二维中值滤波算法来说，常用的范本为 3×3 和 5×5 范本，其中 5×5 范本如图 6.5 所示。

传统的中值滤波法采用固定的窗口对图像进行滤波，可以很好地滤除噪声与保护图像

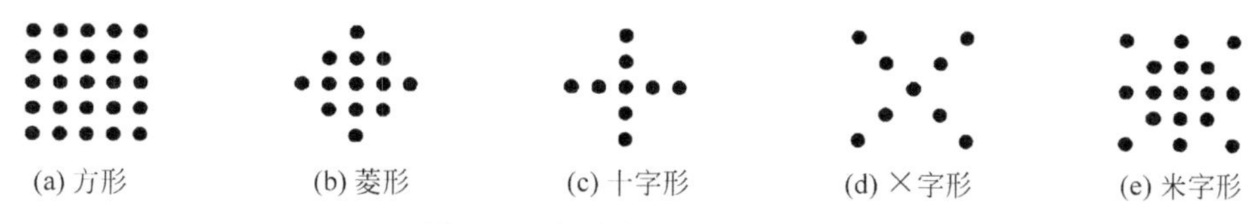

图 6.5 常用的二维 5×5 范本

的边缘细节，但缺点是对所有的处理对象都采用相同的模板，不考虑窗口范围内的噪声密度。因此，提出一种自适应中值滤波，根据图像内不同区域噪声密度的不同，合理改变滤波窗口的大小，增强对背景噪声的抑制效果。

设 $\boldsymbol{W}_{xy}$ 为 $m\times n$ 矩阵窗口，$f(x,y)$ 为像素点 (x,y) 的灰度值，$f_{\min}$、f_{med}、$f_{\max}$ 分别为滤波窗口 $\boldsymbol{W}_{xy}$ 内灰度的最小值、中值与最大值。令 $\boldsymbol{W}_{\max}$ 为自适应滤波最大窗口，则可根据如下步骤进行自适应滤波。

(1) 如果 $f_{\min}<f(x,y)<f_{\max}$，则该模板输出响应为 $f(x,y)$，否则继续步骤(2)；

(2) 如果 $f_{\min}<f_{\text{med}}<f_{\max}$，则该模板输出响应为 f_{med}，否则增加滤波窗口 $\boldsymbol{W}_{xy}$ 的尺寸；

(3) 如果 $\boldsymbol{W}_{xy}<\boldsymbol{W}_{\max}$，则继续步骤(1)；否则，模板响应输出 $f(x,y)$。

6.2.5 中值-平滑滤波及其硬件实现

在目标图像处理与识别中，降低噪声，提高图像的信噪比是重要的。为此，已经开发了多种数字滤波器。由于非线性滤波器在某些方面性能超过了线性滤波器，所以引起了重视并被广泛采用。中值滤波是排序统计滤波的典型例子，它能有效地降低图像噪声而保护边缘，边缘是目标图像的重要信息。通常，实施中值滤波的关键是探讨快速算法，提高运算速度。平滑滤波有较好的实时性，但降噪效果以及保护边缘要相对差一些。结合二者之长提出中值-平滑滤波进行图像处理，并给出其硬件实现方案。

1. 中值-平滑滤波原理

中值-平滑滤波将二维数字滤波问题化为一维数字滤波处理，先按行进行一维中值滤波和一维平滑滤波，然后，按照同样的方式按列处理。

令：输入图像为 $[X]_{M\times N}$，输出图像为 $[Y]_{M\times N}$，经过行五输入中值滤波处理后图像为 $[X']_{M\times N}$，行平滑滤波输出图像为 $[U]_{M\times N}$，列五输入中值滤波后的输出图像为 $[Y']_{M\times N}$，那么

$$x'(i,j)=\text{median}[x(i,j-2),x(i,j-1),x(i,j),x(i,j+1),x(i,j+2)] \tag{6.27}$$

$$u(i,j)=\frac{1}{5}\sum_{m=-2}^{2}x'(i,j+m) \tag{6.28}$$

$$y'(i,j)=\text{median}[u(i-2,j),u(i-1,j),u(i,j),u(i+1,j),u(i+2,j)] \tag{6.29}$$

$$y(i,j)=\frac{1}{5}\sum_{m=-2}^{2}y'(i+m,j) \tag{6.30}$$

2. 降噪分析

为简单起见，假设图像值 $\{x(i,j)\}$ 的均值是 m，为独立且具有相同分布的随机变量。

$$x=m'+z \tag{6.31}$$

$E\{z\}=0$，因而 $E\{x\}=m'$。令 $F(x)$ 和 $f(x)$ 表示变量 x 的分布函数和概率密度函

数。当 n 为奇数时，$x'=\text{median}\{x_1,x_2,\cdots,x_n\}$ 的密度函数为 $g(x')$。

对独立同分布的连续型随机变量 $x_1,x_2,\cdots,x_n$，定义：

$X_{(1)}=x_1,x_2,\cdots,x_n$ 中最小的

$X_{(2)}=x_1,x_2,\cdots,x_n$ 中第二小的

…

$X_{(j)}=x_1,x_2,\cdots,x_n$ 中第 j 小的

…

$X_{(n)}=x_1,x_2,\cdots,x_n$ 中最大的

有序量 $X_{(1)}\leqslant X_{(2)}\leqslant\cdots\leqslant X_{(n)}$ 称为对应于随机变量 $x_1,x_2,\cdots,x_n$ 的顺序统计量。第 j 个顺序统计量 $X_{(j)}$ 的密度函数可用下面的推理直接得到：

要使 $X_{(j)}$ 等于 x，必须在几个值 $x_1,x_2,\cdots,x_n$ 中，有 $j-1$ 个小于 x，有 $n-j$ 个大于 x，有一个等于 x。但任意给定 x_i 的一组值，其中 $j-1$ 个值全都小于 x，另一组 $n-j$ 个全都大于 x，剩下的一个值等于 x 的概率密度为

$$[F(x)]^{j-1}\cdot[1-F(x)]^{n-j}\cdot f(x)$$

由于把随机变量 $x_1,x_2,\cdots,x_n$ 分成上述 3 组，所以共有 $\begin{pmatrix} n \\ j-1,n-j,1\end{pmatrix}=\dfrac{n!}{(n-j)!(j-1)!}$ 种不同的分法，故 $X_{(j)}$ 的概率密度函数为

$$\frac{n!}{(n-j)!(j-1)!}\cdot[F(x)]^{j-1}\cdot[1-F(x)]^{n-j}\cdot f(x)$$

因而，当 $j=\dfrac{n+1}{2}$ 时，可得

$$g(x')=n\cdot\begin{pmatrix} n-1 \\ (n-1)/2\end{pmatrix}\cdot f(x')\cdot[F(x')]^{(n-1)/2}\cdot[1-F(x')]^{(n-1)/2} \tag{6.32}$$

这里假设像素上的噪声是高斯白噪声，分布为 $N(0,\delta^2)$，则变量 x 的分布为(m',δ^2)，那么

$$f(x)=\frac{1}{\sqrt{2\pi}\delta}\exp\left(-\frac{(x-m')^2}{2\delta^2}\right) \tag{6.33}$$

$$F(x)=\frac{1}{\sqrt{2\pi}\delta}\int_{-\infty}^{x}\exp\left(-\frac{(x-m')^2}{2\delta^2}\right)\mathrm{d}y \tag{6.34}$$

因而，中值滤波输出 x' 的密度函数为

$$\begin{aligned} g(x')=&n\cdot\begin{pmatrix} n-1 \\ (n-1)/2\end{pmatrix}\cdot\frac{1}{\sqrt{2\pi}\delta}\cdot\exp\left(-\frac{(x'-m')^2}{2\delta^2}\right)\cdot \\ &\left\{\frac{1}{\sqrt{2\pi}\delta}\cdot\int_{-\infty}^{x'}\exp\left(-\frac{(x'-m')^2}{2\delta^2}\right)\mathrm{d}x'\right\}^{(n-1)/2}\cdot \\ &\left\{1-\frac{1}{\sqrt{2\pi}\delta}\cdot\int_{-\infty}^{x'}\exp\left(-\frac{(x'-m')^2}{2\delta^2}\right)\mathrm{d}x'\right\}^{(n-1)/2} \end{aligned} \tag{6.35}$$

当 n 值很大时，$x'=\text{median}\{x_1,x_2,\cdots,x_n\}$ 的分布近似为正态分布 $N(\tilde{m}_1,\delta_1^2)$。其中

$$\tilde{m}_1=\frac{1}{n}\sum_{i=1}^{n}x_1 \tag{6.36}$$

$$\delta_1^2 = \frac{1}{4nf^2(\tilde{m}_1)} \tag{6.37}$$

对于小的 n 值，用$\frac{1}{(n+b)}$代替式(6.37)中的因子$\frac{1}{n}$，其中

$$b = \frac{1}{4f^2(\tilde{m}_1)\delta^2} - 1 \tag{6.38}$$

那么相应的均方差为

$$\delta_{n1}^2 = \frac{1}{(n+b) \cdot 4 \cdot f^2(\tilde{m})} \tag{6.39}$$

对于高斯分布变量 x：

$$f^2(\tilde{m}) = \frac{1}{2\pi\delta^2} \tag{6.40}$$

$$\delta_{n1}^2 = \frac{\delta^2}{n + \frac{\pi}{2} - 1} \cdot \frac{\pi}{2} \tag{6.41}$$

根据以上分析，有

$$\tilde{m}_1 = \frac{1}{5}\sum_{i=1}^{5} x_i \tag{6.42}$$

$$\delta_{n1}^2 = \frac{\delta^2}{5 + \frac{\pi}{2} - 1} \cdot \frac{\pi}{2} \tag{6.43}$$

假设经过平滑后图像$[U]_{M\times N}$ 的分布密度为$N(\tilde{m}_2, \delta_2^2)$，显然：

$$\tilde{m}_2 = \frac{1}{5}\sum_{i=1}^{5} \tilde{m}_1 \tag{6.44}$$

$$\delta_2^2 = \frac{1}{5}\delta_1^2 = \frac{\delta^2}{5 + \frac{\pi}{2} - 1} \cdot \frac{\pi}{10} \tag{6.45}$$

同理，假设经过列处理后图像$[Y]_{M\times N}$ 的分布密度函数为$N(\tilde{m}, \widetilde{\delta^2})$，那么

$$\tilde{m} = \frac{1}{5}\sum_{i=1}^{5} \tilde{m}_2 \tag{6.46}$$

$$\tilde{\delta}^2 = \frac{\delta^2}{\left(5 + \frac{\pi}{2} - 1\right)^2} \cdot \frac{\pi}{100} \tag{6.47}$$

故

$$\tilde{\delta}^2 \doteq \frac{\delta^2}{312} \tag{6.48}$$

由此可知，经过 5×5 窗口中值-平滑滤波、中值滤波、平滑滤波后的方差分别为 $\delta^2/312$、$\delta^2/16.3$、$\delta^2/25$，可以看出，中值-平滑滤波明显优于同样窗口的中值滤波和平滑滤波，大大提高了图像的信噪比。

3. 硬件实现方案

图 6.6 给出了中值-平滑滤波器的硬件方案。输入灰度像素在时钟脉冲控制下串行送入移位寄存器组(Ⅰ),移位寄存器并行输出 5 个像素至五输入中值滤波器,实现行中值滤波;把结果串行送至移位寄存器组(Ⅱ),然后并行输出五输入均值滤波处理器(Ⅰ),从而完成行中值-平滑滤波处理。输出结果串行输入五行图像存储器。图像存储器存储 5 行图像后,地址计数器每个时钟周期产生一个地址,每次从图像存储器读出一列 5 个像素数据,并行输入到五输入中值滤波器(Ⅱ),同理,可完成列中值-平滑滤波处理。

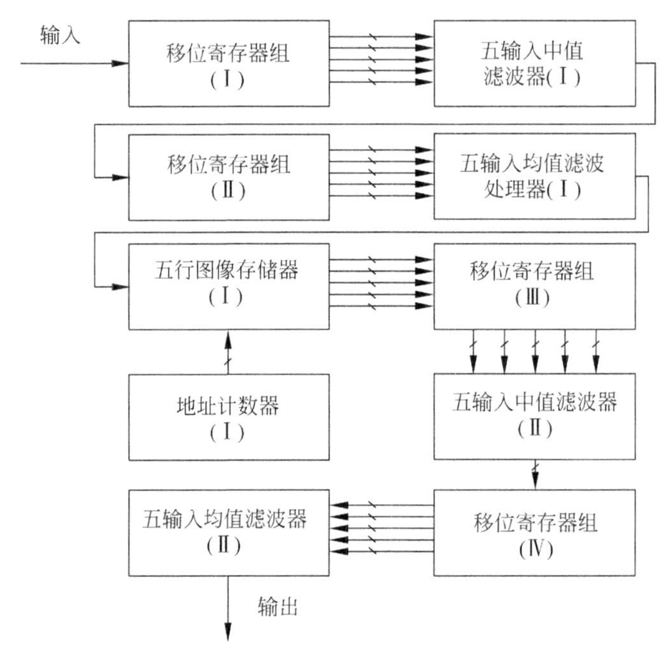

图 6.6 中值-平滑滤波器硬件方案

利用快速 RAM 实现行图像存储延迟。由上面的原理可知,要对行处理输出图像 $u(i-2,j)$,$u(i-1,j)$,$u(i,j)$,$u(i+1,j)$,$u(i+2,j)$的一列像素,必须具有存储几行灰度图像,才能进行列中值滤波。

图 6.7 给出了五输入中值滤波器电路框图,比较器 1 先比较 A、B 两个像素,利用二选一多路器 1、2 选出较大的一个像素 A′和较小的像素 B′。比较器 2 比较 D、E 两个像素利用二选一多路器 3、4 分别选出较大的像素 D′和较小的像素 E′。比较器 3 比较 A′、D′,二选一多路器 5 选择较小的像素 A″;同理,比较器 4 比较 B′、E′,二选一多路器 6 选择较大的像素 B″。由于比较器和多路器的多级延迟,故增加三个寄存器,形成一级流水线结构。比较器 5、6、7 两两比较 A″、C、B″的大小,利用门逻辑电路控制二选一多路器 7、8 输出,从而可以得到 5 个像素的中值。

需要指出的是,这里的硬件实现方案仅是作为原理示例,如果采用专用芯片来实现,将会大为减少体积、提高性能和可靠性;同样,也可通过软件的方法来实现。上述中值-平滑滤波可用于目标图像处理系统,在进一步完善本算法和使用专用大规模快速信号处理芯片后,可用于符合相应要求的目标图像跟踪系统。

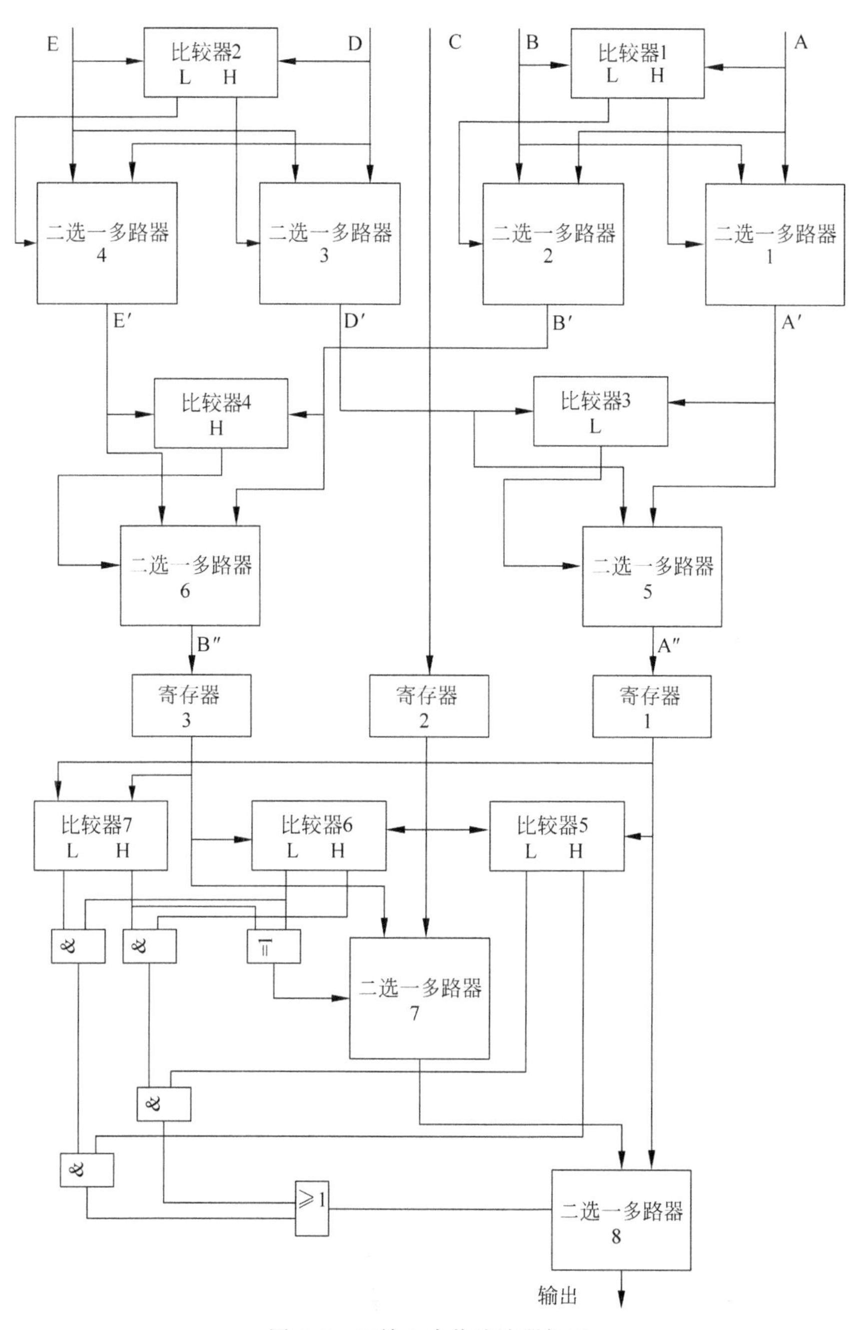

图 6.7　五输入中值滤波器框图

6.2.6　基于单帧图像目标检测技术

图像目标检测有许多方法，这里仅介绍基于单帧图像目标检测的恒虚警门限法、决策门限法、自适应阈值分割方法。

1. 恒虚警门限法

恒虚警门限法就是根据虚警率的大小选取一定的阈值，使虚警率为一恒定值的方法。

设经过背景抑制技术处理过的图像信号为 $f_1(x,y,t)$，为计算方便以及满足大体情况，噪声一般认为服从白高斯分布；对于某一像素点 x 灰度统计量为 K_x，平均灰度为 $\overline{K}_S$，均方差为 σ_S，若点 x 为目标信号，则满足 $K_x \sim N(\overline{K}_S,\sigma_S^2)$；若不是目标信号，则满足 $K_x \sim N(0,\sigma_S^2)$。根据信号检测理论有虚警率 P_{fa} 和探测概率 P_d：

$$P_{fa}=\int_{\lambda}^{\infty}\frac{1}{\sqrt{2\pi}\cdot\sigma_S}\exp\left(-\frac{K_x^2}{2\sigma_S^2}\right)\mathrm{d}K_x \tag{6.49}$$

$$P_d=\int_{\lambda}^{\infty}\frac{1}{\sqrt{2\pi}\cdot\sigma_S}\exp\left[-\frac{(K_x-\overline{K}_S)^2}{2\sigma_S^2}\right]\mathrm{d}K_x \tag{6.50}$$

式中，λ 为判决门限。

保持 P_{fa} 恒定，根据 Neyman-Pearson 准则，可得判决门限如式(6.51)所示。

$$\lambda=\sqrt{2}\sigma_S[\mathrm{erfcinv}(2P_{fa})] \tag{6.51}$$

通过选择恒定的阈值确定目标检测的门限$\Big($注：逆补余误差函数 $\mathrm{erfcinv}(\mathrm{erfc}(x))=x$，补余误差函数 $\mathrm{erfc}(x)=\frac{2}{\sqrt{\pi}}\int_x^{\infty}\mathrm{e}^{-t^2}\mathrm{d}t=1-\mathrm{erf}(x)$，误差函数 $\mathrm{erf}(x)=\frac{2}{\sqrt{\pi}}\int_0^{x}\mathrm{e}^{-t^2}\mathrm{d}t\Big)$。

2. 决策门限法

经过对图像背景抑制，图像中只剩下少量噪声和疑似目标信号，下一步就是要对图像中的目标进行分离，比较经典的理论和方法就是决策门限法。决策门限法以概率论条件概率为数学理论基础，通过设置一个决策门限来对目标和噪声进行决策和分离。

经过背景抑制技术处理过的信号 $f_1(x,y,t)$，只含有少量噪声和目标信号，用 $P(z|m_n)$ 和 $P(z|m_t)$ 分别表示噪声和目标的条件概率密度函数。

$$P(z\mid m_t)=\frac{1}{k} \tag{6.52}$$

$$P(z\mid m_n)=\frac{1}{\sigma\cdot\sqrt{2\pi}}\exp\left[\frac{-(z-\mu)^2}{2\sigma^2}\right] \tag{6.53}$$

式中，z 为 $f_1(x,y,t)$ 一个随机取值，这里 z 表示图像的灰度值；μ 为图像噪声的均值；m_n 为噪声信号；m_t 为目标信号；k 为 z 的取值范围内的值。这里为了简化问题，简化噪声信号。式(6.53)可以简化为

$$P(z\mid m_n)=\frac{1}{\sigma\cdot\sqrt{2\pi}}\exp\left(\frac{-z^2}{2\sigma^2}\right) \tag{6.54}$$

下一步确定决策门限 λ，当 $\frac{P(z|m_n)}{P(z|m_t)}<\lambda$ 时，该点表示目标；当 $\frac{P(z|m_n)}{P(z|m_t)}>\lambda$ 时，该点表示噪声。这里决策门限的确定很重要，会直接影响到虚警率和探测概率的大小。将式(6.52)、式(6.54)代入式 $\frac{P(z|m_n)}{P(z|m_t)}>\lambda$ 中，整理可得判断该点为目标点的限制条件：

$$z^2>-2\delta^2\left[\ln(\lambda\cdot\sqrt{2\pi\delta})-\ln k\right] \tag{6.55}$$

由于噪声信号所占像素较少，所以可以通过统计得到噪声的均值、方差以及灰度值，利用不等式(6.55)进行判断，满足此关系的视为目标信号，不满足此关系的视为噪声信号。

3. 自适应阈值分割

在噪声与目标的分离检测中，除了前面的恒虚警门限法和决策门限法外，还可以应用自适应阈值分割的方法，主要思想是根据目标一般比噪声灰度值高（亮度较大）的特点，灵活地选取一个阈值将噪声和目标信号分开。

设经过图像预处理和背景抑制算法后的输出图像灰度为 $f_s(x,y,t)$，取 T_u 作为自适应分割阈值，该阈值将图像分成 $G=\{a_0,a_1\}$ 两个部分，分割后 $f_p(x,y,t)$ 结果如式(6.56)所示。

$$f_p(x,y,t)=\begin{cases}a_0 & f_s(x,y,t)<T_u\\ a_1 & f_s(x,y,t)\geqslant T_u\end{cases} \tag{6.56}$$

$$T_u=m+k'\cdot \mathrm{SNR}\cdot\sigma \tag{6.57}$$

式(6.57)中，m 为图像的均值；σ 为标准差；SNR 为信噪比，这与图像预处理和背景抑制输出图像有关；k' 为某常数（可以通过实验确定），其灵活变化从而达到自适应的目的。经过自适应阈值分割达到对单帧图像目标检测的目的。

6.3 电视图像动态多目标自动识别及自适应多波门跟踪示例

在许多场合，环境的复杂性、动态多目标的存在，对目标探测、识别、跟踪系统提出了更高的技术要求，这对电视（红外）图像目标识别跟踪系统带来了挑战。传统的目标识别跟踪系统一般采用单波门、对单目标识别跟踪，目标自动识别能力较弱，无法对动态多目标进行识别和多波门跟踪。针对这一情况，示例采用动目标提取方法，建立运动轨迹，预测其运动速度，进行动态多目标识别，从而判断其威胁程度，为系统提供防御决策重要依据。与此同时，为了进行最有效的防御，有必要采用多目标跟踪方法自适应多波门跟踪，根据威胁程度进行目标选择跟踪。

6.3.1 自适应动目标提取

设像素的灰度值时间函数为 $x_k(i,j)$，某场图像的像素排列定义一个灰度矩阵（k 为场数）：

$$[X]_{M\times N,k}=\begin{bmatrix}\boldsymbol{x}_k(1)\\ \boldsymbol{x}_k(2)\\ \vdots\\ \boldsymbol{x}_k(m)\end{bmatrix} \tag{6.58}$$

式中，行矢量 $\boldsymbol{x}_k(i)=[x_k(i,1),x_k(i,2),\cdots,x_k(i,n)]$。

建立一场无运动目标存在的初始背景图像，在此之后，擦除视场中的运动目标，以区域均值代替运动目标灰度值，逐次更替背景图像。设背景图像为 $[G]_{M\times N,k}$，同样定义一个背景灰度矩阵：

$$[G]_{M\times N,k}=\begin{bmatrix}\boldsymbol{g}_k(1)\\ \boldsymbol{g}_k(2)\\ \vdots\\ \boldsymbol{g}_k(m)\end{bmatrix} \tag{6.59}$$

式中，行矢量 $\boldsymbol{g}_k(i)=[g_k(i,1),g_k(i,2),\cdots,g_k(i,n)]$。

为了提取动目标，计算实测图像与背景图像的灰度矩阵之差$[\Delta X]_{M\times N,k}$

$$[\Delta X]_{M\times N,k}=[X]_{M\times N,k}-[G]_{M\times N,k}=\begin{bmatrix}\boldsymbol{x}_k(1)-\boldsymbol{g}_k(1)\\ \boldsymbol{x}_k(2)-\boldsymbol{g}_k(2)\\ \vdots\\ \boldsymbol{x}_k(m)-\boldsymbol{g}_k(m)\end{bmatrix} \tag{6.60}$$

$$\Delta x_k(i,j)=x_k(i,j)-g_k(i,j) \tag{6.61}$$

设立一个门限 T，将图像的灰度矩阵转换成图像灰度二值矩阵。由于经过中值-平滑滤波，以及实测图像与背景图像的灰度差值运算，目标和背景在灰度上有比较明显的差别。通过分析图像处理过程的数据，为了动目标提取的实时性，提出一种简单、快速的算法，由实测图像的直方图确定灰度最大值 $x_{k,\max}$ 及最小值 $x_{k,\min}$，取门限 T 为

$$T=x_{k,\min}+\alpha\cdot(x_{k,\max}-x_{k,\min}) \tag{6.62}$$

式中，α 为常数，一般 $\alpha\in\{0.3,0.6\}$。通过 α 的调节优化处理的结果，压制外形边界上出现的干扰。

$$\begin{cases}|\Delta x_k(i,j)|>T, & q_k(i,j)=1\\ |\Delta x_k(i,j)|\leqslant T, & q_k(i,j)=0\end{cases} \tag{6.63}$$

式中，$q_k(i,j)$为二值矩阵的元素，则二值矩阵$[Q]_{M\times N,k}$ 为

$$[Q]_{M\times N,k}=\begin{bmatrix}\boldsymbol{q}_k(1)\\ \boldsymbol{q}_k(2)\\ \vdots\\ \boldsymbol{q}_k(M)\end{bmatrix} \tag{6.64}$$

式中，行矢量 $\boldsymbol{q}_k(i)=[q_k(i,1),q_k(i,2),\cdots,q_k(i,N)]$。

矩阵中 1 元素的位置图反映了在某距离、某时刻，通过视场的动目标图像的大小和形状。根据二值矩阵中 1 元素的形状参数就可以进行多目标识别。

6.3.2 多目标识别方法

对二值矩阵进行分析，抽取目标图像面积、周长，再利用目标距离信息，得到多目标面积、周长的关系；利用目标图像中心位置的变化来确定其运动轨迹以及目标横向运动速度(视场平面内速度)，利用目标距离信息的变化来确定其纵向运动速度；再加上目标图像复杂度(目标图像周长的平方与目标图像面积之比)，从而进行多目标识别。需要指出的是，采用更先进的智能识别算法能够提高识别能力，这也将是未来的发展方向。

6.3.3 自适应波门

用数字波门的方法来形成自适应波门，将目标信号的前、后沿在视场中的位置量分别锁

存于寄存器中，由DSP(或DSP＋FPGA)通过数据采集口将目标的前、后沿位置量采入，进行一系列比较判别，找出目标在视场中上、下、左、右4个边缘，利用目标图像4个边缘的位置数据，通过分别校正后，形成波门的上、下、左、右4个边。这样，波门的大小就随目标图像的大小而变化。图6.8为自适应数字波门形成方框图。

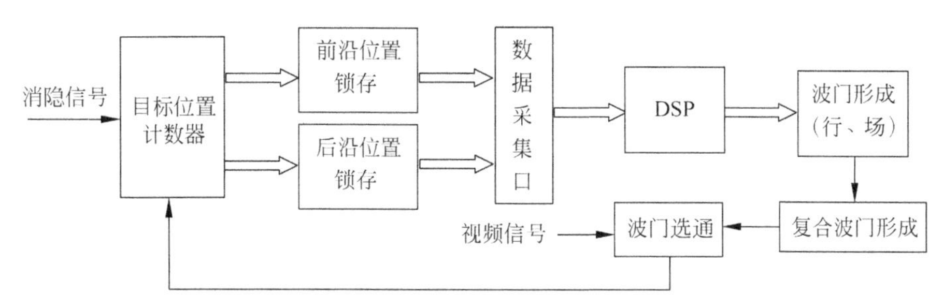

图6.8　自适应波门形成方框图

在自适应波门形成电路中，用DSP对数字量进行校正是必要的；否则，波门的跟踪精度将难以满足系统要求。

校正的方法比较多，这里是利用前5场的目标位置量，预测下一场的目标位置。预测值与实际下一场目标的准确值之差即为波门跟踪误差。

为此，应用函数构造理论，以误差分析为依据，构造一个自适应权函数，形成一个综合预测算法：

$$\hat{y}(k+1/k-1)=w(k-1)\hat{y}_{L}(k+1/k-1)+[1-w(k-1)]\hat{y}_{Q}(k+1/k-1) \tag{6.65}$$

式中，$\hat{y}(k+1/k-1)$表示利用直到$k-1$场的信息预测$k+1$场参数y，其间隔两场是考虑到操作时间的需要；$\hat{y}_L$和$\hat{y}_Q$分别为线性预测器和二次预测器；w为自适应权函数。二点线性预测器能较好地跟上动目标的快速动作，而五点二次预测器能较好地适应目标的高机动性，具有较好的平滑作用。通过比较实验，选择一个自适应权函数。得到算法公式：

$$\hat{y}_{L}(k+1/k-1)=3y(k-1)-2y(k-2) \tag{6.66}$$

$$\hat{y}_{Q}(k+1/k-1)=\frac{1}{5}[15y(k-1)-2y(k-2)-9y(k-3)-6y(k-4)+7y(k-5)] \tag{6.67}$$

$$w(k-1)=ER_{Q}(k-1)/[ER_{L}(k-1)+ER_{Q}(k-1)] \tag{6.68}$$

$$ER_{L}(k-1)=|\hat{y}_{L}(k-1/k-3)-y(k-1)| \tag{6.69}$$

$$ER_{Q}(k-1)=|\hat{y}_{Q}(k-1/k-3)-y(k-1)| \tag{6.70}$$

图6.9为算法实现方框图。栈式寄存器1和栈式寄存器2为先进先出式，分别存放最近5场的参数和用于估算实际参数的数据。若第k场参数y的观测值为$y_m(k)$，参数计算器将以前，当前参数以及w结合起来，按下式进行实际参数估算：

$$\hat{y}(k)=(1-w(k))\hat{y}(k/k-1)+w(k)y_{m}(k) \tag{6.71}$$

用$\hat{y}(k+1/k-1)$表示预测$k+1$场多目标图像的场位置量或行位置量的估量，用$\hat{y}(k)$表示对k场目标图像的场位置量或行位置量的估算，用$y(k-1)$、$y(k-2)$、$y(k-3)$、$y(k-4)$、$y(k-5)$分别表示$k-1$、$k-2$、$k-3$、$k-4$、$k-5$场目标图像的场位置量或行位置

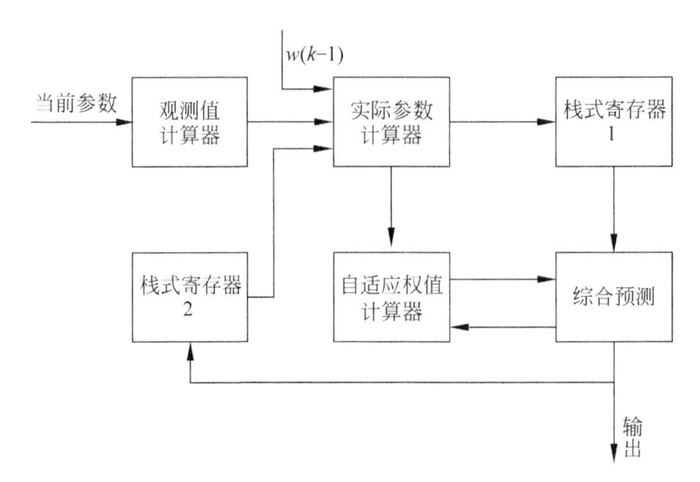

图 6.9 综合预测算法实现方框图

量。经过上述算法校正后形成的波门，其跟踪精度高，抗干扰能力较强。

6.3.4 多波门系统的捕获与跟踪

在多波门跟踪系统中，每一个波门的形成和单波门形成类似，但并不是多个单波门的简单集合。单波门环路捕获和跟踪电视视场中的目标时，单波门环路一般处于3种工作状态：

(1) 当电视视场中没有目标信号时，波门环路处于等待或搜索状态；

(2) 当电视视场中出现目标信号时，波门环路处于捕获状态；

(3) 当波门捕获到目标信号后，波门环路处于跟踪状态。

其状态转换如图6.10所示。

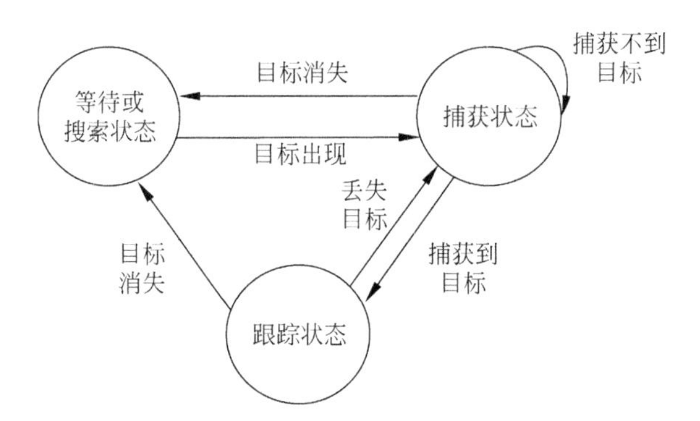

图 6.10 单波门环路工作状态转换图

单波门环路的控制逻辑主要完成环路3种工作状态变化时，各状态间信号的相应切换。

在多波门系统中，各个波门环路不仅要完成上述3种工作状态变化时的各状态间控制信号的相互切换，而且在多波门系统中各个波门之间的相互控制是必不可少的，否则各个波门将去捕获同一个目标信号，达不到多波门对多目标的跟踪要求。另外，由于固定大小的波门对于小于波门的目标信号是没有问题的，但当目标图像尺寸大于波门时，会出现几个波门捕获同一个大目标的不同部分的问题，因而，各个波门均采用自适应波门。

为了说明问题方便起见，以三波门系统为例(其余类似)，将其分别编号为1号波门

W_1、2号波门 W_2、3号波门 W_3，其控制信号流程图如图6.11所示。

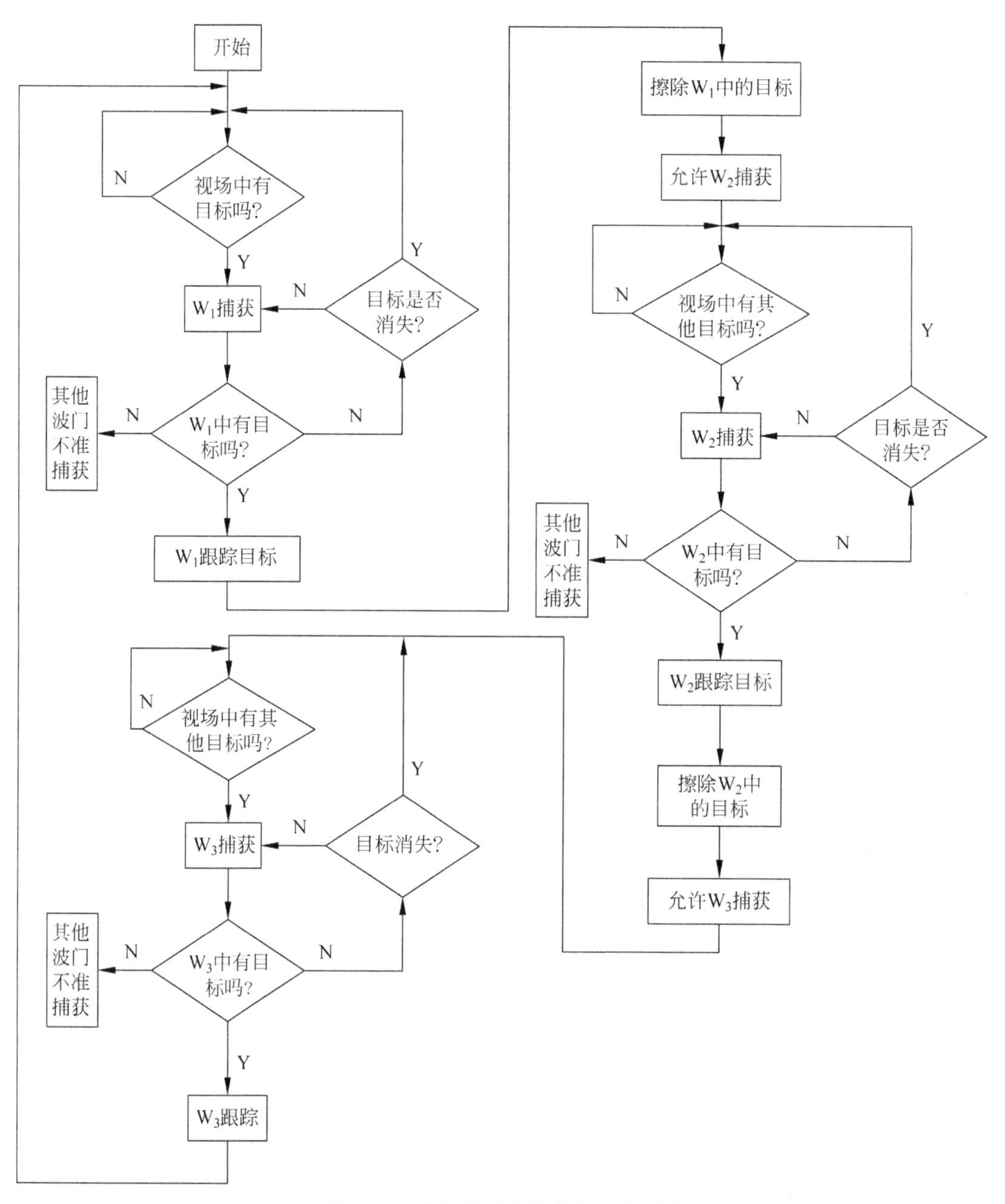

图6.11　多波门捕获跟踪控制流程图

从多波门系统的捕获跟踪控制流程图可以看见，多波门系统的控制主要是在捕获状态时对多波门捕获过程进行优先级别的排序控制。只要控制正确，多波门对视场中的多目标信号进行捕获和跟踪都会有条不紊地工作。

当电视视场内没有目标信号时，多波门系统处于等待状态，并不断判别有无目标信号出现。

当电视视场内出现目标信号时，首先只允许 W_1 对先出现的目标进行捕获，若 W_1 未捕获到目标信号，则禁止其他几个波门对目标信号进行捕获；当 W_1 捕获到目标信号后，W_1 处于跟踪状态，只跟踪 W_1 中的目标，同时将 W_1 中的目标信号从电视视场中擦除，这样，其他波门环路对 W_1 中的区域成为盲区，再发出允许 W_2 进行捕获的指令。

W_2 在获得允许捕获的指令后，先要判别 W_1 以外的电视视场中有无其他的目标信号，当没有其他目标信号时，不断地进行查询、等待，一旦出现其他的目标信号，W_2 就对出现的目标信号进行捕获。在 W_2 未捕获到目标信号时，禁止 W_3 进行捕获。当 W_2 捕获到目标后，W_2 进入跟踪状态，只跟踪 W_2 内的目标。同时将 W_2 中的目标信号从电视视场中擦除，使其他波门环路对 W_2 中的区域成为盲区。这样，即使 W_1 中的目标信号丢失，也不会来争夺 W_2 中的目标信号，W_2 仍处于跟踪状态。仅当 W_1 和 W_2 都处于跟踪状态时，才发出允许 W_3 对 W_1 及 W_2 以外的目标信号进行捕获的指令。

在 W_3 获得进行捕获的指令后，判别 W_1 及 W_2 以外的区域有无目标信号。当没有目标信号时，W_3 不断查询、等待，一旦有目标信号出现，W_3 就对目标信号进行捕获；捕获到目标信号后，转入跟踪状态，同时将 W_3 中的目标信号擦除，使其他波门环路对 W_3 中的区域成为盲区，这样，即使 W_1 或 W_2 中的目标丢失，也不会来争夺 W_3 中的目标信号，W_3 处于稳定的跟踪状态。这样就解决了多波门对多目标的自动捕获和跟踪问题。

值得一提的是，在跟踪过程中，如果某一波门内的目标消失（未出现在视场内），则该波门随之取消，当电视视场中还有其他目标或出现其他目标信号，则该波门对其目标信号进行再捕获和跟踪。或者由于目标运动速度超过跟踪速度而致使目标丢失（但还在视场中），则该波门需重新对其目标信号进行捕获和跟踪。如果有 2 个或 3 个波门中的目标丢失或消失，那么，再按上述优先捕获顺序重新进行捕获和跟踪。如果电视视场中的目标个数多于 3 个，那么，就要在考虑满足目标识别条件下，再附加其他优先捕获条件（运动速度、威胁程度等）；否则，就可能出现先出现的目标先捕获（可能并不是所要求捕获的目标），甚至可能会在其他因素的影响下，捕获、跟踪变化无常。

由于多波门系统中，形成每个单波门的电路基本相同，故可以将相同功能的电路合并，使多波门系统较单个波门组合的电路更加简单。

6.3.5 目标选择跟踪

若下一场的目标图像落在预测波门中，则表示目标处于正常跟踪状态。对目标逐场的位置存储起来，就可建立起目标的轨迹。对整个跟踪系统来说，跟踪伺服机构是要驱动电视视场跟随目标而运动的。当视场中出现多个目标时，整个跟踪系统难以对所有目标都一直保持跟踪状态。

当多目标呈单一运动状态时，各目标均以同一速度运动，伺服机构以相应的角速度使跟踪视场跟随呈单一运动的所有目标。一般情况下，波门可始终套住所有目标，在跟踪角速度较大时，失调角便较大，这时处于视场边缘的目标有可能跑出视场，该目标便失去跟踪。

当目标呈多元运动状态时，通常，多波门跟踪系统只能对其中的某一特定目标进行选择跟踪。选择跟踪的依据是目标识别情况，以及目标运动轨迹、速度、威胁程度，可根据需要进行自动选择跟踪。选定某一目标对其进行跟踪后，其余目标可能将从视场中逐渐消失。

单个目标的波门是根据该目标的图像位置、大小及其变化情况而预置的，在运动过程中，波门中有可能因为干扰等原因而出现其他目标。同一波门中出现两个以上的目标后，目标图像需重新识别，其位置及大小将重新计算，波门参数亦应自适应变化。上述的综合预测算法可以使系统保持对原目标的稳定跟踪。在这种情况下，新出现的目标(或干扰物)将逐渐离开波门。

6.4 自动目标识别

自动目标识别(ATR)是近几十年来逐渐发展起来的。ATR 系统是通过对序列图像的处理而实现目标的自动捕获、识别和跟踪，它是在传统的图像处理与模式识别基础上并结合军事上要求实时可靠的特点而提出的。最初 ATR 研究的主体涉及现在被认为是像目标探测、分割和分类功能的组成部分算法，其工作主要集中在对可见光波段摄取图像的处理和利用上，ATR 系统是处理系统模拟输入的不可编程系统，软件主要基于目标并利用统计方法来进行特征抽取和目标分类，几乎没有利用反馈来改善系统性能，这样系统的处理速度是大约每秒 1～10 帧。这些系统用于有限图像数据装置，识别过程是不稳定的和矛盾的，检测概率从 10%～80%变化，识别概率在 10%～60%。

随着自动模式识别原理、早期的神经网络与自组织系统的理论工作和实验工作，以及最初 AI 研究的进行，ATR 系统研究，尤其是 ATR 算法、多传感器的信息融合等方面已成为令人感兴趣的活跃领域，其研究成果与水平高低对图像制导、海空监视、高空侦察、AI、机器视觉、搜索、跟踪、导航等许多军事和民用方面的光电类系统性能的提高，有着重要作用和意义。

6.4.1 ATR 算法原理分析

ATR 算法是每一个 ATR 系统的基本组成部分，是 ATR 研究的主体之一，涉及像目标检测、分割和分类功能。

算法研究历来是 ATR 研究所致力的基本或核心领域。它建立逻辑运算来区别目标和经 ATR 处理过的每帧图像中可能出现的其他任何事物。因为没有两个目标种类、传感器组件、任务情况等是完全相同的，所以从来就没有万能的 ATR 算法。为了应对更加复杂化的情况，ATR 系统侧重于解决复杂问题。由于一些原因，ATR 算法很难得到发展和评价，其运用也是一个很复杂的过程，并且这些算法常常受到多种对抗因素的影响。在数字处理器中，用计算机软件和/或硬布线逻辑来表示算法。在光学处理器中，算法反映在诸如滤波器、透镜和调制器等部件的实际配置和/或可编程的配置中。

1. ATR 算法概述

典型 ATR 系统的关键部分是实用的 ATR 算法。在过去，硬件约束限制了算法研究，因而限制了 ATR 性能。当前的算法研究任务集中在图像综合描述，现有 ATR 系统是统计的和有局限性的。例如，分割算法不能处理整个图像，但可以检测感兴趣部位的目标，对图像中的某部位，分割器按最大边缘梯度以形成闭合边界。如果闭合边界在某预定阈值内未被检测，则舍弃这个部位并分析下一部位。当分割处理完成时，就形成了为下一步分析特征抽取的闭合边界。

基本 ATR 系统由 6 个处理部分组成：预处理器、感兴趣部位搜索器、分割器、特征抽取器、分类器和跟踪器。一旦捕获图像，就进入 ATR 的预处理阶段。预处理的目的是通过降低传感器噪声来增强图像数据的可用性。为此,预处理器集中于图像增强和所必需的变换,如图像恢复和增强对比度。当预处理器完成一帧图像,就进入到感兴趣部位搜索器和分割器。图像中被检测区域与利用像素间或目标间相关性确定图像变换的有关特征反馈给跟踪器。

正如处理器速度和规模这样的硬件限制已经要求利用感兴趣部位搜索器来识别图像中潜在的目标位置,而不是处理整个图像。感兴趣部位搜索器检测图像中有特定的目标特性,并把感兴趣部位报告给分割器。确定感兴趣部位的方法可以是结构的或统计的。

分割器的目的是把图像分割成几个有意义的区域。以往,对 ATR 有意义的区域称为有目标尺寸的物体。任务集中在有目标尺寸的物体(如坦克、树)和有助于目标分类处理的自然区域(如河、路、场地)。现有的目标识别系统利用方向梯度分割算法来选择感兴趣部位的位置并跟踪边缘梯度直至找到闭合边界或超过阈值。随着闭合边界区域进入特征抽取器和跟踪器,对图像中所有感兴趣部位重复这个过程。ATR 分割算法往往是基于边缘的、基于区域的或基于结构的。

由于跟踪器在图像处理系统外占有单独的处理器,特征抽取与跟踪并行完成。跟踪器的目的是利用序列图像的信息来保持预测目标的当前位置不变,被跟踪的目标是在分割时已经形成闭合边界的感兴趣部位。常用的跟踪算法是对比度跟踪,它通过随时对比目标与目标所处的背景来跟踪目标。

利用闭合边界来产生潜在目标的统计和结构特征。统计特征包括标准偏差、方差、平均像素、最大像素和其他强度特征;结构特征包括高度、宽度、曲率和其他尺寸特征。矩特征是广泛被采用的一种,它用于对飞机、舰船、地面目标、桥梁、建筑物等进行分类。特征抽取器计算每个图像物体独立和可识别的特征,一旦计算出所有特征,图像中的特征矢量及其位置就传至分类器。

分类器是一种统计算法,它将图像中的每个特征矢量与存储在存储器中代表图像中可能的许多物体的理想特征矢量类进行比较。一旦确定图像物体的最接近匹配,分类器就赋予一个概率来表示给定标号图像物体的可信度。在分析了图像中的所有物体以后,将可能进行目标的物体的可信度与门限值比较,如果有几个候选物体可信度超过所需的目标门限值,就将最高可信度的物体看成首要目标,为了末端寻的而反馈给跟踪器。

分类主要采用 K-NN 算法,使用投影、线性、二次分类器,结构分类器和树形分类器,或者使用分簇技术实现。此外,有一种统计-结构分类器,它可将图像具体信息和判断平滑结合起来,是适用于很多实际情况的一种分类器。

表 6.2 列出了第一代 ATR 系统的不足之处。第一代红外系统得到的信噪比大约每帧 2.2,受限于隔行光栅扫描探测单元。随着在第二代 ATR 系统中使用线阵、面阵探测单元,第三代 ATR 系统中使用焦平面阵列以来,信噪比得到大大提高,对 ATR 性能有很大改善。

尽管有许多计划用于发展现有的 ATR,但综合限制整个系统性能的几个不足之处仍然可能存在。第一,计算处理受以前硬件结构的限制,已经约束了 ATR 算法研制计划;第二,大多数工作的 ATR 系统只接受唯一特定数据库训练,导致现有系统高度依赖数据;第三,算法参数(如分割阈值)即使是可调的,也在相当大程度上依赖数据库;第四,算法难以完全弥补硬件的不足之处,造成无效的目标捕获、搜索;第五,并未利用所有可用的信息,作为次要信息未被利用;第六,并非所有输入数据按照它们对目标识别处理的作用予以分析。

表 6.2　ATR 问题、解决方法和未来方法

问　　题	解 决 方 法	未 来 方 法
定位分割	利用图像	全面分割
固定的算法	采用自适应算法	基于知识控制
主要基于形状	利用所有图像信息	结构的、统计的和空间特征
有限的处理环境	先进的硬件	并行处理器
数据驱动的	随机的	基于模型的黑板系统
单频/有限帧处理	场景历史	通过多帧处理的瞬间推理
单传感器	多传感器	智能传感器管理

2. 目标表示方法

最普遍的目标表示方法包括统计表示法、句法表示法、关系式表示法、投影几何表示法和基于传感器物理性质的表示法。目标表示方法如图 6.12 所示。从统计目标模型到几何及传感器物理模型的发展过程中，知识表示结构增加。在进入越复杂的表示方法时，就有越多关于目标方位、类别、情况等有用的决策信息。目标表示方法越复杂，与之相应的算法限制就越多，提供能实现的识别性能的精度就越高。比较复杂的目标表示方法的缺点是：一般需要较大的存储容量来存储目标模型，并且为假设和验证很具体的目标模型所需的时间会普遍增加。

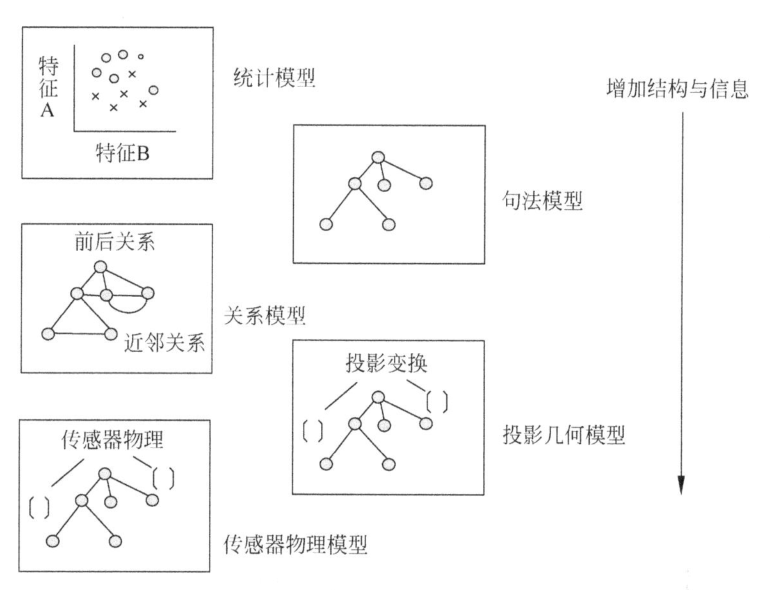

图 6.12　目标表示方法

统计模型把目标表示成许多特征，包括抽象的图像特征（诸如亮度矩或边缘量）以及几何特征（诸如长宽比或形状矩）。句法模型按照语法表示目标用特征树结构排列目标的要素或子要素，从而描述特征，例如，坦克有炮塔、履带、炮管和发动机；履带式车辆有履带行走部分等。关系式模型研究目标的各个部分及有关相互联系的规则，诸如在这些部分之间的方位和近似距离。投影几何模型包括在三维空间或平面模型表示时各目标部分的显式关系，它们把投影部分变换成一维或二维的适于传感器输入处理的范围。传感器物理模型利

用有关环境中的现象和传感器工作特性的信息，获得对预期探测的每个目标部分的概率性表示。传感器物理模型可以同句法表示方法、关系式表示方法、几何表示方法中的任一种结合起来运用，以增加有关预期探测能力的其他方面的信息。

3. 统计模式识别算法

许多人认为，自动目标识别算法的源头是统计模式识别。统计判断与估计理论是所有目标识别算法的基础。其目的是从信号域中抽取感兴趣的部分，并把这些候选部分同一些预先存储的有关物体或目标的模型相比较。如何精确地达到这一目的，常常涉及一些综合方法，包括从噪声中提取信号的方法和用于分类的一些类型的簇聚方法或模板匹配方法。由于在有效目标信号与参考目标信号这两种信号中引入了噪声和不确定性，所以需要将统计方法和判断决策理论应用于模式识别问题。

1）感兴趣区域探测

目标识别过程的每一步都受到目标与背景图像的各种特性的影响。干扰物体在探测过程中引起虚警，这是因为干扰物体的特性（诸如大小和亮度）常常与目标的某些特性相似。通过利用辅助特征和仔细调节判别式阈值，就可以辨别干扰物。预处理方法消除与目标无关的影响因素，同样可以减少干扰。

在探测过程中，形状信息常用作判别因素，通过测量在图像中处于每个候选探测区域的盒状区域内的亮度来得到形状信息。用于许多探测算法的双波门处理器如图 6.13 所示。内波门近似所预测目标的大小和形状，外波门具有像内波门一样的相同区域，两个波门之间的区域是保护环，选择保护环的大小，以便当目标位于内波门中心时，内波门和外波门明确地表示目标及其背景。当双波门处理器位于图像中各像素的中心时，用内、外波门来计算诸如图像平均亮度这样的统计值，当区域中的这些量值显著不同时，表示探测到目标。在某些情况下，判断过程包含对整个图像统计值的估计。在红外图像中，平均值是重要的统计量，因为目标通常比周围背景更亮或更暗。对于激光雷达图像，标准偏差起到比较重要的作用，因为相干激光斑效应产生相对高亮度偏差的图像。

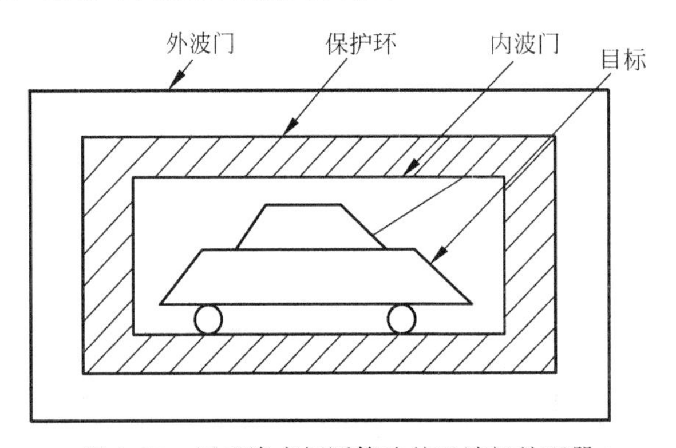

图 6.13　用于许多探测算法的双波门处理器

Schachter 通过计算 ATR 工作曲线，研究了几种判别式的有效性，利用判别式作为充分统计量。工作曲线用于评价判别式，因为曲线越陡地上升或达到越高的探测概率，表示判别式越有效。这里讨论 3 种情况。第一种情况，目标与背景的亮度分布的均值不等，标准偏差相等。充分统计量 s 为

$$s=\frac{\mu_t-\mu_b}{\sigma} \tag{6.72}$$

式中，μ_t 和 μ_b 分别是目标和背景区域的均值；σ 是一般的标准偏差。

第二种情况，目标与背景的亮度分布的均值不等，标准偏差也不等，此时，充分统计量 s 为

$$s=\frac{\mu_t-\mu_b}{(\sigma_t^2+\sigma_b^2)^{1/2}} \tag{6.73}$$

式中，σ_t 和 σ_b 分别是目标和背景区域的标准偏差。

第二种和第一种情况都是对一般亮度分布时统计 t 检验的变异情况。第三种情况假设目标和背景的分布为累积分布，累积分布在一个或多个亮度值处不同，在此情况下，充分统计量可以是

$$s=\left\{\sum_i[P_t(I_i)-P_b(I_i)]^2\right\}^{1/2} \tag{6.74}$$

或

$$s=\sum_i|P_t(I_i)-P_b(I_i)| \tag{6.75}$$

式中，$P_t(I)$是在整个目标区域直到亮度 I 的亮度累积分布的取样值。这称为 Cramer-Von Mises 检验。

ATR 的工作曲线（对某个统计量）如图 6.14 所示。通常，对不同的统计量，工作曲线的形状是相似的。

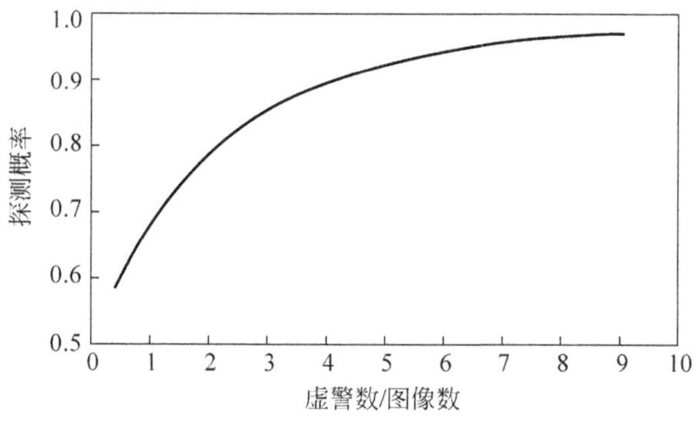

图 6.14　ATR 的工作曲线

2）分割方法

分割方法通过探测每个候选目标的轮廓，能够稳定处理目标图像中的信息。举例来说，考虑一个军用车辆的热图像，它的外观情况相当易变，且取决于许多因素，包括车辆的工作状态、白昼时间、天气以及其他影响车辆外表面温度的因素。所计算的轮廓是车辆形状的函数，它的特征，尤其是它的面积，在识别车辆时是有用的。分割算法利用车辆与背景之间的亮度或其他特征的差别，以及车辆外观情况的均匀度。当①目标对比度高；②目标的边界明显；③在目标附近没有类似目标的背景干扰时，分割产生准确的轮廓。

至少已有 3 种分割方法用于探测潜在目标的轮廓，这 3 种方法是边缘探测方法、阈值化方法和区域增长方法。许多分割器综合利用这 3 种方法。例如，通过对图像应用差分算子

来探测边缘，并且边缘的平均亮度常常用来确定某个阈值。在应用边缘操作算子后，为了连接被小距离分隔的区域，可以利用区域增长方法。

边缘探测算子实质上是局部算子。应用广泛的一种是 Sobel 算子，它分析 3×3 像素阵列，以探测亮度突变。拉普拉斯-高斯算子也常常被采用，因为它不仅探测边缘，而且保护点目标。不规则高度区域会引起探测误差，通过使用形态操作，诸如腐蚀和(或)膨胀操作，能够改善边缘探测。与边缘探测器类似，形态操作也是局部操作：腐蚀操作由于从区域的边缘中除去像素而使区域面积减小；相反，膨胀操作由于增加像素而使区域面积变大。腐蚀操作能排除与边缘无关的孤立像素。膨胀操作通过延伸直至满意为止的边缘线，能够用于填充边缘中的空隙。换言之，用边缘算子来探测边缘末端领域中更小的亮度变化，能够填充空隙。循环形态滤波器能用于补充或消除较大的外来人为影响因素。

基于阈值处理的分割器常常根据图像的统计来计算阈值，这有时是通过计算亮度直方图，并在直方图峰值之间设置阈值达到的。然而，许多图像的直方图没有明显的峰值，那么必须采用其他的方法。如上所述，可以在用边缘算子探测的边缘亮度处设置阈值。因为许多图像不是一致的，按照在探测算法已经探测到目标的区域中的统计值来计算局部阈值。在这些区域中使用从亮度直方图获得的信息可能更有效，因为设计探测算法是为了发现具有两个显著不同亮度分布的区域。

区域增长是一个迭代过程。在迭代过程中，为了把图像分割成两个或多个区域，把阈值处理同基于像素间关系的计算结合起来运用。在每步迭代时，根据各像素与其邻近像素之间的差异，计算出一致性函数。在某种程度上说，根据该函数改变像素亮度值，以便当差异很小时，各像素亮度能更接近于邻近像素亮度。基于一致性函数，改变像素亮度使各相互关联的大区域更大，小区域更小。一致性函数有时称作代价函数，取决于目标和背景区域的平均值或标准偏差；在此情况下，在迭代之前阈值化处理图像，这样就能计算出这些参数。一致性函数还包括除邻域像素亮度差异之外的其他信息。已经构造了一个便于组成边缘，并使后一次迭代比前一次迭代改变更小的函数。

从理论上说，区域增长程序会达到某个稳定状态，在此状态下，运用这一程序不会改变分割效果。但并非对每个一致性函数都是这样，必须进行检验，使该程序能在适当的时候停止运行。解决此问题的方法叫作稳定结构方法，它假设分离的区域数在各相互作用处快速地减少，直至达到最佳分割，在此之后比较缓慢地减少。在每次迭代之后，计算分离区域数，当此数的变化率变得较小时，停止执行此算法。

3) 统计分类器

由 ATR 传感器测量出的特征是目标分类的基础。统计分类器把特征测量值同具体目标类型所要求的特征值相比较，选出最接近于测量值的类型。相关分类器计算所测量的图像与可能目标图像库中的图像之间的相关函数，并选择有最大相关值的图像。当特征近似等于空域频谱成分时，相关分类器等效于统计分类器。

研究一个二类分类探测，目标和背景对一个统计量有不同的分布，此统计量把每个区域表示成这两类之一，再由阈值或判别式界面确定统计量的测量值所表征的类别。分类误差率是在阈值之上的部分背景分布的积分与在阈值之下的部分目标分布的积分之和。

推广此方法就能解决多目标类别和多目标特征的问题。在多目标类别问题中，特征的不同组合方法对于每对类别也许是最佳的判别式，而在多维特征空间中判别式界面是确定最佳识别各目标类别的特征组合方法。

当已知在分类中所用的特征时，依据各独立特征的均值和标准偏差，就能对分类器进行评价。对于各目标类别，标准偏差一般是与测量过程的精度或一致性有关，称为特征噪声。通常情况下，当各类目标数据特征噪声相同时，就能对特征集大致确定一个相关矩阵。相关矩阵的本征矢量是能用于分类的独立特征的组合，本征值不为零的本征矢量的数量为特征集的维数。

最近邻分类方法把一些数据点归到相同类别，作为在特征空间中最接近于这一类别的训练集合的要素。此方法不需要明确的概率密度函数定义。然而，它需要确定特征空间的距离测度，以便当特征测量值与训练集合要素二者的概率密度函数值之间的距离很小时，特征测量和训练集合的要素几乎相等。通过把测量值归到在 K-NN(K-Nearest Neighbor，K 最近邻)之间所最频繁代表的类别，就已经把最近邻规则综合成 K-NN 规则，利用它到相同训练集合要素的距离，分类训练集合的要素，就能用最近邻方法来估计分类误差的下限。从训练集合中分类不同数据集合的要素，就能估计上限。当点数很大时，这两个估计值相互趋于接近。Foley 已经把这一分析方法应用于解决标准分布的两个类别问题，并发现当 N/F 之比值大于或等于 3 时，总的分类误差接近于贝叶斯估计。其中，N 是每类的抽样数，F 是特征数。此结论称为 Foley 判别式，常常用于估计最近邻分类器所需的抽样规模。

有时，用决策树来实现统计分类器。基于单一特征把数据点归到一个类别组，那么基于其他单一特征就会把数据点归到成功性较小的类别组，直至获得最精确分类。当在树的某分支中可应用的特征不能用于其他分支时，必须采用此方法。当不属此种情况时，此方法仍能做出较快的计算，只是没有完全依赖多维特征分布的方法那样精确。

4）对动目标的考虑

在目标探测过程中，利用目标运动信息，逐帧比较序列图像。为了实现动目标分析，必须校正造成摄像机方位和位置变化造成的几何失真。比较逐帧校正了的图像，要么是为了产生降低噪声的平均图像，要么是为了通过减法运算产生空图像，在空图像中仅存在运动目标。

利用相关方法来测量几何失真，高空域频率同窄的相关函数有关，它用于准确的位置配准。光流场由表示图像位移大小和方向的矢量组成。计算光流场，通过参数化光流场，并计算在最小平方意义上最佳配准参数，就能减少测量影响，于是用以下形式的仿射变换来描述光流场

$$y = a_{11}x_1 + a_{12}x_2 + a_{13} \tag{6.76}$$

$$y_2 = a_{21}x_1 + a_{22}x_2 + a_{23} \tag{6.77}$$

式中，y_1 和 y_2 是被校正图像的坐标；x_1 和 x_2 是被测量的坐标。通过获得测量坐标与预测坐标(y_1，y_2)之间的最小平方误差和，就可以计算参数 a_{ij}。

如果平台在帧与帧之间运动距离很大，在校正图像时，还必须考虑视差的影响。前景的运动不同于背景运动，必须分别校正。

4. 模板相关算法

模板匹配是把很特殊的滤波器或模板应用到图像分割、特征提取或分类过程，它还能同时用于这 3 个过程。对于图像分割，匹配模板是简单的，比如边缘匹配模板。对于特征提取，模板是目标的一部分，诸如炮塔、车轮或壳体；场景特征，诸如道路和边界；或抽象的图

像特征，诸如坦克形状的轮廓、发动机形状的圆块及建筑物形表面。对于分类过程，通常有一些目标模板或场景模板在特定情况下并按照唯一投影表示唯一的目标或场景。模板匹配算法可以通过直接在图像上变换完全二值化的或多灰度的目标模板或场景模板，并找出最大互相关函数响应来完成整个识别过程。这些过程的任何一部分都可以把模板同原始域中或变换域中的信号或图像相匹配，Sobel、Hough 以及傅里叶变换常被用于解决这种问题。

因为图像或信号包含噪声，包括非乘性或非加性的干扰，而且由于要处理图像上多目标的所有可能情况是不可能的，必须在模板与图像或信号之间采用某种匹配测度。在数字信号处理领域，匹配通常是由互相关测度来实现的。在区域 ψ 上利用下列距离测度之一，能够测量 f 和 g 两个函数之间的匹配度

$$\max_{\psi} \mid f-g \mid, \quad 或 \quad \iint_{\psi} \mid f-g \mid, \quad 或 \quad \iint_{\psi}(f-g)^2 \tag{6.78}$$

如果利用后面的表达式作为失配测度，则可推出一个有用的匹配测度。注意到

$$\iint(f-g)^2=\iint f^2+\iint g^2+2\iint fg \tag{6.79}$$

因此，如果$\iint f^2$ 和$\iint g^2$ 是不变的，那么失配测度$\iint(f-g)^2$ 当且仅当假设$\iint fg$ 越小时，就越大。换句话说，我们能用$\iint fg$ 作为匹配测度。利用 Cauchy-Schwarz 不等式能得到相同的结论。在数字信号情况下，此不等式为

$$\sum_i \sum_j f(i,j)g(i,j) \leqslant \left\{\sum_i \sum_j (f(i,j))^2 \sum_i \sum_j (g(i,j))^2\right\}^{1/2} \tag{6.80}$$

如果 f 是模板，g 是图像，想要找到一些与 f 匹配的 g，就移动 f 到与 g 相关的所有可能位置，并计算对每次移动$(x+u)$和$(y+v)$ 的$\iint fg$。然后，计算此归一化互相关作为匹配测度。

$$\frac{\sum_i \sum_j f(i,j)g(i+u,j+v)}{\left\{\sum_i \sum_j (g(i+u,j+v))^2\right\}^{1/2}} \tag{6.81}$$

光学匹配滤波方法是从光学信息处理发展而来的，在空域或空间频域可以完成光学匹配滤波。基于透镜对任何输入信号产生傅里叶变换这一实际情况产生了频域法。如果线性位移不变，滤波器可认为是与特殊信号 $s(x,y)$相匹配。

$$h(x,y)=s^*(-x,-y) \tag{6.82}$$

在相干处理几何条件下，在相同的输入、输出透镜之间放置频率平面掩膜，就为匹配输入量及其频域表示量提供了一个简便的方法。光学匹配滤波原理图如图 6.23 所示。如果滤波器（或频率平面掩膜）将与输入信号 $s(x,y)$匹配，应有与 s^* 成比例的幅度传递函数。对脉冲响应 $h(x,y)=s^*(-x,-y)$进行傅里叶变换，得

$$H(f_x,f_y)=S^*(f_x,f_y) \tag{6.83}$$

把滤波器 S^* 放入如图 6.15 所示的光路中，形成透射场分布 SS^*。这表示滤波器准确地抵消了入射波前 S 的弯曲，产生入射到透镜 3 上的平面波。平面波被透镜 3 聚焦而在输出平面上产生一个亮点。当 $s(x,y)$之外的输入信号出现时，波前弯曲一般不能由滤波器抵

消，透射波不会由最后的变换透镜形成亮点聚焦。通过测量最后变换透镜焦平面上的亮度，就能探测出 s 信号。

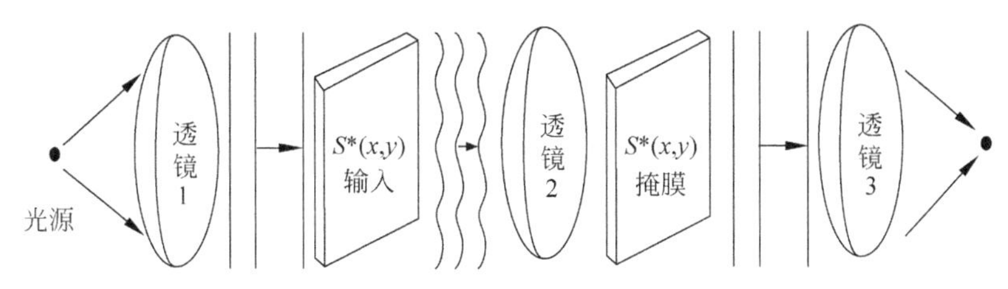

图 6.15　光学匹配滤波原理图

尽管光学频域匹配滤波器具有线性位移不变性，但在二维图像中，为了实际匹配应用此方法时，大小与旋转存在明显的问题，利用高速数字空间光调制器，通过光学变换平面，可以循环使用许多滤波器，因此，不需要用机械方式在光路中换进和换出滤波器。然而，表示大小变化、旋转变化和三维至二维投影变化的滤波器的数目必须最小化，以获得合理的匹配性能，保持 ATR 应用时的实际处理速率。

在空间频域而不是在空域进行匹配滤波的优点是：滤波器不需要通过扫描整个输入图像来进行卷积运算。如果在图像中产生对目标模板匹配，那么不管在什么位置匹配，都会在输出平面出现亮点。利用光学方法代替数学方法的优点是：数字方法的傅里叶变换的运算速度，即使用快速傅里叶变换的运算算法，对输入大的图像仍然耗费很多时间，而光学方法的傅里叶变换的速度很快，耗费时间极少。

在实际使用匹配滤波技术时，为保持目标探测能力，必须确定能容忍多大程度的失配，亦即必须确定在比例放大、旋转和投影时的允许失配度。

5. 基于模型的算法

ATR 算法中基于模型的方法从几个方面扩展了匹配滤波与统计模式识别方法的基本应用范围。在讨论它们的差别之前，有必要指出的是，正如有关的研究人员描述的那样，基于模型的方法包括基于模型的推理方法、基于模型的识别方法、基于模型的视觉方法以及基于模型的训练方法。尽管这几类方法之间存在很多重叠交叉，但仍有细微的差别，基于模型识别和基于模型视觉之间的差别只不过是所提取的信息源不同。基于模型的视觉从名称上是与成像系统有关的，是包括非成像输入信息源的基于模型识别方法的子类。另一方面，基于模型推理更加广泛，既有决策结构模型，又有目标模型。基于模型的推理可以说包括有关目标模型推理的中间模型或知识。

对于统计模式识别算法，基于模型视觉与基于模型训练之间存在明显的差别。基于模型训练仅仅利用目标特征模型来训练统计模式识别算法。在基于模型训练方法中，目标模型用于产生模拟图像或特征，然后提取似然目标的特征，并存储在算法的多维特征空间中。

对基于模型的算法、匹配滤波算法以及统计模式识别算法进行比较，发现基于模型的方法与统计模式识别方法之间的关键差别在于参考空间或用于匹配的知识库不同。采用统计模式识别方法，在一组训练图像中提取似然目标模式作为多维特征空间中的特征，诸如凸状或形状矩。基于模型方法的真正优点之一，是可以在增加新的目标与环境下，不必重新训练算法。新的模型可以直接加到基于模型算法的知识库部分。基于模型算法与匹配滤波算法之间的区别是：在形成假设和匹配过程中的逐渐逼近程度与灵活程度不同。

基于模型的视觉算法的基本组成，如图6.16所示。基于模型的识别算法一般都要考虑到该表所列的组成部分或过程，其中某些过程可以在执行具体算法时很好地结合起来。这些过程是：①控制作用过程；②计划作用过程；③假设形成；④知识存储与检索；⑤知识提取；⑥推理过程；⑦不确定性管理；⑧矛盾解决。

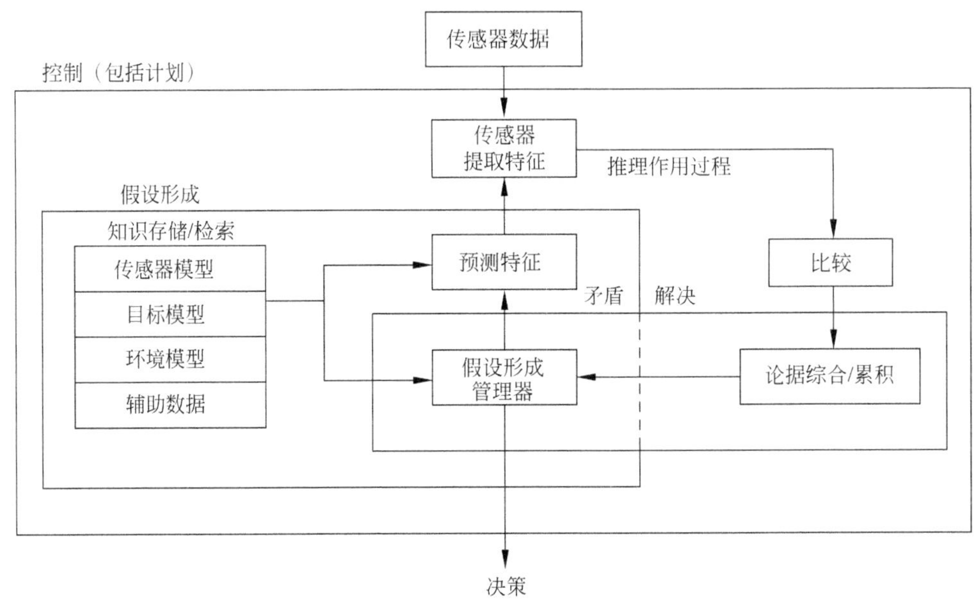

图6.16 基于模型的视觉算法结构

控制作用过程作为管理器对整个识别过程进行推理控制。计划作用过程优化识别过程，并对不同的情况提供灵活的处理方法。假设形成是预测待探测和待确定场景中的目标、要素和特征的过程。知识存储与检索则是存储模型知识的过程。知识提取是控制从一个或多个成像或非成像源提取信息的过程。推理过程所预测的特征同所提取的特征进行比较。不确定性管理是处理不确定的、模糊的或不充分的论据。最后，矛盾解决过程是运用支持矛盾假设论据的过程。

知识存储或检索过程包含参考模型和有关感兴趣目标的信息源，以及如何和何处使用这些目标。传感器提取过程实质上是信号或图像处理过程，用来发现感兴趣的目标。推理或比较过程是对前述的各层次的目标进行候选图像目标分析，并将它们同候选的模型目标相比较。当给出许多模型时，假设形成过程包括检索过程，以确定将哪些模型同候选提取的图像区域或特征相比较。控制过程用来启动处理过程、搜索参考模型，为多个竞争匹配保持中间论据累积、解决矛盾，以及为确定什么时间停止逐步逼近过程而执行决策阈值程序，并报告决策结果。

基于模型的算法通过形成假设并试图验证所选择的假设进行推理。顶层假设基于辅助智能信息，进行特征提取和论据提取而不需要特别的目标假设。通常，所抽取的初始特征与论据结合起来时，将触发形成目标假设。按从上至下的方式，假设管理器根据目标假设形成子命题或第二级假设，且它们依次预测图像中的某些特征。然后，在所有抽象层次上，推理过程通过把预测的特征同其后抽取的特征相比较，来进行验证。依据验证了的子命题假设得到的推理性论据，去更新和修改目标假设，然后，或者开始另一轮的子命题假设与验证，或者表示验证了最后的假设。在报告完一个目标之后，开始搜索图像中的另一个目标。

6. 人工神经网络算法

人工神经网络很久以来都是与生物和医学界紧密相连的，用于图像/信号识别处理应用的计算机模拟神经网络，有一些文献资料已经做过论述。国内外有一些研究机构一直在从事专门用于实现神经网络的超大规模集成电路的研究工作。

神经网络结构是以并行处理许多竞争性假设的模型为基础的。网络拓扑、节点特征以及学习或训练规则共同规定神经网络模型。学习规则规定一组初始加权值，并指出在网络使用期间应该如何调整加权值。

神经网络可以用于许多 ATR 算法方案。通过在中间网络层一般化目标表示来完成在一个神经网络上实现统计模式识别算法的任务。为了加强有关不变决策滤波器的通用性，神经网络可以使用在输入和输出层之间少数几个中间节点。模板匹配算法可以通过在神经网络中插入许多中间隐蔽层节点来实现，以在参考目标模板中保持固有的特征。基于模型的推理算法的神经网络结构可以是所述结构类型的组合，这种组合取决于在特定处理阶段算法的要求。

ATR 应用的神经网络结构一般属于以下两类之一：神经视觉和神经分类器。ATR 的神经视觉方法应该至少提供以下功能之一：

(1) 对封闭形目标的边界完整性；

(2) 根据亮度值的变化校正空间不均匀性；

(3) 基于目标结构信息进行分割。

ATR 应用的神经分类器应该至少保持对很复杂图像或信号模式的并行搜索，或者能探测新模式并为此模式建立新的类型。

神经视觉模型主要是模拟生物视觉系统，这些模型总是通过中心结构与环境结构的相互作用完成对图像数据的对比度增强。一些模型还包括有协作与竞争功能完成边缘和轮廓探测。由于在网络层之间的反馈，一种特殊类型的模型具有协作竞争功能，能使模型用于填充封闭边界并消除噪声，其例子有边界轮廓系统(Boundary Contour System，BCS)。BCS 网络由 3 个竞争网络层、一个协作网络层和一个到第一竞争网络层的反馈回路组成。这一填充边界信息损失的自适应反馈回路使得这种神经网络方法引起了人们的注意。因为在其他基于边缘的区域分割算法中填补边界信息损失的问题是一个需要解决的严重问题。

比较神经网络分类器与传统的统计分类器有助于 ATR 领域中分类器的研究。传统的统计分类器与神经网络分类器的功能构成，如图 6.17 所示。

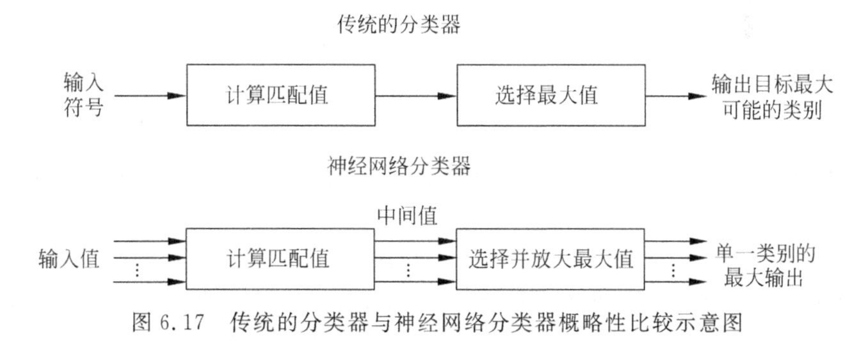

图 6.17 传统的分类器与神经网络分类器概略性比较示意图

从图 6.17 可以看出,传统的统计分类器的输入和输出量串行传送,并实施串行运算。算法按照逐类符号或特征预训练的模型权重,计算 M 类中的哪一类最接近于输入量。根据事先训练的数据,估计目标特征的权重参数,在应用此算法期间权重保持不变。

在自适应神经网络分类器中,以并行方式输入和输出,并且通过节点结构以并行方式执行所有的内部运算。第一阶段计算匹配值,并以并行方式把这 M 个匹配值输出到第二阶段。第二阶段选择其最大值并予以放大,所有输出量的最大权重确定对这可能的 M 个类型的最佳匹配。在使用神经网络分类器期间,常常调整内部参数,并根据输出值的权重确定对最可能类型的匹配。如果匹配,将产生对随后类似现行模式的输入模式的正确响应。

对可用作固定模式分类器的 6 种神经网络类型的分类如图 6.18 所示。这种分类把 6 种神经网络类型首先分成对二值输入量运算的神经网络类型和对连续值输入量运算的神经网络类型。接下来,把神经网络类型分成由监督程序训练的神经网络类型和在训练期间不被监督的神经网络类型。由监督程序训练的神经网络一般用作分类器或相关存储器。监督神经网络的范例有 Hopfield 网络、Hamming 网络以及单层感知器和多层感知器,不用监督程序训练的神经网络一般用于量化矢量或形成聚类,它不提供在训练阶段分类正确性的信息。这一非监督学习网络的例子有 Carpenter/Grossberg 分类器和 Kohomen 自组织特征分布图。这些网络不提供训练期间输出类型正确性的任何信息,因此基于输入数据之间相似的(独立的)特征形成自组织聚类。所有的网络都能自适应地训练,但有一些网络,诸如 Hopfield 网络和 Hamming 网络,一般采用固定权重。某些古典算法和神经网络算法在功能上有其相似性。

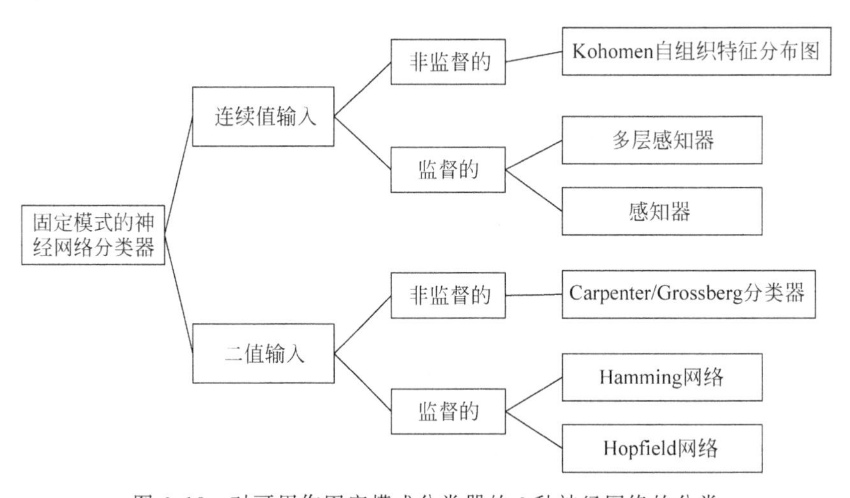

图 6.18　对可用作固定模式分类器的 6 种神经网络的分类

监督学习算法类似于在训练阶段对每个类型提供一组权重的传统的统计分类器。Hamming 网络实际上是对随机噪声中二值模式最佳分类器的实现。当权重和阈值选择适当时,感知器基本上执行与高斯分类器所要求的相同的运算。感知器也可以执行基本上不同于高斯分类器的收敛程序。

在非监督学习网络中应用 ATR 算法可能较为复杂,仅仅因为这种网络具有它自身内部的特征表示方法、联系方法和判断方法。Kohomen 网络具有类似于 K-NN 算法的聚类预定数。与 K-NN 算法不同的是 Kohomen 网络对每种新的模式仅有一种表示,而在每种表示之后，权重都进行了修正。这些类型的算法对 ATR 算法是部分有用的，即当算法设计人员不清楚用于分类目标物体的最佳特征时，为了确保内部网络特征（中间分类）和权重对有限输入数据集中不希望有的或特殊的特征不进行特定的训练。

在将人工神经网络应用于模式识别和图像处理的领域中，人们正在进行大量的研究工作。在有限的篇幅内，对这一研究工作进行更深入的讨论是困难的。在结束之前，值得一提的是神经网络应用于 ATR 的几个重要观点。部分 ATR 算法需要并行运算、大量的复杂关系，且这些关系不易直接编程，而这些算法也许最适合于在神经网络结构中实现。对于在开发完善的 ATR 算法中所遇到的问题，神经网络不是灵丹妙药。人工神经网络尽管有很长的发展历史，但是，只是在近年来才用于 ATR。神经网络很大程度上是数据训练结构，也就是说，它们一般需要大量的训练数据。在神经网络结构目前的设计中往往针对它们支持的具体算法。随着时间的推移，可以期望神经网络结构将越来越广泛地应用于 ATR 算法，并且越来越少地依赖于需要在训练集合中提供所有可能的抽样情况。

目前，ATR 算法研究有 4 个主要的发展方向：

（1）统计模式识别算法与有效的启发式特征提取算法相结合；

（2）数理词法和图像代数开始作为图像处理数学，能够有效地确定许多类别的特定目标的多维非线性图像变换；

（3）AI 研究出现了发展高潮，它结合更加实际的内容，如基于知识的系统、客观实在模型、不确定性推理；

（4）对神经网络的研究与开发变得具体化，包括通过调整其参数来建立和训练网络的各种技术。

ATR 算法技术作为一项介于科学与工程之间的边缘学科，已经或将要在实际中发挥越来越重要的作用。

6.4.2　ATR 算法与处理器结构的匹配

在讨论 ATR 算法与数字处理器类型之间的匹配之前，有几个事项需要注意。第一，通常使用的数字处理器结构取决于一定的算法研究阶段。第二，数字处理器结构在很大程度上取决于在每秒图像帧数内所需的总的处理速度，这一速度最终可以转换成每秒操作数或每秒指令数。第三，数字处理器结构常取决于对将用于运算的算法组成部分和指令的具体选择。第四，一般原则上，在处理过程中特有的自适应控制与反馈层将以牺牲高度并行运算、计算密集、重复处理为前提，来满足自适应处理和智能化处理的需要。第五，在混合或多模计算机的配置中，可以组合配置任何数量的处理器结构，如流水线、阵列、金字塔、异步、可变结构。

模板匹配方法往往会依靠高度并行阵列处理器来实现，以完成常用的卷积运算或傅里叶变换。关于如何决定处理哪一个模板，以及各模板的匹配质量，都由较常规的计算机进行控制。

利用高度并行处理器和串行处理器的组合形式，可以在数字处理器上容易地实现统计模式识别算法。一般前端预处理和分割程序在细胞阵列处理器、阵列处理器或金字塔处理器中运行，这些类型的处理器处理图像中的每个像素。特征提取程序可以在金字塔结构的较高层上运行，模式分类程序和匹配程序一般在串行计算机上完成。

基于模型的推理算法通常在专用异步网络结构上运行，这种结构按已配置的处理方法来混合进行串行处理和并行处理。正如统计模式识别算法的情况一样，前端预处理算法和初始感兴趣区域检测算法，利用大规模并行二维阵列处理器对整个图像面进行运算操作。细胞阵列处理常用于感兴趣区域的检测，如在这些阵列处理器上执行阈值化或腐蚀及扩展操作。基于模型算法的硬件结构包括各种混合的拓扑结构组合，如连接器、蝶形网络、超立方体、图形结构以及金字塔结构和通用计算机。通常，各个处理器在某个公共"黑板"上进行通信。

实际上，大多数 ATR 算法在某个已配置混合处理的网络上运行，采用由粗到细的处理方法，即在计算机上进行一系列并行操作。最终所用的算法高度依赖硬件处理器的精确结构，且主要依靠超高速集成电路(VHSIC)和超大规模集成电路技术。

6.4.3 ATR 系统中多传感器的信息融合

在许多场合应用多个传感器进行目标探测和分类，可确保目标尽早地被发现和识别，以增强系统的性能，提高抗干扰能力。由多个传感器组合的系统要求操作人员完成信息融合，这给操作人员增加了难以承受的工作负担。为了最大限度地发挥多传感器组合系统的优点，减小多传感器组合系统信息融合的困难和其他方面的问题(如算符交接、判断形成过程等)，要求多传感器组合系统进行自动信息融合。

1. 融合任务

按照融合过程的任务集合，对融合任务分类，在不同应用环境下，可以看出有不同的任务集合。如果这里主要关心在面对地面和空中威胁时成功交战的特定应用，那么任务分类如下：

(1) 目标捕获/探测和定位；

(2) 目标识别/分类/辨识；

(3) 目标跟踪和数据相关。

虽然，这些任务互不相同，但按其中一个任务设计的多传感器系统，在某些情况下也可以服务于其他任务，不过具体依赖于所包括的传感器获取的信息质量。

2. 传感器类型及选择

在传感器融合的发展领域中，一个重要的基本问题是在融合环境中面对的传感器类型，一般可分为主动传感器、被动传感器、混合主动/被动传感器。

为了进行传感器信息融合，在传感器选择中应考虑的主要因素有两个：一是从传感器获取的信息的互补性；二是在相同自然环境中所配置传感器的相容性。

如果传感器仅仅重复信息，那么融合过程基本上等同于建立冗余信息来增加可靠性。另一方面，就数据速率、视场、距离、对天气情况的敏感度等可变量而论，为了使得来自各个传感器的信息的融合有意义和实用，传感器应该是互补的、足够相容的。

目前，多数研究涉及被动式和主动式传感器融合，或者仅仅被动式传感器融合，因为比起单一主动式传感器和一个或多个被动式传感器融合而言，多个主动式传感器融合牵涉到更复杂的同步问题(为了收到来自目标的不同传感器的返回信号，必须达到时间上同步)。再者，主动式传感器隐蔽性和抗干扰性较差。

可供选择的传感器有红外(Infra-red，IR)、前视红外(Forward Looking Infra-Red，

FLIR)、紫外成像、成像激光雷达、激光雷达、合成孔径雷达、毫米波雷达(Millimeter Wave,MMW)、电视(Television,TV)和声传感器等。

在完成目标自动探测、辨识和分类任务中,可以选择成像激光雷达和前视红外融合的系统。FLIR 能可靠地完成大面积扫描和目标探测的任务,它是一个被动式系统,隐蔽性好;其缺点是用于自动目标辨识时,当目标距离≥3km 时,所提供的用于目标辨识的图像极不稳定,此外,由于环境因素的影响,探测虚警率高,显然,单用 FLIR 辨识目标是不够的。而成像激光雷达能在距离十分远的位置提供高质量的目标图像,作用距离远,用窄视场能很好地完成目标辨识的任务;此外,激光雷达图像上部分遮蔽的目标可通过分开像素值特有的距离数据进行识别;其最大缺点为,它是一种短景深的主动式传感器,隐蔽性较差,因而限制了它在大面积搜索和探测中的应用。由 FLIR 和成像激光雷达组成一个系统,其优点可以互补。在此情况下,从 FLIR 数据中获取的信息用来导引成像激光雷达的数据采集和利用,但由于两种传感器的性质不同,要求使用信息融合技术进行专门处理。

一个基于 FLIR 和 TV 被动式传感器融合的较好模式是逐像素融合,这二者都是成像传感器,在像素级融合是合适的。基于 FLIR 和 TV 获取的信号还能通过将它们融合起来,形成图像显示单元的彩色电子枪,来建立伪彩色图像,这给操作人员在工作中提供了交互视觉帮助。

主动 MMW 传感器与被动 IR 传感器的融合是混合主动/被动传感器融合结构的一个范例。IR 传感器基于温度或热点源(温差)完成目标探测。而 MMW 传感器基于对环境的对比度达到相同的目的,并提供目标距离测定。这两种传感器可用以下两种方式之一进行传感器的硬件融合:

(1) 通过调整装置,每一个传感器有各自的瞄准线,但视轴在一起(优点是孔径相互独立,低成本,且易于制造);

(2) 通过有主反射器的一个共用孔径,来聚焦 MMW 和 IR 辐射,次反射镜靠反射分离这两种辐射,相应给 IR 传感器,透射给 MMW 传感器。

仅仅通过来自两传感器探测状态的 AND/OR(与/或)逻辑运算可完成来自两传感器的信息的融合。AND 逻辑降低虚警率(比仅有其一个传感器的虚警率低),但减小了探测概率;另一方面,OR 逻辑增加探测概率(比仅有其一个传感器的探测概率高)的同时,也增大了虚警率。如果不是决策融合,则能看出所包括的特征级融合给决策过程提供附加的诸如大小和信号强度的目标特征信息。这使得在保持探测概率的同时,降低虚警率,或者在限制虚警率的同时增大探测概率。

3. 融合级别分析

传感器信息融合按功能层次可分为 3 种不同的级别,这取决于在信息处理结构中所计划融合的层次,如图 6.19 所示。

3 种级别为数据级融合、特征级融合和决策级融合。

也可以把这 3 级融合过程看作既相互独立又相互联系的时间融合,即,对一个时期获取的数据的融合可以发生在上述 3 个级别中的任何一个级别,并可以被认为隐含在 3 级分类中。然而必须清楚地了解在具体应用的前后关系中的适应范围。这些融合级别的每一种都有其特有的优点和缺点。

当光电传感器指向目标时,图像模式识别过程利用所有事先数据来修改处理方法。在

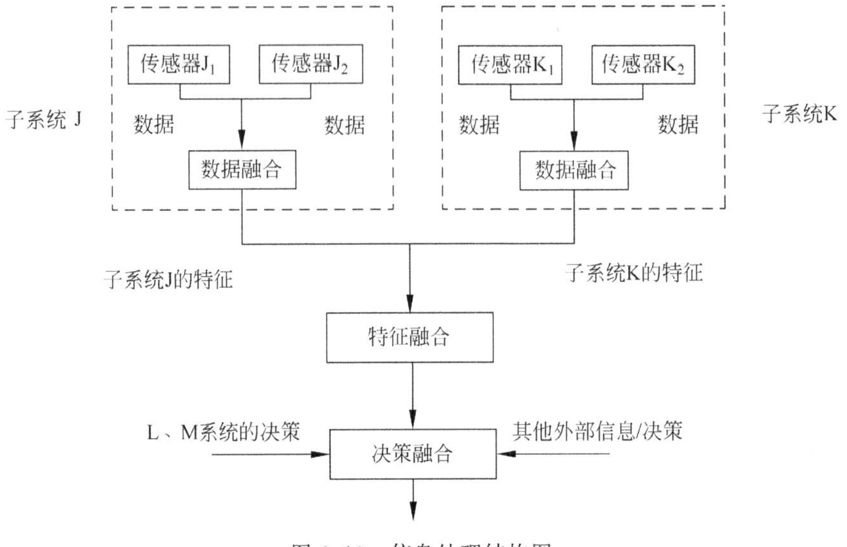

图 6.19　信息处理结构图

光电传感器指示和平台停止运动之后，依据输入数据，利用几个模式识别程序来搜索出目标。第一步利用运动检测来分析可见光和红外这两种图像数据，并且再利用事先知道的特征知识，对地面和空中场景区域进行搜索，如果没有探测到一个重要的运动目标，则对图像应用综合判别函数来搜索与当前信息一致的目标种类。反复执行这些程序，对图像应用标准古典统计方法，并偏向于可疑的目标种类或种类群。所有这些方法都会产生重要的目标特征，为了判断其重要性，在计算机脱机预处理和后处理中分析这些目标特征。在实时处理中，此分析工作显然需要计算量最小化。

1）数据级融合

数据级融合常常称为低层次融合。人眼融合红、绿、蓝色信息的方式是典型的数据级融合例子。这样的数据级融合一般是在处理流的前端完成，直接依靠从不同传感器获取的数据。这最适合于来自基本相似传感器的数据的融合，例如，TV 和 FLIR，亦即传感器有相容的数据速率、数据维数和格式。例如，融合可以发生在像素级别，被两个传感器感知的像素密度在空域上可以看作是一致的，结果产生了像素数据级融合的多频谱方法，通过主成分分析或其他变换技术，包括频域分析方法，能够融合这样的多维数据集合，同样可以想象出其他类型的像素数据级融合。这对抽取数据中的细节是很有效的，否则就不能有效地用于全面决策过程。这种类型的融合模式通常是基于在传统的信号和图像处理领域中利用的技术。

因为天气以重要形式影响特征，了解所处气象情况有助于数据融合，以最佳利用每个传感器的数据流，利用成像或非成像数据进行数据融合。然而，在不同的天气条件下，在直觉上更容易检测成像数据，在变动情况下，为了突出目标特征（噪声最小化），成像传感器必须予以固定或匹配起来操作，以融合一致的像素。

2）特征级融合

处在数据级融合和决策级融合之间的中间层次的融合，基本上被认为是特征级融合（仅次于数据级融合的更高层次的融合），也可以称为符号融合。

人通过综合从两眼获得的视觉信息，完成深度感知，这种方式是特征融合的典型模式。实际上，已经把基于这种模式的技术用于研究机器人系统中的机器对深度的感知。这个阶段的融合并非数据处理，也超出数据级融合程度。

代替传感信号检测，定量地融合衍生出的特征，比如说，在多维特征空间意义上，启发式逻辑决策过程中定性地进行特征融合，或者通过定性和定量信息进行特征融合，这是常用的特征(判别式)融合。当环境中的每个传感器都有其自己独特的数据结构时，这就显得非常必要，而且从某传感器能得到的特征不能从其他的传感器获得。例如，从一个成像传感器获取的形状特征不同于从非成像雷达获得的特征，另外，从后者能获得的距离范围信息也许超出了前者的视野范围。这两种信息综合起来得出目标体积大小，这是典型的特征级融合作用。在该层次可应用的手段一般是特征抽取/特征选择方法。

在包括诸如MMW/IR传感器组的多个主动/被动传感器的许多研究中，对所报道的融合级别中，特征融合是常用的。MMW和IR图像融合的符号级研究，基于知识的ATR的软件构造，其中通过数据作用与问题环境的先前知识相联系，来完成符号级融合。根据在两图像中距离和边缘密度的存在，对距离和边缘密度信息进行融合，提出一种分析方法；为了使由融合函数联系的两个约束条件的线性组合最大化，通过应用变分原理的计算来进行融合。

另一研究利用有限超级特征，对特征层次的融合具有某种重要作用。超级特征方法能够协同地把来自单个传感器的特征组合成一组抽象的或综合的超级特征，在某种统计意义上，超级特征表示在各个特征值中相关的变化。依靠利用专门的超级特征概念，所得到的特征空间的维数(亦即超级特征的数目)，可以依赖，也可以不依赖单个传感器特征空间的维数。这种独立性对具有多个传感器，且每一个传感器对应多个特征的问题中，在最小化计算量时是重要的，因此，这一方法适宜作为有效的特征融合模式。但是此方法还处在研究中。

3）决策级融合

在信息处理结构中，融合层次的顶层是决策级融合，也称为高层融合。再一次研究人脑决策模式，结合不同类型的当前信息以及事前知识，并把它们融合成智能(最佳)决策，这一处理过程就是决策级融合好的例子。一般来说，决策融合比其他级别的融合更加完善，并能更好地克服各个传感器的不足之处。对其他融合层次而言，在来自系统的最后决策输出之前，一个传感器的失效就意味着整个系统的失效。顺次决策融合的一个简单例子是根据一个传感器来指示另一个传感器。分类融合把来自不同分类器(在相同时刻独立工作)的各分类决策融合成唯一联合决策，这是并行决策融合具有代表性的例子。有文献描述的分类融合方法利用3个基本分类器：参数分类器、非参数分类器和最近邻分类器。如果分类器不同意分类结果，系统就寻找一组新的测量值，并试图基于这一组新数据做出意见一致的决策。

在决策级融合中嵌入循环结构有其优点，可以作如下解释：对有3个并行传感器的传感器组，设p是每一个传感器的识别概率(基于它跟踪目标的记录)，可以看出，融合系统的固有识别率P，在大多数过程中，由式(6.84)给出：

$$P=p^2(3-2p) \tag{6.84}$$

P与p存在一个函数关系，如图6.20所示。

对$p \geqslant 0.5$的所有值(0.5代表在任何二值决策过程中任一传感器的最小可接受的性能水平)，$P \geqslant p$。可以看出，因为不确定的情况使得在后面阶段增加了正确识别的机会，融合识别概率在改进的循环结构下更加增大。

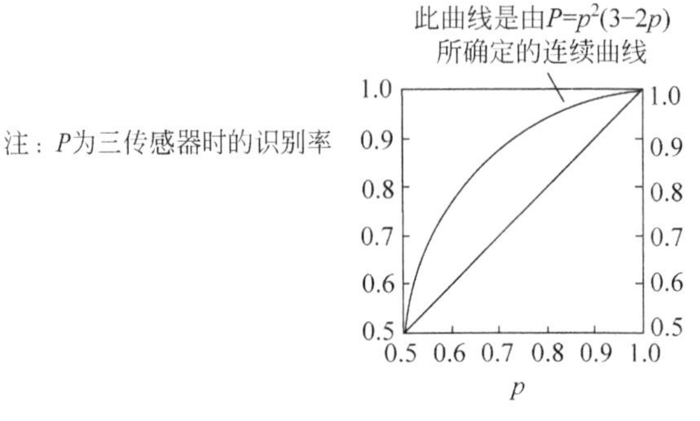

图 6.20 P 与 p 的函数关系

如果对成像激光雷达和 FLIR 组合的双传感器融合系统，选择决策级融合，则其融合过程可由以下步骤组成：

（1）在成像激光雷达距离图像中除去距离的不连续性；

（2）检测成像激光雷达图像的边缘；

（3）检测 FLIR 图像的边缘；

（4）建立目标模型的数据库；

（5）进行目标分类处理；

（6）进行两种传感器决策级分类融合处理。

应用边缘检测器检测激光雷达图像和 FLIR 图像的边缘，显示具有鲜明外形轮廓的激光雷达图像和 FLIR 图像；利用计算机建立各种目标的框架模型；提出适合在战场环境中辨识目标的分类处理方法，与常用的图形辨识分类方法不同，该方法完全建立在目标的边缘轮廓与计算机存储的目标框架模型间的比较上，计算该比较产生的相关系数，完成决策级分类融合处理。融合处理后的分类结果优于单传感器的分类结果，且这两种传感器可以互补，当一传感器受雨、雾或战场烟幕等因素的影响不能有效工作时，另一传感器可以继续有效的工作。

4. 特征评价的概念与方法

如果给出由气象条件产生的已知变化量，为了计算目的进行动态特征调整（某些特征在一定和条件下比其他的特征更合适）是必需的，以优化提高潜在性能。在所有情况和条件下，选择特定特征为实时计算提供一组合适的特征。这使得在 ATR 系统设计中选择最佳特征集成为一个关键任务，这就需要对特征进行评价。

特征评价与选择过程的总结构方框图如图 6.21 所示。为了实现特征评价与选择过程，把 3 个专门的工具配合起来运用，其中两个工具是生成式算法和分支边界算法，已经在这里作为开发中的处理系统，第三个工具是分类区域交错分离算法，近年来已被发展作为特征评价方法，主要用来对其他两个方法进行补充。为了快速评估各个传感器的信息潜在特征的相关性，分类区域交错分离算法是特别有用的。

特征评价的目的是确定在各类特征之间进行判别的有效性。所研究的特征空间中特征种类之间的离散性越好，特征在判断任务中就越有效；反之亦反。

特征分析方法的作用是评价综合数据，上述多传感器数据获取方法还处于进一步发展之中。人的因素问题还在研究中，以期使系统实用性最强，并增加操作者界面的有效性。研

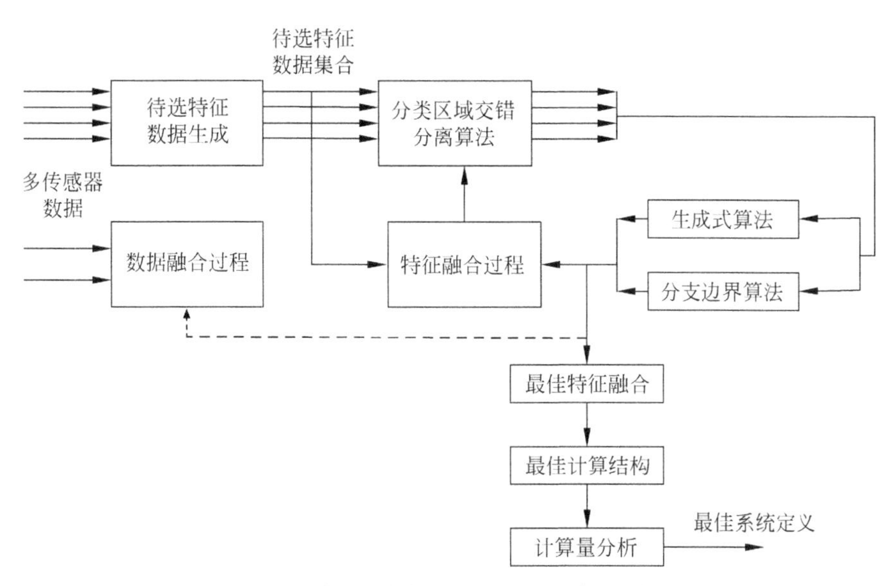

图 6.21 特征评价与选择过程的总结构方框图

究重点仍然是数据级和特征级融合，尽管也正在研究决策级融合的潜力。

在多传感器系统设计中，如果期望在数据级融合，必须了解由不同传感获得的数据集合之间特有数据匹配的可行性。

数据级融合对单一传感器失效是高度敏感的，因为最终决策不仅受每个传感器性能的影响，而且由于传感器子系统中的一个或更多个传感器的失效，会对整个系统做出错误的决策。在某种意义上，这也是真正的特征融合，决策融合对单个传感器子系统失效有最大的容错性，因为即使某个传感器子系统没有及时提供决策，其他的传感器子系统仍能提供决策，尽管此时系统决策可靠度与系统安全正常时的决策可靠度不在同一水平。

特征级融合代表中间情况，因为此处的决策结构能够根据一个不完全的特征集合合理地推断出好的决策（虽然同利用完全特征集合相比有更低的可靠度）。特征级融合的缺点主要是对很大特征集合进行处理时的复杂性。在决策级融合处理时的计算性要求不太复杂，从单个传感器/处理器传送到中央融合处理器的数据是相当少的，其通信带宽问题也不是一个重要问题。

6.4.4 基于知识的ATR系统

目标识别的经典方法有一些不足之处，最显著的是缺乏上下文信息。例如，物体分类唯一依赖于描述物体的特征矢量，而没有利用上下文信息，没有利用物体附近是什么，它被什么包围着或在前一时刻它的状态等信息。

最初基于知识的目标识别结构，如图 6.22 所示。系统的性能高度地与图像处理系统提供准确无误的物体分类能力有关。基于知识的目标识别的最初系统模型不仅说明了改善系统性能的潜力，而且足以找出不足之处。这类系统的几个主要不足如下：

(1) 缺乏反馈机制；

(2) 单一正向连接规则系统；

(3) 无论证性推理能力；

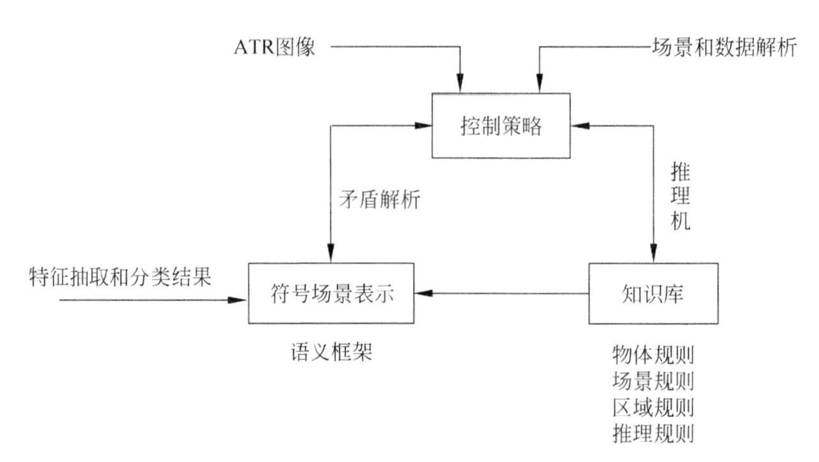

图 6.22　最初基于知识的目标识别结构

(4) AI 扩展部分没有集成；

(5) 没有利用次要信息；

(6) 没有足够数据来达到所需系统性能；

(7) 没有利用已提供的数据；

(8) 没有给出硬件限制。

为了克服最初系统的缺陷，提出叠加的综合结构来研究克服已有系统不足的启发式推理-理解系统，例如一种综合基于知识的 ATR 系统——TANKS 系统，其构成如图 6.23 所示。它将高级和低级图像处理结合起来，并通过并行处理器来分配系统的处理。

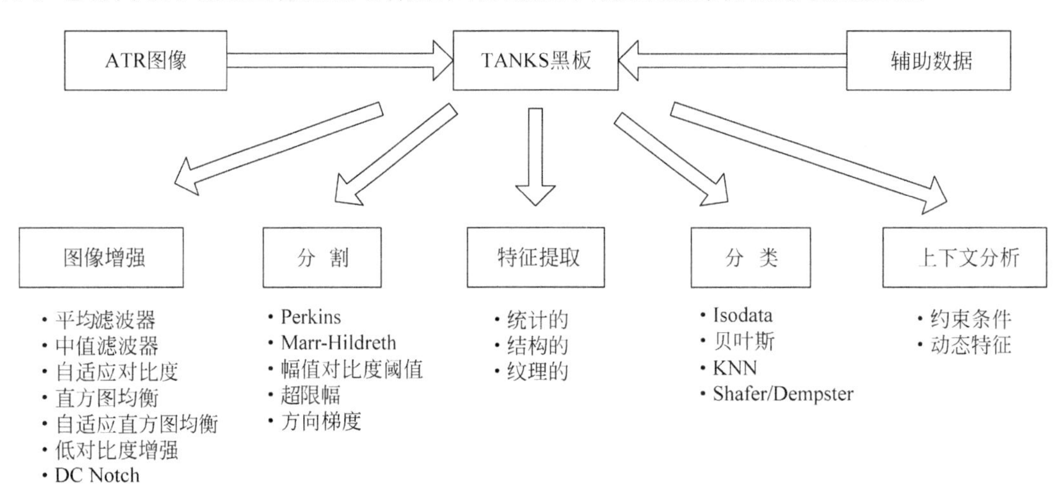

图 6.23　TANKS 基于知识的计算机视觉系统

TANKS 系统从获取数字图像并启动图像增强知识源开始图像理解过程。第一决策是选择合适的增强技术。此步完成后，就切断增强知识源并通知系统控制器，然后系统启动图像分割知识源选择合适的算法并确定其参数。此后，系统启动特征提取知识源。最后，系统启动评价图像物理的、结构的和时间的诸方面关系的上下文关系知识源进行上下文关系分析。

TANKS的推理过程利用了系统分析其图像序列所需的次要信息源。但是，正如所有高级算法开发情况一样，执行和评价次要信息源所需的数据不足，仍是系统开发的一个制约因素。

6.4.5 ATR系统分析

为了从与探索目标有关的图像中提取特征，大量研究涉及统计模式识别方法、非参数分类器，神经网络和启发式技术等。随着ATR系统应用与研究的深入，为了对作为武器系统中的组成部分——ATR系统进行设计和评价，ATR系统的分析研究显得必要和重要。

1. 系统分析方法

为了在任一系统上应用系统分析方法，必须从概念上把系统划分成一组功能部件。一般的做法是利用称作“树”的分层结构，独立地实行各个部件的分析与综合，然后再分析或综合处理系统的更高层。这便于对系统性能及特点进行评价，并对整个系统的具体规范提出要求。

举例来说，用于系统分析的ATR与整个武器系统有两方面的关系：一方面，ATR能被看作某个较大武器系统的一个部件或子系统；另一方面，ATR本身能够被看作由多个子系统组成的综合系统。

在一个装有ATR的武器系统，如载有ATR的飞机中，ATR为驾驶员或武器发射指挥员探测、识别和指示目标。在分析此系统性能时，应考虑飞机要执行的任务及其环境、平台性能、飞机携带的武器以及ATR的性能特点。然后针对所给的任务一并考虑这些因素，以确立整个系统的性能特点。图6.24给出了进行系统性能分析的5个步骤：①任务分析；②系统层次设计；③ATR性能分析；④性能模型建立；⑤ATR任务模型建立。若给出任务技术要求，任务分析就按照目标密度、背景特点、目标特征以及所有系统部件特性，确定各种情况下的任务性能技术要求。当这一分析过程同工作程序相结合时，就能实现系统层次设计，以确定整个系统中每一部件的技术性能要求。然后，按照所给任务的限制范围和在特定工作程序下的系统层次设计，来对ATR部件或子系统进行分析。再次，利用这些分析结果来研究ATR的各个部件或子系统的性能模型。当给定各个子系统——传感器、ATR、武器及平台的模型时，可利用性能模型来研究任务层次模型。因此，子系统分析过程反馈给任务分析过程，以便提供更好的完成任务的方法。按照对确定部件和子系统的分析，不管能否实现已经形成的系统层次设计，性能建模过程同样也要反馈到系统层次设计中。系统分析在许多系统研制中被广泛、有效地使用，由于缺乏能在各种任务条件下进行自动目标识别的有效模型和具有较高层次综合协调能力的系统层次设计，把它用于ATR系统有一定的难度。ATR模型的建立发展在此受到了限制，其原因是ATR是一项复杂且新兴的技术，其数据理论和实践基础还不完善。尽管如此，还是需要数据来建立实际复杂情况下的目标与背景可变性的影响模型。

把ATR作为系统进行分析研究具有重要意义。图6.25给出了目前把ATR作为系统进行性能分析的步骤。与图6.24的过程部分一致，并对图6.24的过程给予了补充。通常，使用实验方法是因为周围环境、背景和目标特性非常复杂、不可能建立完整的分解分析统计模型。图6.25的实验方法包括6个步骤：①ATR技术要求分析；②ATR实验设计；③ATR实验；④数据获取设计；⑤数据获取；⑥ATR性能评价。按照ATR的性能判据

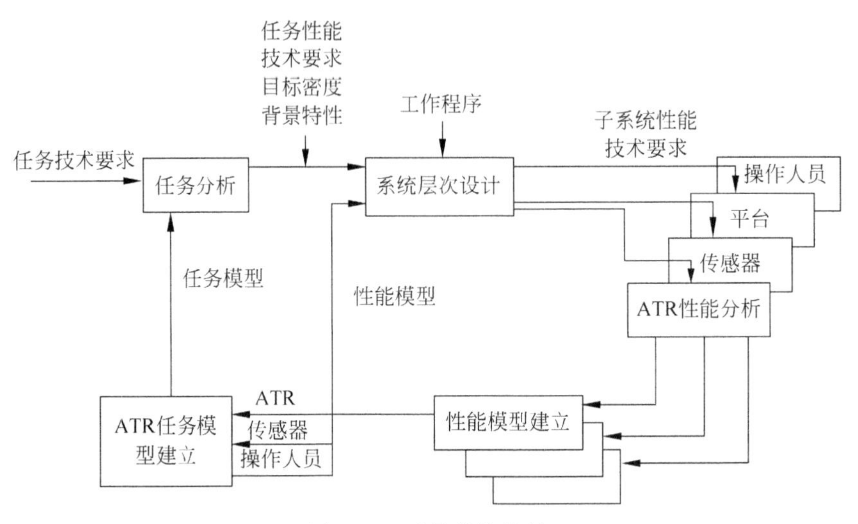

图 6.24 系统性能分析

(例如,被覆盖的范围和所需性能概率),把 ATR 限于一个系统的各种系统参数。当把 ATR 作为一个系统时,更高层次的系统分析对它提出了新的性能要求。根据需要完成的任务或 ATR 的作用及系统性能所需的 ATR 部件,对这些技术要求进行必要的分析。若给出这些信息后,就可设计实验。该实验必须包括性能和条件范围,以便在整个系统设计中,能充分考虑 ATR 的任务情况和工作程序。把实验设计转变成数据获取设计取决于有效的实验结果和给定的一系列环境与背景情况。图 6.25 所示的实际数据获取设计与实验设计之间的反馈,限制了与数据获取有关的作用效果。实验设计的另一输出结果是确定 ATR 预期性能的性能判据检验矩阵。对 ATR 进行实验以便确定通过各种方法获得的实际性能判据值。这样就可以评价实验,估计 ATR 作为系统时的性能特征,并把它作为较高层次系统性能分析的输入参数。把同样由性能评价产生的 ATR 性能相关性反馈给技术要求分析,以了解自动目标识别器的性能层次。

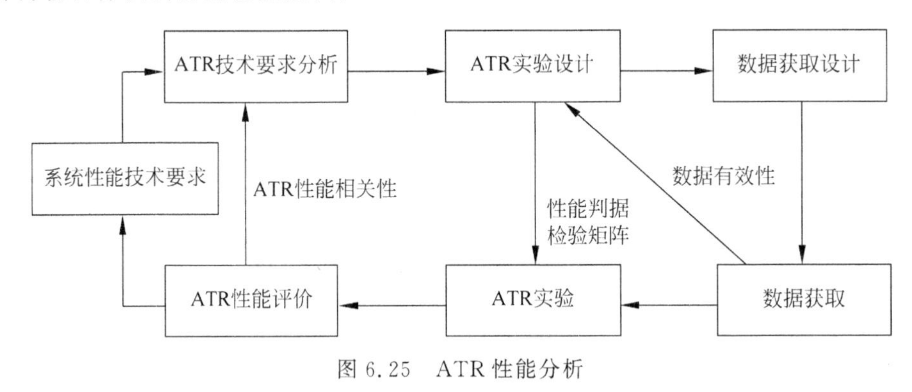

图 6.25 ATR 性能分析

2. 含有 ATR 系统的功能部件(单元)

ATR 常常是较大武器系统的组成部分。武器系统中的其他部分包括武器发射系统、武器系统平台、传感器和/或导航与制导系统。这种较大系统的功能分解既取决于其实际组成,又取决对它们的分析方法。整个系统的分析与构成系统的组成部分是相互联系的。

图 6.26 给出各种子系统及部件分析之间的功能流程，通常采取概率统计法表示。这种方法假设在与部件相互关联的变量之间具有某种程度的独立性，这说明能够根据描述 ATR 任务的工作程序及情况来完成 9 种分析，反馈过程在图 6.26 中用虚线表示。

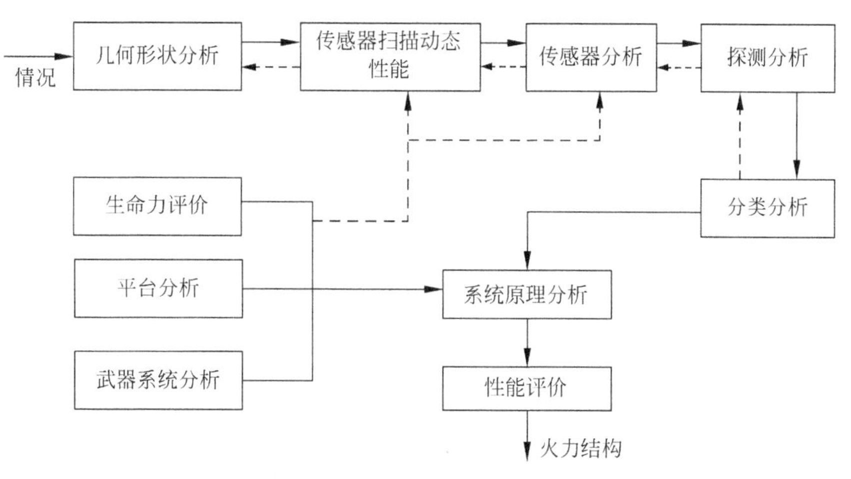

图 6.26 对 ATR 系统性能分析的功能流程图

首先分析系统的几何形状结构。如果给出假设的工作程序及情况中的传感器平台及其特性、传感器类型、目标描述和时间性，就能确定系统的各种细节。例如，目标在瞄准线之内的概率是各种输入参数的一个函数。目标在瞄准线之内被发现的概率为距离及其他参数的一个函数。从时间性可知在给定时间内所覆盖的几何面积。另外，当给定系统特性时，能够确定获得目标有效作用距离范围所需的系统最小配置。

对传感器扫描动态性能的分析，可以提供有关目标将在视场内出现的概率和传感器距离特性、瞬时视场、分辨率、扫描速率以及为达到预期性能要求部分重扫等方面的信息。针对特定工作情况提供的数据速率，可确定系统部件的配置。这些分析方法的所有输出结果依赖于扫描几何形状和从几何分析所获得的扫描速率，并依赖于对 ATR 系统性能的连续分析所确定的有效分辨率。

ATR 系统可利用一个成像传感器和某类预处理来补偿传感器的人为误差。传感器分析及预处理需要计算原始的图像数据特征。这些供分析使用的信息种类包括目标特征、假目标特征、对抗威胁特征，以及背景和杂乱回波干扰特征。如果给出从连续的 ATR 系统分析推出的所需分辨率和 SNR(信噪比)信息，就能确定诸如探测器灵敏度、数据速率、所需的预处理以及传感器的功率和体积等指标。

ATR 性能分析一般分解成探测目标与分类目标两个广义的性能层次。广义的探测目标性能是确定探测目标的概率与虚警率之间的关系，作为各种涉及目标、背景、杂乱回波干扰以及传感器特性的一个函数。此分析按照速度、重量、尺寸、价格与输入参数的关系，对处理器提出技术要求。另一方面，对分类的综合分析能检查某探测目标正确分类的真实性，看它是真正探测还是虚警，进而检查探测获取的初始图像或辅助图像。这种分析还可确定更高层次的目标分类功能所需的保障技术要求。

由于所研制的系统要对付精明的敌人，所以必须对系统的生命力进行估计。生命力决定于系统的特性，特别是决定于传感器和平台的特性，它们涉及系统能否被敌人发现的问题。用于完成任务的战术及平台速度对武器系统的生命力有极其重要的影响。生命力可分解为各种输入参数的一个函数,并能够确定一系列速度、高度及最大限度地提高整体生命力的隐蔽性。

平台对ATR提出了各种条件限制,它们都是建立在对整个系统更加深入研制得出的分析结果基础上的。这些限制条件规定了平台的有效载荷、速度、强度、高度以及必须由平台承载的各种其他部件的条件。例如,对传感器孔径、配送军械载荷的武器发射子系统的特性、惯性导航系统误差以及对其他部件的尺寸、重量、功率的限制。

如果有一个武器发射或军械配送子系统,能分析其任务完成过程中整个系统的效能。若给出条件限制情况,ATR就能辨认或辅助操作人员辨认感兴趣的目标,并把它传送给武器子系统。武器发射子系统的成功率不仅依靠武器的性能,而且有赖于平台、传感器和ATR的性能。如果给出目标搜索过程的特性,就能确定击毁一个目标所需的武器量以及完成预期任务的概率。

最后,根据对系统所有部件的分析,就能够分析整个系统程序并评价其性能。这样便可以针对各种系统原理和任务时间性确定完成任务的概率。进一步处理此信息,以确定完成特定任务所需要的火力结构以及执行一次打击的成本与系统成本之间的最佳折中方案。这就是判断所提出的原理的总体适用性的基础。

以上每一种分析都能用于确定系统性能或者确定每个子系统的技术要求。

3. ATR系统的功能部件(单元)

图6.27表明一个成像传感器在ATR功能部件之间的输入输出关系。每个部件根据前面部件的输出结果来进行工作,以测定和识别传感器输出图像中的目标。图6.27中使用的部件有预处理器、感兴趣位置搜索器、分割器、特征提取器、分类器和跟踪器。预处理器运行增强原始图像数据可用性的任何程序。感兴趣位置搜索器检测某一图像中的特定目标特征并报告感兴趣位置。分割器执行把一帧图像分隔成诸如坦克、车轮、树、天空、森林、房屋、飞机、机场、飞机库、道路等区域程序。特征提取器执行测定图像区域特殊特征的程序。分类器根据相关可信度对图像区域进行分门别类。跟踪器利用从连续图像中获得的信息求出图像中当前目标位置。

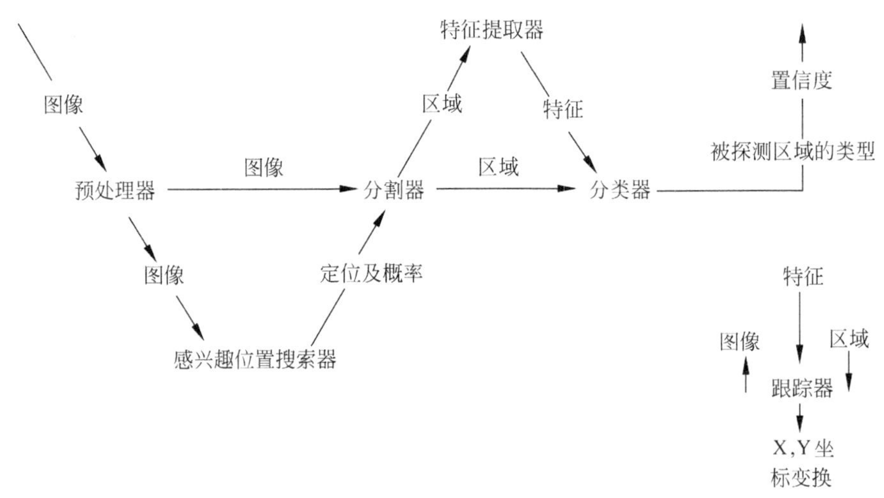

图6.27 ATR部件的输入输出结构图

图 6.27 还说明了每一程序的输出和输入类型，以及这些程序之间的相互关系。这种结构适合于系统分析方法。ATR 的有些部件并未体现在图 6.27 的结构之中，一个主要的例子就是基于模型的视觉实例，由更高层推理处理得到的反馈信息来控制低层图像处理。

值得说明的是，这里虽然主要是以武器系统的 ATR 系统分析为示例进行讲解、阐述的，但对其他系统（如机器人系统、导航系统）的 ATR 系统分析也是类似的。ATR 系统分析是 ATR 系统学科中的一个方面，随着 ATR 系统在现代防御、AI 等系统中的广泛应用，ATR 系统分析必将得到进一步的发展。

第7章 光电系统软件开发与设计

CHAPTER 7

光电系统除了光、机、电、算(计算机)、控制等组成硬件之外,还应包含软件。光电系统中的软件(如图像处理软件、目标识别软件、伺服控制软件、跟踪软件等)担负着重要的工作,如数据采集、信息处理、人机交互、系统控制、系统决策、系统协同等,其中任何一个环节的软件性能都会对系统总体性能和任务完成产生重要影响。光电系统的软件往往与硬件结合紧密,尤其是嵌入式软件,这就要求在硬件设计的同时,同步开展光电系统软件开发与设计。

本章首先在介绍光电系统软件开发程序流程及文档类别要求的基础上,提出进程管理的目的和要求、开发情况检查;接着对软件需求分析、软件概要设计、软件详细设计、软件编码与软件测试等予以概述;然后阐述软件设计开发控制程序;最后讲解嵌入式软件及其设计,包括嵌入式软件的概念、特点、分类、体系结构、设计流程、硬件结构、软件结构、开发流程等。

7.1 软件开发流程及文档

软件开发必须严格按照软件工程的要求进行。开发过程包括开发者的活动和任务。此过程由软件需求分析、概要设计、详细设计、编码、测试、验收、鉴定等活动组成。一般软件开发流程图如图7.1所示。表7.1列举了软件开发各阶段的主要工作进程及应完成的文档。文档可视项目规模、复杂程度、风险程度等作适当剪裁,并在任务书或合同中写明。

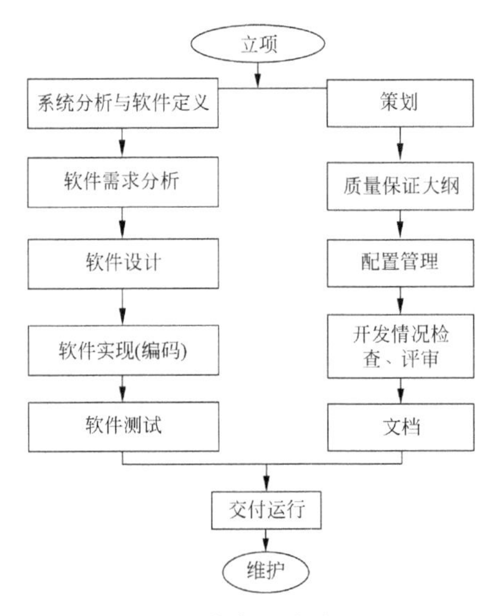

图7.1 软件开发流程图

表 7.1　软件开发阶段主要进程与文档

文　　档	阶　　段				
	系统分析与软件定义	软件需求分析	软件设计	软件实现	软件测试
任务书或合同	→				
可行性研究报告	→				
项目开发计划	→				
软件需求说明(报告)		→			
数据要求说明		→			
编程标准和约定		→			
软件质量保证计划		→			
软件配置管理计划		→			
概要设计说明(报告)			→		
详细设计说明(报告)			→		
数据库设计说明			→		
用户手册		——	——	→	
操作手册			——	→	
程序维护手册			——	→	
测试计划		——	——	→	
测试分析报告					→
安装实施过程					→
软件验收计划					→
软件验收报告					→
开发进度月报	——	——	——	——	→
项目开发总结报告		→ 软件需求与验证确认评审	软件设计评审	→	→ → 功能、物理、综合审查管理评审

7.1.1　进程管理的目的和要求

按照表 7.1 所列举的工作内容，对软件开发各阶段的进程实施有效的控制和管理，以求做到：项目开发能够按计划的进度进行并满足所有的软件需求；按时生成文档并符合有关标准的要求；及时进行各阶段的评审和审查并满足国家标准或国家军用标准(如 GJB 439A—2013)的要求；及时掌握软件开发的动态进程，通过开发情况检查，发现薄弱环节，采取有效措施；及时协调软件开发各阶段之间和内部各软件成分之间的工作；做好承办单位、交办单位和用户之间的联系和协调工作；将软件项和各种数据及时存入软件开发库，并置于软件配置管理之下。

7.1.2 开发情况检查

项目管理人员必须掌握软件开发的动态情况，定期进行开发工作状态的检查，以便及时发现和处理项目开发中发生的问题。

1. 开发情况检查的项

开发情况检查的项包括：开发进度及其预测；机构或人员的变动情况；设计情况；编码情况；测试情况；软件错误报告及修改建议；可交付的项与新增的项；文档编制情况；出现的问题；设备使用情况；财务概算情况；其他。

2. 检查项内容

对每个检查项还包括以下几个方面内容：当前进度安排；遇到的主要困难与克服的办法；未完成计划的任务或单位以及解决的措施；引起进度修改的原因、效果及其他信息；不符合要求的问题；在开发期间举行的有关会议纪要；其他。

7.2 软件设计、编码与测试概说

软件设计主要由软件需求分析、软件概要设计和软件详细设计组成。软件设计可分为三个阶段：①软件需求分析——针对待开发软件提供完整、清晰、具体的要求，确定软件必须实现哪些任务，具体分为功能性需求分析、非功能性需求分析与设计约束分析三个方面。②概要设计（总体设计）——确定软件的结构以及各组成成分（子系统或模块）之间的相互关系。③详细设计——确定模块内部的算法和数据结构，产生描述各模块程序过程的详细文档。

概要设计和需求分析、详细设计之间的关系和区别是：需求分析不涉及具体的技术实现，而概要设计注重于从宏观上和框架上来描述采用何种技术手段、方法来实现这些需求。详细设计相对概要设计更注重于微观上和框架内的设计，是编码的依据。概要设计是指导详细设计的依据。

对于软件设计的目标和目的而言，软件需求是解决“做什么”；软件设计是解决“怎么做”。软件的总体结构主要回答的问题是软件的组成部分、软件的层次关系、模块的内部处理逻辑、模块之间的界面。软件设计的问题包括如下3方面：

① 工具——如何描述软件的总体结构。

② 方法——用什么方法由问题结构导出软件结构。

③ 评估准则——什么样的软件结构是“最优的”。

软件设计方法一般包括结构化设计方法、面向数据结构的设计方法和面向对象的设计方法。

软件体系结构包括两部分：过程构件（模块）的层次结构和数据构件。

改进软件结构设计的指导原则（软件结构设计的启发式规则）包括：

（1）模块功能的完善化；

（2）消除重复功能；

（3）将模块的影响限制在模块的控制范围内；

（4）深度、宽度、扇出和扇入适中；

(5) 模块大小适中;

(6) 降低模块接口的复杂性;

(7) 模块功能可预测;

(8) 避免模块的病态连接;

(9) 根据设计约束和可移植性要求对软件打包。

7.2.1 软件需求分析

软件需求分析一般应明确具体需求、需求分析报告的要求、需求分析报告的编制者、需求报告评审、需求报告格式等。

1. 具体需求与需求分析报告的要求

首先,开发者和用户应共同对用户的应用需求作充分的调研,提交完整的需求分析报告。在需求分析报告中必须描述的基本问题是:功能、性能、强加于实现的设计限制、属性、外部接口。应当避免把设计或项目需求写入需求分析报告中。它必须说明由软件获得的结果,而不是获得这些结果的手段。

软件需求可以用若干种方法来表达,如通过输入、输出说明;使用具有代表性的例子;使用规范化的模型。开发者应尽可能地使用模型的方式,因为这是表达复杂需求的精确和有效的方法,比如用统一建模语言(UML)来描述需求。

编写需求分析报告的一般要求如下:

1) 无歧义性

对最终产品的每一个特性用某一术语描述;若某一术语在某一特殊的行文中使用时具有多种含义,那么应对该术语的每种含义做出解释并指出其适用场合。

2) 完整性

需求分析报告应该包括全部有意义的需求,无论是关系到功能的、性能的、设计约束的,还是关系到外部接口方面的需求;对所有可能出现的输入数据的响应予以定义,要对合法和非合法的输入值的响应做出规定;填写全部插图、表、图示标记等;定义全部术语和度量单位。

3) 可验证性

需求分析报告描述的每一个需求应是可以验证的。可以通过一个有限处理过程来检查软件产品是否满足需求。

4) 一致性

在需求分析报告中的各个需求的描述不能互相矛盾。

5) 可修改性

需求分析报告应具有一个有条不紊、易于使用的内容组织;没有冗余,即同一需求不能在需求分析报告中出现多次。

6) 可追踪性

每一个需求的源流必须清晰,在进一步产生和改变文件编制时,可以方便地引证每一个需求。

7) 运行和维护阶段的可使用性

需求分析报告必须满足运行和维护阶段的需要。在需求分析报告中要写明功能的来源和目的。

2. 需求分析报告的编制者

需求分析报告应由用户和开发者双方共同完成。其中，用户负责根据实际需要提出希望软件实现的功能；软件开发者根据用户提出的性能需求，结合软件开发编写需求分析。

3. 需求报告评审

在软件需求分析工作完成后，软件开发者应向用户提交《软件需求分析报告》。用户组织有关人员对需求进行评审，以决定软件需求是否完善和恰当。评审完成后，就可以进入软件的设计阶段。

4. 需求报告格式

《软件需求分析报告》应按国家标准或国家军用标准规定的规范格式进行编写。

7.2.2 软件概要设计

软件概要设计一般应明确具体概要设计内容、编写概要设计的要求、概要设计报告的编制者、概要设计评审、概要设计报告格式等。

1. 概要设计内容与编写概要设计的要求

在用户和开发者双方认可的《软件需求分析报告》基础上，开发者进行下一步的工作。首先，开发者需要对软件系统进行概要设计，即系统设计。概要设计确定软件系统的结构以及各模块功能及模块间联系(接口)。概要设计的一般过程包括：①设想可能的方案；②选取合理的方案；③推荐最佳方案；④功能分解；⑤设计软件结构；⑥数据库设计；⑦制定测试计划；⑧编写文档；⑨审查与复审。概要设计需要对软件系统的设计进行考虑，包括系统的基本处理流程、系统的组织结构、模块划分、功能分配、接口设计、运行设计、数据结构设计和出错处理设计等，为软件的详细设计提供基础。

编写概要设计的一般要求如下：

1）一致性

概要设计的要求应该与需求分析报告所描述的需求一致。同时，概要设计的各项要求之间也应该一致。

2）合理性

概要设计所提出的设计方法和标准应该是合理的、恰当的。

3）可追踪性

对概要设计所提出的各项要求应该可以得到它的清晰的源流，即在需求分析报告客户有明确的需求描述。

4）可行性

根据概要设计进行详细设计、操作和维护应该是可行的。

2. 概要设计报告的编写者

概要设计报告由开发者根据需求分析报告的要求进行编写。

3. 概要设计的评审

在软件概要设计工作完成后，软件开发者应向用户提交《软件系统概要设计报告》。在用户对《软件系统概要设计报告》评审通过后，即可进入详细设计阶段。

4. 概要设计报告格式

《软件系统概要设计报告》应按国家标准或国家军用标准规定的规范格式进行编写。

7.2.3 软件详细设计

软件详细设计一般应明确具体详细设计内容、详细设计的要求、数据库设计、详细设计评审、详细设计报告格式等。

1. 详细设计内容与详细设计的要求

在概要设计的基础上，开发者需要进行软件系统的详细设计。在详细设计中，描述实现具体模块所涉及的主要算法、数据结构、类的层次结构及调用关系，需要说明软件系统各个层次中的每一个程序（每个模块或子程序）的设计考虑，以便进行编码和测试。应当保证软件的需求完全分配给整个软件。详细设计应当足够详细，能够根据详细设计报告进行编码。

值得一提的是，如果软件系统比较简单，层次较少，可以不必进行专门的详细设计，而和概要设计结合起来。

详细设计的一般要求如下：

1）一致性

详细设计的要求应该与需求分析报告所描述的需求、与概要设计一致。同时，详细设计的各项要求之间也应该是一致的。

2）合理性

详细设计所提出的设计方法和标准应该是合理的、恰当的。

3）可追踪性

对详细设计所提出的各项要求应该可以得到它的清晰的源流，即可在需求分析报告、概要设计报告中有明确的需求描述。

4）可行性

根据详细设计进行编码、测试、操作和维护应该是可行的。

2. 数据库设计

如果软件产品需要使用到数据库，软件的详细设计应包括对数据库的设计。数据库设计应在软件的需求分析、概要设计完成之后、详细设计的其他工作之前进行。在进行数据库设计时，一般应按照国家标准或国家军用标准或用户指定的规范要求进行。

3. 详细设计的评审

在软件详细设计完成后，软件开发者应向用户提交《软件系统数据库设计报告》和《软件系统详细设计报告》。在用户对《软件系统数据库设计报告》《软件系统详细设计报告》评审通过后，即可进入软件编码阶段。

4. 详细设计报告格式

《软件系统详细设计报告》《软件系统数据库设计报告》应按国家标准或国家军用标准规定的格式进行编写。

7.2.4 软件编码

软件编码一般应明确具体编码内容及要求、编码的评审、编程规范及要求等。

1. 软件编码及要求

在软件编码阶段，开发者根据《软件系统详细设计报告》中对数据结构、算法分析和模块实现等方面的设计要求，开始具体的编写程序工作，分别实现各模块的功能，从而实现对目标系统的功能、性能、接口、界面等方面的要求。

软件编码的一般要求如下：

(1) 模块化编码；

(2) 可读性；

(3) 可维护性；

(4) 模块接口标准化；

(5) 界面风格统一；

(6) 注释的应用。

2. 编码的评审

为了尽早发现软件中的障碍，提高软件产品的质量，开发者在编码的过程中应该强调代码评审工作。将代码评审报告作为文档的一部分，提交给用户。

3. 编程规范及要求

为了提高编程质量，软件的程序设计应符合国家标准或国家军用标准规定的相关编程规范。

编程要求包括规范化的程序内部文档、数据结构的详细说明、清晰的语句结构、编码规范。编码规范的内容包括命名规范、界面规范、提示及帮助信息规范、热键定义等。

在软件编码的同时一般应进行单元测试。

7.2.5 软件测试

软件企业在把软件交付给用户之前需要进行严格的软件测试。软件测试是一种能够保证软件质量的有效手段，软件测试的目的就是发现缺陷，并尽可能地修正这些缺陷。软件测试是软件工程中的一个重要环节，是贯穿整个软件开发生存周期的。

软件测试，根据侧重点的不同，主要有以下3种描述。

定义1：在IEEE所提出的软件工程标准术语中，软件测试被定义为“使用人工和自动手段来运行或测试某个系统的过程，其目的在于检验它是否满足规定的需求或弄清楚预期结果与实际结果之间的差别”。

定义2：软件测试是一种软件质量保证活动，通过一些经济、有效的方法，发现软件中存在的缺陷，从而保证软件质量。

定义3：软件测试是根据软件开发各阶段的规格说明和程序的内部结构而精心设计一批测试用例，并利用这些测试用例去执行软件，以发现软件缺陷的过程。

软件的测试一般应明确具体测试内容、测试计划与实施等。

1. 软件测试内容

软件测试主要的工作内容是验证(Verification)和确认(Validation)。

验证是检验开发出来的软件产品是否和需求规格及设计规格书一致，即是否满足软件厂商的生产要求。具体内容包括以下3点：

(1) 确定软件生存周期中的某一给定阶段的产品是否达到前面阶段确立的需求的

过程。

（2）程序正确性的形式证明，即采用形式理论证明程序符合设计规约规定的过程。

（3）评审、审查、测试、检查、审计等各类活动，或对某些项处理、服务或文件等是否和规定的需求相一致进行判断和提出报告。

确认就是检验产品功能的有效性，即是否满足用户的真正需求。确认包括静态确认和动态确认。

（1）静态确认，不在计算机上实际执行程序，通过人工或程序分析来证明软件的正确性。

（2）动态确认，通过执行程序，对执行结果做分析，测试程序的动态行为，以证实软件是否存在问题。

为了尽早发现软件产品中的错误，从而达到提高软件质量、降低软件维护费用的目的，开发者应在编码过程中对各个模块的程序代码进行单元测试，系统集成时进行集成测试，系统集成完成后对整个软件进行系统测试。单元测试是在软件开发过程中针对程序模块进行正确性检验。集成测试是在单元测试的基础上，将所有模块按照设计要求组装成系统或子系统，对模块组装过程和模块接口进行正确性检验。软件系统测试不仅是检测软件的整体行为表现，从另一个侧面看，也是对软件开发设计的再确认。进行软件系统测试工作时，测试主要包括界面测试、可用性测试、功能测试、稳定性（强度）测试、性能测试、强壮性（恢复）测试、逻辑性测试、破坏性测试、安全性测试等。

开发者针对单元测试、集成测试、系统测试分别制订《测试计划》。集成测试需要根据需求分析报告和概要设计制作测试用例，并须经过评审。软件测试按照《测试计划》《需求分析报告》的要求进行，最后形成《软件测试报告》。

2. 软件测试的目的

软件测试的目的是寻找错误，并花最少的代价、在最短时间内尽最大可能找出软件中潜在的各种错误和缺陷，通过修正各种错误和缺陷提高软件的质量。同时，测试不仅是为了发现软件的错误和缺陷，也是为了对软件质量进行度量和评估。另外，还能根据收集的测试结果数据为软件可靠性分析提供依据。

为了更好地阐述软件测试的目的，Grenford J. Myers 提出了以下 4 个观点：

（1）软件测试是为了发现错误而执行程序的过程。

（2）检查系统是否满足需求，这也是测试的期望目标。

（3）一个好的测试用例在于它能发现至今未发现的错误。

（4）一个成功的测试是发现了至今未发现的错误的测试。

3. 软件测试的分类

从不同角度，软件测试有不同的分类。

1）按测试方式进行分类

软件测试按测试方式可以分为静态测试和动态测试。

（1）静态测试是一种不运行软件而进行测试的技术，主要检查软件系统的表示和描述是否一致，是否存在冲突和歧义，侧重于发现软件在描述、表示和规格上的错误。

（2）动态测试指的是实际运行被测程序，当软件系统在模拟或真实环境中执行之前、之中和之后，对软件系统行为的分析是动态测试的主要特点。

2）按测试方法进行分类

软件测试按测试方法可以分为白盒测试、黑盒测试及灰盒测试。

（1）白盒测试也称为结构测试或逻辑驱动测试，它是按照程序内部的逻辑结构测试程序，通过测试来检测产品内部动作是否按照设计规格说明书的规定正常进行，检验程序中每条路径是否都能按预定要求正确工作。

（2）黑盒测试也称功能测试或数据驱动测试，它是在已知产品所应具有的功能的条件下，通过测试来检测每个功能是否都能正常使用，在测试时，完全不考虑程序内部结构和内部特性，只检查程序功能是否按照需求规格说明书的规定正常使用，程序是否能适当地接收输入数据而产生正确的输出信息，并且保持外部信息的完整性。

（3）灰盒是一种程序或系统上的工作过程被局部认知的装置。灰盒测试也称作灰盒分析，是介于白盒测试与黑盒测试之间的一种测试方法。灰盒测试关注输出对于输入的正确性，同时也关注内部表现，但这种关注不像白盒那样详细、完整，只是通过一些表征性的现象、事件、标志来判断内部的运行状态，有时候输出是正确的，但内部有错误，这种情况非常多。如果每次都通过白盒测试来操作，效率会很低，因此需要采取这样的一种灰盒方法。

3）按测试阶段进行分类

软件测试按测试阶段可以分为单元测试、集成测试、系统测试和验收测试。

（1）单元测试是指对软件中的最小可测试单元（模块）进行检查和验证。对于单元测试中的单元，一般要根据实际情况去判定其具体含义。如C语言中单元指一个函数，Java里单元指一个类，图形化的软件中可以指一个窗口或一个菜单等。

（2）集成测试也称为组装测试。将完成单元测试的所有单元（模块），按照设计要求（如软件的结构图）组装成为子系统或系统，进行集成测试。集成测试的集成策略主要有增量式集成和非增量式集成等。

（3）系统测试是将通过集成测试的软件包作为整个计算机系统的一个元素，与计算机硬件、外部设备、某些支持软件、数据和人员等其他系统元素结合在一起，在实际运作环境下，对计算机系统进行一系列的测试，全面查找被测试系统的错误，测试系统的整体性能、可靠性、安全性等。

（4）验收测试是部署软件之前的最后一个测试操作，也称为交付测试。验收测试的目的是确保软件准备就绪，并且可以让最终用户将其用于执行既定功能和任务。验收测试用来验证软件系统是否达到了需求规格说明书中的要求，保证软件产品最终被用户接受，即软件的功能和性能如同用户所合理期待的那样。另外，验收测试阶段还要确认软件所有的配置是否齐全，如软件所有的文档资料是否齐全等，以便能够支持软件的使用和维护工作。

（5）回归测试是在对软件进行修改（主要是对代码进行修改）后，重新进行测试以确认修改没有引入新的错误或导致其他代码产生错误。

4）按软件测试内容进行分类

按软件测试内容可分为功能测试、接口测试、性能测试、负载测试、压力（强度）测试、安全性测试、易用性测试、兼容性测试等。

（1）功能测试就是对软件产品的各功能进行验证。

(2) 接口测试主要用于检测外部系统与系统之间以及内部各个子系统之间的交互。

(3) 性能测试以自动化测试为主，人工测试为辅。性能测试主要是通过自动化的测试工具模拟多种正常、峰值以及异常负载条件来对系统的各项性能指标进行测试。

(4) 负载测试是模拟软件系统所承受的负载条件下的系统负荷，通过不断加载（如逐渐增加模拟用户的数量）来观察不同负载下系统的响应时间、数据吞吐量和系统占用的资源（如 CPU、内存）等，以检验系统的行为和特性，发现系统可能存在的性能瓶颈、内存泄漏、不能实时同步等问题。

(5) 压力测试是在强负载（大数据量、大量并发用户等）下的测试，查看软件系统在峰值使用情况下的操作行为，从而有效地发现系统的某项功能隐患、系统是否具有良好的容错能力和可恢复能力。

(6) 安全性测试主要测试系统防止非法侵入的能力。

(7) 易用性测试是指用户使用软件时是否感觉方便。

(8) 兼容性测试主要测试软件产品在不同的硬件平台、不同的操作系统、不同的工具软件及不同的网络等环境下是否能够正常运行。

5) 按测试实施组织划分

按测试实施组织可分为开发方（第一方）测试、用户（第二方）测试、第三方测试。

(1) 开发方测试也称为验证测试。

(2) 用户测试是指用户在实际应用环境下，通过运行和使用软件，检测与核实软件产品是否符合自己预期的要求。

(3) 第三方测试也就是由在技术、管理和财务上与开发方和用户方相对独立的组织进行的软件测试，一般情况下是在模拟用户真实应用环境下进行软件确认测试。

4. 软件测试的原则

为了以最少的时间和人力找出软件中潜在的各种缺陷和实现软件测试的目的，软件测试应该遵循以下原则：

(1) 应当把“尽早和不断进行软件测试”作为软件开发者的指导原则。

(2) 测试应从“小规模”开始，逐步转向“大规模”。

(3) 时刻关注用户的需求。

(4) 设计测试用例时应考虑各种可能的情况。

(5) 程序员应该避免检查自己的程序。

(6) 充分注意测试中的群集现象。

(7) 严格执行测试计划并及时响应变更。

(8) 应该对每一个测试结果做全面检查。

(9) 妥善保存一切测试文档。

(10) 完全测试是不可能的，测试需要终止。

(11) 注意回归测试的关联性。

5. 测试计划与实施

在软件编码开始之前，开发者应向用户提交《测试计划》，在软件交付时，开发者应向用户提交《软件测试报告》，以确保开发者的软件得到了充分的测试。开发的软件必须经过充分的测试证明其符合设计要求、运行稳定、安全可用方可交付给用户。

6. 软件测试与软件开发的关系

软件测试与软件开发各阶段的关系如下。

1）需求分析阶段

在软件的需求分析阶段进行的测试工作如下：

(1) 对需求分析的结果，如需求规格说明书(报告)等，进行确认和审核。

(2) 进行测试需求分析，编制测试规程，制定测试计划，明确测试范围，确认测试方法和测试资源，制定系统测试方案。

2）概要设计阶段

在软件的概要设计阶段进行的测试工作如下：

(1) 对概要设计的结果——概要设计规格说明书(报告)等进行确认和审核。

(2) 制定集成测试方案，为集成测试设计测试用例，为集成测试做准备工作和搭建集成测试环境。

3）详细设计阶段

在软件的详细设计阶段进行的测试工作如下：

(1) 对软件详细设计结果，如详细设计说明文档等，进行验证、确认和审核。

(2) 制定单元测试方案，为单元测试设计测试用例，为单元测试做准备工作和搭建单元测试环境。

4）程序编写阶段

在软件的程序编写阶段进行的测试工作如下：

(1) 为单元测试做准备工作，为单元测试和集成测试搭建测试环境。

(2) 对单元测试方案进行补充或修改，补充单元测试用例，进行单元测试。

5）软件测试阶段

在软件测试阶段的工作如下：

(1) 检查并补充搭建各测试阶段需要的测试环境，按阶段执行单元测试、集成测试、系统测试及验收测试，每阶段都包括回归测试。

(2) 编制和提交各阶段测试总结报告及测试报告。

7.3 软件设计开发控制程序

软件设计开发控制程序与硬件设计开发控制程序类似，包括设计和开发的输入、输出、评审、验证、确认、更改等工作内容。

7.3.1 设计和开发的输入

为了确保项目设计和开发的质量并使设计开发输出的验证有据可依，应正确地确定设计和开发的输入，并保持相关的输入记录。设计和开发输入应包括：项目的功能和性能要求；项目适用的法律法规要求；适用时，以前类似设计提供的信息；设计和开发所必需的其他要求。

应对设计和开发输入进行评审，以确保输入是充分与适宜的。要求应完整、清楚，并且不能自相矛盾。阶段性的输入为前一阶段的输出文件，可包括用户提供的技术文件。

设计开发各阶段的输入如下：

(1) 需求分析阶段的输入，包括项目开发计划的相关要求、可行性研究的评审结果和用户的具体需求。

(2) 概要设计阶段的输入，包括《软件需求规格说明书》、可行性研究的评审结果、《项目开发计划》的相关要求以及其他相关的具体需求。

(3) 详细设计阶段的输入，包括《概要设计说明书》《数据库设计说明书》《测试说明书》《项目开发计划》，用户其他的具体需求。

(4) 代码编程、检查及单元测试阶段的输入，包括《详细设计说明书》《项目开发计划》《测试说明书》，用户提供的具体需求。

(5) 软件测试阶段的输入，包括《概要设计说明书》《详细设计说明书》《测试说明书》《项目开发计划》，用户提出的具体需求。

设计开发输入由项目主管编制《设计开发输入清单》。对设计开发输入的评审以单位主管审核批准的方式进行，以确保设计开发输入的充分、适宜。项目主管依据评审确认后的设计输入文件组织开发人员进行开发前的准备工作。

7.3.2　设计和开发的输出

设计和开发的输出文件是后续设计、开发、测试、安装、服务过程的依据和工作标准，应以能针对设计开发输入进行验证的方式提出。

设计和开发的输出文件在放行前应得到批准，并应确保：满足设计开发输入的要求；给出采购、生产和服务提供的适当信息；包含或引用产品接收准则；规定对产品的安全和正常使用所必需的产品特性；对产品的防护要求。

本阶段设计和开发的输出应满足本阶段输入的要求，输出文件经过评审后作为后一阶段的输入。设计开发各阶段的输出如下：

(1) 概要设计阶段的输出，包括《概要设计说明书》《数据库设计说明书》《测试说明书》《开发进度报告》和《用户手册》。

(2) 详细设计阶段的输出包括《详细设计说明书》《测试说明书》《开发进度报告》和《用户手册》。

(3) 代码编程、检查及单元测试阶段的输出包括源代码文件、执行代码文件和《开发进度报告》。

(4) 软件测试阶段的输出包括经过测试后用于交付用户的执行文件、《测试结果报告》和《开发进度报告》。

(5) 软件安装阶段的输出包括《软件安装手册》和《安装部署方案书》。

设计开发输出文件经批准后发布。

7.3.3　设计和开发的评审

应依照设计策划的安排对设计和开发进行系统的评审，以便评价设计和开发各阶段的结果满足要求的能力；识别任何问题并提出必要的措施。

评审的参加者应包括与所评审的设计和开发阶段有关的职能代表。评审结果及任何必要措施的记录应予保持。

项目主管负责制订阶段评审计划,包括评审时机、评审内容、参加评审人员；负责阶段评审的技术准备；负责组织相关人员实施评审活动。根据项目的规模确定评审级别和方式,在设计和开发各阶段结束后,都需要按照规定的评审级别和方式对本阶段的输出结果进行评审,并填写《设计开发评审记录》。

设计和开发各阶段的成果要以前一阶段的输出和相关的文件输入作为依据,以保证评审的质量。设计和开发评审结果及评审引起的任何措施的记录应予以保存,如需改进或重新设计时,其内容也应予以记录并重新评审。未通过评审的设计,不能进入下一阶段。

7.3.4 设计开发的验证

为确保设计开发输出满足输入的要求,应依据项目开发计划的安排对设计和开发进行验证并保存验证结果及任何必要措施的记录。

由于软件产品的特殊性,设计开发各阶段的成果需通过软件测试的方式进行验证。在设计开发各阶段评审通过后,按照《测试说明书》以及《不合格品控制程序》进行验证。设计开发验证由项目主管组织实施,验证结果填写《验证结果报告》。验证结果及任何必要措施的记录应予以保存。

7.3.5 设计开发的确认

为确保计算机软件设计项目能够满足规定的使用要求或已知的预期用途要求,应依照项目开发计划的安排对设计和开发进行确认。软件产品的确认应经过测试验证后,在项目交付或实施之前进行。

设计开发的确认一般由项目主管负责组织人员与用户进行沟通,在保证最终产品满足用户的使用要求的情况下,由项目主管填写《软件工程完工验收(确认)报告》,提交部门主管及单位主管(如总工程师)确认,并由用户签署确认,通过相关部门验收即为通过确认。确认结果及任何必要措施的记录应予以保存。

7.3.6 设计和开发的更改

应识别和控制设计开发的更改,并保存记录。应对设计开发的更改进行适当的评审、验证和确认,并在实施前得到批准。对设计开发更改的评审应包括评价更改对产品组成部分和已交付产品的影响。

设计开发的更改,应对设计和开发更改进行适当的评审、验证、确认,一般通过填写《软件设计更改记录》的方式实施,重大更改应由单位主管审批。

对已通过评审阶段的设计文件进行更改时,项目主管应综合评价更改后对交付产品及其他组成部分的影响程度。若更改涉及满足规定的使用要求或预期用途的要求时,由单位主管决定是否进行验证、确认,根据评价结果做出决定,必要时对更改进行评审、验证和确认。更改的评审结果及任何必要措施的记录应予以保存。

7.4 嵌入式软件及其设计

嵌入式软件是一类重要的软件，有与通用软件不同的特点，其设计也有相应的特殊性。

7.4.1 嵌入式系统的概念及特点

嵌入式系统是指以应用为中心，硬件和软件紧密结合，以现代计算机技术为基础，能够根据用户需求（功能、可靠性、成本、体积、功耗、环境等）灵活裁剪软件、硬件模块的专用计算机系统。"嵌入式"反映了这些系统通常是更大系统中的一个组成部分。嵌入式系统本身是一个相对模糊的定义，不同的场合对其定义也略有不同，但大意是相同的。嵌入式系统在应用数量上远远超过了各种通用计算机。

嵌入式（计算机）系统同通用型计算机系统相比具有以下特点：

（1）嵌入式系统通常是面向特定应用的嵌入式中央微处理器（CPU），与通用型的最大不同就是嵌入式 CPU 大多工作在为特定用户群设计的系统中，执行的是带有特定要求的预先定义的任务，如实时性、安全性、可用性等。它通常具有低功耗、体积小、集成度高等特点，能够把通用 CPU 中许多由板卡完成的任务集成在芯片内部，从而有利于嵌入式系统设计趋于小型化，并且移动能力大大增强，与网络的耦合也越来越紧密。

（2）嵌入式系统是将先进的计算机技术、半导体技术、电子技术与各个行业的具体应用相结合的产物。这就决定了它必然是一个技术密集、资金密集、高度分散、不断创新的知识集成系统。

（3）嵌入式系统的硬件和软件都必须高效率地设计，量体裁衣、去除冗余。嵌入式系统通常需要进行大批量生产，从而节约成本。

（4）嵌入式系统和具体应用有机地结合在一起，它的升级换代和具体产品同步进行，嵌入式系统产品一旦进入市场，就具有较长的生命周期。

（5）为了提高执行速度和系统可靠性，嵌入式系统中的软件一般都固化在存储器芯片中或单片机内部，而不是存储于磁盘等载体中。

（6）嵌入式系统本身不具备自主开发能力，即使设计完成以后用户通常也不能对其中的程序功能进行修改，必须有开发工具和环境才能进行开发。

7.4.2 嵌入式软件的概念及特点

应用在嵌入式系统中的各种软件统称为嵌入式软件，作为嵌入式系统的一个组成部分。目前嵌入式软件的种类和规模都得到了极大的发展，形成了一个完整、独立的体系。除了具有通用软件的一般特性，同时还具有一些与嵌入式系统密切相关的特点，例如：

（1）规模较小。在一般情况下，嵌入式系统的资源多是比较有限的，要求嵌入式软件必须尽可能精简，多数的嵌入式软件都在几兆字节以内。

（2）开发难度相对较大。嵌入式系统由于硬件资源有限，使得嵌入式软件在时间和空间上都受到严格的限制，需要开发人员对编程语言、编译器和操作系统有深刻的了解，才有可能开发出运行速度快、存储空间少、维护成本低的软件。嵌入式软件一般都要涉及底层软件的开发，应用软件的开发也是直接基于操作系统的，这就要求开发人员具有扎实的软硬件基础，能灵活运用不同的开发手段和工具，具有较丰富的开发经验。嵌入式软件的运行环境和开发环境比计算机复杂，嵌入式软件是在目标系统上运行的，而嵌入式软件的开发工作则是在另外的开发系统中进行，当应用软件调试无误后，再把它放到目标系统中。

(3) 高实时性和可靠性要求。具有实时处理的能力是许多嵌入式系统的基本要求，实时性要求软件对外部事件做出反应的时间必须要快，在某些情况下还要求是确定的、可重复实现的，不管系统当时的内部状态如何，都是可以预测的。同时，对于事件的处理一定要在限定的时间期限之前完成，否则就有可能引起系统的崩溃。光电搜索、光电跟踪、光电制导等实时系统对嵌入式软件的可靠性要求是非常高的，一旦软件出了问题，其后果是非常严重的。

(4) 软件固化存储。为了提高系统的启动速度、执行速度和可靠性，嵌入式系统中的软件一般都固化在存储器芯片或微处理器中。

此外，嵌入式软件还有安全性、实用性、适用性、够用即可、对异步事件进行并发处理、应用/操作系统一体化、鲁棒性等特点。

7.4.3 嵌入式软件的分类

嵌入式软件一般分类如下：

(1) 系统软件。系统软件控制和管理嵌入式系统资源，为嵌入式应用提供支持，如设备驱动程序、嵌入式操作系统、嵌入式中间件等。

(2) 应用软件。应用软件是嵌入式系统中的上层软件，它定义了嵌入式设备的主要功能和用途，并负责与用户进行交互。应用软件是嵌入式系统功能的体现，如飞行控制软件、播放软件、电子地图软件等，一般面向于特定的应用领域。

(3) 支撑软件。支撑软件指辅助软件开发的工具软件，如系统分析设计工具、在线仿真工具、交叉编译器、源程序模拟器和配置管理工具等。

在嵌入式系统当中，系统软件和应用软件运行在目标平台的(即嵌入式设备上)，而对于各种软件开发工具来说，它们大部分都运行在开发平台(计算机)上，运行 Windows 或 Linux 操作系统。

7.4.4 嵌入式软件的体系结构

嵌入式软件的体系结构包括无操作系统的嵌入式软件体系结构和有操作系统的嵌入式软件体系结构。

1. 无操作系统的嵌入式软件

早期在嵌入式系统的应用范围主要集中在控制领域，硬件的配置比较低，嵌入式软件的设计主要是以应用为核心，应用软件直接建立在硬件上，没有专门的操作系统，软件的规模也很小。

无操作系统的嵌入式软件主要采用循环轮转和中断(前后台)两种实现方式。

1) 循环轮转方式

循环轮转方式的基本设计思想是：把系统的功能分解为若干个不同的任务，放置在一个永不结束的循环语句中，按照时间顺序逐一执行。当程序执行完一轮后，又回到程序的开头重新执行，循环不断。

循环轮转方式的程序简单、直观、开销小、可预测。软件的开发可以按照自顶向下、逐步求精的方式，将系统要完成的功能逐级划分成若干个小的功能模块进行编程，最后组合在一起。循环轮转方式的软件系统只有一条执行流程和一个地址空间，不需要任务之间的调度和切换，其程序的代码都是固定的，函数之间的调用关系也是明确的，整个系统的执行过程是可预测的。

循环轮转方式的缺点是程序必须按顺序执行，无法处理异步事件，缺乏并行处理的能力。缺乏硬件上的时间控制机制，无法实现定时功能。

2）中断方式

中断方式又称为前后台系统形式，系统在循环轮转方式的基础上增加了中断处理功能。中断服务程序（Interrupt Service Routine，ISR）负责处理异步事件，即前台程序，也称为事件处理级程序。后台程序是一个系统管理调度程序，一般采用的是无限循环的形式，负责掌管整个嵌入式系统软硬件资源的分配、管理以及任务的调度。后台程序也称为任务级程序。一般情形下，后台程序会检查每个任务是否具备运行条件，通过一定的调度算法来完成相应的操作。而一些对实时性有要求的操作通常由中断服务程序来完成，大多数的中断服务程序只做一些最基本的操作，如标记中断事件的发生等，其余的事情会延迟到后台程序去完成。

2. 有操作系统的嵌入式软件

从20世纪80年代开始，操作系统出现在嵌入式系统上。如今，嵌入式操作系统在嵌入式系统中广泛应用，尤其是在功能复杂、系统庞大的应用中显得越来越重要。在应用软件开发时，程序员不是直接面对嵌入式硬件设备，而是采用一些嵌入式软件开发环境，在操作系统的基础上编写程序。

在控制系统中，采用前后台系统体系结构的软件，在遇到强干扰时，可能会使应用程序产生异常、出错，甚至死循环的现象，从而造成系统的崩溃。而采用嵌入式操作系统管理的系统，在遇到强干扰时，可能只会引起系统中的某一个进程被破坏，但可以通过系统的监控进程对其进行修复，系统具有自愈能力，不会造成系统崩溃。

在嵌入式操作系统环境下，开发一个复杂的应用程序，通常可以按照软件工程的思想，将整个程序分解为多个任务模块，每个任务模块的调试、修改几乎不影响其他模块。利用商业软件提供的多任务调试环境，可大大提高系统软件的开发效率，降低开发成本，缩短开发周期。

嵌入式操作系统本身是可以剪裁的，嵌入式系统外设、相关应用也可以配置，所开发的应用软件可以在不同的应用环境、不同的处理器芯片之间移植，软件构件可复用，有利于系统的扩展和移植。

嵌入式软件的体系结构示例如图7.2所示，最底层的是嵌入式硬件系统，包括嵌入式微处理器、存储器、键盘、LCD显示器等输入输出设备。在硬件层之上的是设备驱动层，它负责与硬件直接打交道，并为操作系统层软件提供所需的驱动支持。操作系统层可以分为基本部分和扩展部分，基本部分是操作系统的核心，负责整个系统的任务调度、存储管理、时钟管理和中断管理等功能；扩展部分为用户提供网络、文件系统、图形用户界面（Graphical User Interface，GUI）、数据库等扩展功能，扩展部分的内容可以根据系统的需要来进行剪裁。在操作系统的上层是一些中间件软件。最上层是网络浏览器、MP3播放器、文本编辑器、电子邮件客户端等各种应用软件,实现嵌入式系统的功能。

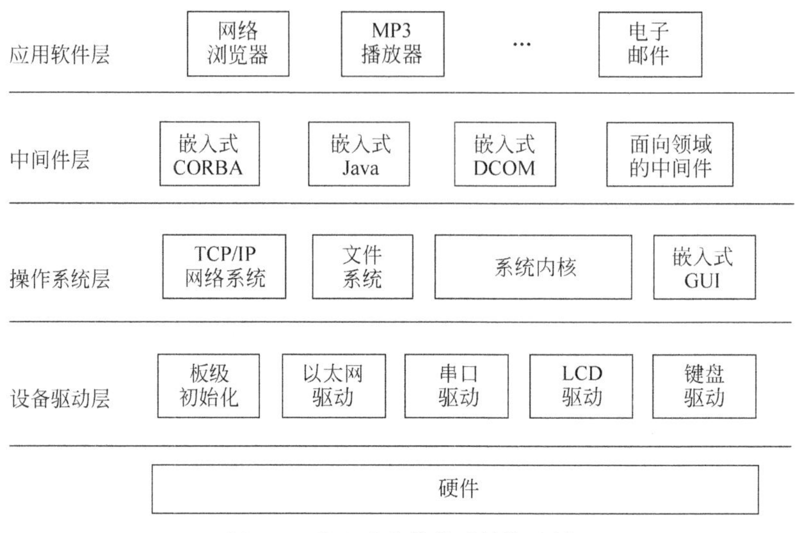

图7.2 嵌入式软件体系结构示例

7.4.5 嵌入式软件设计流程

嵌入式软件设计流程如图7.3所示。

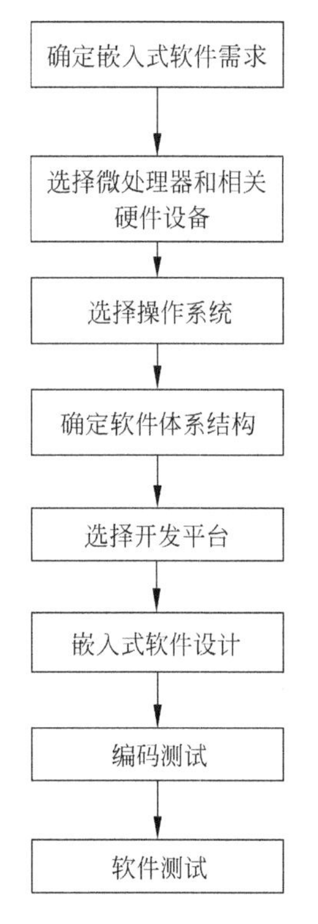

图7.3 嵌入式软件设计流程

嵌入式软件设计原则:尽量简单;使用静态表;尽量减少动态性;任务数目适当;避免使用复杂算法;使用有限状态自动机辅助设计;面向对象设计,等等。嵌入式软件新的设计方法有:软硬件协同设计;基于构件的设计方法;基于中间件的设计方法,等等。

嵌入式软件设计思路和方法的一般过程包括设计软件的功能和实现的算法和方法、软件的总体结构设计和模块设计、编程和调试、程序联调和测试以及编写、提交程序。

几个重要环节如下:

1. 需求调研分析

需求调研分析包括如下工作内容:

(1) 相关系统分析员和用户初步了解需求,然后用Word列出要开发的系统的大功能模块,每个大功能模块有哪些小功能模块,对于有些需求比较明确相关的界面时,在这一步里面可以初步定义好少量的界面。

(2) 系统分析员深入了解和分析需求,根据自己的经验和需求用Word或相关的工具再做出一份系统的功能需求文档。这次的文档会清楚利用系统大致的大功能模块,大功能模块有哪些小功能模块,并且还列出相关的界面和界面功能。

(3) 系统分析员和用户再次确认需求。

2. 设计开发

设计开发包括如下工作内容:

(1) 系统分析员根据确认的需求文档所利用的界面和功能需求,用迭代的方式对每个界面或功能做系统的概要设计。

(2) 系统分析员把写好的概要设计文档给程序员,程序员根据所列出的功能逐个编写。

3. 测试

测试编写好的系统,交给用户使用,用户使用后逐个确认每个功能。

7.4.6 嵌入式系统的硬件结构

嵌入式处理系统主要包括嵌入式微处理器、存储设备、模拟电路及电源电路、通信接口以及外设电路。嵌入式系统的硬件架构如图7.4所示,为嵌入式系统硬件模型结构,此系统主要由微处理器MPU、外围电路以及外设组成,微处理器为ARM嵌入式处理芯片,如ARM7TMDI系列及ARM9系列微处理器,MPU为整个嵌入式系统硬件的核心,决定了整个系统功能和应用范围。外围电路根据微处理器不同而略有不同,主要由电源管理模型、时钟模块、闪存(FLASH)、随机存储器(RAM)以及只读存储器(ROM)组成。这些设备是一个微处理器正常工作所必需的设备。外部设备将根据需要而各不相同,如通用通信接口(USB、RS-232、RJ-45等)、输入输出设备(如键盘、LCD等)。外部设备将根据需要定制。

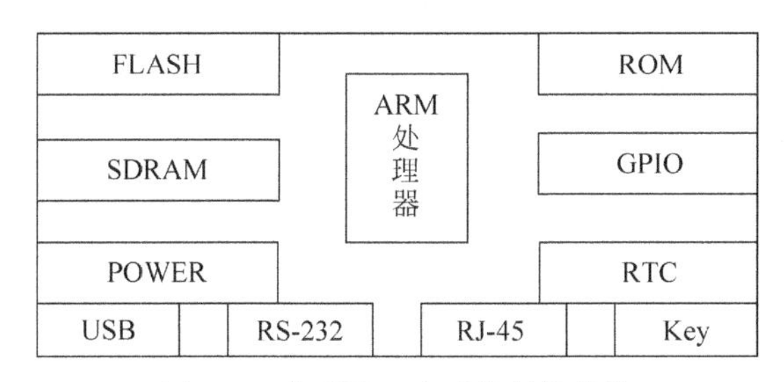

图7.4 典型嵌入式系统硬件结构

7.4.7 嵌入式系统的软件结构

嵌入式系统与传统的单片机在软件方面最大的不同就是可以移植操作系统,从而使软件设计层次化,传统的单片机在软件设计时将应用程序与系统、驱动等全部混在一起编译,系统的可扩展性和可维护性不高,上升到操作系统后,这一切变得很简单可行。

嵌入式操作系统在软件上呈现明显的层次化,从与硬件相关的BSP到实时操作系统(Real-Time Operating System,RTOS)内核,到上层文件系统、GUI,以及用户层的应用软件。各部分可以清晰地划分开,如图7.5所示。当然,在某些时候这种划分也不完全符合应用要求。需要程序设计人员根据特定的需要来设计自己的软件。

板级支持包(Board Support Packet,BSP)主要用来完成底层硬件相关的信息,如驱动程序,加载实时操作系统等功能;实时操作系统层主要就是常见的嵌入式操作系统,设计者

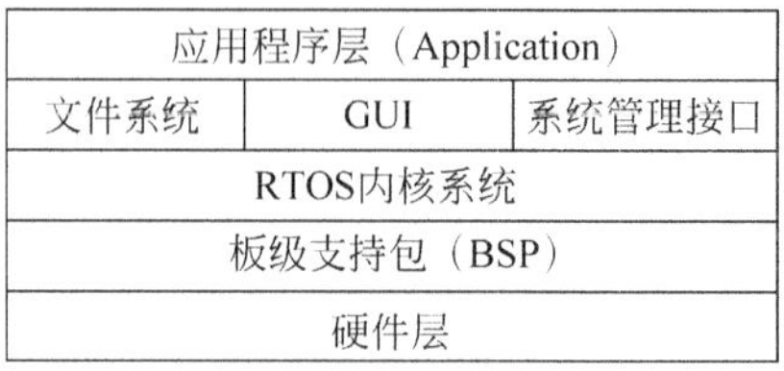

应用程序层（Application）
文件系统
GUI
系统管理接口
RTOS内核系统
板级支持包（BSP）
硬件层

图 7.5　嵌入式系统软件基本架构

根据自己特定的需要来设计移植自己的操作系统，即添加删除部分组件，添加相应的硬件驱动程序，为上层应用提供系统调用。

7.4.8 嵌入式软件开发流程

嵌入式系统开发流程如图 7.6 所示。

系统需求分析：
规格说明书
体系结构设计
机械系统设计
硬件设计
软件设计
系统集成
系统测试
产品

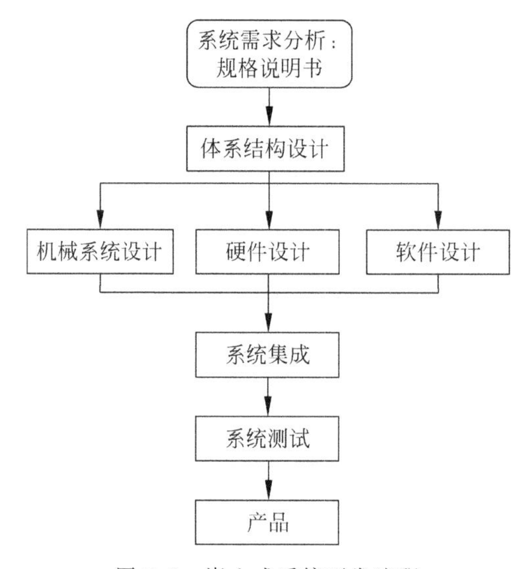

图 7.6　嵌入式系统开发流程

1. 嵌入式系统开发概述

受嵌入式系统本身的特性影响，嵌入式系统开发与通用系统的开发有很大的区别。嵌入式系统的开发可进一步分为系统总体开发、嵌入式硬件开发和嵌入式软件开发三大部分，其总体流程图如图 7.7 所示。

嵌入式系统的具体硬件设计流程如表 7.2 所示，详细软件设计流程如表 7.3 所示。

在系统总体开发中，由于嵌入式系统与硬件依赖非常紧密，某些需求往往只能通过特定的硬件才能实现，因此需要进行处理器选型，以更好地满足产品的需求。另外，对于有些硬件和软件都可以实现的功能，就需要在成本和性能上做出抉择。往往通过硬件实现会增加产品的成本，但能大大提高产品的性能和可靠性。

另外，开发环境的选择对于嵌入式系统的开发也有很大的影响。这里的开发环境包括嵌入式操作系统的选择以及开发工具的选择等。比如，对开发成本和进度限制较大的产品可以选择嵌入式 Linux，对实时性要求非常高的产品可以选择 VxWorks 等。

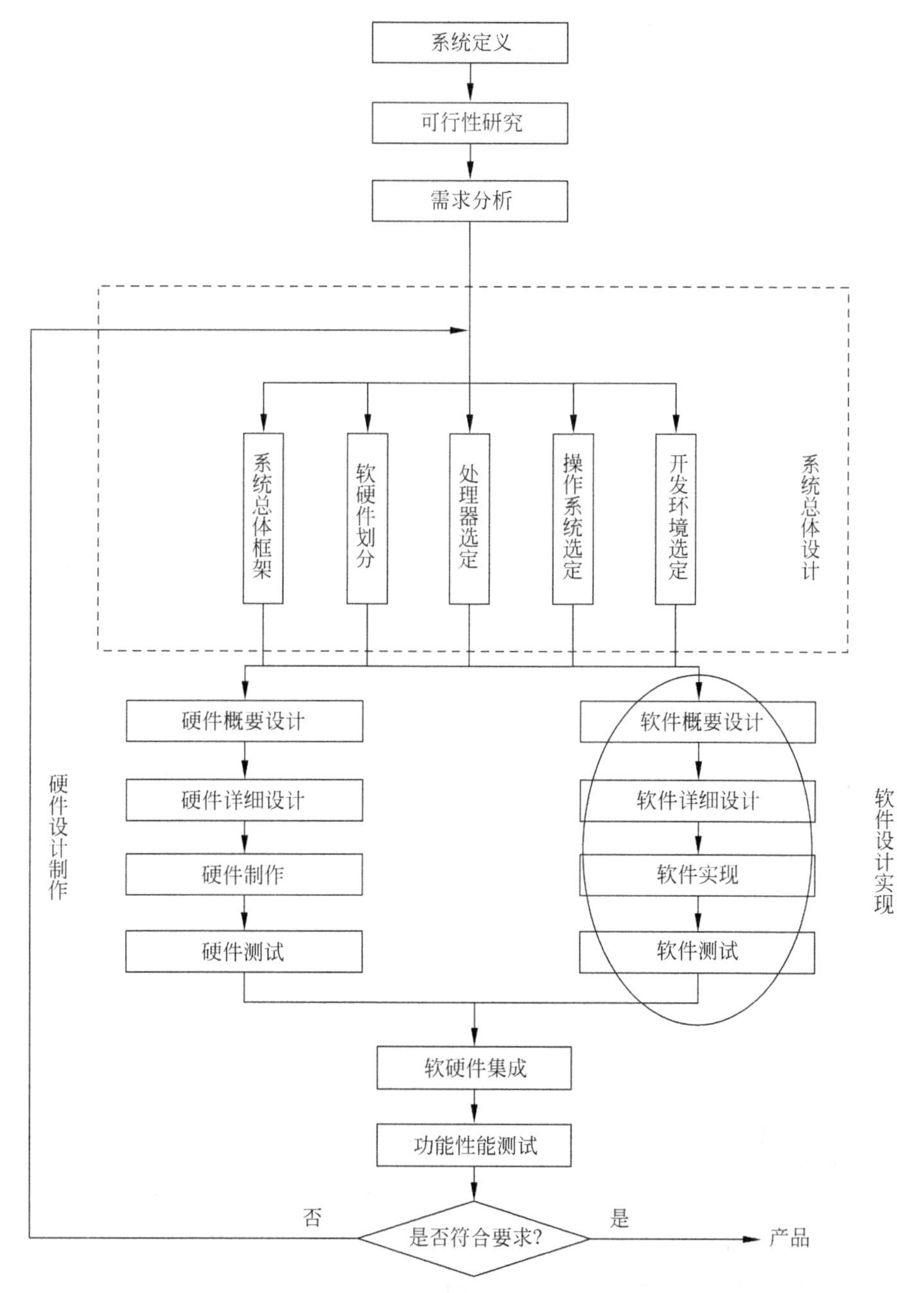

图 7.7 嵌入式系统开发流程图

表 7.2　硬件设计流程图表

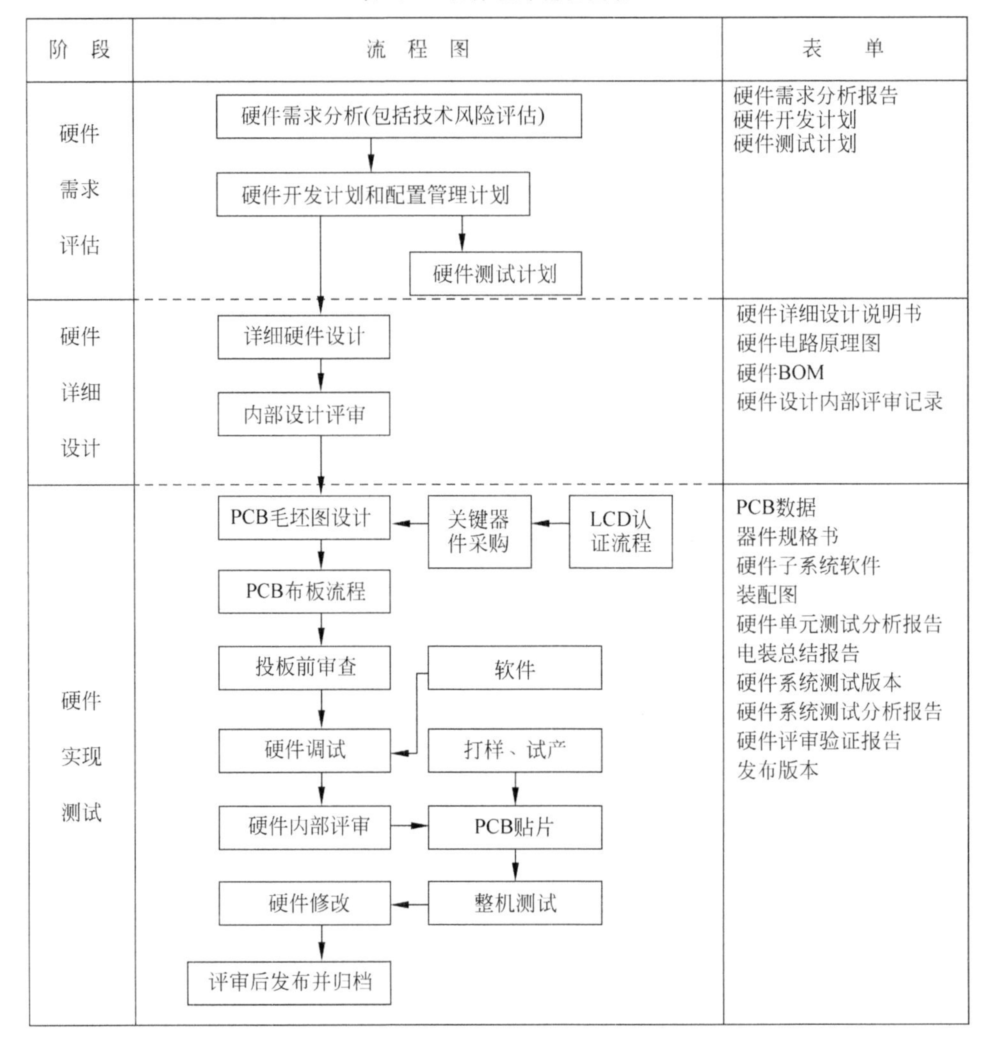

阶　段	流　程　图	表　　单
硬件需求评估	硬件需求分析(包括技术风险评估) 硬件开发计划和配置管理计划 硬件测试计划	硬件需求分析报告 硬件开发计划 硬件测试计划
硬件详细设计	详细硬件设计 内部设计评审	硬件详细设计说明书 硬件电路原理图 硬件BOM 硬件设计内部评审记录
硬件实现测试	PCB毛坯图设计 关键器件采购 LCD认证流程 PCB布板流程 投板前审查 软件 硬件调试 打样、试产 硬件内部评审 PCB贴片 硬件修改 整机测试 评审后发布并归档	PCB数据 器件规格书 硬件子系统软件 装配图 硬件单元测试分析报告 电装总结报告 硬件系统测试版本 硬件系统测试分析报告 硬件评审验证报告 发布版本

2. 嵌入式软件开发概述

嵌入式软件开发总体流程如图 7.7 中"软件设计实现"部分所示,它同通用计算机软件开发一样,分为需求分析、软件概要设计、软件详细设计、软件实现和软件测试。其中嵌入式软件需求分析与硬件的需求分析合二为一,故没有分开画出。

由于在嵌入式软件开发的工具非常多,为了更好地帮助读者选择开发工具,下面首先对嵌入式软件开发过程中所使用的工具做一简单归纳。

嵌入式软件的开发工具根据不同的开发过程而划分,比如在需求分析阶段,可以选择 IBM 的 Rational Rose 等软件,而在程序开发阶段可以采用 CodeWarrior(下面要介绍的 ADS 的一个工具)等,在调试阶段可以使用 Multi-ICE 等。同时,不同的嵌入式操作系统往往会有配套的开发工具,比如 VxWorks 有集成开发环境 Tornado,Windows CE 的集成开发环境 Windows CE Platform 等。此外,不同的处理器可能还有对应的开发工具,比如 ARM 的常用集成开发工具 ADS、IAR 和 RealView 等。大多数软件都有比较高的使用费用,但也可以大大加快产品的开发进度,用户可以根据需求自行选择。图 7.8 是嵌入式开发的不同阶段的常用软件。

表 7.3 软件设计流程图表

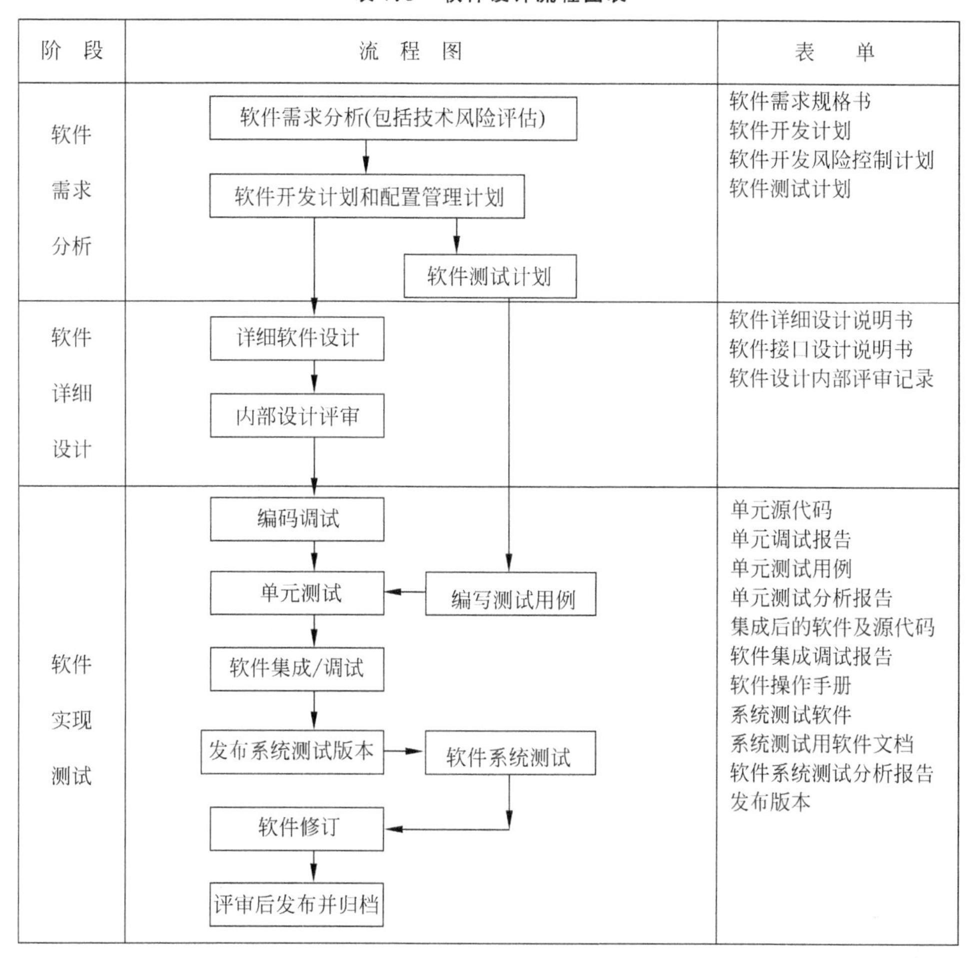

阶段	流程图	表单
软件需求分析	软件需求分析(包括技术风险评估) 软件开发计划和配置管理计划 软件测试计划	软件需求规格书 软件开发计划 软件开发风险控制计划 软件测试计划
软件详细设计	详细软件设计 内部设计评审	软件详细设计说明书 软件接口设计说明书 软件设计内部评审记录
软件实现测试	编码调试 单元测试 编写测试用例 软件集成/调试 发布系统测试版本 软件系统测试 软件修订 评审后发布并归档	单元源代码 单元调试报告 单元测试用例 单元测试分析报告 集成后的软件及源代码 软件集成调试报告 软件操作手册 系统测试软件 系统测试用软件文档 软件系统测试分析报告 发布版本

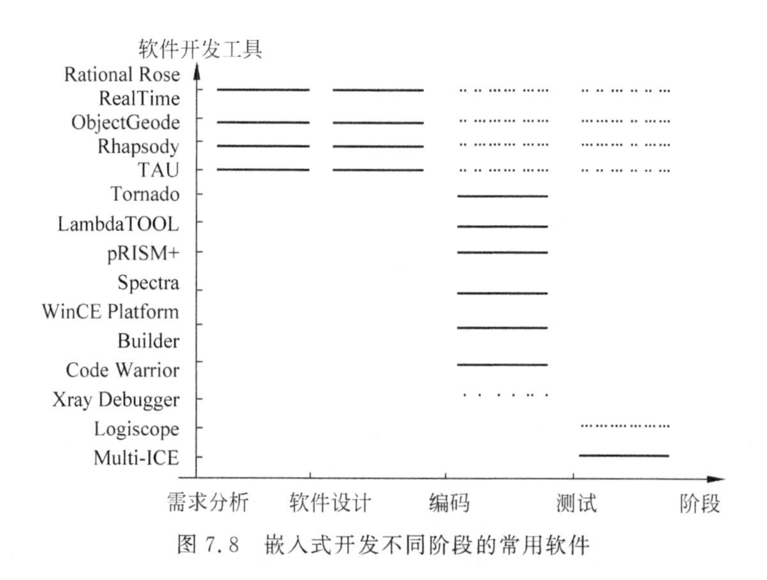

图 7.8 嵌入式开发不同阶段的常用软件

嵌入式系统的软件开发与通常软件开发的区别主要在于软件实现部分，其中又可以分为编译和调试两部分，下面分别对这两部分进行讲解。

1）交叉编译

嵌入式软件开发所采用的编译为交叉编译。所谓交叉编译，就是在一个平台上生成可以在另一个平台上执行的代码。编译的最主要的工作就是将程序转化成运行该程序的CPU所能识别的机器代码，由于不同的体系结构有不同的指令系统，因此，不同的CPU需要有相应的编译器，而交叉编译就如同翻译一样，把相同的程序代码翻译成不同CPU对应的可执行二进制文件。需要注意的是，编译器本身也是程序，也要在与之对应的某一个CPU平台上运行。与交叉编译相对应，常用的编译称为本地编译。嵌入式系统交叉编译环境如图7.9所示。

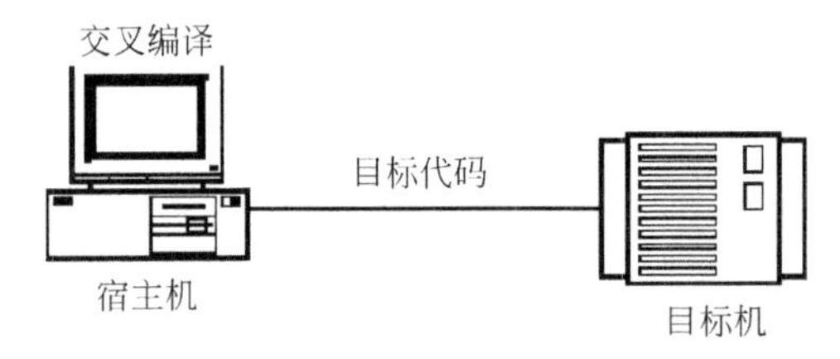

图7.9　交叉编译环境

这里一般将进行交叉编译的主机称为宿主机，也就是普通的PC，而将程序实际的运行环境称为目标机，也就是嵌入式系统环境。由于一般通用计算机拥有非常丰富的系统资源、使用方便的集成开发环境和调试工具等，而嵌入式系统的系统资源非常紧缺，无法在其上运行相关的编译工具，因此，嵌入式系统的开发需要借助宿主机（通用计算机）来编译出目标机的可执行代码。

由于编译的过程包括编译、链接等几个阶段，因此，嵌入式的交叉编译也包括交叉编译、交叉链接等过程，通常ARM的交叉编译器为arm-elf-gcc、arm-linux-gcc等，交叉链接器为arm-elf-ld、arm-linux-ld等，交叉编译过程如图7.10所示。

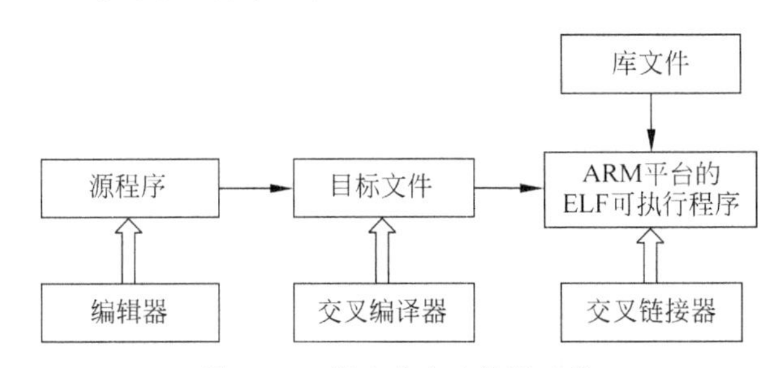

图7.10　嵌入式交叉编译过程

2）交叉调试

嵌入式软件经过编译和链接后即进入调试阶段，调试是软件开发过程中必不可少的一个环节，嵌入式软件开发过程中的交叉调试与通用软件开发过程中的调试方式有很大的差别。在常见的软件开发中，调试器与被调试的程序往往运行在同一台计算机上，调试器是一个单独运行的进程，它通过操作系统提供的调试接口来控制被调试的进程。在嵌入式软件开发中，调试时采用的是在宿主机和目标机之间进行的交叉调试，调试器仍然运行在宿主机的通用操作系统之上，但被调试的进程却是运行在基于特定硬件平台的嵌入式操作系统中，调试器和被调试进程通过串口或者网络进行通信，调试器可以控制、访问被调试进程，读取被调试进程的当前状态，并能够改变被调试进程的运行状态。

嵌入式系统的交叉调试有多种方法，主要可分为软件方式和硬件方式两种。它们一般都具有如下典型特点。

(1) 调试器和被调试进程运行在不同的机器上，调试器运行在计算机(宿主机)，而被调试的进程则运行在各种专业调试板上(目标板)。

(2) 调试器通过某种通信方式(串口、并口、网络、JTAG 等)控制被调试进程。

(3) 在目标机上一般会具备某种形式的调试代理，它负责与调试器共同配合完成对目标机上运行着的进程的调试。这种调试代理可能是某些支持调试功能的硬件设备，也可能是某些专门的调试软件(如 gdbserver)。

(4) 目标机可能是某种形式的系统仿真器，通过在宿主机上运行目标机的仿真软件，整个调试过程可以在一台计算机上运行。此时物理上虽然只有一台计算机，但逻辑上仍然存在宿主机和目标机的区别。

3. 嵌入式软件开发过程

嵌入式软件开发主要过程如下。

1) 系统需求分析

系统需求分析确定设计任务和设计目标，并提炼出设计规格说明书，作为正式设计指导和验收的标准。系统的需求一般分功能性需求和非功能性需求两方面。功能性需求是系统的基本功能，如输入输出信号、操作方式等；非功能需求包括系统性能、成本、功耗、体积和重量等因素。

2) 体系结构设计

体系结构设计描述系统如何实现所述的功能和非功能需求，包括对硬件、软件和执行装置的功能划分，以及系统的软件、硬件选型等。一个好的体系结构是设计成功与否的关键。

3) 硬件、软件协同设计

硬件、软件协同设计基于体系结构，对系统的硬件、软件进行详细设计。为了缩短产品开发周期，设计往往是并行的。嵌入式系统设计的工作大部分都集中在软件设计上，面向对象技术、软件组件技术和模块化设计是现代软件工程经常采用的方法。

4) 系统集成

系统集成是将系统的软件、硬件和执行装置集成在一起进行调试，发现并改进单元设计过程中的错误。

5) 系统测试

系统测试是对设计好的系统进行测试，看其是否满足规格说明书中给定的功能要求。嵌入式系统开发模式最大特点是软件、硬件综合开发。这是因为嵌入式产品是软硬件的结合体，软件针对硬件开发、固化、不可修改。如果在一个嵌入式系统中使用 Linux 技术开发，那么根据应用需求的不同有不同的配置开发方法，但是，一般情况下都需要经过如下过程：

(1) 建立开发环境，操作系统一般使用 RedHat Linux，选择定制安装或全部安装，通过网络下载相应的 GCC 交叉编译器进行安装(如 arm-linux-gcc、arnl-uclibc-gcc)，或者安装产品厂家提供的相关交叉编译器；

(2) 配置开发主机，配置 MINICOM(串口通信工具)，一般的参数为波特率 115 200Baud，数据位 8 位，无奇偶校验。在 Windows 下的超级终端的配置也是这样。MINICOM 软件的作用是作为调试嵌入式开发板的信息输出的监视器和键盘输入的工具。配置网络主要是配置 NFS(网络文件系统)，需要关闭防火墙，简化嵌入式网络调试环境设置过程。

7.4.9 嵌入式软件开发测试

嵌入式软件开发测试的目的是保证软件满足需求规格说明，与非嵌入式软件的测试目的是一样的。系统失效是系统没有满足一个或多个正式需求规范中所要求的需求项，嵌入式软件有其特殊的失效判定准则，而且嵌入式软件对可靠性的要求比较高。

安全性的缺陷往往会导致灾难性的后果，即使是非安全性系统，由于大批量生产也会导致严重的经济损失。这就要求对嵌入式系统，包括嵌入式软件、嵌入式硬件进行严格的测试、确认和验证。

嵌入式软件测试要提供嵌入式软件及硬件的端到端测试，横跨工具/设备、RTOS、开发平台和编程语言，内容包括嵌入式软件和硬件的测试策略和代码级测试，并覆盖分析、功能测试、压力测试、代码审查、调试和代码维护、设备驱动、中间件/协议和系统及应用水平测试。

一般来说，软件测试有 7 个基本阶段，即单元或模块测试、集成测试、外部功能测试、回归测试、系统测试、验收测试、安装测试。嵌入式软件测试在 4 个阶段上进行，即模块测试、集成测试、系统测试、硬件/软件集成测试。前 3 个阶段适用于任何软件的测试，硬件/软件集成测试阶段是嵌入式软件所特有的，目的是验证嵌入式软件与其所控制的硬件设备能否正确地交互。

1. 嵌入式软件测试环境

嵌入式软件测试的测试环境主要有以下两种：

(1) 目标环境测试——基于目标的测试全面有效，但是会消耗较多的经费和时间。

(2) 宿主环境测试——基于宿主的测试代价较小，但是有些对环境要求高的功能和性能宿主机无法模拟，测试无法实现。

目前的趋势是把更多的测试转移到宿主环境中进行，把宿主环境测试无法实现的复杂和独特功能放在目标环境测试。工作重点是基于宿主环境的测试，基于目标环境的测试作为补充。

在两个环境中可以出现不同的软件缺陷，重要的是目标环境和宿主环境的测试内容有所选择。在宿主环境中，可以进行逻辑或界面的测试以及与硬件无关的测试。在模拟或宿主环境中的测试消耗时间通常相对较少，用调试工具可以更快地完成调试和测试任务。而与定时问题有关的白盒测试、中断测试、硬件接口测试只能在目标环境中进行。在软件测试周期中，基于目标的测试是在较晚的“硬件/软件集成测试”阶段开始的，如果不更早地在模拟环境中进行白盒测试，而是等到“硬件/软件集成测试”阶段进行全部的白盒测试，将耗费更多的财力和人力。

2. 白盒测试与黑盒测试

白盒测试或基本代码的测试主要任务为检查程序的内部设计，或者在开发环境中进行硬件仿真，一般不必在目标硬件上进行。根据源代码的组织结构查找软件缺陷，要求测试人员对软件的结构和功能有详细深入的了解。白盒测试与代码覆盖率密切相关，可以在测试中计算出代码的覆盖率，从而保证测试的充分性。嵌入式软件测试通常要求有较高的代码覆盖率，要选择最重要的代码进行白盒测试。

黑盒测试在某些情况下也称为功能测试。这类测试方法根据软件的用途和外部特征查找软件缺陷，不需要了解程序的内部结构。黑盒测试不依赖代码，从实际使用的角度进行测试。黑盒测试与需求紧密相关，需求规格说明的质量会直接影响测试的结果。在进行嵌入式软件黑盒测试时，要把系统的预期用途作为重要依据，根据需求中对负载、定时、性能的要求，判断软件是否满足这些需求规范。

3. 嵌入式软件测试内容

嵌入式软件测试的内容主要为软件代码测试、编程规范标准符合性测试、代码编码规范符合性测试、开发维护文档规范符合性测试、用户文档测试等。其中，软件测试范围包括系统级测试、应用测试、中间件测试、BSP 及驱动程序测试、嵌入式硬件设计测试。

按照嵌入式软件有无操作系统将嵌入式系统分为两大类：无操作系统的嵌入式软件和有操作系统的嵌入式软件。

1）无操作系统的嵌入式软件

无操作系统的嵌入式软件主要包括 C 语言代码、汇编语言代码等。

C 语言模式软件测试：硬件设备及其他宏定义（编译阶段处理）、API（Application Programming Interface，应用程序接口）函数测试、模块初始化（包括系统初始化）、中间功能件测试、功能模块测试、中断处理测试、任务调度测试、区域功能测试、总体功能测试。

汇编语言模式软件测试：硬件设备及其他宏定义（编译阶段处理）、模块初始化（包括系统初始化）、中间功能件测试、功能模块测试、中断处理测试、区域功能测试、总体功能测试。

2）基于操作系统的嵌入式软件

基于操作系统的嵌入式软件主要包括应用软件测试、系统软件测试、整体性能测试。

应用软件测试：模块初始化（包括系统初始化）、中间功能件测试、功能模块测试、区域功能测试、总体功能测试。

系统软件测试：硬件设备及其他宏定义（编译阶段处理）、API 函数测试、模块初始化（包括系统初始化）、中间功能件测试、功能模块测试、中断处理测试、区域功能测试、总体功能测试、标准符合性测试。

整体性能测试：基于操作系统之上的嵌入式系统整体软件测试，主要采用应用软件测试，着重分析性能、内存分配、代码覆盖率、软件执行流程，并采用仿真器、逻辑分析仪的硬件测试工具进行整体性能的测试。

国内嵌入式软件测试还主要限于嵌入式应用软件、工业控制软件，具体测试的主要内容包括：

（1）功能测试。验证系统是否满足明确和隐含要求功能。功能测试覆盖实用性、准确性、互操作性、互用性、保密安全性、功能依从性。

（2）可靠性测试。测试在指定条件使用时，软件产品维持规定的性能级别的能力。可靠性测试覆盖成熟性、容错性、易恢复性等质量特性。

（3）性能测试。检测在规定条件下，软件产品执行其功能时，提供适当的响应和处理时间及吞吐量的能力，以及使用合适的数量和类型的资源的能力。

(4) 安全性测试。测试软件运行不引起系统事故的能力。包括：对设计中用于提高安全性的软件结构、算法、容错、冗余、中断处理等方案的针对性测试；异常条件下的测试；安全关键操作错误的测试；防止危险状态措施的有效性和每一个危险状态下的反应；对安全关键软部件的独立性测试等。

(5) 易用性测试。测试在指定条件使用时，软件产品被理解、学习、使用和吸引用户的能力。测试覆盖易理解性、易学性、易操作性、吸引性。

(6) 可移植性测试。测试软件产品从一种环境迁移到另外一种环境的能力，测试覆盖适应性。

此外，还有边界测试、接口测试、强度测试、界面测试等，根据软件安全等级、重要程度、测试环境、测试方法以及测试时限，可对测试项目进行剪裁。

4. 嵌入式软件的测试工具

用于辅助嵌入式软件测试的工具很多，下面对几类比较典型的有关嵌入式软件的测试工具加以介绍和分析。

1) 内存分析工具

在嵌入式系统中，内存约束通常是有限的。内存分析工具用来处理在动态内存分配中存在的缺陷。当动态内存被错误地分配后，通常难以再现，可能导致的失效难以追踪，使用内存分析工具可以避免这类缺陷进入功能测试阶段。目前有两类内存分析工具——软件和硬件的。基于软件的内存分析工具可能会对代码的性能造成很大影响，从而严重影响实时操作；基于硬件的内存分析工具价格昂贵，而且只能在工具所限定的运行环境中使用。

2) 性能分析工具

在嵌入式系统中，程序的性能通常是非常重要的。经常会有这样的要求：在特定时间内处理一个中断，或生成具有特定定时要求的一帧。开发人面临的问题是决定应该对哪一部分代码进行优化来改进性能，并且常常会花大量的时间去优化那些对性能没有任何影响的代码。性能分析工具会提供有关的数据，说明执行时间是如何消耗的，是什么时候消耗的，以及每个例程所用的时间。根据这些数据，确定哪些例程消耗部分执行时间，从而可以决定如何优化软件，以获得更好的时间性能。对于大多数应用来说，大部分执行时间用在相对少量的代码上，费时的代码估计占所有软件总量的5%～20%。性能分析工具不仅能指出哪些例程花费了时间，而且与调试工具联合使用可以引导开发人员查看需要优化的特定函数，性能分析工具还可以引导开发人员发现在系统调用中存在的错误以及程序结构上的缺陷。

3) GUI 测试工具

很多嵌入式应用都带有某种形式的图形用户界面，有些系统性能测试是根据用户输入响应时间进行的。GUI 测试工具可以作为脚本工具有开发环境中运行测试用例，其功能包括对操作的记录和回放、抓取屏幕显示供以后分析和比较、设置和管理测试过程。很多嵌入式设备没有 GUI，但常常可以对嵌入式设备进行插装来运行 GUI 测试脚本，虽然这种方式可能要求对被测代码进行更改，但是节省了功能测试和回归测试的时间。

4) 覆盖分析工具

在进行白盒测试时，可以使用代码覆盖分析工具追踪哪些代码被执行过。分析过程可以通过插装来完成，插装可以是在测试环境中嵌入硬件，也可以是在可执行代码中加入软件,也可以是二者相结合。测试人员对结果数据加以总结,确定哪些代码被执行过,哪些代码被巡漏了。覆盖分析工具一般会提供有关功能覆盖、分支覆盖、条件覆盖的信息。对于嵌入式软件来说,代码覆盖分析工具可能侵入代码的执行,影响实时代码的运行过程。基于硬件的代码覆盖分析工具的侵入程度要小一些,但是价格一般比较昂贵,而且限制被测代码的数量。

5. 应着重关注的一些内容

嵌入式软件测试应关注以下方面:

(1) 嵌入式领域软件工程与软件质量的保证——嵌入式软件危机与软件缺陷,软件质量的过程与控制,嵌入式软件的特点,嵌入式软件的开发过程。

(2) 嵌入式软件测试技术——白盒测试、黑盒测试、灰盒测试,测试覆盖率、回归测试等重要概念,单元测试、集成测试、系统测试等测试过程,以及测试的误区和经验。

(3) 嵌入式测试过程与测试管理——测试过程及测试管理的主要内容,测试需求确立、测试计划和测试大纲制定、测试用例设计、测试用例执行、测试结果收集和测试结果分析,以及测试错误反馈和测试报告生成等工作。测试过程辅助支持工具的使用。

(4) 结合目前主流应用,嵌入式测试工具支持及操作和使用,搭建嵌入式软件的测试平台,掌握嵌入式测试的思想和方法,包括软件工程与质量保证支撑系统(Panorama++)、测试自动化工具(Vectorcast)、硬件辅助的实时在线白盒测试工具(Codetest)、黑盒测试工具(GESTE)、基于全数字仿真的嵌入式软件综合测试工具(CRESTS/ATAT与CRESTS/TESS)、嵌入式软件仿真工具(Eurosim)。

(5) 通过经典嵌入式测试安全分析,设计嵌入式软件测试的解决方案。

鉴于嵌入式测试的特殊要求,嵌入式测试还应具体侧重以下内容:

(1) 嵌入式系统概要,主要包括嵌入式发展、特点、行业涵盖、新技术趋势等。

(2) 嵌入式硬件平台,主要包括ARM、DSP、FPGA、CPLD、单片机、SSI、I^2C、I^2S、EPI、μDMA、UART、IrDA、USB、Ethernet、MCI、SD、CAN、PWM、QEI、GPIO、JTAG等。

(3) 嵌入式编程语言和环境概要,主要包括C、C++、Ada、汇编、Java、Keil、IAR Embedded Workbench、Sourcery G++、Code Red Technology、CCstudio IDE等。

(4) 嵌入式测试的内容,主要包括设计方案测试、嵌入式软件代码测试、专项要求测试、嵌入式软件标准、嵌入式软件测试标准、嵌入式文档规范评测等。

(5) 嵌入式测试工具使用,主要包括CodeTest、VectorCAST、CRESTS/ATAT、LOGISCOPE、Logic Analyzer、Oscilloscope等。

(6) 嵌入式测试过程管理与报告生成,主要包括测试规划、人员管理、测试用例、验收测试用例、用户手册、缺陷报告、改进建议等。

其中,嵌入式测试的内容、工具使用、过程管理与报告生成是嵌入式软件测试应关注的重点。

第8章 光电伺服控制系统及其设计

CHAPTER 8

许多光电系统都含有机电一体化的伺服功能，光电系统中的伺服控制是为执行机构按设计要求实现运动而提供控制和动力的重要环节。光电系统中的伺服控制装置简称光电伺服控制系统，它是一种能够跟踪输入的指令信号进行动作，从而获得精确的位置、速度及动力输出等功能要素的自动控制系统。例如，光电跟踪系统控制就是一个典型的伺服控制，它是以空中的目标为输入指令要求，指向器(转台)要一直跟踪目标，为武器系统提供目标空间坐标；激光切割加工中心的机械制造过程也是伺服控制过程，位移传感器不断地将激光切割进给的位移传送给计算机，通过与切割位置目标比较，计算机输出继续切割或停止切割的控制信号。设计伺服控制系统的主要工作在于通过一定的途径和最佳控制策略来满足系统的性能指标。

本章首先在介绍自动控制理论的基础上，分析控制系统的基本要求与性能指标；接着阐述控制系统设计的基本问题和控制系统的设计方法；然后详细讲解光电伺服系统和光电跟踪控制系统，包括系统结构组成与分类、技术要求、执行元件与负载力矩计算；最后研讨光电跟踪伺服系统的主要性能指标提出依据、基本技术问题和高精度控制技术。

8.1 自动控制基础

自动控制理论是研究自动控制共同规律的技术科学。它的发展初期，是以反馈理论为基础的自动调节原理，并主要用于工业控制。第二次世界大战期间，为了设计和制造飞机及船用自动驾驶仪、火炮定位系统、雷达跟踪系统以及其他基于反馈原理的军用装备，而进一步促进并完善了自动控制理论的发展。到战后，已形成完整的自动控制理论体系，这就是以传递函数为基础的经典控制理论，它主要研究单输入-单输出、线性定常系统的分析和设计问题。

20世纪60年代初期，随着现代应用数学新成果的推出和电子计算机技术的应用，为适应宇航技术的发展，自动控制理论跨入了一个新阶段——现代控制理论。它主要研究具有高性能、高精度的多变量变参数系统的控制问题，采用的方法是以状态方程为基础的时域法。自动控制理论还在继续发展，并且已跨越学科界限，正向以控制论、信息论、系统论以及协同论、突变论、耗散结构论、仿生学、神经网络、人工智能等学科为基础的智能控制理论深入。

8.1.1 自动控制的基本概念

自动控制：在没人直接参与的情况下，利用控制装置使被控对象或过程自动地按预定规律或数值运行。

自动控制系统：能够对被控对象的工作状态进行自动控制的系统。一般而言，由控制器(含测量元件)和控制对象两大主体部分组成。

8.1.2 开环控制方式

开环控制方式是指控制装置与被控对象之间只有顺向作用而没有反向联系的控制过程，按这种方式组成的系统称为开环控制系统，其特点是系统的输出量不会对系统的控制作用发生影响。开环控制系统可以按给定量控制方式组成，也可以按扰动控制方式组成。开环控制系统功能框图如图 8.1 所示。

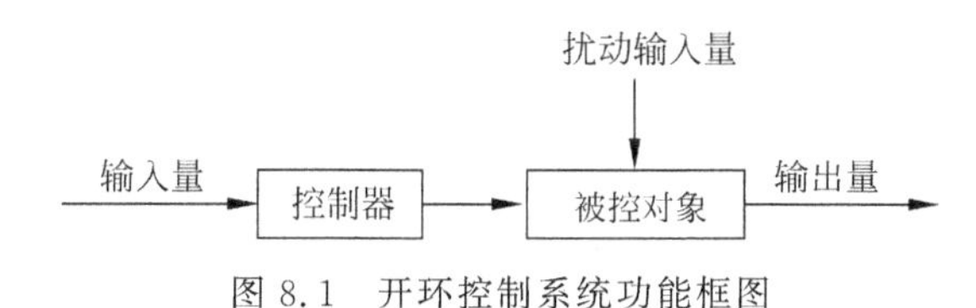

图 8.1 开环控制系统功能框图

按给定量控制的开环控制系统，其控制作用直接由系统的输入量产生，给定一个输入量，就有一个输出量与之相对应，控制精度完全取决于所用的元件及校准的精度。因此，这种开环控制方式没有自动修正偏差的能力，抗扰动性较差，但由于其结构简单、调整方便、成本低，在精度要求不高或扰动影响较小的情况下，这种控制方式还有一定的实用价值。

按扰动控制的开环控制系统是利用可测量的扰动量，产生一种补偿作用，以减小或抵消扰动对输出量的影响，这种控制方式也称顺馈控制或前馈控制。例如，在一般的直流速度控制系统中，转速常常随负载的增加而下降，且其转速的下降与电枢电流的变化有一定的关系。如果设法将负载引起的电流变化测量出来，并按其大小产生一个附加的控制作用，用来补偿由它引起的转速下降，就可以构成按扰动控制的开环控制系统。这种按扰动控制的开环控制方式是直接从扰动取得信息，并以此来改变被控量，其抗扰动性好，控制精度也较高，但它只适用于扰动是可测量的场合。

开环控制系统具有如下特点：

(1) 系统输出量对控制作用无影响；

(2) 无反馈环节；

(3) 出现干扰靠人工消除；

(4) 无法实现高精度控制。

8.1.3 反馈控制方式

反馈控制是光机电控制系统最基本的控制方式，也是应用最广泛的一种控制系统。在反馈控制系统中，控制装置对被控对象施加的控制作用，是取自被控量的反馈信息，用来不断修正被控量的偏差，从而实现对被控对象进行控制的任务，这就是反馈控制的原理。显然，反馈控制实质上是一个按偏差进行控制的过程，因此，它也称为按偏差的控制，反馈控制原理就是按偏差控制的原理。

通常，把取出的输出量送回到输入端，并与输入量相比较产生偏差信号的过程，称为反馈。若反馈的信号是与输入信号相减，使产生的偏差越来越小，则称为负反馈；反之，则称为正反馈。反馈控制就是采用负反馈并利用偏差进行控制的过程，而且，由于引入了被控量的反馈信息，整个控制过程成为闭合的，因此反馈控制也称闭环控制。亦即把输出量直接或间接地反馈到系统的输入端，形成闭环，参与控制，这种系统叫作闭环控制系统，如图 8.2 所示。其特点是不论什么原因使被控量偏离期望值而出现偏差时，必定会产生一个相应的控制作用去减小或消除这个偏差，使被控量与期望值趋于一致。具体来说，闭环控制系统具有如下特点：

(1) 系统输出量参与了对系统的控制作用；

(2) 控制精度高；

(3) 抗干扰能力强；

(4) 系统可能工作不稳定，通常要加校正元件。

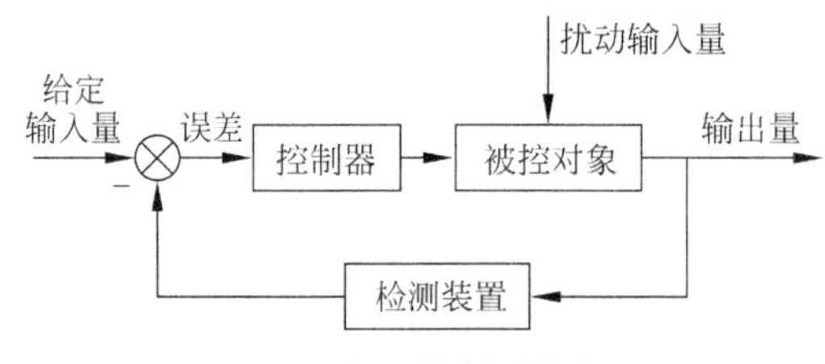

图 8.2 闭环控制系统框图

可以说，按反馈控制方式组成的反馈控制系统，具有抑制任何内、外扰动对被控量产生影响的能力，有较高的控制精度。但这种系统使用的元件多，线路复杂，特别是系统的性能分析和设计也较麻烦。尽管如此，它仍是一种重要的并被广泛应用的控制方式，自动控制理论主要的研究对象就是用这种控制方式组成的系统。

8.1.4 复合控制方式(开环控制＋闭环控制)

反馈控制在外扰影响出现之后才能进行修正工作，在外扰影响出现之前则不能进行修正工作。按扰动控制方式在技术上较按偏差控制方式简单，但它只适用于扰动是可测量的场合，而且一个补偿装置只能补偿一个扰动因素，对其余扰动均不起补偿作用。因此，比较合理的一种控制方式是把按偏差控制与按扰动控制结合起来，对于主要扰动采用适当的补偿装置实现按扰动控制，同时，再组成反馈控制系统实现按偏差控制，以消除其余扰动产生的偏差。这样，系统的主要扰动已被补偿，反馈控制系统就比较容易设计，控制效果也会更好。这种按偏差控制和按扰动控制相结合的控制方式称为复合控制方式。

8.1.5 自动控制系统的分类

从不同角度，自动控制系统有不同分类。

1. 按系统性能分类

按系统性能可分为线性系统和非线性系统。

(1) 线性系统。用线性微分方程或线性差分方程描述的系统，满足叠加性和齐次性。

(2) 非线性系统。用非线性微分方程或差分方程描述的系统，不满足叠加性和齐次性。

2. 按信号类型分类

按信号类型可分为连续系统和离散系统。

(1) 连续系统。系统中各元件的输入量和输出量均为时间 t 的连续函数。

(2) 离散系统。系统中某一处或几处的信号是以脉冲系列或数码的形式传递的系统。计算机控制系统就是典型的离散系统。

3. 按给定信号分类

按给定信号可分为恒值控制系统、随动控制系统、程序控制系统。

(1) 恒值控制系统。给定值不变，要求系统输出量以一定的精度接近给定希望值的系统。如生产过程中的温度、压力、流量、电动机转速等自动控制系统属于恒值系统。

(2) 随动控制系统(伺服控制系统)。给定值按未知时间函数变化，要求输出跟随给定值的变化，如跟踪空中目标的光电跟踪仪。

(3) 程序控制系统。给定值按一定时间函数变化，如程控光电系统。

8.2　控制系统的基本要求与性能指标

了解和明确控制系统的基本要求与性能指标，对其系统设计有重要作用。

8.2.1　控制系统的基本要求

尽管控制系统有不同的类型，而且每个系统也都有不同的特殊要求，但对于各类系统来说，在已知系统的结构和参数时，感兴趣的都是系统在某种典型输入信号下，其被控量变化的全过程。例如，对恒值控制系统是研究扰动作用引起被控量变化的全过程；对随动系统是研究被控量如何克服扰动影响并跟随参考量的变化过程。但对每一类系统中被控量变化全过程提出的基本要求都是一样的，且可以归结为稳定性、准确性和快速性，即稳、准、快的要求。

(1) 稳定性。若系统有扰动或给定输入作用发生变化，系统的输出量产生的过渡过程随时间增长而衰减，回到(或接近)原来的稳定值，或跟踪变化了的输入信号.则称系统稳定。这是对反馈控制系统提出的最基本要求。

(2) 准确性。用稳态误差来表示。在参考输入信号作用下，当系统达到稳态后，其稳态输出与参考输入所要求的期望输出之差叫作给定稳态误差。显然，这种误差越小，表示系统的输出跟随参考输入的精度越高。

(3) 快速性。系统从一个稳定状态过渡到另一个新的稳定状态，都需要经历一个过渡过程，快速性对过渡过程的形式和快慢提出要求，一般称为动态性能。

8.2.2　控制系统的性能指标

性能指标(品质指标)是评价控制系统好坏的准则，也是指控制系统设计的依据。它是根据控制系统应完成的具体任务和特定技术要求，从系统要求的动态性能、稳态性能、经济性、抗干扰性以及实现的可能性等方面综合考虑后确定的。这里所涉及的性能指标，主要是与控制系统运动规律直接有关的，即确定控制系统稳态和动态性能的那些指标。另外，性能指标的选择也与分析和设计控制系统所采用的方法有关。

控制系统一般设计所采用的性能指标的内容和形式如下：

1. 系统的稳定性

它是指系统在 $t \to \infty$ 时的渐进性能和有限时间内的稳定问题。显然，一个系统如果不稳定，那么它的行为便不受约束，被控量将摇摆不定或者发散，不能保持原定的工作状态不变。因此，任何控制系统能够完成其任务的必要条件是必须稳定。对线性控制系统而言，就要求闭环系统特征方程的根不能出现在右半 s 平面上。

2. 稳态精度

许多高精度控制系统，如光电制导控制系统、光电火控系统以及随动系统等，均要求很高的稳态精度。稳态精度部分地取决于测量元件（敏感元件）本身的测量精度，同时又取决于控制系统的某些动态参数。工程上一般取系统稳态误差作为系统稳态精度的度量，它表示系统对某种典型输入响应的准确程度。系统的误差信号定义为

$$e(t) = r(t) - b(t) \tag{8.1}$$

式中，$r(t)$ 为输入量；$b(t)$ 为反馈量。反馈控制系统方框图如图 8.3 所示。

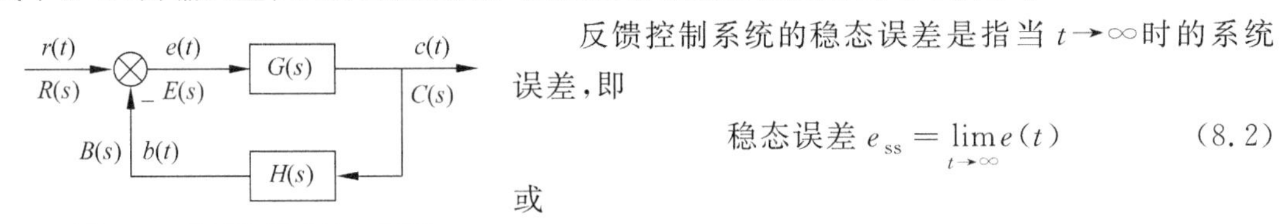

图 8.3　反馈控制系统方框图

反馈控制系统的稳态误差是指当 $t \to \infty$ 时的系统误差，即

$$稳态误差\ e_{ss} = \lim_{t \to \infty} e(t) \tag{8.2}$$

或

$$e_{ss} = \lim_{s \to 0} \frac{sR(s)}{1 + G(s)H(s)} \tag{8.3}$$

式中，$G(s)$ 和 $H(s)$ 分别为前向和反馈通道的传递函数。当输入 $r(t)$ 已知时，系统稳态误差可表示为

$$e_{ss}(t) = c_0 r(t) + c_1 \dot{r}(t) + c_2 \ddot{r}(t) + \cdots + c_n r^{(n)}(t) \tag{8.4}$$

式中，$c_i\ (i = 0, 1, 2, \cdots, n)$ 称为误差系数。对工程上常用的控制系统，一般只取前几项。c_0 称为位置误差系数；c_1 称为速度误差系数；c_2 称为加速度误差系数。

在分析和设计控制系统时，稳态精度常用稳态误差系数作为指标。

3. 动态性能指标（品质指标）

根据所采用的分析与设计方法不同，动态品质指标有两种形式，即时域指标和频域指标。

1）时域指标

时域指标是相对于控制系统在单位阶跃输入作用下的输出响应而规定的，其响应曲线如图 8.4 所示。

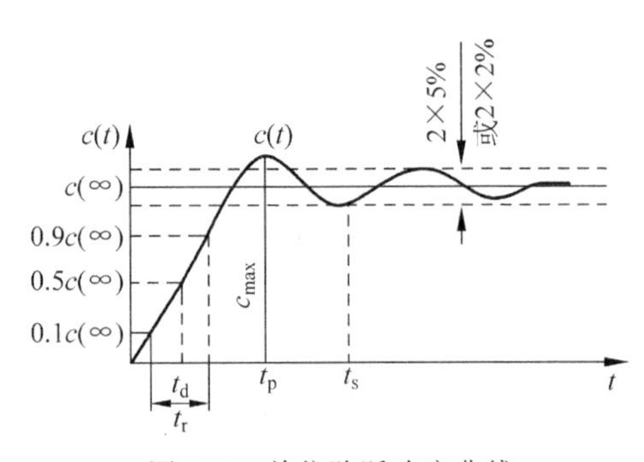

图 8.4　单位阶跃响应曲线

时域的具体指标如下：

（1）超调量 σ 定义为

$$\sigma\% = \frac{c_{max}(t) - c(\infty)}{c(\infty)} \times 100\% \tag{8.5}$$

（2）调整时间 t_s 定义为阶跃响应曲线进入到按输出量稳态值的 2% 或 5% 规定范围内所需

的时间。

(3) 上升时间 t_r 定义为阶跃响应从其稳态值的 10%上升到 90%所经历的时间。

(4) 延迟时间 t_d 定义为阶跃响应从起始值到稳态值的 50%所经历的时间。

(5) 最大值时间 t_p 定义为阶跃响应从起始值到最大值所经历的时间。

2) 频域指标

频域指标可以从闭环频率特性和开环频率特性两个角度给出。

基于闭环频率特性的频域指标。设系统闭环幅频特性和相频特性为

$$M(\omega)=\left|\frac{G(\mathrm{j}\omega)}{1+G(\mathrm{j}\omega)H(\mathrm{j}\omega)}\right| \tag{8.6}$$

$$\Phi(\omega)=\angle\frac{G(\mathrm{j}\omega)}{1+G(\mathrm{j}\omega)H(\mathrm{j}\omega)} \tag{8.7}$$

闭环幅频特性如图 8.5 所示。

(1) 谐振峰值 M_p：定义 $M(\omega)$的最大值为谐振峰值 M_p。一般来说，M_p 的大小说明闭环控制系统的相对稳定性，大的 M_p 值对应于大的超调量。

(2) 谐振频率 ω_p：出现谐振峰值所对应的频率。

(3) 频带宽度 BW：定义为 $M(\mathrm{j}\omega)$的幅值 $M(\omega)$降至其零频率幅值 $M(0)$的 70.7%或从零频增益下降至 3dB 时的频率范围。它反映了系统的滤波特性和系统复现有用信号的能力。

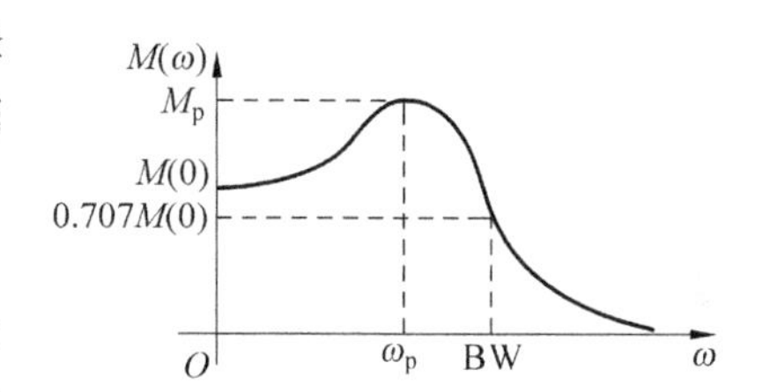

图 8.5 闭环系统幅频特性

下面介绍基于开环频率特性的频域指标。系统开环幅频特性等于 1 时的频率值 ω_c，称系统的剪切频率。开环对数幅频特性曲线 $20\lg|G(\mathrm{j}\omega)H(\mathrm{j}\omega)|$ 在剪切频率 ω_c 附近的斜率(过 0dB 线时的斜率)，称系统的剪切率。它表征了控制系统从干扰噪声中复现控制信号的能力。斜率越陡，系统从噪声中辨别信号的能力越强，但稳定性差。

在分析和设计控制系统时，人们不仅关心系统是否稳定，而且要求系统具有一定的稳定性。为衡量系统的稳定性，提出了相对稳定性的概念。具体来说，就是把衡量系统相对稳定性的相位裕量和增益裕量作为频域指标，并在开环频率特性上给出定义。

(1) 相位裕量 γ：定义为在系统剪切频率 ω_c 处，使闭环系统达到临界稳定状态所需的附加相移量，即

$$|H(\mathrm{j}\omega_c)G(\mathrm{j}\omega_c)|=1\quad(0<\omega_c<\infty) \tag{8.8}$$

$$\gamma^\circ=180^\circ+\angle H(\mathrm{j}\omega_c)G(\mathrm{j}\omega_c) \tag{8.9}$$

(2) 增益裕量 K_g：定义为系统开环频率特性 $H(\mathrm{j}\omega)G(\mathrm{j}\omega)$的相角为$-180^\circ$时，幅频特性$|H(\mathrm{j}\omega)G(\mathrm{j}\omega)|$的倒数

$$K_g=\frac{1}{|H(\mathrm{j}\omega)G(\mathrm{j}\omega)|} \tag{8.10}$$

或

$$20\lg K_g=-20\lg|H(\mathrm{j}\omega)G(\mathrm{j}\omega)| \tag{8.11}$$

图 8.6 和图 8.7 分别给出了在极坐标和对数坐标上的增益裕量和相位裕量。

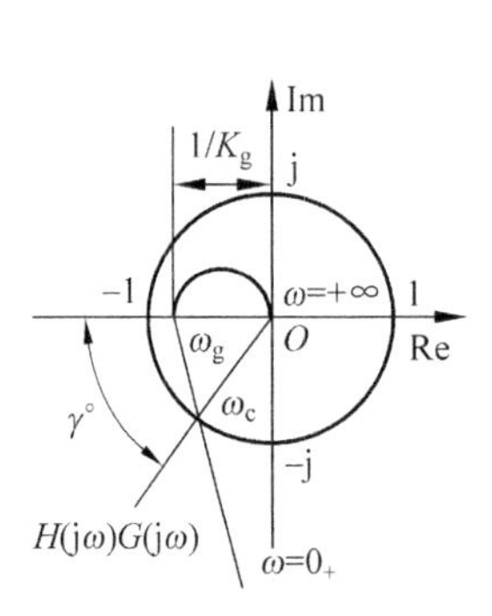

图 8.6 极坐标上的开环幅相特性

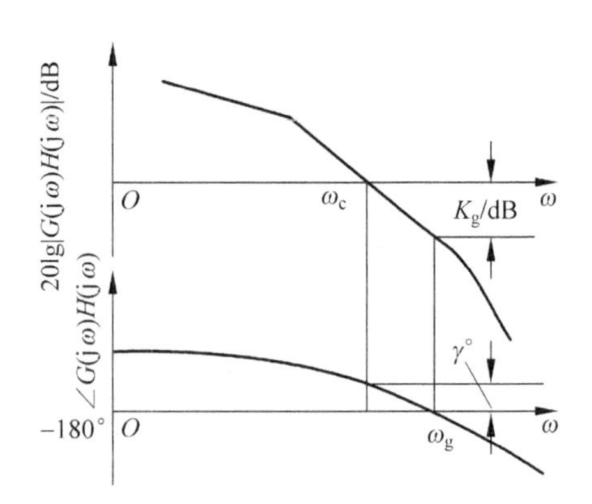

图 8.7 开环对数幅频和相频特性

(3) 剪切率：它是开环对数幅频特性在剪切频率 ω_c 附近的斜率。仅用带宽 BW 是不足以说明系统区分信号和噪声的性能，而用剪切率能规定系统高频响应的性能。剪切率越大，则对高频噪声抑制越强，但同时伴随着谐振幅值 M_p 的增大。

4. 一般积分泛函指标

为了更全面地评价和设计控制系统，更为一般的系统动态性能指标可用某一积分泛函表示。

设控制对象的坐标(状态变量)为 $x_1, x_2, \cdots, x_n$；控制量为 $u_1, u_2, \cdots, u_r$。一般积分泛函指标的形式为

$$J = \int_{t_0}^{t_f} f_0(x_1, x_2, \cdots, x_n;\ u_1, u_2, \cdots, u_r;\ t)\mathrm{d}t \tag{8.12}$$

式中，t_0 为系统初始运动时刻；t_f 为被控制量达到某一最终状态的时刻；$t_f - t_0$ 为系统的过渡过程时间；f_0 为某一给定的 $n+r+1$ 元函数，它的具体形式由工程实际问题的要求来确定。例如，f_0 可能是一个正定二次型函数，这时

$$J = \int_{t_0}^{t_f} \left(\sum_{i,j}^{n} a_{ij} x_i x_j + \sum_{\alpha,\beta}^{r} b_{\alpha\beta} u_\alpha u_\beta \right) \mathrm{d}t \tag{8.13}$$

式中，a_{ij} 和 $b_{\alpha\beta}$ 为加权系数，它们可能是已知的时间函数，也可能是常数。当 $f_0 = 1$ 时，可以得到过渡过程时间指标，即

$$J = \int_{t_0}^{t_f} \mathrm{d}t = t_f - t_0 \tag{8.14}$$

事实上，对系统稳定性的要求也可处理为积分泛函指标形式。

在控制系统设计中广泛使用的各种积分误差性能指标也属于这种类型。经常使用的有：

(1) 平方误差积分指标(ISE 准则)定义为

$$J = \int_0^\infty e^2(t)\mathrm{d}t \tag{8.15}$$

(2) 时间乘平方误差积分指标(ITSE 准则)定义为

$$J = \int_0^\infty t e^2(t)\mathrm{d}t \tag{8.16}$$

(3) 绝对误差积分指标(IAE准则)定义为

$$J=\int_0^{\infty}|e(t)|\mathrm{d}t \tag{8.17}$$

(4) 时间乘绝对误差积分指标定义为

$$J=\int_0^{\infty}t|e(t)|\mathrm{d}t \tag{8.18}$$

5. 抗扰性指标

控制系统在工作过程中,总会受到各种外界干扰作用。一个良好的控制系统应对外界干扰有足够的抵抗能力,同时要求对有用信号则应迅速而准确地反应。这两项要求通常是相互矛盾的。在工程控制系统设计中,常用闭环系统的带宽BW作为抗扰性的度量。带宽越低,则系统抗高频干扰性越强。

值得一提的是,上述不同性能指标之间有时是相互矛盾的。设计一个系统满足全部要求指标几乎是很困难的。同时,各类性能指标之间均存在关联。选用哪种形式指标作为系统设计的依据,主要取决于所设计的控制系统应完成的任务和技术要求,同时也与所采用的设计方法有关。

8.3 控制系统设计的基本问题

要完成控制系统的设计任务,一般来说,应依次解决下列几个基本问题,如图8.8所示。

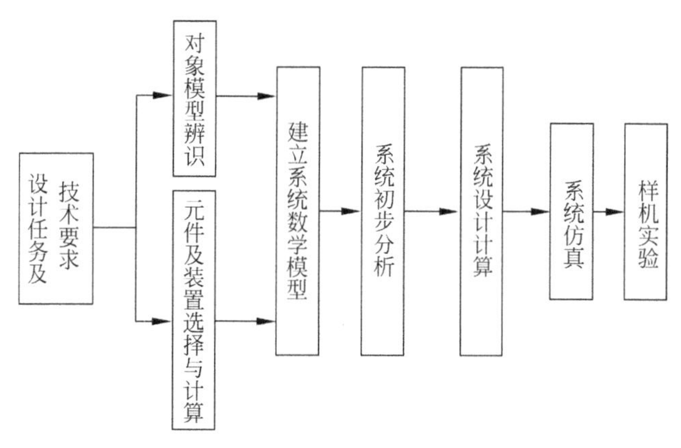

图8.8　控制系统设计的步骤

1. 设计任务及技术要求

分析和确定设计任务及技术要求是设计控制系统的第一步。它涉及控制系统的设计方法及系统实现等问题。在这一设计阶段,应熟悉设计任务和技术要求,并将它们转化为系统的设计性能指标,同时绘制出控制系统功能方框图和系统原理图。对控制系统的要求一般可归纳为两个方面:一是对系统静态与动态性能的要求;二是外部作用和能源变化对系统动态性能的影响要求。

对控制系统动、静特性的要求,总括起来有3个方面:

(1) 速度响应。在时域内为上升时间t_r、调整时间t_s,在频域内为带宽BW。

(2) 相对稳定性。在时域内为超调量σ、振荡次数N,在频域内为相位裕量γ°、增益裕

量 K_g 和谐振峰值 M_p。

(3) 精度。精度指系统被控量的允许误差，如最大允许误差、均方误差，也可以误差系数的要求形式出现。

在一般控制系统设计中，对系统频带的要求最为重要。它不仅反映了对系统响应速度和精度的要求，而且反映了系统对高频噪声的抑制能力。

系统外部作用和能源变化对系统动态性能影响要求，主要指系统所用能源，如电源电压幅值和频率，液压与气压源的压力和流量以及周围环境条件如温度、湿度等，均对控制系统的相对稳定性有影响。上述因素的变化均影响系统的开环增益；能源参数的变化将改变系统的幅相特性；温度变化将影响系统的时间常数和阻尼性能等等。因此，控制系统设计应满足上述参数变化对系统性能产生的影响。

根据系统的任务和技术要求，在设计的开始阶段要给出控制系统的功能方框图和原理图。功能方框图给出系统主要组成部分的功能及其相互关系；原理图是用实用物理部件构成的系统功能图。图 8.9 和图 8.10 分别给出了一个光电跟踪系统的功能方框图和原理图。

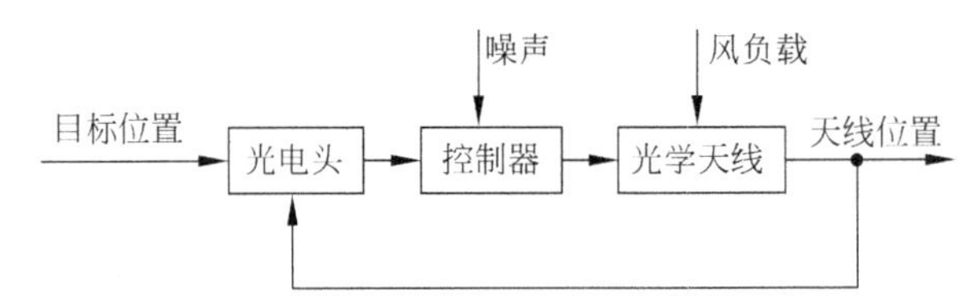

图 8.9 光电跟踪控制系统功能方框图

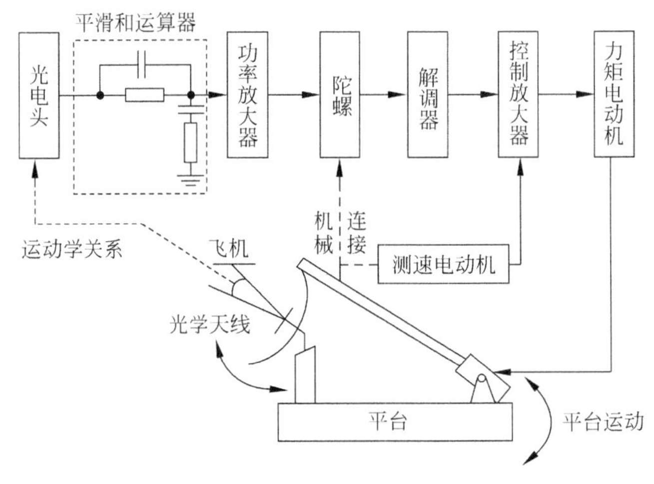

图 8.10 某光电跟踪系统原理图

2. 元件及装置选择与计算

根据控制系统技术要求，确定对系统所组成元件及装置的要求，从而选择适合的元件及装置，对所选元件及装置进行分析计算并确定出它们的数学模型。

3. 对象模型辨识

控制系统的理论分析和设计，要求对控制对象的运动规律有足够充分的了解，即要求以一定的准确度建立控制对象的数学模型。这是设计控制系统的基础工作，必须做好。

模型辨识常用的方法有解析法、实验测试法和统计实验法。

1）解析法

解析法是将一个复杂的控制系统按其结构分解为若干独立的环节。根据每一环节的物理或过程特点，用分析法写出其数学方程。然后将这些环节的方程按系统的结构原理和相互作用关系联立起来，便可得到一个方程组，即系统的数学模型。

2）实验测试法

实验测试法是在控制对象（或系统）的输入端加入控制量 $u(t)$，同时记录输出量 $c(t)$。根据实验数据，求出一个等效的对象（或系统）的数学模型。

3）统计实验法

在许多工程问题中，控制对象（或系统）输入端的控制量不是确定性的，而是一个已知其统计特性的随机信号。这时，可根据平稳过程的统计特性，通过对象（或系统）所发生的变化，可求出对象（或系统）的近似方程（数学模型）。

4. 建立系统数学模型

在对象辨识和已选元件基础上，根据它们的数学模型可以建立完整系统的模型。按控制系统的类型和将要采用的分析与设计方法，可以建立如微分方程、传递函数、差分方程和状态方程等方式描述的系统模型。对系统的数学模型可作相应的处理和简化，以便于进行系统的分析与设计。

5. 系统初步分析

根据系统的性能指标要求，按系统的数学模型在特定条件下，对系统性能进行分析并给出评价，为系统设计作好理论准备。

6. 系统设计计算

当控制系统的设计问题已表示为数学模型形式时，就可根据系统的性能指标要求，用数学方法进行系统设计，从而获得设计问题的数学解答。一般来说，设计过程不是一个简单的一次能完成的过程，而是一个逐步试探的过程。在设计过程中，还要对系统完成相应的分析工作。

7. 系统仿真

将已经初步设计好的控制系统数学模型，在计算机上进行系统仿真实验。对该系统在各种信号和扰动作用下的响应进行测试、分析。通常，系统的设计初型可能不完全满足系统性能指标及可靠性要求。因此，必须对系统进行再设计，并完成相应的分析，这一工作应用仿真方法能方便、省时地完成。这种设计和分析过程反复进行，直到获得满意的系统性能时为止。现在，利用 MATLAB 等软件进行系统仿真已成为分析和设计控制系统不可缺少的强有力的工具。

8. 样机实验

按已设计出的系统模型，建立系统的样机（即实际物理系统），并对系统样机进行实验，看是否满足系统性能指标要求。如果不能满足要求，则修改样机，并重新进行实验。这一过程重复进行，一直到系统样机实验完全满足要求时为止。

8.4 控制系统的设计方法

控制系统的设计问题，可以简单地用图 8.11 所示的方框图加以说明。

图 8.11 中 $\boldsymbol{c}(t)$为 n 维被控制矢量；$\boldsymbol{u}(t)$为 r 维控制矢量；$\boldsymbol{f}(t)$为 p 维干扰矢量。控

制系统设计的目的，就是要寻求一组“适当的”控制信号，使得被控制矢量 $\boldsymbol{c}(t)$ 的行为(响应)符合控制系统的设计要求。

满足控制要求的控制矢量 $\boldsymbol{u}(t)$ 一经确定后，需要设计一个控制器，它根据参考输入矢量 $\boldsymbol{r}(t)$ 及状态矢量 $\boldsymbol{x}(t)$ 或输出矢量 $\boldsymbol{c}(t)$ 来具体实现控制矢量 $\boldsymbol{u}(t)$。图 8.12 给出一种控制系统方框图，其控制量是由输入矢量和状态矢量产生出来的。

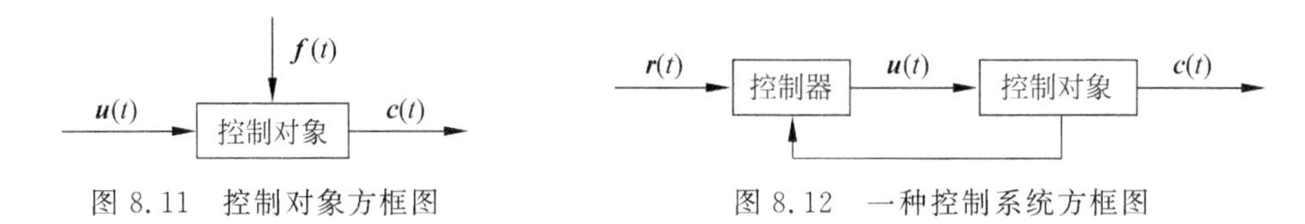

图 8.11 控制对象方框图　　图 8.12 一种控制系统方框图

控制系统设计理论最早是在频域中进行，提出了奈氏图、伯德图及尼柯尔斯图等一些经典方法。这类方法的实质是频域上的图解法。在控制系统设计中，重要的是时间响应而不是频率响应。由于系统的时间响应与频率响应之间存在着密切的关系，而采用频域法设计简单、方便，故在工程上仍获得了广泛应用。

经典设计法的特点，在于首先要确定控制系统的结构。换言之，设计者必须预先选择一种适当的系统结构。通常的系统结构有两种形式：串联控制器结构和并联(反馈)控制器结构，如图 8.13 所示。

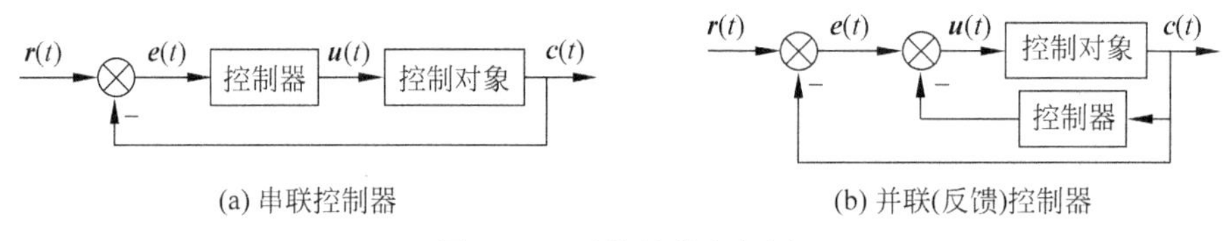

(a) 串联控制器　　(b) 并联(反馈)控制器

图 8.13 系统结构方框图

系统的结构和控制器的正确选择，在很大程度上取决于设计者的经验和独创精神。在频域设计中，设计的技术要求通常是相位裕量、增量裕量、谐振峰值及带宽等指标。

经典设计法是试探法，其缺点是：开始它不能指明所设计的问题是否有解，尽管实际上可能是有解的。有时系统设计要求很高或相互矛盾，以至于实际上没有任何现实的系统结构或控制器能满足这些要求。即使解是存在的，经典设计法也很难得出对某个指标来说是最优的系统。

1950 年，伊文思(Evans)提出根轨迹法，从而有可能在 s 平面上进行控制系统设计。根轨迹法的主要优点是，无论是频域还是时域特性的信息都能够直接从零、极点在 s 平面上的分布中得到。知道了闭环零、极点，时域响应就不难用拉普拉斯(下面简称拉氏)反变换法求得；频率响应则可从伯德图上获得。根轨迹法设计基本上仍是试探法，它是靠修改根轨迹来获得满足设计要求的闭环零、极点分布的。

维纳(Wiener)在 20 世纪 40 年代后期提出了性能指标的概念和控制系统的统计设计法。这种方法根据一组给定的性能指标，用完全解析的方法来完成设计，并能设计出对某种性能指标来说是最好的控制系统。

维纳的最优化原理，可以用图 8.14 所示的方框图来描述。设计的目的是确定系统的闭环传递函数 $C(s)/R(s)$，使其期望输出和实际输出之间的误差最小，即使性能指标

$$J=\lim_{T\to\infty}\frac{1}{T}\int_0^T e^2(t)\mathrm{d}t \tag{8.19}$$

为最小。

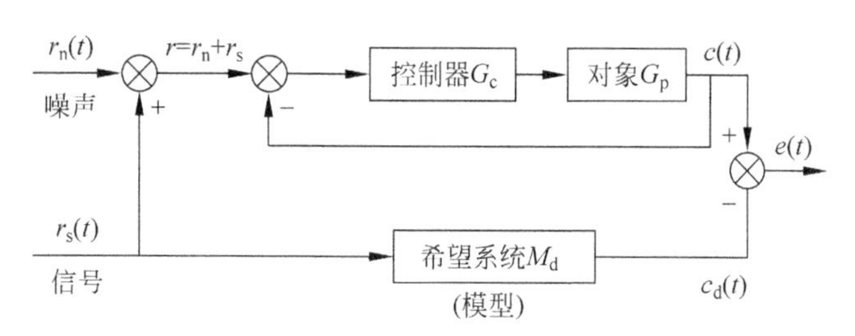

图 8.14　维纳优化设计控制系统方框图

解析设计法是消除试探的不确定性的最重要的设计方法之一。有时也称为最小误差平方积分设计法。它使设计者第一次能够通过先建立设计指标,然后再用数学的解析方法做出完整的设计。设计者要考虑的问题仅是:

(1) 该设计是否有解;

(2) 这个解是否能具体实现。

几乎与解析设计法发展的同时,特鲁克赛尔(Traxal)提出了配置零、极点的综合法。该法仍使用传统的设计指标,如误差系数、带宽、超调量以及上升时间等,而且输入信号是确定的。根据这些设计指标,先确定控制系统的闭环传递函数,然后再求相应的开环传递函数。这种方法与经典频域设计法相比,其优点是设计者一开始就能判断所给的一组设计指标是否协调,这将使试探的次数大大减少。

随着空间技术的飞速发展,控制系统设计者发现:在处理现代光电火炮控制、自动驾驶仪、导弹制导、飞船交会以及人造卫星等许多控制系统时,传统的设计方法已不再适用或难以胜任。因此,近五十多年来,为设计上述系统,发展了现代控制理论与相应的设计方法,利用了状态变量、状态方程、状态转移矩阵、极大值原理、李雅普诺夫法、梯度法、线性规划、动态规划、能控性及能观性等一系列古典控制系统设计法中不常见的概念和方法。

用现代控制理论设计的目标是获得最优控制系统,即设计的系统在预定的性能指标意义下是最优的。对这类问题的设计可陈述如下:

设控制对象的状态方程为

$$\dot{x}(t)=f[x(t),u(t),t],\quad x(t_0)=x_0 \tag{8.20}$$

要寻求控制 $u(t)$,使性能指标 $J=\int_{t_0}^{t_f}F[x(t),u(t),t]\mathrm{d}t$ 取极值。

在最优控制系统设计中,用积分泛函性能指标代替了诸如超调量、调整时间、相位裕量及增益裕量等传统设计指标。当然,设计者必须正确地选择性能指标,以便使设计出来的系统能按照一些具体的准则正常地工作。

按最优控制理论设计的系统,只可能对一个特定的环境条件(即系统所选定的标称状态)获得满意的性能。如果对象参数随环境而大范围变化,则按最优理论设计系统就不能获得令人满意的性能。在某些情况下,大范围的对象参数变化可能引起系统不稳定。为解决系统参数变化(或参数不确定性)时控系统的最优设计问题,发展了自适应控制系统。

自适应控制系统的基本概念是:如果控制对象的数学模型(如对象传递函数)能够通过

辨识连续地识别出来，那么就能简单地通过改变控制器的可调参数，来补偿对象数学模型的变化，从而在各种环境条件下均能按系统给定的性能准则获得满意的系统性能。这类系统的设计，多是以误差 $e(t)$的某个积分泛函最小作为设计准则。

随着计算机的飞速发展和广泛应用，控制系统计算机辅助设计法已经迅速发展并获得广泛应用。利用计算机对各类控制系统进行系统仿真，就能设计出较高质量的控制系统。这种设计法速度快、质量高，大大减轻了设计者的劳动。在设计过程中，可以方便地进行人机对话，使分析和设计交替进行，反复修改，直至得到满意的结果为止。

8.5 光电伺服系统

下面从伺服系统的结构组成与分类、技术要求、执行元件、发展趋势等方面来介绍光电伺服系统。

8.5.1 系统结构组成与分类

伺服系统的不同结构组成有不同的功能和性能特性，其不同分类也有不同特点和应用。

1. 伺服系统的结构组成

光电伺服控制系统的结构、类型繁多，但从自动控制理论的角度来分析，光电控制系统可由 8 个部分组成，如图 8.15 所示。图中，“○”代表比较元件，它将测量元件检测到的被控量与输入量进行比较；“－”号表示两者符号相反，即负反馈；“＋”号表示两者符号相同，即正反馈。信号从输入端沿箭头方向到达输出端的传输通路称前向通路；系统输出量经测量元件反馈到输入端的传输通路称主反馈通路。前向通路与主反馈通路共同构成主回路。此外，还有局部反馈通路以及由它构成的内回路。只包含一个主反馈通路的系统称单回路系统；有两个或两个以上反馈通路的系统称多回路系统。各个部分的功能和作用如下。

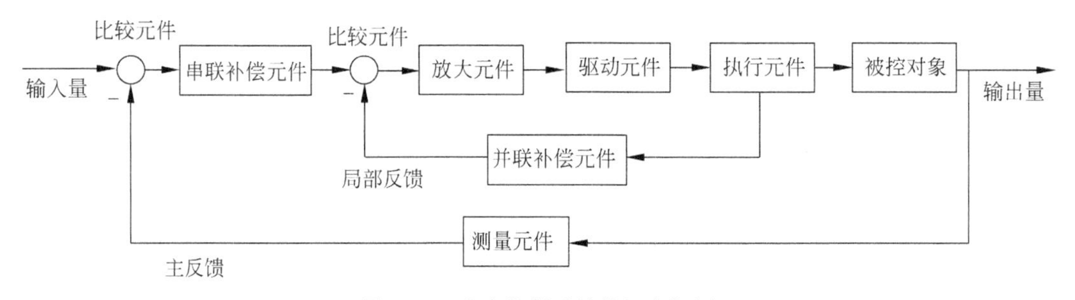

图 8.15 光电控制系统的组成框图

（1）测量元件的功能是检测被控制的物理量，如执行机构的运动参数、加工状况等。这些参数通常有位移、速度、加速度、转角、压力、流量、温度等。如果这个物理量是非电量，一般再转换为电量。

（2）比较元件的职能是把测量元件检测的被控量实际值与给定元件的输入量进行比较，求出它们之间的偏差。常用的比较元件有差动放大器、机械差动装置、电桥电路等。

（3）放大元件的功能是将比较元件给出的偏差信号进行放大，用来推动执行元件去控制被控对象。电压偏差信号可用集成电路、晶闸管等组成的电压放大级和功率放大级加以放大。

(4) 执行元件的功能是直接推动被控对象,使其被控量发生变化,完成特定的加工任务,如零件的加工或物料的输送。执行机构直接与被加工对象接触。根据不同的用途,执行机构具有不同的工作原理、运作规律、性能参数和结构形状,结构上千差万别。

(5) 驱动元件与执行机构相连接,给执行机构提供动力,并控制执行机构启动、停止和换向。驱动元件的作用是完成能量的供给和转换。用来作为执行元件的电动机。

(6) 补偿元件也叫校正元件,它是结构或参数便于调整的元件,用串联或反馈的方式连接在系统中,其作用是完成加工过程的控制,协调机械系统各部分的运动,具有分析、运算、实时处理功能,以改善系统的性能。最简单的校正元件是由电阻、电容组成的无源或有源网络,复杂的则视具体情况需用到 STD(Standard Data Bus)工业控制机、工控机(Industrial Personal Computer,IPC)、单片机,或者 DSP、FPGA、PLC(Programmable Logic Controller,可编程逻辑控制器)等。

(7) 控制对象是控制系统要操纵的对象。它的输出量即为系统的被调量(或被控量)。

光电控制系统各组成部分之间的连接匹配部分称为接口。接口分为两种:机械与机械之间的连接称为机械接口,电气与电气之间的连接称为接口电路。如果两个组成部分之间相匹配,则接口只起连接作用。如果不相匹配,则接口除起连接作用外,还需起某种转换作用,如连接传感器输出信号和模数转换器的放大电路,这些接口既起连接又起匹配的作用。

在实际的伺服控制系统中,上述的每个环节在硬件特征上并不独立,可能几个环节在一个硬件中,如测速直流电动机既是执行元件又是检测元件。

对于光电跟踪伺服系统一般由方位和俯仰两套独立控制系统组成。除了方位系统有正割补偿环节以外,它们的结构基本相同,均是由速度回路和位置回路组成的双闭环单输入-单输出位置随动系统。方位跟踪伺服系统框图如图 8.16 所示,俯仰跟踪伺服系统与此类似。在车载、舰载、机载光电跟踪伺服系统中,由于载体是运动的,所以系统结构必须采用视轴稳定技术,为测量系统提供具有空间稳定性的惯性基准,速度回路中采用速率陀螺。有些光电跟踪伺服系统中还需增加一个电流控制回路来实现高性能控制要求。

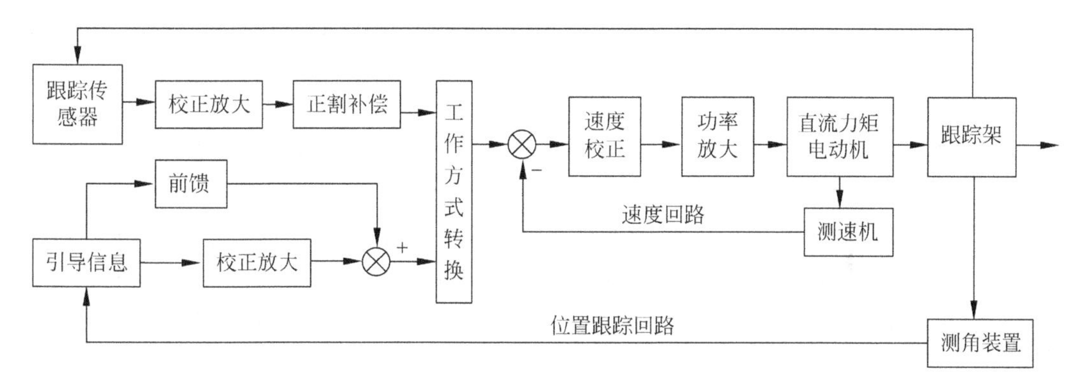

图 8.16 方位跟踪伺服控制系统结构框图

2. 伺服系统的分类

伺服系统的分类方法很多,常见的分类方法有:

(1) 按被控量参数特性分类。按被控量不同,光电伺服系统可分为位移、速度、力矩等各种伺服系统。其他系统还有温度、湿度、磁场、光等各种参数的伺服系统。

(2) 按驱动元件的类型分类。按驱动元件的不同，一般可分为电气伺服系统、液压伺服系统、气动伺服系统。电气伺服系统根据电动机类型的不同又可分为直流伺服系统、交流伺服系统和步进电(动)机控制伺服系统。

(3) 按控制原理分类。按自动控制原理，伺服系统又可分为开环控制伺服系统、闭环控制伺服系统和半闭环控制伺服系统。

开环控制伺服系统结构简单、成本低廉、易于维护，但由于没有检测环节，系统精度低、抗干扰能力差。闭环控制伺服系统能及时对输出进行检测，并根据输出与输入的偏差，实时调整执行过程，因此系统精度高，但成本也大幅提高。半闭环控制伺服系统的检测反馈环节位于执行机构的中间输出上，因此在一定程度上提高了系统的性能。如位移控制伺服系统中，为了提高系统的动态性能，增设的电动机速度检测和控制就属于半闭环控制环节。

8.5.2 技术要求

光电伺服系统除要求具有精度高、响应速度快、稳定性好、负载能力强和工作频率范围大等基本要求，同时还要求体积小、重量轻、可靠性高和成本低等。

(1) 系统精度。伺服系统精度指的是输出量复现输入信号要求的精确程度，以误差的形式表现，即动态误差、稳态误差和静态误差。稳定的伺服系统对输入变化是以一种振荡衰减的形式反映出来，振荡的幅度和过程产生了系统的动态误差；当系统振荡衰减到一定程度以后，称其为稳态，此时的系统误差就是稳态误差；由设备自身零件精度和装配精度所决定的误差通常指静态误差。

(2) 稳定性。伺服系统的稳定性是指当作用在系统上的干扰消失以后，系统能够恢复到原来稳定状态的能力；或者当给系统一个新的输入指令后，系统达到新的稳定运行状态的能力。如果系统能够进入稳定状态，且过程时间短，则系统稳定性好；否则，若系统振荡越来越强烈，或系统进入等幅振荡状态，则属于不稳定系统。光电伺服系统通常要求较高的稳定性。

(3) 响应特性。响应特性指的是输出量跟随输入指令变化的反应速度，决定了系统的工作效率。响应速度与许多因素有关，如计算机的运行速度、运动系统的阻尼、质量等。

(4) 工作频率。工作频率通常是指系统允许输入信号的频率范围。当工作频率信号输入时，系统能够按技术要求正常工作；而其他频率信号输入时，系统不能正常工作。在机电一体化系统中，工作频率一般是指执行机构的运行速度。

上述的4项特性是相互关联的，是系统动态特性的表现特征。利用自动控制理论来研究、分析所设计系统的频率特性，就可以确定系统的各项动态指标。系统设计时，在满足系统工作要求(包括工作频率)的前提下，首先要保证系统的稳定性和精度，并尽量提高系统的响应速度。

8.5.3 执行元件

执行元件(伺服控制元件)是能量变换元件，目的是控制机械执行机构运动。光电伺服系统要求执行元件具有转动惯量小、输出动力大、便于控制、可靠性高和安装维护简便等特点。光电伺服控制系统的执行元件主要是电气式执行元件，而其中又以直流伺服电动机为常见。

电气式执行元件是将电能转化成电磁力，并用电磁力驱动执行机构运动。如交流电动机、直流电(动)机、力矩电(动)机、步进电动机等。对控制用电动机性能除要求稳速运转之外，还要求加速、减速性能和伺服性能，以及频繁使用时的适应性和便于维护性。电气执行元件的特点是操作简便、便于控制、能实现定位伺服、响应快、体积小、动力较大和无污染等优点，但过载能力相对较差、容易受噪声干扰。

在闭环或半闭环控制的伺服系统中，主要采用直流伺服电动机、交流伺服电动机或伺服阀控制的液压伺服电动机作为执行元件。液压伺服电动机主要用在负载较大的大型伺服系统中，在中小型伺服系统中，多数采用直流或交流伺服电动机。由于直流伺服电动机具有优良的静、动态特性，并且易于控制，因而在20世纪90年代以前，一直是闭环系统中执行元件的主流。近年来，由于交流伺服技术的发展，使交流伺服电动机可以获得与直流伺服电动机相近的优良性能，而且交流伺服电动机无电刷磨损问题，维修方便，随着价格的逐年降低，正在得到越来越广泛的应用，目前已形成了与直流伺服电动机共同竞争市场的局面。在闭环伺服系统设计时，应根据设计者对技术的掌握程度及市场供应、价格等情况，适当选取合适的执行元件。

1. 直流伺服电动机

直流伺服电动机具有良好的调速特性，较大的启动转矩和相对功率，易于控制及响应快等优点。尽管其结构复杂，成本较高，在光电控制系统中还是仍有一定的应用。

1）直流伺服电动机的分类

直流伺服电动机按励磁方式可分为电磁式和永磁式两种。电磁式的磁场由励磁绕组产生；永磁式的磁场由永磁体产生。电磁式直流伺服电动机是一种普遍使用的伺服电动机，特别是大功率电动机(100W以上)。永磁式伺服电动机具有体积小、转矩大、力矩和电流成正比、伺服性能好、响应快功率体积比大、功率重量比大、稳定性好等优点。

直流伺服电动机按电枢的结构与形状又可分为平滑电枢型、空心电枢型和有槽电枢型等。平滑电枢型的电枢无槽，其绕组用环氧树脂黏固在电枢铁芯上，因而转子形状细长，转动惯量小。空心电枢型的电枢无铁芯，且常做成杯形，其转子转动惯量最小。有槽电枢型的电枢与普通直流电动机的电枢相同，因而转子转动惯量较大。

直流伺服电动机还可按转子转动惯量的大小而分成大惯量、中惯量和小惯量直流伺服电动机。大惯量直流伺服电动机(又称直流力矩伺服电动机)负载能力强，易于与机械系统匹配，而小惯量直流伺服电动机的加减速能力强、响应速度快、动态特性好。

2）直流伺服电动机的基本结构及工作原理

直流伺服电动机主要由磁极、电枢、电刷及换向片结构组成。其中磁极在工作中固定不动，故又称定子。定子磁极用于产生磁场。在永磁式直流伺服电动机中，磁极采用永磁材料制成，充磁后即可产生恒定磁场。在他励式直流伺服电动机中，磁极由冲压硅钢片叠成，外绕线圈，靠外加励磁电流才能产生磁场。电枢是直流伺服电动机中的转动部分，故又称转子，它由硅钢片叠成，表面嵌有线圈，通过电刷和换向片与外加电枢电源相连。

直流伺服电动机是在定子磁场的作用下，使通有直流电的电枢(转子)受到电磁转矩的驱使，带动负载旋转。通过控制电枢绕组中电流的方向和大小，就可以控制直流伺服电动机的旋转方向和速度。当电枢绕组中电流为零时，伺服电动机则静止不动。

直流伺服电动机的控制方式主要有两种：一种是电枢电压控制，即在定子磁场不变的情况下，通过控制施加在电枢绕组两端的电压信号来控制电动机的转速和输出转矩；另一种是励磁磁场控制，即通过改变励磁电流的大小来改变定子磁场强度，从而控制电动机的转速和输出转矩。

采用电枢电压控制方式时，由于定子磁场保持不变，其电枢电流可以达到额定值，相应的输出转矩也可以达到额定值，因而这种方式又被称为恒转矩调速方式。采用励磁磁场控制方式时，由于电动机在额定运行条件下磁场已接近饱和，因此只能通过减弱磁场的方法来改变电动机的转速。由于电枢电流不允许超过额定值，因此随着磁场的减弱，电动机转速增加，但输出转矩下降，输出功率保持不变，所以这种方式又被称为恒功率调速方式。

3）影响直流伺服电动机特性的因素

上述对直流伺服电动机特性的分析是在理想条件下进行的，实际上电动机的驱动电路、电动机内部的摩擦及负载的变动等因素都对直流伺服电动机的特性有着不可忽略的影响。

（1）驱动电路对机械特性的影响。如果直流伺服电动机的机械特性较平缓，则当负载转矩变化时，相应的转速变化较小，这时称直流伺服电动机的机械特性较硬；反之，如果机械特性较陡，当负载转矩变化时，相应的转速变化就较大，则称其机械特性较软。显然，机械特性越硬，电动机的负载能力越强；机械特性越软，负载能力越低。毫无疑问，对直流伺服电动机应用来说，其机械特性越硬越好。由于功放电路内阻的存在而使电动机的机械特性变软了，这种影响是不利的，因而在设计直流伺服电动机功放电路时，应设法减小其内阻。

（2）直流伺服电动机内部的摩擦对调节特性的影响。直流伺服电动机在理想空载时，其调节特性曲线从原点开始。但实际上直流伺服电动机内部存在摩擦（如转子与轴承间摩擦等），直流伺服电动机在启动时需要克服一定的摩擦转矩，因而启动时电枢电压不可能为零，这个不为零的电压称为启动电压。电动机摩擦转矩越大，所需的启动电压就越高。通常把从零到启动电压这一电压范围称死区，电压值处于该区内时，不能使直流伺服电动机转动。

（3）负载变化对调节特性的影响。在负载转矩不变的条件下，直流伺服电动机角速度与电枢电压呈线性关系。但在实际的伺服系统中，经常会遇到转速随负载变动的情况。这时由于负载的变动将导致调节特性的非线性。可见由于负载变动的影响，当电枢电压增加时，直流伺服电动机角速度的变化率越来越小，这一点在变负载控制时应格外注意。

2. 力矩电动机

力矩电动机是一种把伺服电动机驱动的转矩直接拖动负载运行的电动机，同时它又受控制信号电压的直流控制进行转速调节。直流伺服电动机和直流力矩电动机都是控制用直流电动机，它们的工作原理、基本结构和基本特性都是相同的。但直流伺服电动机属于高速电动机。在功率相同时，电动机的转速越高，体积和重量就越小。电动机厂商一般都造高速电动机。直流伺服电动机的额定转速为每分钟几千转，低速性差，不能在低速下正常运行，更不宜在堵转下工作。它的输出力矩不是很大，因此带动低速负载及大转矩负载要用减速器，这使得系统的装调变得更复杂。同时，减速机构（如齿轮）的传动间隙就成了使闭环系统产生自振荡的一个重要原因，从而严重限制了系统性能的提高。而直流力矩电动机是一种低转速、大转矩的直流电动机，可在堵转下长期工作，它可以直接带动低速负载和大转矩负载，具有转速和转矩波动小、机械特性硬度大和调节特性线性度好等优点，特别适用于高精度的位置伺服系统和低速控制系统。

采用直流力矩电动机直接驱动的伺服系统具有很好的静态和动态特性，在无爬行的平稳低速运行方面尤为显著，这是齿轮转动或液压传动系统无法比拟的。采用直流力矩电动机与高精度的检测元件、放大部件及其他校正环节等所组成的闭环由于具有上述特点，采用直流力矩电动机直接驱动的伺服系统具有很好的静态和动态特性，调速范围可达几万甚至几十万，稳定运行的转速可达到地球的转速 15°/h，甚至更低，位置精度可达角秒级。

力矩电动机实际包括直流力矩电动机、交流力矩电动机和无刷直流力矩电动机等几种。其主要技术指标如下：

1）连续堵转电流

直流力矩电动机在长期堵转运行时，在规定的环境温度下，稳定温升不超过允许值的最大电枢电流。

2）连续堵转转矩

直流力矩电动机在长期堵转运行时，在规定的环境温度下，稳定温升不超过允许值的最大堵转转矩。

3）连续堵转电压

直流力矩电动机在长期堵转运行时，在规定的环境温度下，稳定温升不超过允许值的最大电枢电压。

4）连续堵转功率

直流力矩电动机在长期堵转运行时，在规定的环境温度下，稳定温升不超过允许值的最大输入功率。

5）峰值堵转电流、转矩、电压及功率

电枢电流对定子上的永久磁铁有去磁作用，电枢电流过大，会使永久磁铁产生不可逆去磁，因而将使电动机的空载转速升高，转矩下降。力矩电动机受定子永久磁铁去磁条件限制的允许最大电枢电流及与之对应的堵转转矩、电枢电压和输入功率简称为峰值电流、峰值转矩、峰值电压和峰值功率。

6）转矩灵敏度

直流力矩电动机的特性曲线具有很高的线性度，转矩和电枢电流之间的比值称为转矩灵敏度。

7）纹波转矩的脉动量（%）

$$\text{纹波转矩的脉动量定义为}\frac{\text{最大输出转矩}-\text{最小输出转矩}}{\text{最大输出转矩}+\text{最小输出转矩}}\times 100\%$$

8）最大空载转速

最大空载转速是当电动机没有任何负载，并加以额定电压时所达到的最高转速。对于具有固定电磁场的力矩电动机其空载转速从正方向的最大值到反方向的最大值都与控制电压成正比。

9）电动机的摩擦力矩

电动机的摩擦力矩包括电刷与换向器之间的摩擦力矩和电动机齿槽效应、磁滞力矩之类的电磁阻力矩。

10）电气时间常数

电气时间常数是当电动机电源阻抗为零时，电枢电感与电阻之比。

3. 旋转变压器

旋转变压器是光电跟踪控制系统中较为常见的测量元件之一，它是输出电压与角位移呈连续函数关系的感应式微电动机。从外形结构看，它和电动机相似，有定子和转子。从物理本质上看，它是一种可以转动的变压器。这种变压器的原、副绕组分别放置在定、转子上，原、副绕组之间的电磁耦合程度与转子的转角有关。因此，当它的原边绕组外施单相交流电压激磁时，副边绕组输出电压的幅值将与转子的转角有关。在解算装置中，它可以作为解算元件，主要用于坐标变换、三角运算等；在随动系统中，它可以将转角转换成与转角呈某种函数关系的信号电压，以便进行角度数据传输。此外，还可以用作移相器和角度-数字转换装置。

按转子输出电压与转角间函数关系不同，旋转变压器分为正弦和余弦旋转变压器、线性旋转变压器和特种函数旋转变压器等。其中正弦和余弦旋转变压器是最基本的旋转变压器，其余的旋转变压器在电磁结构上与它并无本质的区别，只是在绕组参数设计和接线方式上有所不同。

旋转变压器也分为接触式和非接触式两大类。按极对数又可分为单极和多极的，大多数旋转变压器是一对极结构。要正确使用旋转变压器，除了要了解其输出电压与转子转角的各种函数关系之外，还要了解其误差特性。旋转变压器的误差特性主要有正余弦函数误差、线性误差、电气误差、零位误差、相位移误差等。在工程应用中旋转变压器的传递函数一般可认为是1。

4. 测速发电机

测速发电机可以将转子速度成正比地转换为电气信号（一般是电压信号），是伺服系统中的基本组成元件之一。在调速系统中，测速发电机作为测速元件，组成主反馈通道。在位置随动系统中测速发电机作为反馈校正元件，形成局部反馈回路，可以改善系统的动态性能，并能明显减弱参数变化和非线性因素对系统性能的影响。在解算装置中它又可作解算元件，作积分、微分运算。

光电跟踪控制系统对直流测速发电机主要有以下要求：

（1）输出电压要与转速呈线性关系，正、反转时特性一致；

（2）输出特性的灵敏度高，线性误差要小；

（3）输出电压的纹波小，即要求在一定转速下输出电压要稳定，波动小；

（4）发电机的惯量小、反应快；

（5）运行平稳、无噪声、高频干扰小和工作可靠；

（6）摩擦转矩小并且结构简单、体积小、重量轻。

以上是总的要求。在实际应用中，由于用途的不同，对测速机的性能要求各有偏重。作解算元件使用时，对线性度、温度误差和剩余电压等都有很高的要求，其误差只允许在千分之几到万分之几的范围内，但对输出特性的斜率（即灵敏度）没有特别要求。而作校正元件使用时，则要求输出特性的斜率要大，对线性度等指标的要求不高。

为了保证实现上述要求，需给控制系统提供高性能的测量和校正元件，研制新型测速发电机。例如永磁式无槽电枢发电机、杯形电枢发电机、印制绕组电枢测速发电机、无刷直流测速发电机，以及霍尔测速发电机、二极管式测速发电机等。它们各自为直流测速发电机提供了低惯量、纹波电压小、线性度好、高频干扰小、结构紧凑等新性能。

根据输出电压的不同，测速发电机分为以下几类。

- 直流测速发电机
  - 永磁式直流测速发电机
  - 电磁式直流测速发电机
- 交流测速发电机
  - 同步测速发电机
  - 异步测速发电机

直流测速发电机的主要性能指标有灵敏度、线性误差、最大线性工作转速、负载电阻、不灵敏区、输出电压的不对称度和纹波系数。

测速发电机的响应都可以认为是瞬时的，因此它的放大系数也就是它的传递函数。

5. 陀螺仪

陀螺仪是伺服系统的惯性敏感元件，伺服系统根据陀螺测得的惯性速率，采用适当的控制结构和控制方法使视轴保持稳定，因此，陀螺仪的性能对系统有很大的影响。陀螺仪实际上是一个传感器，其作用是测量系统相对惯性空间的线运动和角运动参数。到目前为止，陀螺仪从传统的刚体转子陀螺仪到新型的固态陀螺仪，其发展的种类逐步增加，并且随着光电技术、大型集成电路技术的成熟发展，新型陀螺仪如光纤陀螺、激光陀螺和微机械陀螺等都已出现并得到应用。

从工作机理来看，陀螺仪可被分为两大类：一类是以经典力学为基础的陀螺仪；另一类是以非经典力学为基础的陀螺仪，如振动陀螺、光纤陀螺和硅微陀螺等。

机械陀螺是利用高速旋转的机械转子的定轴性和进动性来测定物体绕惯性空间的转速和方向的。光纤陀螺是一种由单模光纤做光通路的萨克奈克干涉仪，当陀螺相对惯性空间旋转时，通过测量两束光之间的相位差来获得被测角速度。压电陀螺是利用压电效应和反压电效应来工作的。利用这种效应可以构成多种工作方式的压电陀螺，如振梁式、圆管式、音叉式等。目前应用较多的是振梁式压电陀螺。与以上两种陀螺相比，压电陀螺具有固有谐振频率高、频带宽、无机械转动部分、工作寿命长、安装简单、使用方便、有利于设计频带宽的稳定回路和提高系统的可靠性等优点。虽然压电陀螺存在精度较低、噪声大等问题，但应用压电陀螺的时候主要是考虑到压电陀螺的可靠性比较好，寿命长，一般可达10万小时以上；体积小、安装方便。压电陀螺从功能上来分，大致可分为压电角速度陀螺和压电角加速度计两类。按应用场合来分，可分为遥测压电陀螺和控制压电陀螺。按其组装形式又可分为3类，即三轴压电陀螺、双轴压电陀螺及单轴压电陀螺。

主要技术指标如下：

(1) 零位不重复性——指在静止状态下，不同时间给陀螺通电，陀螺输出的电压各不相同。

(2) 零位漂移——指在静止状态下给陀螺通电，陀螺的输出电压随时间的推移而变化。

(3) 线性度——在规定条件下，陀螺校准曲线与拟合直线间的最大偏差与满量程输出的百分比。

(4) 交叉耦合——主要针对双轴陀螺而言，当双轴压电陀螺的一个敏感轴与旋转轴平行，与之垂直的另一敏感轴的输出值。

(5) 启动时间——给陀螺通电到陀螺能够正常工作的时间。

此外,还有测量范围、分辨率、工作带宽、满量程输出、环境温度范围等技术指标。

6. 功率放大模块

在控制系统中,测量元件输出的信号误差是比较微弱的,一般不能直接驱动执行组件,必须通过放大组件对它进行电压和功率放大才能使执行组件按照期望的方向和速度运行。

根据所要驱动的电动机的不同,功率放大组件分为直流伺服功率放大器和交流伺服功率放大器两种。前者驱动直流电动机,后者驱动两相电动机。

交流伺服放大器一般可采用晶体管组成的交流功率放大器,集成功率放大器或者晶闸管功率放大器。

伺服系统中应用最广的功率放大组件是直流功率放大器,系统对直流功率放大器有下述基本要求:能够输出足够高的电压和足够大的电流,并能输出足够的电功率;线性度好;具有可靠的限流限压装置;能够吸收电动机的回输能量;应具备电流负反馈线路。其常用的有3种:线性功率放大器、开关式功率放大器和晶闸管功率放大器。

线性功率放大器实际上属于模拟电子技术中的直接耦合式功率放大器。其最大的优点是线性度好,失真小,快速性好,频带宽,不产生噪声和电磁干扰信号。其缺点是效率低,晶体管本身功耗大,因而功率小,输出的电流不能太大。与线性功率放大器相比,开关功率放大器的优点是效率高,晶体管损耗小,输出功率大;缺点是由于开关动作而产生噪声和电磁干扰。

开关动作可用几种方法完成。一个简单的方法是按照固定频率接通和断开放大器,并根据需要改变一周期内接通与断开的时间比,这种工作方式的放大器称为脉冲宽度调制(Pulse Width Modulation,PWM)功率放大器或脉宽调制功率放大器。直流PWM功率放大器有可逆和不可逆之分。在不可逆PWM系统中,电动机只能向一个方向旋转。然而在实际生产过程中许多被控对象要求可逆运行,这就使可逆PWM系统得到广泛应用。可逆PWM功率放大器有3种工作模式:双极性模式、单极性模式和受限单极性模式。双极性模式就是在一个开关周期内作用到电动机电枢上的电压极性是正负交替的;单极性模式是在一个开关周期内电动机电枢上的电压是单一极性的;而受限单极是为了避免同侧晶体管直通而限制了开关频率的上限。

PWM功率放大器是伺服系统的重要组成部分,它的性能优劣对整个伺服系统的性能影响较大,其造价在伺服系统中经常占较大比例。国外于20世纪60年代开始使用PWM伺服控制技术,起初用于飞行器中小功率伺服系统;70年代中后期,在中等功率的直流伺服系统中较为广泛地使用PWM驱动装置;到80年代,PWM驱动在直流伺服系统中的应用已经普及。

7. 直流伺服系统

由于伺服控制系统的速度和位移都有较高的精度要求,因此直流伺服电动机通常以闭环或半闭环控制方式应用于伺服系统中。

直流伺服系统的闭环控制是针对伺服系统的最后输出结果进行检测和修正的伺服控制方法,而半闭环控制是针对伺服系统的中间环节(如电动机的输出速度或角位移等)进行监控和调节的控制方法。它们都是对系统输出进行实时检测和反馈,并根据偏差对系统实施控制。两者的区别仅在于传感器检测信号位置的不同,因而导致设计、制造的难易程度及工作性能不同,但两者的设计与分析方法基本上是一致的。

设计闭环伺服系统必须首先保证系统的稳定性，然后在此基础上采取各种措施满足精度及快速响应性等方面的要求。当系统精度要求很高时，应采用闭环控制方案。它将全部机械传动及执行机构都封闭在反馈控制环内，其误差都可以通过控制系统得到补偿，因而可达到很高的精度。但是闭环伺服系统结构复杂，设计难度大，成本高，尤其是机械系统的动态性能难以提高，系统稳定性难以保证。因此除非精度要求很高时，一般应采用半闭环控制方案。

影响伺服精度的主要因素是检测环节，常用的检测传感器有旋转变压器、感应同步器、码盘、光电脉冲编码器、光栅尺、测速发电机等。一般来讲，半闭环控制的伺服系统主要采用角位移传感器，闭环控制的伺服系统可采用直线位移传感器。在位置伺服系统中，为了获得良好的性能，往往还要对执行元件的速度进行反馈控制，因而还要选用速度传感器。速度控制也常采用光电脉冲编码器，既测量电动机的角位移，又通过计时而获得速度。

直流伺服电动机的控制及驱动方法通常采用PWM和晶闸管(可控硅或其他器件)放大器驱动控制。在闭环控制的伺服系统中，机械传动与执行机构在结构形式上与开环控制的伺服系统基本一样，随着大功率、永磁、低速、力矩直流伺服电动机的出现和发展，可以将执行元件(力矩直流伺服电动机)直接驱动负载，从而免除其间的减速环节，提高控制精度和实时性。

8.5.4　负载力矩计算

为了对光电伺服控制系统进行工程上的设计与开发，必须对光电伺服转台在实际工作环境下的负载力矩进行估算，从而选定合适的执行部件。

方位驱动系统的负载主要包括惯性载荷、风载荷以及摩擦阻力。对于俯仰驱动系统，除此之外，如果俯仰转动部分的重心不在转动轴上，还包括不平衡力矩负载。

惯性负载取决于角加速度以及物体的转动惯量。风载荷是由空气对物体的相对运动产生的，当风向角不为零时，对称位置除外，在转轴两边的投影面积不相等，假设风压分布是均匀的，这样便会产生一个风力矩。风载荷力矩的计算是一个较复杂的问题，其影响因素比较多，例如转台的转动速度、风速、转台的形状、方位角、俯仰角等，通常采用近似模型进行估算。方位轴负载力矩、俯仰轴负载力矩分别由相应的惯性力矩、风力矩、摩擦力矩组成。

力矩电动机的转矩需要克服其负载的惯性矩、摩擦力矩和风力矩，即

$$M = J\beta + M_f + M_w \tag{8.21}$$

式中，M为力矩电动机的转矩；J为转动惯量；β为角加速度，方位上为$\ddot{q}$、俯仰上位$\ddot{\varepsilon}$；M_f为摩擦力矩；M_w为风力矩。

如果光电伺服转台采用球形头结构形式，风力矩很小，式(8.21)可简化为

$$M \approx J\beta + M_f \tag{8.22}$$

因此，任一轴系力矩电动机的峰值堵转转矩可由下式求得

$$M_{pj} = J\beta_M + M_f \tag{8.23}$$

式中，β_M为最大加速度，方位上为$\ddot{q}_M$、俯仰上为$\ddot{\varepsilon}_M$；M_{pj}为力矩电动机的峰值堵转转矩。

由式(8.23)可见，为计算某一轴系力矩电动机的峰值堵转转矩M_{pj}，需要计算该轴系的转动惯量和摩擦力矩。这里值得一提的是，计算时务必注意力矩、角加速度、转动惯量的单

位统一问题。

1. 转动惯量

刚体的转动惯量为组成刚体各构件的转动惯量之和，即

$$J=\sum_i J_i \tag{8.24}$$

式中，J 为刚体的转动惯量；J_i 为第 i 个构件对刚体转轴的转动惯量。

任一构件对刚体转轴的转动惯量等于通过该构件质心并平行于刚体转轴的转动惯量（简称自转转动惯量）加上把构件的质量集中在质心上对刚体转轴的转动惯量（简称公转转动惯量），即

$$J_i=J_{iZ}+J_{iG}=J_{iZ}+m_i d_i^2 \tag{8.25}$$

式中，J_{iZ} 为第 i 个构件的自转转动惯量；J_{iG} 为第 i 个构件的公转转动惯量；m_i 为第 i 个构件的质量；d_i 为第 i 个构件质心到刚体转轴的距离。

许多构件形状不规则，遇到这种情况时，可将此构件分解成若干个规则形体进行计算。上面讲的是计算转动惯量的原理方法。其实，现在已经不需要按上述方法进行手工计算了。在利用机械 CAD 软件进行设计时，可以利用设计软件自动得到转动惯量。

2. 摩擦力矩

摩擦力矩 M_f 包括：静摩擦力矩 M_s、库伦摩擦力矩 M_c 和黏滞摩擦力矩 M_v。摩擦力矩 M_f 可表示为轴的转速 n 的函数，理想化的摩擦力矩—转速特性如图 8.17 所示。可以看出，当负载轴处于静止状态时，总的摩擦力矩 M_f 等于静摩擦力矩 M_s；而当运动一开始时，摩擦力矩立即从 M_s 下降至 M_c（$M_c<M_s$）；而后随着转速的提高，摩擦力矩线性增加，这是由于黏滞摩擦力矩 M_v 随转速增加而增加的缘故。由此可见，负载轴一旦运动，静摩擦力矩便不再起作用。此时 $M_f=M_c+M_v$。

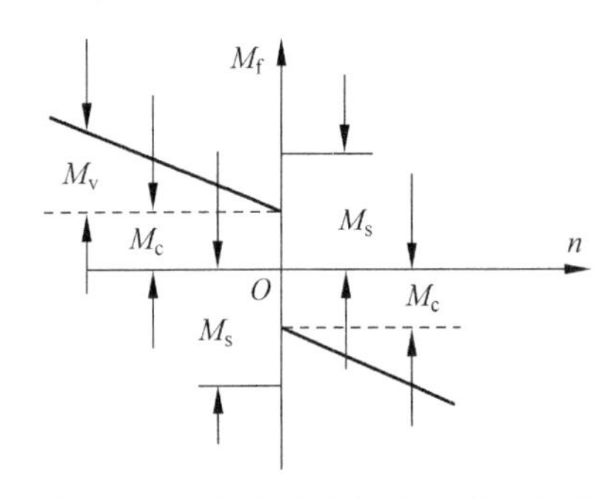

图 8.17　理想化的摩擦力矩-转速特性

库伦摩擦力矩和黏滞摩擦力矩难以计算。但从图 8.17 可以看出，在一定程度上，可以认为 $M_s\approx M_c+M_v$，从而 $M_f\approx M_s$。因此，作为近似计算，用静摩擦力矩作为负载轴运动时的总摩擦力矩。

光电伺服转台在方位上产生摩擦力矩的主要环节是密封圈、轴承和导电滑环，在俯仰上的主要环节是密封圈和轴承。

1）密封圈的摩擦力矩

密封圈的摩擦力矩由下式计算

$$M_{SR}=\frac{1}{2}\pi d_{SR}^2 L p \mu_{SR} \tag{8.26}$$

式中，M_{SR} 为密封圈摩擦力矩；d_{SR} 为轴径；L 为密封圈与轴的摩擦宽度；p 为密封圈对轴的比压，与密封圈的压紧程度有关；μ_{SR} 为密封圈对轴的摩擦系数。

摩擦系数主要取决于摩擦副的材料。光电跟踪系统指向器多采用 O 形密封圈，材料为耐酸、碱、油、盐的特殊橡胶，密封轴的材料可能是不锈钢、45 号钢，也可能是铜、铝，特殊场合还可能采用钛合金。能够查到的有关摩擦系数数据为：特殊橡胶对 45 号钢为

0.02(18℃,加润滑剂),硬橡胶对铸铁为 0.8,硬橡胶对黄铜为 0.25,硬橡胶对铝硅合金为 0.25。特殊橡胶对不锈钢和钛合金的摩擦系数,可借用特殊橡胶对 45 号钢的摩擦系数数据。

摩擦系数与轴密封处的表面粗糙程度关系极大——表面粗糙,会增大摩擦系数。因此,应对轴的密封处提出很高的表面粗糙度要求。如果轴是铸件,那么气孔和砂眼会使摩擦系数陡增,应在密封处涂覆环氧树脂并打磨光滑。这样,既能保证密封,也能保持较小的摩擦系数。经过表面光滑处理的材料,可取上述摩擦系数数据。

在密封处涂覆润滑剂,会降低摩擦系数值,有时能降低一半左右。所以,必须在密封处涂覆润滑脂或润滑油之类的润滑剂。

密封圈的压紧程度对摩擦力矩的影响很大,设计时,可取 $p=9.8\sim19.6(\mathrm{N/cm^2})$。指向器装调时,必须调节压紧程度,既满足密封要求,又使摩擦力矩不超过设计值。

2) 轴承的摩擦力矩

光电伺服转台的轴承一般采用滚动轴承。通常,滚动轴承的摩擦力矩按下式进行计算:

$$M_{\mathrm{BR}}=\frac{1}{2}\mu_{\mathrm{BR}}d_{\mathrm{BR}}F \tag{8.27}$$

式中,M_{BR} 为轴承摩擦力矩;μ_{BR} 为摩擦系数;d_{BR} 为轴承内径;F 为外载荷。

轴承一般都是成对采用的,两个轴承共同担负承重,不管如何分配承重,一对轴承的总摩擦力矩仍然等于式(8.27)中的 M_{BR}。

光电伺服转台可以采用单列向心球轴承、单列向心推力球轴承、单列推力球轴承,这几种轴承的摩擦系数分别为

单列向心球轴承:0.0015~0.0022;

单列向心推力球轴承:0.0018~0.0025;

单列推力球轴承:0.0013~0.0020。

3) 导电滑环的摩擦力矩

导电滑环的摩擦力矩为各环摩擦力矩之和,即

$$M_{\mathrm{ER}}=\sum_i(r_i\mu_iN_i) \tag{8.28}$$

式中,M_{ER} 为导电滑环摩擦力矩;r_i 为第 i 环导电滑环半径;μ_i 为第 i 环的摩擦系数;N_i 为第 i 环刷丝对滑环的正压力。

在各环半径相等、刷丝材料和环面材料相同的情况下,

$$M_{\mathrm{ER}}=r\mu_{\mathrm{ER}}\sum_i N_i \tag{8.29}$$

式中,r 为导电滑环半径;μ_{ER} 为摩擦系数。

刷丝材料可以是金-镍丝,也可以是铍青铜并在其工作表面上镀铑或钯。环体材料一般用铜。为使计算结果比较准确,最好事先测量一下所选摩擦副的摩擦系数。

如果导电滑环是外购件,可以直接利用其摩擦力矩测量值,不用计算。

方位总摩擦力矩为以上 3 项之和,即 $M_{\mathrm{f}}=M_{\mathrm{SR}}+M_{\mathrm{BR}}+M_{\mathrm{ER}}$。

俯仰总摩擦力矩为以上前两项之和,即 $M_{\mathrm{f}}=M_{\mathrm{SR}}+M_{\mathrm{BR}}$。

3. 力矩电动机转矩与电动机选择

完成以上计算后,根据所要求的方位加速度和俯仰加速度,利用式(8.23)分别计算方位

力矩电动机的峰值堵转转矩和俯仰力矩电动机的峰值堵转转矩。

在选择电动机时，应当将峰值堵转转矩计算值乘上一个工程因子作为所选电动机的峰值堵转转矩。如果转动惯量是精确计算出来的，工程因子取1.2左右；如果转动惯量是粗略估算出来的，工程因子可取1.5～2。

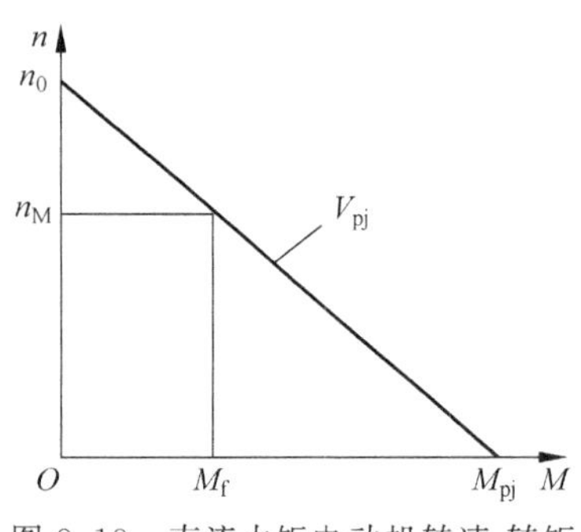

图8.18 直流力矩电动机转速-转矩关系曲线

伺服系统一般采用脉宽调制方式，工作电压一般取峰值堵转电压 V_{pj}。在有负载情况下，当施加工作电压 V_{pj} 使电动机加速到最大速度 n_0 时，加速度 $\beta=0$。由式(8.23)得：此时 $M\approx M_f$。因此，在如图8.18所示的峰值堵转电压曲线上，摩擦力矩 M_f 所对应的转速 n_M 可作为该电动机在指向器中工作时的最大输出速度-方位上为 $\dot{q}_M$，俯仰上为 $\dot{\varepsilon}_M$。

由相似三角形比例定理可得

$$\frac{n_0-n_M}{n_0}=\frac{M_f}{M_{pj}} \tag{8.30}$$

因而，

$$n_M=n_0\left(1-\frac{M_f}{M_{pj}}\right) \tag{8.31}$$

如果经计算最大速度满足光电伺服系统的指标要求，则可认定所选电动机；否则，重新挑选电动机，直到峰值堵转转矩和相应转速均满足要求为止。

8.6 光电跟踪控制系统

这里主要介绍跟踪控制系统主要性能指标提出的依据、跟踪系统的基本技术问题、高精度控制技术。

8.6.1 跟踪控制系统主要性能指标提出的依据

跟踪控制系统主要性能指标包括角速度和角加速度、跟踪精度、跟踪器的过渡过程指标。

1. 角速度和角加速度($\dot{A}$、$\ddot{A}$、$\dot{E}$、$\ddot{E}$)

$\dot{A}$、$\ddot{A}$、$\dot{E}$、$\ddot{E}$ 是依据目标的运动规律提出的，这和目标的运动轨迹、速度、加速度、跟踪器(经纬仪)的设置位置有关。为使跟踪器能捕获、跟踪目标，提出必要的速度和加速度指标。A、$\dot{A}$、$\ddot{A}$ 分别为目标方位角度、角速度、角加速度，E、$\dot{E}$、$\ddot{E}$ 分别为目标高低方向角度、角速度、角加速度。

2. 跟踪精度

应分析影响跟踪精度的主要因素以及如何确定跟踪器速度相对误差。

1) 影响跟踪精度($\Delta\theta$)的主要因素

系统结构的机械谐振频率 ω_M 是影响跟踪精度($\Delta\theta$)的第一个主要因素。

如果系统位置环开环带宽为 ω_{CK}，速度环开环带宽为 $\omega_{\Omega K}$，则应能满足如下关系：

$$\omega_{\Omega B} \approx 2\omega_{\Omega K} \approx 4\omega_{CB} \tag{8.32}$$

$$\omega_M \approx 2\omega_{\Omega K} \tag{8.33}$$

$$\omega_M \geqslant 8\omega_{CK} \tag{8.34}$$

其中，ω_{CB} 为系统位置环闭环带宽；$\omega_{\Omega B}$ 为系统速度环闭环带宽。

系统的采样周期(T_0)是影响跟踪精度($\Delta\theta$)的第二个主要因素。

T_0 将限制了系统的带宽，关系如下：

$$\omega_{CK} \leqslant \frac{M}{1+M} \cdot \frac{1}{T_0/2 + \sum T_1} \tag{8.35}$$

其中，M 为系统的振荡指标；T_1 为系统的小的时间常数。

跟踪器的视场大小(Ω)是影响跟踪精度($\Delta\theta$)的第三个主要因素。

视场大则跟踪误差大，视场小则跟踪误差小。

$$\Delta\theta_{max} = \frac{1}{2\sqrt{2}}\Omega \tag{8.36}$$

一般取 $\Delta\theta_{max} = (1/4 \sim 1/6)\Omega$，在正态分布情况下：

$$\Delta\theta_{max} = 3\delta_\theta \tag{8.37}$$

其中，$\Delta\theta_{max}$ 为系统的最大误差；δ_θ 为系统的均方根误差；Ω 为跟踪器的对角线视场。

激光发散角、测距回波率是影响跟踪精度($\Delta\theta$)的第四个主要因素。

对一般跟踪器，使用情况表明，跟踪器测距激光发散角为跟踪控制系统的跟踪精度最大值的 3 倍以上就可得到满意的回波率。

2) 跟踪器速度相对误差的确定(δ_c)

一般跟踪器速度的相对误差，由摄像分辨率决定，分辨率高则要求速度的相对误差小。如果分辨率为 K，画面为 $a \times a$，曝光时间为 T，跟踪器速度为 $\dot{\theta}$，则

$$\delta_c = \frac{0.5}{\sqrt{2}aKT\dot{\theta}} \tag{8.38}$$

3. 跟踪器的过渡过程指标

跟踪器的过渡过程指标主要有过渡过程时间 t、超调量 δ、振荡次数 μ 等。其提出依据是：根据实际目标运动规律计算值决定要求的最大加速度 $\ddot{\theta}_{max}$，再根据跟踪器的线性段范围内允许的阶跃幅度 $\Delta\theta_M$，即决定系统位置开环带宽为 ω_{CK}，ω_{CK} 即决定系统的动态品质。关系为

$$\omega_{CK} = \sqrt{\ddot{\theta}_{max}/\Delta\theta_M} \tag{8.39}$$

8.6.2 跟踪系统的基本技术问题

跟踪系统的基本技术问题包括跟踪精度及响应速度、跟踪系统误差源、动态响应、频带与精度。

1. 跟踪精度及响应速度

跟踪精度及响应速度是跟踪系统的关键，对跟踪系统的主要技术要求可概括为以下几项：

(1) 目标特性;

(2) 跟踪角度范围(方位角、高低角);

(3) 跟踪角速度、角加速度;

(4) 跟踪精度;

(5) 过渡特性(过渡时间、超调量、振荡次数等,实质是系统稳定性和快速性标志)。

上述指标要求一个高精度跟踪系统能精确测量出目标与跟踪光轴之间的偏差,快速抓住目标,减少由于目标运动以及各种扰动引起的跟踪误差等,这些都是跟踪系统的基本技术问题,并且可以概括为提高跟踪精度(减少误差)和提高响应速度(快速响应)两个问题。当然保证系统的稳定性是重要前提。

跟踪精度和响应速度不仅是跟踪系统的关键指标,而且是决定系统方案的关键因素。在高精度火控系统中,要求精度高,而且响应速度要快,这时不仅齿轮传动不行,就是力矩电动机驱动也不能完全满足要求,还需要采用复合轴结构。总之,跟踪精度和响应速度是跟踪系统的核心问题。

2. 跟踪系统误差源

跟踪系统主要误差源有4项,即传感器误差、动态滞后误差、力矩误差以及其他各种扰动误差。

传感器是跟踪系统检测目标位置(即跟踪误差)的元件,其误差值应小于跟踪精度值的1/3。传感器静态误差主要由下列各项因素决定:

(1) 光电探测器的分辨率、线性、信噪比;

(2) 光学系统的口径、焦距、畸变等;

(3) 电子系统偏差、漂移、检测及量化误差、噪声等;

(4) 探测器视轴安装偏差等。

传感器动态精度还要增加下列因素:

(1) 探测器惰性、滞后;

(2) 信号处理电路的延迟、滞后;

(3) 视轴动态稳定性等。

目标运动时,由于跟踪系统响应速度有限,仪器将滞后于目标,这便是动态滞后误差$\Delta\theta_D$:

$$\Delta\theta_D(t)=\frac{\dot{\theta}(t)}{K_V}+\frac{\ddot{\theta}(t)}{K_A}+\cdots \tag{8.40}$$

式中,$\dot{\theta}(t)$,$\ddot{\theta}(t)$…分别为目标的角速度、角加速度,K_V,K_A…分别为系统的速度、加速度等误差系数,它们的值取决于系统传递函数。表8.1为几种典型传递函数的K_V、K_A等的值。由此可见,系统开环增益越高,则K_V、K_A等值越大,因而动态滞后误差越小;系统无静差度越高,也就是纯积分环节$1/s$越大,也使动态滞后误差越小。例如,只有一个积分环节的Ⅰ型系统K_V,K_A…都是有限值,而包括2个积分环节的Ⅱ型系统$K_V=\infty$,Ⅲ型系统的$K_V=\infty$,$K_A=\infty$,以此类推。所以提高系统无静差度也可以减少动态滞后误差。由于提高系统开环增益或提高系统无差度都要求系统带宽增加,所以增加系统带宽也是减少动态滞后误差的基本条件,从频率特性可清楚地看出这一点。

表 8.1 误差系数简表

开环传递函数	项目	
	$K_V/(1/s)$	$K_A/(1/s^2)$
$\frac{K(T_2s+1)}{s(T_1s+1)(T_3s+1)}$	K	$\frac{K^2}{K(T_1+T_3-T_2)-1}$
$\frac{K(T_2s+1)}{s(T_1s+1)(T_3s+1)^2}$	K	$\frac{K^2}{K(T_1+2T_3-T_2)-1}$
$\frac{K(T_2s+1)^2}{s(T_1s+1)^2(T_3s+1)}$	K	$\frac{K^2}{K(2T_1+T_3-2T_2)-1}$
$\frac{K(T_2s+1)^2}{s(T_1s+1)^2(T_3s+1)^2}$	K	$\frac{K^2}{K(2T_1+2T_3-2T_2)-1}$
$\frac{K(T_2s+1)}{s^2(T_3s+1)}$	∞	K
$\frac{K(T_2s+1)^2}{s^2(T_1s+1)(T_3s+1)}$	∞	K
$\frac{K(T_2s+1)^2}{s^2(T_1s+1)(T_3s+1)}$	∞	K

力矩误差主要由风力矩、摩擦力矩以及不平衡力矩(重力矩)等产生。只要系统增益足够高,一般的力矩误差并不大。但摩擦力矩有些特殊,它分为3种,即静摩擦力矩、库仑摩擦力矩和黏滞摩擦力矩。黏滞摩擦正比于仪器速度,它产生的力矩误差比较容易克服。而静摩擦、库仑摩擦决定最小运动距离,如果它大于或等于传感器分辨率的2倍所产生的力矩,则系统将发生振荡,即仪器反复滑动。此外,仪器在反向时,滚动轴承将产生一个干扰力矩,也增大了误差。所以减少摩擦力矩是很重要的,在高精度跟踪系统中要用空气轴承、液压轴承,甚至磁悬浮轴承。

除风力矩以外,系统内外还存在许多扰动和噪声,如电子学噪声,大气扰动,光机结构变动、噪声,基座运动等。这些扰动和噪声都会引起跟踪误差,所以降低它们的影响也是非常重要的。

3. 动态响应、频带与精度

动态响应不仅表示捕获跟踪目标的快速性,而且表示系统克服动态滞后误差及抑制扰动或抖动的能力。动态响应好就是指有优良的过渡特性,即上升快、超调小,其实质就是频带宽、稳定性好。所以动态响应、频带与精度是密切相关的。

1) 频带与跟踪精度

前面说明了动态滞后误差与误差系数的关系,实质上是与传递函数或频率特性的关系。下面用等效正弦概念进一步说明跟踪误差的主要项——动态滞后误差与频带的关系。

对于任何运动轨迹都可以用傅里叶分析分解成若干个正弦曲线,所以可以用一个或几个正弦运动代替目标运动。运动参数 A、$\dot{A}$、$\ddot{A}$ 等都可各自用一正弦模拟,这就是等效正弦输入信号,简称等效正弦,它表示了目标运动的范围和快慢,所以可用它来检验系统跟踪误差(主要是动态滞后误差)。当已知目标运动最大角速度 $\dot{\theta}_{max}$、最大角加速度 $\ddot{\theta}_{max}$ 时,则可

求出一个等效正弦 $\theta_1(t)$，并用以检验系统特性。

$$\theta_1(t)=\theta_{\max}\sin\omega_1 t \tag{8.41}$$

其中，等效正弦振幅为

$$\theta_{\max}=\dot{\theta}^2_{\max}/\ddot{\theta}_{\max} \tag{8.42}$$

等效正弦角频率为

$$\omega_1=\ddot{\theta}_{\max}/\dot{\theta}_{\max} \tag{8.43}$$

周期为

$$T_1=2\pi/\omega_1 \tag{8.44}$$

显然，$\theta_1(t)$的最大角速度、最大角加速度分别为 $\dot{\theta}_{\max}$ 和 $\ddot{\theta}_{\max}$。为验证跟踪系统动态滞后误差 $\Delta\theta_D$ 是否满足要求，则可在系统开环对数幅频特性曲线上画出精度检验点 A'，其高度（幅值）为

$$K_A=\theta_{\max}/\Delta\theta_{D\max} \tag{8.45}$$

式中，$\Delta\theta_{D\max}$ 为所允许的动态滞后误差的最大值。点 A'角频率 ω_1。如果 A'点在系统开环对数幅频特性曲线 $W(j\omega)$之内，则动态滞后误差 $\Delta\theta_D$ 不会超过 $\Delta\theta_{D\max}$；反之将不满足要求。

若使幅频特性包围精度检验点，不仅系统要有足够高的增益，而且要有足够宽的频带，后者主要影响系统的过渡特性和稳定储备。

虽然希望频带宽、响应快，但是系统频带受到随机干扰与噪声、机械结构谐振特性、采样频率 f_0 和电动机加速能力等多种因素限制。

2）扰动、噪声与系统频带

跟踪系统受到的扰动和噪声有多种，对于低频扰动随动系统可以抑制掉，而且系统频带越宽则抑制能力越强，这种扰动误差可以视为系统误差。对于随机噪声则不相同，例如，一跟踪器噪声为 $n(t)$（可视为输入噪声），通过随动系统后输出误差为均方值：

$$\overline{\Delta\theta^2(t)}=\frac{1}{2\pi}\int_{-\infty}^{\infty}|Y(j\omega)|^2 S_n(\omega)d\omega \tag{8.46}$$

其中，$Y(j\omega)$为系统闭环频率特性；$S_n(\omega)$为噪声 $n(t)$的频谱密度。

显然，系统频带越宽随机噪声通过越多，因而影响也越大。频带窄时噪声小，但低频扰动影响很大，当频带加宽时低频扰动误差明显降低，但噪声又显著加大。跟踪系统设计时可采用滤波技术和变带宽技术降低随机噪声的影响，例如目标较远时信噪比较低，可采用窄带宽，当目标较近时信号较强，而目标动作较快，为提高系统响应速度可改为宽带宽。

3）结构谐振特性与系统频带

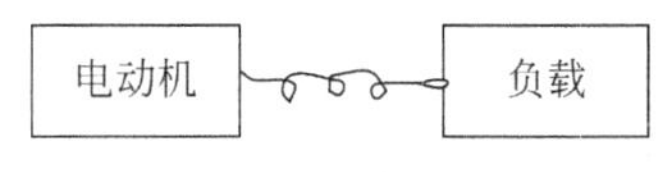

图 8.19 电动机与负载组成的弹性系统

无论电动机是直接驱动负载，还是通齿轮减速驱动负载，都可以认为电动机与负载之间是用一根刚度系数 K_p 的轴联结起来的，这就构成一个弹性系统，如图 8.19 所示。它具有一定的自然频率，当激励频率趋向这个频率时，就会出现“谐振”。

在直接驱动的力矩电动机系统中，电动机轴与负载轴联为一体，所以它的谐振特性可只用一个频率表示：

$$\omega_L = \sqrt{K_p / J_L} \tag{8.47}$$

式中，J_L 可理解为负载电动机轴惯量之和。由于 K_p 很高加之不存在齿隙，所以 f_L 很高，一般都在 50Hz 以上。在设计跟踪系统时必须使回路带宽比 ω_L 小许多倍，以保证必要的稳定储备。当速度回路开环截止频率为 ω_{C_1}、位置回路开环截止频率为 ω_{C_2} 时，它们大体应满足下列经验数据：

$$\omega_{C_1} < \omega_L / 2 \tag{8.48}$$

$$\omega_{C_2} < \omega_{C_1} / 3 < \omega_L / 6 \tag{8.49}$$

由于位置回路闭环带宽 f_B 与 $f_{C_2} = \omega_{C_2} / 2\pi$ 相差不大，一般

$$f_B \approx (1.1 \sim 1.4) f_{C_2} \tag{8.50}$$

所以 f_B 一般限制在结构谐振频率 f_L 的 1/6，实际应用时多在 1/10 左右。虽然采用有源补偿网络可以补偿结构谐振的影响，但作用是有限的，所以为安全可靠起见，还是尽量采用高刚度结构，采用力矩电动机直接驱动，以提高结构谐振频率。如果不是十分必要，也应限制系统带宽，以免对结构提出过于苛刻的要求。

4）采样频率与系统带宽

根据香农定理，采样频率 f_0 只要大于信号频率的 2 倍，就可以复现这个信号。但是在跟踪或控制系统中，这是不够的。因为采样过程给系统带来滞后，降低了系统的稳定储备。系统开环截止频率 ω_{C_2} 应小于下述值：

$$\omega_{C_2} \leqslant \frac{M}{1+M} \cdot \frac{1}{\dfrac{T_0}{2} + \sum T_i} \tag{8.51}$$

式中，$T_0 = 1/f_0$ 为采样周期；$\sum T_i$ 为系统小时间常数之和（$T_i < T_0/2$）；M 为系统的振荡指标，一般为 1.2～1.5，M 值越大系统稳定性越差。由式(8.51)可见，在 M 值一定的情况下，T_0 越大，也就是采样频率 f_0 越低，则系统的 ω_{C_2} 亦即系统频带越小，所以系统频带 f_B 是受采样频率限制的。在高精度跟踪系统中，f_0 一般要为 f_B 的 10 倍以上。

在许多情况下，提高采样频率是困难的。因为它导致采样周期缩短，也就是探测器积分时间缩短、灵敏度下降，因而将影响作用距离，此外采样频率提高还将使信号处理时间减少，给信号处理以及视频放大带来困难。许多应用也只能折中处理。

5）电动机加速能力与带宽

假定跟踪系统具有最佳过渡过程（见图 8.20），表明系统过渡时间最短为 $T_{\min}$。在 $0<t<T_{\min}/2$ 期间以最大加速度 $\ddot{\theta}_{\max}$ 加速，在 $T_{\min}/2<t<T_{\min}$ 期间以 $-\ddot{\theta}_{\max}$ 减速，在 $T_{\min}$ 时使系统达到目标位置 g_0。

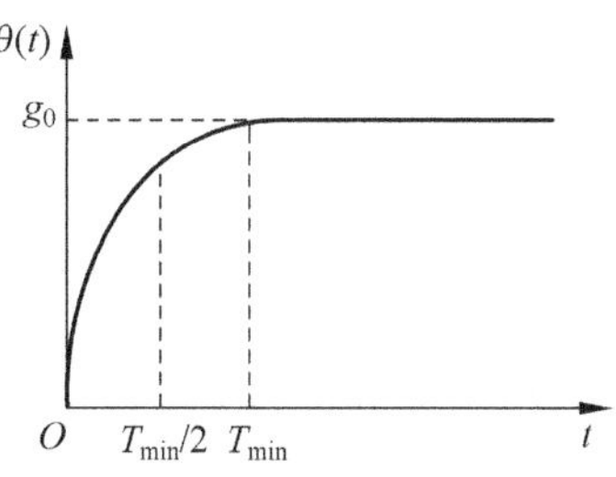

图 8.20 最佳过渡曲线

此过程可用下式表示：

$$\theta(t) = \frac{1}{2}\ddot{\theta}_{\max} t^2 \times I(t) - \ddot{\theta}_{\max}\left(t - \frac{T_{\min}}{2}\right)^2 \times I\left(t - \frac{T_{\min}}{2}\right) + \frac{1}{2}\ddot{\theta}_{\max}(t - T_{\min})^2 I(t - T_{\min}) \tag{8.52}$$

式中，$I(t)$为阶跃函数。当阶跃位置（也就是捕获的初始位置）为 g_0 时，最佳过渡时间为

$$T_{\min}=2\sqrt{\frac{g_0}{\ddot{\theta}_{\max}}} \tag{8.53}$$

可以证明，此时系统的开环截止频率 ω_{C_0} 为

$$\omega_{C_0}=\frac{2}{T_{\min}}=\sqrt{\frac{\ddot{\theta}_{\max}}{g_0}} \tag{8.54}$$

式中，g_0 可理解为系统线性范围内允许的阶跃幅度，由上式可见，最佳系统的开环截止频率 ω_{C_0} 与电动机提供的最大加速度平方根 $(\ddot{\theta}_{\max})^{1/2}$ 成正比。实际系统的允许的截止频率 ω_C 比 ω_{C_0} 要小，也就是说，系统频带是受电动机加速能力限制的。

8.6.3 高精度控制技术

高精度控制技术有多种，并仍处于不断发展中。这里仅介绍前馈控制与共轴跟踪、滤波预测技术。

1. 前馈控制与共轴跟踪

在一般闭环控制系统中，提高精度必须提高增益或增加积分环节提高无静差度，但这也就使系统稳定性受到影响，甚至遭到破坏。前馈控制则是在闭环控制系统增加一个开环控制支路，用来提供输入信号的导数($\dot{\theta}$，$\ddot{\theta}$，…)(见图 8.21)，称此系统为前馈控制或复合控制系统。

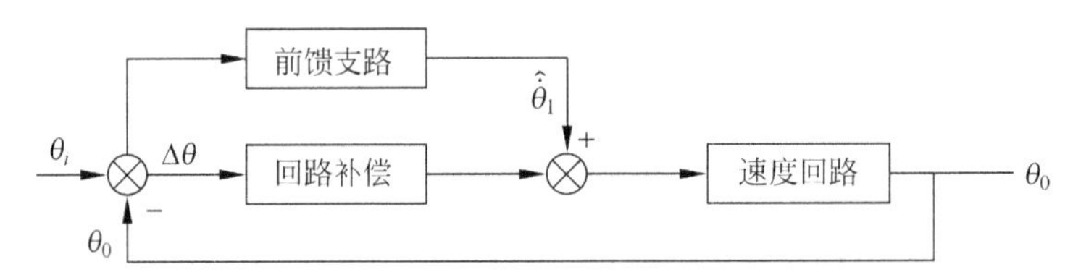

图 8.21 前馈控制系统(复合控制系统)

经简单推导就可以说明前馈控制的作用。设补偿回路：

$$G_1(s)=k_1 \tag{8.55}$$

速度回路：

$$G_2(s)=\frac{k_2}{s(T_1s+1)} \tag{8.56}$$

前馈支路：

$$G_3=k_3s \tag{8.57}$$

若 $k_2k_3=1$，则系统等效开环传递函数为

$$G_0(s)=\frac{G_2(s)[G_1(s)+G_3(s)]}{1-G_2(s)G_3(s)}=\frac{k_1k_2(1+k_3s/k_1)}{Ts^2} \tag{8.58}$$

原闭环部分 $G_2(s)$为一阶无静差度系统(Ⅰ型)，引进前馈后等效为二阶无静差度系统，可以清除速度滞后误差。类似地，当 $G_3(s)$还提供加速度信号 $\ddot{\theta}_i$ 时，系统还可以等效为三阶无静差度系统，可以消除加速度滞后误差等。利用前馈控制可以较好地解决一般系统普遍存

在的精度与稳定性之间的矛盾，很容易将跟踪精度提高几倍乃至十几倍，但又不影响原闭环系统的稳定性。

在激光、红外和电视等光电跟踪系统中，传感器只能提供目标与传感器视轴之间的偏差，即跟踪误差，没有给出目标空间坐标位置，自然也没有目标运动的速度、加速度等导数信号，所以无法直接实现前馈控制。多用速度滞后补偿方法，但它不是真正的复合控制，提高精度有限。由于目标位置 θ_i 为仪器位置 θ_0 与 $\Delta\theta$ 之和，即

$$\theta_i=\theta_0+\Delta\theta \tag{8.59}$$

目标速度：

$$\dot{\theta}_i=\mathrm{d}(\theta_0+\Delta\theta)/\mathrm{d}t \tag{8.60}$$

显然用计算机进行上述运算就可构成前馈控制系统，此种系统称为计算机辅助跟踪系统或等效复合控制系统如图 8.22 所示。

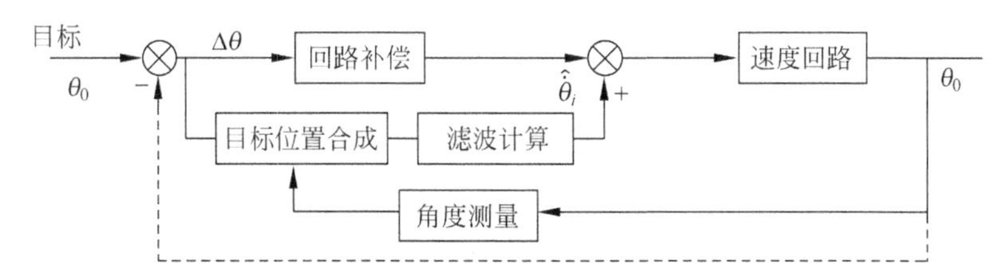

图 8.22 计算机辅助跟踪系统

图 8.22 只是原理图。实际上存在两个问题：一是大多数传感器(包括处理电路)都有一定惰性，所以测得的跟踪误差 $\Delta\theta$ 不是 θ_i 与 θ_0 的实时差，而且也不能简单地把 θ_0 与 $\Delta\theta$ 合成；另一个问题是直接用微分方法求速度干扰较大。概括地讲就是要克服或校正传感器惰性，进行坐标变换，采取数据滤波方法计算目标速度等。

如果计算机同时提供目标位置和速度等信息，后面完全是一个数字随动系统，则此光电跟踪方式称为共轴跟踪(on axis tracking)(见图 8.23)。共轴跟踪将跟踪器与随动系统分成各自独立的回路。二者均可选择最佳参数。此外，用滤波预测不仅可以预测目标位置，还可以修正动态滞后误差等。所以共轴跟踪系统精度高，特别适合干扰较为严重的环境。

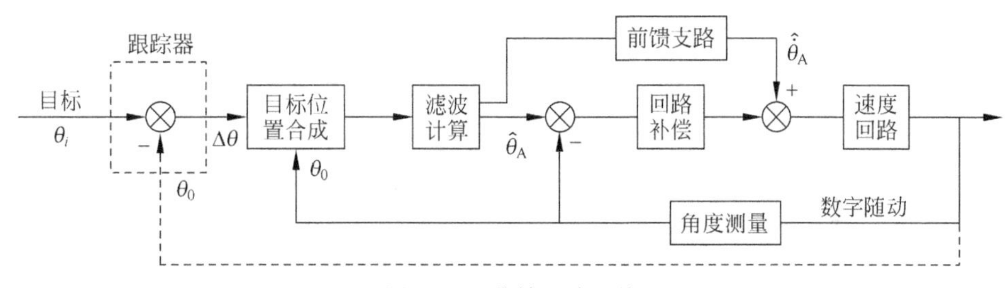

图 8.23 共轴跟踪系统

最后要说明一点，前馈控制不仅可以降低由于目标运动而引起的动态滞后误差，而且可以降低由于其他扰动(如不平衡力矩)引起的误差，只要将扰动测出并通过适当模型馈入即可。所以，也可将前馈控制称为扰动调节。

2. 滤波预测技术

滤波预测技术在跟踪瞄准系统中有多种用途，在图像处理中可滤除干扰和噪声识别目

标，在跟踪中可预测目标位置和速度等运动参数，在前面介绍的复合控制以及共轴跟踪等系统中都要用数据滤波预测技术。

常用的数据滤波方法有4种，即有限记忆最小平方滤波、常增益最优递推滤波(α-β-γ滤波)、自适应滤波和卡尔曼滤波。4种方法各有优缺点。

有限记忆滤波是用靠近现在时刻的N个带有随机噪声的测量数据(如θ_i)估计现在或预测未来时刻滤波值，并使滤波的均方误差最小。此种滤波又称多项式滤波。位置和速度滤波预测值均为N个测量数据的线性函数：

$$\hat{\theta}(k+j\mid k)=\sum_{0}^{N-1}a_i\theta(k-i) \tag{8.61}$$

$$\hat{\dot{\theta}}(k+j\mid k)=\sum_{0}^{N-1}b_i\theta(k-i) \tag{8.62}$$

式中，a_i、b_i分别为位置和速度滤波因子，可根据无偏和方差最小这两个条件求出；j为预测步数，N为记忆点数。其方法简单，但精度有限。记忆点数越多，则滤除随机干扰的能力越强，但却使新数据作用减弱，因而在目标机动性加强时，滤波效果不佳。为克服记忆点数多不能适应目标机动性、而点数少滤除随机干扰效果差的缺点，可将两组不同点数预测结果$\hat{\theta}_1$、$\hat{\theta}_2$按加权组合，这样可得到较高精度。即合成滤波值为

$$\hat{\theta}=k_1\hat{\theta}_1+k_2\hat{\theta}_2 \tag{8.63}$$

式中，k_1、k_2分别为两种滤波方法加权系数，可根据二滤波预测方差σ_1、σ_2实时计算：

$$k_1=\frac{\sigma_2^2}{\sigma_1^2+\sigma_2^2} \tag{8.64}$$

$$k_2=\frac{\sigma_1^2}{\sigma_1^2+\sigma_2^2}=1-k_1 \tag{8.65}$$

常增益最优递推滤波不必记忆多个历史数据，只用当前时刻测量值就可以依次计算出滤波估值和预测值。滤波方程为

$$\hat{\theta}(n)=\hat{\theta}(n\mid n-1)+\alpha\left[\theta(n)-\hat{\theta}(n\mid n-1)\right] \tag{8.66}$$

$$\hat{\dot{\theta}}(n)=\hat{\dot{\theta}}(n\mid n-1)+\frac{\beta}{T}\left[\theta(n)-\hat{\theta}(n\mid n-1)\right] \tag{8.67}$$

$$\hat{\ddot{\theta}}(n)=\hat{\ddot{\theta}}(n\mid n-1)+\frac{2\gamma}{T^2}\left[\theta(n)-\hat{\theta}(n\mid n-1)\right] \tag{8.68}$$

预测方程为

$$\hat{\theta}(n+1\mid n)=\hat{\theta}(n)+T\hat{\dot{\theta}}(n)+\frac{T}{2}\hat{\ddot{\theta}}(n) \tag{8.69}$$

$$\hat{\dot{\theta}}(n+1\mid n)=\hat{\dot{\theta}}(n)+T\hat{\ddot{\theta}}(n) \tag{8.70}$$

$$\hat{\ddot{\theta}}(n+1\mid n)=\hat{\ddot{\theta}}(n) \tag{8.71}$$

式中，$\theta(n)$为n时刻采样测量值；$\hat{\theta}(n)$、$\hat{\dot{\theta}}(n)$、$\hat{\ddot{\theta}}(n)$表示n时刻滤波估计值；$\hat{\theta}(n+1\mid n)$、$\hat{\dot{\theta}}(n+1\mid n)$、$\hat{\ddot{\theta}}(n+1\mid n)$表示$n$时刻预测$n+1$时刻值。此方法又称$\alpha$-$\beta$-$\gamma$滤波。$\alpha$、$\beta$、$\gamma$为滤波增益，它们可用临界阻尼、最佳选择法和卡尔曼稳态增益3种方法计算。一般可用最佳

选择法，它可使在给定暂态响应要求的条件下使噪声获得最大滤波。α-β-γ 滤波性能比有限记忆滤波效果好。

但总体来讲，上述两种滤波方法简单，精度有限，适于中等精度系统和计算速度有限时应用。

卡尔曼滤波也叫最佳线性滤波，是 20 世纪 60 年代现代控制理论重大发展。卡尔曼滤波用状态转移法把干扰与信号看作是一个动力学系统，噪声看作该动力学系统的一个状态，然后用统计特性估算出噪声的大小，再从信号中把它滤除，得到信号的真值。

设目标运动测量值为 $\theta(n)$，预测值为 $\hat{\theta}(n|n-1)$，则最佳估值为

$$\hat{\theta}(n)=\hat{\theta}(n|n-1)+k[\theta(n)-\hat{\theta}(n|n-1)] \tag{8.72}$$

式中，k 为卡尔曼滤波增益。式(8.72)与 α-β-γ 滤波形式是相同的，但这里的 k 是用递推方法计算的。式(8.72)的意义是目标的最佳估值是预测值与测量值的线性组合，只是 k 值是变化的。由于 $\hat{\theta}(n)$可以是一个矩阵，所以 k 也可以是一个矩阵，称为最佳权值阵。卡尔曼滤波就是根据已知的运动方程，已知的初始条件、初始状态误差及每次测量误差统计量和测量值，可逐次计算出最佳权值阵、预测值和滤波值（或阵）。

卡尔曼滤波的主要优点是精度高。高精度跟踪预测大多用卡尔曼滤波，美国激光武器系统中就曾应用卡尔曼滤波计算目标轨迹、做瞄准修正等。但应用卡尔曼滤波困难也较多，首先是运算量大，其次是要求目标运动模型、误差统计模型比较准确，否则不仅滤波精度低，甚至会导致滤波器发散，即误差越来越大。

另外，自适应滤波是对上述一些滤波方法修正，这里就不展开分析了。

第9章 光电系统结构与工艺及模块化设计

CHAPTER 9

结构是光电系统及各组成的支撑，是光电系统不可或缺的主要组成部分；工艺是光电系统实现的保证；模块化是光电系统“三化”“六性”的必要措施。因此，结构、工艺及模块化设计是光电系统设计的主要内容之一，这对全面保证光电系统技术性能与“六性”的实现起着重要的作用。

本章首先在概要介绍结构设计与工艺的基础上，阐述结构总体设计，包括结构总体布局、结构形式确定与精度设计、光机结构设计与杂散光控制、热设计、抗振抗冲击设计、电磁兼容性设计、密封性设计等多方面的内容；接着通过示例介绍光学镜头的结构设计与装调工艺；然后讲解模块化设计与优化设计；最后示例简要介绍光电系统结构及工艺设计。

9.1 结构设计与工艺概说

结构设计是一种既要求多学科基础理论，更要求工程知识和实践经验的蕴藏着巨大优化和创新潜力的工作。它是光电系统设计的主要组成部分，是为了满足产品的各项功能和性能，使设备在各种既定环境下都能正常工作所进行的设计。它可以把产品的外观直接展现出来，并在一定程度上决定了产品的可靠性、寿命及性价比。好的设计应满足整机的性能要求，在市场上具有竞争力。

无论哪类光电产品的设计都离不开结构（包括紧固件、支撑件、机体等），整机结构设计水平的高低和工艺技术的好坏对于产品质量至关重要。

现代机械结构设计要兼顾多种技术、经济和社会要求，因此光电系统的结构设计不仅包含相当广泛的技术内容，涉及力学、机械学、化学、电学、热学、光学、无线电电子学、金属热处理、工程心理学、环境科学、美学等多门基础学科，而且还与工艺密切相关。这里重点介绍光机设备（部件）、电子设备（部件）的结构与工艺设计的基础知识，光学部件、光电部件等产品结构与工艺设计有其相似或值得借鉴之处。

产品的工艺性能直接影响到产品性能和技术指标的实现。工艺设计的最高原则是以最少的社会劳动消耗创造出最大的物质财富，这个原则也是企业赖以生存和发展的基础。

9.1.1 结构设计界定及其工作解析

（机械）结构设计就是将抽象的工作原理变成技术图样的过程。亦即将抽象的工作原理具体化为某类构件或零部件，然后进一步确定其加工工艺、材料、几何尺寸、公差等。若把结构设计过程当作一个黑箱，那么它的输入是工作原理，输出是结构设计方案。结构设计的直接产物虽是技术图纸，但不是简单的机械制图，图纸只是表达设计方案的语言，技术上的具体化是结构设计的基础内容，同时一定的工程知识是正确进行结构设计的前提。此间要兼顾多种技术、经济和社会要求，并且应系统地设计出尽可能多的可能方案，从中优选。具体可分为3个方面：

(1) 功能设计。为满足主要机械功能要求，在技术上的具体化。

(2) 质量设计。兼顾多种要求和限制，提高产品的质量和性价比，它是现代工程设计的特征。

(3) 优化设计和创新设计。用结构设计变元等方法系统地构造优化设计解空间，用创造性设计思维方法和其他科学方法优选和创新。

此外，结构设计不能没有CAD。三维制图、有限元分析等软件使结构应力、变形等问题的分析能力大大提高。设计是创造性的思维活动，运用创造性的思维方法能显著地提高设计师的创造设计能力。

结构设计过程的基本准则是：从内到外，从重要到次要，从局部到总体，从粗略到精细，统筹兼顾，权衡利弊，反复检查，逐步改进。

结构设计的基本步骤如下：

(1) 明确待设计构件的主要任务和限制。

(2) 粗略估算构件的主要尺寸。

(3) 寻找成品，例如标准件、常用件、通用件等，若无成品可用，则

① 画工作面草图；

② 在工作面之间填材料；

③ 改变工作面大小、方位、数量及构件材料、表面特性、连接方式，系统地产生新方案；

④ 按技术、经济和社会指标评价，选出最佳方案；

⑤ 寻找所选方案中的缺陷和薄弱环节；

⑥ 对照各种要求、限制，反复改进；

⑦ 强度、刚度以及各种功能指标核算；

⑧ 机械制图；

⑨ 制备技术文件。

结构设计宜遵循的具体设计准则有：符合力学要求的设计准则；符合工艺要求的设计准则；符合材料要求的设计准则；符合装配要求的设计准则；符合防腐要求的设计准则；符合公差要求的设计准则；符合安全与维修要求的设计准则；符合美观要求的设计准则等。

9.1.2　工艺界定及其工作解析

工艺是生产者利用生产设备和生产工具，对各种原材料、半成品进行加工或处理，使之最后成为符合技术要求的产品的艺术(程序、方法、技术)，它是人类在生产劳动中不断积累起来并经过总结的操作经验和技术能力。

简言之，工艺是使各种原材料、半成品成为产品的方法和过程。工艺包括工艺文件、工艺参数、工艺尺寸、工艺设备、工艺装备(工装)、工艺过程、作业指导书、工艺规程以及工艺过

程卡片、工艺卡片、工艺附图、工艺纪律、工艺路线等一系列内容。

工艺文件是指导工人操作和用于生产、工艺管理等的各种技术文件。工艺参数是为了达到预期的技术指标，工艺过程中所需选用或控制的有关量。工艺尺寸为根据加工的需要，在工艺附图或工艺规程中所给出的尺寸。工艺设备是完成工艺过程的主要生产装置。工艺装备(工装)为产品制造过程中所用的各种工具总称。工艺过程是改变生产对象的形状、尺寸，相对位置和性质等，使其成为成品或半成品的过程。作业指导书是用于具体指导现场生产或管理工作的文件，其结构和形式完全取决于作业的性质和复杂程度，在编写的时候，要做到方法分步骤，做到简单化。

工艺规程是规定产品或零部件制造工艺过程和操作方法等的工艺文件，是制造过程中一切有关的生产人员都应严格执行、认真贯彻的法律(纪律性)文件，它是根据零部件的图纸、生产批量、车间的加工设备、制造过程中夹具、模具和检测手段等，由车间技术人员或工艺人员提出，并经过一定审查批准程序制定的。每个需要制造的产品或零部件都有相应的工艺规程。

加工工艺规程的作用：把工艺过程按一定的格式文件形式固定下来，便成为工艺规程。如机械零件(或光学零件)加工工艺过程卡片、工序卡等。生产中有了这种工艺规程，就有利于稳定生产秩序，保证产品质量，指导车间的生产工作，便于计划和组织生产。

工艺规程的主要内容和制定程序：

(1) 分析被加工零件的技术条件和工艺性；

(2) 选择毛坯，确定加工余量；

(3) 根据设备和工模具，设计零件工艺过程；

(4) 进行工序设计，确定工序加工余量和量具；

(5) 编制工艺规程和相应表格；

(6) 按工艺规程，做经济分析。

工艺审查就是按照多、快、好、省的原则对产品的设计合理性、结构工艺性、制造经济性做全面的审查和综合评定，如图 9.1 所示。其中，工艺设计合理性主要从形状、尺寸、精度、重量、材料等方面进行考量。

工艺过程卡片是以工序为单位简要说明产品或零部件的加工(或装配)过程的一种工艺文件。工艺卡片是按产品或零部件的某一工艺阶段编制的一种工艺文件。它以工序为单元，详细说明产品(或零部件)在某一工艺阶段中的工序号、工序名称、工序内容、工艺参数、操作要求以及采用的设备和工艺装备等。工艺卡片是在工艺过程卡片的基础上，按每道工序所编制的一种工艺文件。工艺附图是附在工艺规程上用以说明产品或零部件加工或装配的简图或图表。工艺纪律是在生产过程中，有关人员应遵守的工艺秩序。工艺路线是产品或零部件在生产过程中，由毛坯准备到成品包装入库，经过企业各有关部门或工序的先后顺序。

9.1.3 光电电路设计与结构设计的概念

从机、电(或结构、电路)角度来说，一个完整的光电产品由两个相对独立的部分组成，因此其设计也相应地分为电路设计和结构设计。

电路设计是指根据产品的性能要求和技术条件，制定方框图或电路原理图，设计 PCB

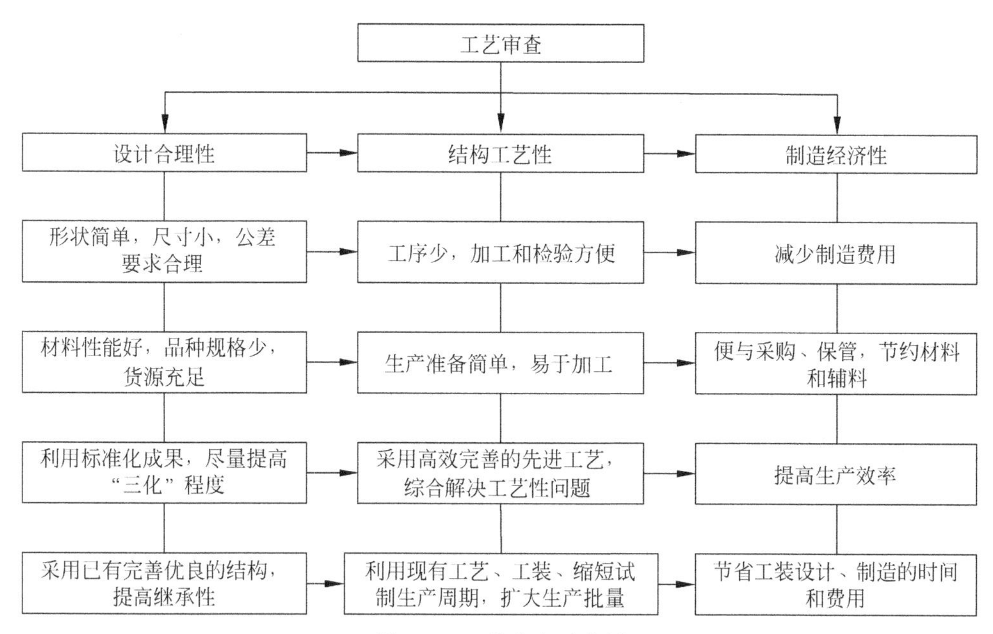

图 9.1　工艺审查示意图

(Printed Circuit Board,印制电路板),并进行必要的线路计算,初步确定元器件参数,制作好印制电路板并做相应的实验,确定出最终的电路图的设计过程。

结构设计是指根据电路设计提供的资料(电路图和元器件资料),并考虑产品的性能要求、技术条件等,安装固定电路板,合理放置特殊元器件。与此同时还要进行各种防护设计和机械结构设计,最后组成一部完整的产品,并给出全部工作图的设计过程。

实质上光电电路设计完成后还不能成为一台光电产品,要变成一台光电产品,还必须完成很多的结构设计内容。结构设计在光电产品设计中,占有较大的工作量且直接关系到光电产品的性能和技术指标的实现。光电产品结构设计已发展成一门独立的综合学科。在设计光电产品的过程中,电路和结构设计很难截然分开,这就要求电路设计者和结构设计者协同配合,密切合作,以圆满完成设计任务。作为电路设计人员,掌握和了解结构与工艺知识,密切与结构设计人员配合,是很有益的。

9.1.4　光电产品结构设计与工艺的任务

产品结构设计与工艺的任务是以结构设计与工艺为手段,保证所设计的产品在既定的环境条件和使用要求下,达到规定的各项指标,并能稳定可靠地完成预期的功能。如今,随着科技的发展和人们生活水平的提高,人们的要求也越来越高,市场竞争也越来越激烈,这就要求设计与生产出来的产品既要“好用”,又要“好看”,还要“好卖”。

9.1.5　光电产品结构设计与工艺的内容

光电产品结构设计与工艺包括整机机械结构与造型设计、整机可靠性设计、防护与防腐设计、隔振与缓冲设计、电磁兼容性设计、焊接工艺、组装与调试、结构实验等。

1. 整机机械结构与造型设计

具体内容如下:

1）结构件设计

包括机柜、机箱（或插入单元）、机架、机壳、底座、面板装置及其附件的设计。

2）机械传动装置设计

根据信号的传递或控制过程中，对某些参数（电的或机的）的调节和控制所必需的各种执行元件进行合理设计，方便操作者使用。

3）总体外观造型与色彩设计

从心理学及生物学的角度来设计总体及各部件的形状、大小及色彩，以给人以美的享受。

4）整体布局

在完成上述各方面的设计后，合理安排整体结构布局、互相之间的连接形式及结构尺寸的确定等，做到产品既好用又好看。

2. 整机可靠性设计

研究产品产生故障的原因，可靠性的表示方法及提高产品可靠性的方法和措施。

3. 热设计

研究温度对产品产生性能的影响及各种散热方法。

4. 防护与防腐设计

主要研究各种恶劣环境（如潮湿、盐雾和霉菌等）对产品的影响及相应的防护方法。

5. 隔振与缓冲设计

讨论振动与冲击对光电产品的影响及隔振、缓冲的方法。

6. 电磁兼容性设计

研究光电产品如何提高抗干扰能力和减小对外界的干扰。设计方法有屏蔽设计和接地设计等。

7. 印制电路板的设计与电子产品生产工艺

印制电路板是电子产品的组成，也是光电产品中的重要部件。设计中既要满足电性能要求还要考虑温度、防腐、防振、电磁干扰（Electro Magnetic Interference，EMI）、导线的抗剥强度等问题。

电子产品生产的基本工艺流程主要包括：

(1) 电子产品的装配过程是先将零件、元器件组装成部件，再将部件组装成整机，其核心工作是将元器件组装成具有一定功能的电路板部件或叫组件（Printed Circuit Board Assembly，PCBA）。

(2) 在电路板组装中，可以划分为机器自动装配和人工装配两类。机器装配主要指自动贴片（Surface Mounted Technology，SMT）装配、自动插件（Auto-Insert，AI）装配和自动焊接，人工装配指手工插件、手工补焊、修理和检验等。

对于电子产品工艺设计人员而言，其工作内容包括：

(1) 根据产品设计文件要求编制产品生产工艺流程、工时定额和工位作业指导书，指导现场生产人员完成工艺工作和产品质量控制工作。

(2) 编制和调试 ICT（In-Circuit-Tester，自动在线测试仪）等测试设备的测试程序和波峰机、SMT 等生产设备的操作方法和规程，设计和制作测试检验用工装。

(3) 负责新产品研发中的工艺评审，主要对新产品元器件的选用、PCB 设计和产品生产的工艺性进行评定和改进意见。

(4) 对新产品的试制、试产负责技术上的准备和协调，现场组织解决有关技术和工艺问题，提出改进意见。

(5) 进行生产现场工艺规范和工艺纪律管理，培训和指导员工的生产操作，解决生产现场出现的技术问题。

(6) 控制和改进生产过程的产品质量，协同研发、检验、采购等相关部门进行生产过程质量分析，改进提高产品质量。

(7) 研讨、分析和引进新工艺、新设备，参与重大工艺问题和质量问题的处理，不断提高企业的工艺技术水平、生产效率和产品质量。

8. 焊接工艺

在光电产品中，导线之间、元器件之间的连接问题大部分是焊接问题，因此必须讨论各种焊接方法及存在的质量问题。

9. 组装与调试

光电产品的组装是将各种光学/电子元器件、机电元件及结构件等，按设计的要求，装在规定的位置上，组成具有一定功能的完整的光电产品的过程。要保证结构安排合理、工艺简单、产品可靠。光电产品装配后，必须通过调试才能达到规定的技术要求。

10. 结构实验

根据光电产品的技术要求和特殊用途，模拟产品使用环境，对产品及其有关元器件、部件进行各种结构实验，以考核设计的正确性和可行性。

9.2 结构总体设计

结构总体设计一般具体包括结构总体布局、模块尺寸及总体尺寸的确定、结构形式确定、光学机械设计、热设计方案的确定、抗振抗冲击、电磁兼容性设计、密封性设计等。

9.2.1 结构总体布局

应根据(光)电原理框图会同(光)电总体一起进行模块的划分，使每个模块具有独立的功能，有利于设备的操作、维修、调试；有利于标准化和系列化。一般一个模块包括一个(光)电原理方框，有时也包括几个(光)电原理方框。当由几个单元方框组合起来时，要预防级间的耦合作用。当级间有耦合作用时，应做必要的调整。

模块的布局首先应遵循低重心原则。一般应将重的模块及器件布局于设备的下部，轻的模块及器件布于设备上部。其次，应遵循质量中心与几何中心一致的原则。重量不等的模块布局，前后左右应轻重搭配，保持质量中心与几何中心基本一致，不能出现前重后轻或左轻右重等质量中心远离几何中心的现象。

经受较高加速度值的模块、器件应靠设备的外部；刚性好的模块、器件应布于中外部，以加强设备中外部的刚度。不能经受高加速度值的模块、器件应布于高冲击载荷作用点弹性距离最大处(通常应是设备的中心)。

发热量大的模块、器件通常布于设备上部；发热量小的模块器件、热敏元器件布于设备下部。当遇到发热量大、重量重的模块或器件布局时，应权衡利弊。热量影响大的应布局于设备上部，反之应布于设备下部。

功率发射模块应远离敏感接收模块，一般不要布在一个机柜内。当必须布在一个机柜内时，两者不仅要远离，而且应采取有效的屏蔽措施。干扰严重的发射机柜与接收机柜不应布在同一个舱室内。

设备内部的布局应有合理的组装密度。所谓合理组装密度，就是在组装密度高的同时，必须保证维修装拆方便，不能因组装密度高，而影响维修装拆。设计师应根据具体情况和设计经验掌握尺度。

9.2.2 模块尺寸及总体尺寸的确定

插箱模块尺寸应根据插箱模块所装的电器元件、零部件、印制板模块的性能体积大小，确定插箱模块的长、宽、高3个主要尺寸。其基本尺寸可按GB 3047.1—1995高度进制为44.45mm，插箱插件宽度进制为5.08mm的基本尺寸系列中选取(也可按新标准)。

总体尺寸应根据插箱模块尺寸以及与总体尺寸有密切关系的隔振缓冲系统，散热系统的设计方案以及“三防”(防潮湿、防盐雾、防霉菌)措施等确定设备总体尺寸。高度和深度尺寸应符合相关标准(如HJB 68—1992或更新标准)规定。

结构总体尺寸及模块尺寸应经过反复协调和修改才能确定。

9.2.3 结构形式确定与精度设计

结构形式确定是形成结构设计方案的基础，结构精度设计分析是结构设计的重要内容。

1. 结构形式确定

设备(部件)的骨架结构形式，包括钢板弯制的钣金焊接结构、铝合金铸造结构、钢型材与钢板弯制组合的焊接结构、钢型材焊接与铝合金铸造件组装式结构、机电结构、光机结构等，确定何种形式应根据热设计、抗振抗冲击、屏蔽、防护等要求，综合考虑确定。

2. 精度设计与分析

反映测量结果与真值接近程度的量称为精度。精度往往是光电系统(尤其是仪器类)的重要技术指标之一。精度是误差的反义词，是用误差来衡量的。精度可分为正确度(反映系统误差的大小)、精密度(反映随机误差的大小)、精确度(反映系统误差和随机误差两者的综合)；精度还可分为重复精度和复现精度。精度要求不同，方案差异很大，甚至原理不同，价格差距悬殊。对低精度仪器采用高精度方案，或者对高精度仪器采用低精度方案，均是不可取的。

误差按性质可以分为：

(1) 随机误差——是由一些独立因素的微量变化的综合影响造成的，单个值的大小和方向没有一定的规律，但总体符合统计规律。

(2) 系统误差——大小和方向在测量过程中恒定不变，或按一定规律变化，一般可以用理论计算或实验方法求得，可预测其出现，可以修正和调节。

(3) 粗大误差——一般是由于疏忽或错误，在测量值中出现的误差，应剔除。

精度理论主要分析影响光电系统精度的各项误差来源及特性，研究误差的评定和估计方法，分析误差的传递、转化和相互作用的规律，了解误差合成与分配的原则，为系统的性能设计、鉴定和维护提供可靠的依据。

精度设计包括两个方面：一方面要研究与分配已知仪器允许的总误差，将其经济、合理地分配到零部件上，并确定零部件的公差和技术要求；另一方面需要设法用“误差补偿”方法去扩大允许的公差，以解决由于总误差数值很小，致使某些零部件的允许误差（公差）过严的问题。

精度设计应遵循的基本原则有阿贝原则、运动学原则、变形最小原则、基面合一原则、最短传动链原则、粗精分开原则。此外还有外界环境影响最小原则，“三化”原则，工作可靠、安全、维修与操作方便原则，结构工艺性良好原则，人机工程（包括造型与装饰宜人）原则，价值系数最优原则等。

传统的精度设计方法是在满足仪器精度要求（仪器总误差≤允许值）的前提下，对影响仪器精度的诸因素进行反复调整与试算，直到得出设计者认为满意的结果为止。调整试算结果的好坏主要取决于设计者的经验。此外，由于仪器误差值一般与系统输出值有关，手工试算工作有时难以在仪器整个工作范围内逐点进行。许多仪器需要在装配时进行调校才能达到所要求的性能指标。在进行仪器误差计算时应当考虑这种调校产生的误差校正作用。因此，误差计算工作量很大，在仪器精度设计中应用计算机优化技术提高设计质量、加快设计速度。

仪器精度设计问题，是讨论如何将仪器的设计精度指标合理地分配给仪器各组成部分的问题。将优化技术应用于仪器精度设计，首要问题就是如何确定一个判断精度设计结果优劣的评价指标，亦即目标函数。例如，相对制造成本越低，相对功能价值越高，设计结果越好。由于仪器的精度是用误差的大小来衡量的，误差大则精度低，误差小则精度高，很明显，仪器的最佳制造成本是与最大允许制造误差相对应的（即允许制造误差越大，成本越低；反之亦反）。如果从统计的观点来看待系统精度的优化设计，不难看出，可以把追求在满足精度要求下的最佳成本问题，转换成有约束的追求允许最大制造误差的寻优问题。因此，基于成本、体积、重量、“六性”等约束因素，对各组成部分的经济公差、生产公差、技术公差，综合权衡选取，使系统获得基于目标函数最优的可实现的精确度。

精度分析一般可按如下步骤进行：

（1）彻底弄清影响整机精度的所有因素，找出误差的主要来源，分析它们相互间制约关系及对整机精度的影响。

（2）从众多的矛盾中，找出影响整机精度的主要因素，分析误差产生原因，若有可能，列出误差方程式，进行深入的分析讨论。

（3）从实际情况出发，根据制造单位的技术水平、工艺条件，通过计算或经验（实验）数据，合理分配各单元的误差限量，作为单元设计的误差指标。

产生光电系统的误差来源有：

（1）原理误差——是由于理论不完善或采用近似的理论、近似的数学模型或近似的传动机构等产生的。原理误差与制作和加工无关，是由设计决定的，如光学系统的畸变误差。

（2）制造误差——是由材料、加工尺寸和相对位置的误差而引入的仪器误差，不可避免，但可以降低。设计时要注意结构的合理性，使3个基面统一，测量链最短。

（3）运行误差——是在仪器的使用过程中，由变形、磨损、温度变化、冲击、振动等引入的误差。

为了保证光学系统的成像质量要求，对所有的光学零件参数都应该有相应的公差要求。也就是说，在公差制定过程中，需要给系统中所有光学和机械元件分配公差。影响光学系统成像质量的公差主要可以分为3类：与光学材料相关的公差、光学零件的加工公差和装调公差。与光学材料有关的公差主要包括折射率公差、阿贝数公差、均匀性、气泡、透过率等。光学零件在加工过程中需控制的公差包括光学零件半径公差、光学零件厚度公差、面形精度公差、偏心公差、表面光洁度公差、非球面面形公差和楔形公差等。装调过程中的公差主要来源于光学元件的间隔公差、倾斜公差、偏心公差和应力等。在加工和装调过程中，应该使零件的加工公差和装调公差在给定的公差范围内，这将保证光学系统有更高的成像质量。所给定的公差要求过于严格会增加光学系统的生产成本。公差给定要结合现有的光学加工设备，所给定的公差应保证现有的设备能加工出来。

作为示例，制定光学系统公差(允许误差)的基本步骤如图9.2所示。

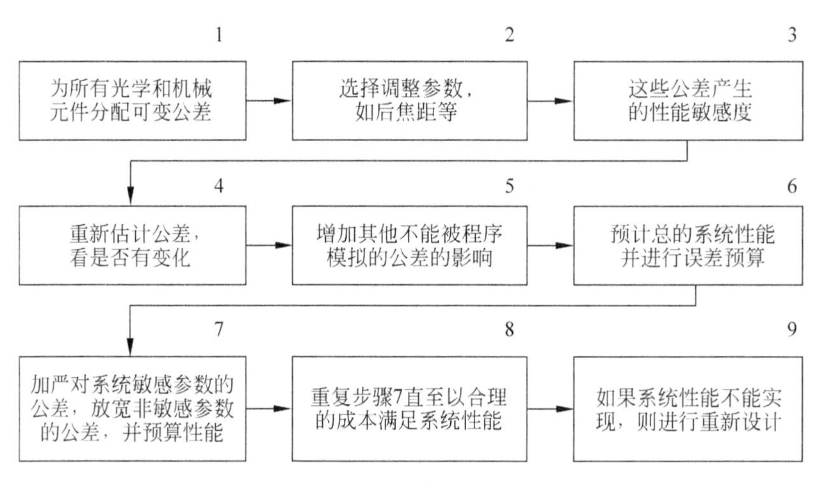

图9.2 光学系统制定公差的步骤

9.2.4 光机结构设计与杂散光控制

光学机械(简称为光机)结构设计是光学系统设计的重要内容，杂散光控制与结构往往密切相关。机械系统的目的是对光学组件、电子元器件等进行可靠有效的固定和支撑且便于装配和检验，使得光学系统在具体环境(如空间热环境、辐射环境、力学环境等)作用下所引起的视轴漂移、波前差变化、光谱漂移等在允许范围之内，大功耗电子元器件和光电器件能够在特定温度(如较宽的温度)环境下正常工作，充分保证光学系统在给定(复杂的)环境条件下的成像质量。

1. 光机结构设计

光机结构设计就是为了保证各类光学零件的空间位置，实现光学系统的成像要求。影响光学零件空间位置的因素主要有光学零件之间的偏心、倾斜和间隔。为了保证光学零件间的相对位置，对与光学零件配合机械零件的表面就应该提出较高的公差要求。为了确保光学零件之间的同轴度，光学零件和机械零件之间的配合公差应符合实际要求(如采用G7/h6)；为了确保光学零件端面和机械零件端面的配合，通常都会在机械零件的端面处给出跳动公差。实际上可以根据公差分析的结果来确定公差等级。如果个别的光学零件的公差要求很高，那么应该设计调整机构，对其进行单独的调整，以保证其满足公差要求。合理的公差分配可以确保光学系统的成像质量，降低光学系统的加工和装调成本。

1）光机结构设计内容与流程

光机结构设计的输入为光学设计输出的数据参数，包括光学布局涉及的总体结构形式、光学面形设计参数、光学间隔、通光口径、光学件材料、各光学面位置公差等，根据这些参数来进行光机布局。依据限定的结构尺寸、质量开展光机件初步设计、材料选择，如果有被动无热化设计需求，还应结合光学设计完成光机一体化的材料选配。另外，光学系统结构布局和设计，不仅包含有结构参数的零件图和装配图设计，在设计的早期还应考虑光学系统光机加工、面形检测、装配、测试、实验等研制全过程的环节因素，重点考虑工艺方案的可行性。光机布局和初步结构设计完成后，需进行三维建模和有限元分析。

结构有限元分析的目的是提供光学件在静态条件下安装固定、动态环境和热学环境下的应力变形，以及镜面尺寸及位置变化，为分析考查光学系统的成像质量及成像稳定性提供参考依据。图 9.3 为光机结构设计、分析及优化流程。

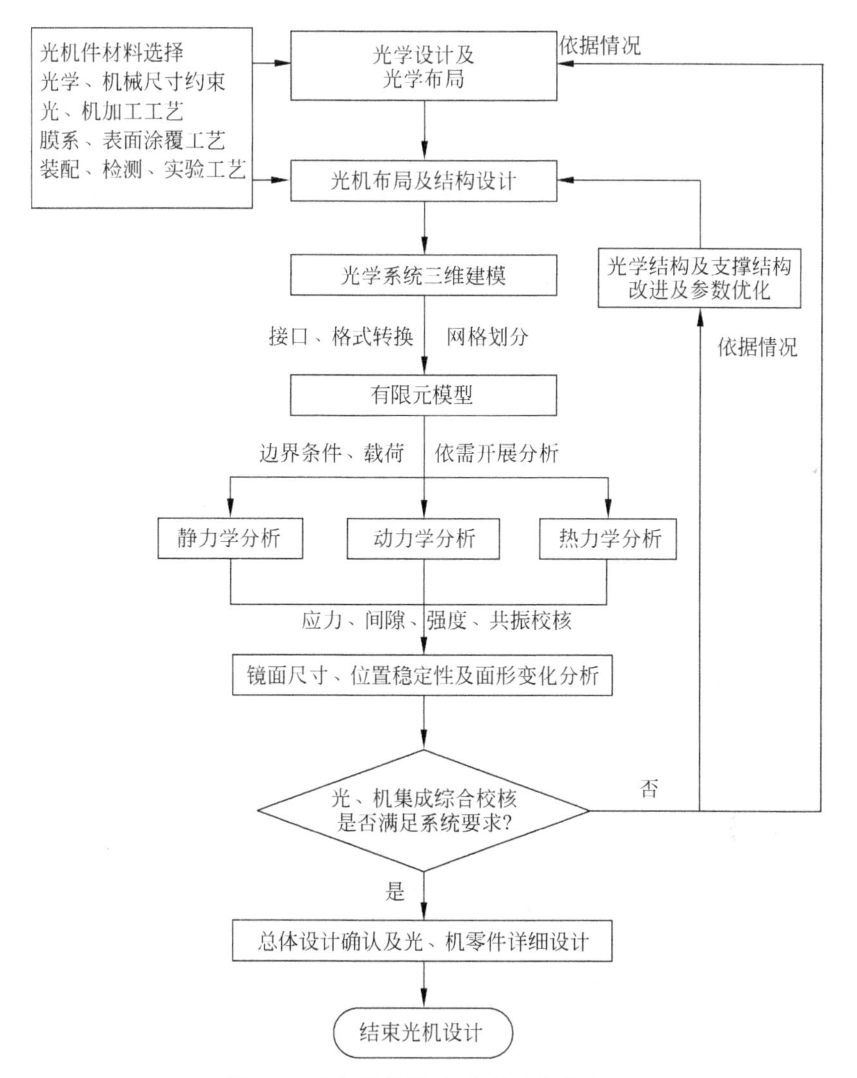

图 9.3　光机结构设计、分析及优化流程

2）光学零件固紧及其结构材料与定位形式的确定

光学系统必须通过各种机械结构才能保证光学零件之间的相对位置或相对运动关系正确，从而实现光学系统的功能，发挥其作用。因此，机械零件与光学零件的连接就成为光机结构设计中的重要环节。

对光、机零件的连接，无论采用可拆连接和永固连接，都必须保证光学零件充分固紧，同时不影响其工作性能，为此应进行光学零件固紧设计，保证结构的紧固性、精确性、工艺性和经济性等要求。对圆形光学零件的固紧方法有滚边固紧、压圈固紧和弹性零件固紧；非圆形光学零件的固紧方法有键固紧、压板固紧和弹性零件固紧。这些固紧方法除滚边固紧属不可拆连接外，其余均为可拆连接。此外，还有光学零件的胶接固定。上述固紧方法各有其优缺点和适用性，依具体情况选择确定。

而结构材料的选择与光学元件的定位是结构（光学零件固紧）设计的重要内容。举例来说，对于空间光学遥感器的光机系统设计，主体材料的选择是首要考虑的问题，结构材料宜选择对温度环境敏感性低、热稳定性好的材料，如殷钢、钛合金、铝合金以及碳纤维复合材料等。根据材料，比较尺寸稳定系数、刚度系数和强度系数，越大越好，以及稳态、瞬态变形系数、共振频率系数越小越好的选择原则，并结合光学材料的线胀系数考虑，确定主体结构材料为钛合金。

在透镜组件的结构设计中，主要是完成对透镜的定位。在透镜组件的光机结构设计中，对于单个透镜的定位通常是采用尖角界面、相切界面和超环面界面 3 种定位方式，图 9.4～图 9.6 分别是这 3 种界面的结构形式示意图。

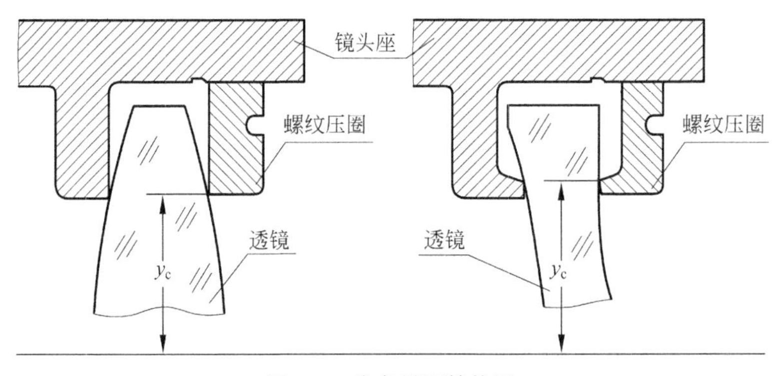

图 9.4　尖角界面结构图

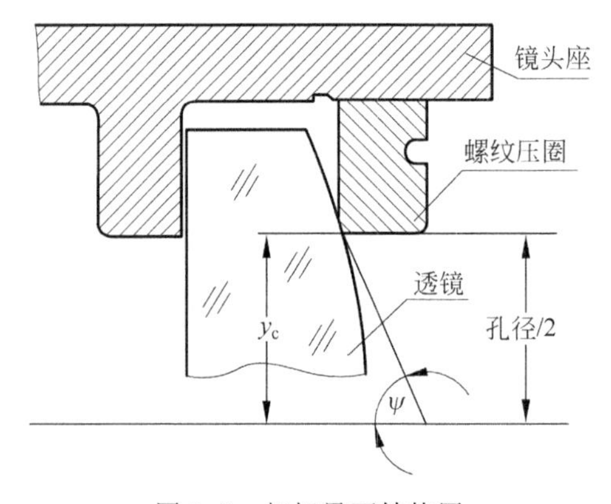

图 9.5　相切界面结构图

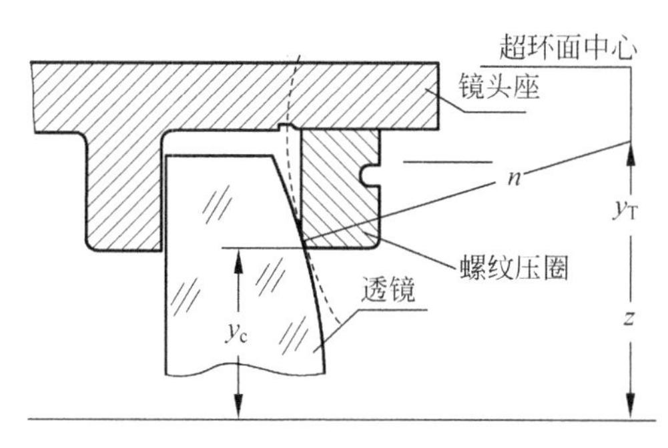

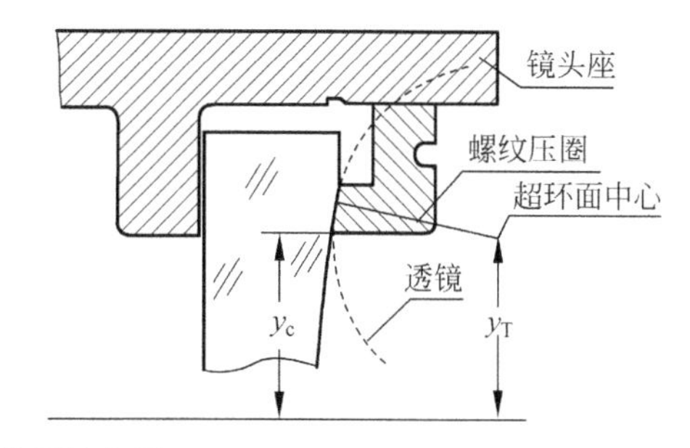

图 9.6 超环面界面结构图

尖角界面是在零件与其相配合的圆柱表面相接触产生相交线的平面上加工出的一个半径约为 0.051mm 的表面，图 9.5 中分别是凸透镜和凹透镜的尖角界面结构，该类接触界面是一个环线接触变形区域，容易造成应力集中，多用于半径较小、外部环境变化不大的场合。

相切界面是凸透镜表面与圆锥形结构表面相接触所形成的界面，这种界面类型不能够用于凹透镜的表面，由于该类界面的接触界面理论上是一个小的环状形变接触区域，应力集中程度相对于尖角界面小得多，因此，该类接触界面在光机结构设计中应用比较广泛。

超环面界面是指在光机零件间形成形状是麦圈形的接触面，这类接触面对于凸表面的光学元件来说，产生的接触应力与相切界面与其接触所产生的接触应力相差不大，但超环面界面目前加工成本较高，所以从降低接触应力和加工成本两方面考虑，镜头组件的光机设计可采用所有与凸透镜表面相接触的界面都使用相切的光机界面，与凹透镜相接触的界面都使用与凹光学表面更好地配合的超环面的定位方案。

光学透镜依靠镜座的靠缘和隔圈定位，通过精密的机械加工保证它们的轴向长度以获得光学组件间的轴向空气间隔，依次通过修磨隔圈保证它们之间具有正确的空间位置，图 9.7 是某光机结构的透镜间轴向定位示意图。

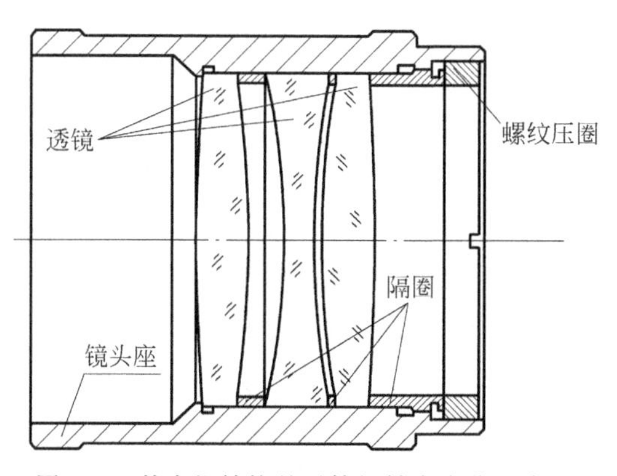

图 9.7 某光机结构的透镜间轴向定位示意图

由于内部热源和外部环境施加到光学镜头上的温度载荷与力学载荷的存在，造成光学元件与机械元件间接触应力的增加，轻者导致光学系统性能变差，重者有可能将光学元件压碎。为了在保持光学元件间轴向空气间隔精度和径向精度的同时，充分有效地降低光机零件间的接触应力，透镜组件采用图 9.8 所示的结构形式，两端的压圈将所有零件夹持到位，透镜间的隔圈采用柔性结构防止接触面间产生的应力过大，将环氧胶灌入镜片与镜座间的配合间隙中以保持各个镜片间光轴中心的对准精度，由于介于镜片与镜筒间的环氧胶形成柔性连接，在很大程度上避免了温度变化时过大的径向接触应力。最终透镜组件的装配精度可达到：轴向精度 0.01mm，单个透镜摆动精度 0.01°，透镜组光轴同轴度约 0.02mm。

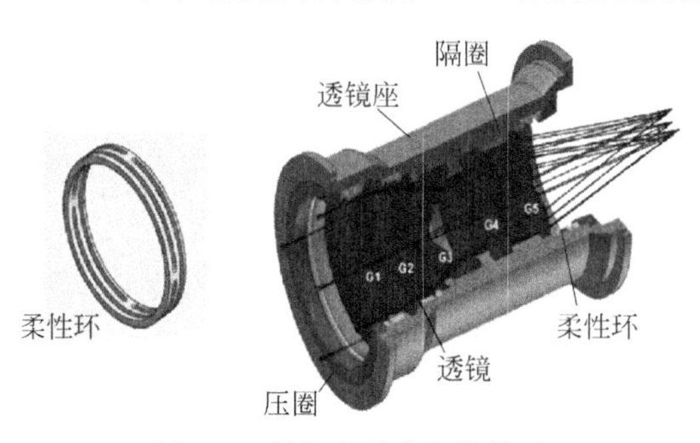

图 9.8 某镜头的光机结构图

3）变焦凸轮结构设计

变焦距光学系统沿光轴方向移动的透镜组称为运动组，通过运动组的移动，调节各透镜组之间的间隔，以实现调焦的目的。稳像要求是透镜组运动后其像面稳定，即光学系统的共轭距变化为零。变焦距光学系统运动形式一般以机械凸轮机构的形式进行精确控制，保证光学系统的焦距能连续精确变化。

凸轮机构是由凸轮的回转运动或往复运动推动从动件做规定往复移动或摆动的机构，由凸轮、从动件和机架 3 个基本构件组成。凸轮是一个具有曲线轮廓或凹槽的构件，一般为主动件，做等速回转运动或往复直线运动。与凸轮轮廓接触，并传递动力和实现预定的运动规律的构件，一般做往复直线运动或摆动，称为从动件。

凸轮机构在应用中的基本特点在于能使从动件获得较复杂的运动规律，而且结构简单、紧凑。因为从动件的运动规律取决于凸轮轮廓曲线，所以在应用时，只要根据从动件的运动规律来设计凸轮的轮廓曲线就可以了。

凸轮具有曲线轮廓或凹槽，有盘形凸轮、圆柱凸轮和移动凸轮等，其中圆柱凸轮的凹槽曲线是空间曲线，因而属于空间凸轮。从动件按运动形式有直动从动件和摆动从动件。凸轮是改变系统焦距的机械元件，它在变焦距系统中是用来控制移动透镜组的。凸轮是保证变焦距物镜光学系统中可移动的透镜组按照焦距变化范围有规律进行移动的重要机械结构。在变焦距系统的凸轮机械构件中，用得最多的凸轮结构是圆柱凸轮结构，当转动凸轮时，圆柱跟着转动，镶嵌在凸轮槽中的滚子在凸轮的轨迹的引导下作直线运动。凸轮用来制约变倍组和补偿组之间的移动关系。若要对凸轮曲线进行加工，则需计算出变倍组与补偿组各自移动量之间的函数对应关系。

机械补偿式变焦距光学系统在结构上一般可以分成以下几种常见的基础形式，包括无前固定组、正透镜组补偿、负透镜组补偿、双透镜组联动和全动型等。凸轮曲线的优化过程中一般习惯性地把运动透镜组位移曲线设计成直线或者尽可能使其位移曲线接近直线，根据补偿原理结合稳像方程求出其他运动透镜组的运动曲线。对于一般变倍率较小（焦距变化倍率＜10X 的变焦距光学系统）的系统根据补偿原理设计方法就可以满足要求。但对于大变倍率光学系统，选取变焦组像面位移曲线或补偿原理设计运动透镜组凸轮曲线就不太适用，可能出现透镜组在变焦距运动过程中运动困难（凸轮压力角较大）或卡死的现象。

变焦距物镜凸轮曲线的求解形式大致可以分为以下两种主要类型：

（1）从光学系统其中一透镜组位移移动量 x 出发，根据焦距的变化范围，求解其他透镜的位移 y。最后，结合变焦方程以及高斯成像公式求解各透镜组放大率 β_i、各透镜组焦距 f_i。由各个透镜组的位移移动量，利用拟合的方法得到凸轮曲线。其求解过程可以表示为

$$x \rightarrow y; \Rightarrow \beta_i, f_i \tag{9.1}$$

（2）从变焦距物镜要求的焦距变化范围出发，即光学系统的变倍率 M。分别求解各个透镜组的放大率 β_i，最后结合稳像方程以及高斯成像公式求解各个透镜组的位移移动量 x。其求解过程可以表示为

$$M \rightarrow \beta_i; \Rightarrow f_i, x \tag{9.2}$$

对于机械补偿变焦系统，为了在变倍过程中始终保持良好的像质，变倍组和补偿组的移动必须满足一定的函数关系。由几何光学理论可知两者必须满足如下方程式：

$$f_{\mathrm{c}}\left(\frac{1}{\beta_{\mathrm{c}}}+\beta_{\mathrm{c}}-\frac{1}{\beta_{\mathrm{c}i}}-\beta_{\mathrm{c}i}\right)+f_{\mathrm{b}}\left(\frac{1}{\beta_{\mathrm{b}}}+\beta_{\mathrm{b}}-\frac{1}{\beta_{\mathrm{b}i}}-\beta_{\mathrm{b}i}\right)=0 \tag{9.3}$$

式中，f_{b} 为变倍组元的焦距；f_{c} 为补偿组元焦距；β_{b}、β_{c} 分别为初始位置时变倍组元、补偿组元的垂轴放大率（可以是任意初始位置，如长焦距状态或者短焦距位置）；$\beta_{\mathrm{b}i}$、$\beta_{\mathrm{c}i}$ 分别为变倍过程中新位置变倍组元、补偿组元的垂轴放大率。

如果变倍组的位移量为 x，补偿组的位移量为 y，且规定向右移动为正值，向左移动为负值。其表达式为

$$\begin{cases} x=f_{\mathrm{b}}(1/\beta_{\mathrm{b}}-1/\beta_{\mathrm{b}i}) \\ y=f_{\mathrm{c}}(\beta_{\mathrm{c}i}-\beta_{\mathrm{c}}) \end{cases} \tag{9.4}$$

为保证凸轮的精确性和变焦运动的平滑性、快速性，要求凸轮线步长为 0.02～0.05mm，同时，两组凸轮曲线的升角应尽量小而且平衡。

凸轮曲线的设计与变焦距物镜光学系统的焦距变化密切相关的，凸轮曲线关系到焦距变化过程的连续性，以及透镜运动过程中之间的间隔。图 9.9 给出了某个凸轮曲线的机械结构形式。

各透镜组在变焦运动的过程中，其运动路径在机械凸轮上的表现形式为一条螺旋线。由此，可利用如下公式来确定机械凸轮的具体参数，即凸轮直径与工作转角，以及能够满足变焦过程的螺旋升角。

$$\varphi=2\pi H/S \tag{9.5}$$

$$\tan\alpha=S/\pi D \tag{9.6}$$

图 9.9　某凸轮曲线机械结构形式

式中，φ 表示工作转角；S 表示机械螺旋线导程；H 表示光学导程；α 表示螺旋曲线升角大小；D 表示凸轮直径。可以得到凸轮直径 D、工作转角 φ 及机械凸轮螺旋曲线升角 α 三者之间的关系如下：

$$D=2H/\varphi\tan\alpha \tag{9.7}$$

总的来说，变焦距物镜凸轮曲线的机械结构设计应满足以下几个要求：

（1）满足变焦距光学系统对于焦距连续变化的要求。

（2）在变焦过程中，保持像面稳定，像质满足要求。

（3）凸轮在转动过程能够正常工作。机械凸轮曲线尽可能平滑、接近线性变化，压力角

较小，保证透镜组运动过程中不出现卡滞或卡死的现象。

凸轮的功能是实现由电动机旋转运动转化为变倍、补偿镜组沿光轴方向平移运动的执行机构。在变倍凸轮设计时应注意导向销和凸轮槽的摩擦系数与自锁角密切相关，摩擦系数越大，自锁角越小，凸轮槽倾斜得也越平坦，对凸轮槽的曲线设计显得尤为重要。

光学系统在变焦距运动过程中要求机械凸轮的螺旋曲线升角选择必须合适，不能过大或者过小。当螺旋曲线升角的取值较小时，需要设计的机械凸轮直径较大才能满足设计要求。螺旋曲线升角取值过大时，透镜在变焦距运动过程中所需要的动力就越大，容易出现卡滞或卡死的现象。按照凸轮曲线的机械设计要求，螺旋曲线升角取值一般小于 45°。此外，凸轮材料一般选择铝合金，这不仅是从经济性和可加工性上考虑的，还因为当温度变化较大时系统的离焦量比较小，相比镜头常用的不锈钢和钛合金材料，铝合金这方面的性能是比较优越的。

值得指出的是，在设计凸轮机构时，首先满足从动端的基本运动要求，其次考虑凸轮机构的整体大小、强度、耐用度和刚性等问题。设计前提是所设计的机构能输出理想的运动、输出运动是直动或旋转运动以及输出端负荷形式(有无惯性力和摩擦力)。

图 9.10 为某电动连续变焦凸轮及光机系统结构示意图。设计出的变倍组凸轮轮廓(见图 9.10(a))和补偿组凸轮轮廓(见图 9.10(b))完整、连续，结构应用如图 9.10(c)所示。可通过直流伺服电动机驱动大小齿轮，带动凸轮套筒旋转，凸轮轮廓推动变倍组和补偿组在固定导向套中移动，完成连续变焦。其中，变倍移动套和补偿移动套采用图 9.11 的方式进行结构设计。即两个移动套在间隔 120°的位置上加工出 3 个空槽，并且间隔 60°装配。这种结构方式解决了变倍透镜组和补偿透镜组之间间距变化大，同时又需要较长导向尺寸的问题，使镜组在移动过程中不会发生干涉。

(a) 变倍组凸轮轮廓

(b) 补偿组凸轮轮廓

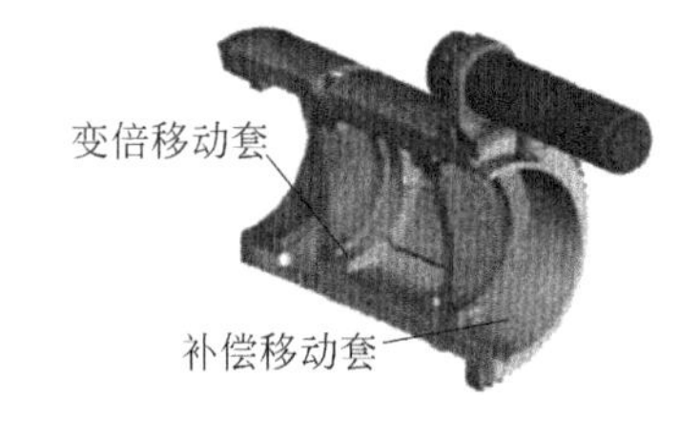

(c) 连续变焦光机系统结构

图 9.10 某电动连续变焦凸轮及光机系统结构示意图

(a) 变焦前位置

(b) 变焦后位置

图 9.11 移动套结构设计示意图

4) 与光机结构有关的其他设计问题

支撑(成像)光学系统的机械结构设计非常重要，与光机结构有关的主要其他设计问题如下：

(1) 机械结构支撑系统中的透镜和/或反射镜等元件。为了将像质保持在规定范围内，必须将每个光学元件保持在要求公差范围内，并进行公差分析和系统性能误差预算。

(2) 机械结构连同光学元件必须适应所要求的工作温度和储存温度。设计人员必须考虑光学元件的热胀冷缩，以避免出现故障或失效问题。

(3) 工作温度范围内，一般光学元件和机械结构决定聚焦效果，必要时需进行无热化设计。

(4) 机械结构必须满足所要求的体积空间和质量目标。

(5) 机械结构必须有利于抑制杂散光。采用镜筒内部发黑、车制螺纹以及在关键位置放置挡板等措施以抑制杂散光。

图 9.12 所示为某投影镜头的镜筒。使用时，反射式显示装置位于光入射棱镜的左边，显示装置上的像被投射到系统右边的屏幕上。

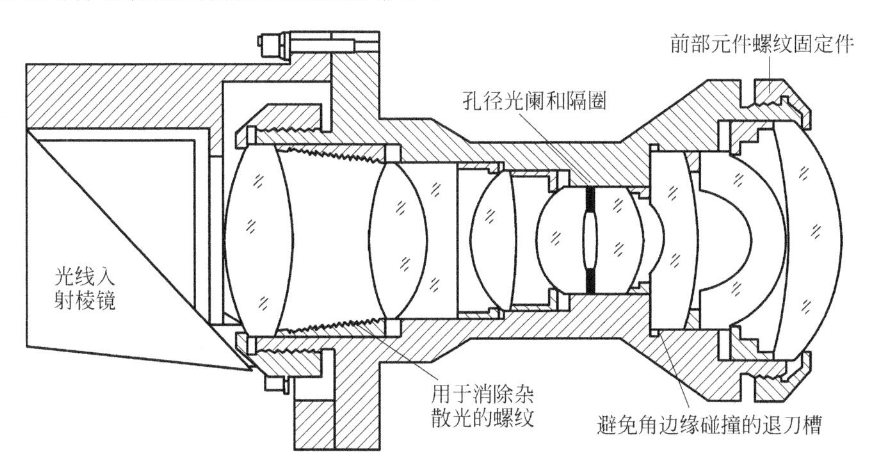

图 9.12 某投影镜头镜筒

该镜筒结构设计的特点如下：

(1) 孔径光阑位于两片较小的元件之间，隔圈作为物理孔径光阑。

(2) 元件由前螺纹压圈和后螺纹压圈限制位置。

(3) 最左面的两片光焦度元件之间的锥形隔圈使用螺纹结构，以消除入射到镜筒的杂散光。

图 9.13 所示为另一个不同的镜筒，以作对比。在这个镜头中，有两个黏合剂注入孔，这样左边的两片透镜被粘接到镜筒上。黏合剂一般为环氧胶。使用黏合剂可以防止振动和冲

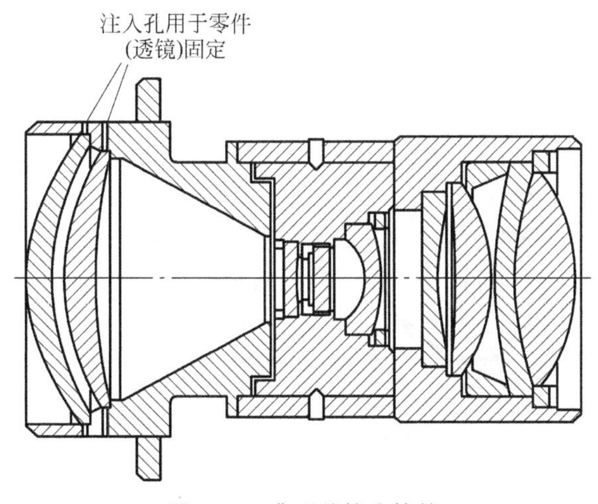

图 9.13 典型的镜头镜筒

击对镜头造成不良影响。镜头定中心使用薄垫片或通过在精密空气轴承上旋转镜筒来确保镜筒和透镜的跳动符合公差要求。

2. 光学机械一体化 CAD 软件设计

光学设计与机械结构设计为光学镜头设计中的两个组成部分，传统设计方法将这两部分分阶段进行，由于这两项设计所属学科不同，光学设计属光学领域，机械设计属机械领域，因此，导致较多问题出现在二者交接过程中，增加设计更改难度，延长设计周期。近年来，现代化设计手段越来越丰富，光学镜头设计的这两部分内容分别采用了计算机辅助光学设计(Computer Aided Optical Design，CAOD)与计算机辅助机械设计(Computer Aided Mechanical Design，CAMD)。CAOD 软件包括 ZEMAX、CODE V、LightTools 等，CAMD 包括 UG、AutoCAD、Pro/E、Patran、Nastran、ANSYS 等。在没有集合二者的软件的情况下，可以应用多数据库通信等技术，将二者有机融合为一体化设计。

光学镜头光学与机械一体化 CAD 软件通过应用多数据库通信等技术，改变光学镜头分光学与机械两阶段的传统设计模式，实现光学与机械设计一次成功，跨越机械设计阶段中的结构设计和大量零部件制图工作。通过系统提供的建立光学系统、光线追迹、像差计算、变焦距设计、像质评价和系统连接等程序模块完成光学系统设计与计算，并建立光学设计参数和系统参数数据库。通过选取该数据库的参数和光学系统(结构)型式后，系统运用各软件提供的接口程序，实现软件之间的有效连接，控制程序运行相关 CAMD，以及自建的公用函数库和机械零部件数学模型程序库等，同时通过应用多数据库技术完成各部分的数据通信，从而达到自动生成光学镜头机械结构零部件图的目的，使光学镜头机械结构实现自动化设计。

3. 杂散光控制

杂散光的抑制常常被忽视，一经发现为时已晚，而且解决这个问题成本既高又费时，这就需要在光学设计与光学机械结构设计时同步考虑。图 9.14 是某机器视觉系统杂散光情况，图 9.15 是采用挡板结构和螺纹结构消除杂散光的示意图。值得一提的是，挡板结构虽然最有效，但其机械加工或其他实现方法的成本要高一些。图 9.16 为卡塞格林望远镜的杂散光消除示意图，通常使用两个挡板：一个是从次反射镜边缘沿极限成像光束向后延伸的圆锥形挡板；另一个是从主反射镜中心孔向前延伸的管状挡板。图 9.16(a)为光线追迹效果图，黑色区域为光线，而从次镜向后延伸和从主镜向前延伸的光亮区域可以安置挡板，该

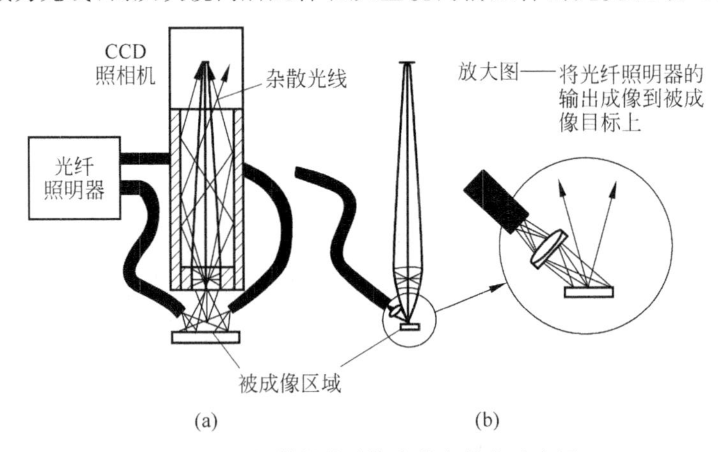

图 9.14 机器视觉系统中的杂散光示意图

图还显示刚好通过两个挡板端点并到达像面的极限光线。图 9.17 为里奥光阑有效消除三反镜结构杂散光的示意图。必须指出的是，如果需要特殊消光，则需要使用专门的消杂散光软件。

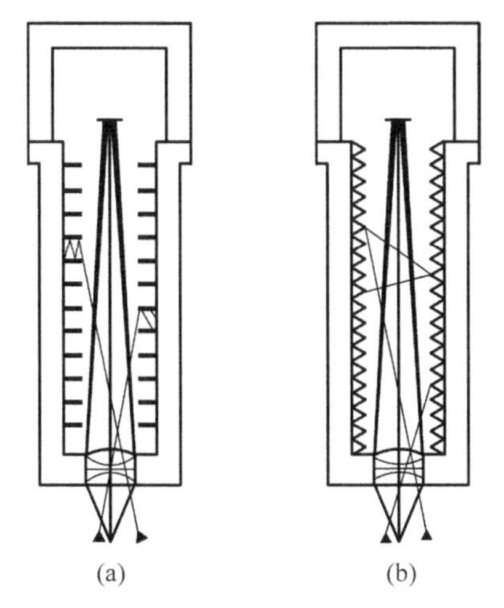

图 9.15　将挡板(a)和螺纹(b)用于机器视觉系统中的杂散光消除示意图

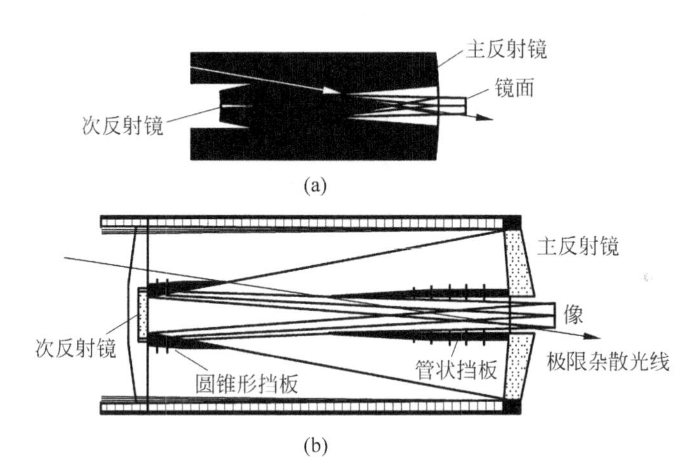

图 9.16　卡塞格林望远镜的杂散光消除示意图

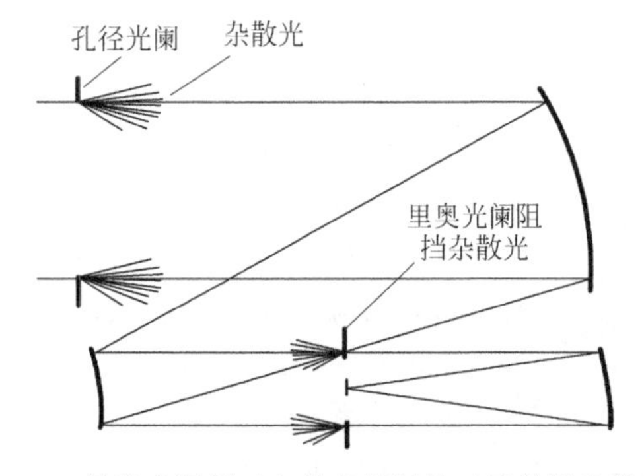

图 9.17　里奥光阑用于杂散光抑制的三反射镜光学系统

9.2.5 热设计

现有的装备热设计情况往往凭经验设计。现有设备大多采用强迫通风冷却，例如，一个机柜里装有3或4只的轴流风机（如150FZY2型）抽风，有的还加3或4只鼓风机。有的设备在设计时，由电路人员确定一个机柜里设置几个风机，结构人员只将风机装进机柜，至于热耗有多大，不仅结构人员不清楚，连电路人员也可能说不清楚，更谈不上热计算。这种凭经验设计是有害的，设计水平也不可能提高。

电子设备热设计的基本任务是在热源与热沉之间提供一条低热阻的通道，保证热量迅速传递出去。结构设计要在设备承受外界各种环境、机械应力的前提下，综合运用对流、传导、辐射等结构设计技术，最大限度地把设备产生的热量散发出去。同时收集设备内部元器件尺寸、封装形式、功耗、热阻等参数建立设备的计算流体动力学（Computational Fluid Dynamics，CFD）模型，开展稳态热分析，计算设备内部的热流密度及温度场的分布情况，并进行故障预计及可靠性评估。

1）热设计方案确定的依据

热设计方案确定的依据包括：

（1）设备（包括所有发热元件）的热特性，设备的发热功率、发热元件（或设备）的散热面积、发热元件和热敏感元件的最高允许工作温度等是热设计的主要参考数据，冷却方法的选择、冷却流量的计算与这些数值有关。

（2）设备（或元器件）所处的工作环境温度及最高允许温度是冷却系统冷却进出口温度的主要参考数据，是冷却系统进行热计算的依据。

（3）热设计方案应通过定量的计算、模型测试和经济效益等综合分析来确定。

（4）模拟实验和测试是验证热设计方案是否满足设计要求的重要手段和依据。

2）冷却方法的选择及计算

冷却方法的选择包括：

（1）单元模块可采用冷板式密封冷却；

（2）整体密封机柜、显控台可采用气-水或气-气混合冷却；

（3）风冷却、半导体冷却等。

设备进行耐高温设计时应综合考虑设备的发热功耗、热源分布、环境温度、允许的工作温度，与失效率相适应的元器件温度极限、体积、重量、热环境等因素，合理采用热控制技术，尽可能选择更简单的冷却方式，以提高系统可靠性。

某车载加固设备热源主要来自主板板载的CPU及其他芯片，热源分布相对集中，热源热流密度较大。根据热源功率、分布及机箱的尺寸等因素，机箱的热控制主要采取了传导和对流两种散热结合的设计技术，即在热源表面增加传导散热器，以降低热源的热流密度，同时整机安装排风风扇，通过对风道的优化和风扇风冷的计算，确定设备的散热技术路线，整机风冷系统如图9.18所示。

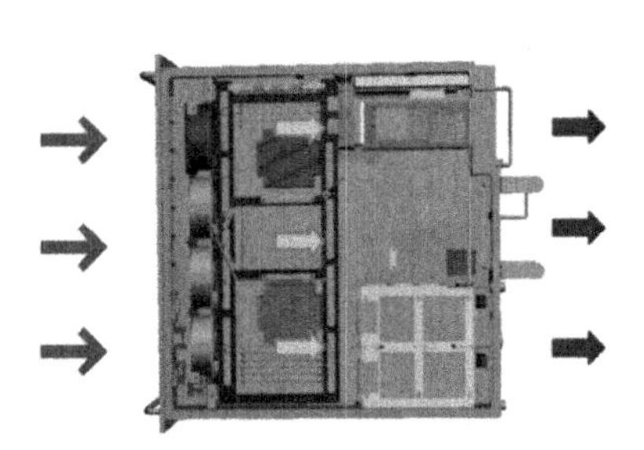

图9.18 风冷示意图

对于标准状态空气（温度20℃、大气压760mmHg、湿度65%的潮湿空气），进风风量可按下式计算：

$$Q = 1.76 \times P/\Delta T_c \tag{9.8}$$

式中，Q 为风量，每分钟所排出空气体积，单位为CFM(Cubic Feet per Minute，立方英尺/分钟)；P 为总消耗电功率(风扇功率与机箱内其他耗电功率之和)，单位为W；ΔT_c 为允许温升，即允许工作温度与环境温度之差，单位为℃。

计算结果：

$$Q = 1.76 \times P/\Delta T_c = 62.4(\text{CFM})$$

按照冗余设计原则，实际上选用的风扇需要大于此风量。按照以上得到的结果，选用2个中速风扇(单个风量为45.5CFM)，可满足设计要求。

3) 热控制及设计

热控制就是采取一定的技术手段(如降低外热流对仪器的影响、对光学元件进行精确隔热、实施多回路精密的主动热控制等)使光电仪器产生的热量通过合理的方式通畅散失到外在空间，并调节仪器的吸热和放热过程，保障仪器光学系统的温度稳定性和温度均匀性，使仪器能够在各个工作阶段都能够达到热平衡状态，且满足低功耗和高可靠性等要求。

热设计阶段要全面考虑不同阶段下各个工况的热控要求，只要在各个工况下光电仪器的温度均符合要求，就能够确信光电仪器的所有工况都将处于规定的温度范围以内。光电仪器所处环境(如空间环境)往往比较复杂，热系统必须温度适应性强，可靠性高。热控制系统的质量必须尽可能地降低，节约成本与材料成本，热控制系统应留有一定的余量，以备不时之需，同时应尽可能减少对仪器资源的应用，减小能耗。总之，其设计准则难以全部满足，因此可以通过进行权衡、优化找到最优设计。热设计常用方法有热隔离、热控涂层、电热调温、热疏导等。

对于热控制，目前主要有3种方式：主动热控制、被动热控制以及两者相结合的热控制。为节约资源，增加可靠度，热设计应以被动热控制为主，主动热控制为辅。被动热设计的常用材料有热控涂层、多层隔热材料、导热填料、热管等，主动热设计常用的有电加热器、控制器、热辐射器、制冷器等。

9.2.6 抗振抗冲击设计

设备振动与冲击设计的一般方法有减弱及消除振源、去谐、去耦、阻尼、小型化及刚性化。应根据设备的结构和环境条件，对振动冲击条件进行分解后，选择相应的设计方法。

设备的刚度，强度设计是提高设备抗振抗冲击性能的基本措施。高水平的刚度设计，应使设备的3个坐标轴向的一阶固有频率均大于扫频激励上限频率。即使产生局部共振，其共振放大因子应小于3。设备采取隔振缓冲是抗振抗冲击的重要措施，一个好的隔振缓冲系统可有效地降低振动传递率、碰撞传递率和冲击传递率。

1. 刚度强度设计

设备的刚度设计必须遵守倍频程规划规则。例如，光电装备显控台、机柜均可作为层次结构，按倍频程规则设计。机架的固有频率应大于扫频激励频率。装于机架内的模块、插箱的固有频率应大于2倍的机架固有频率；而装于模块插箱内的结构件、器件和印制板等的固有频率应大于2倍的模块、插箱的固有频率。

1) 提高机柜机架的刚度设计

机柜机架的刚度主要取决于组成机架机柜各构件的本身刚度和各构件连接处的刚度。

由此可见，铝合金整体铸造结构具有较高的抗弯、抗扭刚度；整板式焊接结构机架机柜的刚度不亚于铝合金铸造结构；而弯板立柱和钢型材立柱的机架机柜刚度均差于前两种。在相同截面尺寸条件下，弯板立柱结构的机架机柜比钢型材立柱的机架机柜还差。组成机架机柜各构件的连接应采用焊接不得采用螺装形式。

设备选用加强筋是提高刚度的有效措施。合理选择构件的截面形状和尺寸，可以有效提高抗弯抗扭刚度。

2）机箱机柜固有频率的估算

对于一个复杂的机箱、机柜，在进行初步动力分析时，通常假设机箱机柜的横截面相对不变，机箱机柜在下端支承均匀载荷的简支梁。用简支梁来分析，可以暴露出初步设计的许多薄弱环节，使暴露在设计阶段的问题得到解决，避免将存在的问题带到实验阶段，造成更改困难。机箱、机柜弯曲固有频率 f_N(Hz)由下式求得

$$f_N=\frac{\pi}{2}\left(\frac{EIg}{WL^3}\right)^{1/2} \tag{9.9}$$

式中，E 为弹性模量；I 为惯性矩；g 为重力加速度；W 为质量；L 为长度。

由式(9.9)可初步估算出机箱、机柜 3 个方向的固有频率。如果计算值大于或等于要求值，则设计有效；如果计算值小于要求值，则设计必须做更改，设法进一步提高刚度。

机箱、机柜通常采用底部安装，设备重心高出支承平面。光电设备在工作时，所受的真实载荷是三维的。如果机箱、机柜在载荷作用下同时产生弯曲和转动，则意味着沿该轴向振动时，弯曲和扭转将发生耦合。这种耦合将降低机箱、机柜的共振频率。在这种情况下，必须先求出扭转振型固有频率，然后再求耦合型的固有频率。

假设机箱机柜相当于单自由度系统，则扭转型的固有频率 f_W 由下列方式求得

$$f_W=\frac{1}{2\pi}\left(\frac{K_\theta}{I_m}\right)^{1/2} \tag{9.10}$$

式中，$K_\theta=\frac{2GJ}{L}$为扭转刚度；G 为剪切弹性模量；J 为抗扭转惯性矩；I_m 为转动惯量。

弯曲和扭转耦合型的近似固有频率 f_c 可由邓克利(Dunkerley)法求得

$$\frac{1}{f_c^2}=\frac{1}{f_N^2}+\frac{1}{f_W^2} \tag{9.11}$$

式(9.11)表明，如果忽视耦合，高重心机箱、机柜的共振频率可能比预期的低得多。

3）提高插箱模块的刚度

提高插箱刚度的关键是提高插箱底板的刚度。插箱底板是安装电器元件的主要承载件。由于底板面积较大，一般垂直于底板方向的固有频率较低。最常用的钢板弯制底板一般应采用 2～2.5mm 厚的钢板，四周折弯并焊牢。底板上应冲压一定数量的加强筋，切记在底板上开排孔。另外铝合金铸造底板也为常用的底板，只要设计合理，其刚度强度比钢结构还好。提高模块的刚度采用钢板焊接结构和铝合金铸造整体结构均可得到令人满意的效果。

4）加强连接刚度

机柜、显控台和插箱模块虽有较高刚度，如果它们之间没有好的连接刚度设备的固有频率仍不可能提高，因此必须提高层次结构之间的连接刚度。

插箱与机柜的连接经常采用导轨连接，但导轨连接不能保证两者之间的连接刚度，只能作为方便维修的活动滑轨。采用刚硬的导削、导套、楔块螺钉等联合作为连接件，当插箱装入机柜后，可取得令人满意的连接效果。插箱面板上的连接螺钉应有足够的大小和数量才能得到好的效果。有些人主张面板上螺钉用得越少越好，甚至主张不采用，其目的是为了美观，这种观点与提高连接刚度是不相容的。为了维修方便，面板上螺钉不宜过多，但从提高连接刚度的角度出发，必须要有足够数量的螺钉连接。

印制板、印制板插件在插箱中有多种不同的支承连接形式，不同的支承连接边界条件（自由、简支、固定）是影响振动，冲击响应的重要因素。采取紧固型印制板边缘导轨是必要的。这种紧固能够降低由于边缘转动和平动引起的变形，提高印制板的固有频率，有利于提高印制板，印制板插件与插箱的支承连接刚度。

结构设计时，还必须注意提高显控台、机柜侧板和后板门等与其连接的刚度。常见的连接形式有：用一定数量螺钉连接、插销和 1/4 旋螺钉连接和门销插销连接等。要真正起到提高连接刚度，还必须采用楔块限位消隙，才能起到刚性连接的作用。提高侧板后板、门与机柜的连接刚度的原则是根据侧板、后板和门等装到机架上是否对刚度作“贡献”。

2. 隔振缓冲设计

刚度强度设计是提高设备抗振抗冲击性能的基本措施。但鉴于国内设计水平还有待提高，只从提高刚度、强度来满足设备抗振、抗冲击性能是很难的。目前国内显控台、机柜的水平方向的一阶固有频率一般为 20～30Hz，垂直方向一阶固有频率为 40～50Hz，因此必须进行隔振缓冲设计。隔振缓冲是提高设备抗振抗冲击能力的有效措施，但隔振缓冲设计必须建立在设备具有足够的刚度、强度的基础上，才能取得较好隔振缓冲效果。对需要安装隔振器的显控台、机箱、机柜组成光电设备，在未安装隔振器之前，3 个坐标轴向的一阶固有频率均不得小于 30Hz。这一要求对安装隔振系统的设备而言似乎是对基本刚度设计提出了高要求，并增加了设计的难度，但对提高设备的抗振抗冲击性能和可靠性是极为有利的。

隔振缓冲系统的设计，首先必须知道设备底部 4 只隔振器所承受的实际载荷。实际上由于设备质量中心和几何中心有偏差，4 只隔振器的实际承载不一样。如果质量中心与几何中心偏离不大，选用相同的公称载荷的隔振器是可行的；如果质量中心与几何中心偏离较多，则不能选用相同的公称载荷的隔振器。实际振动实验中常见到设备不稳，摇晃严重，隔振效果不好，事实上是由于质量中心与几何中心偏离太大，而又选用相同公称载荷隔振器所致。

背部隔振器的选用必须与底部隔振器相匹配，以减小耦联振动。背架安装的隔振系统，耦联振动是客观存在的，但是要选用的底部隔振器和背架隔振器相匹配，则耦联振动可减到最低程度。在选用背架隔振器时，应充分考虑其与底部隔振器的匹配特性，避免振动实验时发生严重的动态耦联现象，甚至出现振坏器件的严重后果。

隔振系统不是万能的，它必须建立在足够的刚度强度基础上。如果设备本身刚度很差，即使设计再好的隔振系统也不能取得满意的隔振效果。

在选用隔振器时，必须了解隔振器使用性能及调整措施。为了取得满意的隔振效果，隔振器支承高度和阻尼力均应可调。

3. 计算机抗振抗冲击设计示例

这里以加固计算机为例来进一步具体分析抗振抗冲击设计。

1）计算机主板加固设计

将计算机主板进行刚性化设计，将主板通过螺钉与机壳多点连接，这样主板受到的由于振动冲击产生的应力大部分被机壳承担，使电路板的抗振性能大大提高。其次是去耦设计，主板上装有很多元件，除了主板本身的固有频率外，集成在主板上的元件都有各自的频率，因此在振动中相互间将出现耦合，从而使固有频率很宽。因此需要对主板上高的直立器件与主板灌封成为一个整体，这样从根本上消除了器件与主板之间的相互耦合振动。

2）光驱加固设计

对振动敏感的光驱采用独立模块化设计，并通过减振器安装在机箱上，光驱采用一级减振，能更有效地缓冲隔离外部振动冲击能量对光驱的影响。

3）光纤卡、网卡加固设计

在光纤卡、网卡后端加装固定支架并与横梁连接，再将其弯角件与机箱安装紧固，配合PCI插槽，这样板卡在各个方向运动的自由度均被限制，使板卡与机架形成近似刚体，可以有效地抵抗因冲击、振动等各种机械力的干扰。同时也避免了板卡在某一激振频率下产生振幅很大的共振，提高了板卡与计算机主板插槽连接的可靠性。加固示意图如图9.19所示。

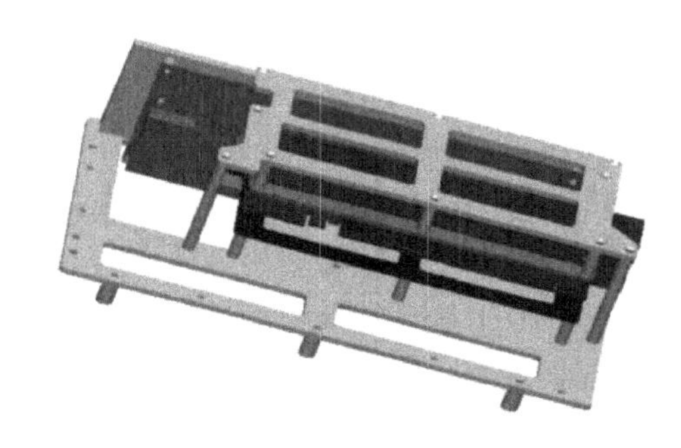

图9.19 板卡加固示意图

4）动力学分析

对于产品的动力学分析，主要是采用有限元软件模拟工作环境对产品整体进行模态、谐响应、随机振动分析，分析机械结构的整体性能，以便在实际工作过程中避免产品在不利的环境下运行，提高仪器的整体性能水平。

（1）机箱结构的刚、强度分析。

动力学仿真计算前五阶谐振频率如表9.1所示，前四阶振型如图9.20所示。

表9.1 机箱各阶谐振频率

阶数	1	2	3	4	5
频率/Hz	172.31	300.42	309.69	372.5	432.81

第一阶振型

第二阶振型

第三阶振型

第四阶振型

图9.20 设备第一至第四阶振型

（2）模拟运输条件做随机振动分析。

一般情况下，铁路、汽车运输条件频率为5～150Hz，设定随机振动的条件如图9.21所示。

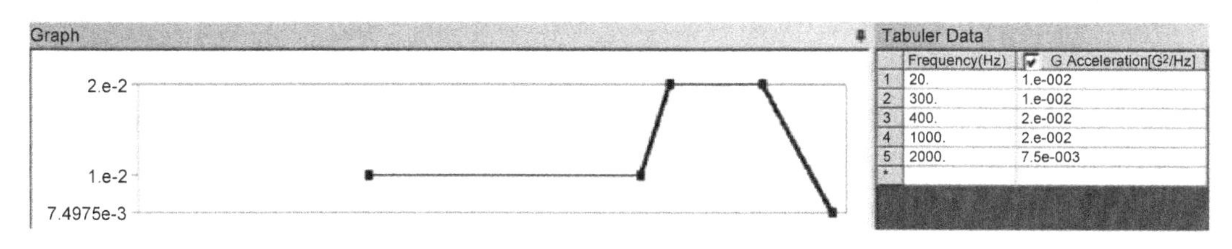

图 9.21 随机振动量级图

运用 ANSYS 软件，随机振动分析时最大应力出现在 Y 向振动时，其值为 10.153MPa，远小于铝合金 3303 的屈服强度(约 270～275MPa)，在此应力下系统结构不会产生破坏，可见系统结构强度和刚度满足力学设计要求。

若需要采用减振设备时，减振装置应避开设备的固有频率，以免发生设备共振而造成设备在使用中损坏。选用减振装置应综合考虑设备重量、使用环境要求、减振装置安装位置及数量等因素。同时，为避免引起设备共振，选用减振装置时应计算设备的固有频率。

9.2.7 电磁兼容性设计

电磁兼容(Electro Magnetic Compatibility，EMC)是指电子设备(分系统、系统)在共同的电磁环境中能一起执行各自功能的共存状态。即该设备不会由于受到处于同一电磁环境中其他设备的电磁发射导致或遭受不允许的降级，也不会使同一电磁环境中其他设备(分系统、系统)因受其电磁发射而导致或遭受不允许的降级。它涉及的频率范围为 0～400GHz，几乎包括了空间所有电磁波的频谱范围。由于环境的 EMI 水平服从统计分布的原因，在很多实际情况下，不可能规定一个绝对安全的干扰水平。实际上，只能预计不超过某一个 EMC 水平。

电磁兼容是一个整机性能指标，它与结构设计的好坏有着密切的关系。当然，结构设计得好，未必就能解决整机全部的电磁兼容性问题(此问题还与硬件电路 EMI 抑制相关)；但是结构设计得不好，则极有可能导致整机电磁兼容性设计的失败，这也是引起人们对电磁兼容结构设计重视的原因。

1. EMC 机理

EMC 问题实质就是 EMI 问题。EMI 是指由干扰源发出干扰电磁能量，经过耦合途径将干扰能量传输到敏感设备，使敏感设备的工作受到影响。可见，任何 EMI 问题中都包含“电磁干扰源、耦合路径和敏感设备”这 3 个要素。因此，解决 EMI 问题就是围绕这 3 个要素，根据具体情况采取相应的措施。干扰源通过耦合途径对敏感设备产生干扰，对于一个复杂系统而言，其内部有许多干扰源、耦合途径及敏感设备，它们所构成的干扰组合可达 10^{10} 数量级。对其中每一个干扰组合进行分析是不可能的，即使只对其中重点干扰组合进行分析也是一项复杂的工作。

EMC 不仅要考虑到系统的工作性能，还要考虑到系统工作时的副产品，也就是系统工作的非预期效果。研究系统工作的非预期效果一般情况下比研究系统工作性能往往复杂得多。可见 EMC 作为一项系统工作的复杂性。

2. 电磁兼容性要求

以军用设备为例，GJB 151B—2013《军用设备和分系统电磁发射和敏感度要求与测量》

中规定的电磁兼容性要求分为 CE、CS、RE、RS 4 类(共 21 项),其中,CE 表示传导发射类,4 项(CE101、CE102、CE106、CE107);CS 表示传导敏感度类,11 项(CS101、CS102、CS103、CS104、CS105、CS106、CS109、CS112、CS114、CS115、CS116);RE 表示辐射发射类,3 项(RE101、RE102、RE103);RS 表示辐射敏感度类,3 项(RS101、RS103、RS105)。

电磁兼容性要求具体如下:CE101 25Hz~10kHz 电源线传导发射,CE102 10kHz~10MHz 电源线传导发射,CE106 10kHz~40GHz 天线端口传导发射,CE107 电源线尖峰信号(时域)传导发射,CS101 25Hz~150kHz 电源线传导敏感度,CS102 25Hz~50kHz 地线传导敏感度,CS103 15kHz~10GHz 天线端口互调传导敏感度,CS104 25Hz~20GHz 天线端口无用信号抑制传导敏感度,CS105 25Hz~20GHz 天线端口交调传导敏感度,CS106 电源线尖峰信号传导敏感度,CS109 50Hz~100kHz 壳体电流传导敏感度,CS112 静电放电敏感度,CS114 4kHz~400MHz 电缆束注入传导敏感度,CS115 电缆束注入脉冲激励传导敏感度,CS116 10kHz~100MHz 电缆和电源线阻尼正弦瞬态传导敏感度,RE101 25Hz~100kHz 磁场辐射发射,RE102 10kHz~18GHz 电场辐射发射,RE103 10kHz~40GHz 天线谐波和乱真输出辐射发射,RS101 25Hz~100kHz 磁场辐射敏感度,RS103 10kHz~40GHz 电场辐射敏感度,RS105 瞬态电磁场辐射敏感度。

必须指出的是,对于不同用途和使用环境的设备,其电磁兼容性要求是不同的,按规范应予以适当剪裁。

3. 设计方法

EMC 设计是通过恰当的设计手段抑制不必要的传导和辐射,设计的目标则是满足有关标准(如国标、国军标)的规定,并且可以在复杂的环境中与其他系统共存而不会相互干扰。在以往的 EMC 设计中,设计工程师的关注点集中在产品初期定型实验是否能够顺利通过 EMC 检测,忽略了产品投入运行使用以及产品维护维修是否仍能符合 EMC 要求,这导致了在许多场合,面对实际环境中的 EMI 时,产品出现性能降低甚至无法正常工作的情况。此类问题成为让使用方头痛的问题,如何让使用方满意,实现产品在整个生命周期内的 EMC 安全,是一个需要解决的问题。对设备整个安全生命周期的 EMC 特性进行评估,以保证低于规定的失效率,是 EMC 新设计理念。

EMC 设计随着电子技术的发展和 EMC 技术的不断完善,可以分为 3 个阶段,并先后出现了 3 种方法:问题解决法(测试分析法)、规范法(经验分析法)和系统法(建模仿真法)。

1) 问题解决法

问题解决法主要针对发现 EMI 之后再对 EMI 的解决方法。首先进行研制,然后根据研制成的设备和系统在测试中出现的 EMI 问题,运用干扰控制技术逐个解决。系统设计人员不对电磁场的理论和 EMC 的机理进行研究,在系统设计初期只基于功能考虑不进行 EMC 设计,这样完成的系统在设计和调试后,直接进行 EMC 测试,通过频谱分析仪和近场探头等 EMI 检测器,检查干扰源的泄漏位置,对着频谱分布图分析超标频点的分布和超标幅度,从而确定超标频点是从系统什么地方出来,以及是怎样出来的,例如,通过辐射或传导的方式,有针对性地采取屏蔽、接地、滤波等补救措施,反复多次测试后最终达到 EMC 标准的要求。

实践表明,通过 EMI 测试可以实现对电磁干扰源的实时定位,从而有利于对干扰源的快速排查。这种方法不需了解 EMI 的形成机理及其抑制措施,只需要对 EMI 信号的时域、频域、能量、信号形式等特性进行测试分析。根据EMI的传播途径，通常可以利用传导发射测试或辐射发射测试的方式提取EMI的特征参数。但是，频谱分析仪是一种窄带扫频接收机，它在某一时刻只能接收某一频率范围内的能量，而瞬态干扰是一种脉冲干扰，具有频谱范围宽、持续时间短的特点，因此频谱分析仪在瞬态干扰发生时接收到的只是其总能量的一小部分，不能反映出其真实的干扰情况，检测结果并不准确。依据现行的EMC测试标准，对EMI的传导发射测试主要采用线阻抗稳定网络方式，其测试得到的是共模和差模干扰信号的混合，无法直接检测共模和差模干扰信号的具体分量。另外，EMI的辐射发射测试一般是在电波暗室等实验室进行，测试得到的往往是多个辐射EMI在测试点处的矢量叠加，即辐射总干扰。这样一来，在对大型复杂系统进行辐射EMI测试时，多个子系统辐射产生的EMI就会混叠在一起，无法准确获得某子系统单独辐射产生的EMI频谱特征。

这种方法解决测试中出现的EMI难度大，甚至无法解决，以致造成返工和风险偏高，研制周期增长，影响系统性能。

2）规范法

规范法是按颁布的EMC标准和规范进行设备和系统的设计及制造，与此同时还辅助相应的实验进行测实验证，保证设计中的各项设计和指标满足实际需求。

在复杂系统技术设计的同时考虑EMC设计，并且每个阶段都考虑。根据EMC专家掌握的电磁原理和长期积累的经验，在系统总体设计阶段，考虑功能模块的合理划分和电缆的合理布局，由于电缆能够把PCB上的信号发射出去，因此电缆的长度、走线路径、屏蔽方式、固定方法、电缆间距等都需要考虑电磁兼容性；在系统各分系统设计阶段，考虑接地系统和接地点的设计，由于合理的接地是最经济有效的EMC设计技术，因此至少会考虑一个低电平信号地线，一个继电器、电动机和高电平信号等干扰地线，一个机壳、底座的安全地线。在系统设备研制阶段，考虑机箱的屏蔽设计、PCB的布线设计、电子元器件的选择和布局以及电路的滤波设计等，由于机箱的屏蔽设计对于设备的EMC非常重要，因此机箱上缝隙、显示器安装孔、电缆通孔、减振器安装孔和散热孔等各种孔缝的设计都需要考虑EMC。上述这些EMC设计都需要设计人员了解EMC问题产生及抑制的机理，很多时候是依靠多年设计摸索的规律和积累的经验，尤其是对于电磁敏感电路的识别，EMC设计师的经验至关重要。例如对于低电平电路、信号检测电路、传感器输入电路和前级放大电路的接地设计，有经验的EMC设计师会非常注意；还有一种电磁隔离设计就是浮地，虽然浮地与大地无导体连接，使电路不受大地电性能的影响，但是会使电路容易受到寄生电容的影响，从而导致电路的地电位发生变化，加大对模拟电路的感应干扰，因此有经验的EMC设计师会非常谨慎地使用浮地。

优良的系统总体设计、结构设计和电路设计是保证系统良好的电磁兼容性的基础，但这对系统设计人员的要求很高。系统设计人员必须具备丰富的电磁兼容性设计经验，通常是专业的EMC设计师，了解EMC问题产生及抑制的机理，能够根据不同的干扰类型选择合适的滤波器，并能根据不同的电路类型选择适宜的滤波器安装位置；能够根据电缆的长度和电路的频率设置接地点，并能根据电路的频率选择合适的隔离元器件阻止电路性耦合。电磁兼容性设计渗透在复杂系统设计的方方面面，而各分系统有时不一定是同一个技术责任单位，因此EMC设计人员不但要全面考虑，通常还要经过协调、评审和调整才能使设计符合要求，如果项目组没有配备这样的专业人员，系统是难以实现的。电磁兼容性设计还涉及材料选择和元器件选择，例如屏蔽体材料和接地搭接条材料，用于滤波的穿心电容器、支座电容器、片状电阻器等。由于新材料和新型元器件日新月异，层出不穷，导致设计经验积累速度跟不上，这些都会影响到这种方法的可行性。

这种方法可以在较大程度上预防 EMI 问题的出现，比问题解决法有效。但由于标准和规范不是针对某一设备或系统制定的，针对性不强，因此解决的问题不一定是存在的问题。而且，标准和规范是建立在实践经验的基础上，有可能导致防范过度，增加系统成本。

3）系统法

系统法是应用计算机技术和预测程序针对某个特定系统进行电磁兼容性预测和分析。早期 EMC 预测软件有 IEMCAP（Intrasystem ElectroMagnetic Compatibility Analysis Program，系统内电磁兼容分析程序）和 SEMCAP（Intersystem ElectroMagnetic Compatibility Analysis Program，系统间电磁兼容分析程序），其后有 EMAS、ARIES、UWAVELAB、Maxwell3D、HFSS、Ensemble 等 EMC 设计分析软件。此方法将 EMC 设计和 EMI 紧密结合在一起，并引入相关技术，通过这些技术能够对设计参数、设计指标进行模拟、计算和优化，得到最优设计参数。该方法从设计开始就预测和分析设备或系统的电磁兼容性，并在设备或系统设计、制造、组装和实验过程中不断对其电磁兼容性进行预测分析。

EMC 预测主要分为 3 个级别。第一级别为芯片级。传统的芯片设计一般不考虑 EMC 问题，芯片工作于低速或低频一般不会产生显著的 EMC 问题，但当芯片工作于高频时，EMC 问题十分突出，直接影响芯片质量。因此，在高频时要考虑 EMC 问题。可采取的措施有：

（1）选用低灵敏度电路，使电路不易受干扰；

（2）尽量减小电路尺寸；

（3）线间距控制在 2～3 倍基片厚度，辅以数值计算以提高设计精度等方法。

第二级别为元件级。例如，芯片之间的耦合、线缆之间的耦合等。可采取的措施有：

（1）强弱信号分离；

（2）高低频电路分离；

（3）减小布线环路面积；

（4）高低压电路分离等方法。

第三级别为系统级。例如，对飞机、舰船等装有多种电子设备的系统进行 EMC 预测。

4. 设计措施

电磁兼容性设计措施如下：

1)外部干扰及抑制措施

外部干扰通过辐射、传导或两者同时存在的传递方式，经设备外壳缝隙及线缆进入设备内部。抑制外部干扰的措施：

（1）将整个设备屏蔽；

（2）机壳要有良好的接地；

（3）活动门、盖的周围加有金属弹性接触片等，使连接处具有良好的导电性，防止外部干扰通过活动处的缝隙进入设备内部；

（4）所有进出设备机壳的引线必须采用屏蔽电缆并将屏蔽层接地；

（5）加滤波器去耦。

2）抑制设备内部干扰

主要减小寄生耦合，通常从两方面着手：一是正确布置元器件、部件；二是把电磁能量限制在一定的空间范围内，使干扰源和受感器隔离开，以减少对受感器的干扰。

合理选择导线的长度与宽度。电路板上布置的印制导线，其电感量的大小，与导线的长度成正比、宽度成反比，因此，短而精的导线，有利于抑制电磁干扰。时钟引线，驱动器的信号线，这些线载有大的瞬变电流，印制导线的选择宜短，在允许的条件下，越短越好。对于分立组件的电路，印制导线的宽度，通常选择 1.5mm 左右最好。对于集成电路来说，印制导线的宽度的选择区间比较大，0.2～1.0mm 的宽度都可以。对于同一元件来说，其各条地址线，或数据线，不要长短不一，要在条件允许的情况下尽可能保持长度的一致。电路输入、输出的导线，不要进行相邻平行的布置方式，采取在它们之间加接地线的办法，可有效避免串扰现象的发生。

配置去耦电容。在电子工程直流电源回路中，当负载发生变化时，会导致电源出现噪声的问题。对此，可以采取配置去耦电容的方法，来抑制由于负载变化导致的噪声，提高印制电路板的设计的可靠性。这种配置去耦电容的方法，主要是在电源输入端，跨接一个 10～100μF 的电解电容器；在印制电路板条件允许的情况下，跨接 100μF 以上的电解电容器，可以取得更好的抗干扰效果。

优化印制电路板的尺寸与器件的布置。对于印制电路板的尺寸，大小要适中，否则容易受到附近线路的干扰。在器件布置方面，对于相互之间有关联的器件，要尽量靠近布置。对于易产生噪声的器件，布置时要远离逻辑电路，这样抗噪声效果比较好。对于时钟电路、高频电路等，这些主要的辐射源，要单独进行安排，使之远离敏感电路。对于高频元器件，要缩短连线，以降低相互间的电磁干扰。对于易受干扰的元器件，由于对电子干扰比较敏感，它们之间要布置得远一些，不能离得太近，输入、输出的导线，都要尽可能地远离。振荡器的布置，要靠近使用时钟芯片，它们都远离信号接口，以及低电平信号芯片。元器件的排列，要按照一定的顺序进行，可与基片的一边平行或垂直。对于时钟线路的布局，宜采用星状结构，即所有的时钟负载，直接与时钟功率驱动器连接；所有连接晶振输入输出端的导带，要在条件允许的情况下尽可能短一些，以减小噪声的干扰，降低分布电容对晶振的不良影响。

降低电路的电磁敏感性，可以提高集成电路的抗干扰能力。

（1）可采用差分电路，使电路的版图设计优化，电路分布匀称，避免整流现象产生。

（2）通过滤波，限制敏感器件的频率范围。

（3）采用安装施密特触发器的办法，来降低电磁敏感性。

（4）采取高共模抑制比和电源抑制比的方法，避免电路受到整流干扰。

（5）采用保护器件，将高于电磁兼容性的电平部分消灭。

（6）可采用异步电路，增加片上电容的办法，降低电子工程电路的电磁敏感性。

3）屏蔽

屏蔽就是利用屏蔽体阻止或减少电磁能量传输的一种措施。屏蔽体是用以阻止或减小电磁能传输而对装置进行封闭或遮蔽的一种阻挡层，它可以是导电、导磁、介质的，或带有非金属吸收填料的。屏蔽按机理可分为电场屏蔽、磁场屏蔽和电磁屏蔽。电场屏蔽是用接地良好的金属板将干扰源与受感器隔离开，在屏蔽要求较高的情况下，用接地良好的金属罩将受感器完全封闭起来。磁场屏蔽主要是为了抑制电感耦合，对低频磁场采用铁磁材料屏蔽，对高频磁场采用非磁性金属材料屏蔽。电磁屏蔽是利用导电性能良好的导体做成的屏蔽体来阻止或减小电磁能量传播所采取的一种结构措施。常用的方法有静电场屏蔽、静磁场屏蔽和变化的电磁场屏蔽。

在屏蔽设计时，重点考虑以下几项措施：

(1) 屏蔽体材料的选取。屏蔽材料主要分为电屏蔽材料和磁屏蔽材料两种，在电磁兼容性设计时，应根据设备的具体使用环境合理的选取屏蔽材料。

(2) 缝隙的电磁屏蔽设计。实践证明，当缝隙的最大线形尺寸等于干扰源半波长的整数倍时，缝隙的电磁泄漏最大，一般要求缝隙的最大线形尺寸小于$\lambda/100$波长，至少不大于$\lambda/10$波长。

(3) 孔洞的电磁屏蔽设计。设备因通风散热、调控轴、表头安装及连接电缆等不可避免地会开制一些孔洞，应在穿孔处加装屏蔽网、截止波导通风窗等。电磁能量经孔洞泄漏，是屏蔽体屏蔽效能下降的重要原因之一。且屏蔽效果会随着孔洞的增大而变小，一般来说，孔洞的尺寸应小于$\lambda/50$，且不得大于$\lambda/20$。

(4) 磁屏蔽时，磁屏蔽体要选用高磁导率的铁磁性材料，还要远离有磁性的元件；被屏蔽物与屏蔽体的内壁，要留有适当的间隙，以防止发生磁短路的情况。

(5) 可适当增加屏蔽体壁的厚度，可采用双层屏蔽，或多层屏蔽的办法，来防止磁饱和。

(6) 屏蔽体上边的开孔，要注意开孔的方向，应使屏蔽体的接缝与孔洞的长边及与磁场分布的方向平行。

(7) 电场屏蔽，要选择高导电性能的材料，同时为了避免电场感应，要正确选择接地点，屏蔽体直接接地。

设备结构设计人员在着手电磁兼容设计时，必须根据有关标准、规范、规定所提出的电磁兼容要求进行有针对性的电磁屏蔽设计。在某电子设备内部，在自身板间电磁兼容得到了良好处理的前提下，对整机要在结构上对变化的电磁场进行屏蔽结构设计。例如，某光电设备结构箱体，一般采用铝合金进行结构设计和加工，因为铝合金完全满足环境条件下电磁屏蔽的要求，而且可大大降低设备整机的重量，因为在常用的普通合金中，铝合金的密度较小，约为钢的密度的1/3。

4) 整体密封

整体密封结构能有效抑制外部干扰，单元模块单独密封结构既能有效抑制外部干扰，又能抑制设备的内部干扰。

5) 良好接地系统

为设备设置一套良好的接地系统，除可以改善电磁场的屏蔽性能外，对抑制传导干扰也是必不可少的，即同时可满足电场、磁场屏蔽的要求。

在电子设备中，接地是抑制电磁噪声和防止干扰的重要手段，其中包括接地点的选择，电路组合接地的设计和抑制接地干扰措施的应用等方面都应全面考虑。为减小电磁干扰可采取如下接地方法：

(1) 减少接地点之间电位差。

(2) 管状接地线。

(3) 保证接地线的电气连接可靠性。

(4) 接地方式的选择。在电子设备中有3种基本接地方式：悬浮地、单点接地和多点接地。单点接地适用于低频，多点接地适用于高频。一般来说，频率在1MHz以下可采用单点接地方式，频率高于10MHz应采用多点接地方式，频率为1～10MHz，可以采用混合接地方式(注："混合接地"是采用3种基本接地方式中的两种或以上，视情况而定)。

设备提供的接地方式有两种：一种为保护地(即机壳地)；另一种为信号地(即工作地)。两种接地中，要求保护地与机箱间低阻抗导通、要求信号地与机箱间高阻抗绝缘。保护地兼做安全地的作用，对保证人身及设备安全具有重要作用。

6) 滤波

滤波技术是抑制电气、电子设备传导干扰的主要手段之一，也是提高电子设备抗传导干扰能力的重要措施。电磁干扰滤波器可以显著地减小传导干扰电平，利用阻抗失配原理，使电磁干扰信号受到衰减。滤波器的安装对其性能影响非常大，在使用滤波器时应注意以下事项：

(1) 滤波器金属壳与机箱壳必须保证良好的面接触，并将地线接好。

(2) 滤波器输入线、输出线必须拉开距离，切忌并行，以免滤波器效能降低。

(3) 滤波器的连接线以选用双绞线为佳，它可有效消除部分高频干扰信号。

(4) 滤波器的安装位置应选在电源入口处，以缩短输入线在机箱内的长度，减少辐射干扰。

9.2.8 密封性设计

对于光电精密装备(仪器)，密封的好坏是评价仪器机械性能的重要指标，对仪器的整体性能影响很大。密封的作用是阻止流体通过机械间隙、孔洞等有缝隙位置渗入仪器元器件内部，以免影响元器件寿命，导致仪器性能的整体下降。

密封从不同角度有不同的分类方法。从总体上说，密封主要可以分为两大类，即静密封与动密封。根据密封接触面是否相对静止与运动，采用不同的密封方式。动密封比较复杂，而静密封相对比较容易实现。这里主要介绍静密封。静密封根据密封环境不同，采用不同的密封材料与密封结构。密封过程中常用的材料有石棉、橡胶、聚四氟乙烯、不锈钢、铝、铅等。其中石棉等非金属材料适用于低压环境下，对于高温高压环境因其材料组织疏松，不易于形成密封，密封性能较差，容易形成泄漏，但是非金属密封材料相对而言比较便宜，在常温常压情况下密封效果好。密封垫的选择一般在常规环境下选择非金属材料，对于其他非常规环境选择金属密封较好。静密封常用的结构形式有法兰与垫片相结合密封、螺纹密封、O形圈密封等。

对于密封失效即出现泄漏的形式主要有界面泄漏、渗透泄漏和破坏性泄漏等，其中前面两种是主要的泄漏形式。泄漏的主要原因有机械密封界面各种缺陷、尺寸偏差、密封垫或O形圈变形、点胶时胶水混合不匀产生应力等。当机械机构需要大面积密封时，可考虑仪器实际工作环境，选用O形圈与机械结构相结合中间加入密封脂的形式密封。

光电装备如果处在湿度高、含盐量大、霉菌繁殖快的海洋环境中工作。密封性设计是抗恶劣环境的有效途径，装备应优先采取密封性设计。

以往，光电装备大多数采用敞开式，尽管在设计中采取了"三防"措施，但大量的潮气、盐雾、霉菌仍侵入设备之中，严重影响了设备的可靠性。

密封性结构虽然是抗恶劣环境的有效措施，但不是唯一措施。采取密封结构后，设备内不可能将潮气、盐雾、霉菌清除干净。密封性结构不可避免地需要打开维修，而使潮湿空气、盐雾等侵入设备。因此光电装备抗恶劣环境最有效的措施是密封性结构设计与其他防腐蚀设计（如镀涂）等综合运用，形成有效的防护体系。

1. 密封性结构的优选顺序要求

从密封的难易程度和成本考虑，规定了单元模块单独密封，显控台、机箱、机柜整体密封的优先顺序。单元模块相对来讲易密封，成本更低。单元模块单独密封后，整机可以不采取密封。但这一优先顺序不是唯一的，有时仍需采取整体密封（例如，室外的设备），而单元模块不密封，对提高设备防护性能更为有利。

2. 密封要求的4种形式

密封要求中规定了4种形式：露天设备采用水密式，这种形式密封要求高，密封性能好；室内的设备一般采用全封闭式，要求高的采用气密式。按抗恶劣环境的要求，应不用或少采用防溅式。

3. 密封设备的散热问题

密封设备不仅可提高设备抗恶劣环境的能力，而且也提高了设备抗振抗冲击性能和电磁屏蔽性能。但密封后的设备如何将内部的热量及时有效地排到设备外，保证设备正常工作，是有待热设计解决的新课题。

(1) 单元模块单独密封，一般采用冷板式冷却。模块内热量由导热条传到模块两侧冷板上，再由强迫通风带走。

(2) 整机密封的散热，一般采用气-水或气-气混合冷却系统。气-水和气-气冷却系统的共同特点是设备内部由风机热交换器和风道等组成内循环，冷风通过机内发热元器件及模块，将热量带走。热风经热交换器将热量由外循环系统带走。气-水和气-气冷系统的不同点是气-水冷却系统外循环冷却剂是水，而气-气冷却系统外循环冷却剂为空气。气-气冷却系统的冷却剂是由舱室内提供的空气或致冷空气，热量排出舱室外或舱室内。排到舱室内的热空气造成舱室内气温逐渐升高；设备内外温差逐渐减小，热交换效率降低，同时使操作人员在高温下易发生误操作。气-水冷却系统的热量由冷却水带走，不影响舱室内的温度。气-水冷却系统的冷却剂有两种：一种为舰船上提供的制冷水；另一种为舰船上提供的海水，它是取之不尽、用之不竭的廉价冷却剂。

(3) 气-水冷却系统较适宜作为密封机柜的冷却系统。如某光电系统，首次采用的密闭机柜冷却系统，经环境温度为55℃高温实验，冷却水进口温度为15℃，机内布置10个测点的最高温度为45℃，其余测点温度<40℃。如另一系统也采用气-水冷却系统，以12℃的冷却水作为冷却剂。用海水作为冷却剂其腐蚀性较大，水质较制冷水差，在设计时应慎重选择。

4. 密封设计的凝露问题

密封设备密封后，不可能将潮气清除干净，即使清除干净，维修时空气仍可进入机内，所以机内的潮气总是存在的。只要机内温度低于凝露温度，机内则会产生凝露。凝露出现不仅产生腐蚀，更严重的是降低绝缘电阻，甚至短路，影响电气性能或烧坏电气元件，严重影响设备的可靠性。

如果密封设备内有一个“低温小区”（所谓低温小区，是指设备工作时，温度始终低于设备内的工作环境温度，在设备内占空间较小的部分），设备工作时，潮湿的空气则可经低温区形成凝露，而设备的其他区域成为干燥空气区。设备内存放干燥剂是解决凝露问题的一种临时办法，但不能从根本上解决问题。

采用密封机柜气-水冷却系统可解决设备的冷凝问题。冷却系统中的换热器设置于机柜底部，外循环冷却水通过换热器使换热器成为低温区，当机柜内的循环热空气经过换热器时，潮湿空气可在换热器上凝露。从换热器出来的冷空气相对成为干燥空气，如此不断循环地在换热器上凝露，机柜内的潮湿空气成为干燥空气。换热器上的冷凝水通过设置在机柜下的出水管嘴排出。

密封机柜气-水冷却系统在解决设备凝露的同时，也解决了防霉、防盐雾引起的腐蚀问题。实践证明，某光电系统采用气-水混合冷却系统后，无论在高低温实验、湿热实验、调试以及随后的使用过程，机柜内模块、元器件和印制板等均没有产生凝露现象。

由于凝露产生在换热器上，换热器的工作环境条件很差，因此在设计或选用换热器时不仅需要考虑热交换的效率，而且还应考虑“三防”的要求。

有关密封性设计的其他内容可参阅作者的另一本著作《光电系统环境与可靠性工程技术》。

9.3 光学镜头的结构设计与装配工艺示例

众所周知，对于高档镜头来说，光学设计固然很重要，但是如何把一个好的光学设计转化为产品，才是最关键的。然而镜头(尤其是高档镜头)是如何制造、装配和检测的？这里结合实际工作经验，以某中倍显微物镜为例，简要地介绍镜片的光学冷加工及工艺设计、结构设计与装配工艺。该镜头装配图如图 9.22 所示。

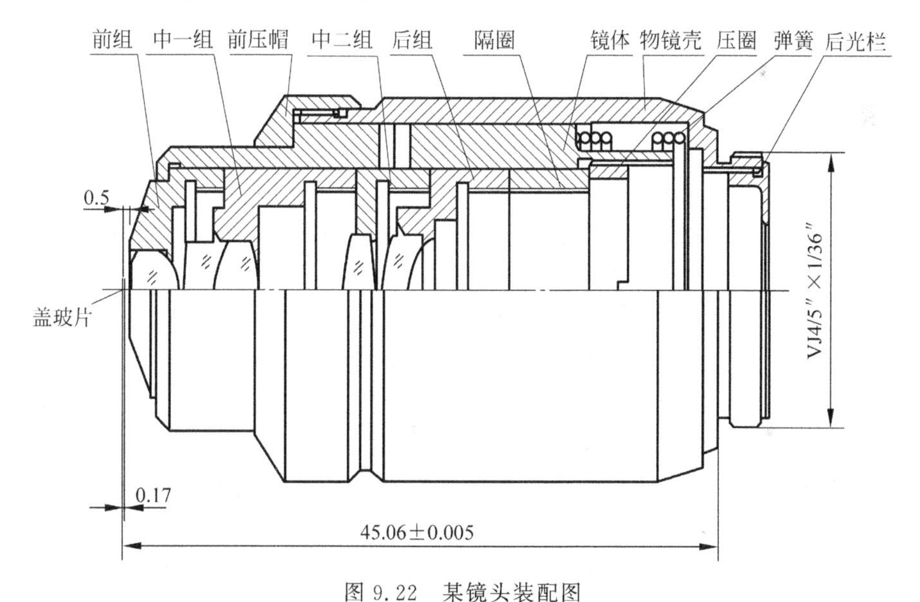

图 9.22 某镜头装配图

9.3.1 光学冷加工及工艺设计

光学冷加工是光学零件加工的重要工艺，其具体加工工艺及设计、工艺(设计)师水平、加工工艺设计标准化等，对光学零件的质量具有关键影响。

1. 光学冷加工

其实光学冷加工就是把像石头一样形状的光学玻璃原料，进行切割、粗磨、精磨、抛光、磨边、镀膜、胶合等一整套工艺，最终得到图纸要求精度的光学透镜。具体的光学冷加工工艺在这里就不详细说了，此处重点说一下目前国内光学透镜的一般加工精度。

(1) 外径公差：−0.02～0mm；

(2) 中心厚度公差：±0.02mm；

(3) 偏心：2′左右；

(4) 光圈：3 左右；

(5) 局部光圈：0.3 左右；

(6) 镀增透膜后的反射率：小于 0.5%。

值得指出的是，光学透镜的标注是需要进行严格的公差分析的，此处给出的是一般的加工精度，只作为参考。另外，需要注意的是，公差标注得越紧，加工难度就越大，车间的报废率就会越高，对于需要考虑成本的镜头来说，这个是需要结合公差分析的结果，仔细权衡的。

2. 加工工艺及设计

随着准球心高速精磨抛光的普及，光学冷加工的生产效率飞速提升，工人的作业分工更加明确，工艺标准的作用明显提高。工艺人员在生产过程起到决定性作用，作业标准化成为企业日常工作的主要内容，老工人的“手艺”从过去的支配作用，变成了辅助作用。“按标准作业、操作、生产”成为现代企业生产的根本。工艺员制定的工艺方法、工艺路线、工艺标准，对企业生产起着举足轻重的作用。

光学零件工艺文件是指导光学零件加工的主要技术文件，合理的光学工艺规程是建立在正确的工艺原理和实践基础上的，是科学技术和实践经验的结晶，它是获得合格产品的技术保证，一切生产和管理人员必须严格遵守。对于大批量生产的作业，只有生产组织严密，分工细致，要求工艺规程比较详细，才能便于组织和指挥生产。对于单件小批生产的作业，工艺规程可以简单些。但无论生产规模大小，都必须有工艺规程，否则生产调度、技术准备、关键技术研究、器材配置等都无法科学安排，生产组织将陷入混乱。同时，工艺规程也是处理生产问题如产品质量问题的依据，可按工艺规程来明确各生产作业单位的责任。按照工艺规程进行生产，便于保证产品质量、获得较高的生产效率和经济效益。

根据工艺规程的步骤逐步进行加工，按其规定的尺寸精度的要求进行加工、检验。从工艺规程编制的情况，可以反映出一个企业的生产水平和工艺水平的高低，是衡量企业技术水平的标尺。合理的工艺规程能保证加工质量，提高生产效率，而且也能反映出产品的工艺制造水平、生产设备状态和操作人员的作业技能。但是，工艺规程并不是固定不变的，它是作业人员和技术人员在生产过程中的实践总结，它可以根据生产实际情况进行修改，使其不断改进和完善。

当前，光学零件加工进入高速加工时代，需要大批的操作者，如果进行长期规范性培训显得不太实际，通常只进行短暂的基础培训就上岗了。为了对应这种情况，通常是将加工过程分解成一系列简单的加工步骤，让每个操作者只专做其中一个动作，只要严格按照规范的要求做就可以了。操作者只要使这个动作准确、熟练就可以了，从而解决了员工技术培训周期的问题。加工过程每道工序的机器设备的调整工作，都由专人统一调整，从而解决了技术工人匮乏的局面，使得生产顺利进行。

加工工艺的制定变得非常重要，工艺标准制定的情况直接影响产品的品质。工艺员是加工工艺的制定者，设备调整人员和操作者是加工标准的执行者。工艺员制定加工工艺标准后，由设备调整人员调整设备状态，再由操作者进行操作。

在加工的全过程中，各道工序之间工艺标准是相互影响的，绝不能孤立地考虑问题。有的设计人员将工艺设计按工序分开来进行，在一定程度上可以弥补工艺员只掌握本工序技术而对全过程技术认识不全面的缺陷，但这样做必然导致各工序之间工艺设计衔接不上，前道工艺微小的改变对后道工序工艺的改变可能会很大。因此，在工艺设计时必须要前后协调，建立一个完整的工艺设计体系。

加工工艺设计时，先要确定需要采用的加工方法。成盘刚性加工可以提高加工效率，减少机器设备和人员的占用，但工装夹具的制造费用较高，主要是在大批量且上盘数量较多时采用；单件加工的工装夹具制造费用相对较低，装卸零件方便，但占用设备人员较多，在选择前需要进行仔细的成本测算。

在工艺设计时要充分考虑以下因素：被加工零件的光学材料（玻璃）特性、零件的加工技术要求、企业现有设备加工特点、工装夹具的设计制造水平、可选用辅助材料的特性、现有的加工技术水平、操作人员的技能情况。对这些因素应综合考虑，它们是相互补充和相互制约的。

3. 对工艺（设计）师的要求

光学加工工艺（设计）师应用光学加工工艺技术，解决光学加工过程中各种具体问题并改进工艺，研究和应用新加工方法、新材料、新辅助材料、新工艺等，必须要掌控加工工艺的全过程，要求必须具备多方面的知识积累。

光学加工工艺（设计）师应掌握如下技能。

(1) 基本的运算、实验、光学制图、机械设计等技能：能够运用现代数学方法和运算工具（如计算机操作、设计程序），解决光学加工中的实际问题；能够独立完成光学加工工艺设计、操作机械设备和对加工结果的分析整理；能够准确、熟练地绘制光学零件图；在各类工程技术设计中，能运用现代工程设计方法，取得创造性的成果。

(2) 实际操作技能：仪器操作技能。

(3) 工艺创新技能：通过实际的加工实验，形成对光学加工工艺的新认识，开发新工艺。

(4) 计算机使用技能：熟练掌握计算机的使用方法、操作技能、常用应用程序，能够独立运用计算机解决工艺问题。

(5) 表达能力：能够用书面和口头形式清晰准确地表达技术见解、进行技术指导，能将不同工艺的内容按照规定的格式撰写规范化的技术文件。

(6) 对工艺的经济分析和评价能力：对光学加工过程中出现的问题，做出正确的成本分析和评价。

(7) 情报获取能力：掌握技术情报的查找和利用方法，能够充分利用本企业和外部的情报系统，及时获取新的、有用的技术资料。

在光学加工方面，工艺师必须掌握光学零件的加工原理，熟悉各种加工方法，对光学零件的标准和要求有全面的认识，对各种玻璃性能和辅助材料的性能通过实践进行认识，熟悉光学零件的测量方法、测量精度分析，精通各种检测工具的使用方法和特点。具体来说，光学加工工艺（设计）师应掌握以下知识：

（1）掌握一定的机械知识，了解各种机器设备的加工原理、机械结构、加工精度，熟练准确的设计工装夹具；

（2）有一些化学知识，对提高加工效率和防止光学零件表面腐蚀有帮助；

（3）了解基本的经济核算知识，能够计算工艺成本，并进行经济性比较；

（4）掌握本企业加工技术水平的变化情况，对作业人员显著变更对加工过程的影响能够预测并能提出相应的对策。

4. 产品品质波动对工艺设计的影响

在加工光学零件的过程中，产品的品质常常会产生波动。由于影响品质的因素非常多，一时难以准确地分析出品质波动的真正原因时，绝大多数工艺（设计）师选择不断地改变加工方法或其他工艺条件，通过多种实验找到一个可以稳定品质的方法。这种解决方法常常会收到明显的效果，因此在很多企业中经常推行这种方法。作为零件加工部门，首先要保证产品的交货，每次需要投入的精力较少，使用比较方便。如果在生产过程中频繁出现这种现象，企业就必须投入大量的人力、物力来对应，企业技术能力就受到挑战。管理人员和设计技术人员像救火队员一样四处奔波，打乱了企业的正常工作秩序，不断变更作业条件后的品质跟踪就成为了日常工作，因此很难制定长期的工作计划，导致工作效率降低。产品的品质经常波动，同时也给直接操作者也带来压力，进一步影响企业的工艺执行情况，品质波动现象加剧。

如果要下决心解决品质频繁波动问题，工艺（设计）师应该积极作为，承担更大的责任。产生这种现象的多数原因在于：加工的环境变化、操作人员的变化、原材料辅助材料型号和生产批次变化、工装模具的变化、工艺纪律执行情况等方面。多数品质的波动是有规律的，如每年春夏季阴雨湿热时期，不稳定玻璃表面上容易出现腐蚀斑痕。因此，在工艺设计时要提前考虑品质波动可能，制定不同时期的工艺方案。在日常工作中对工艺因素进行监控，记录工艺因素变化对产品品质的影响和各种工艺方案的效果，及时进行归纳、总结，找出问题的处理方法。在工艺标准设计时，采用标准化设计，根据企业加工工艺特点，将各种加工工艺参数用经验公式计算出来，使工艺设计呈现明确的规律性。利用加工工艺的规律性和产品品质波动的规律性，选择适当的工艺方案，改善产品的不良率，提高生产效率。

5. 加工工艺设计标准化

标准化的加工工艺设计，是将被加工零件的材料和技术规格、企业的加工设备、各种辅助材料、加工工艺水平、加工环境等作为自变量，计算出可选择的加工工艺路线、零件的工艺尺寸和精度（各工序的加工余量、形状精度和表面粗糙度的搭配）、零件毛坯的尺寸和精度、选定辅助材料、工装夹具的结构和尺寸、选定加工设备和设备调整参数、零件检测方法等，从中进行比较，最后制定出最佳的工艺方案，为后续工作建立基础。

标准化的加工工艺设计也不是一成不变的，随着企业加工工艺水平的提高、新材料和新设备的引进、新加工方法的开发，加工工艺设计也必须随之变化，加工工艺设计标准也应当进行修订。通过对作业人员和技术人员在生产过程中的实践经验进行总结，根据生产实际情况进行修改，使其不断改进和完善。在整个工艺设计和修正过程中，对修正内容的变化对品质的影响进行量化对比，并详细记录下来。

通过对工艺设计的不断修正，工艺师要对设计标准进行修订。标准的修订需要工程师掌握广泛的技术知识，除光学加工技术以外，还要有机械、数学、统计学、计算机运算等方面的知识。

光学加工工艺技术也是科学的一部分，经过长期的工作实践，我们也都认识到工艺也是有规律可循的。通过各种工艺现象，可以看到其本质。对工艺条件的变化对生产结果的影响，进行归纳、分析和总结，从中出现变化的规律性。工艺师通过对规律性的总结，对设计标准进行修订，光学加工设计标准就不断地完善起来。用规律性的方法解决生产过程中出现的普遍性问题，就使多数的技术人员和管理人员节省了大量的时间和精力，进行正常有序的工作。在现有的工艺水平基础上，可以提高产品品质，找出提高生产效率、降低劳动强度的方法。

在生产过程中还有一些影响因素是未知的，可以用这种方法发现它，从而确定解决问题的目标，提高工艺水平。

加工工艺设计标准化，是在企业的工艺技术达到一定水平后实施的，它需要企业内部全体工艺技术人员和生产管理人员的共同努力来实现的，可以说加工工艺设计标准化要有整个管理体系作为支撑。加工工艺标准化不是一朝一夕的工作，它需要企业内部工艺设计经验的积累，要从企业自身的加工工艺技术为基础发展起来，由于每个企业的加工工艺方法、工艺水平不同，因而不能从外部照搬标准。企业要一点一滴地积累经验，依靠坚持不懈的努力才能实现自己的标准化设计。企业整体的工艺技术决定着加工工艺设计标准化的成败，相互团结、相互合作、相互促进、相互提高是技术发展关键。

加工工艺设计标准化，是企业发展到较高水平后推动企业发展不可缺少的过程。它可以反映出一个企业的生产水平和工艺水平的高低，是衡量企业技术水平的标尺。在实际生产的过程中，不断完善加工工艺设计标准，使其更适合生产的需要，促进技术人员和作业人员技术水平的提高，提高生产效率、降低不良率，提升企业的经济效益。

9.3.2 结构设计

结构设计过程如下：

(1) 参照某装配图(见图9.22)，该镜头主要分为前组、中一组、前压帽、中二组、后组、隔圈、镜体、物镜壳、压圈、弹簧、后光栏等几个零件。

(2) 本设计共有5片透镜：第一片透镜固定在前组里，第二片和第三片透镜胶合在一起，固定在中一组里，第四片透镜固定在中二组里，第五片透镜固定在后组里。

(3) 前组、中一组、中二组、后组、隔圈是放在镜体里面的，然后用压圈压住，而镜体的外面旋有物镜壳和前压帽。镜体和物镜壳之间装有弹簧(保护产品)，后光栏旋在物镜壳内。

(4) 如果有人要问：为什么要把镜片固定在前组、中一组、中二组和后组里，而不是直接放在镜体里？那是因为，采用前者的方式，可以得到更高的同轴精度，它是采用光学中心仪，先确定前组机械轴(对前组的机械加工要求很高，需要“一刀切”)，然后移动透镜，使得透镜的光轴与前组机械轴共轴，再点胶、曝光、固定。

(5) 前组、中一组、后组和镜体的配合间隙越小越好，前组、中一组、后组外径公差和镜体内径公差可以标注在5μm左右。

(6) 中二组和镜体的间隙为0.1～0.2mm，目的是留有调节彗差的余量。

(7) 前组、中一组、中二组、后组、隔圈内部车有螺纹(遮光丝)，目的是减少杂散光。

9.3.3 装配与调校工艺

对于该镜头来说,装配镜头的过程就是调节像差(球差、彗差、像散、场曲、畸变、两种色差)的过程,此处主要介绍企业里常用的"星点法"。

星点法是用透射光照在一个镀有铝膜的玻璃板上(铝膜很薄,有些部分会透光),产生衍射斑,然后通过带有需要调校镜头的显微系统观察。理论上,如果该镜头没有像差,那么在目镜视野里看到的衍射斑点都应该是爱里斑加几个很细的圆环,所以调校镜头的过程是一边观察衍射斑形状一边改变镜头参数的实时过程。对于拥有丰富调校镜头经验的操作人员来说,他们一眼就可以看出镜头存在哪一种像差,该如何调校。但对于刚入门的新手来说,是相当困难的。

基于衍射斑的形状,对几种像差的调校方法小结如下:

(1) 球差。爱里斑亮度占整个衍射斑的亮度比例不对(理论上是84%)或者衍射环太粗,一般的解决方法是通过车削镜座或者在镜座之间加垫片来改变空气间隔(需要用软件模拟各个空气间隔的敏感程度,再决定在镜头的什么位置进行变动)。

(2) 彗差。顾名思义,就是衍射斑像彗星尾巴的形状,一般的解决方法是调整同轴度,上面提到的"中二组和镜体的间隙为0.1~0.2mm"正是这个目的,另外,需要注意的是,镜头刚装配好,彗差往往是最明显的,所以一般都是调整同轴度,校正彗差,然后再观察其他几种像差。

(3) 像散。需要旋转镜头观察,一般通过更换玻璃来改善(像散难以调节的镜头往往是镜头里面某些玻璃的面型超差)。

(4) 场曲。离焦观察中心视野与边缘视野的斑点情况。

(5) 畸变。衍射斑点形状不规则,如果不是设计本身的问题,此种异常往往也是需要从透镜的面型下手。

9.4 模块化设计

模块化设计一般包括模块特征分析、模块分类、模块化与标准化的关系、模块化结构体系等。

9.4.1 模块

模块指构成系统具有特定功能和接口结构的典型通用单元。模块化指从系统观点出发,运用组合分解的方法,建立模块体系,运用模块组合成系统(装备)的全过程。

9.4.2 模块特征

模块的基本特征是具有相对独立的特定功能。模块是可以单独运转调试、预制、储备的标准单元,是模块化系统不可缺少的组成部分。用模块可组成新的系统,也易于从系统中拆卸更换。模块具有典型性、通用性、互换性或兼容性。模块可以构成系列,具有传递功能和组成系统的接口(输入输出)结构。

模块化的特征是从系统观点出发,以模块为主构成产品,采用通用模块加部分专用部件和零件组合成新的产品系统。特征尺寸模数化、结构典型化、部件通用化、参数系列化和组装组合化是模块化的特点。

9.4.3 模块分类

模块分类如下：

(1) 按其形态分为软件模块和硬件模块，软件模块一般指用于计算机的程序模块；硬件模块指的实体模块，根据其互换性特征可分为功能模块、机械结构模块和单元模块。

(2) 功能模块，是指具有相对独立功能，并具有功能互换性的功能部件，其性能参数能满足通用互换或兼容性要求。

(3) 机械结构模块是指具有尺寸互换性的机械结构部件，它们连接配合部分的几何参数满足通用互换的要求，对于某些机械结构部件，它只是一种功能模块，在某些情况下，它不具备使用功能的纯粹机械结构部件，只是一种功能模块的载体，如机箱、机柜。

(4) 单元模块是既具有功能互换性，又具有尺寸互换性，即具有完全互换性能的独立功能部件，它是由功能模块和机械结构相结合形成的单元标准化部件。

(5) 通用模块是功能模块、机械结构模块和单元模块的统称。

(6) 专用模块是指不完全具备互换性的功能模块或结构部件。

对于模块规模及层次，一个大系统中，模块可按其构成的规模及层次的不同分为若干级。各级模块间为隶属关系，同级模块为并列关系。光电装备按其层次可分为：系统(成套设备)级模块，机柜(显控台)级模块，机箱、插箱级模块，插件级模块，印制板级模块，元器件级模块等。

9.4.4 模块化与标准化的关系

(1) 模块化的前提是典型化。模块本身是一种具有典型结构的部件，它是按照技术特征，经过精选、归并简化而成。只有典型化才能克服繁杂的多样化。

(2) 模块化的特征之一是通用化、系列化。通用化解决模块在产品组装中的互换，系列化是为了满足多样性的要求。

(3) 模块化的核心是优化，并具有最佳性能、最佳结构和最佳效益。模块化体系的建立过程是一个反复优化的过程。

(4) 模块尺寸互换和布局的基础是模数化。要使模块具有互换性，模块的外形尺寸，接口尺寸应符合规定的尺寸系列。在模块组装成设备时，模块的布局尺寸应符合有关规定，与相关装置协调一致。这些互换、兼容的尺寸都应以规定的模数为基准，并且是模数的倍数。

(5) 模块化产品构成的特点是组合化。模块化产品由通用模块和部分专用模块组合而成，通过不同模块组合，可形成功能不同、规模大小不一的产品系列。

模块化是标准化的发展，是标准化的高级形式。标准件通用化只是在零件级进行通用互换，模块化则在部件级，甚至子系统级进行通用互换，从而实现更高层次的简化。

9.4.5 光电装备模块化结构体系

当前光电装备模块化设计仍处于初级阶段，大多数设备虽然都以模块化思想进行设计，但是模块化程度不高，与模块化设计思想差距很大。有的一个单位几个部门虽都在搞模块化设计，但结构形式各种各样，模块不能通用，不能互换，与模块化设计基本要求差距甚大。因此要建立完整的光电装备模块化结构体系，以单元模块作为抗恶劣环境光电装备的基础结构，还必须做大量的工作。

9.5 优化设计

当光电产品面向市场后，产品的优劣、性能价格比已越来越引起人们的重视。工程设计师们不能不关注市场竞争行情，走出单纯技术设计误区，做到既要管技术又要管市场和成本。这就要求总体结构设计师们对所设计产品的设计选型、市场需求、功能的完善、模块划分、零部件的选材等都应给予密切的关注。一个好的光电产品设计师也应该是个好的经济师，现代产品的经济指标已构成设计评审的重要组成部分。

优良的产品性能价格比是设计出来的。因此，优化设计是保证光电系统(装备)在规定的环境条件和寿命期内稳定可靠工作，并实现其总功能目标的主要技术措施之一。

9.5.1 价值工程设计

价值工程是系统优化设计必须考虑的问题，因此价值工程设计是系统优化设计的内容之一。

1. 价值工程

价值工程的基本定义就是指产品所具有的功能与取得该功能所需成本的比值。即

$$V = F/C \tag{9.12}$$

式中，V 为产品的价值；F 为产品具有的功能；C 为取得产品功能所耗费的成本。

在式(9.12)中，F 是使用价值的概念，C 用货币量表示，两者不能直接进行运算。为了解决这个矛盾，通常做法是用实现 F 的理想最小费用或社会最小成本来表示 F 的数值，即 F 表示最小理想成本。

当 $V=1$ 时，表示以最低成本实现了相应的功能，两者比例是合适的。当 $V<1$ 时，表示实现相应功能付出了较大的成本，两者的比例不合适，应该改进。

根据这个公式可以判断和选取提高产品价值的途径。进行价值规律分析时既不能只顾提高产品的功能，也不能单纯降低产品的成本，而应把功能与成本即技术与经济指标作为一个系统加以研究，综合考虑，辩证选优，以实现系统的最优组合，对于一个优秀设计师而言，这种要求是非常必要的。

价值规律分析是通过各相关领域的协作，对所研究对象的功能与费用进行系统分析，以研究对象的最低寿命周期成本为目标，系统地研究功能与成本之间的关系，不断创新，从而可靠地实现使用者所需的功能，获取最佳的综合效益。

2. 应用价值工程的设计理论

在产品设计中，应合理地应用价值工程的设计理论。否则会由于缺乏对产品的功能价值分析，使产品存在许多明显的或潜在的问题，影响产品功能的正常发挥，也使设计水平难以真正得到全面的提高。例如，对用户需要的产品功能研究不够或者过剩；对用户需要的产品成本研究不够，使得产品因价格过高失去市场；对用户使用产品过程中所花费的成本重视不够；对产品设计方案没有从技术、经济、社会、人机工程以及技术发展前景等多方面

综合考虑，造成大方向把握不住而产生失误。

因此加强产品设计时的功能价值分析是十分必要的。无论对老产品的改革挖潜还是新产品的研究创新，都会涉及新的情况、新的条件和要求，都必须用现代的科学设计方法指导设计全过程，达到高标准的设计。运用价值工程对新产品的开发设计，将十分有效地提高产品的生命力和竞争力，使产品设计真正适应社会的需要和时代的特点，增加了产品设计的成功率和提高设计的理性水平。

例如，当实现同一功能的设备用于不同的环境条件或安装于不同位置时，符合价值工程的选择应当是按严酷环境要求进行设计和实验，而不是设计两种不同的产品。

9.5.2 设计优化

最优化设计方法是不断完善的数学优化理论和计算机数值计算方法的综合应用。工程设计中对多种可能的设计方案进行选择，往往要在各种人力、物力和技术条件的约束下，希望达到一种最佳的设计。这种最佳设计可能是产值最大、能耗最小、精度最高、时间最短或成本最低等。

应用优化设计方法的最终目的是把光电设备在设计、制造和使用中可能出现的问题，尽可能地暴露并解决在设计和样机的试制阶段。

设计变量、目标函数与约束条件是优化设计的三要素，设计变量是在优化过程中发生变化从而提高性能的一组或一个参数。目标函数是设计变量的函数，实现优化设计所要达到的设计性能。约束条件用于对设计进行限制，也是优化设计的边界条件，用以完成对设计变量和其他性能的约束。

基本的优化设计的数学模型描述如下：

目标函数　Minimize：

$$F(X)=f(x_1,x_2,\cdots,x_n) \tag{9.13}$$

约束条件　Subject To：

不等式约束：

$$g_j(\boldsymbol{X})\leqslant 0 \quad j=1,2,\cdots,m \tag{9.14}$$

等式约束：

$$h_k(\boldsymbol{X})=0 \quad k=1,2,\cdots,q \tag{9.15}$$

边界约束：

$$x_i^{\mathrm{l}}\leqslant x_i\leqslant x_i^{\mathrm{u}} \quad i=1,2,\cdots,n \tag{9.16}$$

式中，$F(X)$为目标函数；$g_j(\boldsymbol{X})$与$h_k(\boldsymbol{X})$为约束函数。设计变量$\boldsymbol{X}$是矢量，它的选择与优化类型相关，如当优化类型是拓扑优化时设计变量为单元的密度，尺寸优化时为结构单元的属性等。上角标 l 是指 low limit，即下限；上角标 u 是指 upper limit，即上限。

优化设计方法在理论上的突破性进展，已形成了运筹学和线性规划、非线性规划、动态规划和图论等新的专门学科。计算机技术的发展为优化设计提供了强有力的运算工具，为复杂工程计算提供了极大的方便，使光电设备应用现代的设计方法成为可能，并促进了机械结构优化设计的发展。就产品结构设计优化的范畴而言，大致可分为 3 类：结构参数优化、形状优化和拓扑优化。

产品设计者首要的是解决参数优化。它是在结构方案、零部件的形状和材料已定的条件下，通过寻求最佳参数完成参数优化，直接获得好的设计。形状优化是在结构方案、类型、材料已定的条件下，对结构几何形状进行优化以及与形状有关的参数进行优化。拓扑优化是更高层次的优化，是富有创新的概念设计。它是在产品总体设计要求已定的条件下，对结构总体方案、类型、布局以及各节点关联等方面的优化。

拓扑优化和形状优化在国内还处于研究、探索阶段，距推广应用还有一段距离，应用最普遍的是理论上较成熟的结构参数优化。从结构参数优化设计着手逐步解决结构优化设计问题。同时，还应开展较复杂结构的一体化分析计算研究，并将其逐步应用于工程实际。

9.5.3 计算机辅助设计与有限元分析

光电系统(设备)全过程的 CAD 系统，包括专家系统、模型库管理系统、优化设计方法程序、评价系统和优化设计方法程序库，以及把这几个系统协调组合成一个优化设计的智能系统。这样，才能真正成为智能 CAD/CAM 资源，供计算机辅助设计人员应用。

现在 CAD 应用软件基本上都是国外引进的，而且各单位可能还不是全套引进，即使引进的可供优化应用的几种大型软件也有这样或那样的不足，应用不方便。

用 CAD 进行光电系统(设备)结构设计的许多单位，往往仅进行结构设计的绘图工作，而将 CAD 用于进行总体方案优化、结构造型和机械结构动态分析的单位却有限。因此，光电设备结构设计的 CAD 工作还有待于相关的软件研究者和结构设计人员进一步共同开发和提高。

然而，基于计算机的辅助工程分析方法(Computer Aided Engineering，CAE)在设计、分析过程中的运用，不但可以大大缩短产品的设计周期，而且降低了产品开发成本和失败的风险，图 9.23 所示是传统的设计流程与有限元仿真设计流程对比图。

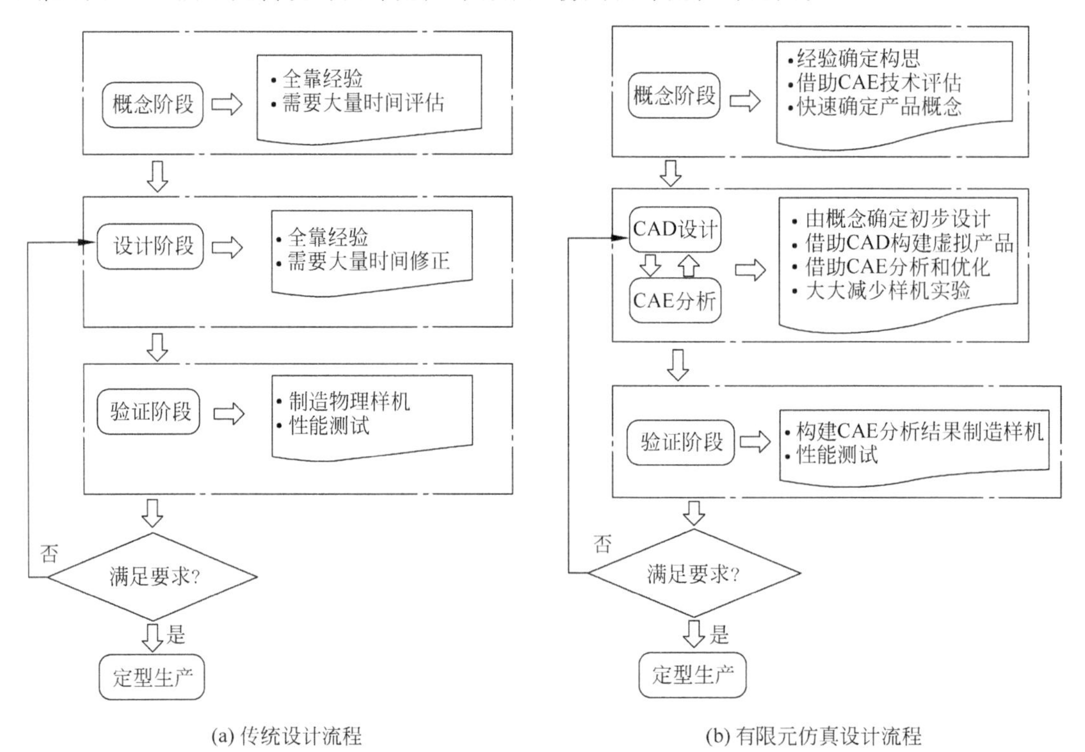

图 9.23 传统设计与有限元仿真设计流程图比较

目前计算机辅助分析技术在许多类别的光电系统设计分析方面应用较为普遍的就是有限元法。它是根据变分法原理来求解数学物理问题的一种数值计算方法，其基本思想就是将连续的物理模型离散化为有限个单元体，单元体之间仅在有限个指定的节点上相连接，通过对每个单元选择一个比较简单的函数来近似模拟该单元的物理量（如位移或力等），并基于问题描述的基本方程建立单元节点的平衡方程，再把所有单元的方程组集成为整个结构力学特性的整体代数方程组，引入边界条件后进行代数方程组的求解，得到结构的应力分布或位移变化。通过对设计模型的有限元分析（Finite Element Analysis，FEA），找出不合理之处进行修改或重新设计，再次进行分析，直至设计最终符合要求。

也就是说，有限元分析的基本概念是用较简单的问题代替复杂问题后再求解。它将求解域看成是由许多称为有限元的小的互连子域的集合，对每一单元假定一个合适的（较简单的）近似解，然后推导求解这个域总的满足条件（如结构的平衡条件），从而得到问题的解。这个解不是准确解，而是近似解，因为实际问题被较简单的问题所代替。由于大多数实际问题难以得到准确解，而有限元不仅计算精度高，而且能适应各种复杂形状，因而成为行之有效的工程分析手段。

9.5.4 光机热集成分析

对于有些类别的光电系统（如空间光学遥感器）的设计分析，传统的光机热设计分析流程如图9.24所示，光学设计处于该流程链的顶端，结构设计和热设计对应处于第二级和第三级，分别用于对光学组件进行支撑和减小结构上的热弹性变形，都是起到配角的作用。首先光学工程师按照设计结果的指标对结构工程师提出设计要求，结构工程师根据光学设计要求及考虑到结构设计上的限制，再次对热设计工程师提出相应的技术要求，逐级依次传递，在进行设计分析时为了满足光学性能要求，热设计和结构设计的工程师们可能会盲目地服从这些技术要求，并在每个环节进行相对应的简化处理，由于此传统上的分析方法缺少快速传递和交换设计数据的能力，容易造成边界重叠和过设计，加上各个阶段数据处理误差的存在，不但严重制约着各个设计分析工程师间的工作效率，而且有可能得不到满足设计要求的结果。

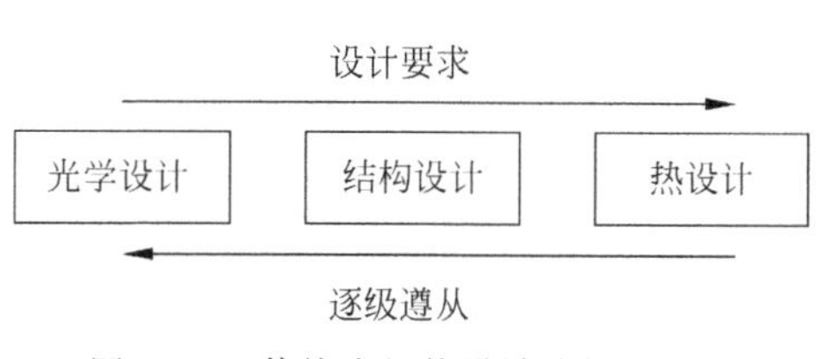

图9.24 传统光机热设计分析流程图

随着科学技术理论和计算机技术的发展，有限元的CAE方法可以在CAD的基础上快速地对产品进行综合的性能分析和评估，几乎在每个专业领域内都涌现出了许多优秀的设计与分析软件。在进行光、机、热的性能分析时，结构工程师、热分析工程师和光学分析工程师们分别运用互不相关的分析工具、分析模型和分析方法进行相应的结构分析、热分析和光学分析。如应用在结构设计中的建模软件有UG、Auto CAD、Pro-E及CATIA等，其中UG是美国UGS公司推出的三维CAD/CAM/CAE软件系统；有限元分析的前后处理软件有FEMAP、Patran、Hyper Mesh等；有限元分析软件有Nastran、ANSYS、TMG、SINDA等；热设计与分析领域中软件有TMG、Sinda/G、I-DEAS等，光学专业领域内的ZEMAX、Code V、LightTools等。这些专业设计、分析软件在处理单一领域内的问题时发挥出了巨大的作用。

但是，随着系统间的集成程度越来越高，以及专业学科间的不同设计参数的相互影响和作用，仅靠单一的专业软件难以解决学科之间的交叉问题，集成分析便成为了解决多学科间设计参数相互作用的一个有效手段，光机热集成分析（Thermal/Structural/Optical，TSO）在许多光类别的光电系统设计分析领域应运而生。通过在设计分析过程中充分考虑光学、结构和热 3 个方面的相互影响与作用，分析光电系统在受到力学和空间热环境的综合情况下光学系统的响应，通过集成光、机、热的专业设计分析软件，编制相关专业软件间的合理的接口程序或利用已有的软件集成分析平台，使前一个学科专业软件的分析结果作为下一个学科专业软件的输入数据，使各个学科专业软件间的数据能够相互传递，取其所长，避其所短，充分发挥各个专业软件的优势，用集成分析的方法对其进行分析与设计是一个合理的方法，也是目前国际上为解决此类问题所应用的较为广泛和有效的手段。

在光机热集成分析时，主要有 3 个环节，一个是通过有限元分析获得系统在热弹性影响下的变形数据。第二个环节就是对所获得的变形数据进行处理得到光学元件表面的面型数据之后，对这些面型数据进行多项式拟合，并以泽尼克多项式的形式将变形后的各个光学元件的面型表示出来。第三个环节则是将拟合后的光学元件面型的泽尼克多项式导入到光学设计软件中进行计算和分析，以确定光学系统在结构、热的影响下成像质量是否满足对目标探测成像的需求。这 3 个环节是一个设计与分析反复迭代的过程，通过这 3 个环节中相互联系的设计优化参数，使光、机、热这 3 个系统之间能够相互共享数据，实现参数的整体集成与优化。

9.5.5 环境适应性设计流程与抗恶劣环境优化设计原则

光电设备环境适应性设计流程如图 9.25 所示。

环境适应性设计前应对设备的环境进行分析，以确定环境适应性设计的定量和定性要求，具体分析的内容如下：

(1) 研制总要求；

(2) 收集的环境数据；

(3) 寿命期内环境剖面。

光电设备抗恶劣环境优化设计的基本原则是：

(1) 应用价值工程理论，全面分析产品的设计、生产、使用和维修等全过程的费用，提高其效费比；

(2) 集中电子线路、结构和工艺的最新技术，实现产品总体优势集合，以提高光电设备的总体技术水平，以免互不协调、互相推诿；

(3) 建立设备抗恶劣环境的优化防护体系和防护技术措施，对特别脆弱的环节及关键模块应给予高度重视；

(4) 开展抗恶劣环境防护技术的基础研究和新材料、新工艺、新结构研究，提高防护技术水平；

(5) 建立并优化抗恶劣环境设计的管理、监控、评审制度和相应的质量监控体系；

(6) 优化结构设计人员的知识结构。

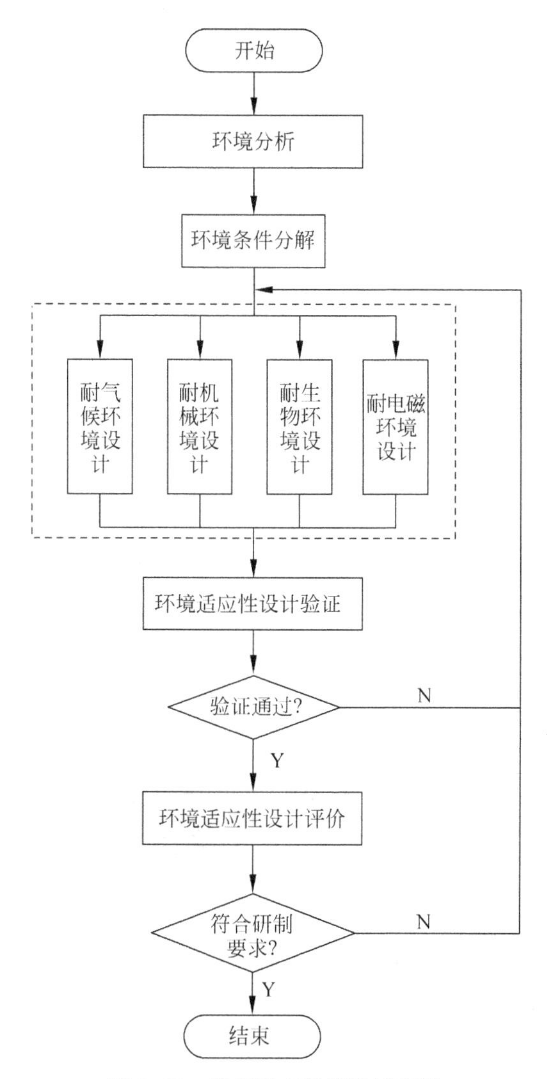

图 9.25　环境适应性设计流程图

9.6　光电系统结构及工艺设计示例

这里通过示例结合某光电系统研制过程中的具体工作，着眼于结构及工艺，对系统结构设计方法、产品具体的结构形式和处理工艺等作简要介绍。根据系统功能、性能及所处工作环境等研制方案中明确或隐含的设计要求，光电设计应与结构设计密切协调、互相配合，共同采取相应措施以达到最佳的设计效果。

9.6.1　光电系统结构设计

某光电系统主要由多路耦合器、终端机和信号分配器组成，采用某规格标准机柜上架安装方式。各设备遵循"三化"设计原则，颜色、标识、铭牌、把手和接口连接器选择均符合系统设计规范要求。

根据研制方案确定电气功能、性能及使用环境要求，经研究分析整机结构形式和尺寸约束后，初步进行元器件布局、布线和组装设计，合理选用材料、涂镀、加工手段，采用通用件和标准件，简化制造工艺，积极运用成熟技术。之后通过软件进行三维实体建模、装配仿真、应力应变分析、热流分析，进一步优化零部件结构。

1. 多路耦合器结构设计

机箱箱体及内部隔板选用铝合金板，铣削成型，并通过相互搭接、螺钉拧紧固定。选用铝合金板，是因其具有重量轻、加工定位准确、易开沟槽安装固定屏蔽材料、装配拆卸简便、外形美观等优点。

多路耦合器采用模块化设计理念，将防雷电路、放大电路和功率分配电路分别安装在铝合金板铣削成型的屏蔽盒内，构成单独的防雷模块、放大模块和功率分配模块。为便于器件散热，将散热器紧贴机箱左侧板，电源模块紧贴机箱右侧板，放大模块和功率分配模块固定在散热器上，并分别在安装贴合面涂敷导热硅脂。由于电源模块较重，为满足冲击、振动实验要求，设计固定架使其一侧与底板连接，另一侧包住电源与右侧板。防雷模块安装在前隔板预设位置，并与中隔板和后隔板一起组成隔板部件，组装时将其整体插入机箱。各模块用隔板隔开，分别安装在 3 个相对封闭独立的隔段内，尽可能避免电源与模块、模块与模块间的电磁互扰。多路耦合器结构形式如图 9.26 所示。

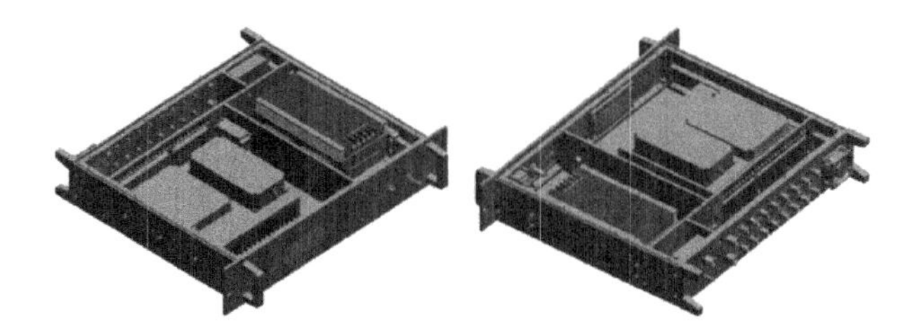

图 9.26　多路耦合器结构示意图(不同角度)

2. 终端机结构设计

箱体是机箱结构的主体部分，是系统功能模块的安装载体，也是机箱结构的集中受力体。根据安装器件的尺寸、重量和位置，同时考虑振动、冲击对结构强度的影响，参考压铆螺钉、压铆螺母柱的铆接装配要求，核算确定各面板材料及厚度。终端机结构形式如图 9.27 所示。

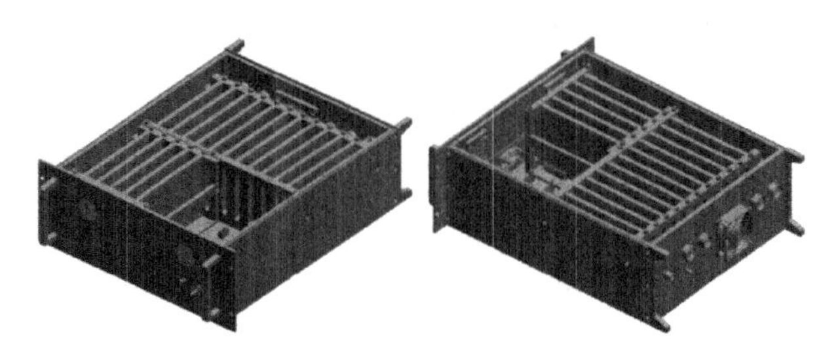

图 9.27　终端机结构示意图(不同角度)

终端机由若干个解调模块组成，外部线缆通过航空插座进入机箱并通过双绞塑胶线与母板欧式插座连接。由于结构尺寸的限制，一个航空插座需通过多路音频信号或多路串口数据，为避免系统内部多路信号互相串扰，走线及母板设计尽量将多路同类信号线分开。另外所有解调板都安装了背板进行电磁屏蔽隔离、安全防护和固定，以提高电气连接的可靠性。导轨支撑部件由托板、导轨和连接条构成，主要起约束解调模块自由度的作用，模块的插拔、固定简单方便。

终端机前面板左、右两侧各开设一个进风口，出风口在后面板中部，风扇装在机箱外侧向外抽风。由于风扇转动把箱内的热空气强制抽出，使机箱内产生负压，吸引机箱外的冷空气由进风孔口进入，从而形成空气交换。为避免导轨支撑部件阻挡、妨碍空气箱内流通，导轨上设计有导风孔，冷空气经导风孔流过带走解调模块散发的热量。其基本任务是在热源至热沉之间设计一条低热阻的通道，保证热量迅速传递出去，以便满足可靠性要求。另一方面，设计导风孔还起到减轻设备重量的作用。兼顾电磁屏蔽和良好通风的双重要求，通风开口处分别安装了屏蔽通风窗，为进一步提高屏蔽效果，屏蔽通风窗与箱体固定贴合面还黏结了橡胶密封丝网组合衬垫。终端机风道结构设计如图 9.28 所示。

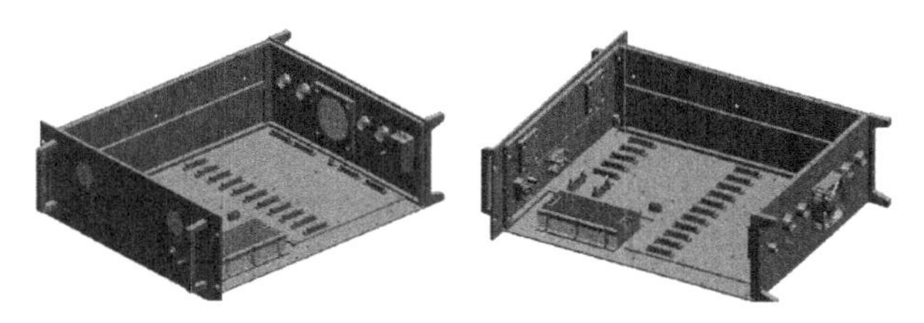

图 9.28 终端机风道结构设计示意图(不同角度)

3. 信号分配器结构设计

以前设计的机箱大多采用零部件搭接、螺钉拧紧固定的结构形式，为满足强度和电磁兼容性要求，完成箱体组装往往要使用很多螺钉，这使得系统拆卸、装配十分烦琐，可维修性不好。为解决此问题，信号分配器设计采用插装结构形式，如图 9.29 所示。

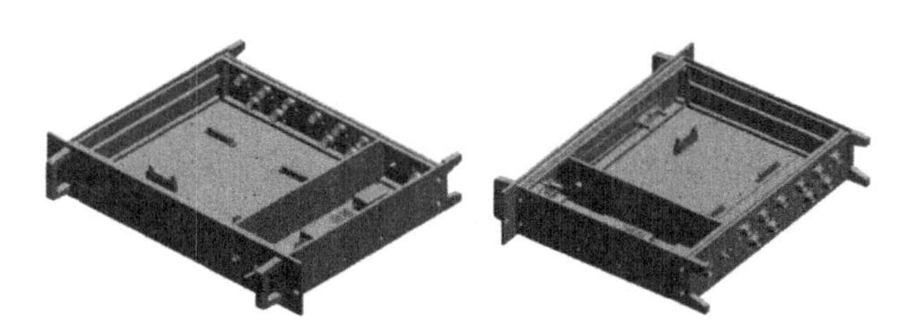

图 9.29 信号分配器结构示意图(不同角度)

根据装配顺序将底板插入前面板、后面板、左侧板和右侧板底部对应的沟槽，推动左、右侧板使其与前、后面板互相卡住，然后用螺钉进行固定。把隔板插入箱内使其与底板和后面板配合，分别将滤波器、电源模块和主板模块安装在隔板分开的两个封闭隔段内，尽可能避免电源对主板模块的电磁骚扰。将盖板榫齿插入前面板顶部后面的沟槽中，往前推动盖板使其后端向下插入左、右侧板卡槽，用螺钉将盖板与箱体固定。信号分配器有多个零部件，结构简单，组装方便。

9.6.2 光电系统结构工艺设计

某光电系统环境适应性要求比较苛刻，设计人员不仅要将“六性”设计理念融入、贯彻到研发工作中去,还需清楚产品的工艺流程。光电系统环境适应性主要取决于所选材料、构件、元器件的耐环境能力和结构设计、工艺设计采取的耐环境措施是否合理和有效。装调人员应积极主动地提出合理化建议,配合工艺人员共同完善产品设计,这样才能使设备满足低温、高温、湿热、盐雾、霉菌、振动、冲击、颠震等环境实验要求。

装配、组装质量不仅影响设备外观,而且影响系统的性能,可以说系统的质量直接体现在焊接和组装上。应合理安排装配顺序,注意前后工序的衔接,连接应牢固可靠,安装方向、位置要正确,不损伤设备单元和零部件,不损伤面板等机壳表面涂覆层,确保电性能稳定和机械强度足够。

根据各种材料在实际应用中的表现,内部设计规范应明确禁止使用预镀锌钢板。以前钣金件多采用冷轧钢板,加工后进行镀锌工艺处理,但其防护能力偏弱,长时间使用时会产生锈斑腐蚀,相关零件要求全部换成奥氏体不锈钢,新产品设计不再使用冷轧钢板。除钝化处理外,奥氏体不锈钢零件可不再做其他表面处理。

EMC 设计应采取主动预防、整体规划、“对抗”与“疏导”相结合的方针。某系统的箱体材料全部选用铝合金板材,机加工后进行导电氧化处理,使机箱内表面形成理论上连续的导电面。

箱体搭接缝隙处全部安装橡胶芯金属丝网屏蔽条,这种屏蔽条既有很好的弹性,又抗永久压缩 形变,在潮湿及盐雾环境中具有很强的抗电化学腐蚀性能。由于屏蔽条有弹塑性,按设计尺寸截取时不要用力拉伸,可先从一端塞入沟槽并顺着按压到另一端再截取,剪切屏蔽条时应使其端头的橡胶芯微缩在丝网内,切忌安装后屏蔽条端头的橡胶芯露出金属丝网很长。

在设备通风开口处安装屏蔽通风窗,利用截止波导原理解决通风和屏蔽这对矛盾。具体设计可参考 GJB 1046—1990《舰船搭接、接地、屏蔽、滤波及电缆的电磁兼容性要求和方法》等标准。

电源线穿过箱体会使机箱整体屏蔽效能降低,为提高设备电磁兼容性,电源输入接口采用将航空插座与电源滤波器做成一体的结构形式。在滤波器与后面板安装固定面黏接扭角铍铜簧片或导电衬垫,使壳体和机箱贴合并保证接触良好,输入输出线不能靠得太近,引线尽量短且不能交叉,电源线不要与其他电缆捆绑走线。电源输入接口旁边就近设计安装安全的螺栓,并将电源线安全地连接。

带有螺纹连接、压合、搭接、铆接、点焊、单面焊接等组合件,原则上不允许进行电化学处理,不同金属材料组合在一起的部件不能进行溶液处理,这些组合件应尽可能采用涂漆,或分别进行电化学处理后再组装。所有电化学处理都应在零件状态(即非组合件)下进行。

钢铁件在喷涂前应进行磷化处理,铝件喷涂前应进行氧化处理(铸铝合金可采用喷砂处理),以增加涂层附着力。

体积和质量较大的模块、晶振、线圈可用硅橡胶封装或加固管脚。尽量降低元器件的安装高度,缩短其管脚引线。导线穿过金属孔或靠近金属零部件时需用绝缘套管将导线套住,线束的安装和支撑应当牢固,以免使用期间绝缘材料因磨损而短路。电路接地通过金属化螺钉以及对应的阻焊亮铜带和结构件良好搭接,对应的结构件不做喷漆处理。使用不锈钢错齿弹垫、棘爪弹垫、止退螺母等紧固件防止装配松动。

9.6.3　进一步分析

随着社会发展及加工技术的进步，产品的结构形式有了很大变化，从单机到系统，从最初主要使用型材、钣金结构发展到数控铣削成型的零件实现形式，精密加工技术已开始影响光电系统的设计和生产。

该系统装配拆卸简单，生产维护方便，具备较高的“三化”程度，符合国家标准有关要求。系统通过企业内部功能、性能测试和第三方 EMC 实验、环境实验、性能实验验证，满足研制方案要求。

结构及工艺设计是项目研制过程的重要组成部分，直接影响到产品的可靠性、稳定性和品质指标，并不仅是为硬件平台做个外壳那样简单，需考虑多方面的约束因素以选择合理、可靠的设计技术。了解光电系统的结构形式及设计方法和在工程实际应用时采取的具体措施，对相应光电系统的结构及工艺设计有其参考、借鉴甚至指导意义。

第10章 光电系统作用距离工程理论计算及总体设计

CHAPTER 10

目标探测、搜索、识别、跟踪、测距、通信等用途的军用和民用光电系统，例如，红外跟踪仪、电视跟踪仪、微光电视、激光雷达、激光测距仪、光通信等，往往是有距离指标要求的。一般来说，光电系统在一定环境条件、探测概率(误码率)、虚警率情况下，对特定目标的工作距离(跟踪距离、搜索距离、发现距离、传输距离、通信距离等)，统称为作用距离。对于这类光电系统，作用距离是衡量其水平的重要综合性能指标。值得一提的是，对于其他类别的光电系统，也有类似的综合性能指标。该综合性能指标包含系统的主要组成及其关键因素，系统设计就是围绕在一定约束条件下的综合性能指标最优化所展开。因此综合性能指标是系统总体设计及优化设计的核心所在。

本章首先在推导被动红外系统作用距离方程一般形式的基础上，得出背景限制探测器的一般作用距离方程式，从而推演出特殊系统(搜索系统、跟踪系统)的作用距离方程式。接着介绍脉冲式激光测距仪测距方程、电视跟踪仪作用距离计算、微光电视作用距离计算。然后介绍光纤通信系统设计与作用距离计算。最后详细研讨光电系统总体设计的基本概念、内容、特点、阶段、方法等。

10.1 红外系统作用距离计算

从不同角度，红外系统可分为不同类别，其作用距离方程也有相应形式。这里，从红外系统作用距离方程一般形式推导，得到背景限制探测器的一般作用距离方程式，进一步得出特殊系统的作用距离方程式。

10.1.1 方程一般形式推导

在许多应用中，红外系统能探测或跟踪目标的最大距离是一个重要的量值。因此，将推导出一般作用距离方程，用来进行综合设计。唯一的假定是，系统的噪声受探测器噪声所限制。如果因设计不良或装配不妥而满足不了上述假定，则实际探测距离将小于方程式所计算的值。

分辨不出来的目标(即不充满瞬时视场的目标)的光谱辐射照度是

$$H_\lambda = \frac{I_\lambda \tau_a(\lambda)}{R^2} \tag{10.1}$$

式中，I_λ 是目标的光谱辐射强度；$\tau_a(\lambda)$是从传感器到目标的路程上的光谱透过率；R 是到

目标的距离。入射在探测器上的光谱辐射功率为

$$P_\lambda = H_\lambda A_0 \tau_0(\lambda) \tag{10.2}$$

式中，A_0 是光学系统入射孔径的面积；$\tau_0(\lambda)$是传感器的光谱透过率(包括保护窗口和光学系统等)。探测器产生的信号电压是

$$V_s = P_\lambda \Re(\lambda) \tag{10.3}$$

式中，$\Re(\lambda)$是探测器的光谱响应度。

以上推导过程仅适用于在中心波长 λ 附近的一个无限小的光谱区间。对于任一光谱区间，信号电压可以在整个区间进行积分而得到

$$V_s = \frac{A_0}{R^2}\int_{\lambda_1}^{\lambda_2} I_\lambda \tau_a(\lambda)\tau_0(\lambda)\Re(\lambda)\mathrm{d}\lambda \tag{10.4}$$

导入探测器的均方根噪声值，可得信噪比：

$$\frac{V_s}{V_n} = \frac{A_0}{V_n R^2}\int_{\lambda_1}^{\lambda_2} I_\lambda \tau_a(\lambda)\tau_0(\lambda)\Re(\lambda)\mathrm{d}\lambda \tag{10.5}$$

遗憾的是，这个式子不能直接求解，因为大气透过率 $\tau_a(\lambda)$是波长和距离的函数。由于积分中含有和波长有关的若干项，所以求解式(10.5)十分复杂。将与波长有关的各项由积分形式换成传感器光谱通带内的平均值或积分值，就可以避开这一困难。具体做法是：假定光谱通带为一矩形，即在 λ_1 和 λ_2 之间的透过率为 τ_0，在此区间以外的透过率为零。λ_1 和 λ_2 之间的辐射强度 $I_\lambda \mathrm{d}\lambda$ 可用 I 来代替。进一步假定目标是黑体，I 的值就能方便地计算出来。$\tau_a(\lambda)$项可用某些假定距离上的 λ_1 和 λ_2 之间的大气透过率的平均值 τ_a 来代替。同样，$\Re(\lambda)$用 λ_1 和 λ_2 之间的平均响应度 $\Re$ 来代替。除非几个函数中有一个函数在光谱通带内变化很迅速，否则上述近似求解法的误差是很小的。代入这些变化的值，解出作用距离，得

$$R = \left[\frac{A_0 I \tau_a \tau_0 \Re}{V_n (V_s/V_n)}\right]^{1/2} \tag{10.6}$$

用 D^* 表示探测器的性能比用响应度更恰当。

$$\Re = \frac{V_s}{HA_d} \tag{10.7}$$

$$D^* = \frac{V_s (A_d \Delta f)^{1/2}}{V_n H A_d} \tag{10.8}$$

由此

$$\Re = \frac{V_n D^*}{(A_d \Delta f)^{1/2}} \tag{10.9}$$

式中，H 为辐射照度；A_d 是探测器的面积；Δf 是等效噪声带宽。和上述作法一样，D^* 考虑为 λ_1 和 λ_2 之间的平均值，其值可根据 D^* 对波长的曲线来估算，或者，根据 D^* 的峰值和相对响应曲线来估算。如果传感器的瞬时视场是 ω(球面度)，探测器的面积为

$$A_d = \omega f^2 \tag{10.10}$$

这里，f 是光学系统的等效焦距。用数值孔径表征光学系统是很方便的，即

$$\mathrm{NA} = \frac{D_0}{2f} \tag{10.11}$$

这里 D_0 是光学系统入射孔径的直径。代入这些值，并用 $\pi D_0^2/4$ 置换 A_0，则距离方程变为

$$R=\left[\frac{\pi D_0(\mathrm{NA})D^* I\tau_a\tau_0}{2(\omega\Delta f)^{1/2}(V_s/V_n)}\right]^{1/2} \tag{10.12}$$

当用距离方程求解最大探测或跟踪距离时，V_s/V_n 项表示为系统正常工作所需的最小信噪比。如果系统用调制盘提供已调载波，则 V_s 和 V_n 都取均方根值。在脉冲系统中，V_s 通常取峰值，V_n 取均方根值。对不同的系统，方程均需进行相应的修正。为了估算各个参数变化的影响，可将 $V_s/V_n=1$ 时的距离定义为理想作用距离：

$$R_0=\left[\frac{\pi D_0(\mathrm{NA})D^* I\tau_a\tau_0}{2(\omega\Delta f)^{1/2}}\right]^{1/2} \tag{10.13}$$

如果目标处在理想作用距离上，则入射孔径上的照度称为等效噪声照度(NEI)，根据式(10.1)和式(10.13)，它等于：

$$\mathrm{NEI}=H_0=\frac{2(\omega\Delta f)^{1/2}}{\pi D_0(NA)D^*\tau_0} \tag{10.14}$$

为了更清晰地看出各种因素对最大探测距离的影响，把各项重新组合如下：

$$R=[I\tau_a]^{1/2}\left[\frac{\pi}{2}D_0(\mathrm{NA})\tau_0\right]^{1/2}[D^*]^{1/2}\left[\frac{1}{(\omega\Delta f)^{1/2}(V_s/V_n)}\right]^{1/2} \tag{10.15}$$

式(10.15)体现了系统设计所需考虑的目标辐射、大气传输、光学系统、探测器与信号处理等主要方面，是系统总体设计及优化设计的核心所在。其中：

第一项$[I\tau_a]^{1/2}$ 包括了目标的辐射强度和沿视线方向的透过率。虽然系统工程师靠选择传感器的光谱通带可对这两个量作某些控制，但实质上他无法控制这两个量。当缺乏目标特性的有关数据时，可利用第 2 章中所述的方法估算辐射强度。

第二项 $\left[\frac{\pi}{2}D_0(\mathrm{NA})\tau_0\right]^{1/2}$ 包括了表征光学系统特性的主要参数。数值孔径的理论最大值为 1，实际上很少大于 0.5。按式(10.15)直观地推论，似乎推导出最大探测距离应该直接随入射孔径的直径而变，而不是随它的平方根而变。通常认为，由于入射到探测器上的功率与孔径面积成正比，则信噪比必然与入射孔径的平方成正比。这种推论漠视了一个事实，即按比例放大某一光学设计时，一般必须保持数值孔径的值不变。因此，放大光学系统的直径，就需要按比例地放大焦距。焦距变长了，为了保持视场不变，探测器的线性尺寸也相应增大。最后，探测器的噪声随探测器面积的平方根增加。结果，信噪比随放大系数而正比地增大，而最大探测距离随放大系数的平方根而正比地增加。因为传感器的重量大致与放大系数的立方成正比，因此，最大探测距离近似与传感器重量的 6 次方根成正比。

第三项$[D^*]^{1/2}$ 反映探测器的特性。因为许多探测器已经十分接近 D^* 的理论极限，因此，依靠进一步改进探测器使最大探测距离大幅度增加的希望很小。当然，从探测器的辐射屏蔽方面得到的增益例外。

第四项 $\left[\frac{1}{(\omega\Delta f)^{1/2}(V_s/V_n)}\right]^{1/2}$ 包含说明系统特性和信号处理的因素。它表明，减小视场或带宽可增加最大探测距离，但由于有一个 4 次方的关系，故增加得不快。当然，这种增益的获得是牺牲信息速率来换取探测距离的。

必须指出的是，以上推导没有考虑辐射背景的影响；否则，应予适当修正，即用目标辐射强度与视场范围内背景辐射强度的差值取代目标辐射强度。此外，还需对 D^* 的温度特性等进行修正。更深入的研究可参阅作者的另一本专著《红外搜索系统》。

10.1.2　背景限制探测器的一般作用距离方程式

有些光子探测器能工作在背景限制(Blip)条件下，也就是说，此时探测器噪声是因背景光子引起载流子的产生以及随后复合的速率的起伏而产生的。

光电导型 Blip 探测器的 D^* 是

$$D_\lambda^* = \frac{\lambda}{2hc}\left(\frac{\eta}{Q_b}\right)^{1/2} \tag{10.16}$$

式中，h 是普朗克常数；c 是光速；η 是量子效率；Q_b 是背景光子通量。假定 D_λ^* 是光谱峰值，就必须乘以 s，s 是相对光谱响应在传感器光谱通带内的平均值(假定相对光谱响应已对光谱峰值归一化了)。这样，求得的 D_λ^* 值与推导一般作用距离方程式所采用的类似值是一致的。当用制冷屏蔽限制探测器的视场时，落在探测器上的总光子数与$\sin^2\theta$ 成正比，这里 θ 是屏蔽孔径对探测器所张圆锥的半角，则

$$D^* = \frac{s\lambda}{2hc}\left(\frac{\eta}{\sin^2\theta Q_b}\right)^{1/2} \tag{10.17}$$

若系统工作在空气中，则数值孔径为

$$\mathrm{NA} = \sin u' \tag{10.18}$$

式中，u'是会聚在焦点上的光锥的半角。如果屏蔽孔径恰好让光学系统的全部光线通过，则 u'等于 θ，因而背景限制探测器的理想作用距离为

$$R_0(\mathrm{Blip}) = \left\{\frac{\pi D_0 I \tau_a \tau_0 s\lambda}{4hc}\left(\frac{\eta}{Q_b \omega \Delta f}\right)^{1/2}\right\}^{1/2} \tag{10.19}$$

这里重要的是数值孔径已从距离方程中消去了，因此，影响 Blip 探测器最大作用距离的是光学系统的直径，而不是光学系统的相对孔径。Q_b 项表示从半球背景内所接收的光子能量；其值可计算求得。

在屏蔽孔径和光学系统匹配以后，还可采取几种措施以进一步降低背景的光子能量：

(1) 用光谱滤波，把光谱通带限制在目标通量的最有利的范围。该通带不应处在大气强烈吸收的波段里，因为这些波段只会增大背景噪声而不增大信号。

(2) 把所有光学零件的发射本领降到最小。

(3) 减少探测器视场内的那些光学支撑件的尺寸。总的原则是，任何这类部件应有高反射率(降低它们的发射本领)，且它们的球截面的曲率中心应在探测器上。

(4) 冷却探测器视场内的所有光学零件及其支撑件。

假定由制冷屏蔽来的光子数可忽略不计，那么，落在探测器上的背景能量 $Q_{b\theta}$ 等于通过屏蔽孔径所接收的通量。其来源如下：

(1) 被观察目标的背景以及目标和背景之间的大气向系统发射或散射的通量；

(2) 探测器感受到的光学系统及其支持的辐射。如果目标背景和光学零件全考虑为已知温度和发射本领的灰体，则 $Q_{b\theta}$ 的值由下式求得

$$Q_{b\theta}=\sin^2\theta\int_{\lambda_1}^{\lambda_2}[Q_{tb}(\lambda)\varepsilon_{tb}+Q_o(\lambda)\varepsilon_o]d\lambda \tag{10.20}$$

式中，脚注 tb 和 o 分别表示目标背景和光学系统；ε 是它们相应的发射本领。注意到这一点很重要，即 $\sin^2\theta$ 已经包括在式(10.19)中[通过式(10.17)]。因此要取代式(10.19)中 Q_b 时，真正的值是 $Q_{b\theta}/\sin^2\theta$，或者简单点说，式(10.20)中积分值不要乘以 $\sin^2\theta$。如前所述，Q_b 和 $Q_{b\theta}$ 的值可计算求得。

应再次强调一下，只有当①探测器只是依靠冷屏蔽通过光学系统来接收辐射通量；②探测器工作在背景限制条件下；③系统的噪声由探测器所限制时，式(10.19)才是正确的。当这些条件满足时，最大的探测距离是

$$R_0(\text{Blip})\approx\frac{I^{1/2}}{Q_b^{1/4}} \tag{10.21}$$

因此，背景限制系统的最大探测距离与目标辐射强度的平方根成正比，与辐射到探测器上的背景通量的 4 次方根成反比。可能还没有性能真正受背景限制的系统，但是，用于空间的系统似乎肯定将实现性能受背景限制这一点。

10.1.3 特殊系统的作用距离方程式

从原则上说，一般作用距离方程式(10.12)能用于任何类型的红外系统。本节将距离方程适当修改一下，使之能用于搜索系统和其他几类跟踪系统。

1. 搜索系统

以往大多数搜索系统都使用单个探测器或线列阵测器，通过光学或机械方法来扫描整个搜索视场。因为这类系统都是当扫描运动使瞬时视场扫过目标时产生一个脉冲，所以都属于脉冲系统。

对于脉冲系统，式(10.12)的信噪比(V_s/V_n)普遍认为应该用峰值信号对噪声均方根的比来取代，因此，V_s 应该用 V_p 来代替。不过，只有当脉冲是正弦时，或者，信号处理系统的带宽为无限时，V_s 才等于 V_p。大多数脉冲系统的脉冲接近于矩形，因而，信号占有很宽的频谱，其中一部分被信号处理系统的有限宽衰减掉了，结果，V_p 小于 V_s；V_p/V_s 则表示脉冲通过信号处理系统时信号损失的度量。考虑到这部分的损失，理想作用距离方程中必须包括 V_p/V_s 项：

$$R_0(\text{搜索})=\left[\frac{\pi D_0(\text{NA})D^*I\tau_a\tau_0V_p}{2(\omega\Delta f)^{1/2}V_s}\right]^{1/2} \tag{10.22}$$

搜索视场的分解元数目为

$$r=\frac{\Omega}{\omega C} \tag{10.23}$$

式中，Ω 是搜索视场的大小(球面度)；C 是单个探测器元件的数目(每一个元件覆盖 ω 球面度的瞬时视场)。搜索速率是

$$\dot{\Omega}=\frac{\Omega}{\mathfrak{I}} \tag{10.24}$$

式中，$\mathfrak{I}$是帧时间，即扫描整个搜索视场所需要的时间。目标脉冲的持续时间等于目标的像通过一个探测器所需要的时间，这个时间称为驰预时间，由下式给出：

$$\tau_d = \frac{\Im}{r} = \frac{\omega C}{\dot{\Omega}} \tag{10.25}$$

由此

$$\omega = \frac{\tau_d \dot{\Omega}}{C} \tag{10.26}$$

理想作用距离是

$$R_0(\text{搜索}) = \left[\frac{\pi D_0(\text{NA})D^* I\tau_a\tau_0 V_p}{2(\dot{\Omega}\tau_d \Delta f/C)^{1/2} V_s}\right]^{1/2} \tag{10.27}$$

V_s、V_p、Δf 和 τ_d 这 4 项实际上都与信号处理系统的特性有关。它们可以用脉冲能见度系数来代替：

$$\upsilon = \left(\frac{V_p}{V_{ss}}\right)\frac{1}{\tau_d \Delta f} \tag{10.28}$$

用以表示信号处理系统从噪声中分离出信号的效率。V_p 项是信号处理系统输出端的脉冲峰值幅度，V_{ss} 是在信号处理系统中脉冲不受损失时的峰值幅度。因此，式(10.22)和式(10.27)中的 V_p/V_s 与 V_p/V_{ss} 是一样的，理想距离方程变为

$$R_0(\text{搜索}) = \left[\frac{\pi}{2} D_0(\text{NA})D^* I\tau_a\tau_o\right]^{1/2} \left[\frac{\upsilon C}{\dot{\Omega}}\right]^{1/4} \tag{10.29}$$

υ 值取决于噪声的频谱特性和信号处理系统滤波器的带宽。对于线性处理系统，υ 不超过 2；实际上，这个值大致处于 0.25～0.75 的范围。υ 值也可由系统电子学的传递函数计算出来。

由式(10.29)明显看出，搜索装置的理想作用距离与探测器单元的个数的四次方根成正比。大多数探测器制造厂都能生产 288×4 以上元件的列阵，面阵列元件是获得较大搜索距离的最廉价的手段，所以，搜索装置的设计者们会转向于使用大阵列元件。

应用统计学概念，可以计算在给定的探测概率和虚警时间所需的信噪比。如果观测时间等于帧时间，且搜索视场内只有单一的目标，则观测间隔内恰好出现一个信号脉冲。探测到这种信号的概率称为单次发现探测概率。图 10.1 绘出了单次发现探测概率的曲线，它表示为信号峰值对噪声均方根电压的比 V_p/V_n 以及实际距离对理想距离之比 R/R_0 的函数。曲线上的参数 n' 为虚警时间间隔内产生的噪声脉冲的总数。假定每秒钟的噪声脉冲数近似等于系统的带宽，即

$$n' \approx \tau_{fa} \Delta f \tag{10.30}$$

例如，如果系统带宽是 2000Hz，虚警时间是 50s，则 n' 为 10^5，曲线表明，探测概率为 90%，需要的信噪比是 5.7，对目标的作用距离为 $0.42R_0$。由曲线明显看出，这些值随虚警时间的变化并不快，例如，把虚警时间增大到 50×10^3s，这样，n' 为 10^8，所需要的信噪比仅增大到 6.9。

可以把统计学的方法推广到计算连续两次扫描间目标距离变化的影响、目标闪烁的影响以及开始扫描时目标距离的影响。

2. 几种常用红外跟踪设计作用距离方程形式

常用红外跟踪设计作用距离方程形式包括考虑扫描机构的红外跟踪器作用距离方程、

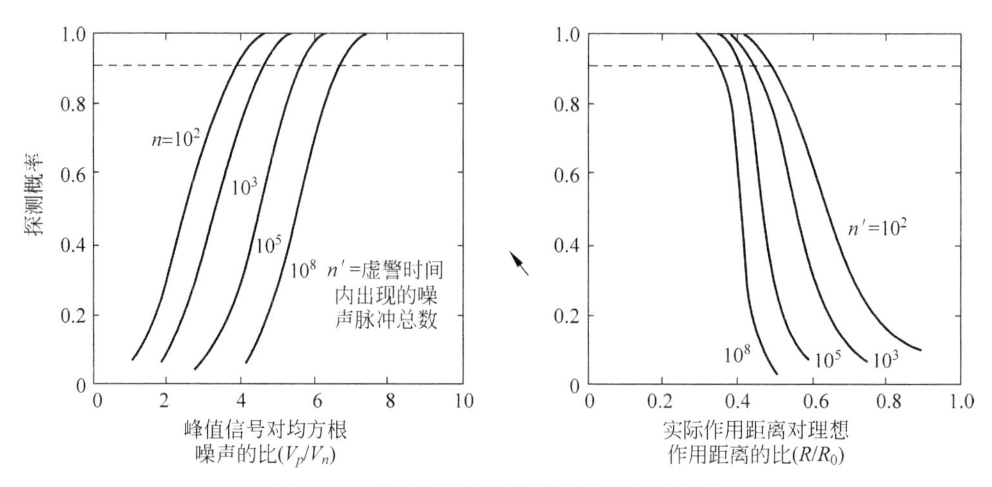

图 10.1 脉冲型搜索系统单次发现探测概率

红外热像跟踪器作用距离估算方程。

1）考虑扫描机构的红外跟踪器作用距离方程

根据式(10.12)，可以推导出该红外跟踪器作用距离方程如下：

$$R=\left(\frac{\pi D_0 D^* \sqrt{2T_f n \eta_{sc}}\tau_o I_{\Delta\lambda}\tau_a\sigma}{4F\sqrt{A\times B}\,\mathrm{SNR}}\right)^{\frac{1}{2}} \tag{10.31}$$

或

$$R=\left(\frac{\pi D_0^2 D^* \tau_o I_{\Delta\lambda}\tau_a\sigma}{4\cdot\sqrt{A_d\Delta f}\,\mathrm{SNR}}\right)^{\frac{1}{2}} \tag{10.32}$$

式中，R 为探测系统至目标的距离；D_0 为光学系统入射孔径；D^* 为探测器的平均探测率；T_f 为扫描帧周期；n 为探测器并联元数；η_{sc} 为扫描效率；τ_o 为光学系统透过率；$I_{\Delta\lambda}$ 为目标辐射强度；τ_a 为大气透过率；σ 为信号过程因子；F 为光学系统 F 数（f 数）；A 为方位视场；B 为高低视场；SNR 为保证稳定跟踪时系统所需信噪比；Δf 为信号带宽；A_d 为探测器光敏面积。

例 10.1 设 $D_0=190\mathrm{mm}$；$D^*=1.5\times10^{10}\mathrm{cm}\cdot\mathrm{Hz}^{1/2}\cdot\mathrm{W}^{-1}$；$T_f=1/25$；$n=4$；$\eta_{sc}=0.70$；$\tau_o=0.65$；$I_{8\sim12}=12.17\mathrm{W/sr}$（工作波段为 8～12μm）；$\tau_a=0.198$；$\sigma=0.67$；$F=1.0$；$A=1.87°$；$B=1.40°$；保证稳定跟踪时，系统所需信噪比 SNR 取 7.4。将以上参数代入式(10.31)计算得

$$R=7.24\mathrm{km}$$

2）红外热像跟踪器作用距离估算（一）

可推出红外热像跟踪器作用距离估算公式：

$$R^2=\frac{I_\lambda\cdot \mathrm{e}^{-\alpha R}}{\mathrm{NETD}\cdot\omega\cdot\Delta N\cdot\mathrm{SNR}\cdot\eta} \tag{10.33}$$

式中，I_λ 为目标辐射强度；NETD 为热像仪的等效噪声温差；ω 为热像仪的瞬时视场(sr)；ΔN 为辐射亮度差为（$\mathrm{W}\cdot\mathrm{cm}^{-2}\cdot\mathrm{sr}^{-1}\cdot\mathrm{K}^{-1}$）；SNR 为信噪比；$\alpha$ 为大气衰减系数；η 为经验系数。

例 10.2　设 I_λ 对1马赫(Ma)目标约为5.7W/sr,对2Ma目标约为20W/sr,对某型飞机约为100W/sr；NETD=0.08K；$\omega=0.07\times0.07\text{mrad}^2=6.4\times10^{-9}\text{sr}$；$\Delta N=7.4\times10^{-5}\text{W}\cdot\text{cm}^{-2}\cdot\text{sr}^{-1}\cdot\text{K}^{-1}$；信噪比SNR取10；大气衰减系数 α 取 0.172km^{-1}；经验系数 η 取4。将各参数代入式(10.33)可得：对1Ma目标,$R\approx9.6\text{km}$；对2Ma目标,$R\approx13.3\text{km}$；对飞机,$R\approx18.6\text{km}$。

3) 红外热像跟踪器作用距离估算(二)

当已知目标的红外辐射强度 $J_{\Delta\lambda}$ 时,可按式(10.34)计算作用距离

$$R^2=\frac{\pi\cdot J_{\Delta\lambda}\cdot \mathrm{e}^{-\alpha R}}{(\text{NETD})\cdot(\text{SNR})\cdot\omega\cdot X_T\cdot\eta}\tag{10.34}$$

$$X_T=\frac{c_2}{\lambda_2 T^2}\int_{\lambda_1}^{\lambda_2}M_{\lambda T}\,\mathrm{d}\lambda\tag{10.35}$$

$$M_{\lambda T}=\frac{c_1}{\lambda^5(\mathrm{e}^{c_2/\lambda T}-1)}\tag{10.36}$$

式中,c_1 为第一辐射常量；c_2 为第二辐射常量；λ_2 为工作波段的截止频率；$M_{\lambda T}$ 为光谱辐射通量密度。

当不知道目标的红外辐射强度,但能得知目标的温度 T、面积 A_t 和表面材料的发射率 ε 时,可按式(10.37)估算作用距离。

$$R^2=\frac{\lambda_2\cdot A_t\cdot\varepsilon\cdot T^2\cdot \mathrm{e}^{-\alpha R}}{c_2\cdot(\text{NETD})\cdot(\text{SNR})\cdot\omega\cdot\eta}\tag{10.37}$$

10.2　脉冲激光测距系统作用距离计算

从激光测距公式可以推导出脉冲激光测距系统作用距离方程。

10.2.1　激光测距公式

激光测距基本公式如下：

$$R=ct/2\tag{10.38}$$

式中,R 为被测目标距离(m)；c 为光在空气中传播速度(m/s)；t 为激光从发射到接收往返一次的时间(s)。

顺便指出,根据光传播时间的测量方法不同,激光测距分为脉冲测距和相位测距。脉冲激光测距仪是通过测量激光脉冲在测距仪和目标之间往返一次所用的时间来确定目标距离。相位激光测距仪是通过强度调制的连续光波在测站与被测目标间往返传播过程中的相位变化来测量其传播时间,从而确定目标距离。这里主要介绍脉冲激光测距作用距离的计算。

10.2.2　脉冲式激光测距仪测距方程式

脉冲式激光测距仪测距方程及其讨论、推导如下。

1. 测距方程式

假设目标为漫反射目标,则测距方程为

$$R=\{P_t \cdot K_t \cdot \rho \cdot A_t \cdot K_r \cdot A_r \cdot e^{-2\alpha R}/(A_s \cdot \pi \cdot P_r)\}^{1/2} \tag{10.39}$$

式中,R 为目标距离(m); P_t 为激光器发射功率(W); K_t 为发射系统光学透过率; ρ 为目标漫反射系数; A_t 为目标面积(m^2); K_r 为接收系统光学透过率; A_r 为接收物镜有效接收面积(m^2); A_s 为光束在目标处的照射面积(m^2); P_r 为接收器可接受的激光功率; α 为大气衰减系数。

在测程估算时,可采用以下经验公式来确定大气衰减系数:

$$\alpha=2.66/V \tag{10.40}$$

式中,V 为大气能见度(km); $e^{-2\alpha R}$ 中 R 单位为 km,以下同。

若用接收系统最小可探测功率 P_{min} 代替式中 P_r,则可得到最大测程公式:

$$R_{max}=\{P_t \cdot K_t \cdot \rho \cdot A_t \cdot K_r \cdot A_r \cdot e^{-2\alpha R_{max}}/(A_s \cdot \pi \cdot P_{min})\}^{1/2} \tag{10.41}$$

2. 讨论

对大目标、对小目标的最大测程公式是有区别的,接收视场对测程也是有影响的。

1) 对大目标测距的最大测程公式

所谓大目标,是指被测目标的面积大于或等于激光束在目标处形成的照射面积,换句话说,发射的激光束能全部落在目标上,此时:

$$A_t/A_s=1$$

最大测程公式可简化为

$$R_{max}=\{P_t \cdot K_t \cdot \rho \cdot K_r \cdot A_r \cdot e^{-2\alpha R_{max}}/(\pi \cdot P_{min})\}^{1/2} \tag{10.42}$$

2) 对小目标测距时的最大测程公式

所谓小目标,即指目标小于激光束在目标处所形成的照射面积,此时,测距仪发射的激光只有一部分为目标截获,即

$$A_t < A_s$$

激光束照射面积 A_s 为

$$A_s=\pi R^2 \theta_t^2/4 \tag{10.43}$$

式中,θ_t 为激光束散角(rad)。

将上式代入式(10.41)并稍加整理可得

$$R_{max}=\{4P_t \cdot K_t \cdot \rho \cdot A_t \cdot K_r \cdot A_r \cdot e^{-2\alpha R_{max}}/(\pi^2 \cdot \theta_t^2 \cdot P_{min})\}^{1/4} \tag{10.44}$$

例 10.3 设 $P_t=20\text{MW}$; $\rho=0.15$; $K_t \cdot K_r=0.9\times0.5$; $A_r=0.0113\text{m}^2$; $A_t=0.1\text{m}^2$; $P_{min}=1.5\times10^{-8}\text{W}$; $\alpha=0.27$; $\theta_t=1.8\text{mrad}$。将以上参数代入式(10.44),计算得

$$R_{max}=5.237\text{km}$$

3) 接收视场对测程的影响

一般情况下,光学接收系统视场角 θ_r 应设计成等于或稍大于激光束散角 θ_t,上面的测距方程式就是以此为条件而成立的,如果,接收视场角小于发射激光束散角,式(10.39)应改写成

$$R=\left[\frac{P_t \cdot K_t \cdot \rho \cdot A_t \cdot K_r \cdot A_r}{A_s \cdot \pi \cdot P_r} \cdot \left(\frac{\theta_r}{\theta_t}\right)^2 \cdot e^{-2\alpha R}\right]^{1/2} \tag{10.45}$$

对小目标测距，目标对应激光发射窗的视场角小于或等于θ_r时，则$\theta_r/\theta_t=1$，此时接收视场对测程无影响，如果对大目标测距，或者目标对应发射窗的视场角大于θ_r，则测程公式为式(10.45)。

3. 测距公式的推导

根据测距仪发射到目标上的激光功率能接收到的回波激光功率，来推导出测距公式。

1）测距仪发射到目标上的激光功率P_t'

$$P_t'=P_t \cdot A_t \cdot K_t \cdot T_\alpha / A_s \tag{10.46}$$

式中，P_t为激光器发射功率(W)；K_t为发射系统光学透过率；A_t为目标面积(m^2)；A_s为激光束在目标处形成的照射面积(m^2)；T_α为大气单程透过系数，$T_\alpha=e^{-\alpha R}$。

2）激光回波在单位立体角内所含有的激光功率P_e

$$P_e=P_t' \cdot \Omega_t^{-1} \cdot T_\alpha \cdot \rho \tag{10.47}$$

式中，Ω_t为目标辐射形成的立体角；ρ为目标漫反射系数；T_α为大气单程透过系数。

根据朗伯反射定理，并假设激光发射轴与目标表面法线重合，又因接受视场角很小(约1mrad)，于是$\Omega_t \approx \pi$，因此：

$$P_e=P_t' \cdot \pi^{-1} \cdot T_\alpha \cdot \rho \tag{10.48}$$

3）测距仪能接收到的激光功率P_r

假设测距仪接收视场角等于激光发射的束散角，则有：

$$P_r=P_e \cdot \Omega_r \cdot K_r \tag{10.49}$$

式中，Ω_r为测距仪接收窗对目标形成的立体角；K_r为接收系统光学透过率。

根据立体角的概念

$$\Omega_r=A_r/R^2$$

式中，A_r为测距仪接收窗有效接收面积(m^2)；R为目标的距离(m)。

如此可得：

$$P_r=P_e \cdot A_r \cdot K_r/R^2 \tag{10.50}$$

4）测距公式

由式(10.46)、式(10.48)和式(10.50)可得测距公式：

$$P_r=P_t \cdot K_t \cdot \rho \cdot K_r \cdot A_r \cdot A_t \cdot T_\alpha^2/(A_s \cdot \pi \cdot R^2) \tag{10.51}$$

用P_{min}代替公式中的P_r，则可得最大测距公式如下：

$$R_{max}=\{P_t \cdot K_t \cdot \rho \cdot A_t \cdot K_r \cdot A_r \cdot e^{-2\alpha R}/(A_s \cdot \pi \cdot P_{min})\}^{1/2}$$

式中，P_{min}为正常测距时测距仪最小可探测功率。

4. 几点补充说明

束散角的定义通常为在1mrad内所含有的激光能量对总能量的比值。但这种说法对讨论具体的测距公式是不够的。

对于目标大于激光束在目标处形成的照射面积而言，可以认为激光发出的全部能量均落在目标上。

对于目标等于激光束在目标处形成的照射面积而言，在最大测程公式中的发射功率P_t，应该乘一个束散角比值系数。例如，某激光发射器在1mrad内所含激光能量对总能量

的比值为 K_1，则：$P_t=K_1 \cdot P'_t$，(P'_t为激光器总能量)，而 $\theta_t=1\text{mrad}$。

对于目标面积小于激光束在目标处所形成的面积，例如，目标面积是光束面积的一半，则应该知道在 0.5mrad 内所含激光能量对总能量的比值 K_2，$P_t=K_2 \cdot P'_t$，而 $\theta_t=0.5\text{mrad}$。

由此可见激光束的束散角对测程的影响，特别是对小目标测距时测程的影响是比较大的。

10.3 电视跟踪仪作用距离计算

有以下 3 种电视跟踪仪作用距离计算方法。

10.3.1 电视跟踪仪作用距离计算(一)

电视作用距离系指能把目标的特征信号提取出来，并能实现稳定跟踪的最大距离。电视跟踪仪实现稳定跟踪的基本条件一般有 3 个：目标像照度要求≥0.3lx、目标压行数≥2 行、信噪比大于 7dB。

1. 按目标在摄像器靶面上的像照度估算

目标在摄像器靶面上的像照度如下：

$$E_{目像}=\frac{1}{4}\rho E_{目}(1-\upsilon^2)\left(\frac{D}{f}\right)^2 K_{光} K_{大}\left(\frac{\sigma_t^2}{\sigma_\varepsilon^2}\right) \tag{10.52}$$

$$\sigma_\varepsilon=\sqrt{\sigma_t^2+\sigma_1^2+\sigma_2^2+\sigma_3^2+\sigma_4^2} \tag{10.53}$$

$$\sigma_t=\sqrt{\frac{A}{\pi}} \cdot \frac{1}{R} \cdot 2.06\times 10^5 \tag{10.54}$$

式中，A 为目标发光体的漫反射面积；R 为作用距离；σ_1 为大气介质抖动在电视帧时间内引起弥散的均方根值(4″)；σ_2 光学系统衍射分辨率限制引起的角弥散的均方根值($1.09\times 10^5\lambda/D$)；λ 为摄像器光谱灵敏度的峰值波长；D 为光学系统的通光口径；σ_3 为摄像管分辨限制引起的角弥散的均方根值($0.9\times 10^5/n/f$)；n 为电视摄像机的极限分辨率；f 为光学系统焦距；σ_4 为跟踪角速度误差在电视帧时间内引起的角弥散的均方根值($2078.52|\Omega|T_{帧}$)；$|\Omega|$ 为角速度误差绝对值，一般取最大跟踪速度的 0.5%；$T_{帧}$ 为电视帧扫描时间；ρ 为目标的漫反射系数；$E_{目}$ 为目标的照度；υ 为光学系统的遮拦比；$K_{光}$ 为光学系统的透过率；$K_{大}$ 为大气透过率；σ_t 为目标相对于光轴的张角的均方根值；σ_ε 为目标经大气、光学系统、摄像装置的振动和跟踪误差等因素在像面上引起的角弥散的均方根值；$E_{目像}$ 为目标在摄像器靶面上的照度。

例 10.4 设 $A=3\times 0.1\text{m}^2$；$R=5.5\text{km}$；$\sigma_1=4''$；$\sigma_2=1.09\times 10^5\lambda/D$；$\lambda=0.8\times 10^{-3}\text{mm}$(对硅靶管)；$D=120\text{mm}$ 或 150mm；$\sigma_3=0.9\times 10^5/n/f$；$n=59.9$ 行/mm；$f=300\text{mm}$ 或 600mm；$|\Omega|=0.35°/\text{s}$；$T_{帧}=0.02\text{s}$；$\rho=0.3$；$E_{目}=10^3\text{lx}$；$\upsilon=0.2$；$K_{光}=0.45$；$K_{大}=0.68$。将已知参数代入式(10.55)～式(10.57)，可得：$\sigma_t=11.58''$，σ_ε 与 $E_{目像}$ 分别见表 10.1 和表 10.2。

表 10.1　不同光学系统通光口径、不同焦距时的 σ_ε

f	σ_ε	
	$D=120$mm	$D=150$mm
300mm	19.64″	19.635″
600mm	19.16″	19.156″

表 10.2　不同光学系统通光口径、不同焦距时的 $E_{目像}$

f	$E_{目像}$	
	$D=120$mm	$D=150$mm
300mm	1.24lx	1.89lx
600mm	0.33lx	0.49lx

2. 按目标像的压行数估算

目标像的压行数如下：

$$N=\frac{f\cdot\sigma_\varepsilon}{2.06\times10^5}\cdot n \tag{10.55}$$

式中，N 为压行数。

例 10.5　定义及参数如例 10.4 所示，求得压行数见表 10.3。

表 10.3　不同光学系统通光口径、不同焦距时的 N

f	N	
	$D=120$mm	$D=150$mm
300mm	1.71	1.71
600mm	3.35	3.35

3. 按信噪比的估算

目标与背景亮度之比为

$$\frac{B_{目}}{B_{背}}=\frac{\rho\cdot E_{目}}{\pi\cdot B_{背}} \tag{10.56}$$

式中，$B_{背}$ 为背景亮度；$B_{目}$ 为目标亮度。目标-背景信噪比为

$$\left(\frac{S}{N}\right)_{目\_背}=20\lg\frac{V_{sp\_p}}{V_{N1}}=20\lg\frac{\sqrt{2}B_{目}}{B_{背}} \tag{10.57}$$

背景噪声为

$$V_{N1}=\frac{V_{sp\_p}}{10^{\frac{\left(\frac{S}{N}\right)_{目\_背}}{20}}} \tag{10.58}$$

摄像机的噪声为

$$V_{N2}=\frac{V_{sp\_p}}{10^{\frac{\left(\frac{S}{N}\right)_{摄}}{20}}} \tag{10.59}$$

式中，$(S/N)_{摄}$为摄像机的信噪比；V_{sp_p}为信号峰-峰值电压。

总的噪声：

$$V_N = V_{N1} + V_{N2} \tag{10.60}$$

总的信噪比：

$$\frac{S}{N} = \left[\left(\frac{S}{N}\right)_{目\_背} + \left(\frac{S}{N}\right)_{摄}\right] - 20\log\left(10^{\frac{(S/N)_{目\_背}}{20}} + 10^{\frac{\left(\frac{S}{N}\right)_{摄}}{20}}\right) \tag{10.61}$$

例 10.6 设$B_{背}=10^3\mathrm{cd/m^2}$；$B_{目}=95.5\mathrm{cd/m^2}$；$(S/N)_{摄}=50\mathrm{dB}$；其他定义及参数如例 10.4 所示。由式(10.57)得目标-背景信噪比为

$$\left(\frac{S}{N}\right)_{目\_背} = 17.34\mathrm{dB}$$

由式(10.61)得总的信噪比为

$$\frac{S}{N} = (17.34 + 50) - 20\lg\left(10^{\frac{17.34}{20}} + 10^{\frac{50}{20}}\right) = 10.14(\mathrm{dB})$$

由例 10.4、例 10.5、例 10.6 可知，所举例电视跟踪仪在作用距离$R=5.5\mathrm{km}$时，其目标像照度要求、目标压行数、信噪比能满足实现稳定跟踪的 3 个基本条件。

10.3.2 电视跟踪仪作用距离计算(二)

电视作用距离用最小压行数法计算。计算公式为

$$R = F \times H \times N/(D \times n) \tag{10.62}$$

式中，F为电视光学系统焦距；H为目标高度；N为摄像机分辨率；D为摄像机靶面高度；n为电视跟踪器能提取出目标信息的最小压行数，取$n=3$。

10.3.3 电视跟踪仪作用距离计算(三)

电视跟踪仪作用距离也可用下式计算：

$$R = \frac{d_m \cdot f' \cdot N_v}{0.6D \cdot n} \tag{10.63}$$

式中，d_m为目标大小(m)；f'为系统焦距(mm)；N_v为电视分辨率(电视行)；D为靶面有效直径(mm)；n为探测目标所需的行数。

由式(10.63)可知，R与N_v是成正比关系的。如果N_v越大，探测距离就越远；反之亦然。同时与目标所占电视行数n成反比。即在相同条件下，目标信号提取所需n越小，其作用距离就越远；反之亦然。

1. 光学镜头分辨率的确定

电视系统的分辨率一般由光学镜头分辨率和摄像管(器)的分辨率所确定。光学镜头的分辨率常用每毫米内的黑白线对R_n表示(线对/毫米，lp/mm)，R_n与电视线之间的关系为

$$R_n = (N_v/2)/h \tag{10.64}$$

式中，N_v为像高h的线数。

因电视图像的幅宽比为$h/b=3/4$，所以式(10.64)也可表示为

$$R_n = (N_v/2)/h = 2N_v/(3b) \tag{10.65}$$

式中，b表示电视画像的宽度。

2. 电视摄像管分辨率的确定

在广播电视系统中，对电视系统分辨率分为水平分辨率和垂直分辨率。垂直分辨率 R_m 与有效扫描行 Z' 之间关系为

$$R_m = 0.7Z' \tag{10.66}$$

对于我国标准体制来讲，标称行数为 625 行，有效行由于帧消隐减少 8%，即 575 行。因此，有时也用 $R_m = 0.65Z$ 表示（Z 为标称行数）。

取水平分辨率 R_n 等于垂直分辨率时图像质量最佳，当考虑高宽比因素时，其关系为

$$R_n = kR_m = 0.65kZ \tag{10.67}$$

式中，k 为宽高比，即 $k=4/3$。

对于 CCD 摄像机水平分辨率和垂直分辨率，其水平和垂直两个方向的像元素 M 与图像宽度 ω 的关系为 $M=2R_n\omega$，则 $R_n=\dfrac{M}{2\omega}$(lp/mm)。

10.4 微光电视作用距离计算

广播电视和工业电视一般需要在 200lx 照度下工作，而通常将利用月光、星光、大气辉光等自然微光，光照度低于 0.1lx 条件下工作的电视系统称为微光电视。普通夜视仪是用人眼直接与仪器合作完成在微光条件下对目标的观察；微光电视可以远距离间接（即摄像与显示分开）观测目标。允许多点同时观测，并可对图像进行存储、处理，提高观测质量。

微光电视也是由摄像机[含光学成像系统、光电转换器件（像增强器）]、显示器和电子线路等组成。像增强器是系统关键部件。基本要求是：正确选择高灵敏度摄像管（像增强器）；设计像质好的大相对孔径、长焦距微光物镜；在大的光照范围（如 $10^8:1$）实现自动调光；低噪声的视频通道和有效的视频处理电路等。

微光电视作用距离可用下式计算：

$$R = \frac{f' \cdot M \cdot N_v}{A \cdot n} \tag{10.68}$$

式中，f'为光学系统焦距(mm)；M 为目标最小投影尺寸(m)；N_v 为微光电视极限分辨率（电视行）；n 为扫过目标像的电视行数；A 为显示器上图像的幅面高度(mm)。

根据经验，对不同识别水平，建议 n 的取值为：发现目标取 4；识别目标 14；辨认目标取 22。N_v 为每帧像高方向所能分辨的电视线数，这和正常的电视定义是一致的，其取值与输入到靶面的照度及对比度有关。

根据极限分辨率的定义，必须先求出靶面照度 E 的大小：

$$E = \frac{1}{4}\rho E_0 \tau_0 \tau_a \left(\frac{D}{f'_0}\right)^2 \tag{10.69}$$

式中，E_0 为景物面发光度($\mathrm{lx/m^2}$)，ρ 为目标反射率；D 为光学系统的有效口径；f'_0为光学系统焦距；τ_0 为光学系统的透过率；τ_a 为大气透过率。

再根据下式计算调制对比度 C 为

$$C = \frac{E' - E''}{E' + E''} \tag{10.70}$$

式中，E'、E''分别为摄像机靶面上的目标照度与背景照度。

由于每一个微光摄像机均有一组极限分辨率曲线与靶面照度和靶面对比度相联系，即可由此曲线估计相应的极限分辨率 N_v，进而可得作用距离。

10.5 光纤通信系统设计与传输距离计算

以利用光纤光缆传输光波信号的通信方式，从光源、光检测器、光放大器等有源器件到连接器、隔离器等无源器件，将这些器件通过光纤有机组合形成具有完整通信功能的系统，即构成光纤通信系统。光纤通信载波在 167～375THz(波段在 0.8～1.8mm)(0.8～0.9mm、1.0～1.8mm、1.9～2.0mm 分别称为短波段、长波段、超长波段)。

光纤通信系统就其拓扑而言是多种多样的，有星状结构、环状结构、总线结构和树状结构等，其中最简单是点到点传输结构。从应用的技术来看，分光同步传输网、光纤用户网、复用技术、高速光纤通信系统、光孤子通信和光纤通信在计算机网络中的应用等。从其地位来分，又有骨干网、城域网、局域网等。根据调制信号的类型有模拟光纤通信系统、数字光纤通信系统；根据光源的调制方式有直接调制光纤通信系统、间接调制光纤通信系统。根据光纤的传导模数量有多模光纤通信系统、单模光纤通信系统。根据系统的工作波长有短波长光纤通信系统、长波长光纤通信系统、超长波长光纤通信系统。

不同的应用环境和传输体系，对光纤通信系统设计的要求是不一样的，这里只针对简单系统，即点到点传输的光纤通信系统。而光纤通信系统的作用距离，亦即传输距离，对系统设计具有重要作用。由于光纤通信系统通常由若干个中继光链路组成，系统作用距离的计算就转为中继段长的估算，即中继段传输距离的估算。

10.5.1 光纤通信系统设计概述

光纤通信系统的基本要求如下：

(1) 预期的传输距离。

(2) 信道带宽或码速率。

(3) 系统性能(误码率、抖动、信噪比等)。

(4)“六性”。

为了达到这些要求，需要考虑以下要素。

(1) 光纤：需要考虑选用单模还是多模光纤，需要考虑的设计参数有纤芯尺寸、纤芯折射率分布、光纤的带宽或色散特性、损耗特性。

(2) 光源：可以使用 LED 或 LD(Laser Diode，激光二极管)，光源器件的参数有发射功率、发射波长、发射频谱宽度等。

(3) 检测器：可以使用 PIN(Positive-Intrinsic-Negative，P 型半导体-杂质-N 型半导体)组件或 APD(Avalanche Photo Diode，雪崩光电二极管)组件，主要参数有工作波长、响应度、接收灵敏度、响应时间等。

光纤通信系统的设计包括两方面的内容：工程设计和系统设计。

工程设计的主要任务是工程建设中的详细经费概预算，设备、线路的具体工程安装细节。主要内容包括对近期及远期通信业务量的预测；光缆线路路由的选择及确定；光缆线路敷设方式的选择；光缆接续及接头保护措施；光缆线路的防护要求；中继站站址的选择以及建筑方式；光缆线路施工中的注意事项。设计过程大致可分为：项目的提出和可行性研究；设计任务书的下达；工程技术人员的现场勘察；初步设计；施工图设计；设计文件的会审；对施工现场的技术指导及对客户的回访等。

系统设计的任务遵循建议规范，采用较为先进成熟的技术，综合考虑系统经济成本，合理选用器件和设备，明确系统的全部技术参数，完成实用系统的合成。

光纤通信系统的设计涉及许多相互关联的变量，如光纤、光源和光检测器的工作特性、系统结构和传输体制（标准和规范）等。

虽然光纤通信系统的形式多样，但在设计时，不管是否有成熟的标准可循，以下几点是必须考虑的：传输距离；数据速率或信道带宽；误码率（数字系统）或载噪比和非线性失真（模拟系统）。在做过相关分析后，要决定：是采用多模光纤还是单模光纤，并涉及纤芯尺寸、折射率剖面、带宽或色散、损耗、数值孔径或模场直径等参数的选取；是采用 LED 还是 LD 光源，涉及波长、谱线宽度、输出功率、有效辐射区、发射方向图、发射模式数量等指标的确定；是采用 PIN 还是 APD 接收器，它涉及响应度、工作波长、速率和灵敏度等参数的选择。

系统设计的一般步骤如下：

1. 网络拓扑、线路路由选择

一般可以根据网络/系统在通信网中的位置、功能和作用，根据承载业务的生存性要求等选择合适的网络拓扑。一般位于骨干网中的、网络生存性要求较高的网络适合采用网络拓扑；位于城域网的、网络生存性要求较高的网络适合采用环状拓扑；位于接入网的、网络生存性要求不高而要求成本尽可能低廉的网络适合采用星状拓扑或树状拓扑。

节点之间的光缆线路路由选择要服从通信网络发展的整体规划，要兼顾当前和未来的需求，而且要便于施工和维护。

选定路由的原则：线路尽量短直、地段稳定可靠、与其他线路配合最佳、维护管理方便。

2. 确定传输体制、网络/系统容量的确定

准同步数字系列（Plesiochronous Digital Hierarchy，PDH）主要适用于中、低速率点对点的传输。同步数字系列（Synchronous Digital Hierarchy，SDH）不仅适合于点对点传输，而且适合于多点之间的网络传输。20 世纪 90 年代中期以来，SDH 设备已经成熟并在通信网中大量使用，由于 SDH 设备良好的兼容性和组网的灵活性，新建设的骨干网和城域网一般都应选择能够承载多业务的下一代 SDH 设备。

网络/系统容量一般按网络/系统运行后的几年里所需能量来确定，而且网络/系统应方便扩容以满足未来容量需求。目前城域网中系统的单波长速率通常为 2.5Gb/s、骨干网单波长速率通常为 10Gb/s，而且根据容量的需求采用相应的波分复用。

3. 工作波长的确定

工作波长可根据通信距离和通信容量进行选择。如果是短距离小容量的系统，则可以选择短波长范围，即 800～900nm。如果是长距离大容量的系统，则选用长波长的传输窗口，即 1310nm 和 1550nm，因为这两个波长区具有较低的损耗和色散。另外，还要注意所选用的波长区具有可供选择的相应器件。

4. 光纤/光缆的选择

光纤有多模光纤和单模光纤,并有阶跃型和渐变型折射率分布。对于短距离传输和短波长系统可以用多模光纤。对于长距离传输和长波长系统一般使用单模光纤。目前可选择的单模光纤有G.652、G.653、G.654、G.655等。

G.652光纤/光缆对于1310nm波段是最佳选择,是目前常用的单模光纤。主要应用于城域网和接入网,不需采用大复用路数密集波分复用的骨干网也常采用G.652光纤/光缆。

G.653光纤/光缆是1550nm波长性能最佳的单模光纤/光缆;G.653光纤将零色散波长由1310nm移到最低衰减的1550nm波长区。主要应用于在1550nm波长区开通长距离10Gb/s以上速率的系统。但由于工作波长零色散区的非线性影响,不支持波分复用系统,故G.653光纤仅用于单信道高速率系统。目前新建或改建的大容量光纤传输系统均为波分复用系统,G.653光纤基本不采用。

G.654光纤/光缆是1550nm波长衰减最小的单模光纤,一般多用于长距离海底光缆系统,陆地传输一般不采用。

G.655光纤是非零色散位移单模光纤,适用于采用密集波分复用的大容量的骨干网中。

光纤/光缆是传输网络的基础,光缆网的设计规划必须要考虑在未来至少15~20年的生命周期内仍能满足传输容量和速率的发展需要。

光纤的选择也与光源有关,LED与单模光纤的耦合率很低,所以LED一般用多模光纤,但1310nm的边发光二极管与单模光纤的耦合取得了进展。另外,对于传输距离为数百米的系统,可以用塑料光纤配以LED。

5. 光源的选择

选择LED还是LD,需要考虑一些系统参数,比如色散、码速率、传输距离和成本等。LED输出频谱的谱宽比起LD来宽得多,这样引起的色散较大,使得LED的传输容量较低,限制在2500(Mb/s)·km以下(1310nm);而LD的谱线较窄,传输容量可达500(Gb/s)·km(1550nm)。

典型情况下,LD耦合进光纤中的光功率比LED高出10~15dB,因此会有更大的无中继传输距离。但是LD的价格比较昂贵,发送电路复杂,并且需要自动功率和温度控制电路。而LED价格便宜,线性度好,对温度不敏感,线路简单。设计电路时需要综合考虑这些因素。

6. 光检测器的选择

选择检测器需要看系统在满足特定误码率的情况下所需的最小接收光功率,即接收机的灵敏度,此外还要考虑检测器的可靠性、成本和复杂程度。

PIN-PD(PIN-photodiode,PIN光电二极管)比APD结构简单,温度特性更加稳定,成本低廉,低速率小容量系统采用LED+PIN-PD组合。若要检测极其微弱的信号,还需要灵敏度较高的APD,高速率大容量系统采用LD+APD组合。

7. 估算中继距离

根据影响传输距离的主要因素(损耗和色散)来估算中继距离。

以上是设计步骤的主要内容,另外还有光纤线路码型设计的问题。中心问题是确定中继(传输)距离。尤其对长途光纤通信系统,中继(传输)距离设计是否合理,对系统的性能和经济效益影响很大。

10.5.2 传输距离计算(一)

确定系统能达到的传输距离,是传输系统总体设计的主要问题。通信距离长时需要加光中继器延长通信距离,如图10.2所示。对于具有中继器的长距离通信系统,中继距离设计得是否合理,对系统的性能和经济效益有重要影响。

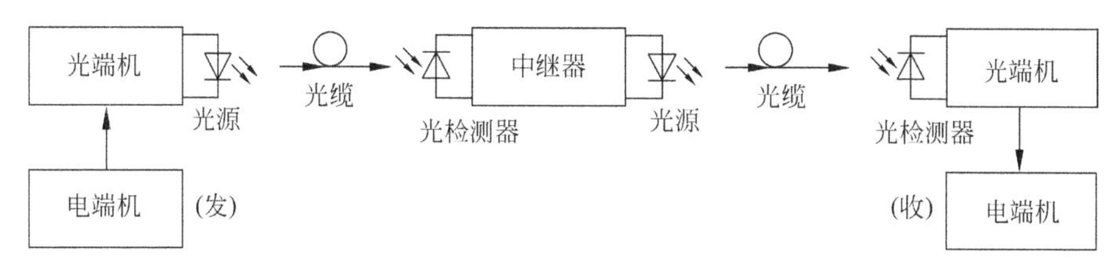

图10.2 光纤光缆通信原理示意图

对于没有中继器的传输系统如图10.3所示。

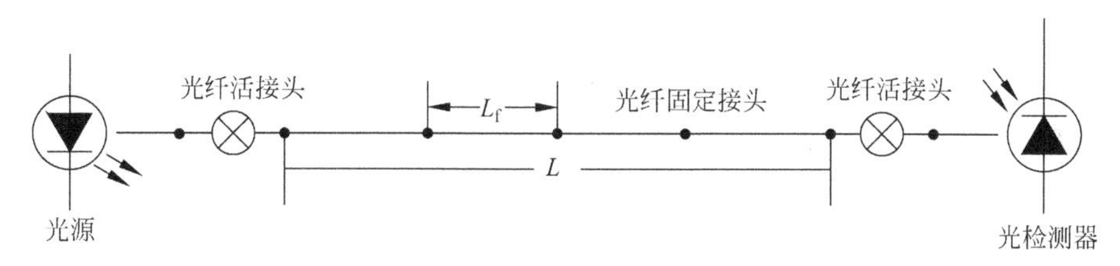

图10.3 光纤传输系统示意图

当发送光功率、光接收机灵敏度和光纤线路参数已知时,可用下列公式对系统的传输距离 L 进行估算。这里的传输距离是指中间没有中继器的传输距离。

$$L=\frac{S_t-S_r-2\alpha_c-M_E}{\alpha_f+\alpha_s/L_f+M_c} \tag{10.71}$$

式中,S_t 为发射平均光功率(dBm);S_r 为光接收机灵敏度(dBm);α_c 为一个光纤活接头的损失(dB);α_s 为一个光纤固定接头的损失(dB);α_f 为光纤每千米衰减(dB/km);L_f 为每段光纤光缆长度(km);M_E 为设备富余度(dB);M_c 为光纤线路每千米富余度(dB/km)。

发射平均光功率 S_t 一般是指驱动信号为随机码时光源尾巴光纤发出的平均光功率。光接收机灵敏度 S_r 是信号为随机码时,从光接收机尾巴光纤输入的平均光功率。一般光纤活接头带有两根尾巴光纤,所以它的损失 α_c 应包括两个尾巴光纤与光纤线路和光电器件接续的固定接头的损失。还要考虑活接头的互换性损失。一般 α_c 为1.0~2dB,固定接头损失 α_s 为0.1~0.3dB。

一般设备富余度 M_E 为3~10dB,用以预防下列因素发生:

(1) 光纤包层模损失和稳态模建立损失(1.5~2dB);

(2) 光源寿命(1~3dB);

(3) 光接收机失调(0.5~1dB);

(4) 光检测器老化(0.5~1dB);

(5) 码型抖动(0.5~1dB);

(6) 其他(0~2dB)。

对于光接收机的温度影响。如果接收机灵敏度指标内已包括抵抗温度影响的能力，则富余度内不必再考虑。一般光纤线路富余度 M_c 为 0.5dB/km。包括环境气候变化引起的附加衰减、光纤线路老化附加衰减、光纤线路安装的剩余应力和弯曲引起的附加衰减、光源谱线与光纤窗口失配引起的衰减、维护需要增加的接头损失。

式(10.71)是用以计算系统传输距离的公式。在市内通信中，传输距离较短，若采用光纤通信系统无须光中继器，传输距离由两个市局的局址所确定，不存在确定传输距离的问题。此时，利用式(10.71)可以反过来选择光源的发射光功率、选择光纤的衰减，或者对接收机灵敏度等提出合理的经济要求。

对于系统的传输距离受光纤衰减限制的情况，实际上传输距离还要受光纤带宽的限制。尤其在码率较高、距离较长而光纤带宽不够的情况下，系统的传输距离主要受光纤带宽的限制，图 10.4 是某工程计算的结果，它表明系统码率 f_b、光纤带宽和传输距离 L 的关系。可以看出，当码率高到一定程度时，允许的传输距离急剧下降，此时传输距离主要受光纤带宽限制。

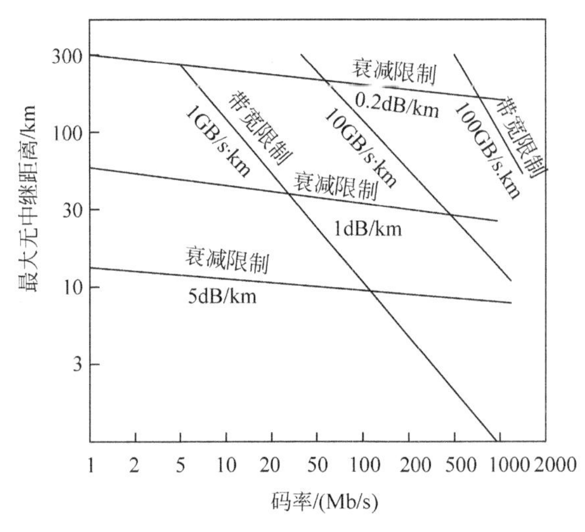

图 10.4　中继距离受衰减、带宽的限制

光纤传输系统的传输距离受光纤衰减的限制，这是假设光纤线路的带宽足够宽的情形。实际上，传输距离由光纤的衰减和带宽两个因素来决定。当在光纤带宽有限，且传输速率较高的情况下，经过较长距离后，传输波形变差，脉冲展宽，码间干扰变大，这就限制了传输距离。

通常突变光纤的带宽最窄，约 50MHz・km。渐变光纤的带宽为 200～1000MHz・km。单模光纤一般为 3～30GHz・km。一般中、短距离传输可采用突变或渐变光纤，长距离采用单模光纤。

10.5.3　传输距离计算(二)

一个中继段内的光链路如图 10.5 所示。其中，TX 为光发送设备，RX 为光接收设备。在发、收设备之间有光缆连接、有 C 连接器。M_c 为无形的不可见的光缆富余度估算值(dB/km)；M_e 为无形的设备的富余度估算值(dB)。T′、T 分别为光端机与数字复用设备接口。S 为紧靠光发送机 TX 或中继机 REG 的光连接器 C 后面的光纤点。R 为紧靠光接收机 RX 或中继机 REG 的光连接器 C 前面的光纤点。

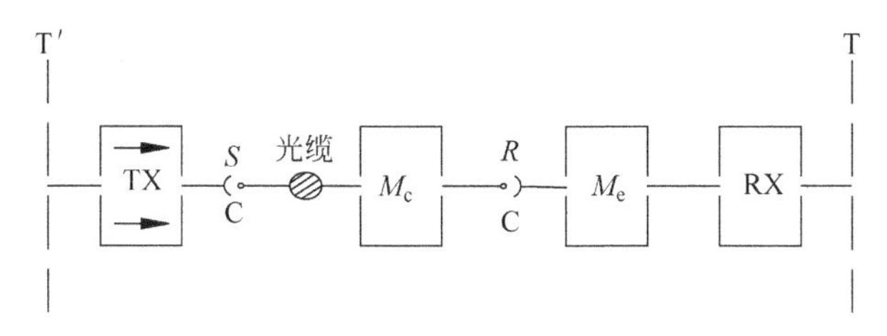

图 10.5　中继段光链路

光纤数字传输系统中的中继距离的长度，应根据光发送机、光接收机的性能，以及光纤的衰减、色散等指标的大小来进行估算。因此，中继距离的段长可按下式来计算。

$$L=\frac{P_{\mathrm{S}}-P_{\mathrm{R}}-M_{\mathrm{e}}-\sum A_{\mathrm{c}}}{A_{\mathrm{f}}+A_{\mathrm{S}}+M_{\mathrm{c}}}\quad(\mathrm{km})\tag{10.72}$$

式中，L 为中继段长度(km)；P_{S} 为 S 点入纤光功率(即发送光功率)(dBm)；P_{R} 为 R 点出纤光功率(即接收灵敏度)(dBm)；M_{e} 为设备富余度(dB)；$\sum A_{\mathrm{c}}$ 为 S 和 R 点间其他连接器衰减(dB)；A_{f} 为光缆光纤衰减常数(dB/km)；A_{S} 为光缆固定接头平均熔接衰减(dB/km)；M_{c} 为光缆富余度(dB/km)。

说明：

(1) P_{S} 为 S 点的入纤光功率(即发送光功率)，这里已扣除了连接器的衰减和激光器 LD 耦合反射噪声代价。

(2) P_{R} 为 R 点的出纤光功率(即接收灵敏度)，这里已扣除了连接器 C 的衰减和色散的影响。如用 5B6B 线路码型，还要减去调顶方式的代价，并要满足误码特性的要求。

(3) M_{e} 作为设备富余度，由于考虑到时间效应(设备的老化)和温度因素对设备性能影响所需的余量，也包括注入光功率、光接收灵敏度和连接器等性能劣化，一般取 $M_{\mathrm{e}}=3\sim4\mathrm{dB}$。

(4) $\sum A_{\mathrm{c}}$ 为 S 和 R 点间除设备连接器 C 以外的其他连接器[如 ODF(Optical Distribution Frame，光分配架)、水线倒换开关等上面的连接器]衰减，连接器衰减 $A_{\mathrm{c}}=0.5\sim0.8\mathrm{dB}$。

(5) A_{f} 为光纤的衰减系数，取厂家报出的中间值。

(6) A_{S} 为光纤固定接头的平均熔接衰减，其衰减大小与光纤质量、熔接机的性能、操作人的水平有关，一般 $A_{\mathrm{S}}=0.05\sim0.04\mathrm{dB/km}$。

(7) M_{c} 为光缆富余度。在一个中继段内，光缆富余度总值不宜超过 5dB。

① 光缆线路运行中的变动，如维护时附加接头和光缆长度的增加，可取值 0.05～0.1dB/km。

② 由于环境因素引起的光缆性能劣化：不考虑敷设效应，充油膏光缆不考虑氢损，温度影响按工程所在地段实际环境温度与光缆衰减温度特性确定。例如，光缆温度特性，安装应力弯曲引起的衰耗增加；光源波长误差与光纤衰减测量波长不一致而附加的光纤衰减(一般为 0.1～0.2dB/km)。

③ S 和 R 点间其他连接器(若配置时)性能劣化,可取 0.5 分贝/个。

按照式(10.72)采用有关最坏值法算出的最大中继距离 L 是偏小些,保守,不很经济,但它简便可靠。一般来说,并非所有的设计都要去估算最大的中继距离,而在实际通信路由上,若干地点已定,通信的站址就已定了,不必再去算 L 了,只需核算验证一下选用光缆衰耗量值的范围,光器件的技术指标是否满足要求,光电设备的各项指标是否与有关技术要求相符。

要设计一个光纤传输系统,并能满足有关标准和技术要求,就要建立一个传输模型。其中参考数字段及其参考数字链路与光纤传输系统的设计有密切关系。所谓参考数字段,是指由两个光端机、一个或若干个光中继机,以及光传输介质(光缆)所组成的光纤传输系统,如图 10.6 所示。输入、输出接口均符合标准数字接口。一个很长距离的传输系统包含有若干个数字段。由这些数字段链接起来构成了一个参考数字链路。光纤传输系统的设计,要根据通信工程的应用要求,确定参考数字链路由几个数字段组成;各个数字段的长度;每个站应配置的设备;总的系统要求的技术指标,如何在各数字段,各站之间进行分配。

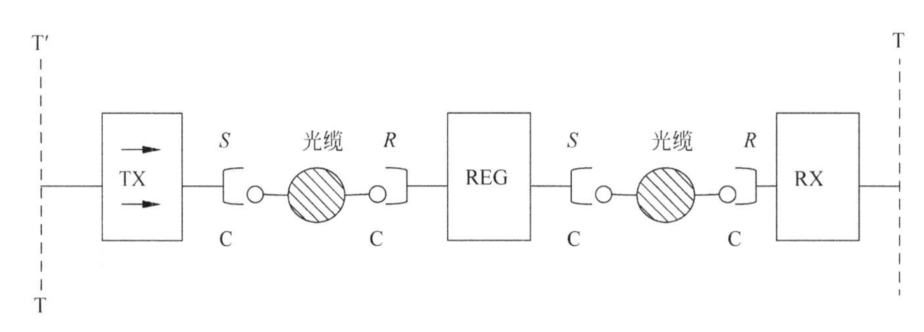

图 10.6 光缆传输数字段的组成

光纤通信系统工程设计的主要技术内容包括:传输系统的制式选定;中继段长的决定;光线路码型的选择;传输设备的配置;中继站电源的供给;监控及辅助系统的设计;光缆芯数的决定及其结构的选择;以及各种地理条件下的设计考虑等。

具体情况不同,设计的方法和步骤也应不同。以上都是假设光纤的色散很小,带宽很宽,对传输距离影响不大。但是,光纤线路到底需要多少带宽才够传输所要求的某一高比特的光信息呢?可按照经验公式来选择。在保证光纤线路色散代价 $P_{代} \leqslant 3\text{dB}$,光纤线路的总带宽 f_{CL} 应满足

$$f_{CL} \geqslant 0.75 f'_b \tag{10.73}$$

式中,f'_b 是光线路的码速率。

10.6 光电系统总体设计与分析

“光电系统(仪器)总体设计”或“光电总体设计”这一名词是大家所熟悉的,然而何谓光电总体设计?光电总体设计应包括哪些内容?它在光电系统设计中所起的作用等问题,在各部门、各单位、各人员之间对其理解尚有差异。例如,对光电仪器使用要求,技术指标未作全面分析、通盘考虑、合理分配,就急于求成,依葫芦画瓢;或是在分单元设计时,光、机、电等各部分盲目提高技术要求。这样设计出来的仪器,前者常常因对总体要求、关键部件缺乏

分析而影响仪器整体指标的实现，达不到预期效果；后者往往因过于保守而影响仪器投产后的经济效益。实践证明：总体设计在光电仪器整个设计过程中所起的作用非同小可，万万不可忽视。目前光电仪器总体设计虽然尚未像光、机、电设计那样形成一门学科，然而随着光电仪器的发展、设计水平的提高已逐步形成独立的一部分。所以进一步研讨有关光电系统(仪器)总体设计的问题是有其实际意义的。

光电总体设计是一门涉及多门学科的工作，是光电系统(装备)研制的关键环节，决定光电装备的优劣。这里以复杂光电系统(仪器、装备)为着重点，探讨光电总体设计的界定、工作内容与特点等，详细介绍总体设计阶段及主要成果、总体设计方法，并提出值得进一步重视的光电总体设计技术。

10.6.1　光电总体设计的界定与工作内容

进行光电总体设计，必须了解其基本概念和主要内容。

1. 光电总体设计的界定

总体设计是战略性、方向性、把握全局性的设计，是系统功能与性能成败的关键。既要考虑先进性(原理、结构)，还要着眼经济性(加工和装配，性能和价格比)，更要顾及实用性(操作方便，适合国情)。总体设计对设计师要求很高：技术上先进，经济上合理，使用方便，维修简便。其指导思想为：原理正确，技术先进，实践可行，经济合理，产品有竞争力(效率、寿命、造型等)。

光电总体设计是以满足光电装备使用(作战)要求为目标，在多种约束条件下，以规范和经验为基础，利用系统工程的方法，综合考虑各种要素，应用计算、仿真、实验等手段，进行多学科、多目标优化的反复迭代的创新活动。在系统具体设计之前，应对系统设计中的全局性问题进行全面设想和规划。

光电总体设计是一门综合集成技术，是光电总体技术的核心技术。光电总体设计不仅仅只考虑光电装备本身的性能，更重要的是要综合考虑其组成分(子)系统、设备的关键性能，按照“设备服从系统、系统服从总体、总体服从大局”的原则和科学的方法，应用功能集成、信息集成、网络集成、软件集成等多种集成技术即综合集成技术，将各分离的分系统设备、功能和信息等集成为相互关联的、统一和协调的有机的整体——“光电装备这一大系统”，使得资源达到充分共享，实现光电装备系统的集中、高效和便利的管理。

2. 光电总体设计的主要工作内容及其作用

从另一具体角度概括，光电总体设计就是把仪器(系统)的整机指标和使用要求转变为开展设计工作的技术参数，即仪器的主要结构参数及精度指标的过程，它是单元设计、计算的基础。这项工作是在彻底弄清仪器总的使用性能与仪器内部各结构参数的关系以及各结构参数之间相互制约关系的前提下，通过大量的实验、论证、反复分析比较而进行的。只有把这项工作做深入、做透彻，才能有把握地协调平衡和分配各部分的技术指标和参数，从而使整机性能保持在所需的水平上。

对具体设计来说，主要工作内容有：仪器的原理、方案的论证、总体参数的确定、精度分析及误差分配、信息传递估算、光学系统形式及初始数据等的确定；提出光、机、电等各单元的技术要求；总体结构安排；整机调整及测试方法的规定；鉴定或例行实验的要求等都属于光电仪器总体设计范畴。然而不同用途的仪器对总体设计有不同的要求，侧重面也各不一样。例如，室内使用的光电仪器(如计量仪器)以如何保证其测量精度为主要矛盾；光谱仪器主要侧重于如何提高其分辨率；而野外测量仪器既要求保证一定精度、测程，又要十分注意仪器的体积和重量等。所以说光电仪器总体设计是一项面广量大、涉及多门学科的工作。

10.6.2 光电总体设计的主要特点及值得注意的问题

了解光电总体设计的主要特点及值得注意的问题，对深入开展总体设计工作是有益的。

1. 光电总体设计的主要特点

光电装备总体设计不仅是一门技术，而且是一门艺术，更是一件凝聚众多设计师智慧和想象力的艺术品。其主要特点概括如下。

1) 综合性

光电总体设计是将光电装备作为一个综合的系统工程来研究其内部规律以及它与外界有关因素的关系，是总体布置、结构、材料、动力、电力、电子等各种知识的大集合。光电总体设计涉及图形学、结构力学、机械学、电磁学、信息学、人机工程学等多个学科的知识，是一个涉及多个工程领域、知识面较广的学科，需要综合运用光、机、电、算、软件、计算机、控制等各有关学科的知识，是典型的综合学科。

2) 整体性

光电装备作为一个大系统，由各功能分系统组成，各分系统内部具有强耦合关系，以实现其功能。光电总体设计以资源整合、共享、分配、调度等手段，在各分系统内部强耦合关系的基础上，将各分系统有机集成为一个整体，使光电装备成为一个高度综合的一体化系统。

3) 灵活性

光电设计存在多维设计空间，需进行多目标因素的平衡，因此设计中多方案的权衡取舍是一项抉择的过程，即设计人员面临的往往是多种方案都能满足同一套(战术)技术性能指标要求，只是目标的排序不同，在设计上存在相对的灵活性，往往需要对多种方案进行分析评估，从中求得“多方相对满意”的方案。

4) 风险性

一方面，随着技术的持续发展，创新技术的首次工程化应用总是极具风险。光电装备(尤其是大型复杂光电装备)研制周期长，通常新研分系统和设备与光电装备总体处于同步研制阶段，其状态不断变化，新技术不断涌现，使用方(用户)要求不断变化，总体方案处于一种动态的调整过程，技术状态难以控制，给总体设计带来技术、进度和费用等风险。另一方面，有限的总体资源与不断增长的需求之间的矛盾也会给总体设计带来风险。受光电总体资源限制，在总体资源的配置过程中，权衡需求与现实资源之间的关系，给总体研制目标的实现带来一定的风险性。

5) 复杂性

光电装备总体设计不仅要完成大量的计算、仿真、实验及图纸的设绘，还要开展大量的工程协调、平衡和迭代，与分系统、组成设备等的总体设计相比，光电装备总体研制的复杂性可能呈几何级数增加。

2. 值得注意的问题

光电总体设计起始于20世纪60年代初期的光学仪器总体设计，逐渐综合发展，直至近

20年才开始形成相对完整、独立的设计，从整个设计工作中逐渐形成重要的一个分支，对提高光电系统(装备、设备、仪器)设计水平起着举足轻重的作用，值得不断开拓和研究。

(1) 广泛发掘、积极培养光电(仪器)总体设计人员。光电总体设计作为一门工程学科，目前尚不能完全借用计算机进行自动设计，还需要凭总体设计人员的水平和经验选出最佳方案。一个有水平的总体设计人员不是一朝一夕就能造就出来的，而是需要通过大量的实践，不断学习才能有较深的造诣。我国从事光电总体设计人员不太多，分布也很不均匀，大部分集中在科研单位及一些大企业。因此应有计划地加强这方面的专门人才培养，不断提高总体设计人员的数量和质量。

(2) 总体设计人员不仅要有专业知识的深度，还要求有多学科知识的广度，并要较全面地了解国内外科技发展动态，尤其是了解国内外同类产品的类型、原理、技术水平和特点，以及相关专利情况，从而避免重复研究和涉及侵权问题，确立自己的设计特色，超出现有技术，形成自己产品的专利特征。

(3) 光电仪器总体设计应尽量采用正交实验法、优化设计等，以便用最少的力量、最短的时间，找到主要结构特征，制定最佳的典型技术方案，确定合理基本尺寸和参数，以便得到最佳效果，提高仪器的经济效益。另外还应充分注意“三化”(标准化、系列化、通用化)设计的推广应用。通过技术、经济分析及结构分类，应用主体基础模块件、通用件、组合件设计形式，达到高的通用化程度，以满足多品种、多功能要求。

(4) 精度是所有光电仪器的主要技术指标，没有精度就没有使用价值，所以说精度分析及误差分配是光电仪器总体设计的主要任务之一。其目的是找出产生误差的根源和规律，分析各个误差对光电仪器精度的影响，以便选择合理方案进行结构设计，确定参数和设置必要的补偿环节，从而在保证经济性的基础上使仪器达到较高的精度。它的意义在于合理地确定各单元参数的误差范围，设计时采取必要措施，以便使整机达到或超过预定精度和满足使用要求。

(5) 总体设计时应充分考虑工艺水平，关键材料、元器件尽量采用国产材料、元器件，使设计的光电仪器能适合国情。

10.6.3 总体设计阶段及主要成果

对于大型、复杂、重要的(型号类)光电系统(装备)，光电总体设计过程一般分为概念设计、方案设计、深化方案设计、技术设计、施工(制造)设计等若干个阶段(根据光电系统的复杂程度等情况可以剪裁、归并)。在光电总体各设计阶段中，方案设计和技术设计是光电总体设计过程中的重要阶段。方案设计是确定光电总体技术方案的关键阶段，决定着后续总体、分系统设计的技术方向。技术设计则是总体设计中固化技术状态的重要阶段。

1. 概念设计阶段

概念设计的工作主要是光电装备的发展规划，通过研究国内光电技术发展的现状和趋势，从光电的总体、性能、结构、材料、技术构成、生产条件、管理体系等方面进行军用(民用)分析、技术分析和经济分析，策划工程研制的整体框架、规划；以军用(民用)需求为核心，通过概念设计，确定光电的初步总体技术方案，凝练关键技术，给出光电装备的概念图像，以此为基础编制新研光电装备的“主要(战术)使用性能指标”。

本阶段的成果主要有：总体及主要系统方案论证报告；总体概念设计图样、文件；主要

(战术)使用性能指标。

2. 方案设计阶段

方案设计的工作主要是针对光电装备概念设计初步方案,选定主要分系统、设备和材料等,开展总体方案设计,落实"主要(战术)使用性能指标"中的各项要求、指标和目标。方案设计往往也要做多方案比较,经多次反复分析、修改。重大的关键技术问题要通过模型实验、必要的原理性样机试制和初步样机试制,最终确定总体技术方案。编制可靠性大纲、安全性大纲、标准化大纲等文件。

方案设计的成果主要有:"总体技术方案",方案设计图样、文件。

3. 深化方案设计阶段

深化方案设计的工作主要是根据方案设计结果,通过进一步的计算和实验,对光电装备的相关性能进一步的核准,完成深化方案设计的图样和技术文件;形成"研制总要求";总体设计单位向分系统技术责任单位和设备承制厂(所)提出光电装备环境条件、电磁兼容性等设计要求,并进行接口协调,系统精度分配等工作;落实主要分系统、设备、材料等的研制、选型。

深化方案设计的成果主要有:设计图样和技术文件;深化方案设计审查通过后,编制光电装备总体的"研制总要求"。

4. 技术设计阶段

技术设计阶段的工作主要是按研制总要求和审图部门(机构)审查认可的深化方案设计成果,及可靠性大纲、维修性大纲、安全性大纲、标准化大纲及综合保障计划等要求,进一步深化设计和模型(模拟)实验、验证,解决设计中的各种主要技术问题,确定总体技术状态;确定分系统、设备的订货清单;进一步协调,并基本固化光电装备总体与分系统、设备间的接口要求、精度分配等;运用"六性"技术和优化设计技术等进行光电装备及其分系统设计;根据可靠性大纲,编制关键件(特性)、重要件(特性)项目明细表。

技术设计的成果主要有:技术设计图样和技术文件;技术设计审查通过后,编制形成"光电装备总体技术规格书"。

5. 施工(制造)设计阶段

施工(制造)设计阶段的工作主要是确定光电装备的制造方案、工艺措施,编制工艺文件及绘制总体施工图样,同时也要解决光电装备总体布置、制造中的各种技术细节问题。

施工(制造)设计的成果主要有:完整的施工图样、文件。

6. 完工设计阶段

完工设计阶段的工作主要是根据制造、检验、实验、试用(试航)和交付中的实际情况,将完工状态反映到图纸和文件中,与总体使用文件一起形成完整的完工文件。

完工设计的成果主要有:完整的完工文件、图纸。

7. 维修设计阶段

维修设计阶段的工作主要是编制光电装备不同级别维修所需的各种图样和技术文件资料(包括纸质文件和电子文件,简称维修资料)。维修资料规定了光电装备维修的程序和方法。

维修设计阶段的成果主要有:不同维修级别的维修资料及维修方案等。

10.6.4　总体设计方法分析

常用的光电总体设计方法为基于经验和规范的方法。随着光电总体设计技术的发展，基于最优化理论、仿真及实验验证的总体设计方法在光电系统总体设计中得到广泛应用。

1. 基于经验和规范的设计方法

以母型设计法、统计资料法、规范设计法等为特征的基于经验和规范的设计方法，是在光电总体设计中，选择以往成功设计、研制并经过使用(服役)考验的同类型光电装备作为母型，并利用各种统计数据、经验公式和图表等资料，同时考虑国际和国内有关光电系统设计方面的规范作为准则进行总体设计的方法。该方法的优点是能借鉴实际装备的优良性能，总体设计结果可靠受控；缺点是母型装备的特性可能会遗传到新设计舰船，总体优化设计不足。

2. 基于最优化理论的设计方法

以逐次近似法、最优化方法、多学科优化方法等为特征的基于最优化理论的设计方法。光电装备涉及的分系统复杂、技术领域较多，光电总体设计过程是一个多分系统综合集成、多特性平衡匹配、多组织机构协同设计、多阶段逐次逼近的复杂过程。因而，基于最优化理论的光电总体设计方法是解决复杂总体问题的先进、有效途径。

该方法强调光电总体诸多性能的权衡与折中，体现对多门类技术的考虑与综合、对多学科间耦合效应的反应与处理。

3. 基于仿真及实验的设计方法

以仿真设计法、实验验证法、演示验证法等为特征的基于仿真及实验的设计方法，是以采用仿真分析、模型实验验证及缩比或1∶1演示验证为手段，通过仿真或实验预报及评估光电总体性能并指导光电装备设计的总体设计方法。该方法能全面预报及评估光电综合性能，具有设计依据充分、结果可信度高的特点。

上述3种光电总体设计方法各有所长，但并非完全独立，总体设计成功的光电装备，往往是上述3种方法综合应用的结果。

10.6.5　值得进一步重视的总体设计技术

为提高光电系统总体设计的成功与成熟度，至少有以下总体设计方法值得重视。

1. 技术成熟度的评估与权衡将是成功的总体设计的关键

设计人员的好奇心是技术创新的原始动力，总体设计中对新技术的跟踪、收集、综合、理解和实践将是总体设计创新的必经之路。总体设计人员跟踪、了解光电装备分系统、设备的研制现状及规划，必要时参与分系统、设备的研制，发挥光电总体的牵引作用将是提高总体设计水平的基础。

总体设计人员做好技术创新与技术现实性的权衡，对技术的成熟度开展深入分析，平衡好新技术与成熟技术之间的辩证关系，逐步化解风险，是将理想变为现实的关键。

2. 仿真和实验将是提高总体设计水平的数据支撑

为适应未来装备发展需求，总体设计必将用到许多新技术，因此，先期开展新光电、新材料、新工艺的预先研究，增强技术储备，将是实现光电装备跨越式发展的先决条件。通过综合应用计算、仿真、模型实验乃至实尺度演示验证等手段开展新技术应用研究，积累数据，将是化解新技术应用风险的科学之路。

开展总体方案实验验证理论方法研究，包括模型尺度、实验环境条件、实验结果分析、实验误差传递和分配等，将是确保总体验证实验可行、有效的基础。开展光电总体及分系统的演示验证工作，包括新光电的技术性能、结构方案、集成优化后的使用流程、信息传递、能量传递等，将是确保光电总体及分系统方案合理可行最直接的方法。

3. 标准规范的修订和维护将是提高总体设计水平的保障

对外技术合作成果的消化和吸收，转化并扩大现行的标准规范的覆盖范围，是快速提升总体设计水平的有益经验。对民用和军用光电，相互借鉴其国内外规范和标准，定期对现行总体设计规范进行修订和维护，从而适应光电总体设计技术发展。

为适应新技术、新材料、新方法、新工艺、新设备的发展，制定一批新的光电总体设计规范。通过型号产品研制、预研等将带动标准规范的修订和完善。

4. 与国内外的行业交流将是提高总体设计水平的有效途径

加强光电总体设计技术行业内外的交流，将为提高光电总体设计技术水平提供动力和更新理念。加强光电装备各分系统之间的交流，将为提高光电装备的分系统、设备的可靠性、自动化等提供借鉴。加强与国外的交流，将缩短与世界先进光电总体设计技术的差距。

5. 民用与军用技术的相互借用将是相互提高其总体设计水平的捷径

民用借鉴军用或军用借鉴民用的总体设计理念，将使得民用或军用的光电总体设计技术日趋完善。军用借鉴民用或民用借鉴军用的研制思路，必将提高民用或军用光电装备的分系统、设备的经济性、可靠性和先进性。

6. 与使用方的互动将是提高总体设计水平的必由之路

使用者是设计师永远的老师，不仅仅只有设计引导消费，还有消费促进设计。因此，与使用方的互动将是提高总体设计水平的必由之路。周到细致的服务精神、以人为本的理念应该贯穿设计的全过程。

值得指出的是，在光电系统研制过程中设计质量水平反映光电系统的最终质量水平。光电系统是一种动态、多因素，且包含人为因素的开放和复杂系统，系统的不确定因素多，其设计质量水平涉及设计质量保证、设计分析、设计评审与审核、风险与控制、关键技术突破等多方面。因此，探讨建立一套合适的定性和(或)定量的评价方法，对其设计质量进行全面、客观的评价，以促进设计质量改进，提高产品质量水平是必要的。

第 11 章 光电系统“六性”及设计

CHAPTER 11

产品的质量特性是指产品的固有特性，通常是指诸如物理、化学、时间等性质的特性。一组固有的质量特性满足要求的程度常用来表征产品的质量。产品实现过程是产品所期望的质量特性形成的过程，而“六性”则伴随产品性能的实现而实现，是产品的通用质量特性，体现国家技术水平、管理水平和工业水平。

由此可知，光电系统(产品、装备)的“六性”是其重要设计特性，同产品的功能、性能一样，是产品固有的质量特性，对装备的应用能力、生存能力、机动性、维修人力和使用保障费用产生越来越重要的影响。“六性”指标与性能指标同等重要，已经成为(武器)装备重要的设计要求。

强化对光电产品“六性”的要求，其目的就是提高装备储备的完好性，降低装备的全寿命周期费用。“六性”是装备设计、研制、生产中赋予的质量特性，直接影响装备效能的发挥，也是影响其功能、性能的重要因素。因此，产品的“六性”设计及工程管理，是与产品功能、性能设计及其工程管理同步的、重要的有机组成部分。

11.1 “六性”的由来及与“六性”有关的概念

“六性”由何而来，以及与“六性”密切相关的其他主要内容和概念有哪些，对此应该有所了解。

11.1.1 “六性”的由来

根据 2011 年 11 月 1 日颁布实施的《武器装备质量管理条例》第二十条，对军用电子设备有“五性”说，即可靠性、维修性、保障性、测试性和安全性，简称“可维保测安”。根据 GJB 9001C—2017《质量管理体系要求》，也有“六性”说，即可靠性、安全性、维修性、测试性、保障性和环境适应性。另外，GJB 6000《标准编写规定》中，除去了“六性”中的测试性，补充了稳定性、电磁兼容性、运输性和互换性等。这里所说的“六性”为可靠性、维修性、测试性、安全性、保障性和环境适应性。

可靠性工程是为了达到产品的可靠性要求而进行的一系列设计、研制、生产和实验工作。它是从 20 世纪 50 年代开始发展起来的。维修性本来是可靠性的一部分，由于其重要性越来越明显，因此独立分出了“维修性工程”(为了达到产品的维修性要求而进行的一系列设计、研制、生产和实验工作)。“保障性工程”又是从维修性工程中独立出来的。在维修过程中，极为重要的环节是确定产品是否出故障，哪个部位出了故障。测试性的重要参数有

"故障检测率(Fault Detection Rate,FDR)"、"故障隔离率(Fault Isolation Rate,FIR)"(准确隔离到指定级别)和"虚警率(False Alarm Rate,FAR)"。测试性工程也已从维修性工程中分离出来了。可靠性、维修性、保障性、测试性就是装备质量与可靠性常说的"RMST"。

由于历史原因,在相当长的一段时间内,装备研制生产过程中只注重装备的技术性能,而忽视了可靠性,系统地提出和研究保障性问题则更是近些年来的事。现代质量观要求将"六性"视为与装备技术性能同等重要的特性,在研制、生产时,必须提出"六性"的定性和定量的要求,并把这些要求和性能要求一样纳入装备技术指标中。

"六性"是被设计出来的、生产出来的、管理出来的,要求在寿命周期的各个阶段对产品质量实施管控,必须遵循预防为主、早期投入的方针,将预防、发现和纠正缺陷作为工作重点,采用成熟的设计和行之有效实验技术,以保证和提高装备的固有"六性"水平。

11.1.2 与"六性"有关的概念

与"六性"有关的概念主要有质量、要求、产品、装备质量、功能、产品质量、性能指标、环境条件等。

1. 质量与要求

"质量"的定义为一组固有特性满足要求的程度。"质量"可使用形容词如差、好或优秀来修饰。"固有的"(其反义是"赋予的")是指本来就有的,尤其是那种永久的特性。

"要求"的定义为明示的、通常隐含的或必须履行的需求或期望。"通常隐含"是指组织、用户和其他相关方的惯例或一般做法,所以考虑的需求或期望是不言而喻的。特定要求可使用修饰词表示,如产品要求、质量要求、用户要求。规定要求是经明示的要求,如在文件中阐明。"要求"可由不同相关方提出。

2. 产品与产品层次

"产品"的定义是过程的结果。一般有下述4种通用的产品类别:服务(如运输);软件(如计算机程序);硬件(如激光测距机、光电探测器、机械零件);流程性材料(如润滑油)。许多产品由不同类别的产品构成,服务、软件、硬件或流程性材料的区分取决于其主导成分。

"产品"是一个非限定性术语,用来泛指元器件、零部件、组件、设备、分系统或系统。可以指硬件、软件或两者的结合。组件是由多个零件或多个分组件或其任意组合构成的,能够完成某一特定功能,并能拆装的组合体。零部件(元器件)是单个制件或连接在一起具有规定功能通常不予分解的多个制件组合体。

产品层次由简单到复杂的纵向排列顺序,一般为零件、部件、组件、设备、分系统和系统。产品层次具有很大的相对性,往往不能严格加以区分。

3. 装备与装备质量

装备是指处于交付和(或)使用状态的专用设备、仪器等的统称。按用途有民用和军用之分。军用(事)装备是用于实施和保障军事行动的武器、武器系统和军事技术器材等的统称。

装备质量即装备的一组固有特性满足要求的程度。和一般的产品相比,装备质量概念至少有以下特点:

(1) 装备质量要满足国民经济和(或)国家安全(国防建设)需要,满足用户(使用部队)的要求。

(2) 装备的使用者是明确的,用户在装备质量工作中应处于主导地位。

(3) 装备论证、设计、生产、实验、维修等各阶段都会对它的质量产生影响,装备质量的全寿命特征更为显著。装备“先天的”质量特性是设计时赋予的,是按规定的要求生产和管理出来的,但不能忽视使用阶段的装备质量问题。

(4) “固有”的概念在装备全寿命周期的不同阶段有不同的内涵。如对于装备论证来说,其固有特性包括论证过程产生的报告、方案、程序的适用性、可行性、完备性、时间性、经济性等,其中价格就是构成装备论证质量的一种固有特性,但是价格对于生产质量来说就不是固有特性,是基本反映劳动量的“赋予的”特性。还有装备定型时间也是构成装备论证质量的固有特性,但对研制质量来说也不是固有的。

(5) 由装备的特殊使命以及显著的全寿命周期过程的质量要求所决定,装备的质量特性可分为功能特性和保障特性。

4. 功能

装备的功能即装备的固有能力和本领,是装备在执行任务期间在给定的条件下,达到任务目标能力的度量。这里所指“功能”即是所熟悉的传统的性能概念,如光电系统的作用距离、跟踪精度等。

5. 故障

产品或产品的一部分不能或将不能完成预定功能的事件或状态。对某些产品如电子元器件、弹药等不可修产品称失效。

产品故障一般有3种情况:一是产品不能完成预定功能;二是产品的一部分不能完成预定功能;三是产品能完成预定功能,但可以从现在的状态预见,发展下去将不能完成预定功能。

6. 产品质量与性能指标

产品质量是指产品满足规定或隐含要求的特征和特性总和。它包含有技术性能、“六性”、经济性、外观等。

产品的性能指标包括技术性能指标和非技术性能指标,是具体数学量化度量。产品的技术性能指标是指产品能完成什么样规定功能的具体度量;产品的非技术性能指标是产品的“六性”指标、经济性指标、外观指标等(有时也将经济性加入“六性”,构成产品的“七性”)。

7. 环境、环境因素与环境条件

环境是装备在任何时间或地点所存在的或遇到的自然和诱发的环境因素的综合。

环境因素是构成环境整体的各个要素,如温度、振动、湿度和气压等。

环境条件是在装备(产品)的运输、存储和使用过程中可能会对其能力产生影响的环境应力,是确定环境适应性要求的基础。

8. 环境应力与环境效应

环境应力是环境因素如温度、湿度、振动和冲击等对产品单一或组合或综合的作用。

环境效应是装备在其寿命周期的各种单一或综合/组合环境作用下,引起装备的材料、元器件和结构件疲劳、磨损、腐蚀、老化、性能退化或降级,造成装备性能下降乃至功能丧失的现象。

9. 自然环境与诱发环境

自然环境是自然界中由非人为因素构成的那部分环境,通常是由各种自然环境因素构成的综合环境。

诱发环境是任何人为活动、平台、其他设备或设备自身产生的局部环境。

10. 装备环境工程

装备环境工程是将各种科学技术和工程实践用于改善和减缓各种环境对装备(产品)效能影响或提高装备(产品)耐环境能力的一门工程学科,包括环境工程管理、环境分析、环境适应性设计和环境实验与评价等。

11. 环境适应要求

环境适应要求是描述装备(产品)应达到的环境适应性水平的各种环境因素的一系列定量和定性指标的综合。通常由各环境因素的应力强度及其组合(或综合)、装备(产品)规范允许的影响程度或功能与性能参数变化范围(容差)和(或)时间来表示。

12. 环境分析

环境分析是为了确定装备环境适应性要求,根据规定的准则和可获得的资源研究和分析装备(产品)寿命期遇到的各种环境及其强度大小,各种环境对装备(产品)效能影响的一系列活动。

13. 环境适应性设计

环境适应性设计是为满足装备(产品)环境适应性要求而采取的一系列措施,包括改善环境或减缓环境影响的措施和提高装备(产品)对环境耐受能力的措施。

14. 环境适应性评价

环境适应性评价是应用自然环境实验和使用环境实验结果,并利用实验室环境实验信息,对装备存储、运输和使用状态下的环境适应性进行综合评估的过程。

11.2 “六性”的界定及其相互关系

理解“六性”的具体定义、工作解析及其相互关系,对“六性”工作开展和设计是必要的。

11.2.1 可靠性的界定及与其他“五性”的关系

这里主要分析可靠性的定义、可靠性的工作解析、可靠性与其他“五性”的关系。

1. 可靠性的定义

可靠性通常定义为产品在规定的条件下和规定的时间内完成规定功能的能力。定义中包含了“产品”“规定的条件”“规定的时间”“规定功能”4 个要素,并指出可靠性是一种能力,是衡量产品研制生产、管理保障水平的一项重要指标。

产品的可靠性是指产品在使用过程中尽量不出故障、少出故障的一种特性,是产品质量的时间指标。不仅希望装备有良好的功能,而且希望它能长时间保持其功能,不发生或很少发生故障,经久耐用,这种功能的持续能力就是可靠性。

由于功能的持续能力具有概率统计特性,可靠性也可以定义为产品在规定条件下和规定时间内完成规定(预定)功能的概率。这时的可靠性称为可靠度,它是衡量产品可靠性水平高低的一个重要指标。

与可靠性有关的术语和定义主要有:

(1) 寿命剖面——产品从交付到报废(退役)时间内所经历的全部事件和环境的时序描述。

(2) 任务剖面——产品在完成规定任务时间内所经历的事件和环境的时序描述。

(3) 基本可靠性——产品在规定的条件下,无故障的持续时间或概率。

(4) 任务可靠性——产品在规定的任务剖面中完成规定功能的能力或概率。

(5) 使用可靠性——产品在实际使用条件下所表现出的可靠性。

2. 可靠性的工作解析

可靠性反映的是装备无故障持续工作的能力,是体现装备持续执行任务的极限能力的关键指标,也是装备技术能力以及成熟、完备水平的重要体现。可靠性与整个寿命周期内全部可靠性活动有关,是为了达到产品可靠性要求而进行的有关可靠性设计分析、实验和生产使用等一系列工作的综合作用结果。

产品的可靠性是设计出来的、是生产出来的、是管理出来的,是通过“实验、分析与改进”的循环过程而不断提高和不断增长的。设计阶段是产品可靠性的奠基阶段,生产阶段是产品可靠性的保证阶段,使用阶段是产品可靠性的维持阶段,实验、分析与信息反馈阶段是产品可靠性的改进提高阶段。设计、制造决定固有可靠性,使用、维护保持使用可靠性。

为了实现产品的可靠性要求,需要在产品研制、使用、存储、维修过程中开展一系列技术和管理活动,为了确定和达到产品的可靠性要求而开展的一系列技术和管理活动被称为可靠性工程。可靠性工程活动涉及装备全寿命周期的各个阶段,其目标是确保新研制和改型的装备达到规定的可靠性要求,保持和提高现役装备的可靠性水平,以满足装备(战备)完好性和任务成功性要求,降低对保障资源的要求,减少寿命周期费用。这一目标可简单概括为“两提高、两降低”:提高装备(战备)完好性,提高任务成功性,降低保障资源要求,降低寿命周期费用。

GJB 450A 规定了产品在设计、研制、生产、实验和验收阶段的可靠性工作项目与总的要求,是产品可靠性工作的纲领性文件,其目的在于确保产品实现其合同中可靠性指标要求,缩短研制周期,提供管理信息,提高费效比。

产品的可靠性要求可以用定性方式来表达,也可以用定量要求来表示。不同的装备可以提出不同的可靠性定性要求和定量要求。可靠性定性要求是为了获得可靠的产品,对产品设计、工艺、软件及其他方面提出的非量化要求。可靠性定量要求,从不同角度可以选择以下适当的参数和指标提出:

(1) 从工程的角度出发,可靠性可直观定义为产品无故障完成任务的能力。

(2) 从统计学的角度出发,可靠性定义为在规定的条件下,规定的时间内,完成规定功能的概率,可靠性的概率度量称为可靠度。

(3) 从应用的角度出发,可靠性可分为固有可靠性和使用可靠性。固有可靠性仅考虑承制方在设计和生产中能控制的故障,用于描述产品的设计和生产中的可靠性水平;而使用可靠性则综合考虑产品的设计、生产、安装环境、维修等因素,用于描述产品在规定的环境中使用的可靠性水平。

(4) 从设计的角度出发,可靠性可分为基本可靠性和任务可靠性。基本可靠性要求考虑所有故障的影响,用于度量产品无须保障的工作能力,包括与维修和供应有关的可靠性,通常用平均故障间隔时间(Mean Time Between Failures,MTBF)来度量。任务可靠性仅考虑造成任务失败的故障影响,用于描述产品完成任务的能力,用任务可靠度(Mission Reliability,MR)和致命性故障间隔任务时间(Mission Time Between Critical Failure,MTBCF)来度量。

可靠性定性要求是与产品可靠性定量要求同时提出的对产品设计、工艺等方面的非量化要求。例如有些电池要求采用成熟技术、简化设计、冗余设计和模块化等设计要求；有关元器件和原材料采用降额设计、热设计等方面要求；采用经过飞行(靶试)验证的产品，优先采用定型产品。

可靠性定量要求一般包括可靠度、存储寿命、使用寿命、失效率、MTBF、可用度等。例如，硅太阳能电池的失效率为 $1.0\times10^{-8}h^{-1}$；太阳电池阵电路部分，发射、转移轨道阶段可靠度为 0.9990，在轨测试可靠度不小于 0.9997，在轨 10 年末期可靠度不小于 0.9930；某弹用热电池发射飞行可靠度大于 0.999，置信度 0.8，存储寿命 10 年；某卫星用氢镍蓄电池发射和转移轨道阶段可靠度 0.9999，同步轨道阶段 10 年末期可靠度为 0.9922；某锌银电池在置信度 0.8 时，MTBF 不小于 100h。某数字光缆通信系统，相应的全年可靠性、维修性、可用度指标如表 11.1 所示。表中，MTTR 为平均修复时间，φ 为故障率(单位为 fit，称为菲特($1fit=10^{-9}h^{-1}$))，A 为可用度，F 为不可用度($F=1-A$)。

表 11.1 某数字光缆通信系统可靠性、维修性、可用度指标

链路长度/km	5000	3000	420	280
双向全程故障次数	4	2.4	0.336	0.224
MTBF/h	2190	3650	26 070	39 107
φ/fit	456 620	373 970	38 358	25 570
MTTR/h	24	14.4	2.016	1.344
F/%	0.274	0.164	0.023	0.015
A/%	99.726	99.836	99.977	99.985

可靠性设计及实现的准则包括：选择和控制元器件筛选；降额设计；可靠的电路设计；冗余设计。在产品研制阶段，应找出一些不符合要求的设计、加工、工艺问题，以提高产品的可靠性。

3. 可靠性与其他“五性”的关系

可靠性是与维修性、安全性和环境适应性紧密相关的。可靠性高，维修就少；可靠性好，不发生故障，安全性也高；环境适应性要求低，可靠性就高。

11.2.2 维修性的界定及与其他“五性”的关系

这里主要分析维修性的定义、维修性的工作解析、维修性与其他“五性”的关系。

1. 维修性的定义

维修性是产品在规定的条件下和规定的时间内，按规定的程序和方法进行维修时，保持或恢复到规定状态的能力。其概率度量亦称维修度。

维修是维护和修理的简称，不仅希望产品有良好的功能，不发生或很少发生故障，而且希望产品容易维护，一旦发生故障可以方便快捷地修好，恢复其功能。如果把可靠性视为产品功能的持续能力，维修性则主要反映产品功能的恢复能力。

2. 维修性的工作解析

维修性的优劣直接影响到产品的可用性，对于装备(战备)完好和任务的完成是有重要的影响的，同时维修性还影响到完成维修工作的难易程度和经济性，因此维修性对使用与维修费用有重要的影响，好的维修性设计能够有效地减少停机时间和降低使用与维修费用。为了确定和达到产品的维修性要求而进行的一系列技术与管理活动就是维修性工程。

如上所述，把可靠性工作搞好了，就可以提高装备的(战备)完好性，提高任务成功性，降低保障资源要求，降低寿命周期费用。装备维修性工程活动的目标同样可以用这“两提高、两降低”来概括。试想，一个维修性差的装备一旦发生故障就很难恢复，怎么能保证它的使用(战备)完好和任务成功。怎么能降低保障资源要求和寿命周期费用。

不同的装备可以提出不同的维修性定性要求和定量要求。维修性定性要求是产品的维修要简便、迅速、经济，是为使产品能方便快捷地保持和恢复其功能，对产品设计、工艺、软件及其他方面提出的非量化要求，包括如简化设计、可达性、模块化、互换性与标准化、防差错与识别标记以及维修安全防护等方面设计要求，以及应用某项维修性分析技术等方面的要求。例如，《卫星电源系统规范》中规定维修性为：

(1) 在地面总装测试阶段，电源系统各装置应具有可维修性；

(2) 对于太阳电池阵，在发生单体电池破损时，可用与其性能相同的单体电池更换，在太阳电池阵基板与电池之间的绝缘层或碳纤维结构破损时，应可修补；

(3) 当蓄电池单体或其他元器件发生故障时，可用相同性能的单体电池或元器件更换。

应当说，维修性定性要求对于维修性工作来说是特别重要的，提高装备的维修性要首先从定性要求做起，这是因为：定性要求是实现定量指标的具体技术途径和保证；旨在使维修简便、快速、经济的许多要求是无法定量表述的；定性要求的落实会促进装备设计人员在设计时想到维修，并和使用单位沟通，提高产品的维修性。

维修性定量要求可以选择用以下适当的参数和指标提出，包括平均修复时间(Mean Time To Repair，MTTR)、平均预防性维修时间、维修停机时间率、维修工时率、恢复功能用的任务时间(Mission Time To Restore Function，MTTRF)等。

1) 平均修复时间

平均修复时间表示排除一次故障所需时间的平均值，其统计评估方法是：在规定的条件下和规定的时间内，产品在规定的维修级别上，修复性维修总时间与该级别上被修复产品的故障总数之比。这里维修级别是指根据产品维修的深度、广度以及维修时所处场所(或机构)划分的等级，对军用装备来说，一般分为基层级、中继级和基地级。

(1) 基层级维修(外场级维修)：由使用人员或基层维修机构对装备所进行的维修，主要完成装备的维护检查、小修或规定的维修项目。

(2) 中继级维修(野战级维修)：由中继级维修机构对装备所进行的维修，主要完成装备中修或规定的维修项目。

(3) 基地级维修(后方级维修)：由基地级维修机构对装备所进行的维修。主要完成装备大修、改装及规定的维修项目。

2) 平均预防性维修时间

平均预防性维修时间表示每项或某个维修级别一次预防性维修所需时间的平均值，其统计评估方法是：在规定的条件下和规定的时间内，产品在规定的维修级别上，预防性维修总时间与预防性维修总次数之比。

3) 维修停机时间率

维修停机时间率表示产品每工作小时维修停机时间的平均值。此处的维修包括修复性维修和预防性维修。维修停机时间率反映了产品单位工作时间的维修负担，即对维修人力和保障费用的需求。

4）维修工时率

维修工时率也称维修性指数，反映维修人力消耗，直接关系到维修力量配置和维修费用。维修工时率的统计评估方法是：在规定的条件下和规定的时间内，产品直接维修工时总数与该产品寿命单位总数之比。减少维修工时，节省维修人力费用，是维修性工程的目标之一。因此，维修性指数也是衡量维修性的重要指标。需要注意的是，维修工时率不仅与维修性有关，而且与可靠性也有关。提高可靠性，减少维修也可使维修力量配置和维修费用减少。因此，维修工时率是体现维修性、可靠性的综合指标。

5）恢复功能用的任务时间

恢复功能用的任务时间表示排除严重故障所需实际时间的平均值。其统计评估方法为：在规定的任务剖面中，产品严重故障总的修复时间与严重故障总次数之比。这里所说严重故障是使产品不能完成规定任务的故障。

维修通常也包括修复性维修、预防性维修和日常保养等。预防性维修由使用单位负责，包括更换、检查和标校、保养3项工作内容。装备应减少预防性维修。需维修的设备、维修人员的素质与技术是维修的三要素，人力、技术、测试装置、工具、备件、材料等是维修的保障。

维修性分固有维修性（也称设计维修性）和使用维修性。固有维修性取决于设备的设计和制造，使用维修性是在实际使用、维修中表现出来的维修性。维修性与可靠性一样是产品的设计特性，维修性的好坏直接影响产品的维修工作量、维修工时和费用及对维修人员的要求。

维修性设计是在设计阶段考虑维修的方便，以便在发生故障后迅速修复。产品设计时，设计者应从维修性出发，保证当产品一旦出故障，能容易地发现故障，易拆、易检修、易安装，即可维修度要高，维修性要好。维修性定性设计的要求：

（1）简化产品和维修操作；

（2）具有良好的维修可达性；

（3）提高标准化和互换性程度；

（4）具有完善的防差错措施及识别标记；

（5）检测诊断准确、快速、简便；

（6）要符合维修的人、机、环境工程的要求；

（7）考虑预防性维修、战场损伤抢修及不工作状态对维修性的影响；

（8）保证维修安全。

应由“事后维修为主”的维修思想改为“以预防为主”的维修思想，进而建立“以可靠性为中心”的维修思想。在（结构）总体方案中，对维修性设计要系统、全面、深入，不仅要关注运输、工作状态，还要注重维修状态。（结构）设计师要配合总师编写预防性维修大纲和维修方法，要重视结构关键件、承重件、传动件、密封件、紧固件、润滑装置等的维修性设计。

维修性设计及实现的准则包括模块化、易拆卸、维修工具的通用性等。

3. 维修性与其他“五性”的关系

设备可靠性高，维修就少，维修性就较好，但可靠性差，维修性不一定就差。测试性中要考虑到维修性，测试性是维修性的一项主要条件。维修性与保障性密切相关，器件的更换离不开后勤保障。

11.2.3　保障性的界定及与其他“五性”的关系

这里主要分析保障性的定义、保障性的工作解析、保障性与其他“五性”的关系。

1. 保障性的定义

保障性是装备的设计特性和计划的保障资源满足平时储备（战备）和（战时）使用要求（（战备）完好性）的能力。

保障性所表征的是装备与保障有关的设计特性和保障系统特性的综合，强调装备要容易保障且能够得到保障。保障性是产品的一种质量特性，它是指装备要设计得易于保障，配套的保障资源要合理充分。保障性由两个方面构成：装备保障性设计的水平即自保能力（由承制方负责）以及保障系统的能力即综合保障（由使用方负责）。

2. 保障性的工作解析

保障问题几乎是所有产品经常遇到的普遍性问题，即使是简单的产品也需要保障，因为产品使用要正常地发挥功能或通过维修保持、恢复其功能，必然或多或少地涉及保障，可将它们归纳为“人、机、料、法、环”。人（制造产品的人员）——要涉及人员和能力的要求；机（指制造产品所用的设备）——需要某些设施、设备、仪器、工具；料（制造产品所使用的原材料）——需要能源，备件、易损件；法（指制造产品所使用的方法）——需要技术资料、文件；环（产品制造过程中所处的环境）——涉及包装、运输、存储及其他技术接口。通常，生产过程的质量控制离不开“人、机、料、法、环”，即对人员、设备、材料、文件、环境的控制。保障问题也是如此。

如果一个产品本身不好保障（包括可靠性、维修性、测试性差）或得不到必要的保障，它的功能再好也很难发挥出来。因此，从产品研制开始就要考虑其使用和维修过程中的保障问题，把产品设计得能够方便地保障，同时规划好它的保障资源。

和一般产品相比，装备的保障问题就更为复杂了，因为现代的装备本身就越来越复杂，特别是大型武器系统常常是由主战装备、电子信息系统和保障系统构成的一个体系。试想一下，一个武器系统不发生或很少有故障，一旦发生故障又可以很快恢复，既能方便地保障（好保障），又有适宜的保障资源（保障好），这个系统就处于随时可用的状态，具有很高的（战备）完好性，这样的装备才真正具有胜任（战斗）力。

“好保障”“保障好”是综合保障问题的简单概括。

保障性是产品的一种质量特性，为确定和达到产品保障性要求而开展的一系列技术和管理活动就是综合保障工作，或称保障性工程。显然保障性工程的目标同样是“两提高、两降低”：提高装备（战备）完好性，提高任务成功性，降低保障资源要求，降低寿命周期费用。

装备保障性要求同样可分为定性要求和定量要求。

保障性设计方面的定性要求主要指可靠性、测试性、维修性和运输性的定性要求（如模块化、易维修性、备件、技术培训）。一般包括：

（1）对产品接口、检测等使用保障设计要求；

（2）通用化、模块化、互换性等维修保障设计要求；

（3）简化保障资源品种和数量、技术资料、备品备件、运输、用户培训、基地测试等方面的定性要求。

例如，要求产品应具有与保障性有关的良好设计特性和自保障能力；对于保障资源，要求产品出厂时配有必要工具、易损件和附件；出厂时应有下列用户技术文件：产品合格证和履历本、技术说明书、使用维护说明书。

保障性定性要求在设计特性方面，就是要把装备自身设计得易于保障，例如，具体可提出以下几点来简化保障、方便保障：

(1) 尽可能采用成熟的技术和简化的设计；

(2) 实行"三化"；

(3) 采用尽可能减少故障的技术；

(4) 采用方便维修的措施；

(5) 采用机内自动测试和隔离故障功能的设计；

(6) 设计要考虑尽可能降低对使用和维修人员及技术等级的需求；

(7) 设计能保证装备正常使用时，方便、快捷地获得所需能源及其他配套设施，便于充、填、加、挂；

(8) 设计能保证装备方便、快捷地获得正常使用和维修所需的检测、校准设备、工具、备件和技术资料等；

(9) 要充分考虑未来使用的环境，以及在包装、装卸、存储、运输等过程可能遇到的技术接口问题。

不难看出，在设计特性方面的保障性定性要求包括了可靠性、维修性、测试性设计中的某些定性要求，但保障特性并不是可靠性、维修性、测试性的总和，它还包括了其他例如便于使用，便于充、填、加、挂等方面的要求；同时，也并不是所有可靠性设计都可以减少或简化保障，如冗余设计。

保障性定性要求在保障资源方面，就是从产品研制开始就要同步考虑和安排提供适宜的保障资源的那些定性要求。

依据 GJB 3872《装备综合保障通用要求》，装备的保障资源包括：

(1) 人力与人员——有关使用和维修人员的要求。

(2) 供应保障——使用和维修所需备件和消耗品。

(3) 保障设备——使用和维修所需的测试、校准、检修、实验、搬运、拆装等设备和工具。

(4) 技术资料——使用和维修所需的说明书、手册、规程、细则、清单、工程图样等。

(5) 训练保障——与训练使用和维修人员有关的程序、方法、技术、教材和器材等。

(6) 保障设施——使用和维修所需的永久性和半永久性建筑物及配套设备。

(7) 包装、装卸、存储和运输保障——装备及其保障设备、备件得到良好的包装、装卸、存储、运输所需的程序、方法和资源，并与可能遇到的技术接口相协调。

(8) 计算机资源——使用和维修装备中的计算机所需的设施、硬件、软件、文档以及相关的人员等。

应当注意的是与装备(战备)完好性相关的指标是从装备最终使用的角度提出的。有些使用要求并不等同于产品的设计要求，因为使用要求包含了一些不能由产品研制者决定和控制的因素。所以，作为对装备研制者的保障性定量要求来说，必须将装备(战备)完好性参数分解或转化为：

(1) 装备设计研制的可靠性、维修性、测试性以及其他设计特性的定量要求；

(2) 装备保障资源方面的定量要求。这样，才能使产品的设计研制者明白自己应当做什么以及做到什么程度。

保障性的定量要求通常以与装备(战备)完好性相关的指标提出,这是基于装备的保障性设计特性和保障资源最终表现为装备(战备)完好性来考虑的。保障性设计方面的定量要求最重要的是可用度、能执行任务率等。

(1) 使用可用度(A_0):装备的能工作时间与能工作时间和不能工作时间的和之比。

(2) 能执行任务率(Mission Capable Rate,MCR):装备在规定的时间内,至少能执行一项规定任务的时间与其规定的总时间之比。

产品可靠性好,维修性好,保障资源充分、适用,可用度就高。装备保障资源方面的定量要求包括:

(1) 保障设备利用率——在规定的时间内,某一维修级别实际使用的保障设备的数量与该级别拥有的保障设备的总数量之比。

(2) 保障设备满足率——在规定的时间内,某一维修级别能提供的保障设备的数量与该级要求提供的保障设备数量之比。

(3) 备件利用率——在规定的时间内,某一维修级别实际使用的某种备件数与该级别拥有的该种备件总数之比。

(4) 备件满足率——在规定的时间内,某一维修级别拥有的某种备件数与该级别实际需要的该种备件数之比。此外还有人员培训率等。

设计师在产品研制初期就要开展保障性分析,合理确定预防性和修复性维修保障资源,参与综合保障的规划与管理以及实验与评价工作。

保障性设计及实现的准则包括模块化、易拆卸、备件的设计、傻瓜式设计等。

3. 保障性与其他“五性”的关系

保障性的定性要求与可靠性、测试性、维修性及运输性密切相关。产品可靠性高,维修性好,保障资源充分、适用,可用度就高,保障性就好。保障性与环境适应性存在隐性关系,设备工作条件恶劣,保障性要求就高,就越需保障。保障性与测试性、安全性是并列关系。

11.2.4　测试性的界定及与其他“五性”的关系

这里主要分析测试性的定义、测试性的工作解析、测试性与其他“五性”的关系。

1. 测试性的定义

测试性是产品能及时、准确地确定其状态(可工作、不可工作或性能下降)并隔离其内部故障的能力,是一种设计特性。

2. 测试性的工作解析

测试性要求装备能够及时、准确地检测到发生的故障并确定故障部位,亦即能通过合理规划产品功能和结构,覆盖需测试性能、指标,并通过嵌入式诊断[性能检测、BIT(Built In Test,内置测试)、中央测试系统等]来定位故障,确定故障信息(如装备的故障码显示系统)。

维修工作与故障的检测、产品的测试紧密相关。随着产品日益复杂和任务成功要求不断提高,能否及时并准确地判断产品状态并隔离其内部故障,直接关系到功能恢复和任务成功。测试性已发展为一项专门的工程技术。现在一般情况下提及维修性时仍然包含测试性。

测试性指标需明确与检测、隔离和报告故障等有关的诊断能力,包括自动测试、手工测试、维修辅助措施、技术资料、人员和培训及其他各方面。

定性的诊断要求包括嵌入式诊断要求、故障记录、指示等信息要求，测试点要求、测试兼容性要求，测试设备、人员技术水平和培训、数据采集等的约束。如某电池测试性定性要求：尽量提高测试能力，全面进行测试性设计，提高测试覆盖率，在厂内测试要求可定位到插板机级。

对有测试性要求的设备才做此要求，很大部分结构件无测试要求。对无测试性要求的设备，通过机械装配、调试就行，故测试性对结构工作来说，趋于弱化。

在测试性定量要求方面，主要有以下指标：

(1) FDR——用规定的方法正确检测到的故障数与故障总数之比，用百分数表示。

(2) FIR——用规定的方法将检测到的故障正确隔离到不大于规定模糊度的故障数与检测到的故障数之比，用百分数表示。

(3) FAR——在规定的时期内发生的虚警数与同一时间内的故障指示总数之比，用百分数表示。

测试性设计及实现的准则包括通过传感、采集、计算、显示、隔离等。

3. 测试性与其他“五性”的关系

测试性为维修性提供指示，可给出安全性的监控，为保障性提供初始依据。测试性与可靠性、环境适应性是并列关系。

11.2.5 安全性的界定及与其他“五性”的关系

这里主要分析安全性的定义、安全性的工作解析、安全性与其他“五性”的关系。

1. 安全性的定义

安全性是不导致人员伤亡、危害健康及环境、给设备或财产造成破坏或损失的能力。简单地说，就是不发生事故的能力。

2. 安全性的工作解析

安全性表示装备在规定的条件下和规定的时间内，以可以接受的风险执行规定功能的能力。装备的安全性一般用事故概率、损失率、安全可靠度等来衡量。

安全性是装备的一个重要特性，它描述装备对人员、环境及本身损坏所具有的潜在危险。它是评价装备的效能需考虑的因素，通常用危险的严重性等级和危险的可能性等级来进行综合衡量。

风险参数指标不能量化时，采用风险分析方法，按危险可能性的频繁(A级)、很可能(B级)、有时(C级)、极少(D级)、不可能(E级)等级，对灾难(Ⅰ级)、严重(Ⅱ级)、轻度(Ⅲ级)、轻微(Ⅳ级)4个事故等级的发生概率做出评估。对危险采取处理措施，消除Ⅰ级和Ⅱ级危险。

安全性设计有装备的防触电设计、防辐射设计、自保护设计等。安全性措施的先后要求为：最小风险设计，采用安全装置，采用报警装置，制定专用规程和进行培训。

安全性设计及实现的准则包括接地、兼顾外壳、一键隔离、一键锁定、一键自毁等。

3. 安全性与其他“五性”的关系

安全性与可靠性密切相关，可靠性是安全性的基础和前提，但一个可靠的系统不一定是安全的。安全性与环境适应性的优劣程度相关，安全性受制于环境适应性。安全性与维修性、测试性、保障性是并列关系。

11.2.6　环境适应性的界定及与其他“五性”的关系

这里主要分析环境适应性的定义、环境适应性的工作解析、环境适应性与其他“五性”的关系。

1. 环境适应性的定义

环境适应性是指材料、构件和装备(产品)在其整个寿命期内,在可能遇到的各种环境[自然环境和(或)诱发环境]作用下,能实现其所有预定功能和性能和(或)不被破坏(损坏)的能力,是装备的重要质量特性之一。

该定义明确了环境适应性研究对象是材料、结构件和武器装备等产品而非人类生命体。应当指出的是,环境适应性考虑其寿命期内将遇到的对其影响较大的环境的应力极值,而不是可靠性考虑的按寿命期遇到的时间比例分配的一组经常遇到的应力值。环境适应性的含义包括两个方面：一是在规定的环境作用下产生可恢复的损坏因而不能正常工作,应力排除后能正常工作；二是能正常工作,即功能齐全、性能满足指标要求,应当根据产品特性和环境要求确定其是否适用的基本判据。

2. 环境适应性的工作解析

任何产品在整个寿命期内,无不经历运输、存储和使用等状态,从而经受与这些状态密切相关的环境因素的影响。例如,产品在处于运输状态时,往往会受到剧烈的振动和冲击等机械力的作用；在存储状态,往往会受到严酷的高低温、湿度、太阳辐射、盐雾和霉菌等气候和生物环境因素的作用；在工作状态,则更易受到温度、低气压和振动等环境因素的单独或综合作用。产品在上述环境因素的单独或综合作用下往往会出现结构和材料损坏,功能失调和性能下降等现象,不能正常地发挥作用,甚至对人员安全产生威胁。

环境适应性体现了产品的环境适应能力,是可靠性设计和分析的第一要素。统计资料表明,武器装备发生故障或损坏的原因50%以上是由使用该产品时的环境因素引起的。因此,环境因素对产品的质量和可靠性非常重要,必须作为一项重要的性能指标加以评估和控制。

装备环境适应性取决于很多因素,这些因素主要包括其选用的部件、元器件、结构件的环境适应性,武器装备及其设备进行环境适应性设计水平和应用的制造工艺等构成的耐环境能力。

环境适应性是装备的一个重要的、固有的质量特性。这一质量特性必须通过装备寿命周期各个阶段推行环境工程相应的工作,才能确保被纳入装备,使其环境适应性满足规定的要求或者达到更高的水平。GJB4239以定义形式对环境适应性和装备环境工程概念作了界定,以标准的形式规定了寿命周期各个阶段环境工程工作内容；使用方和订购方应进行的工作；工作完成后应输出文件。

产品的环境适应性要求可以用定性方式来表达,也可以用定量要求来表示。

环境适应性定性要求是为了使装备使用环境条件下能够正常工作,而对装备设计提出的非量化的技术要求和设计原则。包括：成熟环境适应性设计技术；适当的设计余量(耐环境余量)；防止瞬态过应力作用的措施；选用耐环境能力强的零部件、元器件和材料；采用改善环境或减缓环境影响的措施,如冷却措施、减震措施；环境防护设计,如保护涂(镀)层,进行密封设计；耐盐雾设计；耐霉菌设计等。

环境适应性定量要求：装备应用领域不同，对产品的存储、运输和使用过程中提出不同的环境适应性定量要求，可参见相应产品的标准、规范。

光电设备的工作环境分为机械环境(力学环境)、气候环境、电磁场环境、生物环境、特殊环境等。设计时要综合考虑各种环境因素的相互影响，尽可能做到一举多得，相关专业应相互协同，以提升装备的环境适应能力，实现产品的低成本、高可靠、长寿命。

在装备研制过程中，设计(结构)师作为环境适应性师，应制定环境适应性设计准则，进行环境适应性设计和环境适应性预计，并配合模块/分机负责人，完成环境适应性研制实验，进行必要的使用环境实验和自然环境实验。开展环境适应性设计，一是采取改善环境或缓解环境影响的措施；二是选用耐环境能力强的结构、材料、元器件和工艺等。

环境适应性设计及实现的准则包括器件选择、抗疲劳设计、加装风扇、散热设计、加热设计、抗电磁干扰设计、保护装置等。

3. 环境适应性与其他“五性”的关系

环境适应性与可靠性、安全性、维修性及保障性成正比关系，即环境适应性要求低，装备的性能就稳定，可靠性就高。设备不易腐蚀、破坏，安全性就高，设备维修量就减少，保障性的要求就低。环境适应性与测试性是并列关系。

11.2.7 装备“六性”间的相互关系

可靠性、维修性、保障性、测试性、安全性、环境适应性是装备的设计特性，通过设计赋予，并在生产中给予保证。可靠性着眼于减少或消灭故障，而维修性则着眼于以最短的时间、最低限度的保障资源及最少的费用，使产品保持或迅速恢复到良好状态。维修性是可靠性的重要补充和延续。而维修系统必须把保持和恢复产品可靠性摆在首要位置，从某种意义上说，可靠性是维修性的基础，维修性受可靠性的制约和影响。维修又依赖于测试，通过测试进行故障监测和隔离，测试过程应当尽可能便于维修、易于测试。产品在正常使用、维修、测试过程中又必须依赖于保障予以支持，要求其易于保障；在实施上述过程中应少出和不出安全事故，安全性是一种特殊的可靠性，当故障后果导致不安全时，可靠性问题就成了安全性问题。产品的维修性和可靠性是保障性的重要条件，而保障性是可靠性和维修性的归宿。产品的环境试应性主要取决于选用的材料、构件、元器件耐环境的能力及其结构设计、工艺设计时采取的耐环境措施是否完整有效，以产品是否失效或有故障为判据。环境适应性是可靠性的前提和基础，武器装备没有较高的环境适应性，其可靠性就失去保证。

11.3 “六性”设计总体原则

“六性”设计总体原则包括不同阶段设计原则、“六性”删减原则。

11.3.1 不同阶段设计原则

产品方案阶段，“六性”设计总体原则如下：

(1) 承制单位依据合同、产品特点、同类产品设计经验，确定产品“六性”设计准则；

(2) 根据批准的任务要求，结合性能设计开展产品“六性”设计方案论证；

(3) 承制单位结合产品方案设计和分解、关键技术攻关等活动，按 GJB 813《可靠性模型的建立和可靠性预计》、GJB/Z 299C《电子设备可靠性预计手册》规定的方法和步骤初步建立基本可靠性和任务可靠性模型，进行初步可靠性分配与预计，初步明确各层级产品可靠性设计要求；

(4) 依据 GJB/Z 57《维修性分配与预计手册》、影响系统维修性的设计特征、维修级别和保障条件、维修合同参数与使用参数间的关系等初步建立产品维修模型、进行维修性指标初步预计和分配；

(5) 依据 GJB 1371《装备保障性分析》的规定开展产品保障性指标分配、权衡和细化，将其目标值分解成与保障性有关特性参数、保障系统及资源参数；

(6) 仔细分析不同级别的、能提供约定诊断能力备选方案的诊断能力以及对使用的影响等因素，确定产品所采用的诊断方案，充分考虑产品的特点和可靠性、维修性和重要性等影响因素，进行产品功能结构划分，开展测试性指标初步预计和分配；

(7) 采用危险分析、故障模式及影响分析等分析技术，依据 GJB/Z 99《系统安全工程手册》对产品实施初步危险分析，开展安全性相关要求分解；

(8) 对产品使用环境进行划分，并进行环境效应分析，开展产品环境适应性要求分解；

(9) 承制单位将“六性”分配(分解)结果纳入产品初步技术要求，开展产品“六性”分析，提出“六性”设计方案，将其纳入产品设计方案中，并在此基础上结合产品技术方案设计优化，与产品功能、性能等综合权衡后修改完善“六性”工作计划及“六性”设计方案。

工程研制阶段，“六性”设计总体原则如下：

(1) 承制单位进一步细化、完善并贯彻“六性”工作计划，贯彻产品“六性”设计准则，并开展符合性检查；

(2) 根据预计的结果，确定影响系统可靠性的薄弱环节，并有针对性地采取预防性设计措施；根据分配的结果，加强各层级产品的技术协调，确保产品可靠性指标满足要求；

(3) 督促承制单位按照 GJB 1391A《故障模式、影响及危害性分析指南》的要求，结合产品技术设计工作同步开展故障模式、影响或危害程度分析，及时找出潜在的设计缺陷；

(4) 在规定的维修级别上结合产品可靠性、安全性等工程开展故障模式、影响或危害度分析工作，确定与故障检测、故障隔离、故障修复及抢修等有关的维修性设计特性，在此基础上依据 GJB 368B《装备维修性工作通用要求》、产品功能框图等相关要求开展产品维修性分析工作，确定维修性分析项目清单。

(5) 承制单位按照产品特点开展继承性设计、防差错设计、耐久性分析、防盐雾设计等，消除不可靠、不安全和不耐环境等因素，同时规划保障资源，确定保障方案，建立初始保障系统，在此基础上，持续开展保障性分析，确定相关维修及资源要求，对各个保障要素在各保障方案中的综合权衡分析，得出装备性能、使用与维修最佳平衡的优化保障方案。

(6) 承制单位对“六性”设计工作进行总结，编制“六性”设计与分析报告，并及时按要求进行评审。

11.3.2 “六性”删减原则

不同类型产品由于体系、结构、用途等不同，产品复杂程度差别也很大，这里以装备用电池为例进行分析。有些电池以单体电池形式交付用户，而大多数情况下通过串并联组装成电池组交付用户。有些装备用电池构成则更复杂，如某型装备配套用一次激活锌银储备电池,除了单体电池通过串并联组成电池模块外,还包括气体激活和电解液传输系统。卫星用电源系统则一般由太阳能电池阵、蓄电池组和电源控制设备组成一次电源系统。因此,在开展装备用电池"六性"管理工作时,针对不同装备用电池的类型、构成复杂程度及用途,结合用户要求对适用性进行识别。

删减的原则可以作如下考虑:

(1) 可靠性不能删减,所有电池的可靠性都适用。

(2) 维修性:对于维修性应具体分析其适用性,单体电池一般不适用,而可更换单体电池、模块或接插件等的电池组则适用;对于卫星和飞船配套电池,在地面阶段具有维修性,发射后在轨运行期间一般不具有维修性。

(3) 保障性不能删减,且应延伸到用户使用层面考虑。

(4) 测试性:一般不具有自检测并隔离故障的设计特性,但是应有提供外部诊断的能力,即让系统及时准确地确定其状态的能力,因此它应具备部分测试性方面的设计特性,在策划时应注意。

(5) 安全性原则上不能删减,确实不适用时应在分析的基础上说明。

(6) 环境适应性:可与产品使用环境要求相结合考虑,一般都适用。

11.4 光电系统结构"六性"设计

这里以结构"六性"设计为例具体讲解。光电系统结构"六性"设计,既相互独立又有内在联系。需根据设备工作平台、工作环境及性能,从系统到模块,对每一特性逐项进行设计和验证。不仅结构设计师要重视,电子电气设计师和软件设计师也应重视与配合。

11.4.1 结构可靠性设计的具体措施

在工程研制中,主要从以下几个方面进行详细的可靠性设计:

(1) 采用成熟技术和工艺,设计上力求简单,传动链少,零件数量少,调整环节少,连接可靠。

(2) 结构件通常需设计成长寿命件,与设备的寿命同期。用计算或分析软件找出薄弱环节,设法提高系统中最低可靠度零件的可靠度;合理选择材料和加工工艺,去除焊接件的应力、机加工件的残余应力等。

(3) 为了保证结构能可靠、安全地工作,材料的工作应力与许用应力之比即安全系数通常需大于1.5,重要的地方其值更大。

(4) 进行冗余、容错设计,如采用并联系统,提高散热能力等。

(5) 新材料、新工艺、新技术的采用会降低可靠性,应慎用。

(6) 尽量选用标准件,尤其是对易损易耗件。

(7) 避免采用容易疏忽、容易出现维护和操作错误的结构。如金属件应倒圆角(以利于金属层和油漆层的附着);避免不同金属间的电化学偶;润滑油需满足高低温的环境要求。

(8) 进行热设计。选择适应温度环境的元器件并进行热设计;海洋环境下的露天设备不能直接吹风,以免盐雾、潮气损坏设备。

(9) 进行抗振防冲击、防噪声设计。

(10) 室外设备重视“三防”设计，从选材、结构型式、镀涂、维护等进行全方位考虑，推荐采用水密或气密设计。

(11) 合理规定维修期，若维修期过长，可靠度就会下降。

(12) 设置监测系统(如温度监测、风速测量)，及时对故障进行报警。

(13) 增加过载保护和自动停机装置。

(14) 对工作和非工作状态(如运输、维修状态)进行环境防护设计，以确保设备在包装、运输、存储环节的可靠性。

11.4.2　结构维修性设计的具体措施

在工程研制中，主要从以下几个方面进行详细的维修性设计：

(1) 简化结构设计。用最少的零部件、标准件实现功能，结构和外形要简单；减少螺钉品种和数量，采用快速连接件、紧固件。

(2) 小型化设计。短、小、轻、薄是设备发展的方向，以便于拆装、搬运，减轻后勤保障能力。

(3) 划分三寿件，提高维修性。通过对装备的可靠性分析，划分出全寿件、单寿件和短寿件(“三寿件”)。全寿件也称长寿件，是指该件在全寿命周期内在规定的使用保养条件下，都能满足规定的可靠性设计要求；单寿件是指该件的寿命大于 1 个翻修期但小于 2 个翻修期；短寿件是指该件的寿命小于 1 个翻修期。

(4) 维修可达性、可操作性设计。可达性是设备的构造特性，对维修时间和费用的影响较大。要实现“看得见够得着”，且留出维修部位的操作空间；使用扳手的地方，要有操作空间；要留出维修通道，尺寸和形状符合人体生理特点。

(5) 统筹安排，合理布局。将易出现故障的模块布置在便于维修的位置；设备检查点、测试点、加注点要便于维修人员接近；各分机、模块可层层展开，易损件、易失效件均可展现在维修人员面前，易于检查和维修更换。

(6) 采用模块化设计，以提高互换性。提高设备通用化程度，尽可能做到设备安装后不需调整便能正常工作。设备的大小和质量应便于拆装。

(7) 采用故障报警、指示，缩短故障诊断、定位时间，实现快速维修。

(8) 部件和连接件易拆易装，零部件之间拆装相对独立，互不影响。

(9) 结构防差错设计。采取防差错措施，消除差错的发生，避免危险。如对外形尺寸、插座类型相同而功能不同的模块设置不同的导销锁定位。

(10) 防差错识别标识，不仅使用时需要，维修时也必不可少。设备单元名称和编号、功能性标识、电缆编号、管道等应易识别；操作安全警示标识须醒目，无歧义。

(11) 设计应采用通用的工具，尽量减少维修时用新的技能、新的工序和专用设备。

(12) 备件、工具装放要有规划，标识清楚，存取方便。

(13) 保证维修安全。不仅使用要安全，而且运输、维护、修理过程也要安全。应考虑维修时的人员、设备安全，设置防护栏和防护罩，加设维修安全警告标志。

(14) 具有良好的维修环境。维修环境符合人体生理和心理需要，以提高工作效率，降低劳动强度。要有维修空间，照明良好，噪声低。

(15) 注重维修资料编制。使用维护说明书，明确日常维护程序、检查和排除方法、日常维护方法,加强使用培训工作。

11.4.3 结构保障性设计的具体措施

在工程研制中,主要从以下几个方面进行详细的保障性设计:

1. 自身保障能力

基于自身保障能力,保障性设计如下:

(1) 结构设计应使设备操作简单、方便,要减少架设、操作人员的数量,可采用电动、液压等装置来减少人员,降低劳动强度,缩短架设时间,提高设备的机动性。

(2) 产品应使用通用的原材料、元器件,且在合格供方名录中选择采购。

(3) 依据合同或国军标要求,合理确定随机备件、易损易耗件数量,形成《备附件汇总表》。要站在用户的角度,使设备满足平时和使用时(战时)好用及易于维修的要求。

(4) 提高设备的机动能力和环境适应能力,减少对阵地的依赖和环境条件的要求。

(5) 设备尺寸小、重量轻,运输单元尽量少,能兼容公路运输、铁路运输和飞机运输方式,对阵地、道路、桥涵的要求低。

(6) 对设备按国标或国军标要求进行包装,满足运输和存储要求。

(7) 大型构件、装备应设有吊装点。

2. 综合保障

基于综合保障,保障性设计如下:

(1) 人员保障——装备所需人员以少为宜,以减少人员变动对使用、维修的影响;

(2) 保障设备——尽量减少专用设备和工具,采用通用设备和工具,考虑装卸、运输等环节要求;

(3) 技术资料——设备清单、备附件及工具清单、图纸、使用维修说明书等应完整、准确、清晰、易懂;

(4) 训练与训练保障——承制方负责对使用方进行培训,训练时结构师参与技术保障;

(5) 供应保障——备件、易损易耗件的品种、数量应满足设备保障要求。

11.4.4 结构测试性设计的具体措施

在结构工作中,普遍认为测试性没啥工作可做,设计工作主要是设置设备测试点,适应人机关系和操作空间要求。零部件图纸上的加工、装配技术要求,可看成是测试性的输入要求,为后面的检验方法及判断产品合格与否提供技术支持。设置监测与报警系统,以提高设备的测试性,及时发现故障。

11.4.5 结构安全性设计的具体措施

在工程研制中,主要从以下几个方面进行详细的安全性设计:

(1) 通过设计消除已判定的危险或减少风险。当必须使用有潜在危险的器材时,应选择风险最小者。

(2) 危险的物质、零部件和操作应与其他活动、区域、人员及不相容的器材隔离。

(3) 设备的位置安排应使工作人在操作、保养、维护、修理或调整过程中尽量避免危险。

(4) 尽量减少由恶劣环境条件导致的危险(如露天设备易腐蚀的部位,应加大零件厚度)。

(5) 设计时尽量减少在系统使用、保障中人为差错导致的风险。

(6) 减少危险事件或事故的发生，机械、电气设备采用防护、报警装置等安全措施。

(7) 应将不能消除的危险风险减少到最小程度，采取连锁、冗余、故障安全保护设计、系统防护、灭火和防护服、防护设备、防护规程等补偿措施。

(8) 当各种补偿方法都不能消除危险时，应在装配、使用、维护和修理说明书中给出报警和注意事项，并在危险的零部件和设备上标出醒目的标记。

(9) 尽量减轻事故中人员的伤害和设备的损坏。

(10) 对于大型设备，结构安全尤其重要。

(11) 结构设计中的安全性内容包括机械伤害、烫伤、电击、电磁辐射、火灾等。

11.4.6 结构设计环境适应性的具体措施

在工程研制中，主要从以下几个方面进行详细的环境适应性设计。

1. 机械环境适应性设计

装备安装平台的振动、冲击、加速度等因素，在失效的环境因素中约占25%。机械环境考核和验证设备的结构强度及元器件的耐振、抗冲能力。具体措施包括：

(1) 在空间和重量允许时，尽可能采用带减振器的安装方式；无法使用减振器时，应设法提高结构刚度和设备的固有频率。

(2) 避免悬臂结构。

(3) 合理选材，并注意结构构型；避免直角和应力集中。

(4) 紧固件采取防松措施。

2. 气候环境适应性设计

光电(军用)设备在使用、运输和存储过程中受各种气候环境因素作用，影响装备的性能稳定性和可靠性。温度、湿热、盐雾是导致失效和故障的主要环境因素，见表11.2。

表11.2　气候环境对装备的影响与对策

气候环境	影　响	对　策
温度	(1) 高温使器件无法正常工作，是电子设备故障的主要原因。 (2) 低温使材料发脆，灌封件变形、开裂，冷却液冻结。 (3) 温度冲击使材料开裂，活动件卡死	(1) 采取合理的自然冷却、强迫风冷、液冷等热设计方案；先将热量导至散热器，再加风机将热量带走；根据功耗和热敏性合理安排器件，形成风道；设置温度显控单元。 (2) 选用温度适应范围大的材料；选用耐高、低温的密封圈，避免密封失效；选用符合低温要求的润滑油脂。 (3) 采用膨胀系数相同或相近的材料，注重灌封胶的选用
湿度	破坏镀层，加速腐蚀；使器件短路、打火；是引起盐雾、霉菌腐蚀的元凶	涂三防漆；采用密封设计或灌封
盐雾	腐蚀金属件，使之失效；使非金属件老化、开裂，使电路、器件断路，加速电化学腐蚀	选用耐腐蚀材料；采取镀、涂措施；防止积水结构；避免电化学腐蚀发生；采用密封设计

续表

气候环境	影　　响	对　　策
低气压 淋雨 沙尘 雪	(1) 高压打火；使薄弱的密封器件变形。 (2) 罩、箱进水，引起短路、腐蚀，影响设备工作。 (3) 加速设备表面磨损。 (4) 加重露天的天线载荷，使之变形和受损	(1) 采用气密设计或灌封。 (2) 设罩防护，采取密封圈、密封胶等密封措施。 (3) 喷涂层。 (4) 刚度、强度设计时充分考虑载荷
太阳辐射	使非金属材料老化，密封失效，色彩变淡，对温室效应起主要作用	选用耐老化的非金属材料；选用抗紫外线的涂料；热设计负荷应考虑太阳辐射的热量

3. 电磁环境适应性设计

针对电磁兼容性设计的接地、屏蔽、其他抑制干扰方法 3 个方面开展结构设计。从材料选用、结构型式、接地多方面采取措施；结构与电气、工艺密切结合，从电磁发生的源头分析解决问题。

4. 生物环境、特殊环境适应性设计

生物环境有霉菌、白蚁、啮齿动物等，装备主要是进行防霉设计，采用防霉材料或涂料。环境适应性的另一个重要方面是装备需与周围环境地貌融为一体，以达到保存自己的目的，如常采用防红外迷彩涂料和伪装等。

11.4.7 装备研制中的结构“六性”工作

在工程研制阶段，装备的“六性”结构设计工作主要包括：配合编制“六性”大纲及工作计划；方案设计满足“六性”指标要求；完成“六性”结构方面的设计、分析、评审、实验、评定等工作；将“六性”结构方面的分析、设计工作与性能设计工作有机结合，协调同步地进行，要落实到图纸、技术文件上，并验证。

11.5 装备“六性”数据的收集与分析

装备研制、生产、使用阶段“六性”数据的收集的主要目的是为了对装备的“六性”管理提供及时、完整、准确的数据，通过对装备使用期间问题进行统计分析，同时进行故障模式、影响及危害分析(Failure Mode Effects and Criticality Analysis，FMECA)及故障树分析(Fault Tree Analysis，FTA)等，检查是否能够达到设计目标，及时发现设计、制造中的薄弱环节，修改设计，提高装备的性能水平。

11.5.1 信息收集内容和来源

对各级信息，应具体确定信息收集的类别和内容。要逐项选择和落实它们的来源和渠道。对“六性”数据进行分析需要收集以下两类数据。

(1) 产品的使用信息：产品在平台上的使用情况，可以一定程度上反映平台的运行管理情况和维修保障能力。

(2) 产品的故障信息：产品故障数据，包括产品全寿命周期内发生的各类型故障的数据，以及产品维修、升级等记录。

11.5.2 使用信息收集

装备产品可以按组成分为整机级、分机级、模块级、单元级等，对于产品使用问题的收集主要可以分为整机级和模块级两个层级进行开展。对于整机级产品主要收集数据内容为平台类型、平台地点等；对于模块级产品的使用数据收集主要为发生时间、环境条件等。

11.5.3 故障信息收集

对于整机级故障主要收集故障发生时机、系统状态、故障现象、设备平台等信息。对于模块级故障主要收集故障发生时间、故障现象、故障类型、故障分析与解决措施、故障定位与修复工时、故障维修人员等信息，示例如表 11.3 所示。

表 11.3 模块级故障数据收集内容

故障内容	故障参数	参数详情	参数说明
故障基本信息	故障时间	—	故障发生的时间
故障现象	—	故障发生时的现象	
故障地点	—	故障发生的地点	
产品编号	—	产品的编号	
故障环境条件	外观检查、常温、高低温筛选、振动、电应力、高低温存储等	故障发生时的环境条件	
测试情况	故障定位时间	—	从故障上报到故障定位产生的时间
故障类型	电装、钳装、元器件、软件、结构/工艺、调试、软件、电路设计等	由何种原因引起的故障	
元器件损坏类型	损坏、预防、连带、排查等	有故障类型时填写	
元器件是否为静电敏感器件	是、否	有故障类型时填写	
电/钳装问题发现阶段	外观检查、常温加点、静态检查、施加应力	有电/钳装问题时填写	
故障分析	—	针对故障原因进行分析	
维修情况	故障分析	—	针对故障原因进行分析
解决措施	—	针对故障的解决措施	
维修人员	—	修复该故障的人员	
保障情况	故障树使用	—	维修过程中故障树的使用情况

11.5.4 故障信息分析

收集到的原始信息按照重要程度进行排序，整理出严重异常信息，或者是与进行重大决策有关的信息，进行处理，通过大量数据统计结果，往往可以一目了然地看出产品“六性”的高低或者发展趋势，通过对数据的分析与判断，及时防止、消除和控制问题的发生。

1. 立项论证阶段

在立项论证阶段，由于顶层需求不明确，外场保障人员介入不够，以及对装备使用维护保障经验的缺乏，“六性”要求不具体，不能对“六性”工作起到指导作用。

2. 研制生产阶段

在小批量实验件生产阶段“六性”指标的稳定性和可靠性有一定的提升，其中初样研制阶段主要是在严格器件筛选和老化工作的基础上，对产品功能指标和环境适应性等功能实现的验证，而正样验证是对各项环境要求全方位考核实验后对装备指标性能进行验证。但是由于研制阶段受项目研制经费、周期的限制，研制阶段部分问题仍然未能暴露。

3. 批量生产与使用保障阶段

在产品批生产阶段，装备生产部门按照定型的技术状态，采用成熟的工艺技术，加强生产过程中对零部件、加工工序、工艺装备等质量管理，确保故障报告、分析和纠正措施系统(Failure Report Analysis and Corrective Action System，FRACAS)正常运行，促使产品的可靠性、维修性继续增长。生产合格的产品交付给用户，并做好售后服务。合理利用并发挥装备产品的性能，及时评估产品“六性”指标，并提出改进意见。某型设备转产第一年调试中发生的电装故障 46 起、元器件故障 85 起、其他故障 19 起，转产第二年调试中发生的电装故障 11 起、元器件故障 55 起、其他故障 10 起，如图 11.1 所示。可以明显看出转产第二年无论在各类故障数量还是故障总数上都有明显下降。

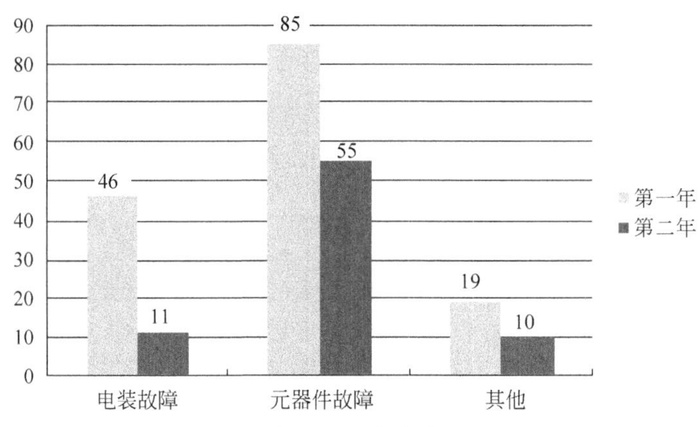

图 11.1　模块调试中故障数量分布

所以，在装备研制、生产、使用过程中发生的问题要抓住不放，充分利用信息去分析、评价和改进产品的“六性”。因此，“六性”信息与闭环管理的目标是保障全寿命周期内发现的缺陷和问题能够及时有效地得到改进，持续提高装备“六性”水平，实现“六性”不断增长。

11.6 产品“六性”要求及工作实施

这里介绍产品“六性”总要求，“六性”要求所涉及的标准，“六性”工作实施等。

11.6.1 总要求

关于“六性”的要求是：“适用时，组织应建立、实施和保持产品的可靠性、维修性、保障性、测试性、安全性和环境适应性等工作过程”。在策划建立质量管理体系的过程中，应针对组织认证范围内的产品识别和确定产品的“六性”要求和过程。《质量管理体系要求》标准有关产品“六性”要求的审核需关注的第一项就是“是否规定了应建立的产品的‘六性’工作过程”。组织应根据产品应有的质量特性和用户要求，全面、正确地识别应建立的“六性”工作要求。

（1）识别认证范围内产品是否存在“六性”工作过程，识别和确定产品的“六性”工作过程是审核与被审核双方的一项工作。

（2）产品“六性”工作过程的建立，取决于产品的质量要求。随着装备日趋先进和复杂、装备的任务剖面的变化，产品的“六性”要求也日渐提高。组织通常在方案阶段开始论证和提出有关“六性”的各项指标，在《研制任务书》中明确可测量的功能和性能指标的同时，也明确了相应的有关“六性”的各项指标。对此，组织必须建立相应“六性”的工作过程。

（3）识别和确定“不适用”的“六性”工作过程。

11.6.2　“六性”要求所涉及的标准

装备“六性”要求所涉及的标准是“六性”设计和工作的依据。“六性”要求所涉及标准类别有国际（国外）标准、国家标准、国家军用标准、行业标准和企业标准等。由于“六性”起源于军事装备用途，军用标准发展相对比较完善，因此，这里列出目前有关“六性”的我国的一些军用标准如表11.4所示。

表11.4　有关“六性”的国家军用标准

序号	特性类型	标准号	标准名称
1	可靠性标准	GJB 450A—2004	装备可靠性工作通用要求
2		GJB 3404—1998	电子元器件选用管理要求
3		GJB/Z 77—1995	可靠性增长管理手册
4		GJB 813—1990	可靠性模型的建立和可靠性预计
5		GJB/Z 108A—2006	电子设备非工作状态可靠性预计手册
6		GJB/Z 27—1992	电子设备可靠性热设计手册
7		GJB/Z 768A—1998	故障树分析指南
8		GJB 1391A—2006	故障模式、影响及危害性分析指南
9		GJB/Z 89—1997	电路容差分析指南
10		GJB 899A—2009	可靠性鉴定与验收实验
11		GJB/Z 299C—2006	电子设备可靠性预计手册
12		GJB 1407—1992	可靠性增长实验
13		GJB/Z 34—1993	电子产品定量环境应力筛选指南
14		GJB/Z 223—2005	最坏情况电路分析指南
15		GJB 1775—1993	装备质量与可靠性信息分类编码通用要求
16	维修性标准	GJB 368B—2009	装备维修性工作通用要求
17		GJB/Z 145—2006	维修性建模指南
18		GJB 2072—1994	维修性实验与评定
19		GJB/Z 57—1994	维修性分配与预计手册
20		GJB/Z 91—1997	维修性设计技术手册
21		GJB 2961—1997	修理级别分析
22		GJB 1378A—2007	装备以可靠性为中心的维修分析

续表

序号	特性类型	标准号	标准名称
23	保障性标准	GJB 3872—1999	装备综合保障通用要求
24		GJB/Z 151—2007	装备保障方案和保障计划编制指南
25		GJB 4050—2000	武器装备维修器材保障通用要求
26		GJB 6388—2008	装备综合保障计划编制要求
27		GJB/Z 147—2006	装备综合保障评审指南
28		GJB 1371—1992	装备保障性分析
29		GJB 3837—1999	装备保障性分析记录
30		GJB 5967—2007	保障设备规划与研制要求
31		GJB 7686—2012	装备保障性实验与评价要求
32	测试性标准	GJB 3385—1998	测试与诊断术语
33		GJB 2547A—2012	装备测试性工作通用要求
34		GJB 3966—2000	被测单元与自动测试设备兼容性通用要求
35	安全性标准	GJB 900A—2012	装备安全性工作通用要求
36		GJB/Z 99—1997	系统安全工程手册
37		GJB/Z 94—1997	军用电气系统安全性设计手册
38		GJB/Z 102A—2012	军用软件安全性设计指南
39	环境适应性标准	GJB 4239—2001	装备环境工程通用要求
40		GJB 6117—2007	装备环境工程术语
41		GJB 150A—2009	军用设备环境实验方法
42	可靠性维修性保障性综合标准	GJB 451A—2005	可靠性维修性保障性术语
43		GJB 1909A—2009	装备可靠性维修性保障性要求及论证
44		GJB/Z 72—1995	可靠性维修性评审指南
45		GJB/Z 23—1991	可靠性和维修性工程报告编写一般要求

11.6.3 “六性”工作的实施

对产品“六性”实施的工作要求如下：

(1) 规定应建立的产品的“六性”工作过程。组织应根据产品应有的质量特性和用户要求，全面、正确地识别应建立的“六性”工作要求；

(2) 策划产品的“六性”要求，不同的产品有不同的“六性”要求。组织应根据产品的质量特性要求和用户的要求，在产品实现的策划方案中，分别策划不同产品的“六性”具体要求(产品实现的策划)；

(3) 在设计开发策划的文件中，策划如何运用“六性”专业工程技术进行产品的设计开发(设计和开发的策划)；

(4) 给出产品“六性”的设计报告或设计文件(设计和开发的输出)；

(5) 设计开发评审应对产品的“六性”进行评审，适时根据组织的规定进行专题评审(设计和开发的评审)。

11.7　装备“六性”工程管理

“六性”管理贯穿于产品实现的全过程，在光电装备中，其组成部分的“六性”符合要求，不能保证整个光电装备的“六性”一定符合要求，同样并不代表整个光电装备的一定质量可靠。因此，在识别产品要求时，就应确定装备总体的“六性”指标，并在研制、生产过程中不断完善，以确保装备研制生产的质量水平。

基于装备“六性”设计持续改进精细化管理方法具有针对性，从工程的角度构建标准化的管理流程，以设计规范为输入，通过培训和评审来保证“六性”设计水平，对故障信息进行收集和总结，寻找设计缺陷，不断完善设计规范，达到持续改进、螺旋上升的良性循环。

11.7.1　“六性”管理需求及存在的问题

“六性”管理需求及存在的问题如下。

1. “六性”管理需求

GJB 9001C《质量管理体系要求》和《装备通用质量特性管理规定》对装备的“六性”已纳入装备研制工作的基本要求，作为质量工作的重要任务，也是产品设计鉴定/定型和试用阶段重点考核的质量特性。

“六性”工程管理就是监督装备研制过程中“六性”工作开展的符合性和有效性，同时不断发现管理过程存在的薄弱环节，改进管理方法，促进“六性”设计水平的提高。

2. “六性”工程管理过程存在的问题

在对装备使用质量问题处理过程中发现，虽然研制过程做了大量的设计分析工作，也顺利通过了鉴定实验。但到了部队真正使用后还会暴露出许多设计过程考虑不周的问题。也反映出“六性”设计和工程管理过程存在许多不到位的地方。

一是“六性”设计过程存在的“两张皮”现象。设计过程中重功能轻性能，重设计轻分析；或先设计再分析，设计分析没有有机地结合。

二是设计规范缺乏具体指导性。一些设计规范仅是对标准的简单转换，虽有一定的指导性但缺乏约束性，“六性”设计水平很大程度依赖于设计师的自身水平。

三是设计评审过程不规范、评审过程缺乏有效性。在方案评审过程中，重视功能性能的评审，忽视“六性”设计的评审。对“六性”的评审通常停留在对指标预计结果的审查上，忽视了“六性”设计的合理性和统筹性。

四是缺乏对故障信息的挖掘和利用。装备研制过程和使用过程的大量的故障信息随着故障归零变成了档案信息，没有被很好地挖掘和利用。或仅用于本型号产品的纠正落实，没有被总结成设计经验反过来去指导设计。

11.7.2　“六性”工程管理

“六性”工程管理工作内容如图 11.2 所示。

为此，示例提出一种装备“六性”设计精细化管理方法，是在没有“六性”综合化设计平台和先进设计工具的条件下构建一个“六性”标准化管理流程。主要包括以下几个环节：不断完善设计规范；开展“六性”标准化设计；开展“六性”设计培训；故障信息收集；加强“六性”设计评审，如图 11.3 所示。

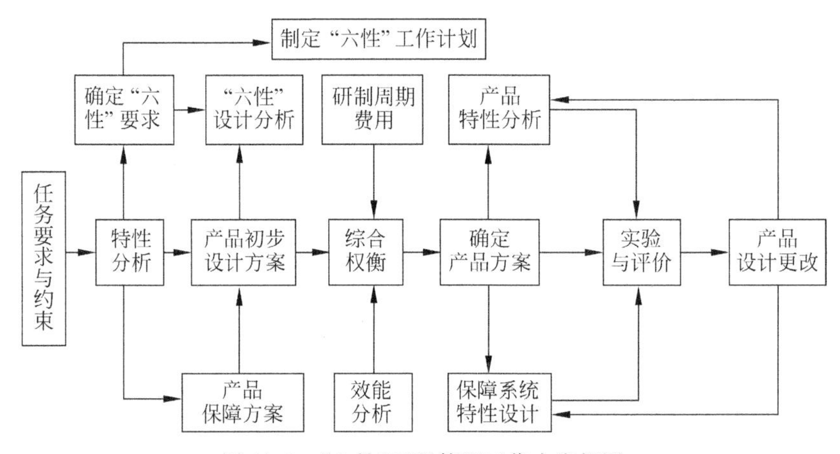

图 11.2 “六性”工程管理工作内容框图

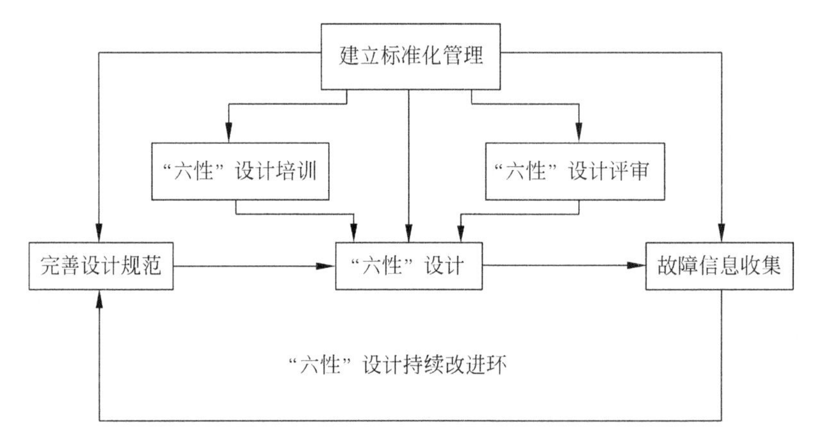

图 11.3 精细化“六性”设计管理方法原理框图

因此，具体“六性”管理主要工作如下：

(1) 加强培训；

(2) 抓好策划；

(3) 关键是做好“六性”设计、评审和实验验证；

(4) 建立 FRACAS；

(5) 加强转承制方和供方控制管理；

(6) 开展产品“六性”信息管理，等等。

参考文献

[1] 吴晗平. 光电系统设计——方法、实用技术及应用[M]. 北京：清华大学出版社，2019.

[2] 吴晗平. 光电系统环境与可靠性工程技术[M]. 北京：清华大学出版社，2018.

[3] 吴晗平. 光电系统设计基础[M]. 北京：科学出版社，2010.

[4] Yoder Jr P R. 光机系统设计[M]. 周海宪，程云芳，译. 北京：机械工业出版社，2008.

[5] 中华人民共和国国家质量监督检验检疫总局，中国国家标准化管理委员会. 质量管理体系　要求：GB/T 19001—2016[S]. 北京：中国标准出版社，2016.

[6] 中华人民共和国国家质量监督检验检疫总局，中国国家标准化管理委员会. 工业产品使用说明书　总则：GB/T 9969—2008[S]. 北京：中国标准出版社，2009.

[7] 中央军委装备发展部. 质量管理体系　要求：GJB 9001C—2017[S]. 北京：国家军用标准出版发行部，2017.

[8] 袁家军. 航天产品工程[M]. 北京：中国宇航出版社，2011.

[9] 高稚允，高岳，张开华. 军用光电系统[M]. 北京：北京理工大学出版社，1996.

[10] 姜会林. 空间光电技术与光学系统[M]. 北京：国防工业出版社，2015.

[11] 姜会林，佟首峰，张立中，等. 空间激光通信技术与系统[M]. 北京：国防工业出版社，2010.

[12] 徐南荣，卞南华. 红外辐射与制导[M]. 北京：国防工业出版社，1997.

[13] 徐根兴. 目标和环境的光学特性[M]. 北京：宇航出版社，1995.

[14] 褚治德，王一建. 红外辐射加热干燥理论与工程实践[M]. 北京：化学工业出版社，2019.

[15] 金伟其，胡威捷. 辐射度 光度与色度及其测量[M]. 北京：北京理工大学出版社，2006.

[16] 饶瑞中. 现代大气光学[M]. 北京：科学出版社，2012.

[17] 崔建英. 光学机械基础：光学材料及其加工工艺[M]. 北京：清华大学出版社，2014.

[18] 辛企明. 光学塑料非球面制造技术[M]. 北京：国防工业出版社，2005.

[19] 李晓彤，岑兆丰. 几何光学·像差·光学设计[M]. 杭州：浙江大学出版社，2007.

[20] 常军，张晓芳，张柯，等. 现代反射变焦光学系统[M]. 北京：国防工业出版社，2017.

[21] 苏宙平. 非成像光学系统设计方法与实例[M]. 北京：机械工业出版社，2018.

[22] 李荣彬，杜雪，张志辉. 超精密自由曲面光学设计、加工及测量技术[M]. 北京：机械工业出版社，2015.

[23] 龙波. 轻小型折反式光学系统结构特性研究[D]. 北京：中国科学院大学，2013.

[24] 王军华. 长焦距高分辨率全景镜头设计[D]. 上海：复旦大学，2013.

[25] 于向阳. 紫外环形成像仪设计与研究[D]. 北京：中国科学院大学，2014.

[26] 王成. 皮秒激光加工系统研制及工艺实验研究[D]. 镇江：江苏大学，2018.

[27] 石彰，杨春红. 连续变焦光机系统凸轮轮廓设计[J]. 激光与红外，2010，40(9)：1006-1009.

[28] 王向阳. 一种全动型变焦距物镜光学系统研究[D]. 北京：中国科学院大学，2017.

[29] 施建林，冯涛. 无机光学透明材料[M]. 上海：上海科学普及出版社，2008.

[30] 陈伯良，李向阳. 航天红外成像探测器[M]. 北京：科学出版社，2016.

[31] 李文峰，李淑颖，袁海润. 现代显示技术及设备[M]. 北京：清华大学出版社，2016.

[32] 应根裕，王健. 光电显示原理及系统[M]. 北京：清华大学出版社，2015.

[33] 张鸣平，张敬贤，李玉丹. 夜视系统[M]. 北京：北京理工大学出版社，1993.

[34] Л. З. 克利克苏诺夫. 红外技术原理手册[M]. 俞福堂，等译. 北京：国防工业出版社，1986.

[35] R. D. 小哈得逊. 红外系统原理[M].《红外系统原理》翻译组译. 北京：国防工业出版社，1975.

[36] J. M. 劳埃德. 热成像系统[M]. 红外与激光编辑组译. 北京：国防工业出版社，1978.
[37] 吴宗凡，柳美琳，张绍举，等. 红外与微光技术[M]. 北京：国防工业出版社，1998.
[38] 杨宜禾，岳敏，周维真. 红外系统[M]. 北京：国防工业出版社，1995.
[39] 吴晗平. 反舰导弹电视制导 ATR 方法研究——多目标几何识别[J]. 现代防御技术. 1992，(2)：32-37.
[40] 吴晗平. 中值——平滑滤波及其硬件实现[J]. 光电工程. 1993，20(5)：33-38.
[41] 吴晗平. 军用微光夜视系统的现状与研究[J]. 应用光学. 1994，15(1)：15-19.
[42] 吴晗平. 微光电视数字图像累加及其硬件实现[J]. 红外技术. 1995，17(5)：29-32.
[43] 吴晗平. 电视图像制导中多目标动态被动测距方法研究[J]. 现代防御技术. 1994，(1)：43-49.
[44] 吴晗平. 自动目标识别硬件实现结构分析[J]. 电光与控制. 1996，(3)：40-46.
[45] 吴晗平. ATR 系统中多传感器的信息融合研究[J]. 现代防御技术. 1996，(1)：26-32.
[46] 吴晗平. 基于知识的 ATR 系统综述[J]. 现代防御技术. 1993，(3)：35-41.
[47] 吴晗平. ATR 系统分析[J]. 应用光学. 1996，17(4)：11-15.
[48] 吴晗平. 动态多目标自动识别及自适应多波门跟踪[J]. 光学精密工程，1996，4(2)：53-61.
[49] 吴晗平. 一种利用快速 2D 熵阈值算法的目标图像分割方法研究[J]. 系统工程与电子技术，1997，(5)：39-43.
[50] 吴晗平. ATR 算法原理分析[J]. 现代防御技术. 1997，(1)：54-64.
[51] 吴晗平. 红外辐射大气透过率的工程理论计算方法研究[J]. 光学精密工程，1998，6(4)：35-43.
[52] 吴晗平. 舰用红外成像跟踪系统的技术要求与统计分析[J]. 现代防御技术. 1998，(4)：48-54.
[53] 吴晗平. 激光对光电装备的损伤与抗激光加固技术[J]. 电光与控制，2000，79(3)：22-27.
[54] WU H P，YI X J. Operating distance equation and its equivalent test for infrared search system with full orientation[J]. International Journal of Infrared and Millimeter Waver，2003，24(12)：2059-2068.
[55] 吴晗平，易新建. 现阶段末制导红外成像跟踪系统性能提高的技术途径[J]. 应用光学，2003，24(4)：20-22.
[56] 吴晗平，易新建，杨坤涛. 红外搜索系统的现状与发展趋势[J]. 激光与红外，2003，33(6)：403-405.
[57] 吴晗平，易新建，杨坤涛. 机械结构因素对光电跟踪伺服系统性能的影响[J]. 应用光学，2004，25(3)：11-14.
[58] 吴晗平. 某高性能激光测距机总体设计与分析[J]. 现代防御技术，2005，33(2)：65-68.
[59] 吴晗平. 红外点目标探测系统作用距离方程理论研究——基于探测率温度特性与背景影响[J]. 红外技术，2007，29(6)：341-344.
[60] 吴晗平. 辐射源温度和 1/f 噪声对探测器 D^* 值影响的理论分析[J]. 激光与红外，2007，37(10)：1071-1073.
[61] 吴晗平. “电子产品设计”课程教学的重要内容[J]. 电子电气教学学报，2009，31(电子科学与技术专辑)：41-43.
[62] 吴晗平. “光电产品设计”中的图样文件技术要求[J]. 光学技术，2009，增刊：235-237.
[63] 梁宝雯，吴晗平，王华泽. 空间相机离轴三反红外光学系统设计[J]. 红外技术，2013，35(4)：217-222.
[64] 熊衍建，吴晗平，吕照顺，等. 军用红外光学性能及其结构形式技术分析[J]. 红外技术，2010，32(12)：688-695.
[65] 熊衍建，林伟，吴晗平. 光通信接收用 200mm 口径紫外光学系统设计[J]. 武汉理工大学学报，2011，33(8)：147-150.
[66] 成中涛，吴晗平，吴晶，等. 近地层紫外自由空间通信微弱信号放大器设计[J]. 光电技术应用，2012，27(4)：1-6.
[67] 王华泽，吴晗平，吴晶，等. 基于 MC9S12XS128 的光电无线传感网络构建及其控制器技术设计[J]. 光电技术应用，2012，27(6)：16-21.

[68] 周伟,吴晗平,吴晶,等.紫外目标探测弱信号处理方法研究[J].红外技术,2012,34(9):508-514.

[69] 李旭辉,吴晗平,李军雨,等.近地层紫外动态目标探测微弱信号放大器设计[J].红外技术,2014,36(6):471-474.

[70] 李军雨,吴晗平,吕照顺,等.基于FPGA的紫外通信微弱信号放大器设计[J].激光与红外,2014,44(10):1143-1148.

[71] 成中涛,吴晗平,吴晶,等.近地层紫外自由空间通信微弱信号放大器设计[J].光电技术应用,2012,27(4):1-6.

[72] 吴晗平,胡大军,吴晶,等.舰载光电跟踪伺服系统的建模与仿真[J].武汉工程大学学报,2012,34(7):54-60.

[73] 胡大军,吴晗平,张焱.基于PLC和无线传感器网络的光电监测系统构建[J].应用光学,2010,31(2):198-202.

[74] 黄璐,胡大军,吴晗平.军用光电跟踪伺服控制技术分析[J].舰船电子工程,2011,31(7):175-180.

[75] 何超,吴晗平,胡大军,等.太阳能光伏/光热综合利用的温控系统设计[J].光电技术应用,2009,24(6):14-18.

[76] 吕照顺,吴晗平,李军雨.改进的变步长自适应最小均方算法及其数字信号处理[J].强激光与粒子束,2015,27(9):091006-1—091006-5.

[77] LV Z S,WU HP,LI J Y. Design of adaptive filter amplifier in UV communication based on DSP[C]. SPIE,2016,10158:101580B-1—101580B-8.

[78] 吕照顺,吴晗平,梁宝雯,等."日盲"紫外通信收发一体化光学系统设计[J].海军工程大学学报,2016,28(1):84-87.

[79] 李杰,罗箫,吴晗平.岸用监视两档变焦折衍混合红外光学系统设计[J].光电技术应用,2019,34(5):25-30,47.

[80] 罗辉,李杰,吴晗平.基于锁相环的光纤通信用10MHz频率源设计[J].光电技术应用,2020,35(1):11-19.

[81] 李杰,罗箫,吴晗平.基于折/衍混合的机载红外光学系统设计[J].激光与红外,2020,50(2):215-223.

[82] 吴晶,吴晗平,黄俊斌,等.用于船舶结构监测的大量程光纤布拉格光栅应变传感器[J].光学精密工程,2014,22(2):311-317.

[83] 吴晶,吴晗平,黄俊斌,等.光纤光栅传感信号解调技术研究进展[J].中国光学,2014,7(4):519-531.

[84] 侯和坤,张新.红外焦平面阵列非均匀性校正技术的最新进展[J].红外与激光工程,2004,33(1):79-82.

[85] 曲艳玲.红外凝视系统中的微扫描技术[D].长春:中国科学院长春光学精密机械与物理研究所,2004.

[86] 冯涛,金伟其,司俊杰.非制冷红外焦平面探测器及其技术发展动态[J].红外技术,2015,37(3):177-184.

[87] 王忠立,刘佳音,贾云得.基于CCD与CMOS的图像传感技术[J].光学技术,2003,29(3):361-364.

[88] 曹俊诚.半导体太赫兹源、探测器与应用[M].北京:科学出版社,2012.

[89] 许景周,张希成.太赫兹科学技术和应用[M].北京:北京大学出版社,2007.

[90] 韩红霞,陈洪亮,潘晓东,等.高分辨率InGaAs短波红外成像系统.电光与控制,2013,20(2):66-69.

[91] 苗丽峰,徐茜,张明涛,等.基于ACTEL FPGA短波红外成像系统设计与研究[J].红外技术,2008,30(11):621-625.

[92] 刘严严,杜玉萍.计算成像的研究现状与发展趋势[J].光电技术应用,2019,34(5):21-24.

[93] 王雪松,戴琼海,焦李成,等.高性能探测成像与识别的研究进展及展望[J].中国科学:信息科学,2016,46(9):1211-1235.

[94] 刘江. 新型计算成像技术——波阵面编码[J]. 影视技术,2005,(9): 38-41.
[95] 邵晓鹏,刘飞,李伟,等. 计算成像技术及应用综述[J]. 激光与光电子学进展,2020,57(2): 020001.
[96] 赵巨峰,崔光茫. 计算成像——全光视觉信息的设计获取[J]. 航天返回与遥感,2019,40(5): 1-14.
[97] 刘正君,郭澄,谭久彬. 基于多距离相位恢复的无透镜计算成像技术[J]. 红外与激光工程,2018,47(10): 1002002-1—1002002-13.
[98] 刘飞,魏雅喆,韩平丽,等. 基于共心球透镜的多尺度广域高分辨率计算成像系统设计[J]. 物理学报,68(8): 084201-1—084201-8.
[99] 王新华,郝建坤,黄玮,等. 基于简单透镜计算成像的图像复原重建[J]. 吉林大学学报,2017,47(3): 965-971.
[100] 程年恺,王立志,黄华. 高光利用率高精度计算光谱成像系统设计[J]. 光电技术应用,2019,34(1): 9-15.
[101] 李军雨. 高空高速运动目标紫外成像探测信号处理及其设计[D]. 湘潭: 湘潭大学,2015.
[102] 中国人民解放军总装备部. 军用软件质量保证通用要求: GJB 439A—2013[S]. 北京: 总装备部军标出版发行部,2013.
[103] 中国人民解放军总装备部. 军用软件开发文档通用要求: GJB 438B—2009[S]. 北京: 总装备部军标出版发行部,2009.
[104] 马佳光. 捕获跟踪与瞄准系统的基本技术问题[J]. 光学工程,1989,(3): 1-41.
[105] 胡大军. 基于模糊控制的舰载光电跟踪伺服系统设计[D]. 武汉: 武汉工程大学,2012.
[106] 赵长安. 控制系统设计手册(上册)[M]. 北京: 国防工业出版社,1991.
[107] 梅晓榕. 自动控制元件及线路[M]. 哈尔滨: 哈尔滨工业大学,2001.
[108] 胡祐德,马东升,张莉松. 伺服系统原理与设计[M]. 北京: 北京理工大学出版社,1999.
[109] 侯世明. 导弹总体设计与实验[M]. 北京: 宇航出版社,1996.
[110] 陈世年. 控制系统设计[M]. 北京: 宇航出版社,1996.
[111] 中国人民解放军总装备部. 军用设备和分系统电磁发射和敏感度要求与测量: GJB 151B—2013[S]. 北京: 总装备部军标出版发行部,2013.
[112] 王禹. 电磁兼容技术[J]. 航空计算技术,2001,31(2): 58-61.
[113] 卫宁. 基于复杂系统的电磁兼容设计方法可行性分析[J]. 太赫兹科学与电子信息学报,2019,17(4): 653-656.
[114] 王连坡,顾海峰. 电子设备环境适应性设计技术[J]. 舰船电子工程,2019,39(12): 210-214.
[115] 闫顺利. 装备用电池"六性"管理探讨[J]. 电源技术,2015,39(9): 2038-2040.
[116] 刘强,邵金华,杨朝敏. 装备"六性"质量监督工作研究[J]. 航空标准化与质量,2016,(3): 33-36.

图书资源支持

感谢您一直以来对清华大学出版社图书的支持和爱护。为了配合本书的使用，本书提供配套的资源，有需求的读者请扫描下方的“书圈”微信公众号二维码，在图书专区下载，也可以拨打电话或发送电子邮件咨询。

如果您在使用本书的过程中遇到了什么问题，或者有相关图书出版计划，也请您发邮件告诉我们，以便我们更好地为您服务。

我们的联系方式：

地　　址：北京市海淀区双清路学研大厦 A 座 701

邮　　编：100084

电　　话：010-83470236　010-83470237

资源下载：http://www.tup.com.cn

客服邮箱：tupjsj@vip.163.com

QQ：2301891038（请写明您的单位和姓名）

教学资源 · 教学样书 · 新书信息

人工智能科学与技术
人工智能|电子通信|自动控制

资料下载 · 样书申请

书圈

用微信扫一扫右边的二维码，即可关注清华大学出版社公众号。